■ 高等学校理工科材料类规划教材

物理化学教程

PHYSICAL CHEMISTRY

田福平 方志刚 林青松　主编

傅玉普　主审

（第二版）

大连理工大学出版社
DALIAN UNIVERSITY OF TECHNOLOGY PRESS

图书在版编目(CIP)数据

物理化学教程/田福平,方志刚,林青松主编. —
2版.—大连:大连理工大学出版社,2013.7(2015.1重印)
ISBN 978-7-5611-7991-8

Ⅰ.①物… Ⅱ.①田… ②方… ③林… Ⅲ.①物理化
学—高等学校—教材 Ⅳ.①O64

中国版本图书馆 CIP 数据核字(2013)第 138360 号

大连理工大学出版社出版

地址:大连市软件园路 80 号 邮政编码:116023
发行:0411-84708842 传真:0411-84701466 邮购:0411-84703636
E-mail:dutp@dutp.cn URL:http://www.dutp.cn
大连金华光彩色印刷有限公司印刷 大连理工大学出版社发行

幅面尺寸:185mm×260mm 印张:22.25 字数:538 千字
2007 年 4 月第 1 版 2013 年 7 月第 2 版
2015 年 1 月第 6 次印刷

责任编辑:刘新彦 于建辉 责任校对:庞 丽
封面设计:宋 蕾

ISBN 978-7-5611-7991-8 定 价:39.80 元

前　言

我们已经编写并出版了适用于 96 学时以上的《多媒体 CAI 物理化学》（面向 21 世纪课程教材），以及适用于 60～90 学时的《物理化学简明教程》（普通高等教育"十一五"国家级规划教材）。考虑到其他相关专业的教学需要，我们编写了本书——适用于金属材料工程、冶金工程专业的《物理化学教程》。该书发行 6 年来，受到了有关高校师生的广泛好评。随着学科的不断发展，以及课程教学的新要求，对本书作了修订。

这次修订仍贯彻如下指导原则：

1. 夯实理论基础，强化实际应用，培养创新能力

物理化学是金属材料工程、冶金工程专业的重要基础课，该课程的主要目的是让学生了解并掌握有关物质变化过程的平衡与速率的理论与知识。因此，本书通过化学热力学及动力学两章内容，深入、系统地阐述了有关物质变化过程的平衡与速率的规律，夯实了理论基础。同时又通过后续各章，并结合专业中涉及的一些具体问题，强化基础理论知识在专业中的实际应用，培养学生应用物理化学的原理分析并处理相关专业问题的能力。

2. 注意对传统教学内容的及时更新，提高课程教学内容的严谨性和科学性

物理化学许多传统教学内容中，某些定义、原理、概念的表述近 20 年来已作了许多更新，多半是采用 IUPAC 的建议或 ISO 以及 GB 中的规定。例如，热力学能的定义、功的定义及其正负号的规定、反应进度的定义、标准态的规定、标准摩尔生成焓及标准摩尔燃烧焓的定义、混合物和溶液的区分及其组成标度的规定、渗透因子的定义、标准平衡常数的定义、转化速率的定义、活化能的定义、催化剂的定义等，本书参照相关标准作了全面及时的更新，不断提高教学内容的严谨性和科学性。

3. 适度反映现代物理化学发展的新动向、新趋势和新应用，促进课程教学内容的时代性和前瞻性

现代物理化学发展的新动向、新趋势集中表现在：从平衡态向非平衡态、从静态向动态、从宏观向微观和介观（纳米级）、从体相向表面相、从线性向非线性、从皮秒向飞秒的发展。此外，现代物理化学发展的许多成果在高新技术中得到了重要应用，因此，本书在加强三基本教学的同时，注意处理好加强基础与适度反映学科领域发展前沿的关系。我们在内容的取舍安排上，把以上的发展趋势作为一条主线贯穿始终，同时还简要介绍了一些涉及物理化学原理的新技术和新应用，利于开阔学生的知识视野，启迪他们创新的欲望。

4. 针对物理化学课程内容抽象难懂的特点，尽量增加生动的实例及直观的插图，体现课程教学内容的趣味性和直观性

物理化学的基本原理，可以说是博、大、精、深，一些定义、定律及公式，其适用条件十分严格。因此，为帮助学生脱困、解难，本书在编写时力求多举生动、有趣的与生活、生产、科学实验有关的应用实例或例题并配以形象、直观的插图，帮助学生准确理解抽象难懂的物理化学原理。

5. 积极贯彻国家标准，注意内容表述上的标准化、规范化，坚持课程教学内容的先进性和通用性

1984 年，国务院公布《关于在我国统一实行法定计量单位的命令》。国家技术监督局于 1982、1986、1993 年先后颁布《中华人民共和国国家标准》，即 GB 3100～3102—1982、1986、1993《量和单位》。1982 年至今公开出版的物理化学教材中，能全面、准确地贯彻国家标准的并不多，甚至近年来出版的某些物理化学教材及参考书仍不符合国家标准。例如，"有量纲"、"无量纲"、"有单位"、"无单位"、"原子量"、"分子量"、"摩尔数"、"潜热"、"显热"、"恒容热效应"、"恒压热效应"、"摩尔反应"、"一个单位反应"、"理想溶液"、"几率"、"T K"、"n mol"以及把 $\Delta_{vap}H_m^{\ominus}$、$\Delta_r H_m^{\ominus}$、$\Delta_f H_m^{\ominus}$、$\Delta_c H_m^{\ominus}$ 分别称为"蒸发热"、"标准摩尔反应热"、"标准摩尔生成热"、"标准摩尔燃烧热"等，仍充斥在许多教材之中；甚至有的教材仍规定 $p^{\ominus}=$ 101 325 Pa 或 $p^{\ominus}=1$ atm；有的在定义物理量时指定或暗含单位；有的把量纲和单位相混淆。按 GB 3102.8—1993 的规定，这些都是不标准、不规范、过时或被废止的。本书则高度重视这些问题，力求全面、准确地贯彻国家标准，坚持教学内容表述上的标准化、规范化，使教材更具先进性和通用性。

本次修订仍坚持以化学热力学及化学动力学为理论基础，集中给力解决物质变化过程的平衡与速率问题为主线，展开全书各章节的布局。

本书全部习题解答由《物理化学学习指南》(田福平、林青松主编)给出。

大家有任何意见或建议，请通过以下方式与我们联系：

邮箱　jcjf@dutp.cn

电话　0411-84707962　84708947

编　者

2013 年 5 月

目　录

本书所用符号

一、主要物理量符号

拉丁文字母

A　亥姆霍茨函数

A_s　截面面积,接触面面积,界面面积

$\mathbf{A}$　化学亲和势

A_r　相对原子质量

a　活度,范德华参量,表面积

b　质量摩尔浓度,范德华参量,吸附平衡常数

C　热容,组分数,分子浓度

c_B　B 的量浓度或 B 的浓度

D　扩散系数,切变速度

d　直径

E　能量,活化能,电极电势

E_{MF}电池电动势

e　电子电荷

F　自由度数,法拉第常量,摩尔流量

f　自由度数,活度因子,活化碰撞分数

G　吉布斯函数,电导

g　重力加速度

H　焓

h　普朗克常量,高度

I　电流强度,离子强度

J　分压商

j　电流密度

K　平衡常数,电导池常数

$K^{\ominus}$　标准平衡常数

k_f　熔点下降系数

k_b　沸点升高系数

k　玻耳兹曼常量,反应速率系数,享利系数,吸附速率系数

k_0　指[数]前参量

L　阿伏加德罗常量,长度

l　长度,距离

M　摩尔质量

M_r　相对摩尔质量

m　质量

N　粒子数

n　物质的量,反应级数,折光指数,体积粒子数

P　概率因子,概率,功率

p　压力

Q　热量,电量

R　摩尔气体常量,电阻,半径

r　半径,距离,摩尔比

S　熵,物种数

s　铺展系数

T　热力学温度

$t_{1/2}$　半衰期

t　摄氏温度,时间,迁移数

U　热力学能,能量

u　离子电迁移率

$\mathbf{u}_r$　相对速率

V　体积,势能

v　速度

W　功

w　质量分数

X_B　偏摩尔量

x　物质的量分数,转化率

z　离子价数

y　物质的量分数(气相)

Z　碰撞数,电荷数

希腊文字母

α　反应级数,电离度

β　反应级数

Γ　表面过剩物质的量,吸附量

γ	活度因子	i	$i=1,2,3,\cdots$
γ	相	j	$j=1,2,3,\cdots$
δ	距离,厚度	l	液态
ε	能量,介电常数	m	质量
η	黏度,超电势	m	摩尔
θ	覆盖度,接触角	p	定压
κ	电导率	r	半径
Λ_m	摩尔电导率	r	反应,可逆,对比,相对
μ	化学势,折合质量,焦汤系数	S	定熵
ν	化学计量数,频率	su	环境
ξ	反应进度	s	固态
$\dot{\xi}$	化学反应转化速率	sln	溶液
Π	渗透压,表面压力	sub	升华
ρ	体积质量,电阻率	T	定温
σ	表面张力,面积	trs	晶型转化
τ	时间,停留时间,体积	U	定热力学能
υ	反应速率	V	定容
φ	体积分数,渗透因子,电势	vap	蒸发
ϕ	相数	x	物质的量分数
Ω	系统总微态数	Y	物质 Y
		Z	物质 Z

二、符号的上标

* 纯物质,吸附位
⊖ 标准态
⧧ 活化态,过渡态,激发态

三、符号的下标

A 物质 A
aq 水溶液
B 物质 B,偏摩尔
b 沸腾
b 质量摩尔浓度
c 燃烧,临界态
d 分解,扩散,解吸
e 电子
ex (外)
eq 平衡
f 生成
fus 熔化
g 气态
H 定焓

四、符号的侧标

(A)	物质 A
(B)	物质 B
(c)	物质的量浓度
(g)	气体
(l)	液体
(s)	固体
(cr)	晶体
(gm)	气体混合物
(pgm)	完全(理想)气体混合物
(sln)	溶液
(STP)	标准状况(标准温度压力)
(T)	热力学温度
(x)	物质的量分数
(Y)	物质 Y
(Z)	物质 Z
(α)	相
(β)	相

物理化学概论

0.1　物理化学课程的基本内容

　　物理化学是化学科学中的一个分支。物理化学研究物质系统发生压力(p)、体积(V)、温度(T)变化,相变化和化学变化过程的平衡规律和速率规律以及与这些变化规律有密切联系的物质的结构及性质(宏观性质、微观性质、界面性质等)。物理化学就内容范畴来说可以概括为以下 5 个主要方面:

0.1.1　化学热力学

　　化学热力学研究的对象是由大量粒子(原子、分子或离子)组成的宏观物质系统。它主要以热力学第一、第二定律为理论基础,引出或定义了系统的**热力学能**(U)、**焓**(H)、**熵**(S)、**亥姆霍茨函数**(A)、**吉布斯函数**(G),再加上可由实验直接测定的系统的**压力**(p)、**体积**(V)、**温度**(T)等热力学参量共 8 个最基本的热力学函数。应用演绎法,经过逻辑推理,导出一系列热力学公式及结论(作为热力学基础)。将这些公式或结论应用于物质系统的 p、V、T 变化,相变化(物质的聚集态变化),化学变化等过程,解决这些变化过程的能量效应(功与热)和变化过程的方向与限度等问题,亦即研究解决有关物质系统的热力学平衡的规律,构成化学热力学。

　　人类有史以来,就有了"冷"与"热"的直觉,但对"热"的本质的认识始于 19 世纪中叶,在对热与功相互转换的研究中,才对热有了正确的认识,其中**迈耶**(Mayer J R)和**焦耳**(Joule J P)的实验工作(1840~1848 年)为此作出了贡献,从而为认识能量守恒定律,即**热力学第一定律**的实质奠定了实验基础。此外,19 世纪初叶蒸汽机已在工业中得到广泛应用,1824 年法国青年工程师**卡诺**(Carnot S)设计一部理想热机,研究了热机效率,即热转化为功的效率问题,为**热力学第二定律**的建立奠定了实验基础。此后(1850~1851 年)**克劳休斯**(Clausius R J E)和**开尔文**(Kelvin L)分别对热力学第二定律作出了经典表述;1876 年**吉布斯**(Gibbs J W)推导出**相律**,奠定了多相和多组分系统的热力学理论基础;1884 年**范特荷夫**(van't Hoff J H)创立了稀溶液理论并在化学平衡原理方面作出贡献;1906 年**能斯特**(Nernst W)发现了热定理,进而建立了**热力学第三定律**。至此已形成了系统的热力学理论。到 20 世纪化学热力学已发展得十分成熟,并在生产中得到了广泛应用。如有关化工、冶金(火法冶金或湿法冶金)、金属材料热加工等生产无不涉及化学热力学的理论。20 世纪 60 年代以来,计算机技术的发展为热力学数据库的建立以及复杂的热力学计算提供了极为有利的工具,并为热力学更为广泛地应用创造了条件。20世纪中叶开始,热力学迅速从平衡态向非平衡态发展,逐步形成了非平衡态热力学理论。

0.1.2 量子力学

量子力学研究的对象是由个别电子和原子核组成的微观系统。研究这种微观系统的运动状态(包括在指定空间的不同区域内粒子出现的概率以及它的运动能级)。实践证明,对微观粒子的运动状态的描述不能用经典力学(牛顿力学),经典力学的理论对这种系统是无能为力的。这是由微观粒子的运动特征决定的。微观粒子运动的三个主要特征是**能量量子化**、**波粒二象性**和**不确定关系**。这些事实决定电子等微观粒子的运动不服从经典力学规律,它所遵从的力学规律构成了量子力学。

玻恩(Born M)于1925年,薛定谔(Schrödinger E)于1926年先后发现了量子力学规律,为量子力学的建立与发展奠定了基础。在量子力学中,用数学复函数 Ψ 描述一个微观系统的运动状态,Ψ 叫**含时波函数**,它是坐标和时间的函数,满足含时薛定谔方程。解薛定谔方程,可以得到波函数 Ψ 的具体形式及微观粒子运动的允许能级。Born假定 $|\Psi|^2$ 表示 t 时刻粒子在空间位置(用三维坐标 x, y, z 表示)附近的微体积元 $\mathrm{d}\tau = \mathrm{d}x\mathrm{d}y\mathrm{d}z$ 内的概率密度。

将量子力学原理应用于化学,探求原子结构、分子结构,从而揭示化学键的本质,明了波谱原理,了解物质的性质与其结构的内在关系则构成了**结构化学**研究的内容。现代物理化学已从宏观向微观迅速发展。

0.1.3 统计热力学

统计热力学就其研究的对象来说与热力学是一样的,也是研究由大量微观粒子(原子、分子、离子等)组成的宏观系统。统计热力学认为,宏观系统的性质必取决于它的微观组成、粒子的微观结构和微观运动状态。宏观系统的性质所反映的必定是大量微观粒子的集体行为,因而可以用统计学原理,利用粒子的微观量求大量粒子行为的统计平均值,进而推求系统的宏观性质。

统计热力学所研究的内容可分为平衡态统计热力学和非平衡态统计热力学。前者研究讨论系统的平衡规律,理论发展比较完善,应用也较为广泛,后者研究的是输运过程,发展尚不够完善。

早期,统计热力学所用的是经典统计方法。1925年起发展起量子力学,随之建立起量子统计方法,考虑到是否受保里(Pauli)原理限制,量子统计又分为不受保里原理限制的**玻色-爱因斯坦**(Bose-Einstein)统计和受保里原理限制的**费米-狄拉克**(Fermi-Dirac)统计。虽然它们各自的出发点不同,但彼此仍可以沟通。

0.1.4 化学动力学

化学动力学主要研究各种因素,包括浓度、温度、催化剂、溶剂、光、电、微波等对化学反应速率影响的规律及反应机理。

如前所述,化学热力学研究物质变化过程的能量效应及过程的方向与限度,它不研究完成该过程所需要的时间及实现这一过程的具体步骤,即不研究有关速率的规律;而解决后一问题的科学,则称为化学动力学。可以概括为:化学热力学是解决物质变化过程的可能性的科学,而化学动力学则是解决如何把这种可能性变为现实性的科学。

化学动力学的研究始于 19 世纪后半叶。19 世纪 60 年代,**古德堡**(Guldberg C M)和**瓦格**(Waage P)首先提出浓度对反应速率影响的规律,即**质量作用定律**;1889 年**阿仑尼乌斯**(Arrhenius S)提出活化分子和活化能的概念及著名的温度对反应速率影响规律的阿仑尼乌斯方程,从而构成了宏观反应动力学的内容。这期间,化学动力学规律的研究主要依靠实验。20 世纪初,化学动力学的研究开始深入到微观领域,1916~1918 年,**路易斯**(Lewis W C M)提出了关于**元反应**的**速率理论——简单碰撞理论**;1930~1935 年,在量子力学建立之后,**艾琳**(Eyring H)、**鲍兰义**(Polanyi M)等提出了**元反应的活化络合物理论**,试图利用反应物分子的微观性质,从理论上直接计算反应速率。20 世纪 60 年代,计算机技术的发展以及**分子束**实验技术的开发,把反应速率理论的研究推向分子水平,发展成为**微观反应动力学**(或叫**分子反应动态学**)。20 世纪 90 年代,快速反应的测定有了巨大的突破,**飞秒**(10^{-15} s)**化学**取得了实际成果。但总的来说,化学动力学理论的发展与解决实际问题的需要仍有较大的差距,远不如热力学理论那样成熟,有待进一步发展。

0.1.5 界面性质

在通常条件下,物质以气、液、固等聚集状态存在,当一种以上聚集态共存时,则在不同聚集态(相)间形成**界面层**,它是两相之间的厚度约为几个分子大小的一薄层。由于界面层上不对称力场的存在,产生了与本体相不同的许多新的性质——**界面性质**。若将物质分散成细小微粒,构成高度分散的物质系统,则会产生许多**界面现象**。如金属材料热加工中的淬火等都直接涉及界面性质的改变。

以上概括地介绍了物理化学的基本内容,目的是为初学者在学习物理化学课程之前,提供一个物理化学内容的总体框架,这对于进一步深入学习各个部分的具体内容是有指导意义的,便于抓住基本,掌握重点。

本书是为冶金、金属材料工程专业而编写的物理化学教材,只包括:化学热力学基础、相平衡、化学平衡、化学动力学基础、界面层的平衡与速率、电化学反应的平衡与速率等内容。其中教学重点是化学热力学基础和化学动力学基础。在教学过程中不必追求物理化学整体内容的完整性,而应以对所学专业"够用"为度。

0.2 物理化学的研究方法

物理化学是一门自然科学,一般的科学研究方法对物理化学都是完全适用的。如事物都是一分为二的,矛盾的对立与统一这一辩证唯物主义的方法;实践,认识,再实践这一认识论的方法;以数学及逻辑学为工具,通过推理,由特殊到一般的归纳及由一般到特殊的演绎的逻辑推理方法;对复杂事物进行简化,建立抽象的理想化模型,上升为理论后,再回到实践中检验这种科学模型的方法等,在物理化学的研究中被普遍应用。

此外,由于学科本身的特殊性,物理化学还有自己的具有学科特征的理论研究方法,这就是**热力学方法**、**量子力学方法**、**统计热力学方法**。可把它们归纳如下:

0.2.1　宏观方法

　　热力学方法属于**宏观方法**。热力学以大量粒子组成的宏观系统作为研究对象，以经验概括出的热力学第一、第二定律为理论基础，引出或定义了热力学能、焓、熵、亥姆霍茨函数、吉布斯函数，再加上 p、V、T 这些可由实验直接测定的宏观量作为系统的宏观性质，利用这些宏观性质，经过归纳与演绎推理，得到一系列热力学公式或结论，用以解决物质变化过程的能量平衡、相平衡和反应平衡等问题。这一方法的特点是不涉及物质系统内部粒子的微观结构，只涉及物质系统变化前后状态的宏观性质。实践证明，这种宏观的热力学方法是十分可靠的，至今尚未发现实践中与热力学理论所得结论不一致的情况。

0.2.2　微观方法

　　量子力学方法属于**微观方法**。量子力学以个别电子、原子核组成的微观系统作为研究对象，考察个别微观粒子的运动状态，即微观粒子在空间某体积微元中出现的概率和所允许的运动能级。将量子力学方法应用于化学领域，得到了物质的宏观性质与其微观结构关系的清晰图像。

0.2.3　从微观到宏观的方法

　　统计热力学方法属于**从微观到宏观的方法**。统计热力学方法是在量子力学方法与热力学方法，即微观方法与宏观方法之间架起的一座桥梁，把二者有效地联系在一起。

　　统计热力学研究的对象与热力学研究的对象一样，都是由大量粒子组成的宏观系统。平衡统计热力学也是研究宏观系统的平衡性质，但它与热力学的研究方法不同，热力学是从宏观系统的一些可由实验直接测定的宏观性质（如 p、V、T）等出发，得到另一些宏观性质（如热力学能、焓、熵、亥姆霍茨函数、吉布斯函数等），所以是从宏观到宏观的方法；而统计热力学则从组成系统的微观粒子的性质（如质量、大小、振动频率、转动惯量等）出发，通过求统计概率的方法，定义出**粒子配分函数**，并把它作为一个桥梁，与系统的宏观热力学性质联系起来。所以统计热力学方法是从微观到宏观的方法，它补充了热力学方法的不足，填平了从微观到宏观之间难以逾越的鸿沟。

　　化学动力学所用的方法则是宏观方法与微观方法的交叉、综合运用，用宏观方法构成宏观动力学，用微观方法则构成微观动力学。

　　学习物理化学时，不但要学好物理化学的基本内容，掌握必要的物理化学基本知识和基本理论，而且还要注意方法的学习，并积极去实践。可以说

知识＋方法＋实践＝创新能力＋实践能力

无知便无能，但有知不一定有能，只有把知识与方法相结合并积极去实践，才会培养创新能力和实践能力。

　　教师在讲授物理化学时应当把一般科学方法及物理化学特殊方法的讲授放在重要位置。中国有句格言，即

授人以鱼，不如授人以渔。

给人一条鱼只能美餐一次，但教给人捕鱼的方法却可使人受用终生。

0.3 物理化学的量、量纲与量的单位

0.3.1 量、物理量

物理化学中要研究各种量之间的关系（如气体的压力、体积、温度的关系），要掌握各种量的测量和计算，因此要正确理解量的定义和各种量的量纲和单位。

物质世界存在的状态和运动形式是多种多样的，既有大小的增减，也有性质、属性的变化。**量**就是反映这种运动和变化规律的一个最重要的基本概念。一些国际组织，如**国际标准化组织**（ISO）、**国际法制计量组织**（OIML）等联合制定的《国际通用计量学基本名词》一书中，把量（quantity）定义为："现象、物体或物质的可以定性区别和定量确定的一种属性。"由此定义可知，一方面，量反映了属性的大小、轻重、长短或多少等概念；另一方面，量又反映了现象、物体和物质在性质上的区别。

量是物理量的简称，凡是可以定量描述的物理现象都是**物理量**。物理化学中涉及许多物理量。

0.3.2 量的量制与量纲

在科学技术领域中，约定选取的基本量和相应导出量的特定组合叫**量制**。量制中基本量的幂的乘积，表示该量制中某量的表达式，称为**量纲**（dimension）。量纲只表示量的属性，而不指它的大小。量纲只用于定性地描述物理量，特别是定性地给出导出量与基本量之间的关系。

常用符号表示量纲，如对量 Q 的量纲用符号写成 $\dim Q$，所有的量纲因素，都规定用正体大写字母表示。SI 的 7 个基本量：长度、质量、时间、电流、热力学温度、物质的量、发光强度的量纲分别用正体符号 L，M，T，I，Θ，N 和 J 表示。在 SI 中，量 Q 的量纲一般表示为

$$\dim Q = L^\alpha M^\beta T^\gamma I^\delta \Theta^\epsilon N^\zeta J^\eta \tag{0-1}$$

如物理化学中体积 V 的量纲 $\dim V = L^3$，密度（体积质量）ρ 的量纲 $\dim \rho = M \cdot L^{-3}$，熵 S 的量纲为 $\dim S = L^2 M T^{-2} \Theta^{-1}$。

0.3.3 量的单位与数值

从量的定义可以看出，量有两个特征：一是可定性区别，二是可定量确定。定性区别是指量在物理属性上的差别，按物理属性可把量分为几何量、力学量、电学量、热学量等不同类的量；定量确定是指确定具体的量的大小，要定量确定，就要在同一类量中，选出某一特定的量作为一个称之为**单位**（unit）的参考量，则这一类中的任何其他量，都可用一个数与这个单位的乘积表示，而这个数就称为该量的数值。数值乘单位就称为某一量的**量值**。

量可以是标量，也可以是矢量。对量的定量表示，既可使用符号（量的符号），也可使

用数值与单位之积,一般可表示为

$$Q=\{Q\} \cdot [Q] \tag{0-2}$$

式中,Q 为某一物理量的符号;$[Q]$ 为物理量 Q 的某一单位的符号;而 $\{Q\}$ 则是以单位 $[Q]$ 表示量 Q 的数值。如体积 $V=10\text{ m}^3$,即 $\{V\}=10$,$[V]=\text{m}^3$;$R=8.3145\text{ J}\cdot\text{K}^{-1}\cdot\text{mol}^{-1}$,即 $\{R\}=8.3145$,$[R]=\text{J}\cdot\text{K}^{-1}\cdot\text{mol}^{-1}$。

注意 不要把量的单位与量纲相混淆。量的单位用来确定量的大小,而量纲只表示量的属性而不指它的大小,二者不能混淆。例如,气体普适常量 R 的单位是 $\text{J}\cdot\text{K}^{-1}\cdot\text{mol}^{-1}$,而 R 的量纲即 $\dim R=\text{L}^2\text{MT}^{-2}\Theta^{-1}\text{N}^{-1}$。现在把物理化学中涉及主要物理量的量纲和单位列于表 0-1 中。

表 0-1　　　　　　　物理化学中主要物理量的量纲和单位

物理量	符号	量纲	单位
质量	m	M	kg(千克或公斤)
物质的量	n	N	mol(摩尔)
热力学温度	T	Θ	K(开尔文)
体积	V	L^3	m^3(米^3)
压力(或压强)	p	$\text{ML}^{-1}\text{T}^{-2}$	Pa(帕,1 Pa=1 N$\cdot$m^{-2})
热量	Q	L^2MT^{-2}	J(焦耳)
功	W	L^2MT^{-2}	J
化学反应计量数	ν_B	1	1(单位为1,省略不写)
反应进度	ξ	N	mol
热力学能	U	L^2MT^{-2}	J
摩尔热力学能	U_m	$\text{L}^2\text{MT}^{-2}\text{N}^{-1}$	J$\cdot$mol^{-1}(焦耳$\cdot$摩尔$^{-1}$)
熵	S	$\text{L}^2\text{MT}^{-2}\Theta^{-1}$	J$\cdot$K^{-1}(焦耳$\cdot$开尔文$^{-1}$)
摩尔熵	S_m	$\text{L}^2\text{MT}^{-2}\Theta^{-1}\text{N}^{-1}$	J$\cdot$K$^{-1}\cdot$mol^{-1}(焦耳$\cdot$开尔文$^{-1}\cdot$摩尔$^{-1}$)
摩尔分数	x_B	1	1(单位为1,省略不写)
物质的量浓度	c_B	NL^{-3}	mol$\cdot$m^{-3}(摩尔$\cdot$米$^{-3}$)
溶质B的质量摩尔浓度	b_B	NM^{-1}	mol$\cdot$kg^{-1}(摩尔$\cdot$千克$^{-1}$)
标准平衡常数	$K^{\ominus}$	1	1(单位为1,省略不写)
时间	t	T	s(秒)
反应速率	v	$\text{NL}^{-3}\Theta^{-1}$	mol$\cdot$m$^{-3}\cdot$s^{-1}(摩尔$\cdot$米$^{-3}\cdot$秒$^{-1}$)
反应速率系数	k	$\text{N}^{1-n}\text{L}^{-(3-3n)}\text{T}^{-1}$	mol$^{1-n}\cdot$m$^{-(3-3n)}$s^{-1}①
活化能	E_a	$\text{L}^2\text{MT}^{-2}\text{N}^{-1}$	J$\cdot$mol^{-1}
界面张力	σ	MLT^{-2}	N$\cdot$m^{-1}(牛$\cdot$米$^{-1}$)
电流强度	I	I	A(安培)
电阻	R	$\text{L}^2\text{MI}^{-2}\text{T}^{-3}$	Ω(欧姆)
电导	G	$\text{I}^2\text{T}^3\text{L}^{-2}\text{M}^{-1}$	S(西门子,1S=1Ω^{-1})
电量	Q	IT	C(库仑,1 C=1 A$\cdot$s)
电导率	κ	$\text{I}^2\text{T}^3\text{M}^{-1}\text{L}^{-3}$	S$\cdot$m^{-1}(西门子$\cdot$米$^{-1}$)
电极电势	E	$\text{L}^2\text{MI}^{-1}\text{T}^{-3}$	V(伏特)
摩尔电导率	Λ_m	$\text{I}^2\text{T}^3\text{M}^{-1}\text{L}^{-3}\text{N}^{-1}$	S$\cdot$m$^2\cdot$mol^{-1}(西门子$\cdot$米$^2\cdot$摩尔$^{-1}$)
黏度	η	$\text{ML}^{-1}\text{T}^{-1}$	Pa$\cdot$s(帕$\cdot$秒)或 N$\cdot$s$\cdot$m^{-2}(牛$\cdot$秒$\cdot$米$^{-2}$)或 kg$\cdot$m$^{-1}\cdot$s^{-1}(千克$\cdot$米$^{-1}\cdot$秒$^{-1}$)

　　① 式中 n 为反应的总级数。

注意 在定义物理量时不要指定或暗含单位。例如,物质的摩尔体积,不能定义为 1 mol 物质的体积,而应定义为单位物质的量的体积。

0.3.4 法定计量单位

1984 年,国务院颁布了《关于在我国统一实行法定计量单位的命令》,规定我国的计量单位一律采用中华人民共和国法定计量单位;国家技术监督局于 1982、1986 及 1993 年先后颁布《中华人民共和国国家标准》GB 3100～3102—1982、1986 及 1993《量和单位》。国际单位制(Le Système International d'unités,简称 SI)是在第 11 届国际计量大会(1960 年)上通过的。国际单位制单位(SI 单位)是我国法定计量单位的基础,凡属国际单位制的单位都是我国法定计量单位的组成部分。我国法定计量单位(在本书正文中一律简称为"单位")包括:

(i)SI 基本单位(附录Ⅱ表 1);

(ii)包括 SI 辅助单位在内的具有专门名称的 SI 导出单位(附录Ⅱ表 2);

(iii)由于人类健康安全防护上的需要而确定的具有专门名称的 SI 导出单位;

(iv)SI 词头;

(v)可与国际单位制并用的我国法定计量单位(附录Ⅱ表 5)。

以前常用的某些单位,如 Å,dyn,atm,erg,cal 等为非法定计量单位,从 1991 年 1 月 1 日起已废除。

0.3.5 量纲一的量的 SI 单位

由式(0-1),对于导出量的量纲指数为零的量 GB 3101—1986 称为无量纲量,GB 3101—1993 改称为**量纲一的量**。例如,物理化学中的化学计量数、相对分子质量、标准平衡常数、活度因子等都是量纲一的量。因此,再说某量是"无量纲的量"或"有量纲的量"都是不正确的。

对于量纲一的量,第一,它们属于物理量,具有一切物理量所具有的特性;第二,它们是可测量的;第三,可以给出特定的参考量作为其单位;第四,同类量间可以进行加减运算。

按国家标准规定,任何量纲一的量的 SI 单位名称都是汉字"一",符号是阿拉伯数字"1"。说"某量有单位",或说"某量无单位"都是错误的。

0.3.6 量方程式、数值方程式和单位方程式

在《量和单位》国家标准中包括三种形式的方程式:**量方程式、数值方程式和单位方程式**。

1. 量方程式

量方程式表示物理量之间的关系。量与所用单位无关,因此量方程式也与所用单位无关,即无论选用何种单位来表示其中的量都不影响量之间的关系。如摩尔电导率 Λ_m 与电导率 κ、物质的量浓度 c_B 之间的关系为

$$\Lambda_m = \frac{\kappa}{c_B}$$

若 κ 及 c_B 的单位都选用 SI 单位的基本单位,即 $S \cdot m^{-1}$ 和 $mol \cdot m^{-3}$,则得到的 Λ_m 的单位也必定是 SI 单位的基本单位所表示的导出单位,即 $S \cdot m^2 \cdot mol^{-1}$。若 κ 及 c_B 的单位选用

$S \cdot cm^{-1}$ 和 $mol \cdot cm^{-3}$，则 Λ_m 的单位为 $S \cdot cm^2 \cdot mol^{-1}$。因为 $1\ m = 100\ cm$，所以 $1\ S \cdot m^2 \cdot mol^{-1} = 10^4\ S \cdot cm^2 \cdot mol^{-1}$。所以没有必要指明量方程式中的物理量的单位。因此，以往教材中把 $\Lambda_m = \dfrac{\kappa}{c_B}$ 表示成

$$\Lambda_m = 1\ 000\kappa/c_B$$

这种暗指量的单位的量方程式不宜使用，否则会造成混乱。

除只包含有物理量符号的量方程式之外，还包括式(0-2)这种特殊形式的量方程式，此种方程式中包含数值与单位的乘积。

2. 数值与数值方程式

在表达一个标量时，总要用到数值和单位。标量的数值是该量与单位之比，即式(0-2)，可表示成

$$\{Q\} = Q/[Q]$$

对于矢量，它在坐标上的分量或者说它本身的大小，上式也适用。

量的数值在物理化学中的表格和坐标图中大量出现。列表时，在表头上说明这些数值时，一是要表明数值表示什么量，此外还要表明用的是什么单位，而且表达时还要符合式(0-2)的关系。例如，以纯水的饱和蒸气压 p^*（"$*$"表示纯物质）与热力学温度 T 的关系列表可表示成表 0-2。

表 0-2   水的饱和蒸气压与热力学温度的关系

T/K	$p^*(H_2O)/Pa$	T/K	$p^*(H_2O)/Pa$
303.15	4 242.9	353.15	47 343
323.15	12 360	363.15	70 096
343.15	31 157	373.15	101 325

由表 0-2 可知，$T = 373.15\ K$ 时，$p^*(H_2O) = 101\ 325\ Pa$，即表头及表格中所列的物理量、单位及数值间的关系——满足量方程式(0-2)。

再如，在坐标图中表示纯液体的饱和蒸气压 p^* 与热力学温度 T 的关系时，可表示成图 0-1 中的三种方式之一，这是因为从数学上看，纵、横坐标轴都是表示数值的数轴。当用坐标轴表示物理量时，须将物理量除以其单位化为数值才可表示在坐标轴上。

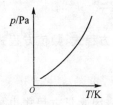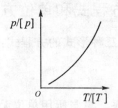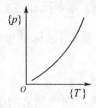

图 0-1　蒸气压与热力学温度的关系

此外，指数、对数中的变量，都应是数值或是由量组成的量纲一的组合。例如，物理化学中常见的 $\exp(-E_a/RT)$，$\ln(p/p^{\ominus})$，$\ln(k/s^{-1})$ 等。所以在量方程式中及量的数学运算过程中，当对一物理量进行指数、对数运算时，对非量纲一的量均需除以其单位化为数值。例如，物理化学中常见的一些量方程式，可表示成

$$d \ln(p/[p])/dT = \Delta_l^g H_m/RT^2 \qquad 或 \qquad d \ln\{p\}/dT = \Delta_l^g H_m/RT^2$$

$$d \ln(k_A/[k_A])/dT = E_a/RT^2 \qquad 或 \qquad d \ln\{k_A\}/dT = E_a/RT^2$$

$$\ln(p/[p]) = -\frac{A}{T/K} + B \qquad 或 \qquad \ln\{p\} = -\frac{A}{T/K} + B$$

$$\ln(k_A/s^{-1}) = -\frac{A}{T/K} + B \qquad 或 \qquad \ln\{k_A\} = -\frac{A}{T/K} + B$$

$$\ln\{T\} + (\gamma-1)\ln\{V\} = 常数, \qquad \mu^*(g) = \mu^\ominus(g,T) + RT\ln(p/p^\ominus)$$

对物理量的文字表述,亦须符合量方程式(0-2)。如,说"物质的量为 n mol","热力学温度为 T K"都是错误的。因为物理量 n 已包含单位 mol,T 中已包含单位 K。正确的表述应为"物质的量为 n","热力学温度为 T"。

对物理量进行数学运算必须满足量方程式(0-2),如应用量方程式 $pV=nRT$ 进行运算,若已知组成系统的理想气体物质的量 $n=10$ mol,热力学温度 $T=300$ K,系统所占体积 $V=10$ m³,计算系统的压力,由 $p=\dfrac{nRT}{V}$ 代入数值与单位,得

$$p = \frac{10 \text{ mol} \times 8.314\,5 \text{ J} \cdot \text{mol}^{-1} \cdot \text{K}^{-1} \times 300 \text{ K}}{10 \text{ m}^3} = 2\,494.35 \text{ Pa}$$

即运算过程中,每一物理量均以数值乘单位代入,总的结果也符合量方程式(0-2)。以上运算也可简化为

$$p = \frac{10 \times 8.314\,5 \times 300}{10} \text{Pa} = 2\,494.35 \text{ Pa}$$

如在量方程式中其单位固定,可得到另一形式的方程式,即数值方程式。

数值方程式只给出数值间的关系而不给出量之间的关系。因此在数值方程式中,一定要指明所用的单位,否则就毫无意义。物理化学的公式均表示成量方程式的形式,而在对量的数学运算时,有时涉及数值方程式。

3. 单位方程式

所谓单位方程式就是单位之间的关系式。如表面功 $\delta W_r' = \sigma dA_s$(量方程式),即在可逆过程中环境对系统做的表面微功正比于系统所增加的表面积 dA_s,而 σ 为比例系数,称为**表面张力**(surface tension),利用单位方程式分析,σ 的 SI 单位必为 J·m⁻² = N·m·m⁻² = N·m⁻¹,此即单位方程式(σ 为作用在表面单位长度上的力,此即 σ 称为表面张力的原因)。

0.3.7　物理量名称中所用术语的规则

按 GB 3101—1993 中的附录 A,当一物理量无专门名称时,其名称通常用系数(coefficient)、因数或因子(factor)、参数或参量(parameter)、比或比率(ratio)、常量或常数(constant)等术语来命名。

1. 系数、因数或因子

在一定条件下,如果量 A 正比于量 B,即

$$A = kB$$

(i)若量 A 与量 B 的量纲不同,则 k 称为"**系数**"。如物理化学中常见的亨利系数、凝固点下降系数、沸点升高系数、反应速率系数等。

(ii)若量 A 和量 B 的量纲相同,则 k 称为"**因子**"。如物理化学中常见的压缩因子、活度

因子、渗透因子等。

2. 参数或参量、比或比率

量方程式中的某些物理量或物理量的组合可称为**参数**或**参量**，如物理化学中常见的范德华参量、临界参量、指[数]前参量等。

由两个量所得量纲一的商常称为**比[率]**，如物理化学中的**热容比**($C_p/C_V=\gamma$)。

3. 常量或常数

一些物理量如在任何情况下均有同一量值，则称为普适**常量**或普适**常数**(universal constant)，物理化学中常见的有普适气体常量 R、阿伏加德罗常量 L、普朗克常量 h、玻耳兹曼常量 k、法拉第常量 F 等。

仅在特定条件下保持量值不变或由数值计算得出量值的其他物理量，有时在名称中也含有"常量或常数"这一术语，但不推广使用。如物理化学中仅有"**化学反应的标准平衡常数**"用这一术语。

4. 常用术语

(i)形容词"质量[的](massic)"或"比(specific)"加在广度量(extensive quantity)的名称之前，表示该广度量被质量除所得之商。如物理化学中常见的**质量热容** $c \stackrel{\text{def}}{=\!=\!=} C/m$、**质量体积** $v \stackrel{\text{def}}{=\!=\!=} V/m$、**质量表面** $a_s \stackrel{\text{def}}{=\!=\!=} A_s/m$ 等。

(ii)形容词"体积[的](volumic)"加在广度量的名称之前，表示该广度量被体积除所得之商。如物理化学中常见的**体积质量** $\rho \stackrel{\text{def}}{=\!=\!=} m/V$、**体积表面** $a_v \stackrel{\text{def}}{=\!=\!=} A_s/V$ 等。

(iii)术语"摩尔[的](molar)"加在广度量 X 的名称之前，表示该广度量被物质的量除所得之商。

对于化学反应的摩尔量(molar quantities of reaction)$\Delta_r X_m$，例如，反应的摩尔焓(molar enthalpy of reaction)$\Delta_r H_m$，虽然名称中的形容词"摩尔[的]"在形式上与上面所示的形容词相同，但是其含义却不相同，它们是表示反应的 X 变除以**反应进度**(advancement of reaction)ξ 变的意思，即 $\Delta_r X_m = \Delta X/\Delta \xi$ 或 $\Delta_r X_m = dX/d\xi$。

注意 "**摩尔电导率**(molar conductivity)Λ_m"这一量名称中的形容词"摩尔[的](molar)"又有不同的含义，它表示电导率(electrolytic conductivity)κ 除以 B 的物质的量浓度(amount of substance concentration)c_B。

本书全面贯彻执行 GB 3100～3102—1993。积极倡导教材内容表述上的标准化和规范化。

第1章

化学热力学基础

1.0　化学热力学的理论基础和方法

化学热力学的理论基础是**热力学第一和第二定律**（first and second law of thermodynamics）。这两个定律是人们生活实践、生产实践和科学实验的经验总结。它们既不涉及物质的微观结构，也不能用数学方法加以推导和证明。但它们的正确性已被无数次的实验结果所证实。而且从热力学严格导出的结论都是非常精确和可靠的。不过这都是指在统计意义上的精确性和可靠性。热力学第一定律是有关能量守恒的规律，即能量既不能创造，亦不能消灭，仅能由一种形式转化为另一种形式，它是定量研究各种形式能量（热、功——机械功、电功、表面功等）相互转化的理论基础。热力学第二定律是有关热和功相互转化的方向与限度的规律，进而推广到有关物质变化过程的方向与限度的普遍规律。

热力学方法（thermodynamic method）是：从热力学第一和第二定律出发，通过总结、提高、归纳，引出或定义出**热力学能** U（thermodynamic energy）、**焓** H（enthalpy）、**熵** S（entropy）、**亥姆霍茨函数** A（Helmholtz function）、**吉布斯函数** G（Gibbs function），再加上可由实验直接测定的 p、V、T 共 8 个最基本的热力学函数。再应用演绎法，经过逻辑推理，导出一系列热力学公式或结论。进而用以解决物质的 p、V、T 变化，相变化和化学变化等过程的能量效应（功与热）及过程的方向与限度，即平衡问题。这一方法也叫**状态函数**（state function）**法**。

热力学方法的特点是：

（i）只研究物质变化过程中各宏观性质的关系，不考虑物质的微观结构；

（ii）只研究物质变化过程的始态和终态，而不追究变化过程的中间细节，也不研究变化过程的速率和完成过程所需时间。

因此，热力学方法属于宏观方法。

本章内容的范畴属于化学热力学基础，而将此基础应用于解决相平衡（第 2 章）、化学平衡（第 3 章）以及界面层的平衡与速率（第 5 章）、电化学反应的平衡与速率（第 6 章）中有关平衡问题则构成化学热力学的研究内容。

Ⅰ 热力学基本概念、热、功

1.1 热力学基本概念

1.1.1 系统和环境

系统(system)—— 热力学研究的对象(是大量分子、原子、离子等物质微粒组成的宏观集合体与空间)。系统与系统之外的周围部分存在边界。

环境(surrounding)—— 与系统通过物理界面(或假想的界面)相隔开并与系统密切相关的周围部分。

根据系统与环境之间发生物质的质量与能量的传递情况,系统分为三类:

(i) **敞开系统**(open system)—— 系统与环境之间通过界面既有物质的质量传递也有能量(以热和功的形式)传递。

(ii) **封闭系统**(closed system)—— 系统与环境之间通过界面只有能量传递,而无物质的质量传递。因此封闭系统中物质的质量是守恒的。

(iii) **隔离系统**(isolated system)—— 系统与环境之间既无物质的质量传递也无能量传递。因此隔离系统中物质的质量是守恒的,能量也是守恒的。

1.1.2 系统的宏观性质

1. 强度性质和广度性质

热力学系统是大量分子、原子、离子等微观粒子组成的宏观集合体。这个集合体所表现出来的集体行为, 如 p、V、T、U、H、S、A、G 等叫热力学系统的 **宏观性质**(macroscopic properties)(或简称热力学性质)。

宏观性质分为两类:**强度性质**(intensive properties)—— 与系统中所含物质的量无关, 无加和性(如 p、T 等);**广度性质**(extensive properties)—— 与系统中所含物质的量有关,有加和性(如 V、U、H 等)。而一种广度性质 / 另一种广度性质 = 强度性质,如摩尔体积 $V_m = V/n$,体积质量 $\rho = m/V$ 等。

2. 可由实验直接测定的最基本的宏观性质

以下几个宏观性质均可由实验直接测定:

(1) 压力

作用在单位面积上的力,用符号 p 表示,量纲 $\dim p = ML^{-1}T^{-2}$,单位为 Pa(帕斯卡,简称帕),1 Pa = 1 N·m^{-2},是 SI 中的导出单位,亦称压强。

(2) 体积

物质所占据的空间,用符号 V 表示,量纲 $\dim V = L^3$,单位为 m^3(米^3)。

(3) 温度

物质冷热程度的量度,有热力学温度和摄氏温度之分,热力学温度用符号 T 表示,是 SI 基本量,量纲 $\dim T = \Theta$,单位为 K(开尔文),是 SI 基本单位;摄氏温度用符号 t 表示,单位为

℃(摄氏度),1 ℃ = 1 K,是 SI 辅助单位。二者的关系为 $T/K = t/℃ + 273.15$。

(4) 物质的质量和物质的量

物质的**质量**(mass)是物质的多少的量度,用符号 m 表示,是 SI 基本量,量纲 $\dim m =$ M,单位为 kg(千克,或公斤),是 SI 基本单位。

物质的**量**(amount of substance)是与物质指定的基本单元数目成正比的量,用符号 n 表示,是 SI 基本量,量纲 $\dim n =$ N,单位为 mol(摩尔),是 SI 基本单位。物质 B 的物质的量 $n_B = N_B/L$,式中 N_B 为物质 B 的基本单元的数目,$L = 6.022\,045 \times 10^{23}\,\text{mol}^{-1}$,称为阿伏加德罗常量。指定的基本单元可以是原子、分子、离子、自由基、电子等,亦可以是分子、离子等的某种组合 (如 $N_2 + 3H_2$) 或某个分数 $\left(\text{如}\ \frac{1}{2}Cu^{2+}\right)$。例如,分别取 H_2 及 $\frac{1}{2}H_2$ 为物质的基本单元,则 1 mol 的 H_2 和 1 mol 的 $\frac{1}{2}H_2$ 相比,其物质的量都是 1 mol,而其质量却是 $m(H_2) = 2m\left(\frac{1}{2}H_2\right)$。

1.1.3　均相系统和非均相系统

相(phase) 的定义是:系统中物理性质及化学性质均匀的部分。相可由纯物质组成也可由混合物或溶液(或熔体) 组成,可以是气、液、固等不同形式的聚集态,相与相之间有分界面存在。

系统根据其中所含相的数目,可分为:**均相系统**(homogeneous system)(或叫**单相系统**)—— 系统中只含一个相;**非均相系统** (nonhomogeneous system)(或叫**多相系统** heterogeneous system)—— 系统中含有一个以上的相。

1.1.4　系统的状态、状态函数和热力学平衡态

1. 系统的状态、状态函数

系统的**状态**(state) 是指系统所处的样子。热力学中采用系统的宏观性质来描述系统的状态,所以系统的宏观性质也称为系统的**状态函数**(state function)。

2. 热力学平衡态

系统在一定环境条件下,经足够长的时间,其各部分的宏观性质都不随时间而变,此后将系统隔离,系统的宏观性质仍不改变,此时系统所处的状态叫**热力学平衡态** (thermodynamic equilibrium state)。

热力学系统必须同时实现以下几个方面的平衡,才能建立热力学平衡态:

(i) **热平衡**(thermal equilibrium)—— 系统各部分的温度相等;若系统不是绝热的,则系统与环境的温度也要相等。

(ii) **力平衡**(force equilibrium)—— 系统各部分的压力相等;系统与环境的边界不发生相对位移。

(iii) **相平衡**(phase equilibrium)—— 若为多相系统,则系统中的各个相可以长时间共存,即各相的组成和数量不随时间改变。

(iv) **化学平衡**(chemical equilibrium)—— 若系统各物质间可以发生化学反应,则达到平衡后,系统的组成不随时间改变。

当系统处于一定状态(即热力学平衡态) 时,其强度性质和广度性质都具有确定的量

值。但是系统的宏观性质是相互关联的(不完全是独立的),通常只需确定其中几个性质,系统的状态也就被确定了,其余的性质也就随之而定。

1.1.5　物质的聚集态及状态方程

1. 物质的聚集态

在通常条件下,物质的聚集态主要呈现为气体、液体、固体,分别用正体、小写的符号 g、l、s 表示。在特殊条件下,物质还会呈现等离子体、超临界流体、超导体、液晶等状态。在少数情况下,液体还会呈现不同状态,如液氦 Ⅰ、液氦 Ⅱ、离子液体,而一些单质或化合物纯物质可以呈现不同的固体状态,如固体碳可有无定形、石墨、金刚石、碳 60、碳 70 等状态;固态水亦可有 6 种不同晶型;SiO_2、Al_2O_3 等固体也可呈不同的晶型。气体及液体的共同点是有流动性,因此又称为**流体相**,用符号 fl 表示;而液体与固体的共同点是分子间空隙小,可压缩性小,故称为**凝聚相**,用符号 cd 表示。

气、液、固三种不同聚集态的差别主要在于其分子间的距离,从而表现不同的物理性质。物质呈现不同的聚集态取决于两个因素:主要是内因,即物质内部分子间的相互作用力,分子间引力大,促其靠拢,分子间斥力大,促其离散;其次是外因,主要是环境的温度、压力。对气体,温度高,分子热运动剧烈程度度大,促其离散;温度低,作用相反;压力高促其靠拢,压力低作用相反。对液体、固体,上述两种外因虽有影响,但影响不大。

2. 状态方程

对定量、定组成的均相流体(不包括固体,因为某些晶体具有各向异性)系统,系统任意宏观性质是另外两个独立的宏观性质的函数,例如,状态函数 p、V、T 之间有一定的依赖关系,可表示为

$$V = f(T,p)$$

系统的状态函数之间这种定量关系式,称为**状态方程**(equation of state)。

(1) 理想气体的状态方程

稀薄气体的体积、压力、温度和物质的量有如下关系

$$pV = nRT \tag{1-1a}$$

若定义 $V_m = \dfrac{V}{n}$ 为摩尔体积,则

$$pV_m = RT \tag{1-1b}$$

式(1-1a)和式(1-1b)称为**理想气体状态方程**(ideal gas equation)。R 为普遍适用于各种气体物质的常量,称为**摩尔气体常量**(molar gas constant)。R 的单位为

$$[R] = \frac{[p][V]}{[n][T]} = \frac{(N \cdot m^{-2})(m^3)}{(mol)(K)} = J \cdot mol^{-1} \cdot K^{-1}$$

由稀薄气体的 p、V_m、T 数据求得

$$R = \lim_{p \to 0}(pV_m)_T/T = 8.3145\ J \cdot mol^{-1} \cdot K^{-1}$$

理想气体的概念是由稀薄气体的行为抽象出来的。对于稀薄气体,分子本身占有的体积与其所占空间相比可以忽略,分子间的相互作用力亦可忽略。在 p、V、T 的非零区间,p、V、T、n 的关系准确地符合 $pV = nRT$ 的气体称为**理想气体**。理想气体状态方程包含了前人根据稀薄气体行为提出的**波义耳**(Boyle R)定律,**盖·吕萨克**(Gay-Lussac J)定律和阿伏加德

罗定律。

(2) 真实气体的状态方程

1873 年, **范德华**(van der Waals J H) 综合了前人的想法, 认为分子有大小及分子间有吸引力是真实气体偏离理想气体状态的主要原因。他应用气体分子运动论的概念, 提出一个半理论、半经验的状态方程

$$p = \frac{RT}{V_m - b} - \frac{a}{V_m^2} \quad \left[即 \quad p = \frac{nRT}{V - nb} - a\left(\frac{n}{V}\right)^2 \right] \tag{1-2}$$

后人称此方程为**范德华方程**(简写为 vdW 方程)。

式(1-2)把实际压力视为作用相反的两项压力的综合, 右边第一项称为推斥压力, 它来源于分子的热运动(RT) 及分子本身的不可压缩性($V_m \rightarrow b$ 时 $p \rightarrow \infty$); 右边第二项称为内压力(吸引压力), 它反映分子间相互吸引产生的效果。

范德华方程表明, $V_m \rightarrow b$ 时 $p \rightarrow \infty$, 也就是说, 方程中的 b 可理解为气体在高压下的极限体积(包括分子本身占的体积及分子间的空隙)。此极限体积的大小应与温度有关, 但为简单起见, 范德华假设 b 只与气体的特性有关。范德华将内压力表示为 $a\left(\frac{n}{V}\right)^2$, 即假设由于分子间吸引而使压力削减的量与气体密度的平方成比例。这种想法有一定道理, 但只能说是一种近似(虽然是颇好的近似)。

范德华方程常表示成如下形式:

$$\left(p + \frac{a}{V_m^2}\right)(V_m - b) = RT \quad \left[即 \quad \left(p + \frac{n^2 a}{V^2}\right)(V - nb) = nRT \right] \tag{1-3}$$

范德华方程中的 a 和 b 称为**范德华参量**, 它们分别是反映分子间吸引和分子体积的特性恒量。从范德华方程可看出, a 和 b 的单位是: $[a] = [p][V_m]^2$, $[b] = [V_m]$。范德华应用分子运动论, 得出 b 等于每摩尔分子本身体积的 4 倍的结论, 但这是近似的。

(3) 混合气体及分压的定义

① 混合气体

设混合气体的质量、温度、压力、体积分别为 m、T、p、V; 其中含有气体组分为 A、B、…、S, 物质的量分别为 n_A、n_B、…、n_S; 总物质的量 $n = \sum_B n_B$; 总质量 $m = \sum_B n_B M_B$, M_B 为气体 B 的摩尔质量; 各气体的摩尔分数 y_B(液体混合物为 x_B) $\stackrel{\text{def}}{=\!=\!=} n_B/n$, $n = \sum_A n_A$(从 A 开始所有组分的物质的量的加和)。

② 分压的定义

用压力计测出的混合气体的压力 p 是其中各种气体作用的总结果。按照 IUPAC(International Union of Pure and Applied Chemistry, 国际纯粹及应用化学联合会)的建议及我国国家标准的规定, 混合气体中某气体的**分压力**(partial pressure, 简称分压) 定义为该气体的摩尔分数与混合气体总压力的乘积。即

$$p_B \stackrel{\text{def}}{=\!=\!=} y_B p \tag{1-4}$$

式(1-4)适用于任何混合气体(理想或非理想)。

由此定义必然得出的结论是

$$\sum_B p_B = p \quad \left(\sum_B y_B = 1 \right) \tag{1-5}$$

即混合气体中各气体的分压之和等于总压力。

③ 理想气体混合物中气体的分压

实验结果表明,理想气体混合物的 p、V、T、n 符合

$$pV = nRT \quad (n = \sum_B n_B) \tag{1-6}$$

由式(1-4)及式(1-6)得到

$$p_B = n_B RT / V^{①} \tag{1-7}$$

即理想气体混合物中,每种气体的分压等于该气体在混合气体的温度下单独占有混合气体的体积时的压力。

(4) 液体及固体的体胀系数和压缩系数

液体、固体或气体的 p-V-T 关系都可用**体胀系数 α**(coefficient of thermal expansion)和**压缩系数 κ**(coefficient of compressibility)来表示:

$$\alpha \xlongequal{\text{def}} \frac{1}{V}\left(\frac{\partial V}{\partial T}\right)_p \tag{1-8}$$

$$\kappa \xlongequal{\text{def}} -\frac{1}{V}\left(\frac{\partial V}{\partial p}\right)_T \tag{1-9}$$

因$(\partial V / \partial p)_T < 0$,故引入负号使 κ 取正值。α 的意思是定压下温度每升高一单位,体积的增加占原体积的分数。κ 的意思是定温下压力每增加一单位,体积的减小占原体积的分数。液体和固体的 α 和 κ 都很小,数量级见表1-1。

表 1-1 　　液体和固体的 α、κ 量值与气体 α、κ 量值的比较

聚集态	α	κ
固体和液体	$\approx 10^{-4}$ K^{-1}	$\approx 10^{-5}$ MPa^{-1}
气体	$\approx \dfrac{1}{T}$	$\approx \dfrac{1}{p}$

固体的 α、κ 量值可比表1-1中的值小些,液体可比表1-1中的值大些。若某系统中同时涉及气相与凝聚相,则在计算中一般可以把固体和液体的体积看做不随 T、p 改变的量来处理;气体的 α 和 κ 可由状态方程及式(1-8)、式(1-9)求得。

例如,求理想气体的 α:

由 $V = \dfrac{nRT}{p}$,得 $\left(\dfrac{\partial V}{\partial T}\right)_{p,n} = \dfrac{nR}{p}$,所以

$$\alpha = \frac{1}{V}\left(\frac{\partial V}{\partial T}\right)_{p,n} = \frac{nR}{pV} = \frac{1}{T}$$

1.1.6 系统的变化过程

1. 过程

在一定条件下,系统由始态变化到终态的经过称为过程(process)。

系统的变化过程分为单纯 p、V、T 变化过程,相变化过程和化学变化过程。

---

① 式(1-7)已不作为分压的定义。

2. 几种主要的单纯 p、V、T 变化过程

(1) 定温过程

若过程的始态、终态的温度相等,且过程中系统的温度恒定等于环境的温度,即 $T_1 = T_2 = T_{su}$,叫**定温过程**(isothermal process)。

下标"su"表示"环境"。如 T_{su}、p_{su} 分别表示环境的温度和压力(环境施加于系统的压力亦称外压,也可用 p_{ex} 表示,"ex"表示"外")。

而定温变化,仅是 $T_1 = T_2$,过程中温度可不恒定。

(2) 定压过程

若过程的始态、终态的压力相等,且过程中系统的压力恒定等于环境的压力,即 $p_1 = p_2 = p_{su}$,叫**定压过程**(isobaric process)。

而定压变化,仅是 $p_1 = p_2$,过程中压力可不恒定。

(3) 定容过程

系统的状态变化过程中体积的量值保持恒定,即 $V_1 = V_2$,叫**定容过程**(isochoric process)。

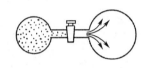

图 1-1   向真空膨胀

本书将涉及一些以特殊方式进行的过程,通常是单纯的 p、V、T 变化过程。(i) **绝热过程**(adiabatic process):系统状态变化过程中,与环境间的能量传递仅可能有功的形式,而无热的形式,即 $Q = 0$;(ii) **对抗恒外压膨胀**:即系统体积膨胀过程中所对抗环境的压力 $p_{su} = $ 常数;(iii) **自由膨胀**(free expansion)(或叫**向真空膨胀**):如图 1-1 所示,左球内充有气体,右球内为真空,活塞打开后,气体向右球膨胀,因为该过程瞬间完成,系统与环境来不及交换热量,所以属于绝热过程,$Q = 0$;(iv) **循环过程**(cyclic process):即系统由始态经一个以上单一过程组成的连续过程又回复到始态,循环过程中所有状态函数的改变量都为零,如 $\Delta p = 0$,$\Delta T = 0$,$\Delta U = 0$ 等。

3. 相变化过程与饱和蒸气压及临界参量

(1) 相变化过程

相变化(phase transformation)过程是指系统中发生的聚集态的变化过程。如液体的**汽化**(vaporization)、气体的**液化**(liquefaction)、液体的**凝固**(freeze)、固体的**熔化**(fusion)、固体的**升华**(sublimation)、气体的**凝华**(condensation)以及固体不同晶型间的**转化**(crystal form transition)等。

(2) 液(或固)体的饱和蒸气压

在相变化过程中,有关液体或固体的饱和蒸气压的概念是非常重要的。

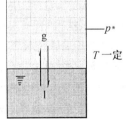

图 1-2   液体的饱和
蒸气压

设在一密闭容器中装有一种液体及其蒸气,如图 1-2 所示。液体分子和蒸气分子都在不停地运动。温度越高,液体中具有较高能量的分子越多,单位时间内由液相进入气相的分子越多;另一方面,在气相中运动的分子碰到液面时,有可能受到液面分子的吸引进入液相;蒸气体积质量越大(即蒸气的压力越大),单位时间内由气相进入液相的分子越多。单位时间内汽化的分子数超过液化的分子数时,宏观上观察到的是蒸气的压力逐渐增大。单位时间内当液 → 气及气 → 液的分子数目相等时,测量出的蒸气的压力不再随时间而变化。这种不随时间而变化的状态即是平衡状态。相之间的平衡称**相平衡**(phase equilibrium)。达到平衡状态时,只是宏观上看不出变化,实际上微观上变化并未停止,只不过两种相反的变化速率相等,这叫**动态平衡**。

在一定温度下,当液(或固)体与其蒸气达成液(或固)、气两相平衡时,气相的压力称为该液(或固)体在该温度下的**饱和蒸气压**(saturated vapor pressure,简称蒸气压)。

液体的蒸气压等于外压时的温度称液体的**沸点**(boiling point);101.325 kPa 下的沸点叫**正常沸点**(normal boiling point),100 kPa 下的沸点叫**标准沸点**(standard boiling point)。例如,水的正常沸点为 100 ℃,标准沸点为99.67 ℃。

表 1-2 列出不同温度下一些液体的饱和蒸气压。有关液体或固体的饱和蒸气压与温度的具体函数关系,将在第 2 章中应用热力学原理推导出来。

表 1-2　　　　　　　　$H_2O(l)$、$NH_3(l)$ 和 $C_6H_6(l)$ 的饱和蒸气压

$t/℃$	$p^*(H_2O)/kPa$	$p^*(NH_3)/kPa$	$p^*(C_6H_6)/kPa$	$t/℃$	$p^*(H_2O)/kPa$	$p^*(NH_3)/kPa$	$p^*(C_6H_6)/kPa$
−40		0.71		60	19.9	25.8	52.2
−20		1.88		80	47.3		101
0	0.61	4.24		100	101.325		178
20	2.33	8.5	10.0	120	198		
40	7.37	15.3	24.3				

(3) 气体的液化及临界参量

物质处于气体状态时,分子间距离较大,体积质量小,引力小,分子运动引起的离散倾向大;而处于液体状态时恰好相反。要使气体液化,通常采取降温、加压措施,此两种措施均有可能使物质的体积缩小,由气体状态转化为液体状态。由气体状态转化为液体状态过程中的 $p\text{-}V\text{-}T$ 变化关系遵循一定的规律。

1869 年**安德鲁斯**(Andrews T)作了一系列测定实验,系统地研究了二氧化碳在各种温度下的 p、V 关系,发现了很有意义的规律。后来有人由此得到更精确的实验结果。

如图 1-3 所示每条曲线表示在一定温度下一定量气体的 p 与 V 的关系,称为**$p\text{-}V$ 定温线**。在某一特定温度(T_c)以下的 $p\text{-}V$ 定温线都有一定压段。在 T_1 定温线上 g 及 a 处都是气态,要增加压力才能使其体积缩小;$a \to b$ 的变化是饱和蒸气(a) → 气液两相平衡共存(从 a 到 b) → 饱和液体(b),在这个过程中压力不变,体积缩小是由于气体液化的量逐渐增多;$b \to l$(及 l 以后)是液体,bl 线很陡,表示液体很难压缩。

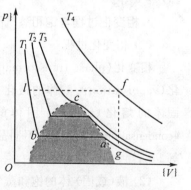

$(T_1 < T_2 < T_3 < T_4)$

$T_c(CO_2) = 304.2 \text{ K}$

图 1-3　$p\text{-}V$ 定温线

定压段的压力等于该温度下的蒸气压,也就是在该温度下使蒸气液化所需的压力。温度越高,使气体液化所需的压力越大;温度越高,定压段越短,表示饱和液体和饱和蒸气的体积质量越接近。随着温度的逐步提高(蒸气压随之提高),液体体积质量下降,蒸气体积质量上升,饱和蒸气和饱和液体的体积质量(和折射率等性质)趋于一样,观测(观察或用光学等方法检测)不到有两相界面

的存在。此时的温度和压力所标志的状态称为**临界状态**(critical state),此时的温度和压力分别称为**临界温度**(critical temperature)和**临界压力**(critical pressure),在临界温度和临界压力下的摩尔体积称为**临界摩尔体积**(critical molar volume)。临界温度、临界压力及临界摩尔体积以 T_c、p_c 及 $V_{m,c}$ 表示,总称为**临界参量**(critical parameters)。一些物质的临界参量列于表 1-3 中。对多数物质来说,$T_c \approx 1.6\,T_b$,$V_{m,c} \approx 2.7\,V_m(l, T_b)$,$p_c$ 在 5 MPa 左右。

表 1-3 一些物质的临界参量

物质	T_c/K	p_c/MPa	$V_{m,c}/(10^{-6}\ m^3 \cdot mol^{-1})$	物质	T_c/K	p_c/MPa	$V_{m,c}/(10^{-6}\ m^3 \cdot mol^{-1})$
He	5.19	0.227	57.3	CO_2	304.2	7.38	94
H_2	33.2	1.30	65	H_2O	647.3	22.05	56
N_2	126.2	3.39	90	C_6H_6	562.1	4.89	259
O_2	154.6	5.05	73.4				

由表 1-3 可见,N_2、O_2 等的 T_c 比常温低很多。过去因在一般低温下无论加多大压力也不能使这些气体液化,所以认为这些气体是不可能液化的。这是由于感性知识不完全、不系统而得到的错误结论。安德鲁斯以 CO_2 为对象进行了系统的实验后,认识到对每种气体,只要温度低于其临界温度,都能在定温下加压使之液化。

由图 1-3 可以看出,温度在 T_c 以下的气体可以经过定温压缩变为液体,如沿 T_1 定温线由 g 经 a、b 到 l。在这个过程中相变是不连续的,也就是说,中间出现两相共存的状态。但 $g \rightarrow l$ 的相变亦可以是连续的,例如,气体由 g 经 f 到 l 的过程,f 是 $T > T_c$ 及 $p > p_c$ 的任一状态。$g \rightarrow f$ 是气体在定容下升温(压力随之升高)到 f 点的状态。$f \rightarrow l$ 是气体在 $p > p_c$ 的条件下定压降温(体积随之缩小)到 l 点的状态。$g \rightarrow f \rightarrow l$ 不越过由 bca 曲线包围的两相共存区,在这个过程中系统体积质量的变化是各处均匀的、连续的,不出现两相共存的状态。这表明气态与液态是可以连续过渡的。

温度在 T_c 以上,压力接近或超过 p_c 的流体称为**超临界流体**(supercritical fluid)。超临界流体由于体积质量大、分子间吸引力强,可以溶解某些物质。降压后超临界流体成为气体,溶解的物质便分离出来。所以,超临界流体在萃取分离技术上有重要应用。

4. 化学变化过程与反应进度

系统中发生化学反应,致使物质的性质和组成发生了变化,称为**化学变化过程**,如反应

$$aA + bB \Longrightarrow yY + zZ$$

可简写成

$$\sum_R (-\nu_R R) = \sum_P \nu_P P \tag{1-10}$$

式中,ν_R、ν_P 分别为反应物 R 及生成物 P 的化学计量数。

式(1-10)还可写成更简单的形式

$$0 = \sum_B \nu_B B \tag{1-11}$$

式中,B 为参与化学反应的物质(简称为反应参与物)B(代表反应物 A、B 和生成物 Y、Z,可以是分子、原子或离子);ν_B 称为 **B 的化学计量数**(stoichiometric number of B),它是量纲一的量。为满足式(1-10)与式(1-11)等的关系,规定 ν_B 对反应物为负,对生成物为正,即 $\nu_A = -a$,$\nu_B = -b$,$\nu_Y = y$,$\nu_Z = z$。

为了表示反应的进展程度,化学中引入了反应进度的概念,用符号 ξ 表示,设用 $n_{B,0}$ 与 n_B 分别表示反应前($\xi = 0$)与反应后($\xi = \xi$)物质 B 的物质的量,则 $n_B - n_{B,0} = \nu_B \xi$,$dn_B = \nu_B d\xi$,于是

$$\mathrm{d}\xi \xlongequal{\mathrm{def}} \nu_B^{-1} \mathrm{d}n_B \quad 或 \quad \Delta\xi \xlongequal{\mathrm{def}} \nu_B^{-1} \Delta n_B \tag{1-12}$$

式(1-12)为**反应进度**(advancement of reaction)的定义式,ξ 的单位为 mol。

20 世纪初比利时化学家**德唐德**(Donder De)最早引入反应进度的概念,我国国家标准、IOS 国际标准分别于 1982 和 1992 年起引入反应进度的概念。反应进度是化学学科中最基础的量之一。

反应进度 ξ 的引入,使化学反应过程的热力学函数[变],从旧化学教材或文献中的广度量 $\Delta_r X$,变为现在的强度量 $\Delta_r X_m$,从而使许多热力学公式等式两端的单位或量纲统一了。

此外,有关化学反应转化速率的定义、活化能的单位等,现在都已经理顺,并都有了明确的意义,凡涉及反应过程中的一些物理量的下标"m",都表明该物理量的单位中含有"mol^{-1}",指的都是"每摩尔反应进度"。

为帮助初学者对反应进度的概念的深化理解,再作以下几点说明:

(i) 反应进度[变]$\Delta\xi = \xi_2 - \xi_1$,若 $\xi_1 = 0$,则 $\Delta\xi = \xi_2 = \xi$;若 $\Delta\xi = 1\ \mathrm{mol}$,可称为化学反应发生了"1 mol 反应进度",不能称为发生了"1 mol 反应",也不能称为发生了"1 个单位(或单元)反应"。因为这里的"mol"是反应进度 ξ 的单位,"反应"不是物理量,而是一个变化过程,不存在单位问题。

(ii) 反应进度[变]是针对化学反应整体而言的,它不是特指某一反应参与物的反应进度[变]。即不论用反应参与物中哪一种 B 来表示反应进度[变]$\Delta\xi_B$,其量值都是一致的。如对反应

$$a\mathrm{A} + b\mathrm{B} \longrightarrow y\mathrm{Y} + z\mathrm{Z}$$

应有

$$\Delta\xi(a\mathrm{A}) = \Delta\xi(b\mathrm{B}) = \Delta\xi(y\mathrm{Y}) = \Delta\xi(z\mathrm{Z})$$

但

$$\Delta\xi(\mathrm{A}) \neq \Delta\xi(\mathrm{B}) \neq \Delta\xi(\mathrm{Y}) \neq \Delta\xi(\mathrm{Z})$$

若 $\Delta\xi = 1\ \mathrm{mol}$,表明 $1\ \mathrm{mol}(a\mathrm{A})$ 与 $1\ \mathrm{mol}(b\mathrm{B})$ 完全反应,生成 $1\ \mathrm{mol}(y\mathrm{Y})$ 与 $1\ \mathrm{mol}(z\mathrm{Z})$。而不能理解为 $a\ \mathrm{mol A}$ 与 $b\ \mathrm{mol B}$ 完全反应,生成 $y\ \mathrm{mol Y}$ 与 $z\ \mathrm{mol Z}$。因为化学计量数 ν_B 的单位是 1,不是 mol。

(iii) 反应进度[变]$\Delta\xi$ 与计量方程有关,计量方程不同,式(1-12)中 Δn_B 的基本单元选择不同。对给定反应,由反应计量式分别选择以 $(a\mathrm{A})$、$(b\mathrm{B})$、$(y\mathrm{Y})$、$(z\mathrm{Z})$ 为 Δn_B 的基本单元,而不以 (A)、(B)、(Y)、(Z) 为 Δn_B 的基本单元。

【例 1-1】 以 N_2 在铁水中的溶解反应为例,讨论反应进度的有关概念:(1) 反应进度[变]$\Delta\xi_B$ 是对化学反应整体而言的,反应参与物中任一组分的反应进度的量值相等;(2) 说明 $\Delta\xi_B = 1\ \mathrm{mol}$ 的含义;(3) 按反应的不同计量方程,选择各组分的物质的量的基本单元,由反应进度的定义式(1-12)计算反应进度[变]$\Delta\xi_B$。

解 $\mathrm{N}_2(\mathrm{g})$ 在铁水中溶解的反应可写为

$$\mathrm{N}_2(\mathrm{g}) \Longrightarrow 2[\mathrm{N}]_{\mathrm{Fe(l)}} \qquad ①$$

$$\frac{1}{2}\mathrm{N}_2 \Longrightarrow [\mathrm{N}]_{\mathrm{Fe(l)}} \qquad ②$$

$$\cdots$$

式中,$[\mathrm{N}]_{\mathrm{Fe(l)}}$ 为溶解在铁水中的 N。

(1) 对计量方程①,有 $\quad \Delta\xi(\mathrm{N}_2) = \Delta\xi(2[\mathrm{N}]_{\mathrm{Fe(l)}})$

对计量方程⑪,有 $\Delta\xi(\frac{1}{2}N_2) = \Delta\xi([N]_{Fe(l)})$

无论对计量方程⑪或⑪都不存在 $\Delta\xi(N_2) = \Delta\xi([N]_{Fe(l)})$。

(2) 对计量方程⑪,$\Delta\xi_B = 1$ mol 表明,1 mol(N_2) 完全反应,生成 1 mol($2[N]_{Fe(l)}$),而不能理解为 1 mol(N_2) 完全反应,生成 2 mol($[N]_{Fe(l)}$)。

对计量方程⑪,$\Delta\xi_B = 1$ mol 表明,1 mol($\frac{1}{2}N_2$) 完全反应,生成 1 mol$[N]_{Fe(l)}$,而不能理解为 $\frac{1}{2}$ mol(N_2) 完全反应,生成 1 mol($[N]_{Fe(l)}$)。

(3) 对计量方程⑪,令 $\Delta n(N_2) = -1$ mol,或令 $\Delta n(2[N]_{Fe(l)}) = 1$ mol,则由式(1-12)算得

$$\Delta\xi(N_2) = -1 \text{ mol} \times 1/(-1) = 1 \text{ mol}$$
$$\Delta\xi(2[N]_{Fe(l)}) = 1 \text{ mol} \times 2/2 = 1 \text{ mol}$$

即

$$\Delta\xi(N_2) = \Delta\xi(2[N]_{Fe(l)}) = 1 \text{ mol}$$

对计量方程⑪,令 $\Delta n(\frac{1}{2}N_2) = -1$ mol,或令 $\Delta n([N]_{Fe(l)}) = 1$ mol,算得

$$\Delta\xi(\frac{1}{2}N_2) = -1 \text{ mol} \times \frac{1}{2}/(-\frac{1}{2}) = 1 \text{ mol}$$

$$\Delta\xi([N]_{Fe(l)}) = 1 \text{ mol} \times 1/1 = 1 \text{ mol}$$

即

$$\Delta\xi(\frac{1}{2}N_2) = \Delta\xi([N]_{Fe(l)})$$

无论对计量方程⑪或⑪,如都选择 $\Delta n(N_2) = -1$ mol 或 $\Delta n([N]_{Fe(l)}) = 1$ mol,则有

$$\Delta\xi(\frac{1}{2}N_2) = -1 \text{ mol} \times \frac{1}{2}/(-1) = \frac{1}{2} \text{ mol}$$

$$\Delta\xi([N]_{Fe(l)}) = 1 \text{ mol} \times 1/1 = 1 \text{ mol}$$

于是

$$\Delta\xi(\frac{1}{2}N_2) = \frac{1}{2} \text{ mol} \neq \Delta\xi([N]_{Fe(l)}) = 1 \text{ mol}$$

与说明(ii)相悖。

1.1.7　系统变化的途径与状态函数法

系统以不同方式由某一始态变化到某一终态所经历的一个或多个过程的总和称为**途径**(path)。系统由某一始态变化到某一终态往往可通过不同的途径来实现,而在这一变化途径中,系统的任何状态函数的变化的量值,仅与系统变化的始、终态有关,而与变化经历的不同途径无关。例如,下述理想气体的 p、V、T 变化可通过两个不同途径来实现:

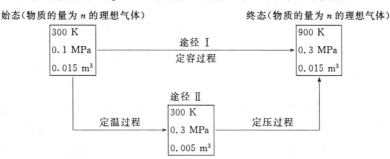

途径 Ⅰ 仅由一个定容过程组成,此时,过程与途径是等价的;途径 Ⅱ 则由定温及定压两个过程组成,此时,途径则是系统由始态变化到终态所经历的过程的总和。在两种变化途径中,系统的状态函数的改变量,如 $\Delta T = 600$ K,$\Delta p = 0.2$ MPa,$\Delta V = 0$ 却是相同的,不因途径不同而改变。也就是说,当系统的状态变化时,状态函数的改变量只取决于系统的始态和终态,而与变化的过程或途径无关。即系统状态变化时,

$$状态函数的改变量 = 系统终态的函数量值 - 系统始态的函数量值$$

状态函数的这一特点,在热力学中有广泛的应用。例如,不管实际过程如何,可以根据始态和终态选择理想的过程,建立状态函数间的关系;可以选择较简便的途径来计算状态函数的变化等。这套处理方法是热力学中的重要方法,通常称为**状态函数法**。

1.1.8 偏微分和全微分在描述系统状态变化上的应用

若 $Z = f(x, y)$,则其全微分为

$$dZ = \left(\frac{\partial Z}{\partial x}\right)_y dx + \left(\frac{\partial Z}{\partial y}\right)_x dy$$

以一定量的纯理想气体,$V = f(p, T)$ 为例:

$$dV = \left(\frac{\partial V}{\partial p}\right)_T dp + \left(\frac{\partial V}{\partial T}\right)_p dT$$

$\left(\frac{\partial V}{\partial p}\right)_T$ 是系统在 T、p、V 的状态下,当 T 不变而改变 p 时,V 对 p 的变化率;$\left(\frac{\partial V}{\partial T}\right)_p$ 是当 p 不变而改变 T 时,V 对 T 的变化率。则全微分 dV 是当系统的 p 改变 dp,T 改变 dT 时所引起的 V 的变化量值的总和。在物理化学中,类似这种状态函数的偏微分和全微分是经常用到的。

1.2 热、功

1.2.1 热

由于系统与环境间温度差的存在而引起的能量传递形式,称为热(heat),以符号 Q 表示,单位为 J。热的计量以环境为准,$Q > 0$ 表示环境向系统放热(系统从环境吸热),$Q < 0$ 表示环境从系统吸热(系统向环境放热)。

当系统发生变化的始态、终态确定后,Q 的量值还与具体过程有关,因此 Q 不具有状态函数的性质。说系统的某一状态具有多少热是错误的,因为它不是状态函数。对微小变化过程的热,用符号 δQ 表示,它表示 Q 的无限小量,这是因为 Q 不是状态函数,故不能以全微分 dQ 表示。

1.2.2 功

由于系统与环境间压力差或其他机电"力"的存在而引起的能量传递形式,称为**功**(work),以符号 W 表示,单位为 J。按 IUPAC 的建议,功的计量也以环境为准。$W > 0$ 表示环境对系统做功(环境以功的形式失去能量),$W < 0$ 表示系统对环境做功(环境以功的形式得

到能量)。功也是与过程有关的量,它不是状态函数。对微小变化过程的功以符号 δW 表示。

　　功可分为体积功和非体积功。所谓**体积功**(volume work),是指系统发生体积变化时与环境传递的功,用符号 W_v 表示(下标 v 表示"体积",不代表定容);所谓**非体积功**(non-volume work),是指体积功以外的所有其他功,用符号 W' 表示,如机械功、电功、表面功等。

1.2.3　体积功的计算

　　如图 1-4 所示,一个带有活塞、储有一定量气体的气缸,截面积为 A_s,环境压力为 p_{su}。设活塞在外力方向上的位移为 dl,系统体积改变为 dV。环境做体积功为 δW_v,即定义

$$\delta W_v \stackrel{\text{def}}{=\!=\!=} F_{su}dl = \left(\frac{F_{su}}{A_s}\right)(A_s dl)$$

$$F_{su}/A_s = p_{su}, \quad A_s dl = -dV$$

于是

$$\delta W_v \stackrel{\text{def}}{=\!=\!=} -p_{su}dV \tag{1-13}$$

$$W_v = -\int_{V_1}^{V_2} p_{su}dV \tag{1-14}$$

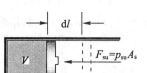
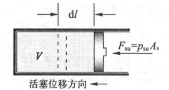

（a）系统膨胀　　　　　　（b）系统压缩

图 1-4　体积功的计算

　　式(1-13)为体积功的定义式,而由式(1-14)出发,可计算各种过程的体积功。

　　(1) 定容过程的体积功

　　由式(1-14),因 $dV = 0$,故 $W_v = 0$。

　　(2) 气体自由膨胀过程的体积功

　　如图 1-1 所示,左球内充有气体,右球内为真空,旋通活塞,则气体由左球向右球膨胀,$p_{su} = 0$;或取左、右两球均包括在系统之内,即 $dV = 0$,则由式(1-14),$W_v = 0$。

　　(3) 对抗恒定外压过程的体积功

　　对抗恒定外压过程,$p_{su} = $ 常数,式(1-14)

$$W_v = -\int_{V_1}^{V_2} p_{su}dV = -p_{su}(V_2 - V_1)$$

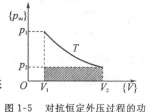

　　如图 1-5 所示,对抗恒定外压过程系统所做的功如图中阴影的面积(注意,系统做功为负值,即 $-W_v$)。

图 1-5　对抗恒定外压过程的功

　　【例 1-2】　5.00 mol 理想气体,在 100 kPa 下,由 25 ℃ 定压加热到 100 ℃,计算该过程的体积功。

　　解　$W_v = -p_{su}(V_2 - V_1) = -p_{su}\Delta V = -nR\Delta T =$
　　　　　　$-5.00 \text{ mol} \times 8.314\ 5 \text{ J} \cdot \text{K}^{-1} \cdot \text{mol}^{-1} \times (373.15 - 298.15) \text{ K} =$
　　　　　　$-3\ 118 \text{ J}$

注意　$W_v = -3\,118\,J$，表明环境做了负功，也可表示为 $-W_v = 3\,118\,J$，并说成"系统对环境做功 $3\,118\,J$"。

【例 1-3】　$2.00\,mol$ 水在 $100\,℃$、$101.3\,kPa$ 下定温、定压汽化为水蒸气，计算该过程的功（已知水在 $100\,℃$ 时的体积质量为 $0.958\,3\,kg \cdot dm^{-3}$）。

解
$$W_v = -p_{su}(V_2 - V_1) = -p_{su}(V_g - V_1) = -101.3 \times 10^3\,Pa \times$$
$$\left(\frac{2.00\,mol \times 8.314\,5\,J \cdot K^{-1} \cdot mol^{-1} \times 373.15\,K}{101.3 \times 10^3\,Pa} - \right.$$
$$\left. \frac{2.00\,mol \times 18.02 \times 10^{-3}\,kg \cdot mol^{-1}}{0.958\,3 \times 10^3\,kg \cdot m^{-3}} \right) = -6.20\,kJ$$

注意　环境做负功，即系统对环境做功。

在远低于临界温度时，$V_g \gg V_1$，若气体可视为理想气体，则
$$W_v \approx -p_{su}V_g = -p_g V_g = -nRT =$$
$$-2.00\,mol \times 8.314\,5\,J \cdot K^{-1} \cdot mol^{-1} \times 373.15\,K = -6.21\,kJ$$

上两例中都用 $p_{su}(V_2 - V_1)$，这是各种恒外压过程的共性，但 $(V_2 - V_1)$ 的具体含义不同，这取决于过程的特性。又如稀盐酸中投入锌粒后，发生反应：
$$Zn + 2HCl(aq) \longrightarrow ZnCl_2(aq) + H_2(101.325\,kPa)$$

$(V_2 - V_1)$ 近似等于产生氢气的体积，$V(H_2) = n(H_2)RT/p$。因此要具体问题具体分析。

1.3　可逆过程、可逆过程的体积功

按过程中变化的内容，有含相变或反应的过程，亦有单纯 p、V、T 变化的过程；按过程进行的条件，有定压过程、定温过程、定容过程、绝热过程等各种过程。无论哪种过程，都可设想过程按理想的（准静态的或可逆的）模式进行。

1.3.1　准静态过程

若系统由始态到终态的过程是由一连串无限邻近且无限接近于平衡的状态构成，则这样的过程称为**准静态过程**（quasi-static process）。

现以在定温条件下（即系统始终与一个定温热源相接触）气体的膨胀过程为例来说明准静态过程。

设一个贮有一定量气体的气缸，截面积为 A_s，与一定温热源相接触，如图 1-6 所示。假设活塞无重量，可以自由活动，且与器壁间没有摩擦力。开始时活塞上放有四个重物，使气缸承受的环境压力 $p_{su} = p_1$，即气体的初始压力。以下分别讨论几种不同定温条件下的膨胀过程。

(i) 将活塞上的重物同时取走三个，如图 1-6(a) 所示，环境压力由 p_1 降到 p_2，气缸在 p_2 环境压力下由 V_1 膨胀到 V_2，系统变化前后温度都是 T。在这个过程中系统对环境作体积功
$$-W_v = p_{su}\Delta V = p_2(V_2 - V_1)$$
相当于图 1-6(a') 中长方形阴影面积。

(ii) 将活塞上的三个重物分三次逐一取走，如图 1-6(b) 所示。环境压力由 p_1 分段经 p'、p'' 降到 p_2，气体由 V_1 分段经 V'、V''（每段膨胀后温度都回到 T）膨胀到 V_2。在这个过程中系

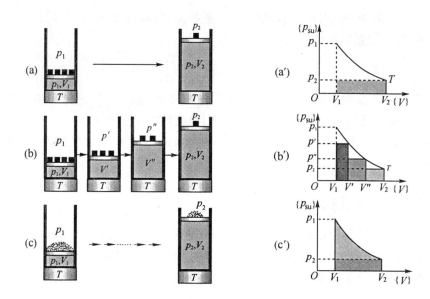

图 1-6　准静态过程

统对环境做体积功

$$-W_v = p'(V'-V_1) + p''(V''-V') + p_2(V_2-V'')$$

相当于图 1-6(b') 中阶梯形阴影面积。

(iii) 设想活塞上放置一堆无限微小的砂粒,如图 1-6(c) 所示。开始时气体处于平衡态,气体与环境压力都是 p_1,取走一粒砂后,环境压力降低 δp(微小正量);膨胀 dV 后,气体压力降为 $(p_1 - dp)$。这时气体与环境内外压力又相等,气体达到新的平衡状态。再将环境压力降低 δp(即再取走一粒砂),气体又膨胀 dV,依此类推,直到膨胀到 V_2,气体与环境压力都是 p_2(所剩的一小堆砂粒相当于前述的一个重物)。在过程中任一瞬间,系统的压力 p 与此时的环境压力 p_{su} 相差极为微小,可以看做 $p_{su} = p$。由于每次膨胀的推动力极小,过程的进展无限慢,系统与环境无限趋近于热平衡,可以看做 $T = T_{su}$。此过程由一连串无限邻近且无限接近于平衡的状态构成。上述过程 $T_{su} = $ 常数,所以 $T = T_{su} = $ 常数,也就是说,在定温下的准静态过程中,系统的温度也是恒定的。

在上述过程中,系统对环境做体积功

$$-W_v = \int_{V_1}^{V_2} p_{su} dV = \int_{V_1}^{V_2} p\, dV \tag{1-15a}$$

其量值可用图 1-6(c') 中全部阴影面积来代表。与过程(i)、(ii) 相比较,在定温条件下,在无摩擦力的准静态过程中,系统对环境做功($-W_v$)为最大。

无摩擦力的准静态过程还有一个重要的特点:系统可以由该过程的终态按原途径步步回复,直到系统和环境都恢复原来的状态。例如,设想由上述过程的终态,在活塞上额外添加一粒无限微小的砂,环境压力增加到 $(p_2 + dp)$,气体将被压缩,直到气体压力与环境压力相等,气体达到新的平衡状态。这时可以将原来最后取走的一粒细砂(它处在原来取走时的高度)加上,气体又被压缩一步。依此类推,依序将原来取走的细砂(各处在原来取走时的不同高度)逐一加回到活塞上,气体将回到原来的状态。环境中除额外添加的那粒无限细的砂降低一定高度外(这是完全可以忽略的),其余都复原了。通过具体计算可以得到同样的结论。

在此过程的任一瞬间，系统压力与环境压力相差极微，可以看做 $p_{su} = p$。同样可以推知 $T = T_{su} =$ 常数。环境对系统做的体积功

$$W_v = -\int_{V_2}^{V_1} p_{su} dV = -\int_{V_2}^{V_1} p dV \tag{1-15b}$$

由于沿同一定温途径积分，它正好等于在原膨胀过程中系统对环境做的功，见式(1-15a)。所以这一压缩过程使系统回到了始态，同时环境也复原了。

上述压缩过程也是准静态过程。对于定温压缩来说，无摩擦力的准静态过程中环境对系统做功为最小。

1.3.2　可逆过程

设系统按照过程 L 由始态 A 变到终态 B，环境由始态 A' 变到终态 B'，假如能够设想一过程 L'，使系统和环境都恢复原来的状态，则原过程 L 称为**可逆过程**(reversible process)。反之，如果不可能使系统和环境都完全复原，则原过程 L 称为**不可逆过程**(irreversible process)。

上述无摩擦力的准静态膨胀过程和压缩过程都是可逆过程。热力学中涉及的可逆过程都是无摩擦力(以及无黏滞性、电阻、磁滞性等广义摩擦力)的准静态过程。热力学可逆过程具有下列特点：

(i) 在整个过程中，系统内部无限接近于平衡；

(ii) 在整个过程中，系统与环境的相互作用无限接近于平衡，因此过程的进展无限缓慢；环境的温度、压力与系统的温度、压力相差甚微，可看做相等，即

$$T_{su} = T, \quad p_{su} = p$$

(iii) 系统和环境能够由终态沿着原来的途径从相反方向步步回复，直到都恢复原来的状态。

可逆过程是一种理想的过程，不是实际发生的过程。能觉察到的实际发生的过程，应当在有限的时间内发生有限的状态变化，例如，气体的自由膨胀过程就是不可逆过程，而热力学中的可逆过程是无限慢的，意味着实际上的静止。但平衡态热力学是不考虑时间变量的，尽管需要无限长的时间才使系统发生某种变化，也还是一种热力学过程。可以设想一些过程无限趋近于可逆过程，譬如在无限接近相平衡条件下发生的相变化(如液体在其饱和蒸气中蒸发，溶质在其饱和溶液中溶解)以及在无限接近于化学平衡的情况下发生的化学反应等都可作为可逆过程处理。

1.3.3　可逆过程的体积功

可逆过程，因 $p_{su} = p$，则由式(1-13)，有

$$\delta W_v = -p_{su} dV = -p dV$$

$$W_v = -\int_{V_1}^{V_2} p dV \tag{1-16}$$

其中，p、V 都是系统的性质。过程中各状态的 p 和 V 可以用物质的状态方程联系起来，例如，$p = f(T, V)$，则

$$W_v = -\int_{v_1}^{v_2} f(T, V)\,dV$$

对于理想气体的膨胀，由 $pV = nRT$，得

$$W_v = -\int_{v_1}^{v_2} \frac{nRT}{V}\,dV = -nR\int_{v_1}^{v_2} \frac{T}{V}\,dV$$

还需知过程中 T 与 V 的关系，才能求出上述积分。

对于理想气体的定温膨胀，T 为恒量，得

$$W_v = -nRT\int_{v_1}^{v_2} \frac{dV}{V} = -nRT\ln\frac{V_2}{V_1} \tag{1-17}$$

【例 1-4】　求下列过程的体积功：(1)10 mol N_2，由 300 K、1.0 MPa 定温可逆膨胀到 1.0 kPa；(2)10 mol N_2，由 300 K、1.0 MPa 定温自由膨胀到 1.0 kPa；(3) 讨论所得计算结果。(视上述条件下的 N_2 为理想气体)

解　(1) 对理想气体定温可逆过程，由式(1-17)

$$W_v = -nRT\ln\frac{V_2}{V_1} = nRT\ln\frac{p_2}{p_1} =$$

$$10 \text{ mol} \times 8.314\,5 \text{ J} \cdot \text{mol}^{-1} \cdot \text{K}^{-1} \times 300 \text{ K} \times \ln\frac{1.0 \times 10^{-3} \text{ MPa}}{1.0 \text{ MPa}} = -172.3 \text{ kJ}$$

(2) 自由膨胀过程为不可逆过程，故式(1-17) 不适用。由式(1-14)，$p_{su} = 0$，所以 $W_v = 0$。

(3) 对比(1)、(2) 的结果可知，虽然两过程的始态相同，终态也相同，但做功并不相同，这是因为 W 不是状态函数，其量值与过程有关。

Ⅱ　热力学第一定律

1.4　热力学能、热力学第一定律

1.4.1　热力学能

1840 ~ 1848 年焦耳做了一系列实验，都是在盛有定量水的绝热箱中进行的。使箱外一个重物(M) 下坠，通过适当的装置搅拌水，如图 1-7(a) 所示，或开动电机，如图 1-7(b) 所示，或压缩气体，如图 1-7(c) 所示，使水温升高。总结这些实验结果，引出一个重要的结论：无论以何种方式，无论直接或分成几个步骤，使一个绝热封闭系统从某一始态变到某一终态，所需的功是一定的。这个功只与系统的始态和终态有关。这表明系统存在一个状态函数，在绝热过程中此状态函数的改变量等于过程的功。以符号 U 表示此状态函数，上述结论可表示为

$$U_2 - U_1 \stackrel{\text{def}}{=\!=\!=} W \quad (\text{封闭，绝热}) \tag{1-18}$$

环境做功可归结为环境中一个重物下坠，即以重物的势能降低为代价，并以此来计量 W。绝热过程中 W 就是环境能量降低的量值。按能量守恒，绝热系统应当增加同样多的能量，于是从式(1-18) 可以推断 U 是系统具有的能量。系统在变化前后是静止的，而且在重力场中的位置也没有改变，可见系统的整体动能和整体势能没有变，$\Delta U = U_2 - U_1$ 只代表系

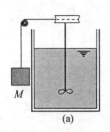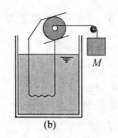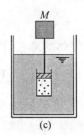

图 1-7 焦耳实验示意图

统内部能量的增加。根据 GB 3102.8—1993，状态函数 U 称为**热力学能**（thermodynamic energy），单位为 J。式(1-18)即为热力学能的定义式。

焦耳实验的结果还表明，使水温升高单位热力学温度所需的绝热功与水的物质的量成正比，联系式(1-18)，可知 U 是一广度性质。

1.4.2　热力学第一定律

式(1-18)是能量转化与守恒定律应用于封闭系统绝热过程的特殊形式。封闭系统发生的过程一般不是绝热的。当系统与环境之间的能量传递除功的形式之外还有热的形式时，根据能量守恒，必有

$$U_2 - U_1 = Q + W \quad （封闭） \tag{1-19}$$

或

$$\Delta U = Q + W \quad （封闭） \tag{1-20}$$

对于微小的变化

$$dU = \delta Q + \delta W \quad （封闭） \tag{1-21}$$

dU 称为热力学能的微小增量，δQ 和 δW 分别称为微量的热和微量的功。

式(1-20)及式(1-21)即为封闭系统的**热力学第一定律**（first law of thermodynamics）的数学表达式。文字上可表述为：封闭系统发生状态变化时，其热力学能的改变量 ΔU 等于变化过程中环境传递给系统的热 Q 及功 W（包括体积功和非体积功，即 $W = W_v + W'$）的总和。式(1-19) ~ 式(1-21)也可作为热力学能的定义式。

热力学第一定律的实质是能量守恒，即封闭系统中的热力学能，不会自行产生或消灭，只能以不同的形式等量地相互转化。因此也可以用"**第一类永动机**（first kind of perpetual motion machine）不能制成"来表述热力学第一定律。所谓第一类永动机是指不需要环境供给能量而可以连续对环境做功的机器。

【例 1-5】　试推出下列条件下式(1-20)的特殊形式：(1)隔离系统中的过程；(2)循环过程；(3)绝热过程。

解　(1)隔离系统中的过程，因 $Q = 0$，$W = 0$，所以式(1-20)为 $\Delta U = 0$，即隔离系统的热力学能是守恒的。

(2)循环过程，因 $\Delta U = 0$，所以式(1-20)为

$$Q = -W$$

(3)绝热过程，因 $Q = 0$，所以式(1-20)为

$$\Delta U = W$$

如何从微观上理解热力学能？

　　从热力学第一定律或热力学能的定义式可知,热力学能是一个状态函数,是广度性质,具有能量的含义和量纲,单位为 J,是一个宏观量。就热力学范畴本身来说,对热力学能的认识仅此而已。

　　对热力学能的微观理解并不是热力学方法本身所要求的。但从不同角度去了解它,会使我们对热力学能的理解更深入。

　　热力学系统由大量的运动着的微观粒子(分子、原子、离子等)组成,所以系统的热力学能从微观上可理解为系统内所有粒子所具有的动能(粒子的平动能、转动能、振动能)和势能(粒子间的相互作用能)以及粒子内部的动能与势能的总和,而不包括系统的整体动能和整体势能。[①]

1.5　定容热、定压热及焓

1.5.1　定容热

　　对定容且 $W' = 0$ 的过程,$W = 0$ 或 $\delta W = 0$,**定容热**用 Q_V 表示,由式(1-20)及式(1-21),有

$$Q_V = \Delta U, \quad \delta Q_V = dU \quad (封闭,定容,W' = 0) \tag{1-22}$$

　　式(1-22)表明,在定容且 $W' = 0$ 的过程中,封闭系统从环境吸收的热,在量值上等于系统热力学能的增加。

1.5.2　定压热及焓

　　在定压过程中,体积功 $W_v = -p_{su} \Delta V$,若 $W' = 0$,**定压热**用 Q_p 表示,则由式(1-20),有

$$\Delta U = Q_p - p_{su} \Delta V$$

即

$$U_2 - U_1 = Q_p - p_{su}(V_2 - V_1)$$

　　因

$$p_1 = p_2 = p_{su}$$

所以

$$U_2 - U_1 = Q_p - (p_2 V_2 - p_1 V_1)$$

或

$$Q_p = (U_2 + p_2 V_2) - (U_1 + p_1 V_1) = \Delta(U + pV) \tag{1-23}$$

　　定义

$$H \xlongequal{\text{def}} U + pV \tag{1-24}$$

则

$$Q_p = \Delta H, \quad \delta Q_p = dH \quad (封闭,定压,W' = 0) \tag{1-25}$$

---

①　不能把对热力学能的微观解释作为热力学能的定义。有些教材把它作为热力学能的定义,是不妥的。

式中，H 称为焓（enthalpy），单位为 J。

从焓的定义式(1-24)来理解，焓是状态函数，它等于 $U + pV$，是广度性质，与热力学能有相同的量纲，单位为 J。式(1-25)表明，在定压及 $W' = 0$ 的过程中，封闭系统从环境吸收的热，在量值上等于系统焓的增加。

【例 1-6】 由 H 和 U 的普遍关系式(1-24)，有
$$\Delta H = \Delta U + \Delta(pV) = \Delta U + (pV)_2 - (pV)_1$$
应用于：(1)气体的温度变化；(2)定温、定压下液体（或固体）的汽化。若气体可看做理想气体，试推出式(1-24)的特殊式。

解 (1)理想气体物质的量为 n，$T_1 \rightarrow T_2$
$$(pV)_2 - (pV)_1 = nRT_2 - nRT_1 = nR\Delta T$$
所以
$$\Delta H = \Delta U + nR\Delta T$$

(2)液体（或固体）$\xrightarrow{T,p}$ 气体（物质的量为 n）
$$(pV)_2 - (pV)_1 = p(V_g - V_1) \approx pV_g = nRT$$
所以
$$\Delta H = \Delta U + nRT$$

1.6　热力学第一定律的应用

1.6.1　热力学第一定律在单纯 p、V、T 变化过程中的应用

1. 组成不变的均相系统的热力学能及焓

一定量组成不变（无相变化，无化学变化）的均相系统的任一热力学性质可表示成另外两个独立的热力学性质的函数。如热力学能 U 及焓 H，可表示为
$$U = f(T,V), \quad H = f(T,p)$$
则
$$dU = \left(\frac{\partial U}{\partial T}\right)_V dT + \left(\frac{\partial U}{\partial V}\right)_T dV \tag{1-26}$$
$$dH = \left(\frac{\partial H}{\partial T}\right)_p dT + \left(\frac{\partial H}{\partial p}\right)_T dp \tag{1-27}$$
式(1-26)与式(1-27)是 p、V、T 变化中 dU 和 dH 的普遍式，计算 ΔU、ΔH 可由该两式出发。

2. 热容

(1)热容的定义

热容（heat capacity）的定义是：系统在给定条件（如定压或定容）下，及 $W' = 0$，没有相变化，没有化学变化时，升高单位热力学温度时吸收的热。以符号 C 表示。即
$$C(T) \xlongequal{\text{def}} \frac{\delta Q}{dT} \tag{1-28}$$

(2)摩尔热容

摩尔热容（molar heat capacity），以符号 C_m 表示。定义为

$$C_m(T) \xlongequal{\text{def}} \frac{C(T)}{n} = \frac{1}{n}\frac{\delta Q}{\mathrm{d}T} \tag{1-29}$$

式中,下标"m"表示"摩尔[的]";n 表示系统的物质的量。[①]

因热容与升温条件(定容或定压)有关,所以**摩尔定容热容**(molar heat capacity at constant volume)、**摩尔定压热容**(molar heat capacity at constant pressure)分别为

$$C_{V,m}(T) \xlongequal{\text{def}} \frac{C_V(T)}{n} = \frac{1}{n}\frac{\delta Q_V}{\mathrm{d}T} = \frac{1}{n}\left(\frac{\partial U}{\partial T}\right)_V = \left(\frac{\partial U_m}{\partial T}\right)_V \tag{1-30}$$

$$C_{p,m}(T) \xlongequal{\text{def}} \frac{C_p(T)}{n} = \frac{1}{n}\frac{\delta Q_p}{\mathrm{d}T} = \frac{1}{n}\left(\frac{\partial H}{\partial T}\right)_p = \left(\frac{\partial H_m}{\partial T}\right)_p \tag{1-31}$$

式中,$C_V(T)$ 及 $C_p(T)$ 分别为定容热容和定压热容。

将式(1-30)及式(1-31)分离变量积分,于是有

$$\Delta U = \int_{T_1}^{T_2} n\, C_{V,m}(T)\mathrm{d}T \tag{1-32}$$

$$\Delta H = \int_{T_1}^{T_2} n\, C_{p,m}(T)\mathrm{d}T \tag{1-33}$$

式(1-32)及式(1-33)对气体分别在定容、定压条件下单纯发生温度改变时计算 ΔU、ΔH 适用。而对液体和固体,在压力变化不大,发生温度变化时可近似应用。

(3)摩尔热容与温度关系的经验式

通过大量实验数据,归纳出如下的 $C_{p,m} = f(T)$ 关系式:

$$C_{p,m} = a + bT + cT^2 + dT^3 \tag{1-34}$$

或

$$C_{p,m} = a + bT + c'T^{-2} \tag{1-35}$$

式中,a、b、c、c'、d 对一定物质均为常数,可由数据表查得(附录 Ⅲ)。

(4)$C_{p,m}$ 与 $C_{V,m}$ 的关系

由

$$C_{p,m} = \frac{1}{n}\left(\frac{\partial H}{\partial T}\right)_p = \left(\frac{\partial H_m}{\partial T}\right)_p$$

$$C_{V,m} = \frac{1}{n}\left(\frac{\partial U}{\partial T}\right)_V = \left(\frac{\partial U_m}{\partial T}\right)_V$$

则

$$C_{p,m} - C_{V,m} = \left(\frac{\partial H_m}{\partial T}\right)_p - \left(\frac{\partial U_m}{\partial T}\right)_V = \left[\frac{\partial(U_m + pV_m)}{\partial T}\right]_p - \left(\frac{\partial U_m}{\partial T}\right)_V = $$

$$\left(\frac{\partial U_m}{\partial T}\right)_p + p\left(\frac{\partial V_m}{\partial T}\right)_p - \left(\frac{\partial U_m}{\partial T}\right)_V \tag{1-36}$$

再由

$$\mathrm{d}U_m = \left(\frac{\partial U_m}{\partial T}\right)_V \mathrm{d}T + \left(\frac{\partial U_m}{\partial V}\right)_T \mathrm{d}V$$

在定压下,上式两边除以 $\mathrm{d}T$,得

$$\left(\frac{\partial U_m}{\partial T}\right)_p = \left(\frac{\partial U_m}{\partial T}\right)_V + \left(\frac{\partial U_m}{\partial V_m}\right)_T\left(\frac{\partial V_m}{\partial T}\right)_p$$

代入式(1-36),得

$$C_{p,m} - C_{V,m} = \left[\left(\frac{\partial U_m}{\partial V_m}\right)_T + p\right]\left(\frac{\partial V_m}{\partial T}\right)_p \tag{1-37}$$

---

① 以往对摩尔热容的定义中指定"升高 1 K"及指定"1 mol 物质"都是不妥的。

定压下升温及定容下升温都增加分子的动能,但定压下升温体积要膨胀。式(1-37)中,$\left(\dfrac{\partial V_m}{\partial T}\right)_p$ 是定压下升温时 V_m 随 T 的变化率,$p\left(\dfrac{\partial V_m}{\partial T}\right)_p$ 为系统膨胀时对环境作的体积功;$\left(\dfrac{\partial U_m}{\partial V_m}\right)_T$ 为定温下分子间势能随体积的变化率,所以 $\left(\dfrac{\partial U_m}{\partial V_m}\right)_T\left(\dfrac{\partial V_m}{\partial T}\right)_p$ 为定压下升高单位热力学温度时分子间势能的增加。式(1-37)表明,定压下升温要比定容下升温多吸收以上两项热量。

注意 液体及固体的 $\left(\dfrac{\partial V_m}{\partial T}\right)_p$ 很小,气体的 $\left(\dfrac{\partial U_m}{\partial V_m}\right)_T$ 很小。

3. 理想气体的热力学能、焓及热容

(1) 理想气体的热力学能只是温度的函数

焦耳在 1843 年做了一系列实验。实验装置为用带旋塞的短管连接的两个铜容器(图 1-8 为示意图)。关闭旋塞,一容器中充入干燥空气至压力约为 2 MPa,另一容器抽成真空。整个装置浸没在一个盛有约 7.5 kg 水的水浴中,待平衡后测水的温度。然后开启旋塞,于是空气向真空容器膨胀。待平衡后再测定水的温度。焦耳从测定结果得出结论:空气膨胀前后水的温度不变,即空气温度不变。

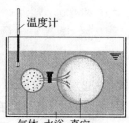

图 1-8　焦耳实验

实验结果的分析:空气在向真空膨胀时未受到阻力,故 $W_v = 0$;焦耳在确定空气膨胀后水的温度时,已消去了室温对水温的影响及水蒸发的影响,因此水温不变,表示 $Q = 0$;在焦耳实验中气体进行的过程为**自由膨胀过程**,这是不做功、不吸热的膨胀;由 $W_v = 0$,$Q = 0$ 及 $\Delta U = Q + W_v$(此过程亦无其他功,即 $W' = 0$)得 $\Delta U = 0$,可知,在焦耳实验中空气热力学能不变。结论是空气体积(及压力)改变而温度不变时热力学能不变,即空气的热力学能只是温度的函数。

由焦耳实验得到结论:物质的量不变(组成及量不变)时,理想气体的热力学能只是温度的函数。用数学式可表述为

$$U = f(T) \tag{1-38}$$

或

$$\left(\frac{\partial U}{\partial V}\right)_T = 0, \quad \left(\frac{\partial U}{\partial p}\right)_T = 0 \tag{1-39}$$

焦耳实验不够灵敏,实验中用的温度计只能测准至 ± 0.01 K,而且铜容器和水浴的热容比空气大得多,所以未能测出空气应有的温度变化。较精确的实验表明,实际气体自由膨胀时气体的温度略有改变,起始压力愈低,温度变化愈小。由此可以认为,焦耳的结论应只适用于理想气体。

从微观上看,对于一定量、一定组成(即无相变及化学反应)的气体,在 p、V、T 变化中,热力学能中可变的是分子的动能和分子间势能。温度的高低反映分子动能的大小。理想气体无分子间力,在 p、V、T 变化中,热力学能的改变只是分子动能的改变。由此可以理解,理想气体温度不变时,无论体积及压力如何改变,其热力学能不变。

(2) 理想气体的焓只是温度的函数

焓的定义式 $H = U + pV$,因为理想气体的 U 及 pV 都只是温度的函数,所以理想气体的焓在物质的量不变(组成及量不变)时,也只是温度的函数。可用数学式表述为

$$H = f(T) \tag{1-40}$$

或
$$\left(\frac{\partial H}{\partial V}\right)_T = 0, \quad \left(\frac{\partial H}{\partial p}\right)_T = 0 \tag{1-41}$$

(3) 理想气体的 $(C_{p,m} - C_{V,m})$ 是常数

将 $\left(\frac{\partial U_m}{\partial V_m}\right)_T = 0$ 及 $pV_m = RT$ 代入式(1-37)，得

$$C_{p,m} - C_{V,m} = R \quad 或 \quad C_p - C_V = nR \tag{1-42}$$

式中，R 为摩尔气体常量，$R = 8.314\ 5\ \text{J} \cdot \text{mol}^{-1} \cdot \text{K}^{-1}$。

(4) 理想气体任何单纯的 p、V、T 变化 ΔU、ΔH 的计算

因为理想气体的热力学能及焓只是温度的函数，所以式(1-32)及式(1-33)对理想气体的单纯 p、V、T 变化(包括定压、定容、定温、绝热)均适用。

(5) 理想气体的绝热过程

① 理想气体绝热过程的基本公式

系统经历一个微小的绝热过程，则有

$$dU = \delta W$$

对理想气体单纯 p、V、T 变化

$$dU = C_V dT$$

所以

$$W = \int_{T_1}^{T_2} C_V dT = \int_{T_1}^{T_2} n\, C_{V,m} dT$$

若视 $C_{V,m}$ 为常数，则

$$W = n\, C_{V,m}(T_2 - T_1) \tag{1-43}$$

无论绝热过程是否可逆，式(1-43)均成立。

② 理想气体绝热可逆过程方程式

由 $dU = \delta W$，若 $\delta W' = 0$，则

$$C_V dT = - p_{su} dV$$

对可逆过程，$p_{su} = p$，又 $p = \dfrac{nRT}{V}$，所以

$$C_V dT = - nRT\, \frac{dV}{V}$$

移项得

$$\frac{dT}{T} + \frac{nR}{C_V}\, \frac{dV}{V} = 0$$

定义 $C_p / C_V \xlongequal{\text{def}} \gamma$，$\gamma$ 叫**热容比**(ratio of the heat capacities)，又 $C_p - C_V = nR$，代入上式，得

$$\frac{dT}{T} + \frac{C_p - C_V}{C_V}\, \frac{dV}{V} = 0$$

即

$$\frac{dT}{T} + (\gamma - 1)\, \frac{dV}{V} = 0$$

对理想气体，γ 为常数，积分上式得

$$\ln\{T\} + (\gamma - 1)\ln\{V\} = 常数 \tag{1-44}$$

或
$$TV^{\gamma-1} = 常数 \tag{1-45}$$

以 $T = \dfrac{pV}{nR}, V = \dfrac{nRT}{p}$ 代入式(1-44),得

$$pV^\gamma = 常数 \tag{1-46a}$$

$$Tp^{(1-\gamma)/\gamma} = 常数 \tag{1-46b}$$

式(1-45)及式(1-46)叫**理想气体绝热可逆过程方程式**(equation of adiabatic reversible process of ideal gas)。应用条件是:封闭系统,$W' = 0$,理想气体,绝热,可逆过程。

③ 理想气体绝热可逆过程的体积功

由体积功定义,对可逆过程

$$W_v = -\int_{V_1}^{V_2} p\,\mathrm{d}V$$

将 $pV^\gamma = $ 常数代入,积分后可得

$$W_v = \frac{p_1 V_1}{\gamma - 1}\left[\left(\frac{V_1}{V_2}\right)^{\gamma - 1} - 1\right] \tag{1-47}$$

或

$$W_v = \frac{p_1 V_1}{\gamma - 1}\left[\left(\frac{p_2}{p_1}\right)^{\frac{\gamma-1}{\gamma}} - 1\right] \tag{1-48}$$

【例 1-7】 3 mol 某理想气体由 409 K,0.15 MPa 经定容变化到 $p_2 = 0.10$ MPa,求过程的 Q、W_v、ΔU 及 ΔH。该气体 $C_{p,m} = 29.4$ J·mol^{-1}·K^{-1}。

解 $\qquad\qquad T_2 = p_2 T_1 / p_1 = (0.10 \times 409/0.15)\text{K} = 273 \text{ K}$

$$Q_V = \Delta U = n\,C_{V,m}\Delta T = n(C_{p,m} - R)\Delta T =$$
$$3 \text{ mol} \times (29.4 - 8.314\,5) \text{ J·mol}^{-1}\text{·K}^{-1} \times (273 - 409)\text{K} =$$
$$-8.603 \text{ kJ}$$

$$W_v = 0$$

$$\Delta H = \Delta U + \Delta(pV) = \Delta U + nR\Delta T =$$
$$-8\,603 \text{ J} + 3 \text{ mol} \times 8.314\,5 \text{ J·mol}^{-1}\text{·K}^{-1} \times (273 - 409)\text{ K} =$$
$$-11.995 \text{ kJ}$$

【例 1-8】 计算 2 mol H_2O(g) 在定压下从 400 K 升温到 500 K 时吸的热 Q_p 及 ΔH。已知 $C_{p,m}(H_2O, g) = a + bT + cT^2$,$a/(\text{J·mol}^{-1}\text{·K}^{-1}) = 30.20$,$b/(10^{-3}\text{J·mol}^{-1}\text{·K}^{-2}) = 9.682$,$c/(10^{-6}\text{J·mol}^{-1}\text{·K}^{-3}) = 1.117$。

解 $\qquad Q_p = \Delta H = n\displaystyle\int_{T_1}^{T_2} C_{p,m}\,\mathrm{d}T = n\int_{T_1}^{T_2}(a + bT + cT^2)\,\mathrm{d}T =$

$$n\left[a(T_2 - T_1) + \frac{b}{2}(T_2^2 - T_1^2) + \frac{c}{3}(T_2^3 - T_1^3)\right] =$$

2 mol $\times$ {30.20 J·mol^{-1}·K^{-1} $\times$ (500 K $-$ 400 K) + 9.682 $\times 10^{-3}$ J·mol^{-1}·

K^{-2} $\times$ [(500 K)^2 $-$ (400 K)^2]/2 + 1.117 $\times 10^{-6}$ J·mol^{-1}·K^{-3} $\times$

[(500 K)^3 $-$ (400 K)^3]/3} = 6 957 J

对于 He、Ne、Ar 等单原子气体及许多金属蒸气(如 Na、Cd、Hg),在较宽的温度范围内 $C_{V,m} \approx \dfrac{3}{2}R$,$C_{p,m} \approx \dfrac{5}{2}R$,所以缺乏实验数据时可用此近似值。

对于双原子气体及多原子气体,$C_{V,m} > \dfrac{3}{2}R$,这是因为双原子及多原子分子除平动能外

还有转动能和振动能。在常温下，双原子分子，如 N_2、O_2 等的 $C_{V,m} \approx \frac{5}{2}R$，$C_{p,m} \approx \frac{7}{2}R$（温度升高时 $C_{V,m}$ 随之增大，并逐渐达到 $\frac{7}{2}R$）。

【例 1-9】 设有 1 mol 氮气，温度为 0 ℃，压力为 101.3 kPa，试计算下列过程的 Q、W_v、ΔU 及 ΔH（已知 N_2，$C_{V,m} = \frac{5}{2}R$）：(1) 定容加热至压力为 152.0 kPa；(2) 定压膨胀至原来体积的 2 倍；(3) 定温可逆膨胀至原来体积的 2 倍；(4) 绝热可逆膨胀至原来体积的 2 倍。

解 （1）定容加热

$$W_{v,1} = 0$$

$$V_1 = nR\frac{T_1}{p_1} = \frac{1\ \text{mol} \times 8.314\,5\ \text{J} \cdot \text{mol}^{-1} \cdot \text{K}^{-1} \times 273.15\ \text{K}}{101.3 \times 10^3\ \text{Pa}} = 22.42\ \text{dm}^3$$

$$T_2 = \frac{p_2 V_2}{nR} = \frac{p_2 V_1}{nR} = \frac{152.0 \times 10^3\ \text{Pa} \times 22.42 \times 10^{-3}\ \text{m}^3}{1\ \text{mol} \times 8.314\,5\ \text{J} \cdot \text{mol}^{-1} \cdot \text{K}^{-1}} = 410.0\ \text{K}$$

$$Q_1 = \Delta U_1 = \int_{T_1}^{T_2} n\,C_{V,m}\,dT = n\,C_{V,m}(T_2 - T_1) =$$

$$1\ \text{mol} \times \frac{5}{2} \times 8.314\,5\ \text{J} \cdot \text{mol}^{-1} \cdot \text{K}^{-1} \times (410.0 - 273.15)\text{K} = 2.845\ \text{kJ}$$

$$\Delta H_1 = \int_{T_1}^{T_2} n\,C_{p,m}\,dT = n(C_{V,m} + R)(T_2 - T_1) =$$

$$1\ \text{mol} \times \frac{7}{2} \times 8.314\,5\ \text{J} \cdot \text{mol}^{-1} \cdot \text{K}^{-1} \times (410.0 - 273.15)\text{K} = 3.982\ \text{kJ}$$

（2）定压膨胀

$$T_2' = \frac{p_2 V_2}{nR} = \frac{2p_1 V_1}{nR} = \frac{2 \times 101.3 \times 10^3\ \text{Pa} \times 22.42 \times 10^{-3}\ \text{m}^3}{1\ \text{mol} \times 8.314\,5\ \text{J} \cdot \text{mol}^{-1} \cdot \text{K}^{-1}} = 546.3\ \text{K}$$

$$\Delta U_2 = \int_{T_1}^{T_2'} n\,C_{V,m}\,dT = n\,C_{V,m}(T_2' - T_1) =$$

$$1\ \text{mol} \times \frac{5}{2} \times 8.314\,5\ \text{J} \cdot \text{mol}^{-1} \cdot \text{K}^{-1} \times (546.3 - 273.15)\text{K} = 5.678\ \text{kJ}$$

$$Q_2 = \Delta H_2 = \int_{T_1}^{T_2'} n\,C_{p,m}\,dT = n\,C_{p,m}(T_2' - T_1) =$$

$$1\ \text{mol} \times \frac{7}{2} \times 8.314\,5\ \text{J} \cdot \text{mol}^{-1} \cdot \text{K}^{-1} \times (546.3 - 273.15)\text{K} = 7.949\ \text{kJ}$$

$$W_{v,2} = -p\Delta V = -101.3 \times 10^3\ \text{Pa} \times 22.42 \times 10^{-3}\,\text{m}^3 = -2.271\ \text{kJ}$$

（3）定温可逆膨胀

$$\Delta U_3 = \Delta H_3 = 0$$

$$W_{v,3} = -\int_{V_1}^{V_2} p\,dV = -nRT\ln\frac{V_2}{V_1} = -nRT\ln\frac{2V_1}{V_1} =$$

$$-1\ \text{mol} \times 8.314\,5\ \text{J} \cdot \text{mol}^{-1} \cdot \text{K}^{-1} \times 273.15\ \text{K} \times \ln 2 = -1.574\ \text{kJ}$$

$$Q_3 = -W = 1.574\ \text{kJ}$$

（4）绝热可逆膨胀

$$Q_4 = 0$$

$$T_1 V_1^{\gamma-1} = T_2'' V_2^{\gamma-1}, \qquad \gamma = \frac{7}{5}$$

$$T_2'' = \left(\frac{V_1}{V_2}\right)^{\gamma-1} T_1 = 0.5^{\frac{2}{5}} \times 273.15\ \text{K} = 207.0\ \text{K}$$

$$\Delta U_4 = \int_{T_1}^{T_2'} n\, C_{V,\text{m}}\, \text{d}T = n\, C_{V,\text{m}}(T_2 - T_1) =$$

$$1\ \text{mol} \times \frac{5}{2} \times 8.314\,5\ \text{J} \cdot \text{mol}^{-1} \cdot \text{K}^{-1} \times (207.0 - 273.15)\ \text{K} = -1.376\ \text{kJ}$$

$$\Delta H_4 = \int_{T_1}^{T_2'} n\, C_{p,\text{m}}\, \text{d}T = n\, C_{p,\text{m}}(T_2'' - T_1) =$$

$$1\ \text{mol} \times \frac{7}{2} \times 8.314\,5\ \text{J} \cdot \text{mol}^{-1} \cdot \text{K}^{-1} \times (207.0 - 273.15)\text{K} = -1.925\ \text{kJ}$$

$$W_{\text{v},4} = \Delta U_4 = -1.376\ \text{kJ}$$

【例 1-10】 1 mol 氧气由 0 ℃，10^6 Pa，经过（1）绝热可逆膨胀；（2）对抗恒定外压 $p_{\text{su}} = 10^5$ Pa 绝热不可逆膨胀，使气体最后压力为 10^5 Pa，求此两种情况的最后温度及环境对系统做的体积功。

解 （1）绝热可逆膨胀

$$\frac{T_2}{T_1} = \left(\frac{p_2}{p_1}\right)^{(\gamma-1)/\gamma}, \quad C_{V,\text{m}} = 20.79\ \text{J} \cdot \text{mol}^{-1} \cdot \text{K}^{-1}$$

$$T_2 = T_1(p_2/p_1)^{(\gamma-1)/\gamma} = 273.15\ \text{K} \times (0.1)^{0.286} = 141.4\ \text{K}$$

绝热过程

$$W_{\text{v},1} = \Delta U = n\, C_{V,\text{m}}(T_2 - T_1) =$$

$$1\ \text{mol} \times 20.79\ \text{J} \cdot \text{mol}^{-1} \cdot \text{K}^{-1} \times (141.4 - 273.15)\ \text{K} = -2\,739\ \text{J}$$

（2）绝热恒外压膨胀

因不可逆

$$T_2' \neq T_1(p_2/p_1)^{(\gamma-1)/\gamma}$$

由

$$W_{\text{v},2} = -p_{\text{su}} \Delta V = -p_{\text{su}}(V_2 - V_1) = -p_{\text{su}} \left(\frac{nRT_2'}{p_2} - \frac{nRT_1}{p_1}\right)$$

$$W_{\text{v},2} = \Delta U' = n\, C_{V,\text{m}}(T_2' - T_1)$$

得

$$-p_{\text{su}}\left(\frac{nRT_2'}{p_2} - \frac{nRT_1}{p_1}\right) = n\, C_{V,\text{m}}(T_2' - T_1)$$

故

$$T_2' = T_1 \left[\frac{1 + \dfrac{2}{5} p_{\text{su}}/p_1}{1 + \dfrac{2}{5} p_{\text{su}}/p_2}\right]$$

由此得

$$T_2' = 202.9\ \text{K}$$

$$W_{\text{v},2} = n\, C_{V,\text{m}}(T_2' - T_1) =$$

$$1\ \text{mol} \times 20.79\ \text{J} \cdot \text{mol}^{-1} \cdot \text{K}^{-1} \times (202.9 - 273.15)\text{K} = -1\,460\ \text{J}$$

由此可见，由同一始态经过可逆与不可逆两种绝热变化不可能达到同一终态，即 $T_2 \neq T_2'$，因而此两种过程的热力学能变化值不相同，即 $\Delta U \neq \Delta U'$。

1.6.2　热力学第一定律在相变化过程中的应用

1. 相变热及相变焓

系统发生聚集态变化即为相变化(包括汽化、冷凝、熔化、凝固、升华、凝华以及晶型转化等),相变化过程吸收或放出的热即为**相变热**。

系统的相变在定温、定压下进行,且 $W' = 0$ 时,由式(1-25)可知,相变热在量值上等于系统的焓变,即**相变焓**(enthalpy of phase transition)。可表述为

$$Q_p = \Delta_\alpha^\beta H \tag{1-49}$$

式中,α、β 分别为物质的相态(g,l,s)。通常**汽化焓**用 $\Delta_{vap} H_m$ 表示,**熔化焓**用 $\Delta_{fus} H_m$ 表示,**升华焓**用 $\Delta_{sub} H_m$ 表示,**晶型转变焓**用 $\Delta_{trs} H_m$ 表示。

注意　不能说相变热就是相变焓,因为二者概念不同,它们只是在定温、定压下、$W' = 0$ 时量值相等;在定温、定容、$W' = 0$ 时,则相变热在量值上等于相变的热力学能[变]。

2. 相变化过程的体积功

若系统在定温、定压下由 α 相变到 β 相,则过程的体积功,由式(1-14),有

$$W_v = -p(V_\beta - V_\alpha) \tag{1-50}$$

若 β 为气相,α 为凝聚相(液相或固相),因为 $V_\beta \gg V_\alpha$,所以 $W_v = -pV_\beta$。

若气相可视为理想气体,则有

$$W_v = -pV_\beta = -nRT \tag{1-51}$$

3. 相变化过程的热力学能[变]

由式(1-20),$W' = 0$ 时,有

$$\Delta U = Q_p + W_v$$

或

$$\Delta U = \Delta H - p(V_\beta - V_\alpha) \tag{1-52}$$

若 β 为气相,又 $V_\beta \gg V_\alpha$,则

$$\Delta U = \Delta H - pV_\beta$$

若蒸气视为理想气体,则有

$$\Delta U = \Delta H - nRT \tag{1-53}$$

【例 1-11】　2 mol, 60 ℃, 100 kPa 的液态苯在定压下全部变为 60 ℃, 24 kPa 的蒸气,请计算该过程的 ΔU、ΔH。[已知 40 ℃ 时,苯的蒸气压为 24.00 kPa,汽化焓为 33.43 kJ·mol^{-1},假定苯(l)及苯(g)的摩尔定压热容可近似看做与温度无关,分别为 141.5 J·mol^{-1}·K^{-1} 及 94.12 J·mol^{-1}·K^{-1}]

解　选择的计算途径图示如下:

```
                    ΔH
2 mol 苯(l,333.15 K,100 kPa) ────→ 2 mol 苯(g,333.15 K,24 kPa)
                    ΔU
        │ ΔH₁                              ↑ ΔH₃
        ↓                    ΔH₂
2 mol 苯(l,313.15 K,24 kPa) ────→ 2 mol 苯(g,313.15 K,24 kPa)
```

$$\Delta H = \Delta H_1 + \Delta H_2 + \Delta H_3$$

$$\Delta H_1 = n C_{p,m_1(l)} (T_2 - T_1) =$$
$$2 \text{ mol} \times 141.5 \text{ J} \cdot mol^{-1} \cdot K^{-1} \times (313.15 - 333.15)K = -5.660 \text{ kJ}$$

(对液体,压力变化不大时,压力对焓的影响可忽略)

$$\Delta H_2 = n\Delta_{vap}H_m = 2 \text{ mol} \times 33.43 \text{ kJ} \cdot \text{mol}^{-1} = 66.86 \text{ kJ}$$
$$\Delta H_3 = n\,C_{p,m_i(g)}(T_2 - T_1) =$$
$$2 \text{ mol} \times 94.12 \text{ J} \cdot \text{mol}^{-1} \cdot \text{K}^{-1} \times (333.15 - 313.15)\text{K} =$$
$$3.765 \text{ kJ}$$

（C_p 视为不随温度改变而改变）

所以

$$\Delta H = \Delta H_1 + \Delta H_2 + \Delta H_3 = 64.97 \text{ kJ}$$
$$\Delta U = \Delta H - \Delta(pV) \approx \Delta H - pV_g = \Delta H - nRT =$$
$$64.97 \text{ kJ} - (2 \text{ mol} \times 8.314\,5 \text{ J} \cdot \text{mol}^{-1} \cdot \text{K}^{-1} \times 333.15 \text{ K}) \times 10^{-3} =$$
$$59.43 \text{ kJ}$$

【例 1-12】 1 mol 水在 100 ℃，101.325 kPa 定压蒸发为同温同压下的蒸气（假设为理想气体）吸热 40.67 kJ·mol^{-1}，问：(1) 上述过程的 Q、W_v、ΔU、ΔH 的量值各为多少？(2) 始态同上，当外界压力恒为 50 kPa 时，将水定温蒸发，然后将此 1 mol，100 ℃，50 kPa 的水气定温可逆加压变为终态(100 ℃，101.325 kPa)的水气，求此过程的总 Q、W_v、ΔU 和 ΔH。(3) 如果将 1 mol 水(100 ℃，101.325 kPa)突然移到定温 100 ℃ 的真空箱中，水气充满整个真空箱，测其压力为 101.325 kPa，求过程的 Q、W_v、ΔU 及 ΔH。

最后比较这三种计算结果，说明什么问题？

解 (1) $\quad Q_p = \Delta H = 1 \text{ mol} \times 40.67 \text{ kJ} \cdot \text{mol}^{-1} = 40.67 \text{ kJ}$
$$W_v = -p_{su}(V_g - V_1) \approx -p_{su}V_g = -nRT =$$
$$-1 \text{ mol} \times 8.314\,5 \text{ J} \cdot \text{mol}^{-1} \cdot \text{K}^{-1} \times 373.15 \text{ K} = -3.103 \text{ kJ}$$
$$\Delta U = Q_p + W_v = (40.67 - 3.103) \text{ kJ} = 37.57 \text{ kJ}$$

(2) 选择的计算途径图示如下：

```
┌─────────────────────────────────┐  ΔH   ┌──────────────────────────────────────┐
│ 1 mol 水,373.15 K,p₁=101.325 kPa │ ────> │ 1 mol 水气,373.15 K,p₁=101.325 kPa    │
└─────────────────────────────────┘       └──────────────────────────────────────┘
         │  ΔH₁                              ↗  ΔH₂
         ▼                                  /
┌─────────────────────────────────┐       /
│ 1 mol 水气,373.15 K,p₂=50 kPa    │──────
└─────────────────────────────────┘
```

始态、终态和(1)一样，故状态函数变化也相同，即

$$\Delta H = 40.67 \text{ kJ}, \quad \Delta U = 37.57 \text{ kJ}$$

而 $\quad W_{v,1} = -p_{su}(V_g - V_1) \approx -p_2V_g = -nRT =$
$$-1 \text{ mol} \times 8.314\,5 \text{ J} \cdot \text{mol}^{-1} \cdot \text{K}^{-1} \times 373.15 \text{ K} = -3.103 \text{ kJ}$$

$$W_{v,2} = -nRT\ln\frac{p_2}{p_1} =$$
$$-1 \text{ mol} \times 8.314\,5 \text{ J} \cdot \text{mol}^{-1} \cdot \text{K}^{-1} \times 373.15 \text{ K} \times \ln\frac{50 \text{ kPa}}{101.325 \text{ kPa}} = 2.191 \text{ kJ}$$

（这里 p_2 为始态，p_1 为终态）

$$W_v = W_{v,1} + W_{v,2} = (-3.103 + 2.191) \text{ kJ} = -0.912 \text{ kJ}$$
$$Q = \Delta U - W_v = (37.57 + 0.912) \text{ kJ} = 38.48 \text{ kJ}$$

(3) ΔU 及 ΔH 值同(1)，这是因为(3)的始态、终态与(1)的始态、终态相同，所以状态函数变化的量值亦相同。

该过程实为向真空闪蒸，故 $W_v = 0$，$Q = \Delta U$。

比较(1)、(2)、(3)的计算结果,表明三种变化过程的 ΔU 及 ΔH 均相同,因为 U、H 是状态函数,其改变量与过程无关,只决定于系统的始态、终态。而三种过程的 Q 及 W_v 的量值均不同,因为它们不是系统的状态函数,是与过程有关的量,尽管三种变化的始态、终态相同,但所经历的过程不同,故 Q、W_v 亦不相同。

【例 1-13】 为了把铝锭加工成型为各种铝材,需把铝锭熔化到其熔点之上,设在常压下,从常温 298.15 K 加热到 1 298.15 K,试计算每熔化 1 000 kg 铝,其焓[变]ΔH 及热力学能[变]ΔU 各为多少?需要耗费多少热能?

已知铝的熔点为 933.45 K,熔化焓 $\Delta_{fus}H = 10.56$ kJ $\cdot$ mol^{-1},$C_{p,m}(Al,s) = 29.17$ J $\cdot$ K$^{-1} \cdot$ mol^{-1},$C_{p,m}(Al,l) = 31.75$ J $\cdot$ K$^{-1} \cdot$ mol^{-1}。

解 该过程既包含单纯 p、V、T 变化过程,也包含相变化过程(铝的熔化),可设计如下途径计算:

$$\begin{array}{ccc}
\boxed{\text{Al(s), 1 000 kg, 298.15 K,常压}} & \xrightarrow[\Delta U]{\Delta H} & \boxed{\text{Al(l), 1 000 kg, 1 298.15 K,常压}} \\
\Delta H_1 \downarrow & & \uparrow \Delta H_3 \\
\boxed{\text{Al(s), 1 000 kg, 933.45 K,常压}} & \xrightarrow{\Delta H_2} & \boxed{\text{Al(l), 1 000 kg, 933.45 K,常压}}
\end{array}$$

1 000 kg Al 换算为物质的量,为

$$n(Al) = m(Al)/M(Al) = 1\ 000 \times 1\ 000\ \text{g}/27\ \text{g} \cdot \text{mol}^{-1} = 3.7 \times 10^4\ \text{mol}$$

$$\Delta H_1 = \int_{298.15\ K}^{933.45\ K} nC_{p,m}(Al,s)dT =$$
$$3.7 \times 10^4\ \text{mol} \times 29.17\ \text{J} \cdot \text{K}^{-1} \cdot \text{mol}^{-1} \times 635.3\ \text{K} = 6.9 \times 10^5\ \text{kJ}$$

$$\Delta H_2 = n(Al) \times \Delta_{fus}H = 3.7 \times 10^4\ \text{mol} \times 10.56\ \text{kJ} \cdot \text{mol}^{-1} = 3.9 \times 10^5\ \text{kJ}$$

$$\Delta H_3 = \int_{933.45\ K}^{1\ 298.15\ K} nC_{p,m}(Al,l)dT =$$
$$3.7 \times 10^4\ \text{mol} \times 31.75\ \text{J} \cdot \text{K}^{-1} \cdot \text{mol}^{-1} \times 364.7\ \text{K} = 4.3 \times 10^5\ \text{kJ}$$

$$\Delta H = \Delta H_1 + \Delta H_2 + \Delta H_3 =$$
$$(6.9 \times 10^5 + 3.9 \times 10^5 + 4.3 \times 10^5)\ \text{kJ} = 1.51 \times 10^6\ \text{kJ}$$

对凝聚系统 $C_{p,m} \approx C_{V,m}$,所以 $\Delta U \approx \Delta H$。因为是定压过程,$Q_p = \Delta H = 1.51 \times 10^6$ kJ,计共消耗热能 1.51×10^6 kJ。

1.6.3 热力学第一定律在化学变化过程中的应用

1.化学反应的摩尔热力学能[变]和摩尔焓[变]

对反应
$$0 = \sum_B \nu_B B$$

反应的摩尔热力学能[变](molar thermodynamic energy [change] for the reaction)$\Delta_r U_m$("r" 表示反应),和**反应的摩尔焓[变]**(molar enthalpy [change] for the reaction)$\Delta_r H_m$,一般可由测量反应进度 $\xi_1 \rightarrow \xi_2$ 的热力学能变 $\Delta_r U$ 及焓变 $\Delta_r H$,除以反应进度[变]$\Delta\xi$ 而得,即

$$\Delta_r U_m = \frac{\Delta_r U}{\Delta\xi} = \frac{\nu_B \Delta_r U}{\Delta n_B} \tag{1-54}$$

$$\Delta_r H_m = \frac{\Delta_r H}{\Delta\xi} = \frac{\nu_B \Delta_r H}{\Delta n_B} \tag{1-55}$$

由于反应进度[变]$\Delta\xi$的定义对同一反应对应指定的计量方程,因此$\Delta_r U_m$和$\Delta_r H_m$都应对应指定的计量方程。所以当说$\Delta_r U_m$或$\Delta_r H_m$等于多少时,必须同时指明对应的化学反应计量方程式。$\Delta_r U_m$及$\Delta_r H_m$的单位为"$J \cdot mol^{-1}$"或"$kJ \cdot mol^{-1}$",但这里的"mol^{-1}"也是指"每摩尔反应进度[变]"。

2. 物质的热力学标准态的规定

一些热力学量,如热力学能U、焓H、吉布斯函数G等的绝对值是不能测量的,能测量的仅是当T、p和组成等发生变化时这些热力学量的变化值ΔU、ΔH、ΔG。因此,重要的问题是要为物质的状态定义一个**基线**。**标准状态**(或简称标准态),就是这样一种基线。按 GB 3102.8—1993 中的规定,标准状态时的压力 —— **标准压力** $p^{\ominus} = 100\ kPa$,上标"$\ominus$"表示标准态(注意,不要把标准压力与标准状况的压力相混淆,标准状况的压力 $p = 101\ 325\ Pa$)。

气体的标准态:不管是纯气体 B 或气体混合物中的组分 B,都是规定温度为T、压力为$p^{\ominus}$下并表现出理想气体特性的气体纯 B 的(假想)状态。

液体(或固体)的标准态:不管是纯液体(或固体)B 或是液体(或固体)混合物中的组分 B,都是规定温度为T,压力为$p^{\ominus}$下液体(或固体)纯 B 的状态。

物质的热力学标准态的温度T是任意的,未作具体规定。不过,许多物质的热力学标准态时的热数据由手册中查到的通常是$T = 298.15\ K$下的数据。

有关溶液中溶剂 A 和溶质 B 的标准状态的规定将在第 2 章中学习。

3. 化学反应的标准摩尔焓[变]

对反应

$$0 = \sum_B \nu_B B$$

反应的标准摩尔焓[变]以符号$\Delta_r H_m^{\ominus}(T)$表示,定义为

$$\Delta_r H_m^{\ominus}(T) \xlongequal{def} \sum_B \nu_B H_m^{\ominus}(B, \beta, T) \tag{1-56}$$

式中,$H_m^{\ominus}(B, \beta, T)$为参与反应的 B(B = A, B, Y, Z)单独存在,温度为T,压力为$p^{\ominus}$,相态为$\beta(\beta = g, l, s)$的摩尔焓。

对反应

$$aA + bB \longrightarrow yY + zZ$$

则有

$$\Delta_r H_m^{\ominus}(T) = y H_m^{\ominus}(Y, \beta, T) + z H_m^{\ominus}(Z, \beta, T) - a H_m^{\ominus}(A, \beta, T) - b H_m^{\ominus}(B, \beta, T) \tag{1-57}$$

因为 B(B = A, B, Y, Z)的$H_m^{\ominus}(B, \beta, T)$(在$p^{\ominus}$、$T$下,B 的摩尔焓的绝对值)无法求得,所以式(1-56)及式(1-57)没有实际计算意义,它仅仅是反应的标准摩尔焓[变]的定义式。

4. 热化学方程式

注明具体反应条件(如T, p, β,焓变)的化学反应方程式叫**热化学方程式**(thermochemical equation)。如

$$2C_6H_5COOH(s, p^{\ominus}, 298.15K) + 15O_2(g, p^{\ominus}, 298.15K) \longrightarrow 6H_2O(l, p^{\ominus}, 298.15K) +$$
$$14CO_2(g, p^{\ominus}, 298.15K) + 6\ 445.0\ kJ \cdot mol^{-1}$$

即其标准摩尔焓[变]为 $\Delta_r H_m^{\ominus}(298.15\ K) = -6\ 445.0\ kJ \cdot mol^{-1}$

5. 盖斯定律

盖斯总结实验规律得出:一个化学反应,不管是一步完成或是经数步完成,反应的总标

准摩尔焓[变]是相同的,即**盖斯定律**。例如

则有

$$\Delta_r H_m^{\ominus}(T) = \Delta_r H_{m,1}^{\ominus}(T) + \Delta_r H_{m,2}^{\ominus}(T)$$

根据盖斯定律,利用热化学方程式的线性组合,可由若干已知反应的标准摩尔焓[变],求另一反应的标准摩尔焓[变]。

【例1-14】 已知298.15 K时,

$$C(石墨) + O_2(g) = CO_2(g), \quad \Delta_r H_m^{\ominus} = -393.15 \text{ kJ} \cdot \text{mol}^{-1} \qquad ①$$

$$CO(g) + \frac{1}{2}O_2(g) = CO_2(g), \quad \Delta_r H_m^{\ominus} = -283.0 \text{ kJ} \cdot \text{mol}^{-1} \qquad ②$$

计算:

$$C(石墨) + \frac{1}{2}O_2(g) = CO(g), \quad \Delta_r H_m^{\ominus} = ? \qquad ③$$

(反应③是钢铁渗碳所需CO的来源)

解 反应③ = 反应① + 反应② × (-1),则

$$\Delta_r H_{m,③}^{\ominus} = \Delta_r H_{m,①}^{\ominus} - \Delta_r H_{m,②}^{\ominus} =$$
$$-393.15 \text{ kJ} \cdot \text{mol}^{-1} + 283.0 \text{ kJ} \cdot \text{mol}^{-1} =$$
$$-110.15 \text{ kJ} \cdot \text{mol}^{-1}$$

上述题目的计算意义在于:反应③的 $\Delta_r H_m^{\ominus}(T)$ 不能由实验直接测定,而反应①及反应②的 $\Delta_r H_m^{\ominus}(T)$ 可由实验测定。因此可由①、②的数据,求算反应③的标准摩尔焓[变]。

【例1-15】 已知298.15 K时,

$$CO(g) + \frac{1}{2}O_2(g) = CO_2(g), \quad \Delta_r H_m^{\ominus} = -283.0 \text{ kJ} \cdot \text{mol}^{-1} \qquad ①$$

$$H_2(g) + \frac{1}{2}O_2(g) = H_2O(l), \quad \Delta_r H_m^{\ominus} = -285.0 \text{ kJ} \cdot \text{mol}^{-1} \qquad ②$$

$$C_2H_5OH(l) + 3O_2(g) = 3H_2O(l) + 2CO_2(g), \quad \Delta_r H_m^{\ominus} = -1\,370 \text{ kJ} \cdot \text{mol}^{-1} \qquad ③$$

计算:

$$2CO(g) + 4H_2(g) = H_2O(l) + C_2H_5OH(l), \quad \Delta_r H_m^{\ominus} = ? \qquad ④$$

解 反应④ = 反应① × 2 + 反应② × 4 + 反应③ × (-1),则

$$\Delta_r H_{m,④}^{\ominus} = \Delta_r H_{m,①}^{\ominus} × 2 + \Delta_r H_{m,②}^{\ominus} × 4 - \Delta_r H_{m,③}^{\ominus} =$$
$$[(-283.0 × 2) + (-285.0 × 4) - (-1\,370)] \text{ kJ} \cdot \text{mol}^{-1} =$$
$$-336.0 \text{ kJ} \cdot \text{mol}^{-1}$$

6. 反应的标准摩尔焓[变]$\Delta_r H_m^{\ominus}(T)$ 的计算

(1)由B的标准摩尔生成焓[变]$\Delta_f H_m^{\ominus}(B, \beta, T)$ 计算

①B的标准摩尔生成焓[变]的定义

B 的标准摩尔生成焓[变][①](standard molar enthalpy [change] of formation) 用符号 $\Delta_f H_m^\ominus(B,\beta,T)$ 表示("f"表示生成,β 表示相态),定义为:在温度 T,由参考状态的单质生成 $B(\nu_B=1)$ 时的标准摩尔焓[变]。这里所谓的参考状态,一般是指每个单质在所讨论的温度 T 及标准压力 $p^\ominus$ 下最稳定的状态[磷除外,是 P(s,白)而不是更稳定的 P(s,红)]。书写相应的生成反应的化学反应方程式时,要使 B 的化学计量数 $\nu_B=1$[②]。例如,$\Delta_f H_m^\ominus(CH_3OH,l,298.15\ K)$ 是下述生成反应(由单质生成化合物的反应)的标准摩尔焓[变]的简写:

$$C(石墨,298.15\ K,p^\ominus)+2H_2(g,298.15\ K,p^\ominus)+\frac{1}{2}O_2(g,298.15\ K,p^\ominus)=\!=\!=$$

$$CH_3OH(l,298.15\ K,p^\ominus)$$

当然,H_2 和 O_2 应具有理想气体的特性。所说的"摩尔"与一般反应的摩尔焓[变]一样,是指每摩尔反应进度。

根据 B 的标准摩尔生成焓 $\Delta_f H_m^\ominus(B,\beta,T)$ 的定义,参考态时最稳定单质的标准摩尔生成焓[变]在任何温度 T 时均为零。如 $\Delta_f H_m^\ominus(C,石墨,T)=0$。

由教材和手册中可查得 B 的 $\Delta_f H_m^\ominus(B,\beta,298.15K)$ 数据(附录 Ⅲ)。

② 由 $\Delta_f H_m^\ominus(B,\beta,T)$ 计算 $\Delta_r H_m^\ominus(T)$

由式(1-56)可得

$$\Delta_r H_m^\ominus(T)=\sum_B \nu_B \Delta_f H_m^\ominus(B,\beta,T) \tag{1-58}$$

或

$$\Delta_r H_m^\ominus(298.15\ K)=\sum_B \nu_B \Delta_f H_m^\ominus(B,\beta,298.15\ K) \tag{1-59}$$

如对反应

$$aA(g)+bB(s)=\!=\!=yY(g)+zZ(s)$$

$$\Delta_r H_m^\ominus(298.15\ K)=y\Delta_f H_m^\ominus(Y,g,298.15\ K)+z\Delta_f H_m^\ominus(Z,s,298.15\ K)-$$
$$a\Delta_f H_m^\ominus(A,g,298.15\ K)-b\Delta_f H_m^\ominus(B,s,298.15\ K)$$

(2) 由 B 的标准摩尔燃烧焓[变]$\Delta_c H_m^\ominus(B,\beta,T)$ 计算

①B 的标准摩尔燃烧焓[变]的定义

B 的标准摩尔燃烧焓[变](standard molar enthalpy [change] of combustion) 用符号 $\Delta_c H_m^\ominus(B,\beta,T)$ 表示("c"表示燃烧,β 表示相态),定义为:在温度 T,$B(\nu_B=-1)$ 完全氧化成相同温度下指定产物时的标准摩尔焓[变]。所谓指定产物,如 C、H 完全氧化的指定产物是 $CO_2(g)$ 和 $H_2O(l)$,对其他元素,一般数据表上会注明,查阅时应加以注意(附录 Ⅳ)。书写相应的燃烧反应的化学反应方程式时,要使 B 的化学计量数 $\nu_B=-1$。例如,$\Delta_c H_m^\ominus(C,石墨,298.15\ K)$ 是下述反应的标准摩尔焓[变]的简写:

$$C(石墨,298.15\ K,p^\ominus)+O_2(g,298.15\ K,p^\ominus)=\!=\!=CO_2(g,298.15\ K,p^\ominus)$$

---

① 以往的教材中,把标准摩尔生成焓定义为:"温度 T 时,由最稳定态的单质生成 1 mol B 的反应的标准摩尔焓,称为该温度下 B 的标准摩尔生成焓"。按国家标准规定,定义中规定"生成 1 mol"B 是不妥的,因为在定义任何量时,不应包含或暗含特定单位的选择。再者,以往把标准摩尔生成焓称为"标准摩尔生成热"也是不妥的,这不仅在名称、符号上不规范,而且也将热量 Q 和焓变 ΔH 两个量混淆了。

② 在 B 的标准摩尔生成焓[变]的定义中,必须锁定 $\nu_B=1$,因为 $\Delta_r H_m^\ominus(T)$ 与指定的化学反应计量方程式相对应,锁定 $\nu_B=1$ 后的生成反应的 $\Delta_r H_m^\ominus(T)$ 才能定义为 $\Delta_f H_m^\ominus(B,\beta,T)$。

当然，O_2 和 CO_2 应具有理想气体的特性。所说的"摩尔"与一般反应的摩尔焓[变]一样，是指每摩尔反应进度。

根据 B 的标准摩尔燃烧焓[变]的定义，稳定态下的 $H_2O(l)$、$CO_2(g)$ 的标准摩尔燃烧焓[变]在任何温度 T 时均为零。

由 B 的标准摩尔生成焓[变]及摩尔燃烧焓[变]的定义可知，$H_2O(l)$ 的标准摩尔生成焓[变]与 $H_2(g)$ 的标准摩尔燃烧焓[变]、$CO_2(g)$ 的标准摩尔生成焓[变]与 C(石墨)的标准摩尔燃烧焓[变]在量值上相等，但物理含义不同。

② 由 $\Delta_c H_m^{\ominus}(B, \beta, T)$ 计算 $\Delta_r H_m^{\ominus}(T)$

由式(1-56)可得

$$\Delta_r H_m^{\ominus}(T) = -\sum_B \nu_B \Delta_c H_m^{\ominus}(B, \beta, T) \tag{1-60}$$

或

$$\Delta_r H_m^{\ominus}(298.15\ \text{K}) = -\sum_B \nu_B \Delta_c H_m^{\ominus}(B, \beta, 298.15\ \text{K}) \tag{1-61}$$

如对反应

$$a\text{A}(s) + b\text{B}(g) \Longrightarrow y\text{Y}(s) + z\text{Z}(g)$$

$$\Delta_r H_m^{\ominus}(298.15\ \text{K}) = -[y\Delta_c H_m^{\ominus}(Y, s, 298.15\ \text{K}) + z\Delta_c H_m^{\ominus}(Z, g, 298.15\ \text{K}) -$$
$$a\Delta_c H_m^{\ominus}(A, s, 298.15\ \text{K}) - b\Delta_c H_m^{\ominus}(B, g, 298.15\ \text{K})]$$

【例 1-16】　已知 C(石墨)及 $H_2(g)$ 在 25 ℃ 时的标准摩尔燃烧焓[变]分别为 -393.51 kJ·mol^{-1} 及 -285.84 kJ·mol^{-1}；水在 25 ℃ 时的汽化焓为 44.0 kJ·mol^{-1}，反应 C(石墨) $+2H_2O(g) \longrightarrow 2H_2(g) + CO_2(g)$ 在 25 ℃ 时的标准摩尔焓[变]$\Delta_r H_m^{\ominus}(298.15\ \text{K})$ 为多少？

解　由题可知

$$\Delta_f H_m^{\ominus}(H_2O, l, 298.15\ \text{K}) = \Delta_c H_m^{\ominus}(H_2, g, 298.15\ \text{K}) = -285.84\ \text{kJ·mol}^{-1}$$

又

$$H_2O(l, 298.15\ \text{K}, p^{\ominus}) \xrightarrow{\text{汽化}} H_2O(g, 298.15\ \text{K}, p^{\ominus})$$

其相变焓

$$\Delta_{vap} H_m^{\ominus}(298.15\ \text{K}) = \Delta_f H_m^{\ominus}(H_2O, g, 298.15\ \text{K}) - \Delta_f H_m^{\ominus}(H_2O, l, 298.15\ \text{K})$$

于是

$$\Delta_f H_m^{\ominus}(H_2O, g, 298.15\ \text{K}) = 44.0\ \text{kJ·mol}^{-1} + (-285.84\ \text{kJ·mol}^{-1}) =$$
$$-241.84\ \text{kJ·mol}^{-1}$$

因为

$$\Delta_f H_m^{\ominus}(CO_2, g, 298.15\ \text{K}) = \Delta_c H_m^{\ominus}(C, 石墨, 298.15\ \text{K}) = -393.51\ \text{kJ·mol}^{-1}$$

则对反应

$$\text{C}(石墨) + 2H_2O(g) \longrightarrow 2H_2(g) + CO_2(g)$$

由式(1-59)，有

$$\Delta_r H_m^{\ominus}(298.15\ \text{K}) = \sum_B \nu_B \Delta_f H_m^{\ominus}(B, \beta, 298.15\ \text{K}) =$$
$$\Delta_f H_m^{\ominus}(CO_2, g, 298.15\ \text{K}) - 2\Delta_f H_m^{\ominus}(H_2O, g, 298.15\ \text{K}) =$$
$$[(-393.51) - 2 \times (-241.84)]\ \text{kJ·mol}^{-1} = 90.17\ \text{kJ·mol}^{-1}$$

【例 1-17】　已知反应：$CH_3COOH(l) + C_2H_5OH(l) \longrightarrow CH_3COOC_2H_5(l) + H_2O(l)$

在 298.15 K 的 $\Delta_r H_m^{\ominus}(298.15\ K) = -9.200\ kJ \cdot mol^{-1}$，且已知 $C_2H_5OH(l)$ 的 $\Delta_c H_m^{\ominus}(l, 298.15\ K) = -1\ 366.91\ kJ \cdot mol^{-1}$，$CH_3COOH(l)$ 的 $\Delta_c H_m^{\ominus}(l, 298.15\ K) = -873.8\ kJ \cdot mol^{-1}$，$\Delta_f H_m^{\ominus}(CO_2, g, 298.15\ K) = -393.511\ kJ \cdot mol^{-1}$，$\Delta_f H_m^{\ominus}(H_2O, l, 298.15\ K) = -285.838\ kJ \cdot mol^{-1}$。试求 $CH_3COOC_2H_5(l)$ 的 $\Delta_f H_m^{\ominus}(298.15\ K) = ?$

解 对于反应

$$CH_3COOH(l) + C_2H_5OH(l) \longrightarrow CH_3COOC_2H_5(l) + H_2O(l)$$

由式(1-61)，有 $\qquad \Delta_r H_m^{\ominus}(298.15\ K) = -\sum_B \nu_B \Delta_c H_m^{\ominus}(B, \beta, 298.15\ K)$

$$\Delta_r H_m^{\ominus}(298.15\ K) = -[\Delta_c H_m^{\ominus}(H_2O, l, 298.15\ K) + \Delta_c H_m^{\ominus}(CH_3COOC_2H_5, l, 298.15\ K) -$$
$$\Delta_c H_m^{\ominus}(CH_3COOH, l, 298.15\ K) - \Delta_c H_m^{\ominus}(C_2H_5OH, l, 298.15\ K)]$$

即 $\qquad -9.200\ kJ \cdot mol^{-1} = -[0 + \Delta_c H_m^{\ominus}(CH_3COOC_2H_5, l, 298.15\ K) +$
$$873.8\ kJ \cdot mol^{-1} + 1\ 366.91\ kJ \cdot mol^{-1}]$$

得 $\qquad \Delta_c H_m^{\ominus}(CH_3COOC_2H_5, l, 298.15\ K) = -2\ 231.5\ kJ \cdot mol^{-1}$

对 $CH_3COOC_2H_5$ 燃烧反应，书写其反应方程式时，写成 $\nu(CH_3COOC_2H_5) = -1$，则有

$$CH_3COOC_2H_5(l) + 5O_2(g) \longrightarrow 4CO_2(g) + 4H_2O(l)$$

$$\Delta_c H_m^{\ominus}(CH_3COOC_2H_5, l, 298.15\ K) = \Delta_r H_m^{\ominus}(298.15\ K)$$

由式(1-59)，得

$$\Delta_r H_m^{\ominus}(298.15\ K) = -\Delta_f H_m^{\ominus}(CH_3COOC_2H_5, l, 298.15\ K) - 0 +$$
$$4\Delta_f H_m^{\ominus}(CO_2, g, 298.15\ K) + 4\Delta_f H_m^{\ominus}(H_2O, l, 298.15\ K) =$$
$$\Delta_c H_m^{\ominus}(CH_3COOC_2H_5, l, 298.15\ K)$$

于是 $\quad \Delta_f H_m^{\ominus}(CH_3COOC_2H_5, l, 298.15\ K) = -\Delta_c H_m^{\ominus}(CH_3COOC_2H_5, l, 298.15\ K) +$
$$4\Delta_f H_m^{\ominus}(CO_2, g, 298.15\ K) + 4\Delta_f H_m^{\ominus}(H_2O, l, 298.15\ K) =$$
$$[2\ 231.5 + 4 \times (-393.511) + 4 \times (-285.838)]\ kJ \cdot mol^{-1} = -485.9\ kJ \cdot mol^{-1}$$

7. 反应的标准摩尔焓[变]与温度的关系

利用标准摩尔生成焓[变]或标准摩尔燃烧焓[变]的数据计算反应的标准摩尔焓[变]，通常只有 298.15 K 的数据，因此算得的是 $\Delta_r H_m^{\ominus}(298.15\ K)$。要得到任意温度 T 时的 $\Delta_r H_m^{\ominus}(T)$ 该如何算呢？这可由以下关系来推导

$$
\boxed{aA} + \boxed{bB} \xrightarrow{\Delta_r H_m^{\ominus}(T_1)} \boxed{yY} + \boxed{zZ}
$$

$$\downarrow \Delta H_{m,1}^{\ominus} \quad \downarrow \Delta H_{m,2}^{\ominus} \qquad\qquad \uparrow \Delta H_{m,3}^{\ominus} \quad \uparrow \Delta H_{m,4}^{\ominus}$$

$$
\boxed{aA} + \boxed{bB} \xrightarrow{\Delta_r H_m^{\ominus}(T_2)} \boxed{yY} + \boxed{zZ}
$$

由状态函数的性质，有

$$\Delta_r H_m^{\ominus}(T_1) = \Delta H_{m,1}^{\ominus} + \Delta H_{m,2}^{\ominus} + \Delta_r H_m^{\ominus}(T_2) + \Delta H_{m,3}^{\ominus} + \Delta H_{m,4}^{\ominus}$$

因为 $\qquad \Delta H_{m,1}^{\ominus} = a \int_{T_1}^{T_2} C_{p,m}^{\ominus}(A)\,dT, \qquad \Delta H_{m,2}^{\ominus} = b \int_{T_1}^{T_2} C_{p,m}^{\ominus}(B)\,dT$ ①

---

① $C_{p,m}^{\ominus}$ 为标准定压摩尔热容，当压力不太高时，压力对定压摩尔热容的影响可以忽略不计，通常 $C_{p,m} \approx C_{p,m}^{\ominus}$。

$$\Delta H_{m,3}^{\ominus} = -y \int_{T_1}^{T_2} C_{p,m}^{\ominus}(Y) dT, \qquad \Delta H_{m,4}^{\ominus} = -z \int_{T_1}^{T_2} C_{p,m}^{\ominus}(Z) dT$$

于是有

$$\Delta_r H_m^{\ominus}(T_2) = \Delta_r H_m^{\ominus}(T_1) + \int_{T_1}^{T_2} \sum_B \nu_B C_{p,m}^{\ominus}(B) dT \qquad (1-62)$$

式中

$$\sum_B \nu_B C_{p,m}^{\ominus}(B) = y\, C_{p,m}^{\ominus}(Y) + z\, C_{p,m}^{\ominus}(Z) - a\, C_{p,m}^{\ominus}(A) - b\, C_{p,m}^{\ominus}(B)$$

若 $T_2 = T, T_1 = 298.15\ \mathrm{K}$，则式(1-62)变为

$$\Delta_r H_m^{\ominus}(T) = \Delta_r H_m^{\ominus}(298.15\ \mathrm{K}) + \int_{298.15\,\mathrm{K}}^{T} \sum_B \nu_B C_{p,m}^{\ominus}(B,\beta) dT \qquad (1-63)$$

式(1-62)及式(1-63)叫**基希霍夫(Kirchhoff)公式**。

注意 式(1-63)应用于 $T_1 \sim T_2$ 温度区间参与反应的各物质没有相变化的情况。当伴随有相变化时，尚需考虑相变焓。

8. 反应的标准摩尔焓[变]与标准摩尔热力学能[变]的关系

在实验测定中，多数情况下测定 $\Delta_r U_m^{\ominus}(T)$ 较为方便。如何从 $\Delta_r U_m^{\ominus}(T)$ 换算成 $\Delta_r H_m^{\ominus}(T)$ 呢？

对于化学反应

$$0 = \sum_B \nu_B B$$

根据式(1-56)及焓的定义式(1-24)，有

$$\Delta_r H_m^{\ominus}(T) = \sum_B \nu_B H_m^{\ominus}(B,\beta,T) = \sum_B \nu_B U_m^{\ominus}(B,\beta,T) + \sum_B \nu_B [p^{\ominus} V_m^{\ominus}(B,T)]$$

对于凝聚相(液相或固相)B，标准摩尔体积 $V_m^{\ominus}(B,T)$ 很小，$\sum_B \nu_B [p^{\ominus} V_m^{\ominus}(B,T)]$ 也很小，可以忽略，于是

$$\Delta_r H_m^{\ominus}(T, l \text{ 或 } s) \approx \Delta_r U_m^{\ominus}(T, l \text{ 或 } s) \qquad (1-64)$$

式中，$\Delta_r U_m^{\ominus}(T, l \text{ 或 } s) = \sum_B \nu_B U_m^{\ominus}(B, T, l \text{ 或 } s)$，代表反应的标准摩尔热力学能[变]。

有气体 B 参加的反应，式(1-64)可以写成

$$\Delta_r H_m^{\ominus}(T) = \Delta_r U_m^{\ominus}(T) + RT \sum_B \nu_{B(g)} \qquad (1-65)$$

由式(1-65)知，当反应的 $\sum_B \nu_{B(g)} > 0$ 时，$\Delta_r H_m^{\ominus}(T) > \Delta_r U_m^{\ominus}(T)$，当反应的 $\sum_B \nu_{B(g)} < 0$ 时，$\Delta_r H_m^{\ominus}(T) < \Delta_r U_m^{\ominus}(T)$。

在定温、定容及 $W' = 0$，定温、定压及 $W' = 0$ 的条件下进行化学反应时，由式(1-22)及式(1-25)亦应有

$$Q_V = \Delta_r U, \qquad Q_p = \Delta_r H$$

以前常把 $\Delta_r U$、$\Delta_r H$ 或 Q_V、Q_p 称为"定容热效应"和"定压热效应"[①]，按 GB 3102.8—1993 的有关规定，这种称呼是不妥的，应避免使用。但上述关系是正确的，Q_V 和 Q_p 是反应系统在上述规定条件下吸收(或放出)的热量，$\Delta_r U$、$\Delta_r H$ 则为化学反应的热力学能[变]和焓[变]，前者与后者在量值上相等但物理含义不同。

【**例 1-18**】 气相反应 $A(g) + B(g) \longrightarrow Y(g)$ 在 500 ℃，100 kPa 进行。

---

① "热效应"、"定容热效应"、"定压热效应" GB 中已废除，Q_V、Q_p 分别称为定容热及定压热。

已知数据：

物质	$\Delta_f H_m^{\ominus}(298.15\ K)$ / kJ·mol^{-1}	$25 \sim 500\ ℃$ 的 $C_{p,m}^{\ominus}$ / J·mol^{-1}·K^{-1}
A(g)	−235	19.1
B(g)	52	4.2
Y(g)	−241	30.0

试求 $\Delta_r H_m^{\ominus}(298.15\ K)$、$\Delta_r H_m^{\ominus}(773.15\ K)$、$\Delta_r U_m^{\ominus}(773.15\ K)$。

解　由式(1-59)，有

$$\Delta_r H_m^{\ominus}(298.15\ K) = \sum_B \nu_B \Delta_f H_m^{\ominus}(B,\beta,298.15\ K) =$$
$$[-(-235)-52+(-241)]\ kJ·mol^{-1} =$$
$$-58\ kJ·mol^{-1}$$

由式(1-63)，有

$$\Delta_r H_m^{\ominus}(773.15\ K) = \Delta_r H_m^{\ominus}(298.15\ K) + \int_{298.15\ K}^{773.15\ K} \sum_B \nu_B C_{p,m}^{\ominus}(B)\,dT$$

而

$$\sum_B \nu_B C_{p,m}^{\ominus}(B) = (-19.1-4.2+30.0)J·mol^{-1}·K^{-1} = 6.7\ J·mol^{-1}·K^{-1}$$

所以

$$\Delta_r H_m^{\ominus}(773.15\ K) = -58\ kJ·mol^{-1} + 6.7\ J·mol^{-1}·K^{-1} \times$$
$$(773.15-298.15)K \times 10^{-3} = -54.82\ kJ·mol^{-1}$$

由式(1-65)，有

$$\Delta_r U_m^{\ominus}(773.15\ K) = \Delta_r H_m^{\ominus}(773.15\ K) - RT\sum_B \nu_{B(g)} =$$
$$-54.82\ kJ·mol^{-1} - 8.314\ 5\ J·mol^{-1}·K^{-1} \times 773.15\ K \times$$
$$(1-1-1) \times 10^{-3} = -48.39\ kJ·mol^{-1}$$

【例 1-19】　假定反应 $A(g) \rightleftharpoons Y(g) + \frac{1}{2}Z(g)$ 可视为理想气体反应，并已知数据：

物质	$\Delta_f H_m^{\ominus}(298.15\ K)$ / kJ·mol^{-1}	$C_{p,m}^{\ominus} = a + bT + c'T^{-2}$		
		a / J·mol^{-1}·K^{-1}	b / 10^{-3} J·mol^{-1}·K^{-2}	c' / 10^5 J·mol^{-1}·K
A(g)	−400	13.70	6.40	3.12
Y(g)	−300	11.40	1.70	−2.00
Z(g)	0	7.80	0.80	−2.24

则该反应的 $\Delta_r H_m^{\ominus}(298.15\ K)$ 及 $\Delta_r H_m^{\ominus}(1\ 000\ K)$ 各为多少？

解　由式(1-59)，有

$$\Delta_r H_m^{\ominus}(298.15\ K) = \sum_B \nu_B \Delta_f H_m^{\ominus}(B,\beta,298.15\ K) = -\Delta_f H_m^{\ominus}(A,g,298.15\ K) +$$
$$\Delta_f H_m^{\ominus}(Y,g,298.15\ K) + \frac{1}{2}\Delta_f H_m^{\ominus}(Z,g,298.15\ K) =$$
$$[-(-400)+(-300)+0]kJ·mol^{-1} = 100\ kJ·mol^{-1}$$

由式(1-63)，有

$$\Delta_r H_m^{\ominus}(T) = \Delta_r H_m^{\ominus}(298.15\ K) + \int_{298.15\ K}^{T} \sum_B \nu_B C_{p,m}^{\ominus}(B)\,dT$$

将数据代入，则

$$\sum_{\mathrm{B}} \nu_{\mathrm{B}} C_{p,\mathrm{m}}^{\ominus}(\mathrm{B}) = [1.60 - 4.30 \times 10^{-3}(T/\mathrm{K}) - 6.24 \times 10^5 (T/\mathrm{K})^{-2}]\mathrm{J} \cdot \mathrm{mol}^{-1} \cdot \mathrm{K}^{-1}$$

将 $\sum\limits_{\mathrm{B}} \nu_{\mathrm{B}} C_{p,\mathrm{m}}^{\ominus}(\mathrm{B})$ 代入上式,并积分得

$$\Delta_{\mathrm{r}} H_{\mathrm{m}}^{\ominus}(1\,000\ \mathrm{K}) = \Delta_{\mathrm{r}} H_{\mathrm{m}}^{\ominus}(298.15\ \mathrm{K}) + \int_{298.15\ \mathrm{K}}^{1\,000\ \mathrm{K}} [1.60 - 4.30 \times 10^{-3}(T/\mathrm{K}) -$$
$$6.24 \times 10^5 (T/\mathrm{K})^{-2}]\mathrm{J} \cdot \mathrm{mol}^{-1} \cdot \mathrm{K}^{-1}\mathrm{d}T = 97.69\ \mathrm{kJ} \cdot \mathrm{mol}^{-1}$$

9. 标准摩尔溶解焓[变]

在金属材料热加工过程中常有渗氮、渗碳、脱氧等工艺操作,涉及气体或固体在铁水中溶解的过程,继而涉及过程焓变的计算。

(1) 标准摩尔积分溶解焓[变]

在恒定温度、压力下,单位物质的量的溶质 B 溶解在溶剂 A 中形成一定组成(关于溶液及其组成标度见 1.20 节)的溶液,该溶解过程的焓[变],称为 B 的摩尔积分溶解焓[变]。而在标准压力下($p = 100\ \mathrm{kPa}$)的摩尔积分溶解焓[变],称为 B 的标准摩尔积分溶解焓[变],以符号 $\Delta_{\mathrm{sol}} H_{\mathrm{m}}^{\ominus}$ 表示,单位为 $\mathrm{kJ} \cdot \mathrm{mol}^{-1}$。它的量值主要与溶质 B 和溶剂 A 的性质及溶液的组成有关,压力的影响可以忽略不计。

(2) 标准摩尔微分溶解焓[变]

在恒定温度、标准压力($p = 100\ \mathrm{kPa}$)下,单位物质的量的 B 溶解在含有溶质 B 的大量的组成一定的溶液中的焓[变],称为溶质 B 在此组成标度下的标准摩尔微分溶解焓[变],以符号 $\Delta_{\mathrm{diff}} H_{\mathrm{m}}^{\ominus}$ 表示,单位为 $\mathrm{kJ} \cdot \mathrm{mol}^{-1}$。它的量值与溶质 B 和溶剂 A 的性质及溶液的组成有关。

表 1-4 列出 1 600 ℃ 时溶质 B 的质量分数为 0.01 的铁溶液中的标准摩尔微分溶解焓[变]。

表 1-4 1 600 ℃ 时溶质 B 的质量分数为 0.01 的铁溶液中的标准摩尔微分溶解焓[变]

溶解过程	$\Delta_{\mathrm{diff}} H_{\mathrm{m}}^{\ominus}/(\mathrm{kJ} \cdot \mathrm{mol}^{-1})$	溶解过程	$\Delta_{\mathrm{diff}} H_{\mathrm{m}}^{\ominus}/(\mathrm{kJ} \cdot \mathrm{mol}^{-1})$
$\mathrm{Al(l)} = [\mathrm{Al}]$	-43.09	$\mathrm{Si(l)} = [\mathrm{Si}]$	-119.20
$\mathrm{C(石墨)} = [\mathrm{C}]$	21.34	$\mathrm{V(l)} = [\mathrm{V}]$	-15.48
$\mathrm{Cr(s)} = [\mathrm{Cr}]$	20.92	$\mathrm{Ti(s)} = [\mathrm{Ti}]$	-54.81
$\mathrm{Mn(l)} = [\mathrm{Mn}]$	0	$\frac{1}{2}\mathrm{O}_2 = [\mathrm{O}]$	-117.19

【例 1-20】 已知 1 873.15 K 时,反应

$$2\mathrm{Al(l)} + \frac{3}{2}\mathrm{O}_2(\mathrm{g}) == \mathrm{Al}_2\mathrm{O}_3(\mathrm{s}), \quad \Delta_{\mathrm{r}} H_{\mathrm{m}}^{\ominus}(1\,873.15\ \mathrm{K}) = -1\,681\ \mathrm{kJ} \cdot \mathrm{mol}^{-1} \qquad ①$$

试求铁水中脱氧反应 $2[\mathrm{Al}] + 3[\mathrm{O}] == \mathrm{Al}_2\mathrm{O}_3(\mathrm{s})$ 的标准摩尔反应焓[变]$\Delta_{\mathrm{r}} H_{\mathrm{m}}^{\ominus}(1\,873.15\ \mathrm{K})$ =?

解　由表 1-4 查得

$$\mathrm{Al(l)} == [\mathrm{Al}], \quad \Delta_{\mathrm{diff}} H_{\mathrm{m}}^{\ominus}(1\,873.15\ \mathrm{K}) = -43.09\ \mathrm{kJ} \cdot \mathrm{mol}^{-1} \qquad ②$$

$$\frac{1}{2}\mathrm{O}_2 == [\mathrm{O}], \quad \Delta_{\mathrm{diff}} H_{\mathrm{m}}^{\ominus}(1\,873.15\ \mathrm{K}) = -117.19\ \mathrm{kJ} \cdot \mathrm{mol}^{-1} \qquad ③$$

(反应①－2×反应②－3×反应③)即为铁水中脱氧反应的标准摩尔反应焓[变],得

$$\Delta_{\mathrm{r}} H_{\mathrm{m}}^{\ominus}(1\,873.15\ \mathrm{K}) =$$

$$\Delta_r H_{m,①}^{\ominus}(1\,873.15\ \text{K}) - 2 \times \Delta_{\text{diff}} H_{m,①}^{\ominus}(1\,873.15\ \text{K}) - 3 \times \Delta_{\text{diff}} H_{m,⑪}^{\ominus}(1\,873.15\ \text{K}) =$$
$$[-1\,681 - 2 \times (-43.09) - 3 \times (-117.19)]\text{kJ} \cdot \text{mol}^{-1} =$$
$$-1\,243.25\ \text{kJ} \cdot \text{mol}^{-1}$$

Ⅲ　热力学第二定律

1.7　热转化为功的限度、卡诺循环

与热力学第一定律一样,**热力学第二定律**(the second law of thermodynamics)也是人们生产实践、生活实践和科学实验的经验总结。从热力学第二定律出发,经过归纳与推理,定义了状态函数 —— **熵**(entropy),以符号 S 表示,用**熵判据**(entropy criterion) $dS_隔 \geqslant 0 \begin{smallmatrix} \text{不可逆} \\ \text{可逆} \end{smallmatrix}$ 解决物质变化过程的方向与限度问题。

由于热力学第二定律的发现和热与功的相互转化的规律深刻联系在一起,所以我们从热与功的相互转化规律进行研究 —— 热能否全部转化为功?热转化为功的限度如何?

1.7.1　热机效率

热机(蒸气机、内燃机等)的工作过程可以看做一个循环过程。如图 1-9 所示,热机从高温热源(温度 T_1)吸热 $Q_1(>0)$,对环境做功 $W_v(<0)$,同时向低温热源(温度 T_2)放热 $Q_2(<0)$,再从高温热源吸热,完成一个循环。则**热机效率**定义为

$$\eta \overset{\text{def}}{=\!=} \frac{-W_v}{Q_1} = \frac{Q_1 + Q_2}{Q_1} \tag{1-66}$$

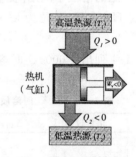

图 1-9　热转化为功的限度

1.7.2　卡诺循环

1824 年法国年轻工程师**卡诺**(Carnot S)设想了一部理想热机。该热机由两个温度不同的可逆定温过程(膨胀和压缩)和两个可逆绝热过程(膨胀和压缩)构成一个循环过程 —— **卡诺循环**(Carnot cycle)。以理想气体为工质的卡诺循环如图 1-10 所示。由图 1-10 可知,完成一个循环后,热机所作的净功为 p-V 图上曲线所包围的面积,$W_v < 0$。应用热力学第一定律,可有

过程 AB :
$$Q_1 = nRT_1 \ln \frac{V_B}{V_A} \tag{a}$$

过程 CD :
$$Q_2 = nRT_2 \ln \frac{V_D}{V_C} \tag{b}$$

过程 BC :
$$T_1 V_B^{\gamma-1} = T_2 V_C^{\gamma-1}, \gamma = \frac{C_p}{C_V} \tag{c}$$

过程 DA :
$$T_1 V_A^{\gamma-1} = T_2 V_D^{\gamma-1} \tag{d}$$

由式(c)、式(d)，有
$$\frac{V_B}{V_A} = \frac{V_C}{V_D}$$

所以
$$Q_1 + Q_2 = nR(T_1 - T_2)\ln\frac{V_B}{V_A} \tag{e}$$

由式(1-66)及式(a)、式(e)，得
$$\eta = \frac{-W_v}{Q_1} = \frac{Q_1 + Q_2}{Q_1} = \frac{T_1 - T_2}{T_1} \tag{1-67}$$

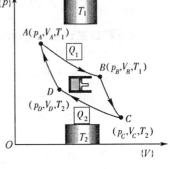

图 1-10　卡诺循环

结论：理想气体卡诺热机的效率 η 只与两个热源的温度 (T_1, T_2) 有关，温差愈大，η 愈大。

由式(1-67)，得
$$\frac{Q_1}{T_1} + \frac{Q_2}{T_2} = 0 \tag{1-68}$$

1.7.3　卡诺定理

所有工作在两个一定温度之间的热机，以可逆热机的效率最大 —— **卡诺定理**（Carnot theorem），即
$$\eta_r = \frac{T_1 - T_2}{T_1} \tag{1-69}$$

热力学第二定律的建立，在一定程度上受到卡诺定理的启发，而热力学第二定律建立后，反过来又证明了卡诺定理的正确性。

由卡诺定理，可得到推论：
$$\eta \leqslant \frac{T_1 - T_2}{T_1} \quad \begin{matrix} \text{不可逆热机} \\ \text{可逆热机} \end{matrix} \tag{1-70}$$

由式(1-67)及式(1-70)，有
$$\frac{Q_1}{T_1} + \frac{Q_2}{T_2} \leqslant 0 \quad \begin{matrix} \text{不可逆热机} \\ \text{可逆热机} \end{matrix} \tag{1-71}$$

1.8　热力学第二定律的经典表述

1.8.1　宏观过程的不可逆性

自然界中一切实际发生的宏观过程，总是：非平衡态 $\xrightarrow{\text{自发}}$ 平衡态（为止）；而不可能由平衡态 $\xrightarrow{\text{自发}}$ 非平衡态。举例如下。

(i) 热传递

方向：高温$(T_1) \xrightarrow[\text{自发}]{\text{热传递}}$ 低温$(T_2) \Rightarrow T_1' = T_2'$为止（限度），反过程不能自发。

(ii) 气体膨胀

方向：高压$(p_1) \xrightarrow[\text{自发}]{\text{气体膨胀}}$ 低压$(p_2) \Rightarrow p_1' = p_2'$为止（限度），反过程不能自发。

(iii) 水与酒精混合

方向：水＋酒精 $\xrightarrow[\text{自发}]{\text{混合均匀}}$ 溶液 $\Rightarrow$ 均匀为止（限度），反过程不能自发。

所谓"**自发过程**"（spontaneous process）通常是指不需要环境做功就能自动发生的过程。

总结以上自然规律，得到结论：自然界中发生的一切实际过程（指宏观过程，下同）都有一定的方向和限度。不可能自发按原过程逆向进行，即自然界中一切实际发生的宏观过程都是不可逆的。由此归纳出热力学第二定律。

1.8.2　热力学第二定律的经典表述

热力学第二定律的经典表述如下：

克劳休斯（Clausius R J E）说法（1850 年）：不可能把热由低温物体转移到高温物体，而不留下其他变化。

开尔文（Kelvin L）说法（1851 年）：不可能从单一热源吸热使之完全变为功，而不留下其他变化。

应当明确，克劳休斯说法并不意味着热不能由低温物体传到高温物体；开尔文说法也不是说热不能全部转化为功，强调的是不可能不留下其他变化。例如，开动制冷机（如冰箱）可使热由低温物体传到高温物体，但环境消耗了能量（电能）；理想气体在可逆定温膨胀过程中，系统从单一热源吸的热全部转变为对环境做的功，但系统的状态发生了变化（膨胀了）。

可以用反证法证明，热力学第二定律的上述两种经典表述是等效的。

此外，亦可以用"**第二类永动机**（the second kind of perpetual motion machine）不能制成"来表述热力学第二定律，这种机器是指从单一热源取热使之全部转化为功，而不留下其他变化。

总之，热力学第二定律的实质是，断定自然界中一切实际发生的宏观过程都是不可逆的。

1.9　熵、热力学第二定律的数学表达式

1.9.1　熵的定义

将式（1-71）推广到多个热源的无限小循环过程，有

$$\sum \frac{\delta Q}{T_{\text{su}}} \leqslant 0 \quad \begin{matrix} \text{不可逆热机} \\ \text{可逆热机} \end{matrix} \quad \text{或} \Rightarrow \oint \frac{\delta Q}{T_{\text{su}}} \leqslant 0 \quad \begin{matrix} \text{不可逆热机} \\ \text{可逆热机} \end{matrix}$$

上式表明，热温商 $\left(\dfrac{\delta Q}{T_{\text{su}}}\right)$ 沿任意可逆循环的闭积分等于零；沿任意不可逆循环的闭积分总小于零 —— **克劳休斯定理**（Clausius theorem）。

上式可分成两部分

$$\oint \frac{\delta Q_{\text{r}}}{T} = 0 \quad \text{（可逆循环）} \tag{1-72}$$

$$\oint \frac{\delta Q_{\text{ir}}}{T_{\text{su}}} < 0 \quad \text{（不可逆循环）} \quad \text{（克劳休斯不等式）} \tag{1-73}$$

式中,下标"r"及"ir"分别表示"可逆"与"不可逆"。

式(1-72)表明,若封闭曲线闭积分等于零,则被积变量$\left(\dfrac{\delta Q_r}{T}\right)$应为某状态函数的全微分(积分定理)。令该状态函数以 S 表示,即定义

$$dS \xlongequal{\text{def}} \frac{\delta Q_r}{T} \tag{1-74}$$

式中,S 叫做熵,单位为$J \cdot K^{-1}$。

从**熵**的定义式(1-74)来理解,熵是状态函数,是广度性质,宏观量,单位为$J \cdot K^{-1}$,这是我们对熵的暂时的理解。在以后的学习中,对它的物理意义将会有进一步的认识。

将式(1-74)积分,有

$$\int_{S_1}^{S_2} dS = S_2 - S_1 = \Delta S = \int_1^2 \frac{\delta Q_r}{T} \tag{1-75}$$

即计算熵变 ΔS 可由可逆途径的$\int_1^2 \dfrac{\delta Q_r}{T}$ 出发来计算。

1.9.2　热力学第二定律的数学表达式

设有一循环过程由两步组成,如图 1-11 所示,由图则有

$$\int_A^B \frac{\delta Q_{ir}}{T_{su}} + \int_B^A \frac{\delta Q_r}{T} < 0 \quad \text{(不可逆循环)}$$

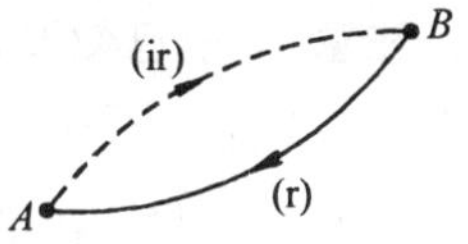

因

$$\int_B^A \frac{\delta Q_r}{T} = -\int_A^B \frac{\delta Q_r}{T}$$

所以

$$\int_A^B \frac{\delta Q_{ir}}{T_{su}} < \int_A^B \frac{\delta Q_r}{T} = \Delta S$$

图 1-11　不可逆循环过程

即

$$\Delta S > \int_A^B \frac{\delta Q_{ir}}{T_{su}} \quad \text{或} \quad dS > \frac{\delta Q_{ir}}{T_{su}}$$

$$\Delta S = \int_A^B \frac{\delta Q_r}{T} \quad \text{或} \quad dS = \frac{\delta Q_r}{T}$$

以上二式合并表示

$$\Delta S \geqslant \int_A^B \frac{\delta Q}{T_{su}} \begin{array}{l} \text{不可逆} \\ \text{可逆} \end{array} \quad \text{或} \quad dS \geqslant \frac{\delta Q}{T_{su}} \begin{array}{l} \text{不可逆} \\ \text{可逆} \end{array} \tag{1-76}$$

式(1-76)即为热力学第二定律的数学表达式。

1.9.3　熵增原理及平衡的熵判据

1. 熵增原理

对绝热过程,$\delta Q = 0$,由式(1-76)有

$$\Delta S_{绝热} \geqslant 0 \begin{array}{l} \text{不可逆} \\ \text{可逆} \end{array} \quad \text{或} \quad dS_{绝热} \geqslant 0 \begin{array}{l} \text{不可逆} \\ \text{可逆} \end{array} \tag{1-77}$$

式(1-77)表明,封闭系统经绝热过程由一状态达到另一状态熵的量值不减少——**熵增原理**(the principle of the increase of entropy)。

熵增原理表明,在绝热条件下,只可能发生 $dS \geqslant 0$ 的过程,其中 $dS = 0$ 表示可逆过程;$dS > 0$ 表示不可逆过程;$dS < 0$ 的过程是不可能发生的。但可逆过程毕竟是一个理想过程。

因此,在绝热条件下,一切可能发生的实际过程都使系统的熵增大,直至达到平衡态。

2. 熵判据

在隔离系统中发生的过程,$\delta Q = 0$,则由式(1-76),有

$$\Delta S_{隔} \geqslant 0 \begin{array}{c} 不可逆 \\ 可逆 \end{array} \quad 或 \quad dS_{隔} \geqslant 0 \begin{array}{c} 不可逆 \\ 可逆 \end{array} \tag{1-78a}$$

式(1-78a)叫**平衡的熵判据**(entropy criterion of equilibrium)。它表明:

(i) 在隔离系统中发生任意有限的或微小的状态变化时,若 $\Delta S_{隔} = 0$ 或 $dS_{隔} = 0$,则该隔离系统发生的是可逆过程;

(ii) 若隔离系统熵增大,即 $\Delta S_{隔} > 0$ 或 $dS_{隔} > 0$ 的过程是不可逆过程。

隔离系统与环境不发生相互作用(既无热交换,亦无功交换),变化的动力蕴藏在系统内部,因此在隔离系统中可以实际发生的过程都是自发过程。换言之,隔离系统的熵有自发增大的趋势。当达到平衡后,宏观的实际过程不再发生,熵不再继续增加,即隔离系统的熵达到某个极大值。

所以,对隔离系统,平衡的熵判据式(1-78a)还可以表示为

$$\Delta S_{隔} \geqslant 0 \begin{array}{c} 自发 \\ 平衡 \end{array} \quad 或 \quad dS_{隔} \geqslant 0 \begin{array}{c} 自发 \\ 平衡 \end{array} \tag{1-78b}$$

注意 前已叙及,热力学第二定律的实质是:自然界中一切实际发生的宏观过程(宏观自发过程)都是不可逆的,即不可能自发逆转。但应指出,不可逆过程可以是自发的,也可以是非自发的。例如,在绝热的封闭系统中发生的不可逆过程,可以是自发的(当系统与环境无功交换时),也可以是非自发的(当系统与环境有功交换时);而在隔离系统中发生的不可逆过程,则一定是自发过程(因为系统与环境既无热交换,亦无功交换)。

3. 环境熵变的计算

对于封闭系统,可将环境看做一系列热源(或热库),则 ΔS_{su} 的计算只需考虑热源的贡献,而且总是假定每个热源都足够大且体积固定,在传热过程中温度始终均匀且保持不变,即热源的变化总是可逆的。于是

$$dS_{su} = \frac{(-\delta Q_{sy})}{T_{su}} \quad 或 \quad \Delta S_{su} = -\int \frac{\delta Q_{sy}}{T_{su}} \tag{1-79}$$

若 T_{su} 不变,则

$$\Delta S_{su} = -\frac{Q_{sy}}{T_{su}} \tag{1-80}$$

式中,下标"sy"表示"系统",在不至于混淆的情况下,一般省略该下标。

注意 $-Q_{sy} = Q_{su}$。

【**例 1-21**】 某理想气体,从始态 A 出发,分别经定温可逆膨胀和绝热可逆膨胀到体积相同的终点 B 及 C。(1)证明在 $p\text{-}V$ 图上理想气体定温可逆膨胀线的斜率大于绝热可逆膨胀线的斜率;(2)在 $p\text{-}V$ 图上表示出两种可逆膨胀过程系统对环境做的体积功,并比较其大小。

解 (1)对理想气体定温可逆膨胀线 AB,因有

$$pV = C'(常数)$$

则
$$\left(\frac{\partial p}{\partial V}\right)_T = -\frac{C'}{V^2} = -\frac{p}{V}$$

对理想气体绝热可逆膨胀（定熵）线 AC，因有
$$pV^\gamma = C'' \quad \text{（常数）}$$

则
$$\left(\frac{\partial p}{\partial V}\right)_S = -\gamma\frac{C''}{V^{\gamma+1}} = -\gamma\frac{p}{V}$$

又因
$$\gamma = \frac{C_p}{C_V} > 1$$

则
$$\left(\frac{\partial p}{\partial V}\right)_T > \left(\frac{\partial p}{\partial V}\right)_S$$

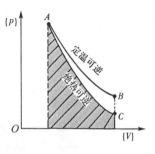

图 1-12

（2）两种膨胀过程系统对环境做的体积功如图 1-12 所示。其中理想气体定温可逆膨胀过程，系统对环境做的体积功为 AB 线下斜线所表示的面积，而理想气体绝热可逆过程，系统对环境所做的体积功为 AC 线下阴影所表示的面积。显然前者大于后者（指绝对值。注意，系统对环境做功为负）。

【例 1-22】 一定量理想气体，从同一始态出发，经三种不同过程：定温可逆过程 $A \rightarrow B$；绝热可逆过程 $A \rightarrow C$；绝热对抗恒外压不可逆过程 $A \cdots \rightarrow D$。（1）若三种过程的终态体积相同，即 $V_B = V_C = V_D$，试确定在 $p\text{-}V$ 图上，$A \rightarrow B$ 线，$A \rightarrow C$ 线，$A \cdots \rightarrow D$ 线及终态 B、C、D 状态点的相对位置；（2）若三种过程的终态压力相同，即 $p_B = p_C = p_D$，试确定在 $p\text{-}V$ 图上，$A \rightarrow B$ 线，$A \rightarrow C$ 线，$A \cdots \rightarrow D$ 线及终态 B、C、D 状态点的相对位置。

解　（1）先确定终态点 D 的位置。因为 $V_D = V_B = V_C$，所以在 $p\text{-}V$ 图上，三个终态点 D、B、C 一定在同一垂线上。又 $A \rightarrow B$ 线的斜率大于 $A \rightarrow C$ 线的斜率，则 B 点一定在 C 点的上方。

再进一步分析，理想气体的热力学能只是温度的函数，即 $U = f(T)$，将绝热不可逆膨胀与定温可逆膨胀相比较，定温可逆膨胀中，系统对环境做功的能量来源是靠系统从环境吸热；而绝热不可逆膨胀中，系统对环境做功是靠系统内部热力学能的减少。由理想气体 $U = f(T)$ 可知，$A \rightarrow D$ 过程使温度降低，于是 $p_D V_D < p_B V_B$，因 $V_D = V_B$，则 $p_D < p_B$，故 D 点在 B 点之下。

$A \rightarrow C$ 线是绝热可逆膨胀线，系统对环境做的功大于绝热不可逆膨胀过程中系统对环境做的功，因而系统内部热力学能减少得更多，即系统温度下降得更多，所以必有 $p_C V_C < p_D V_D$，而 $V_C = V_D$，所以 $p_C < p_D$，故 D 点在 C 点之上。

综合以上论证，可画出 $p\text{-}V$ 图上 $A \rightarrow B$ 线、$A \rightarrow C$ 线、$A \cdots \rightarrow D$ 线及 B、C、D 三个状态点的相对位置如图 1-13 所示。

（2）与（1）作相似的论证，可得 $A \rightarrow B$ 线、$A \rightarrow C$ 线、$A \cdots \rightarrow D$ 线及 B、C、D 三个状态点的相对位置如图 1-14 所示。

注意　（i）由例 1-21 中（1）的证明可得到结论：在 $p\text{-}V$ 图上，从同一始态出发，绝热可逆膨胀线比定温可逆膨胀线更陡峭，$A \rightarrow C$ 线在 $A \rightarrow B$ 线左侧（或下方）；若从同一始态出发，进行定温可逆压缩及绝热可逆压缩，同样，绝热可逆压缩线比定温可逆压缩线陡峭，此时绝热可逆压缩线在定温可逆压缩线的右侧（或上方）。

（ii）$A \cdots \rightarrow D$ 线是绝热不可逆膨胀线，只有始态点 A 及终态点 D 可以表示在 $p\text{-}V$ 状态

图上,而过程中所经历的状态都不是平衡态,所以不能表示在 p-V 状态图上(状态图中的每一点都代表处于平衡的系统态),故 $A \rightarrow D$ 线在图中用虚线表示。

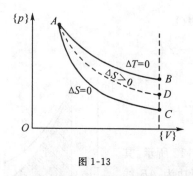

图 1-13

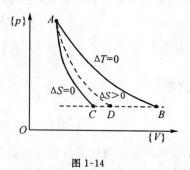

图 1-14

1.10   系统熵变的计算

由式(1-74)出发,对定温过程

$$\Delta S = \int \frac{\delta Q_r}{T} = \frac{Q_r}{T} \tag{1-81}$$

式(1-81)对定温可逆的单纯 p、V 变化,可逆的相变化均适用。

1.10.1   单纯 p、V、T 变化过程熵变的计算

1. 实际气体、液体或固体的 p、V、T 变化过程

(1)定压变温过程

因

$$\delta Q_p = dH = n\, C_{p,m} dT$$

所以

$$\Delta S = \int \frac{\delta Q_p}{T} = \int_{T_1}^{T_2} \frac{n\, C_{p,m} dT}{T} \tag{1-82}$$

若 $C_{p,m}$ 视为常数,则

$$\Delta S = n\, C_{p,m} \ln \frac{T_2}{T_1} \tag{1-83}$$

显然,若 $T\uparrow$,则 $S\uparrow$。

(2)定容变温过程

因

$$\delta Q_V = dU = n\, C_{V,m} dT$$

所以

$$\Delta S = \int \frac{\delta Q_V}{T} = \int_{T_1}^{T_2} \frac{n\, C_{V,m} dT}{T} \tag{1-84}$$

若 $C_{V,m}$ 视为常数,则

$$\Delta S = n\, C_{V,m} \ln \frac{T_2}{T_1} \tag{1-85}$$

显然,若 $T\uparrow$,则 $S\uparrow$。

(3)液体或固体定温下 p、V 变化过程

定 T,当 p、V 变化不大时,对液体、固体的熵变影响很小,其变化的量值可忽略不计,即 $\Delta S = 0$。

对实际气体,定 T,而 p、V 变化时,对熵变影响较大,且关系复杂,本课程不讨论。

2. 理想气体的 p、V、T 变化过程

由 $$dS = \frac{\delta Q_r}{T} = \frac{dU + p\,dV}{T}(\delta W' = 0), \quad dU = nC_{V,m}dT$$

则 $$dS = \frac{nC_{V,m}dT}{T} + \frac{nR\,dV}{V} \tag{1-86}$$

将 $pV = nRT$ 两端取对数，微分后将 $\dfrac{dp}{p} + \dfrac{dV}{V} = \dfrac{dT}{T}$ 及 $C_{p,m} - C_{V,m} = R$ 代入式(1-86)，

得 $$dS = \frac{nC_{p,m}dT}{T} - \frac{nR\,dp}{p} \tag{1-87}$$

及 $$dS = \frac{nC_{V,m}dp}{p} + \frac{nC_{p,m}dV}{V} \tag{1-88}$$

若视 $C_{p,m}$、$C_{V,m}$ 为常数，将式(1-86) ～ 式(1-88) 积分，可得

$$\Delta S = n\left(C_{V,m}\ln\frac{T_2}{T_1} + R\ln\frac{V_2}{V_1}\right) \tag{1-89}$$

$\qquad\qquad\qquad\downarrow$ 定容 $\qquad\qquad\downarrow$ 定温

$$\Delta S = nC_{V,m}\ln\frac{T_2}{T_1} \qquad \Delta S = nR\ln\frac{V_2}{V_1}$$

（若 $T\uparrow$，则 $S\uparrow$）　　（若 $V\uparrow$，则 $S\uparrow$）

$$\Delta S = n\left(C_{p,m}\ln\frac{T_2}{T_1} + R\ln\frac{p_1}{p_2}\right) \tag{1-90}$$

$\qquad\qquad\qquad\downarrow$ 定压 $\qquad\qquad\downarrow$ 定温

$$\Delta S = nC_{p,m}\ln\frac{T_2}{T_1} \qquad \Delta S = nR\ln\frac{p_1}{p_2}$$

（若 $T\uparrow$，则 $S\uparrow$）　　（若 $p\downarrow$，则 $S\uparrow$）

$$\Delta S = n\left(C_{V,m}\ln\frac{p_2}{p_1} + C_{p,m}\ln\frac{V_2}{V_1}\right) \tag{1-91}$$

$\qquad\qquad\qquad\downarrow$ 定容 $\qquad\qquad\downarrow$ 定压

$$\Delta S = nC_{V,m}\ln\frac{p_2}{p_1} \qquad \Delta S = nC_{p,m}\ln\frac{V_2}{V_1}$$

（若 $p\uparrow$，则 $S\uparrow$）　　（若 $V\uparrow$，则 $S\uparrow$）

3. 理想气体定温、定压下的混合

两气体混合可在瞬间完成，本是不可逆过程，可设计一装置使混合过程在定温、定压下以可逆方式进行，据此可推导出理想气体混合过程熵变计算公式。

$$\Delta_{mix}S = n_1 R\ln\frac{V_1 + V_2}{V_1} + n_2 R\ln\frac{V_1 + V_2}{V_2} \tag{1-92}$$

式中，下标"mix"表示"混合"。

因为定温、定压时，有

$$\frac{V_1}{V_1 + V_2} = y_1, \qquad \frac{V_2}{V_1 + V_2} = y_2$$

则式(1-92)变成

$$\Delta_{mix}S = -R(n_1\ln y_1 + n_2\ln y_2) \tag{1-93}$$

式中，y_1、y_2 为气体摩尔分数（见1.20.2节）。因为 $y_1 < 1$，$y_2 < 1$，所以 $\Delta_{mix}S > 0$。

式(1-92)及式(1-93)可用于宏观性质(如体积质量)不同的理想气体(如 N_2 和 O_2)的混合。对于两份隔开的气体,无法凭任何宏观性质加以区别(如隔开的两份同种气体),则混合后观察不到宏观性质发生变化,可见系统的状态没有改变,因而系统的熵也不变。

【例 1-23】 10.00 mol 理想气体,由 25 ℃,1.000 MPa 膨胀到 25 ℃,0.100 MPa。假定过程是:(a)可逆膨胀;(b)自由膨胀;(c)对抗恒外压0.100 MPa膨胀。计算:(1)系统的熵变 ΔS_{sy};(2)环境的熵变 ΔS_{su}。

解 (1)题中系统三种变化过程始态、终态相同,因此 ΔS_{sy} 相等,即按可逆途径算出。

$$\Delta S_{sy} = nR\ln\frac{p_1}{p_2} =$$

$$10.00 \text{ mol} \times 8.314\,5 \text{ J} \cdot \text{K}^{-1} \cdot \text{mol}^{-1} \times \ln\frac{1.000 \text{ MPa}}{0.100 \text{ MPa}} = 191 \text{ J} \cdot \text{K}^{-1}$$

(2)(a)可逆过程,$\Delta S_{su} = -\Delta S_{sy} = -191 \text{ J} \cdot \text{K}^{-1}$

(b)$Q = 0$,$\Delta S_{su} = 0$

(c)$-Q = W_v$ (因 $\Delta U = 0$)

$$W_v = -p_{su}(V_2 - V_1) = -p_{su}\left(\frac{nRT}{p_2} - \frac{nRT}{p_1}\right) = -nRT\left(\frac{p_{su}}{p_2} - \frac{p_{su}}{p_1}\right)$$

$$\Delta S_{su} = \frac{-Q}{T_{su}} = \frac{W_v}{T} = -nR\left(\frac{p_{su}}{p_2} - \frac{p_{su}}{p_1}\right) =$$

$$-10.00 \text{ mol} \times 8.314\,5 \text{ J} \cdot \text{K}^{-1} \cdot \text{mol}^{-1} \times \left(\frac{0.100}{0.100} - \frac{0.100}{1.000}\right) =$$

$$-74.8 \text{ J} \cdot \text{K}^{-1}$$

【例 1-24】 在 101 325 Pa 下,2 mol 氨从 100 ℃ 定压升温到 200 ℃,计算该过程的熵变。已知氨的定压摩尔热容

$$C_{p,m}/(\text{J} \cdot \text{K}^{-1} \cdot \text{mol}^{-1}) = 33.66 + 29.31 \times 10^{-4} T/\text{K} + 21.35 \times 10^{-6} (T/\text{K})^2$$

解 对定压变温过程,由式(1-82),

$$\Delta S = \int_{T_1}^{T_2} \frac{nC_{p,m}\mathrm{d}T}{T} = \int_{T_1}^{T_2} \frac{n(33.66 + 29.31 \times 10^{-4} T + 21.35 \times 10^{-6} T^2)\mathrm{d}T}{T} =$$

$$n\left[33.66\ln\frac{T_2}{T_1} + 29.31 \times 10^{-4}(T_2 - T_1) + \frac{21.35 \times 10^{-6}}{2}(T_2^2 - T_1^2)\right] =$$

$$2 \text{ mol} \times \left[33.66 \text{ J} \cdot \text{K}^{-1} \cdot \text{mol}^{-1} \times \ln\frac{473.15 \text{ K}}{373.15 \text{ K}} + 29.31 \times\right.$$

$$10^{-4} \text{ J} \cdot \text{K}^{-2} \cdot \text{mol}^{-1} \times (473.15 - 373.15) \text{ K} + \frac{1}{2} \times 21.35 \times$$

$$\left. 10^{-6} \text{ J} \cdot \text{K}^{-3} \cdot \text{mol}^{-1} \times (473.15^2 - 373.15^2)\text{K}^2\right] = 18.38 \text{ J} \cdot \text{K}^{-1}$$

【例 1-25】 5 mol 氮气,由 25 ℃,1.01 MPa 对抗恒外压 0.101 MPa 绝热膨胀到 0.101 MPa,计算 ΔS。$\left(C_{p,m}(N_2) = \frac{7}{2}R\right)$

解 始态:$T_1 = 298.15$ K,$p_1 = 1.01$ MPa;终态:$T_2 = ?$ $p_2 = 0.101$ MPa。

先求 T_2:绝热过程 $\quad\quad Q = 0$,$\quad \Delta U = W_v$ $\quad\quad\quad\quad\quad$ (a)

将此条件下 N_2 视为理想气体,则

$$\Delta U = nC_{V,m}(T_2 - T_1) = n \times \frac{5}{2}R(T_2 - T_1) \tag{b}$$

$$W_v = -p_{su}\Delta V = -p_2\left(\frac{nRT_2}{p_2} - \frac{nRT_1}{p_1}\right) = nR\left(\frac{p_2}{p_1}T_1 - T_2\right) \tag{c}$$

由式(a)、式(b)、式(c),得　$\dfrac{5}{2}(T_2 - T_1) = \dfrac{p_2}{p_1}T_1 - T_2$

$$T_2 = \frac{\left(\dfrac{5}{2} + \dfrac{p_2}{p_1}\right)T_1}{\dfrac{5}{2} + 1} = \frac{\left(\dfrac{5}{2} + \dfrac{0.101\ \text{MPa}}{1.01\ \text{MPa}}\right) \times 298.15\ \text{K}}{\dfrac{5}{2} + 1} = 221\ \text{K}$$

所以　　　$\Delta S = nC_{p,m}\ln\dfrac{T_2}{T_1} - nR\ln\dfrac{p_2}{p_1} =$

$5\ \text{mol} \times \dfrac{7}{2} \times 8.314\ 5\ \text{J} \cdot \text{K}^{-1} \cdot \text{mol}^{-1} \times \ln\dfrac{221\ \text{K}}{298.15\ \text{K}} - 5\ \text{mol} \times$

$8.314\ 5\ \text{J} \cdot \text{K}^{-1} \cdot \text{mol}^{-1} \times \ln\dfrac{0.101\ \text{MPa}}{1.01\ \text{MPa}} = 52.2\ \text{J} \cdot \text{K}^{-1}$

绝热膨胀降温:由式(1-89)看出,S 随 T、V 增加而增大。但在绝热膨胀中,V 增大而 T 下降,二者对 S 的影响相反。已知绝热可逆过程 $dS = 0$,这表示 T 与 V 对 S 的影响正好抵消;绝热不可逆过程 $dS > 0$,可见对于相同的 ΔV,绝热不可逆膨胀时 T 的下降小于绝热可逆膨胀。

1.10.2　相变化过程熵变的计算

1. 平衡温度、压力下的相变化过程

平衡温度、压力下的相变化是可逆的相变化过程。因是定温、定压,且 $W' = 0$,所以有 $Q_p = \Delta H$,又因是定温可逆,故

$$\Delta S = \frac{n\Delta H_m}{T} \tag{1-94}$$

ΔH_m 为相变焓。由于 $\Delta_{fus}H_m > 0$,$\Delta_{vap}H_m > 0$,故由式(1-94)可知,同一物质在一定 T、p 下,气、液、固三态的熵的量值 $S_m(s) < S_m(l) < S_m(g)$。

2. 非平衡温度、压力下的相变化过程

非平衡温度、压力下的相变化是不可逆的相变化过程,其 ΔS 需寻求可逆途径进行计算。如

则　　　　　　　　　　$\Delta S = \Delta S_1 + \Delta S_2 + \Delta S_3$

如

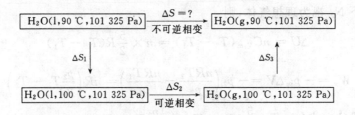

则

$$\Delta S_1 = \int_{T_1}^{T^{eq}} n C_{p,m}(H_2O,l)dT/T, \quad \Delta S_2 = \frac{n\Delta_{vap}H_m}{T}, \quad \Delta S_3 = \int_{T^{eq}}^{T_1} n C_{p,m}(H_2O,g)dT/T$$

$$\Delta S = \Delta S_1 + \Delta S_2 + \Delta S_3$$

寻求可逆途径的原则：(i) 途径中的每一过程必须可逆；(ii) 途径中每一过程 ΔS 的计算有相应的公式可利用；(iii) 有每一过程 ΔS 计算式所需的热数据。

【例 1-26】 已知水的正常沸点是 100 ℃，摩尔定压热容 $C_{p,m} = 75.20\ \text{J} \cdot \text{K}^{-1} \cdot \text{mol}^{-1}$，汽化焓 $\Delta_{vap}H_m = 40.67\ \text{kJ} \cdot \text{mol}^{-1}$，水气摩尔定压热容 $C_{p,m} = 33.57\ \text{J} \cdot \text{K}^{-1} \cdot \text{mol}^{-1}$（$C_{p,m}$ 和 $\Delta_{vap}H_m$ 均可视为常数）。(1) 求过程：1 mol H_2O(l, 100 ℃, 101 325 Pa) $\longrightarrow$ 1 mol H_2O(g, 100 ℃, 101 325 Pa) 的 ΔS；(2) 求过程：1 mol H_2O(l, 60 ℃, 101 325 Pa) $\longrightarrow$ 1 mol H_2O(g, 60 ℃, 101 325 Pa) 的 ΔH、ΔU、ΔS。

解 (1) 该过程为定温、定压下的可逆相变过程，由式(1-94)

$$\Delta S = \frac{n\Delta_{vap}H_m}{T} = \frac{1\ \text{mol} \times 40.67 \times 10^3\ \text{J} \cdot \text{mol}^{-1}}{373.15\ \text{K}} = 109\ \text{J} \cdot \text{K}^{-1}$$

(2) 该过程为定温、定压下的不可逆相变过程，设计如下可逆途径计算其熵变：

H_2O(l, 60 ℃, 101 325 Pa) $\xrightarrow[\Delta H]{\Delta S}$ H_2O(g, 60 ℃, 101 325 Pa)

（定压升温）$\downarrow \Delta S_1, \Delta H_1$ 　　　　 $\Delta S_3, \Delta H_3 \uparrow$ （定压降温）

H_2O(l, 100 ℃, 101 325 Pa) $\xrightarrow[\Delta H_2]{\Delta S_2}$ H_2O(g, 100 ℃, 101 325 Pa)

（定温、定压下可逆相变）

$$\Delta H_1 = \int_{333.15\ \text{K}}^{373.15\ \text{K}} n C_{p,m}(H_2O,l)dT =$$

$$1\ \text{mol} \times 75.20\ \text{J} \cdot \text{K}^{-1} \cdot \text{mol}^{-1} \times (373.15 - 333.15)\ \text{K} = 3\ 008\ \text{J}$$

$$\Delta H_2 = n\Delta_{vap}H_m(H_2O) = 1\ \text{mol} \times 40.67 \times 10^3\ \text{J} \cdot \text{mol}^{-1} = 40\ 670\ \text{J}$$

$$\Delta H_3 = \int_{373.15\ \text{K}}^{333.15\ \text{K}} n C_{p,m}(H_2O,g)dT =$$

$$1\ \text{mol} \times 33.57\ \text{J} \cdot \text{K}^{-1} \cdot \text{mol}^{-1} \times (333.15 - 373.15)\ \text{K} = -1\ 343\ \text{J}$$

$$\Delta H = \Delta H_1 + \Delta H_2 + \Delta H_3 = 3\ 008\ \text{J} + 40\ 670\ \text{J} - 1\ 343\ \text{J} = 42.34\ \text{kJ}$$

$$\Delta U = \Delta H - nRT =$$

$$42.34\ \text{kJ} - 1\ \text{mol} \times 8.314\ 5\ \text{J} \cdot \text{K}^{-1} \cdot \text{mol}^{-1} \times 333.15\ \text{K} \times 10^{-3} = 39.57\ \text{kJ}$$

$$\Delta S_1 = n C_{p,m}(H_2O,l)\ln\frac{T_2}{T_1} =$$

$$1\ \text{mol} \times 75.20\ \text{J} \cdot \text{K}^{-1} \cdot \text{mol}^{-1} \times \ln\frac{373.15\ \text{K}}{333.15\ \text{K}} = 8.528\ \text{J} \cdot \text{K}^{-1}$$

$$\Delta S_2 = 109\ \text{J} \cdot \text{K}^{-1}$$

$$\Delta S_3 = n\,C_{p,\mathrm{m}}(\mathrm{H_2O,g})\ln\frac{T_1}{T_2} =$$

$$1\ \mathrm{mol}\times 33.57\ \mathrm{J\cdot K^{-1}\cdot mol^{-1}}\times\ln\frac{333.15\ \mathrm{K}}{373.15\ \mathrm{K}} = -3.806\ \mathrm{J\cdot K^{-1}}$$

$$\Delta S = \Delta S_1 + \Delta S_2 + \Delta S_3 = (8.528 + 109 - 3.806)\ \mathrm{J\cdot K^{-1}} = 113.7\ \mathrm{J\cdot K^{-1}}$$

【例 1-27】 1 mol 268.2 K 的过冷液态苯,凝结成 268.2 K 的固态苯。问此过程是否能实际发生。已知苯的熔点为 5.5 ℃,摩尔熔化焓 $\Delta_{\mathrm{fus}}H_{\mathrm{m}} = 9\,923\ \mathrm{J\cdot mol^{-1}}$,摩尔定压热容 $C_{p,\mathrm{m}}(\mathrm{C_6H_6,l}) = 126.9\ \mathrm{J\cdot K^{-1}\cdot mol^{-1}}$,$C_{p,\mathrm{m}}(\mathrm{C_6H_6,s}) = 122.7\ \mathrm{J\cdot K^{-1}\cdot mol^{-1}}$。

解 判断过程能否实际发生需用隔离系统的熵变。首先计算系统的熵变。题中给出苯的凝固点为 5.5 ℃(278.7 K),可近似看成液态苯与固态苯在 5.5 ℃、100 kPa 下呈平衡。设计如下途径可计算 ΔS_{sy}:

$$\boxed{1\ \mathrm{mol\ C_6H_6(l),268.2\ K},p^{\ominus}}\ \xrightarrow[\text{定压}]{\Delta S_{\mathrm{sy}}}\ \boxed{1\ \mathrm{mol\ C_6H_6(s),268.2\ K},p^{\ominus}}$$

定压 $\downarrow\Delta S_1$ $\qquad\qquad$ $\Delta S_3\uparrow$ 定压

$$\boxed{1\ \mathrm{mol\ C_6H_6(l),278.7\ K},p^{\ominus}}\ \xrightarrow[\text{定压}]{\Delta S_2}\ \boxed{1\ \mathrm{mol\ C_6H_6(s),278.7\ K},p^{\ominus}}$$

$$\Delta S_{\mathrm{sy}} = \Delta S_1 + \Delta S_2 + \Delta S_3 =$$

$$\int_{268.2\ \mathrm{K}}^{278.7\ \mathrm{K}} nC_{p,\mathrm{m}}(\mathrm{C_6H_6,l})\frac{\mathrm{d}T}{T} - \frac{n\Delta_{\mathrm{fus}}H_{\mathrm{m}}}{T} + \int_{278.7\ \mathrm{K}}^{268.2\ \mathrm{K}} nC_{p,\mathrm{m}}(\mathrm{C_6H_6,s})\frac{\mathrm{d}T}{T} =$$

$$1\ \mathrm{mol}\times 126.9\ \mathrm{J\cdot K^{-1}\cdot mol^{-1}}\times\ln\frac{278.7\ \mathrm{K}}{268.2\ \mathrm{K}} - \frac{1\ \mathrm{mol}\times 9\,923\ \mathrm{J\cdot mol^{-1}}}{278.7\ \mathrm{K}} +$$

$$1\ \mathrm{mol}\times 122.7\ \mathrm{J\cdot K^{-1}\cdot mol^{-1}}\times\ln\frac{268.2\ \mathrm{K}}{278.7\ \mathrm{K}} = -35.44\ \mathrm{J\cdot K^{-1}}$$

由式(1-80)计算环境熵变 ΔS_{su},

$$\Delta S_{\mathrm{su}} = -\frac{Q_{\mathrm{sy}}}{T_{\mathrm{su}}} = -\frac{\Delta H}{T}$$

$$\Delta H = \Delta H_1 + \Delta H_2 + \Delta H_3 =$$

$$\int_{268.2\ \mathrm{K}}^{278.7\ \mathrm{K}} nC_{p,\mathrm{m}}(\mathrm{C_6H_6,l})\mathrm{d}T - n\Delta_{\mathrm{fus}}H_{\mathrm{m}} + \int_{278.7\ \mathrm{K}}^{268.2\ \mathrm{K}} nC_{p,\mathrm{m}}(\mathrm{C_6H_6,s})\mathrm{d}T =$$

$$1\ \mathrm{mol}\times(126.9 - 122.7)\ \mathrm{J\cdot K^{-1}\cdot mol^{-1}}\times(278.7 - 268.2)\ \mathrm{K} - 9\,923\ \mathrm{J} = -9\,879\ \mathrm{J}$$

$$\Delta S_{\mathrm{su}} = \frac{9\,879\ \mathrm{J}}{268.2\ \mathrm{K}} = 36.83\ \mathrm{J\cdot K^{-1}}$$

$$\Delta S_{\text{隔离}} = \Delta S_{\mathrm{sy}} + \Delta S_{\mathrm{su}} = -35.44\ \mathrm{J\cdot K^{-1}} + 36.83\ \mathrm{J\cdot K^{-1}} = 1.39\ \mathrm{J\cdot K^{-1}} > 0$$

因此,上述相变化有可能实际发生。

Ⅳ 热力学第三定律

1.11 热力学第三定律

1.11.1 热力学第三定律

1906 年,能斯特(Nernst W,1920 年诺贝尔化学奖获得者)根据理查兹(Richards T,

1914 年诺贝尔化学奖获得者)测得的可逆电池电动势随温度变化的数据,提出了称之为"能斯特热定理"的假设,1911 年,**普朗克**(Planck M)对热定理作了修正,后人又对他们的假设进一步修正,形成了**热力学第三定律**。因此,热力学第三定律是科学实验的总结。

1. 热力学第三定律的经典表述

能斯特(1906 年)说法:随着绝对温度趋于零,凝聚系统定温反应的熵变趋于零。后人将此称之为能斯特热定理(Nernst heat theorem),亦称为**热力学第三定律**(the third law of thermodynamics)。

普朗克(1911 年)说法:凝聚态纯物质在 0 K 时的熵值为零。后经**路易斯**(Lewis G N)和**吉布森**(Gibson G E)(1920 年)修正为:纯物质完美晶体在 0 K 时的熵值为零。

2. 热力学第三定律的数学式表述

按照能斯特说法,可表述为

$$\lim_{T \to 0} \Delta S^*(T) = 0 \text{ J} \cdot \text{K}^{-1} \tag{1-95}$$

按照普朗克修正说法,可表述为

$$S^*(\text{完美晶体}, 0 \text{ K}) = 0 \text{ J} \cdot \text{K}^{-1} \quad (\text{"} * \text{"为纯物质}) \tag{1-96}$$

1.11.2　规定摩尔熵和标准摩尔熵

根据热力学第二定律

$$S(T) - S(0 \text{ K}) = \int_{0 \text{ K}}^{T} \frac{\delta Q_r}{T}$$

而由热力学第三定律,$S(0 \text{ K}) = 0$,于是,对单位物质的量的 B

$$S_m(\text{B}, T) = \int_{0 \text{ K}}^{T} \frac{\delta Q_{r,m}}{T} \tag{1-97}$$

$S_m(\text{B}, T)$ 叫做 B 在温度 T 时的**规定摩尔熵**(conventional molar entropy)(也叫**绝对熵**)。而标准态下($p^{\ominus} = 100$ kPa)的规定摩尔熵又叫**标准摩尔熵**(standard molar entropy),用 $S_m^{\ominus}(\text{B}, \beta, T)$ 表示。

纯物质任何状态下的标准摩尔熵可通过下述步骤求得

$$S_m^{\ominus}(\text{g}, T, p^{\ominus}) = \int_0^{10 \text{ K}} \frac{aT^3}{T} dT + \int_{10 \text{ K}}^{T_f^*} \frac{C_{p,m}^{\ominus}(\text{s}, T)}{T} dT + \frac{\Delta_{\text{fus}} H_m^{\ominus}}{T_f^*} +$$

$$\int_{T_f^*}^{T_b^*} \frac{C_{p,m}^{\ominus}(\text{l}, T)}{T} dT + \frac{\Delta_{\text{vap}} H_m^{\ominus}}{T_b^*} + \int_{T_b^*}^{T} \frac{C_{p,m}^{\ominus}(\text{g}, T)}{T} dT \tag{1-98}$$

式中,aT^3 是因为在 10 K 以下,实验测定 $C_{p,m}^{\ominus}$ 难以进行,而用**德拜**(Debye P)推出的理论公式

$$C_{V,m} = aT^3 \tag{1-99}$$

式中,a 为一物理常数,低温下晶体的 $C_{p,m}$ 与 $C_{V,m}$ 几乎相等。

通常在手册中可查到 B 的标准摩尔熵 $S_m^{\ominus}(\text{B}, \beta, 298.15 \text{ K})$。

1.11.3　化学反应熵变的计算

有了标准摩尔熵的数据,则在温度 T 时化学反应 $0 = \sum_B \nu_B \text{B}$ 的标准摩尔熵[变]可由下

式计算

$$\Delta_r S_m^\ominus(T) = \sum_B \nu_B S_m^\ominus(B, \beta, T) \tag{1-100}$$

或

$$\Delta_r S_m^\ominus(298.15\ K) = \sum_B \nu_B S_m^\ominus(B, \beta, 298.15\ K) \tag{1-101}$$

对反应

$$aA(g) + bB(s) \Longrightarrow yY(g) + zZ(s)$$

当 $T = 298.15\ K$ 时，

$$\Delta_r S_m^\ominus(298.15\ K) = y S_m^\ominus(Y, g, 298.15\ K) + z S_m^\ominus(Z, s, 298.15\ K) -$$
$$a S_m^\ominus(A, g, 298.15\ K) - b S_m^\ominus(B, s, 298.15\ K)$$

温度为 T 时，$\Delta_r S_m^\ominus(T)$ 可由下式计算：

$$\Delta_r S_m^\ominus(T) = \Delta_r S_m^\ominus(298.15\ K) + \int_{298.15\ K}^{T} \frac{\sum\limits_B \nu_B C_{p,m}^\ominus(B) dT}{T} \tag{1-102}$$

因为 $C_p^\ominus \approx C_p$，所以 C_p 的 $\ominus$ 有无均可。

【例 1-28】 冶金过程中，用碳还原 Fe_2O_3 的反应 $2Fe_2O_3(s) + 3C(石墨) \Longrightarrow 4Fe(\alpha) + 3CO_2(g)$，已知有关几种物质的热力学数据如下：

物质	$\dfrac{S_m^\ominus(298.15\ K)}{J \cdot K^{-1} \cdot mol^{-1}}$	$\dfrac{C_{p,m}(298.15 \sim 1\ 000.15\ K)}{J \cdot K^{-1} \cdot mol^{-1}}$
$Fe_2O_3(s)$	90.0	104.6
$C(石墨)$	5.694	8.66
$Fe(\alpha)$	27.15	25.23
$CO_2(g)$	213.76	37.120

计算该反应在 $1\ 000.15\ K$ 时的 $\Delta_r S_m^\ominus$。

解　$\Delta_r S_m^\ominus(298.15\ K) = \sum\limits_B \nu_B S_m^\ominus(B, \beta, 298.15\ K) = -552.80\ J \cdot K^{-1} \cdot mol^{-1}$

$\sum\limits_B \nu_B C_{p,m}(B, 298.15 \sim 1\ 000.15\ K) = -22.90\ J \cdot K^{-1} \cdot mol^{-1}$

$\Delta_r S_m^\ominus(1\ 000.15\ K) = \Delta_r S_m^\ominus(298.15\ K) + \int_{298.15\ K}^{1\ 000.15\ K} \dfrac{\sum\limits_B \nu_B C_{p,m}(B) dT}{T} =$

$-552.80\ J \cdot K^{-1} \cdot mol^{-1} + \int_{298.15\ K}^{1\ 000.15\ K} \dfrac{-22.90\ J \cdot K^{-1} \cdot mol^{-1}}{T} dT =$

$-580.52\ J \cdot K^{-1} \cdot mol^{-1}$

Ⅴ　熵与无序和有序

1.12　熵是系统无序度的量度

1.12.1　系统各种变化过程的熵变与系统无序度的关系

1. p、V、T 变化过程的熵变与系统的无序度

由式(1-83)及式(1-85)可知，系统在定压或定容条件下升温，则 $\Delta S > 0$，即熵增加。当升高系统的温度时,必然引起系统中物质分子的热运动程度的加剧,亦即系统内物质分子的**无序度**(randomness,或称为**混乱度**)增大。

从式(1-89)可知,对理想气体定温变容过程,若系统体积增大,则 $\Delta S > 0$,即熵增加。显然在定温下,系统体积增加,分子运动空间增大,必导致系统内物质分子的无序度增大。同理,从式(1-92)可知,理想气体定温、定压下的混合过程,$\Delta S > 0$,是系统的熵增加过程,亦是系统内物质分子的无序度增加的过程。

2. 相变化过程的熵变与系统的无序度

从式(1-94)可知,通过相变化过程熵变的计算结果,在相同 T, p 下,$S_m(s) < S_m(l) < S_m(g)$,也是系统的熵增加与系统的无序度同步增加。

3. 化学变化过程的熵变与系统的无序度

如,$H_2O(g) \longrightarrow H_2(g) + \frac{1}{2}O_2(g)$,$\Delta_r S_m^\ominus(298.15\ K) = 44.441\ J \cdot K^{-1} \cdot mol^{-1} > 0$,是熵增加的反应,伴随着系统无序度增加(反应后分子数增加)。凡是分子数增加的反应都是熵增加的反应。

1.12.2　熵是系统无序度的量度

归纳以上情况,可以得出结论:熵的量值是系统内部物质分子的无序度的量度,系统的无序度愈大,则熵的量值愈高,即系统的熵增加与系统的无序度的增加是同步的。

联系到熵判据式(1-78),自然得到:在隔离系统中,实际发生的过程的方向总是从有序到无序。

1.13　熵与热力学概率

1.13.1　分布的微观状态数与概率

设有一个盒子总体积为 V,分为左、右两侧,两侧体积相等,各为 $V/2$。现按以下情况讨论分子在盒子两侧分布的微观状态数:

(i) 只有一个分子 A。则分子 A 在盒子左、右两侧分布的微观状态数 $\Omega = 2^1 = 2$,即分子分布的可能的微观状态为

A	

	A

分布的方式有两种,即(1,0)、(0,1)。

(ii) 有 A、B 两个分子。则分子 A、B 在盒子左、右两侧分布的微观状态数 $\Omega = 2^2 = 4$,即分子分布的可能的微观状态为

AB		A	B	B	A		AB

分布的方式有三种,即(2,0)、(1,1)、(0,2)。

(iii) 有 A、B、C 三个分子。则分子 A、B、C 在盒子左、右两侧分布的微观状态数 $\Omega = 2^3 = 8$,即分子分布的可能的微观状态为

ABC		A	BC	B	AC	C	AB

| BC | A | | AC | B | | AB | C | | ABC | |

分布的方式有 4 种,即 $(3,0)$、$(1,2)$、$(2,1)$、$(0,3)$。

(iv) 有 A、B、C、D 四个分子。则分子 A、B、C、D 在盒子左、右两侧分布的微观状态数 $\Omega = 2^4 = 16$,即分子分布的可能的微观状态为

ABCD			ABC	D		ABD	C		ACD	B
BCD	A		AB	CD		AC	BD		AD	BC
CD	AB		BD	AC		BC	AD		D	ABC
C	ABD		B	ACD		A	BCD			ABCD

分布的方式有 5 种,即 $(4,0)$、$(3,1)$、$(2,2)$、$(1,3)$、$(0,4)$。

根据统计热力学的基本假设之一:分布的每种微观状态出现的可能性是等概率的。同时,把实现某种分布方式的微观状态数定义为**热力学概率**(thermodynamic probability),用符号 $W(D)$ 表示,$W(D) \geqslant 1$(正整数)。如上述情况(iv)中,$(4,0)$ 分布的 $W(4,0) = 1$,$(2,2)$ 分布的 $W(2,2) = 6$ 等。需要指出的是,热力学概率与数学概率不同,**数学概率**(mathematic probability)定义为

$$P(D) = \frac{W(D)}{\sum W(D)} = \frac{W(D)}{\Omega} \tag{1-103}$$

$0 \leqslant P(D) \leqslant 1$。如以上情况(iv)中,$P(4,0) = \frac{1}{16}$,$P(2,2) = \frac{6}{16}$。由等概率假设,任何分布的每种微观状态的数学概率 $P(D) = \frac{1}{\Omega}$。

由上面的讨论可以看出,随着盒子中的分子数目 N 的增加,总的微观状态数 $\Omega = 2^N$ 迅速增加,但所有分子全部集中在某一侧的分布方式的热力学概率总是 1(最小),其数学概率 $P(D) = \left(\frac{1}{2}\right)^N$ 则愈来愈小。通过计算可知,当 $N = 10$ 时,分子集中分布在盒子左、右两侧的数学概率 $P(D,左或右) = \left(\frac{1}{2}\right)^{10} = \frac{1}{1\,024}$,当 $N = 20$ 时,数学概率 $P(D,左或右) = \left(\frac{1}{2}\right)^{20}$ $\approx \frac{1}{10^6}$,而当 $N = L = 6.022 \times 10^{23}$ 时,数学概率 $P(D,左或右) = \left(\frac{1}{2}\right)^L \approx 0$,即这种极为有序的分布方式实际上已不可能出现。

与上相反,随着盒子中的分子数目的增加,左、右两侧均匀等量分布[上述情况(iv)中的 $(2,2)$ 分布]的 $W(D)$ 愈来愈大,当 $N = L = 6.022 \times 10^{23}$ 时,由统计热力学可以证明 $W(D) \rightarrow \Omega$,即由均匀分布,这种热力学概率 $W(D)$ 最大的分布方式可以代表系统一切其他形式的分布,包括热力学系统的平衡分布。

1.13.2　玻耳兹曼关系式

1.13.1 节情况(iv)中,所有分子 A、B、C、D 都集中到同一侧,即 $(4,0)$ 或 $(0,4)$ 的分布方式所对应的系统的宏观状态,显然是在所有分布方式中有序度最高的状态;而分子均匀等量

分布,即(2,2)的分布方式所对应的系统的宏观状态,显然是在所有分布方式中无序度最高的状态。可想而知,有序性最高的宏观状态所对应的热力学概率 $W(D)$ 最小,而无序度最高的宏观状态所对应的热力学概率 $W(D)$ 最大。前已叙及,系统熵的增加与系统的无序度的增加是同步的。于是玻耳兹曼提出

$$S = k\ln W(D) \tag{1-104}$$

式(1-104)称为**玻耳兹曼关系式**(Boltzmann relation),k 为玻耳兹曼常量。而当 $N \to \infty$,$W(D) \to \Omega$,则

$$S = k\ln \Omega \tag{1-105}$$

玻耳兹曼关系式又从统计热力学角度,证明了熵是系统无序度的量度,即 Ω(无序度或混乱度)愈大,S 愈大。

1.14 熵与生命及耗散结构

1.14.1 生命及耗散结构

热力学第二定律告诉我们:在隔离系统中,实际发生的过程的方向都是趋于熵增大;或从另一角度说,实际发生的过程的方向总是从有序到无序。然而大家熟知,自然界中生命有机体的发生和发展过程却是从无序到有序。例如,一些植物长出美丽的花朵,蝴蝶形成有漂亮图案的翅膀,金鱼有特有的颜色和体态特征,老虎、金钱豹、斑马皮毛上形成有规律的特定颜色的条纹或斑块,一切生命有机体出现这种时空有序结构的现象是十分普遍的。这是否与热力学第二定律相矛盾呢?

20 世纪 50 年代,**普里高津**(Prigogine I,1977 年诺贝尔化学奖获得者)、**昂色格**(Onsager L,1968 年诺贝尔化学奖获得者)创建和发展了**非平衡态热力学**。普里高津把上述生命有机体从无序到有序的时空结构称为**耗散结构**(dissipation structure),或叫**自组织现象**(self organization)。按非平衡态热力学的观点,从无序到有序的时空结构的形成是有条件的。

1.14.2 熵流和熵产生

非平衡态热力学所讨论的中心问题是熵产生。

由热力学第二定律知

$$dS \geqslant \frac{\delta Q}{T_{su}} \quad \begin{matrix} 不可逆 \\ 可逆 \end{matrix}$$

定义

$$d_e S \overset{def}{=\!=\!=} \frac{\delta Q}{T_{su}} \tag{1-106}$$

对封闭系统,$d_e S$ 是系统与环境进行热量交换引起的**熵流**(entropy flow);对敞开系统,$d_e S$ 则是系统与环境进行热量和物质交换共同引起的熵流。可以有 $d_e S > 0$,$d_e S < 0$ 或 $d_e S = 0$。

由热力学第二定律,对不可逆过程有

$$dS > \frac{\delta Q}{T_{su}}$$

若将 dS 分解为两部分,即 $dS = d_e S + d_i S$,则

$$d_i S \xmapsto{\text{def}} dS - d_e S \tag{1-107}$$

$d_i S$ 是系统内部由于进行不可逆过程而产生的熵,称为**熵产生**(entropy production)。

对隔离系统,$d_e S = 0$,则

$$dS = d_i S \geqslant 0 \quad \begin{matrix} \text{不可逆} \\ \text{可逆} \end{matrix} \qquad 即 \quad d_i S \geqslant 0 \quad \begin{matrix} \text{不可逆} \\ \text{可逆} \end{matrix} \tag{1-108}$$

由此可得出,熵产生是一切不可逆过程的表征($d_i S > 0$),即可用 $d_i S$ 量度过程的不可逆程度。

1.14.3 形成耗散结构的条件

普里高津认为,形成耗散结构的条件是:

(1) 系统必须远离平衡态。在远离平衡态下,环境向系统供给足够的负熵流,才可能形成新的稳定性结构,即所谓"远离平衡态是有序之源"。

(2) 系统必须是开放的。这种开放系统通过与环境交换物质与能量,从环境引入负熵流,以抵消自身的熵产生,使系统的总熵逐渐减小,才可能从无序走向有序。例如,生命有机体都是由蛋白质、脂肪、碳水化合物、无机盐、微量元素和大量的水,按照十分复杂的组成和严格有规律的排列形成时空有序结构。但从非平衡态热力学观点看,生命有机体都是开放系统,它与环境时刻进行着物质和能量交换,即吸取有序低熵的大分子,排出无序高熵的小分子,从而不断地输出熵或输入负熵,以维持其远离平衡态的耗散结构。

(3) 涨落导致有序。普里高津指出,在非平衡态条件下,任何一种有序态的出现都是某种无序态的定态(是收支平衡的稳定态,而非热力学平衡态)失去稳定,而使得某些涨落被放大的结果。处于稳定态时,涨落只是一种微扰,会逐步衰减,系统又回到原来状态。如果系统处于不稳定临界状态,则涨落不但不可以衰减,反而会放大成宏观数量级,使系统从一个不稳定状态跃迁到一个新的有序状态。这就是涨落导致有序。

Ⅵ 亥姆霍茨函数、吉布斯函数

1.15 亥姆霍茨函数、亥姆霍茨函数判据

1.15.1 亥姆霍茨函数

由热力学第二定律

$$dS \geqslant \frac{\delta Q}{T_{su}} \quad \begin{matrix} \text{不可逆} \\ \text{可逆} \end{matrix}$$

对定温过程,则

$$\Delta S \geqslant \frac{Q}{T_{su}}$$

所以

$$T_{su}(S_2 - S_1) \geqslant Q$$

定温时

$$T_2 S_2 - T_1 S_1 = \Delta(TS) \geqslant Q$$

又由热力学第一定律

$$Q = \Delta U - W$$

所以

$$\Delta(TS) \geqslant \Delta U - W$$

或

$$-\Delta(U - TS) \geqslant -W$$

定义

$$A \xlongequal{\text{def}} U - TS \tag{1-109}$$

A 称为**亥姆霍茨函数**(Helmholtz function),或叫**亥姆霍茨自由能**(Helmholtz free energy),因为 U、TS 都是状态函数,所以 A 也是状态函数,是广度性质,有与 U 相同的单位。于是

$$-\Delta A_T \geqslant -W \genfrac{}{}{0pt}{}{\text{不可逆}}{\text{可逆}}$$

即

$$\Delta A_T \leqslant W \genfrac{}{}{0pt}{}{\text{不可逆}}{\text{可逆}}, \quad \mathrm{d} A_T \leqslant \delta W \genfrac{}{}{0pt}{}{\text{不可逆}}{\text{可逆}} \tag{1-110}$$

式(1-110)表明,系统在定温可逆过程中所做的功($-W$),在量值上等于亥姆霍茨函数 A 的减少;而系统在定温不可逆过程中所做的功($-W$),在量值上恒小于亥姆霍茨函数 A 的减少。

1.15.2　亥姆霍茨函数判据

在定温、定容下,$W_v = -\int p_{\mathrm{su}} \mathrm{d}V = 0$,所以 $W = W'$。于是

$$\mathrm{d} A_{T,V} \leqslant \delta W' \genfrac{}{}{0pt}{}{\text{不可逆}}{\text{可逆}} \tag{1-111}$$

若 $\delta W' = 0$,则

$$\mathrm{d} A_{T,V} \leqslant 0 \genfrac{}{}{0pt}{}{\text{自发}}{\text{平衡}}, \quad \Delta A_{T,V} \leqslant 0 \genfrac{}{}{0pt}{}{\text{自发}}{\text{平衡}} \tag{1-112}$$

式(1-112)叫**亥姆霍茨函数判据**(Helmholtz function criterion)。它指明,定温、定容且 $W' = 0$ 时,过程只能自发地向亥姆霍茨函数 A 减小的方向进行,直到 $\Delta A_{T,V} = 0$ 时,系统达到平衡。

1.16　吉布斯函数、吉布斯函数判据

1.16.1　吉布斯函数

对定温过程,

$$\Delta(TS) \geqslant \Delta U - W$$

若再加定压条件,$p_1 = p_2 = p_{\mathrm{su}}$,则

$$W = W_v + W' = -p_{\mathrm{su}}(V_2 - V_1) + W' = -p_2 V_2 + p_1 V_1 + W' = -\Delta(pV) + W'$$

所以

$$\Delta(TS) \geqslant \Delta U + \Delta(pV) - W'$$
$$-[\Delta U + \Delta(pV) - \Delta(TS)] \geqslant -W'$$
$$-\Delta(U + pV - TS) \geqslant -W'$$
$$\Delta(H - TS) \leqslant W'$$

定义

$$G \stackrel{\text{def}}{=\!=\!=} H - TS = U + pV - TS = A + pV \qquad (1\text{-}113)$$

G 称为**吉布斯函数**(Gibbs function),或叫**吉布斯自由能**(Gibbs free energy)。因为 H、TS 都是状态函数,所以 G 也是状态函数,是广度性质,有与 H 相同的单位,于是

$$\Delta G_{T,p} \leqslant W' \begin{smallmatrix}\text{不可逆}\\\text{可逆}\end{smallmatrix}, \quad \mathrm{d}G_{T,p} \leqslant \delta W' \begin{smallmatrix}\text{不可逆}\\\text{可逆}\end{smallmatrix} \qquad (1\text{-}114)$$

式(1-114)表明,系统在定温、定压可逆过程中所做的非体积功($-W'$),在量值上等于吉布斯函数 G 的减少;而系统在定温、定压不可逆过程中所做的非体积功($-W'$),在量值上恒小于吉布斯函数 G 的减少。

1.16.2　吉布斯函数判据

由

$$\Delta G_{T,p} \leqslant W' \begin{smallmatrix}\text{不可逆}\\\text{可逆}\end{smallmatrix}, \quad \mathrm{d}G_{T,p} \leqslant \delta W' \begin{smallmatrix}\text{不可逆}\\\text{可逆}\end{smallmatrix}$$

若 $W' = 0$ 或 $\delta W' = 0$,则

$$\Delta G_{T,p} \leqslant 0 \begin{smallmatrix}\text{不可逆}\\\text{可逆}\end{smallmatrix}, \quad \mathrm{d}G_{T,p} \leqslant 0 \begin{smallmatrix}\text{不可逆}\\\text{可逆}\end{smallmatrix} \qquad (1\text{-}115)$$

式(1-115)叫**吉布斯函数判据**(Gibbs function criterion)。它指明,定温、定压且 $W' = 0$ 时,过程只能自发地向吉布斯函数 G 减小的方向进行,直到 $\Delta G_{T,p} = 0$ 时,系统达到平衡。

1.17　p、V、T 变化及相变化过程 ΔA、ΔG 的计算

由 $A = U - TS$ 及 $G = H - TS$ 两个定义式出发,对定温的单纯 p、V 变化过程及相变化过程均可利用

$$\Delta A = \Delta U - T\Delta S \quad \text{及} \quad \Delta G = \Delta H - T\Delta S \qquad (1\text{-}116)$$

计算过程的 ΔA 及 ΔG。化学反应过程 ΔG 的计算将在第 3 章中讨论。

1.17.1　定温的单纯 p、V 变化过程 ΔA、ΔG 的计算

由式(1-110),

$$\mathrm{d}A_T \leqslant \delta W \begin{smallmatrix}\text{不可逆}\\\text{可逆}\end{smallmatrix}$$

若过程定温、可逆,则

$$\mathrm{d}A_T = \delta W_r = -p\mathrm{d}V + \delta W'_r$$

下标"r"表示"可逆"。若 $\delta W'_r = 0$,则

$$\mathrm{d}A_T = -p\mathrm{d}V$$

积分上式,得

$$\Delta A_T = -\int_{V_1}^{V_2} p dV \tag{1-117}$$

式(1-117)适用于封闭系统,$W_r' = 0$,气体、液体、固体的定温、可逆的单纯 p、V 变化过程 ΔA 的计算。

若气体为理想气体,将 $pV = nRT$ 代入式(1-117),得

$$\Delta A_T = -nRT\ln\frac{V_2}{V_1} = nRT\ln\frac{p_2}{p_1} \tag{1-118}$$

式(1-118)的应用条件除式(1-117)的全部应用条件外,还必须是理想气体系统。

由式(1-113),得

$$dG = dA + pdV + Vdp$$

对定温、可逆,且 $\delta W_r' = 0$ 的过程,则 $dA = -pdV$,代入上式,得

$$dG_T = Vdp$$

积分上式,得

$$\Delta G_T = \int_{p_1}^{p_2} Vdp \tag{1-119}$$

式(1-119)适用于封闭系统,$W_r' = 0$,气体、液体、固体的定温、可逆的单纯 p、V 变化过程的 ΔG 的计算。

若气体为理想气体,将 $pV = nRT$ 代入式(1-119),得

$$\Delta G_T = nRT\ln\frac{p_2}{p_1} = -nRT\ln\frac{V_2}{V_1} \tag{1-120}$$

式(1-120)的应用条件除式(1-119)的全部应用条件外,还必须是理想气体系统。

比较式(1-118)及式(1-120),对理想气体定温、可逆过程,显然有

$$\Delta G_T = \Delta A_T = nRT\ln\frac{p_2}{p_1} = -nRT\ln\frac{V_2}{V_1}$$

【例 1-29】 5 mol 理想气体在 25 ℃ 下由 1.000 MPa 膨胀到 0.100 MPa,计算下列过程的 ΔA 和 ΔG:(1)定温可逆膨胀;(2)自由膨胀。

解 无论实际过程是(1)或(2),都可按定温可逆过程计算同一状态变化的状态函数改变量。

$$\Delta A_T = -\int_{V_1}^{V_2} p dV = -nRT\int_{V_1}^{V_2}\frac{dV}{V} = -nRT\ln\frac{V_2}{V_1} = -nRT\ln\frac{p_1}{p_2} =$$

$$-5\ \text{mol} \times 8.3145\ \text{J} \cdot \text{K}^{-1} \cdot \text{mol}^{-1} \times 298.15\ \text{K} \times \ln\frac{1.000\ \text{MPa}}{0.100\ \text{MPa}} =$$

$$-28.54\ \text{kJ}$$

$$\Delta G_T = \Delta A_T = -28.54\ \text{kJ}$$

1.17.2 相变化过程 ΔA 及 ΔG 的计算

1. 定温、定压下可逆相变化过程 ΔA 及 ΔG 的计算

由式(1-113),因定温、定压下可逆相变化有 $\Delta H = T\Delta S$,则 $\Delta G = 0$。

对定温、定压下,由凝聚相变为蒸气相,且气相可视为理想气体时,由式(1-53)

$$\Delta U = \Delta H - nRT$$

则

$$\Delta A = \Delta H - nRT - T\Delta S = -nRT$$

2. 不可逆相变化过程 ΔA 及 ΔG 的计算

计算不可逆相变的 ΔA、ΔG 时，同非平衡温度、压力下的不可逆相变的熵变 ΔS 的计算方法一样，需设计一条可逆途径进行计算，途径中包括可逆的 p、V、T 变化步骤及可逆的相变化步骤，步骤如何选择视所给数据而定。

【例1-30】 (1)已知 -5 ℃过冷水和冰的饱和蒸气压分别为 421 Pa 和 401 Pa，-5 ℃ 水和冰的体积质量分别为 1.0 g·cm^{-3} 和 0.91 g·cm^{-3}；(2)水在 0 ℃，100 kPa(近似为 0 ℃时液固平衡压力)凝固焓 ΔH_m(凝固)$=-6\,009$ J·mol^{-1}，0 ℃ 水和冰的体积质量分别为 1.0 g·cm^{-3} 和 0.91 g·cm^{-3}，在 0 ℃ 与 -5 ℃ 间水和冰的平均摩尔定压热容分别为 75.3 J·K^{-1}·mol^{-1} 和 37.6 J·K^{-1}·mol^{-1}。求在 -5 ℃，100 kPa 下 5 mol 水凝结为冰的 ΔG 和 ΔA。

解 (1)$p^{\ominus} = 100$ kPa，$p_l^* = 421$ Pa，$p_s^* = 401$ Pa，拟出计算途径：

$$\Delta G = \Delta G_1 + \Delta G_2 + \Delta G_3 + \Delta G_4 + \Delta G_5$$

$$\Delta G_2 = 0, \quad \Delta G_4 = 0$$

对液体及固体，$\Delta G_T = \int V \mathrm{d}p = V\Delta p = n\dfrac{M}{\rho}\Delta p$，则

$$\Delta G_1 = \frac{5 \text{ mol} \times 18 \times 10^{-3} \text{ kg·mol}^{-1}}{1.0 \times 10^3 \text{ kg·m}^{-3}} \times (421 \text{ Pa} - 100 \times 10^3 \text{ Pa}) = -9.0 \text{ J}$$

$$\Delta G_5 = \frac{5 \text{ mol} \times 18 \times 10^{-3} \text{ kg·mol}^{-1}}{0.91 \times 10^3 \text{ kg·m}^{-3}} \times (100 \times 10^3 \text{ Pa} - 401 \text{ Pa}) = 9.9 \text{ J}$$

对理想气体，由式(1-120)，

$$\Delta G_3 = nRT\ln\frac{p_s^*}{p_l^*} =$$

$$5 \text{ mol} \times 8.314\,5 \text{ J·K}^{-1}\text{·mol}^{-1} \times 268.15 \text{ K} \times \ln\frac{401 \text{ Pa}}{421 \text{ Pa}} =$$

$$-542.6 \text{ J}$$

$$\Delta G = (-9.0 + 9.9 - 542.6)\text{J} = -541.7 \text{ J}$$

液体和固体的 $V\Delta p \ll$ 气体的 $\int V\mathrm{d}p$，并且 ΔG_1 和 ΔG_5 的正负号相反，所以有理由认为 $(\Delta G_1 + \Delta G_5) \ll \Delta G_3$，得到

$$\Delta G \approx \Delta G_3 = -542.6 \text{ J}$$

$$\Delta A = \Delta G - \Delta(pV) \xlongequal{\text{定压}} \Delta G - p\Delta V \approx \Delta G$$

（2）根据给出的数据拟出下列计算途径，先按 1 mol 物质计算

$$\text{H}_2\text{O}(l,-5\ ℃,p^{\ominus}) \xrightarrow{\Delta G_m = ?} \text{H}_2\text{O}(s,-5\ ℃,p^{\ominus})$$

①│定压升温   定压降温│③

$$\text{H}_2\text{O}(l,0\ ℃,p^{\ominus}) \xrightarrow[②]{\text{定温、定压、可逆相变}} \text{H}_2\text{O}(s,0\ ℃,p^{\ominus})$$

方法（a）

$$\begin{cases} \Delta G_m = \Delta H_m - (268.15\ \text{K})\Delta S_m \\ \Delta H_m = \Delta H_{m,1} + \Delta H_{m,2} + \Delta H_{m,3} \\ \Delta S_m = \Delta S_{m,1} + \Delta S_{m,2} + \Delta S_{m,3} \end{cases}$$

$$\Delta H_{m,1} = \int_{268.15\ \text{K}}^{273.15\ \text{K}} C_{p,m}(l)\,\mathrm{d}T, \quad \Delta S_{m,1} = \int_{268.15\ \text{K}}^{273.15\ \text{K}} \frac{C_{p,m}(l)}{T}\,\mathrm{d}T$$

$$\Delta H_{m,3} = \int_{273.15\ \text{K}}^{268.15\ \text{K}} C_{p,m}(s)\,\mathrm{d}T, \quad \Delta S_{m,3} = \int_{273.15\ \text{K}}^{268.15\ \text{K}} \frac{C_{p,m}(s)}{T}\,\mathrm{d}T$$

$$\Delta H_{m,2} = -\Delta_{\text{fus}} H_m^{\ominus}(273.15\ \text{K}, p^{\ominus}), \quad \Delta S_{m,2} = \frac{\Delta H_{m,2}}{273.15\ \text{K}}$$

计算，得

$$\Delta G_m = -108\ \text{J}\cdot\text{mol}^{-1}$$

对 5 mol H_2O

$$\Delta G = 5\ \text{mol} \times (-108\ \text{J}\cdot\text{mol}^{-1}) = -540\ \text{J}$$

方法（b）

$$\Delta G_m = \Delta G_{m,1} + \Delta G_{m,2} + \Delta G_{m,3}, \quad \Delta G_{m,2} = 0$$

$$\Delta G_{m,1} = -\int_{268.15\ \text{K}}^{273.15\ \text{K}} S_m(l)\,\mathrm{d}T, \quad \Delta G_{m,3} = -\int_{273.15\ \text{K}}^{268.15\ \text{K}} S_m(s)\,\mathrm{d}T$$

［若要分别计算 $\Delta G_{m,1}$ 和 $\Delta G_{m,3}$，则需要熵的"绝对值"，但 $(\Delta G_{m,1} + \Delta G_{m,3})$ 可用给出数据计算］

$$(\Delta G_{m,1} + \Delta G_{m,3}) = \int_{268.15\ \text{K}}^{273.15\ \text{K}} [S_m(s) - S_m(l)]\,\mathrm{d}T = \int_{268.15\ \text{K}}^{273.15\ \text{K}} \Delta S_{m,T}(\text{凝固})\,\mathrm{d}T$$

由 $\left(\dfrac{\partial S}{\partial T}\right)_p = \dfrac{C_p}{T}$，得

$$\left[\frac{\partial(\Delta S_T)}{\partial T}\right]_p = \frac{\Delta C_p}{T}$$

$$\Delta S_{m,T} = \Delta S_m(273.15\ \text{K}) + \int_{273.15\ \text{K}}^{T} \frac{\Delta C_p\,\mathrm{d}T}{T} = \frac{\Delta H_m(273.15\ \text{K})}{273.15\ \text{K}} + \Delta C_p \ln\frac{T}{273.15\ \text{K}}$$

由此算出

$$\Delta G_m = \Delta G_{m,1} + \Delta G_{m,3} = -108\ \text{J}\cdot\text{mol}^{-1}$$

$$\left[\text{求} \int \Delta S_{m,T}\,\mathrm{d}T \text{ 时，应用 } \ln T\,\mathrm{d}T = \mathrm{d}(T\ln T) - T\mathrm{d}\ln T\right]$$

Ⅶ   热力学函数的基本关系式

1.18   热力学基本方程、吉布斯－亥姆霍茨方程

到上节为止，我们以热力学第一、第二定律为理论基础，共引出或定义了 5 个状态函数

U、H、S、A、G,再加上 p、V、T 共 8 个最基本、最重要的热力学状态函数。它们之间的关系,除它们的定义式 $H = U + pV$,$A = U - TS$,$G = H - TS$ 外,应用热力学第一、第二定律还可以推出另外一些很重要的热力学函数间的关系式。

1.18.1 热力学基本方程

在封闭系统中,若发生一微小可逆过程,由热力学第一、第二定律,有 $dU = \delta Q_r + \delta W_r$,$dS = \dfrac{\delta Q_r}{T}$ 及 $\delta W_r' = 0$ 时,则 $\delta W_r = -pdV$,于是

$$dU = TdS - pdV \tag{1-121}$$

微分 $H = U + pV$
结合式(1-121),得

$$dH = TdS + Vdp \tag{1-122}$$

微分 $A = U - TS$
结合式(1-121),得

$$dA = -SdT - pdV \tag{1-123}$$

微分 $G = H - TS$
结合式(1-122),得

$$dG = -SdT + Vdp \tag{1-124}$$

式(1-121) ~ 式(1-124) 称为**热力学基本方程**(master equation of thermodynamics)。

四个热力学基本方程,分别加上相应的条件,如

式(1-121),若 $dV = 0 \Rightarrow \left(\dfrac{\partial U}{\partial S}\right)_V = T$;若 $dS = 0 \Rightarrow \left(\dfrac{\partial U}{\partial V}\right)_S = -p$ $\tag{1-125}$

式(1-122),若 $dp = 0 \Rightarrow \left(\dfrac{\partial H}{\partial S}\right)_p = T$;若 $dS = 0 \Rightarrow \left(\dfrac{\partial H}{\partial p}\right)_S = V$ $\tag{1-126}$

式(1-123),若 $dV = 0 \Rightarrow \left(\dfrac{\partial A}{\partial T}\right)_V = -S$;若 $dT = 0 \Rightarrow \left(\dfrac{\partial A}{\partial V}\right)_T = -p$ $\tag{1-127}$

式(1-124),若 $dp = 0 \Rightarrow \left(\dfrac{\partial G}{\partial T}\right)_p = -S$;若 $dT = 0 \Rightarrow \left(\dfrac{\partial G}{\partial p}\right)_T = V$ $\tag{1-128}$

式(1-121) ~ 式(1-128) 的应用条件是:(i) 封闭系统;(ii) 无非体积功;(iii) 可逆过程。不过,当用于由两个独立变量可以确定系统状态的系统,包括:(i) 定量纯物质单相系统;(ii) 定量、定组成的单相系统;(iii) 保持相平衡及化学平衡的系统时,相当于具有可逆过程的条件。

1.18.2 吉布斯 - 亥姆霍茨方程

由 $\left(\dfrac{\partial G}{\partial T}\right)_p = -S$,有

$$\left[\dfrac{\partial (G/T)}{\partial T}\right]_p = \dfrac{1}{T}\left(\dfrac{\partial G}{\partial T}\right)_p - \dfrac{G}{T^2} = -\dfrac{S}{T} - \dfrac{G}{T^2} = -\dfrac{(TS + G)}{T^2} = -\dfrac{H}{T^2}$$

即

$$\left[\dfrac{\partial (G/T)}{\partial T}\right]_p = -\dfrac{H}{T^2} \tag{1-129}$$

同理,有

$$\left[\dfrac{\partial (A/T)}{\partial T}\right]_V = -\dfrac{U}{T^2} \tag{1-130}$$

式(1-129) 及式(1-130) 叫吉布斯 - 亥姆霍茨方程。

1.19 麦克斯韦关系式、热力学状态方程

1.19.1 麦克斯韦关系式

推导麦克斯韦关系式需要一个数学结论。

若 $Z = f(x,y)$，且 Z 有连续的二阶偏微商，则必有

$$\frac{\partial^2 Z}{\partial x \partial y} = \frac{\partial^2 Z}{\partial y \partial x}$$

即二阶偏微商与微分先后顺序无关。

把以上结论应用于热力学基本方程，有

$$dU = TdS - pdV$$

$$\downarrow dS = 0 \qquad \downarrow dV = 0$$

$$\left(\frac{\partial U}{\partial V}\right)_S = -p \qquad \left(\frac{\partial U}{\partial S}\right)_V = T$$

V 一定,对 S 微分 $\downarrow$ $\qquad$ $\downarrow$ S 一定,对 V 微分

$$\left(\frac{\partial^2 U}{\partial V \partial S}\right) = -\left(\frac{\partial p}{\partial S}\right)_V = \left(\frac{\partial^2 U}{\partial S \partial V}\right) = \left(\frac{\partial T}{\partial V}\right)_S$$

$$\downarrow$$

$$-\left(\frac{\partial p}{\partial S}\right)_V = \left(\frac{\partial T}{\partial V}\right)_S \tag{1-131}$$

同理,将上述结论应用于

$$dH = TdS + Vdp$$
$$dA = -SdT - pdV$$
$$dG = -SdT + Vdp$$

可得

$$\left(\frac{\partial T}{\partial p}\right)_S = \left(\frac{\partial V}{\partial S}\right)_p \tag{1-132}$$

$$\left(\frac{\partial S}{\partial V}\right)_T = \left(\frac{\partial p}{\partial T}\right)_V \tag{1-133}$$

$$\left(\frac{\partial S}{\partial p}\right)_T = -\left(\frac{\partial V}{\partial T}\right)_p \tag{1-134}$$

式(1-131) ～ 式(1-134) 叫麦克斯韦关系式(Maxwell's relations)。各式表示的是系统在同一状态的两种变化率量值相等。因此应用于某种场合等式左右可以代换。常用的是式(1-133) 及式(1-134),这两个等式右边的变化率是可以由实验直接测定的,而左边则不能。于是需要时可用等式右边的变化率代替等式左边的变化率。

【例 1-31】 证明

$$\left(\frac{\partial H}{\partial V}\right)_T = T\left(\frac{\partial p}{\partial T}\right)_V + V\left(\frac{\partial p}{\partial V}\right)_T$$

证明　由热力学基本方程 $dH = TdS + Vdp$,得

$$\left(\frac{\partial H}{\partial V}\right)_T = T\left(\frac{\partial S}{\partial V}\right)_T + V\left(\frac{\partial p}{\partial V}\right)_T$$

将麦克斯韦关系式 $\left(\dfrac{\partial S}{\partial V}\right)_T = \left(\dfrac{\partial p}{\partial T}\right)_V$ 代入上式,得

$$\left(\frac{\partial H}{\partial V}\right)_T = T\left(\frac{\partial p}{\partial T}\right)_V + V\left(\frac{\partial p}{\partial V}\right)_T$$

1.19.2　热力学状态方程

由 $dU = TdS - pdV$,定温下

$$dU_T = TdS_T - pdV_T$$

等式两边除以 dV_T,即

$$\frac{dU_T}{dV_T} = T\frac{dS_T}{dV_T} - p$$

$$\left(\frac{\partial U}{\partial V}\right)_T = T\left(\frac{\partial S}{\partial V}\right)_T - p$$

由麦克斯韦关系式

$$\left(\frac{\partial S}{\partial V}\right)_T = \left(\frac{\partial p}{\partial T}\right)_V$$

于是

$$\left(\frac{\partial U}{\partial V}\right)_T = T\left(\frac{\partial p}{\partial T}\right)_V - p \tag{1-135}$$

同理,由 $dH = TdS + Vdp$,并用麦克斯韦关系式

$$\left(\frac{\partial S}{\partial p}\right)_T = -\left(\frac{\partial V}{\partial T}\right)_p$$

可得

$$\left(\frac{\partial H}{\partial p}\right)_T = -T\left(\frac{\partial V}{\partial T}\right)_p + V \tag{1-136}$$

式(1-135) 及式(1-136) 都叫**热力学状态方程**(state equation of thermodynamics)。

【例1-32】　证明:(1) $\left(\dfrac{\partial C_V}{\partial V}\right)_T = T\left(\dfrac{\partial^2 p}{\partial T^2}\right)_V$;(2) $\left(\dfrac{\partial C_p}{\partial p}\right)_T = -T\left(\dfrac{\partial^2 V}{\partial T^2}\right)_p$。并对理想气体证明 C_V 与 V 无关,C_p 与 p 无关,它们只是温度的函数。

证明　(1) 因为 $C_V = \left(\dfrac{\partial U}{\partial T}\right)_V$,所以

$$\left(\frac{\partial C_V}{\partial V}\right)_T = \left[\frac{\partial}{\partial V}\left(\frac{\partial U}{\partial T}\right)_V\right]_T = \left[\frac{\partial}{\partial T}\left(\frac{\partial U}{\partial V}\right)_T\right]_V$$

将热力学状态方程 $\left(\dfrac{\partial U}{\partial V}\right)_T = T\left(\dfrac{\partial p}{\partial T}\right)_V - p$ 代入上式,得

$$\left(\frac{\partial C_V}{\partial V}\right)_T = \left\{\frac{\partial}{\partial T}\left[T\left(\frac{\partial p}{\partial T}\right)_V - p\right]\right\}_V =$$

$$T\left(\frac{\partial^2 p}{\partial T^2}\right)_V + \left(\frac{\partial p}{\partial T}\right)_V - \left(\frac{\partial p}{\partial T}\right)_V = T\left(\frac{\partial^2 p}{\partial T^2}\right)_V$$

对于理想气体,$p = \dfrac{nRT}{V}$,有 $\left(\dfrac{\partial p}{\partial T}\right)_V = \dfrac{nR}{V}$,则

$$\left(\frac{\partial^2 p}{\partial T^2}\right)_V = \left[\frac{\partial}{\partial T}\left(\frac{\partial p}{\partial T}\right)_V\right]_V = \left[\frac{\partial}{\partial T}\left(\frac{nR}{V}\right)\right]_V = 0$$

即

$$\left(\frac{\partial C_V}{\partial V}\right)_T = 0$$

表明理想气体 C_V 与 V 无关,只是温度的函数。

(2) 因为 $C_p = \left(\frac{\partial H}{\partial T}\right)_p$,所以

$$\left(\frac{\partial C_p}{\partial p}\right)_T = \left[\frac{\partial}{\partial p}\left(\frac{\partial H}{\partial T}\right)_p\right]_T = \left[\frac{\partial}{\partial T}\left(\frac{\partial H}{\partial p}\right)_T\right]_p$$

将热力学状态方程 $\left(\frac{\partial H}{\partial p}\right)_T = -T\left(\frac{\partial V}{\partial T}\right)_p + V$ 代入上式,得

$$\left(\frac{\partial C_p}{\partial p}\right)_T = \left\{\frac{\partial}{\partial T}\left[-T\left(\frac{\partial V}{\partial T}\right)_p + V\right]_T\right\}_p =$$

$$-T\left(\frac{\partial^2 V}{\partial T^2}\right)_p - \left(\frac{\partial V}{\partial T}\right)_p + \left(\frac{\partial V}{\partial T}\right)_p = -T\left(\frac{\partial^2 V}{\partial T^2}\right)_p$$

对于理想气体,$V = \frac{nRT}{p}$,有 $\left(\frac{\partial V}{\partial T}\right)_p = \frac{nR}{p}$,则

$$\left(\frac{\partial^2 V}{\partial T^2}\right)_p = \left[\frac{\partial}{\partial T}\left(\frac{\partial V}{\partial T}\right)_p\right]_p = \left[\frac{\partial}{\partial T}\left(\frac{nR}{p}\right)\right]_p = 0$$

即

$$\left(\frac{\partial C_p}{\partial p}\right)_T = 0$$

表明理想气体 C_p 与 p 无关,只是温度的函数。

Ⅷ 化学势

1.20 多组分系统及其组成标度

1.20.1 混合物、溶液

含一个以上组分(关于组分的严格定义将在 2.1 节中学习)的系统称为**多组分系统**(multicomponent system)。多组分系统可以是均相(单相)的,也可以是非均相(多相)的。多组分均相系统可以区分为**混合物**(mixture)或**溶液**(solution),并以不同的方法加以研究。对混合物中的各组分不分为**溶剂**(solvent)及**溶质**(solute),对各组分均选用同样的标准态;而对溶液中的各组分则将其区分为**溶剂**及**溶质**,并选用不同的标准态加以研究。

混合物有气态混合物、液态混合物和固态混合物;溶液有液态溶液和固态溶液,本章亦把液态溶液简称为**溶液**(solution)。按溶液中溶质的导电性能来区分,溶液又分为**电解质溶液**(electrolytes solution)和**非电解质溶液**(nonelectrolytes solution)(即分子溶液)。

虽然本书只讲溶液或液态混合物,但处理问题的热力学方法及其所得结果对固态溶液或固态混合物也适用。

1.20.2　混合物的组成标度、溶液中溶质 B 的组成标度

1. 混合物常用的组成标度

在 GB 3102.8—1993 中,有关混合物的组成标度如下:

(1)B 的分子浓度(molecular concentration of B)

$$C_B \xlongequal{\text{def}} N_B/V \tag{1-137}$$

式中,N_B 为混合物的体积 V 中 B 的分子数。C_B 的单位为 m^{-3}。

(2)B 的质量浓度(mass concentration of B)

$$\rho_B \xlongequal{\text{def}} m_B/V \tag{1-138}$$

式中,m_B 为混合物的体积 V 中 B 的质量。ρ_B 的单位为 $kg \cdot m^{-3}$。

(3)B 的质量分数(mass fraction of B)

$$w_B \xlongequal{\text{def}} m_B / \sum_A m_A \tag{1-139}$$

式中,m_B 代表 B 的质量;$\sum\limits_A m_A$ 代表混合物的质量。w_B 为量纲一的量,其单位为 1。

注意　不能把 w_B 写成 B% 或 w_B%,也不能称为 B 的"质量百分浓度"或 B 的"质量百分数"。例如,将 $w(H_2SO_4) = 0.15$ 写成 $H_2SO_4\% = 15\%$ 是错误的。

(4)B 的浓度(concentration of B)或 B 的物质的量浓度(amount-of-substance concentration of B)

$$c_B \xlongequal{\text{def}} n_B/V \tag{1-140}$$

式中,n_B 为混合物的体积 V 中所含 B 的物质的量。c_B 的单位为 $mol \cdot m^{-3}$,常用单位为 $mol \cdot dm^{-3}$。

式(1-140)中的混合物的体积 V 不能理解为溶液的体积。由于混合物体积 V 在指定压力 p 时还要受温度 T 的影响,因此在热力学研究中选它作为溶液中溶质 B 的组成标度很不方便。有关溶液中溶质 B 的组成标度将在下面提到。

(5)B 的摩尔分数(mole fraction of B)

$$x_B(\text{或 } y_B \text{——对气体混合物}) \xlongequal{\text{def}} n_B / \sum_A n_A \tag{1-141}$$

式中,n_B 为 B 的物质的量,$\sum\limits_A n_A$ 代表混合物的物质的量。x_B 为量纲一的量,其单位为 1。x_B 也称为 B 的物质的量分数(amount of substance fraction of B)。

(6)B 的体积分数(volume fraction of B)

$$\varphi_B \xlongequal{\text{def}} x_B V_{m,B}^* / \sum_A x_A V_{m,A}^* \tag{1-142}$$

式中,x_A 和 x_B 分别代表 A 和 B 的摩尔分数;$V_{m,A}^*$、$V_{m,B}^*$ 分别代表与混合物相同的温度 T 和压力 p 时纯 A 和纯 B 的摩尔体积,$\sum\limits_A$ 代表对所有物质求和。φ_B 为量纲一的量,其单位为 1。

注意　不允许把 $\varphi_B = 0.02$ 写成"2% 的 B"或"B% = 0.02"。

2. 溶液中溶质 B 的组成标度

对液态或固态溶液,组成标度是溶质 B 的质量摩尔浓度(molality of solute B)或溶质 B

的摩尔比(mole ratio of solute B)。热力学中,对溶液的处理方法与对混合物的处理方法不同;对溶液中溶质 B 的处理方法与对溶剂 A 的处理方法也不同,故对组成变量的选择不同。国家标准中对溶质的组成特别加上了"溶质 B[的](of solute B)",一般不宜省略。

(1) 溶质 B 的质量摩尔浓度(molality of solute B)

$$b_B(\text{或 } m_B) \xrightarrow{\text{def}} n_B/m_A \tag{1-143}$$

式中,n_B 代表溶质 B 的物质的量;m_A 代表溶剂 A 的质量。b_B 的单位为 $mol \cdot kg^{-1}$。

溶质 B 的质量摩尔浓度 b_B 也可以用下式定义

$$b_B(\text{或 } m_B) \xrightarrow{\text{def}} n_B/(n_A M_A) \tag{1-144}$$

式中,n_A 和 n_B 分别代表溶剂 A 和溶质 B 的物质的量;M_A 代表溶剂 A 的摩尔质量。

有时在某些场合也用"溶质 B 的摩尔分数 x_B"或"溶质 B 的浓度 c_B"作为溶液中溶质 B 的组成标度。b_B 与 x_B 的关系为

$$b_B = x_B / \left[(1 - \sum_B x_B) M_A \right] \tag{1-145}$$

或

$$x_B = M_A b_B / (1 + M_A \sum_B b_B) \tag{1-146}$$

式(1-145)、式(1-146)中,$\sum_B$ 代表对所有溶质 B 求和。在足够稀薄的溶液中,$n_B \ll n_A$,$\sum_B x_B \ll 1$,$M_A \sum_B b_B \ll 1$,则式(1-145)、式(1-146)相应变为

$$b_B \approx x_B / M_A \tag{1-147}$$

$$x_B \approx M_A b_B \tag{1-148}$$

b_B 与 c_B 的关系为

$$b_B = c_B / (\rho - c_B M_B) \tag{1-149}$$

或

$$c_B = b_B \rho / (1 + b_B M_B) \tag{1-150}$$

式(1-149)、式(1-150)中,ρ 代表混合物的质量浓度(mass concentration),在足够稀薄的溶液中 $\rho = \rho_A$,ρ_A 代表溶剂 A 的质量浓度,$c_B M_B \ll 1$,$b_B M_B \ll 1$,则式(1-149)、式(1-150)变为

$$b_B \approx c_B / \rho_A \tag{1-151}$$

$$c_B \approx b_B \rho_A \tag{1-152}$$

(2) 溶质 B 的摩尔比(mole ratio of solute B)

$$r_B \xrightarrow{\text{def}} n_B/n_A \tag{1-153}$$

式中,n_A、n_B 分别代表溶剂 A、溶质 B 的物质的量。r_B 为量纲一的量,其单位为 1。

【例 1-33】 现有 50 g 甲苯与 50 g 苯组成的混合物,试计算:(1) 混合物的质量分数;(2) 混合物的摩尔分数。

解 (1) $w(C_6H_6) = \dfrac{50 \text{ g}}{50 \text{ g} + 50 \text{ g}} = 0.50$

(2) $x(C_6H_6) = \dfrac{50 \text{ g}/(78.12 \text{ g} \cdot mol^{-1})}{50 \text{ g}/(92.14 \text{ g} \cdot mol^{-1}) + 50 \text{ g}/(78.12 \text{ g} \cdot mol^{-1})} = 0.541\,2$

【例 1-34】 15 ℃ 时,20 g 甲醛溶于 30 g 水中,所得溶液体积质量 $1.111 \times 10^6 \text{ g} \cdot m^{-3}$。试计算:(1) 甲醛的质量摩尔浓度;(2) 溶质甲醛的摩尔分数;(3) 混合物中甲醛的物质的量浓度。

解　(1) $b_B = \dfrac{n_B}{m_A} = \dfrac{20\ g/(30.03\ g \cdot mol^{-1})}{30 \times 10^{-3}\ kg} = 22.20\ mol \cdot kg^{-1}$

(2) $x_B = \dfrac{n_B}{n_A + n_B} = \dfrac{20\ g/(30.03\ g \cdot mol^{-1})}{30\ g/(18.02\ g \cdot mol^{-1}) + 20\ g/(30.03\ g \cdot mol^{-1})} = 0.285\ 7$

(3) $c_B = \dfrac{n_B}{V} = \dfrac{20\ g/(30.03\ g \cdot mol^{-1})}{(20+30) \times 10^{-3}\ kg/(1.111 \times 10^3\ kg \cdot m^{-3})} = 1.48 \times 10^4\ mol \cdot m^{-3}$

1.21　摩尔量与偏摩尔量

系统的状态函数中 V、U、H、S、A、G 等为广度性质，对单组分系统，若系统由物质 B 组成，其物质的量为 n_B，则有 $V_{m,B}^* \overset{\text{def}}{=\!=\!=} V/n_B$，$U_{m,B}^* \overset{\text{def}}{=\!=\!=} U/n_B$，$H_{m,B}^* \overset{\text{def}}{=\!=\!=} H/n_B$，$S_{m,B}^* \overset{\text{def}}{=\!=\!=} S/n_B$，$A_{m,B}^* \overset{\text{def}}{=\!=\!=} A/n_B$，$G_{m,B}^* \overset{\text{def}}{=\!=\!=} G/n_B$。它们分别叫物质 B 的**摩尔体积**(molar volume)，**摩尔热力学能**(molar thermodynamic energy)，**摩尔焓**(molar enthalpy)，**摩尔熵**(molar entropy)，**摩尔亥姆霍茨函数**(molar Helmholtz function)，**摩尔吉布斯函数**(molar Gibbs function)，它们都是强度性质。这是 GB 3102.8—1993 给出的关于**摩尔量**(molar quantity) 的定义。

但若由一个以上的纯组分混合构成均相多组分系统(混合物或溶液)，则该系统的广度性质(质量除外)，如 V、U、H、S、A、G 等与混合前的各纯组分的广度性质的总和通常并不相等。以广度性质体积 V 为代表，例如，25 ℃，101.325 kPa 时，

$$18.07\ cm^3\ H_2O(l) + 5.74\ cm^3\ C_2H_5OH(l) = 23.30\ cm^3\ (H_2O + C_2H_5OH)(l) \neq$$
$$23.81\ cm^3\ (H_2O + C_2H_5OH)(l)$$

这是因为对液态混合物或溶液，混合前后各组分的分子间力有所改变的缘故。

为了表述上述差异，提出**偏摩尔量**(partial molar quantity) 的概念。

1.21.1　偏摩尔量的定义

设 X 代表 V、U、H、S、A、G 这些广度性质，对多组分均相系统，其量值不仅由温度、压力(不考虑其他广义力)所决定，还与系统的组成有关，故有

$$X = f(T, p, n_A, n_B, \cdots)$$

其全微分则为

$$dX = \left(\frac{\partial X}{\partial T}\right)_{p, n_B} dT + \left(\frac{\partial X}{\partial p}\right)_{T, n_B} dp + \left(\frac{\partial X}{\partial n_A}\right)_{T, p, n_{C(C \neq A)}} dn_A + \left(\frac{\partial X}{\partial n_B}\right)_{T, p, n_{C(C \neq B)}} dn_B + \cdots$$

定义
$$X_B \overset{\text{def}}{=\!=\!=} \left(\frac{\partial X}{\partial n_B}\right)_{T, p, n_{C(C \neq B)}} \tag{1-154}$$

式中，X_B 叫**偏摩尔量**。下标 T、p 表示 T、p 恒定，$n_{C(C \neq B)}$ 表示除组分 B 外，其余所有组分(以 C 代表)均保持恒定不变。X_B 代表

$$V_B = \left(\frac{\partial V}{\partial n_B}\right)_{T, p, n_{C(C \neq B)}}，叫偏摩尔体积(partial\ molar\ volume，以下类推)$$

$$U_B = \left(\frac{\partial U}{\partial n_B}\right)_{T, p, n_{C(C \neq B)}}，叫偏摩尔热力学能$$

$$H_B = \left(\frac{\partial H}{\partial n_B}\right)_{T, p, n_{C(C \neq B)}}，叫偏摩尔焓$$

$$S_B = \left(\frac{\partial S}{\partial n_B}\right)_{T,p,n_{C(C \neq B)}}, \text{叫偏摩尔熵}$$

$$A_B = \left(\frac{\partial A}{\partial n_B}\right)_{T,p,n_{C(C \neq B)}}, \text{叫偏摩尔亥姆霍茨函数}$$

$$G_B = \left(\frac{\partial G}{\partial n_B}\right)_{T,p,n_{C(C \neq B)}}, \text{叫偏摩尔吉布斯函数}$$

于是 $\qquad dX = \left(\frac{\partial X}{\partial T}\right)_{p,n_B} dT + \left(\frac{\partial X}{\partial p}\right)_{T,n_B} dp + X_A dn_A + X_B dn_B + \cdots$

若 $dT = 0, dp = 0$，则

$$dX = X_A dn_A + X_B dn_B + \cdots = \sum_{B=A}^{S} X_B dn_B \tag{1-155}$$

当 X_B 视为常数时，积分上式，得

$$X = \sum_{B=A}^{S} n_B X_B \tag{1-156}$$

式(1-156)适用于任何广度性质。例如，对混合物或溶液的体积 V，则

$$V = n_A V_A + n_B V_B + \cdots + n_S V_S$$

关于偏摩尔量的概念有以下几点要注意：

(i) 偏摩尔量的含义：偏摩尔量 X_B 是在 T、p 以及除 n_B 外所有其他组分的物质的量都保持不变的条件下，任意广度性质 X 随 n_B 的变化率。也可理解为在定温、定压下，向大量的某一定组成的混合物或溶液中加入单位物质的量的 B 时引起的系统的广度性质 X 的改变量。

(ii) 只有系统的广度性质才有偏摩尔量，而偏摩尔量则成为强度性质。

(iii) 只有在定温、定压下，某广度性质对组分 B 的物质的量的偏微分才叫偏摩尔量。

(iv) 任何偏摩尔量都是状态函数，且为 T、p 和组成的函数。

(v) 由定义式(1-154)可知，偏摩尔量为一偏微商，其值可正可负。例如，在 $MgSO_4$ 稀水溶液($b_B < 0.07 \text{ mol} \cdot \text{kg}^{-1}$)中添加 $MgSO_4$，溶液体积不是增加，而是缩小(由于 $MgSO_4$ 有很强的水合作用)，所以此时 $MgSO_4$ 的偏摩尔体积为负值。

(vi) 纯物质的偏摩尔量就是摩尔量。

1.21.2 不同组分同一偏摩尔量之间的关系

定温、定压下微分式(1-156)，得

$$dX = \sum_B n_B dX_B + \sum_B X_B dn_B$$

将上式与式(1-155)比较，得

$$\sum_B n_B dX_B = 0 \tag{1-157}$$

将式(1-157)除以 $n = \sum_B n_B$，得

$$\sum_B x_B dX_B = 0 \tag{1-158}$$

式(1-157)、式(1-158)都叫吉布斯 - 杜亥姆(Gibbs-Duhem)方程。它表示混合物或溶液中不同组分同一偏摩尔量间的关系。

若为 A、B 二组分混合物或溶液，则

$$x_A \mathrm{d}X_A = -x_B \mathrm{d}X_B \tag{1-159}$$

由式(1-159)可见,在一定的温度、压力下,当混合物(或溶液)的组成发生微小变化时,两个组分的偏摩尔量不是独立变化的,如果一个组分的偏摩尔量增大,则另一个组分的偏摩尔量必然减小。

1.21.3 同一组分不同偏摩尔量间的关系

混合物或溶液中同一组分,如组分 B,它的不同偏摩尔量,如 V_B、U_B、H_B、S_B、A_B、G_B 等之间的关系类似于纯物质各摩尔量间的关系。如

$$H_B = U_B + pV_B \tag{1-160}$$

$$A_B = U_B - TS_B \tag{1-161}$$

$$G_B = H_B - TS_B = U_B + pV_B - TS_B = A_B + pV_B \tag{1-162}$$

$$(\partial G_B / \partial p)_{T,n_A} = V_B \tag{1-163}$$

$$[\partial(G_B/T)/\partial T]_{p,n_B} = -H_B/T^2 \tag{1-164}$$

1.22 化学势、化学势判据

化学势是化学热力学中最重要的一个物理量。相平衡或化学平衡的条件首先要通过化学势来表达;利用化学势可以建立物质平衡判据,即相平衡判据和化学平衡判据。

1.22.1 化学势的定义

混合物或溶液中,组分 B 的偏摩尔吉布斯函数 G_B 在化学热力学中有特殊的重要性,又把它叫做**化学势**(chemical potential),用符号 μ_B 表示。所以化学势的定义式为

$$\mu_B \xlongequal{\mathrm{def}} G_B = \left(\frac{\partial G}{n_B}\right)_{T,p,n_{C(C \neq B)}} \tag{1-165}$$

1.22.2 多组分组成可变系统的热力学基本方程

1. 组成可变的均相系统的热力学基本方程

对多组分组成可变的均相系统(混合物或溶液),有

$$G = f(T, p, n_A, n_B, \cdots)$$

其全微分为

$$\mathrm{d}G = \left(\frac{\partial G}{\partial T}\right)_{p,n_B} \mathrm{d}T + \left(\frac{\partial G}{\partial p}\right)_{T,n_B} \mathrm{d}p + \left(\frac{\partial G}{\partial n_A}\right)_{T,p,n_{C(C \neq A)}} \mathrm{d}n_A + \left(\frac{\partial G}{\partial n_B}\right)_{T,p,n_{C(C \neq B)}} \mathrm{d}n_B + \cdots$$

或

$$\mathrm{d}G = \left(\frac{\partial G}{\partial T}\right)_{p,n_B} \mathrm{d}T + \left(\frac{\partial G}{\partial p}\right)_{T,n_B} \mathrm{d}p + \sum_B \left(\frac{\partial G}{\partial n_B}\right)_{T,p,n_{C(C \neq B)}} \mathrm{d}n_B$$

在组成不变的条件下与式(1-124)对比,有

$$\left(\frac{\partial G}{\partial T}\right)_{p,n_B} = -S, \quad \left(\frac{\partial G}{\partial p}\right)_{T,n_B} = V$$

结合式(1-165),有

$$dG = -SdT + Vdp + \sum_B \mu_B dn_B \tag{1-166}$$

由 $dG = dA + d(pV) = dA + pdV + Vdp$，结合式(1-166)，得

$$dA = -SdT - pdV + \sum_B \mu_B dn_B \tag{1-167}$$

由 $dA = dU - d(TS) = dU - TdS - SdT$，结合式(1-167)，得

$$dU = TdS - pdV + \sum_B \mu_B dn_B \tag{1-168}$$

由 $dU = dH - d(pV) = dH - pdV - Vdp$，结合式(1-168)，得

$$dH = TdS + Vdp + \sum_B \mu_B dn_B \tag{1-169}$$

式(1-166)～式(1-169)为**多组分组成可变的均相系统的热力学基本方程**。它不仅适用于组成可变的均相封闭系统，也适用于敞开系统。

由式(1-167)，若 $dT = 0, dV = 0, dn_C = 0$（除B而外的组分的物质的量均保持恒定），则

$$\mu_B = \left(\frac{\partial A}{\partial n_B}\right)_{T, V, n_{C(C \neq B)}} \tag{1-170}$$

由式(1-168)，若 $dS = 0, dV = 0, dn_C = 0$，则

$$\mu_B = \left(\frac{\partial U}{\partial n_B}\right)_{S, V, n_{C(C \neq B)}} \tag{1-171}$$

由式(1-169)，若 $dS = 0, dp = 0, dn_C = 0$，则

$$\mu_B = \left(\frac{\partial H}{\partial n_B}\right)_{S, p, n_{C(C \neq B)}} \tag{1-172}$$

式(1-170)～式(1-172)中的三个偏微商也叫**化学势**。但应注意，只有式(1-165)中的偏微商既是化学势又是偏摩尔量，式(1-170)～式(1-172)只叫化学势而不是偏摩尔量。

设有纯物质B，若物质的量为 n_B，则

$$G^*(T, p, n_B) = n_B G^*_{m,B}(T, p) \tag{1-173}$$

将上式微分，移项后，有

$$\left(\frac{\partial G^*}{\partial n_B}\right)_{T, p} = \mu_B = G^*_{m,B}(T, p) \tag{1-174}$$

式(1-174)表明，纯物质的化学势等于该物质的摩尔吉布斯函数。

2. 组成可变的多相系统的热力学基本方程

对于多组分组成可变的多相系统，式(1-166)～式(1-169)中等式右边各项要对各相加和（用 $\sum\limits_\alpha$ 表示），例如

$$dU = \sum_\alpha T^\alpha dS^\alpha - \sum_\alpha p^\alpha dV^\alpha + \sum_\alpha \sum_B \mu_B^\alpha dn_B^\alpha \tag{1-175}$$

当各相 T, p 相同时，式(1-175)变为

$$dU = TdS - pdV + \sum_\alpha \sum_B \mu_B^\alpha dn_B^\alpha \tag{1-176}$$

1.22.3　物质平衡的化学势判据

物质平衡包括相平衡及化学反应平衡。设系统是封闭的，但系统内物质可从一相转移到另一相，或有些物质可因发生化学反应而增多或减少。对于处于热平衡及力平衡的系统（不

一定处于物质平衡），若 $\delta W' = 0$，由热力学第一定律 $dU = \delta Q - pdV$，代入式（1-176），得

$$TdS - \delta Q + \sum_\alpha \sum_B \mu_B^\alpha dn_B^\alpha = 0$$

再由热力学第二定律 $TdS \geqslant \delta Q$，代入上式，得

$$\sum_\alpha \sum_B \mu_B^\alpha dn_B^\alpha \leqslant 0 \quad \begin{matrix} 不可逆 \\ 可逆 \end{matrix} \tag{1-177}$$

式（1-177）就是由热力学第二定律得到的 **物质平衡的化学势判据**（chemical potential criterion of substance equilibrium）的一般形式。

式（1-177）表明，当系统未达物质平衡时，可发生 $\sum_\alpha \sum_B \mu_B^\alpha dn_B^\alpha < 0$ 的过程，直至 $\sum_\alpha \sum_B \mu_B^\alpha dn_B^\alpha = 0$ 时达到物质平衡。

1. 相平衡条件

考虑混合物或溶液中组分 B

$$B(\alpha) \underset{}{\overset{T,p}{\rightleftharpoons}} B(\beta)$$

在无非体积功及定温、定压条件下，若组分 B 有 dn_B 由 α 相转移到 β 相，由式（1-177），有

$$\mu_B^\alpha dn_B^\alpha + \mu_B^\beta dn_B^\beta \leqslant 0$$

因为

$$dn_B^\alpha = - dn_B^\beta$$

所以

$$(\mu_B^\alpha - \mu_B^\beta) dn_B^\beta \geqslant 0$$

因为

$$dn_B^\beta > 0$$

所以

$$(\mu_B^\alpha - \mu_B^\beta) \geqslant 0 \quad \begin{matrix} 自发 \\ 平衡 \end{matrix} \tag{1-178}$$

式（1-178）即为 **相平衡的化学势判据**（chemical potential criterion of phase equilibrium）。表明在一定 T、p 下，若 $\mu_B^\alpha = \mu_B^\beta$，则组分 B 在 α、β 两相中达成平衡，这就是 **相平衡条件**（condition for phase equilibrium）。若 $\mu_B^\alpha > \mu_B^\beta$，则物质 B 有从 α 相转移到 β 相的自发趋势。

对纯物质，因为 $\mu_B^\alpha = G_{m,B}^*(\alpha)$，$\mu_B^\beta = G_{m,B}^*(\beta)$，即纯物质 B^* 达成两相平衡的条件是

$$G_{m,B}^*(\alpha) = G_{m,B}^*(\beta) \tag{1-179}$$

2. 化学反应平衡条件

以下讨论均相系统中，化学反应 $0 = \sum_B \nu_B B$ 的平衡条件。

设化学反应按方程 $0 = \sum_B \nu_B B$，发生的反应进度为 $d\xi$，则有 $dn_B = \nu_B d\xi$，于是，由式（1-177），对均相系统

$$\sum_B \mu_B dn_B = \sum_B \nu_B \mu_B d\xi \leqslant 0 \quad \begin{matrix} 自发 \\ 平衡 \end{matrix} \tag{1-180}$$

式（1-180）即为 **化学反应平衡的化学势判据**（chemical potential criterion of chemical reaction equilibrium）。式（1-180）表明，$\sum_B \nu_B \mu_B < 0$ 时，有向 $d\xi > 0$ 的方向发生反应的趋势，

直至 $\sum\limits_{B} \nu_B \mu_B = 0$ 时，达到反应平衡，这就是**化学反应的平衡条件**（equilibrium condition of chemical reaction）。如对反应

$$a\mathrm{A} + b\mathrm{B} = y\mathrm{Y} + z\mathrm{Z}$$

反应的平衡条件是

$$a\mu_A + b\mu_B = y\mu_Y + z\mu_Z$$

定义
$$\boldsymbol{A} \xlongequal{\text{def}} - \sum\limits_{B} \nu_B \mu_B \tag{1-181}$$

式中，$\boldsymbol{A}$ 叫化学反应的亲和势（potential of chemical reaction）。

$$\left.\begin{array}{l} \boldsymbol{A} = 0，反应处于平衡态 \\ \boldsymbol{A} > 0，反应向右自发进行 \\ \boldsymbol{A} < 0，反应向左自发进行 \end{array}\right\} \tag{1-182}$$

1.23　理想气体的化学势

由化学势的定义式(1-165)知，物质的化学势亦是系统状态的函数，它与系统的温度、压力、组成有关。本节讨论理想气体的化学势与 T、p 及组成的关系。

1. 纯理想气体的化学势表达式

由式(1-174)可知，纯物质的化学势等于该物质的摩尔吉布斯函数，即

$$\mu^* = G_m^*$$

结合式(1-124)，则有

$$\mathrm{d}\mu^* = - S_m^* \mathrm{d}T + V_m^* \mathrm{d}p$$

在定温条件下，上式化为

$$\mathrm{d}\mu^* = V_m^* \mathrm{d}p$$

对于理想气体，$V_m^* = \dfrac{RT}{p}$，于是

$$\mathrm{d}\mu^* = \frac{RT}{p}\mathrm{d}p$$

积分上式，得

$$\int_{\mu^\ominus}^{\mu^*} \mathrm{d}\mu^* = \int_{p^\ominus}^{p} \frac{RT}{p}\mathrm{d}p$$

则

$$\mu^*(\mathrm{g}, T, p) = \mu^\ominus(\mathrm{g}, T) + RT\ln\frac{p}{p^\ominus} \tag{1-183}$$

式(1-183)即为纯理想气体的化学势表达式。式中，$p^\ominus$ 代表标准压力；$\mu^\ominus(\mathrm{g}, T)$ 为纯理想气体标准态化学势，这个标准态是温度为 T、压力为 $p^\ominus$ 下的纯理想气体状态（假想状态）。因为压力已经给定，所以它仅是温度的函数，即 $\mu^\ominus(\mathrm{g}, T) = f(T)$。$\mu^*(\mathrm{g}, T, p)$ 为纯理想气体任意态化学势，这个任意态的温度与标准态相同，亦为 T，而压力 p 是任意给定的，故 $\mu^*(\mathrm{g}, T, p) = f(T, p)$，即纯理想气体的化学势是温度和压力的函数。

式(1-183)常简写为

$$\mu^*(\mathrm{g}) = \mu^\ominus(\mathrm{g}, T) + RT\ln\frac{p}{p^\ominus} \tag{1-184}$$

2. 理想气体混合物中任意组分 B 的化学势表达式

对混合理想气体来说,其中每种气体的行为与该气体单独占有混合气体总体积时的行为相同。所以混合气体中某气体组分 B 的化学势表达式与该气体在纯态时的化学势表达式相似,即

$$\mu_B(g, T, p, y_C) = \mu_B^\ominus(g, T) + RT \ln \frac{p_B}{p^\ominus} \qquad (1\text{-}185)$$

式中, $\mu_B^\ominus(g, T)$ 为标准态化学势,这个标准态与式(1-183)相同,即纯 B(或说 B 单独存在时)在温度 T、压力 $p^\ominus$ 下呈理想气体特性时的状态(假想状态); y_C 表示除 B 以外的所有其他组分的摩尔分数,显然 $y_B + y_C = 1$。

式(1-185)常简写为

$$\mu_B(g) = \mu_B^\ominus(g, T) + RT \ln \frac{p_B}{p^\ominus} \qquad (1\text{-}186)$$

式中, $\mu_B = f(T, p, y_C)$, $\mu_B^\ominus = f(T)$ 。

习　题

一、思考题

1-1 在一绝热容器中盛有水,其中浸有电热丝,通电加热(如图 1-15 所示)。将不同对象看做系统,则上述加热过程的 Q 或 W 大于、小于还是等于零?(1)以电热丝为系统;(2)以水为系统;(3)以容器内所有物质为系统;(4)将容器内物质以及电源和其他一切有影响的物质看做整个系统。

1-2 (1)使某一封闭系统由某一指定的始态变到某一指定的终态。 Q 、 W 、 $Q+W$ 、 ΔU 中哪些量确定,哪些量不能确定?为什么?(2)若在绝热条件下,使系统由某一指定的始态变到某一指定的终态,那么上述各量是否完全确定?为什么?

1-3 一定量 101 325 Pa,100 ℃ 的水变成同温、同压下的水气,若视水气为理想气体,因过程的温度不变,则该过程的 $\Delta U = 0$, $\Delta H = 0$,此结论对不对?为什么?

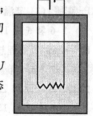

图 1-15

1-4 定压或定容摩尔热容 $C_{p,m}$, $C_{V,m}$ 是不是状态函数?

1-5 " $\Delta_r H_m^\ominus(T)$ 是在温度 T、压力 $p^\ominus$ 下进行反应的标准摩尔焓[变]"这种说法对吗?为什么?

1-6 标准摩尔燃烧焓定义为:"在标准状态及温度 T 下,1 mol B 完全氧化生成指定产物的焓变"这个定义对吗?有哪些不妥之处?

1-7 试用热力学第二定律证明:在 p-V 图上,(1)两定温可逆线不会相交;(2)两绝热可逆线不会相交;(3)一条绝热可逆线与一条定温可逆线只有一个交点。

1-8 一理想气体系统自某一始态出发,分别进行定温的可逆膨胀和不可逆膨胀,能否达到同一终态?若自某一始态出发,分别进行可逆的绝热膨胀和不可逆的绝热膨胀,能否达到同一终态?为什么?

1-9 试分别指出系统发生下列状态变化的 ΔU 、 ΔH 、 ΔS 、 ΔA 和 ΔG 中何者必定为零:(1)任何封闭系统经历了一个循环过程;(2)在绝热密闭的刚性容器内进行的化学反应;(3)一定量理想气体的组成及温度都保持不变,但体积和压力发生变化;(4)某液体由始态 (T, p^*) 变成同温、同压的饱和蒸气。 p^* 为该液体在温度 T 时的饱和蒸气压;(5)任何封闭系统经任何可逆过程到某一终态。

1-10 100 ℃,101 325 Pa 下的水向真空汽化为同温同压下的水蒸气,是自发过程,所以其 $\Delta G < 0$,对不对,为什么?

1-11 热力学基本方程 $dG = -SdT + Vdp$ 应用的条件是什么?

1-12 多组分均相系统可区分为混合物及溶液(液态及固态溶液),区分的目的是什么?

1-13 混合物的组成标度有哪些?溶质B的组成标度有哪些?某混合物,含B的质量分数为0.20,把它表示成 $w_B = 0.20$ 及 $w_B\% = 20\%$,哪个是正确的?

1-14 偏摩尔量 $V_B, U_B, H_B, S_B, A_B, G_B$,都是状态函数,对不对?

1-15 哪个偏微商既是化学势又是偏摩尔量?哪些偏微商是化学势但不是偏摩尔量?

1-16 比较 $dG = -SdT + Vdp$ 及 $dG = -SdT + Vdp + \sum_B \mu_B dn_B$ 的应用对象和条件。

1-17 化学势在解决相平衡及化学平衡上有什么用处?如何解决?

二、计算题及证明(推导)题

1-1 10 mol 理想气体由 25 ℃,1.00 MPa 膨胀到 25 ℃,0.100 MPa。设过程为:(1) 向真空膨胀;(2) 对抗恒外压 0.100 MPa 膨胀。分别计算以上各过程的体积功。

1-2 求下列定压过程的体积功 W_v:(1)10 mol 理想气体由 25 ℃ 定压膨胀到 125 ℃;(2) 在 100 ℃,0.100 MPa 下 5 mol 水变成 5 mol 水蒸气(设水蒸气可视为理想气体,与水蒸气的体积比较,水的体积可以忽略);(3) 在 25 ℃,0.100 MPa 下 1 mol CH_4 燃烧生成二氧化碳和水。

1-3 473 K,0.2 MPa,1 dm^3 的双原子分子理想气体,连续经过下列变化:(Ⅰ)定温膨胀到 3 dm^3;(Ⅱ)定容升温使压力升到0.2 MPa;(Ⅲ)保持 0.2 MPa 降温到初始温度 473 K。(1) 在 p-V 图上表示出该循环全过程;(2) 计算各步及整个循环过程的 W_v、Q、ΔU 及 ΔH。已知双原子分子理想气体 $C_{p,m} = \frac{7}{2}R$。

1-4 10 mol 理想气体从 2×10^6、10^{-3} m^3 定容降温,使压力降到 2×10^5 Pa,再定压膨胀到 10^{-2} m^3。求整个过程的 W_v、Q、ΔU 和 ΔH。

1-5 10 mol 理想气体由 25 ℃,10^6 Pa 膨胀到 25 ℃,10^5 Pa,设过程为:(1) 自由膨胀;(2) 对抗恒外压 10^5 Pa 膨胀;(3) 定温可逆膨胀。分别计算以上各过程的 W_v、Q、ΔU 和 ΔH。

1-6 氢气从 1.43 dm^3,3.04×10^5 Pa,298.15 K 可逆绝热膨胀到 2.86 dm^3。氢气的 $C_{p,m} = 28.8$ J·K^{-1}·mol^{-1},按理想气体处理。(1) 求终态的温度和压力;(2) 求该过程的 Q、W_v、ΔU 和 ΔH。

1-7 2 mol 单原子理想气体,由 600 K,1.000 MPa 对抗恒外压 100 kPa 绝热膨胀到 100 kPa。计算该过程的 Q、W_v、ΔU 和 ΔH。

1-8 在 298.15 K,6×101.3 kPa 压力下,1 mol 单原子理想气体进行绝热膨胀,最终压力为 101.3 kPa,若为:(1) 可逆膨胀;(2) 对抗恒外压 101.3 kPa 膨胀,求上述二绝热膨胀过程的气体的最终温度;气体对外界所做的体积功;气体的热力学能变化及焓变。已知 $C_{p,m} = \frac{5}{2}R$。

1-9 1 mol 水在 100 ℃,101 325 Pa 下变成同温同压下的水蒸气(视水蒸气为理想气体),然后定温可逆膨胀到 10 132.5 Pa,计算全过程的 ΔU、ΔH。已知水的摩尔汽化焓 $\Delta_{vap}H_m$(373.15 K) = 40.67 kJ·mol^{-1}。

1-10 已知反应

$CO(g) + H_2O(g) \longrightarrow CO_2(g) + H_2(g)$,　$\Delta_r H_m^{\ominus}$(298.15 K) = -41.2 kJ·mol^{-1}

$CH_4(g) + 2H_2O(g) \longrightarrow CO_2(g) + 4H_2(g)$,　$\Delta_r H_m^{\ominus}$(298.15 K) = 165.0 kJ·mol^{-1}

计算下列反应的 $\Delta_r H_m^{\ominus}$(298.15 K):

$$CH_4(g) + H_2O(g) \longrightarrow CO(g) + 3H_2(g)$$

1-11 利用附录Ⅲ中 $\Delta_f H_m^{\ominus}$(B,β,298.15 K) 数据,计算下列反应的 $\Delta_r H_m^{\ominus}$(298.15 K) 及 $\Delta_r U_m^{\ominus}$(298.15 K)。假定反应中各气体物质可视为理想气体。

(1)$H_2S(g) + \frac{3}{2}O_2(g) \longrightarrow H_2O(l) + SO_2(g)$

(2)$CO(g) + 2H_2(g) \longrightarrow CH_3OH(l)$

(3)$Fe_2O_3(s) + 2Al(s) \longrightarrow Al_2O_3(\alpha) + 2Fe(s)$

1-12 25 ℃ 时,$H_2O(l)$ 及 $H_2O(g)$ 的标准摩尔生成焓[变]分别为 -285.838 kJ·mol^{-1} 及 -241.825 kJ·mol^{-1},计算水在 25 ℃ 时的汽化焓。

1-13 已知反应 $C(石墨) + H_2O(g) \longrightarrow CO(g) + H_2(g)$ 的 $\Delta_r H_m^{\ominus}(298.15\ K) = 133\ kJ \cdot mol^{-1}$，计算该反应在 125 ℃ 时的 $\Delta_r H_m^{\ominus}$。假定各物质在 25 ～ 125 ℃ 的平均摩尔定压热容：

物质	$C_{p,m}^{\ominus}/(J \cdot K^{-1} \cdot mol^{-1})$	物质	$C_{p,m}^{\ominus}/(J \cdot K^{-1} \cdot mol^{-1})$
C(石墨)	8.64	CO(g)	29.11
$H_2(g)$	28.0	$H_2O(g)$	33.51

1-14 计算下列反应的 $\Delta_r H_m^{\ominus}(298.15\ K)$ 及 $\Delta_r U_m^{\ominus}(298.15\ K)$：

$$CH_4(g) + 2H_2O(g) \longrightarrow CO_2(g) + 4H_2(g)$$

已知数据：

物质	$\Delta_f H_m^{\ominus}(298.15\ K)/(kJ \cdot mol^{-1})$	$\Delta_c H_m^{\ominus}(298.15\ K)/(kJ \cdot mol^{-1})$
$H_2O(l)$	−285.81	
$H_2O(g)$	−241.81	
$CH_4(g)$		−890.31

1-15 从附录 Ⅲ 查必要的热数据，求反应 $CaCO_3(s) \longrightarrow CaO(s) + CO_2(g)$ 的 $\Delta_r H_m^{\ominus} = f(T)$ 方程式，及 1 000 ℃，100 kPa 下该过程的 Q、W_v、$\Delta_r U_m^{\ominus}$ 和 $\Delta_r H_m^{\ominus}$。

1-16 由 $V = f(T, p)$ 出发，证明 $\left(\dfrac{\partial T}{\partial V}\right)_p \left(\dfrac{\partial V}{\partial p}\right)_T \left(\dfrac{\partial p}{\partial T}\right)_V = -1$。

1-17 证明：(1) $\left(\dfrac{\partial U}{\partial T}\right)_p = C_p - p\left(\dfrac{\partial V}{\partial T}\right)_p$；(2) $\left(\dfrac{\partial H}{\partial T}\right)_V = C_V + V\left(\dfrac{\partial p}{\partial T}\right)_V$。

1-18 1 mol 理想气体由 25 ℃，1 MPa 膨胀到 0.1 MPa，假定过程分别为：(1) 定温可逆膨胀；(2) 向真空膨胀。计算各过程的熵变。

1-19 2 mol，27 ℃，20 dm³ 理想气体，在定温条件下膨胀到 49.2 dm³，假定过程为：(1) 可逆膨胀；(2) 自由膨胀；(3) 对抗恒外压 1.013×10^5 Pa 膨胀。计算各过程的 Q、W、ΔU、ΔH 及 ΔS。

1-20 5 mol 某理想气体（$C_{p,m} = 29.10\ J \cdot K^{-1} \cdot mol^{-1}$），由始态（400 K，200 kPa）分别经下列不同过程变到该过程所指定的终态。试分别计算各过程的 Q、W_v、ΔU、ΔH 及 ΔS。(1) 定容加热到 600 K；(2) 定压冷却到 300 K；(3) 对抗恒外压 100 kPa，绝热膨胀到 100 kPa；(4) 绝热可逆膨胀到 100 kPa。

1-21 将 1 mol 苯蒸气由 79.9 ℃，40 kPa 冷凝为 60 ℃，100 kPa 的液态苯，求此过程的 ΔS。已知苯的标准沸点为 79.9 ℃；在此条件下，苯的汽化焓为 30 878 $J \cdot mol^{-1}$；液态苯的质量热容为 1.799 $J \cdot K^{-1} \cdot g^{-1}$。

1-22 1 mol 水由始态（100 kPa，标准沸点 372.8 K）向真空蒸发变成 372.8 K，100 kPa 水蒸气。计算该过程的 ΔS。已知水在 372.8 K 时的汽化焓为 40.60 $kJ \cdot mol^{-1}$。

1-23 已知 1 mol，−5 ℃，100 kPa 的过冷液态苯完全凝为 −5 ℃，100 kPa 固态苯的熵变化为 −35.5 $J \cdot K^{-1}$；固态苯在 −5 ℃ 时的蒸气压为 2 280 Pa；摩尔熔化焓为 9 874 $J \cdot mol^{-1}$。计算过冷液态苯在 −5 ℃ 时的蒸气压。

1-24 已知水的正常沸点是 100 ℃，摩尔定压热容 $C_{p,m} = 75.20\ J \cdot K^{-1} \cdot mol^{-1}$，汽化焓 $\Delta_{vap} H_m = 40.67\ kJ \cdot mol^{-1}$，水气摩尔定压热容 $C_{p,m} = 33.57\ J \cdot K^{-1} \cdot mol^{-1}$，$C_{p,m}$ 和 $\Delta_{vap} H_m$ 均可视为常数。(1) 求过程：1 mol $H_2O(l, 100\ ℃, 101\ 325\ Pa) \longrightarrow$ 1 mol $H_2O(g, 100\ ℃, 101\ 325\ Pa)$ 的 ΔS；(2) 求过程：1 mol $H_2O(l, 60\ ℃, 101\ 325\ Pa) \longrightarrow$ 1 mol $H_2O(g, 60\ ℃, 101\ 325\ Pa)$ 的 ΔU、ΔH、ΔS。

1-25 已知 −5 ℃ 时，固态苯的蒸气压为 2 279 Pa，液态苯的蒸气压为 2 639 Pa。苯蒸气可视为理想气体。计算下列状态变化的 ΔG_m：

$$\boxed{C_6H_6(l, -5\ ℃, 1.013 \times 10^5\ Pa)} \longrightarrow \boxed{C_6H_6(s, -5\ ℃, 1.013 \times 10^5\ Pa)}$$

1-26 4 mol 理想气体从 300 K，$p^{\ominus}$ 下定压加热到 600 K，求此过程的 ΔU、ΔH、ΔS、ΔA、ΔG。已知此理想气体的 $S_m^{\ominus}(300\ K) = 150.0\ J \cdot K^{-1} \cdot mol^{-1}$，$C_{p,m}^{\ominus} = 30.00\ J \cdot K^{-1} \cdot mol^{-1}$。

1-27 将装有 0.1 mol 乙醚液体的微小玻璃泡放入 35 ℃，101 325 Pa，10 dm³ 的恒温瓶中，其中已充满 $N_2(g)$，将小玻璃泡打碎后，乙醚全部汽化，形成的混合气体可视为理想气体。已知乙醚在 101 325 Pa 时的正常沸点为 35 ℃,其汽化焓为 25.10 kJ·mol^{-1}.计算:(1) 混合气体中乙醚的分压;(2) 氮气的 ΔH、ΔS、ΔG;(3) 乙醚的 ΔH、ΔS、ΔG.

1-28 已知 25 ℃ 时下列数据,计算 25 ℃ 时甲醇的饱和蒸气压 p^*.

物质	$\Delta_f H_m^{\ominus}/(\text{kJ·mol}^{-1})$	$S_m^{\ominus}/(\text{J·K}^{-1}\cdot\text{mol}^{-1})$	物质	$\Delta_f H_m^{\ominus}/(\text{kJ·mol}^{-1})$	$S_m^{\ominus}/(\text{J·K}^{-1}\cdot\text{mol}^{-1})$
$H_2(g)$	0	130.57	C(石墨)	0	5.740
$CH_3OH(l)$	−238.7	127.0	$CH_3OH(g)$	−200.7	239.7
$O_2(g)$	0	205.03			

1-29 已知 298 K 时石墨和金刚石的标准摩尔燃烧焓分别为 − 393.511 kJ·mol^{-1} 和 −395.407 kJ·mol^{-1};标准摩尔熵分别为 5.694 J·K^{-1}·mol^{-1} 和 2.439 J·K^{-1}·mol^{-1};体积质量分别为 2.260 g·cm^{-3} 和 3.520 g·cm^{-3}.(1) 计算 C(石墨) → C(金刚石) 的 $\Delta G_m^{\ominus}$(298 K);(2) 在 25 ℃ 时需多大压力才能使上述转变成为可能?石墨和金刚石的压缩系数均可近似视为零.

1-30 证明:对于纯理想气体,(1) $\left(\dfrac{\partial T}{\partial p}\right)_S = \dfrac{V}{C_p}$;(2) $\left(\dfrac{\partial T}{\partial V}\right)_S = -\dfrac{p}{C_V}$.

1-31 试从热力学基本方程出发,证明理想气体 $\left(\dfrac{\partial H}{\partial p}\right)_T = 0$.

1-32 证明:$\left(\dfrac{\partial U}{\partial p}\right)_T = -T\left(\dfrac{\partial V}{\partial T}\right)_p - p\left(\dfrac{\partial V}{\partial p}\right)_T$.

1-33 20 ℃ 时,在 1 dm^3 NaBr 水溶液中含 NaBr(B)321.99 g,体积质量为 1.238 g·cm^{-3}.计算该溶液的:(1) 溶质 B 的浓度 c_B;(2) 溶质 B 的摩尔分数 x_B;(3) 溶质 B 的质量摩尔浓度 b_B.

三、是非题、选择题、填空题

(一) 是非题(下述各题中的说法是否正确?正确的在题后括号内画"√",错误的画"×")

1-1 隔离系统的热力学能是守恒的。　　　　　　　　　　　　　　　　　　　　( )

1-2 1 mol,100 ℃,101 325 Pa 下水变成同温同压下的水蒸气,该过程 $\Delta U = 0$。　( )

1-3 $\Delta_f H_m^{\ominus}$(C,金刚石,298.15 K) = 0。　　　　　　　　　　　　　　　　　　( )

1-4 298.15 K 时,$H_2(g)$ 的标准摩尔燃烧焓[变]与 $H_2O(l)$ 的标准摩尔生成焓[变]量值上相等。

( )

1-5 反应 $CO(g) + \dfrac{1}{2}O_2(g) \longrightarrow CO_2(g)$ 的标准摩尔焓[变]$\Delta_r H_m^{\ominus}(T)$ 即是 $CO_2(g)$ 的标准摩尔生成焓[变]$\Delta_f H_m^{\ominus}(T)$。

( )

1-6 绝热过程都是定熵过程。　　　　　　　　　　　　　　　　　　　　　　　( )

1-7 由同一始态出发,系统经历一个绝热不可逆过程所能达到的终态与经历一个绝热可逆过程所能达到的终态是不相同的。　　　　　　　　　　　　　　　　　　　　　　　　　　( )

1-8 系统经历一个可逆循环过程,其熵变 $\Delta S > 0$。　　　　　　　　　　　　　　( )

1-9 隔离系统的熵是守恒的。　　　　　　　　　　　　　　　　　　　　　　　( )

1-10 298.15 K 时稳定态的单质,其标准摩尔熵 $S_m^{\ominus}$(B,稳定相态,298.15 K) = 0。　( )

1-11 100 ℃,101 325 Pa 时 $H_2O(l)$ 变为 $H_2O(g)$,该过程的熵变为 0。　　　　( )

1-12 一定量理想气体的熵只是温度的函数。　　　　　　　　　　　　　　　　　( )

1-13 100 ℃,101 325 Pa 的水变为同温同压下水气,该过程 $\Delta G < 0$。　　　　( )

1-14 系统由状态 1 经定温、定压过程变化到状态 2,非体积功 $W' > 0$,且有 $W' > \Delta G$ 和 $\Delta G < 0$,则此状态变化一定能发生。　　　　　　　　　　　　　　　　　　　　　　　　　　( )

1-15 任何一个偏摩尔量均是温度、压力和组成的函数。　　　　　　　　　　　　( )

1-16 $\left(\dfrac{\partial U}{\partial n_B}\right)_{S,V,n_{C(C\neq B)}}$ 是偏摩尔热力学能,不是化学势。　　　　　　　　　( )

（二）选择题（选择正确答案的编号，填在各题题后的括号内）

1-1 热力学能是系统的状态函数，若某一系统从一始态出发经一循环过程又回到始态，则系统热力学能的增量是（　　）。

A. $\Delta U = 0$　　　　　　B. $\Delta U > 0$　　　　　　C. $\Delta U < 0$

1-2 焓是系统的状态函数，定义为 $H \stackrel{\text{def}}{=\!=\!=} U + pV$，若系统发生状态变化时，则焓的变化为 $\Delta H = \Delta U + \Delta(pV)$，式中 $\Delta(pV)$ 的含义是（　　）。

A. $\Delta(pV) = \Delta p \Delta V$　　　B. $\Delta(pV) = p_2 V_2 - p_1 V_1$　　　C. $\Delta(pV) = p\Delta V + V\Delta p$

1-3 1 mol 理想气体从 p_1, V_1, T_1 分别经：绝热可逆膨胀到 p_2, V_2, T_2；绝热恒外压膨胀到 p_2', V_2', T_2'；若 $p_2 = p_2'$，则（　　）。

A. $T_2' = T_2, V_2' = V_2$　　　B. $T_2' > T_2, V_2' < V_2$　　　C. $T_2' > T_2, V_2' > V_2$

1-4 B 的标准摩尔燃烧焓［变］为 $\Delta_c H_m^{\ominus}(B, \beta, 298.15\ K) = -200\ kJ\cdot mol^{-1}$，则 B 燃烧时的反应标准摩尔焓［变］$\Delta_r H_m^{\ominus}(298.15\ K)$ 为（　　）。

A. $-200\ kJ\cdot mol^{-1}$　　　B. 0　　　C. $200\ kJ\cdot mol^{-1}$　　　D. $40\ kJ\cdot mol^{-1}$

1-5 已知 $CH_3COOH(l), CO_2(g), H_2O(l)$ 的标准摩尔生成焓［变］$\Delta_f H_m^{\ominus}(298.15\ K)/(kJ\cdot mol^{-1})$ 分别为 $-484.5, -393.5, -285.8$，则 $CH_3COOH(l)$ 的标准摩尔燃烧焓［变］$\Delta_c H_m^{\ominus}(l, 298.15\ K)/(kJ\cdot mol^{-1})$ 为（　　）。

A. -484.5　　　B. 0　　　C. -194.8　　　D. 194.8

1-6 以下（　　）反应中的 $\Delta_r H_m^{\ominus}$ 可称为 $CO_2(g)$ 的标准摩尔生成焓［变］$\Delta_f H_m^{\ominus}(CO_2, g, T)$。

A. $\underset{p^{\ominus}}{C(石墨)} + \underset{p^{\ominus}}{O_2(g)} \longrightarrow \underset{p^{\ominus}}{CO_2(g)}$ 　　$\Delta_r H_m^{\ominus}(T)$

B. $C(石墨) + O_2(g) \longrightarrow CO_2(g)$ 　　$\Delta_r H_m^{\ominus}(T)$
　　　　总压力为 $p^{\ominus}$

C. $\underset{p^{\ominus}}{CO(g)} + \underset{p^{\ominus}}{\frac{1}{2}O_2(g)} \longrightarrow \underset{p^{\ominus}}{CO_2(g)}$ 　　$\Delta_r H_m^{\ominus}(T)$

1-7 非理想气体绝热可逆压缩过程的 ΔS（　　）。

A. $= 0$　　　　　　B. > 0　　　　　　C. < 0

1-8 1 mol 理想气体从 p_1, V_1, T_1 分别经：(1) 绝热可逆膨胀到 p_2, V_2, T_2；(2) 绝热对抗恒外压膨胀到 p_2', V_2', T_2'；若 $p_2 = p_2'$，则（　　）。

A. $T_2' = T_2, V_2' = V_2, S_2' = S_2$　　　　　　B. $T_2' > T_2, V_2' < V_2, S_2' < S_2$

C. $T_2' > T_2, V_2' > V_2, S_2' > S_2$

1-9 同一温度、压力下，一定量某纯物质的熵值（　　）。

A. $S(气) > S(液) > S(固)$　　　　　　B. $S(气) < S(液) < S(固)$

C. $S(气) = S(液) = S(固)$

1-10 一定条件下，一定量的纯铁与碳钢相比，其熵值是（　　）。

A. $S(纯铁) > S(碳钢)$　　　B. $S(纯铁) < S(碳钢)$　　　C. $S(纯铁) = S(碳钢)$

1-11 某系统如图 1-16 表示。抽去隔板，则系统的熵（　　）。

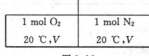

| 1 mol O_2 | 1 mol N_2 |
| 20 ℃, V | 20 ℃, V |

图 1-16

A. 增加　　　　　　B. 减少　　　　　　C. 不变

1-12 某系统如图 1-17 所示。抽去隔板，则系统的熵（　　）。

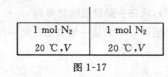

1 mol N_2	1 mol N_2
20 ℃,V	20 ℃,V

图 1-17

A. 增加   B. 减少   C. 不变

1-13 对封闭的单组分均相系统且 $W' = 0$ 时,$\left(\dfrac{\partial G}{\partial p}\right)_T$ 的量值应( )。

A. < 0 B. > 0 C. $= 0$ D. 前述三种情况无法判断

1-14 下面哪一个关系式是不正确的?( )

A. $\left(\dfrac{\partial G}{\partial T}\right)_p = -S$ B. $\left(\dfrac{\partial G}{\partial p}\right)_T = V$

C. $\left[\dfrac{\partial(A/T)}{\partial T}\right]_V = -\dfrac{U}{T^2}$ D. $\left[\dfrac{\partial(G/T)}{\partial T}\right]_p = -\dfrac{H}{T}$

1-15 物质的量为 n 的理想气体定温压缩,当压力由 p_1 变到 p_2 时,其 ΔG 为( )。

A. $nRT\ln\dfrac{p_1}{p_2}$ B. $\displaystyle\int_{p_1}^{p_2}\dfrac{n}{RT}p\,\mathrm{d}p$ C. $V(p_2 - p_1)$ D. $nRT\ln\dfrac{p_2}{p_1}$

(三)填空题(在以下各小题中画有"＿＿"处或表格中填上答案)

1-1 物理量 Q(热量)、T(热力学温度)、V(系统体积)、W(功),其中属于状态函数的是＿＿＿＿＿＿＿;与过程有关的量是＿＿＿＿＿＿＿;状态函数中属于广度量的是＿＿＿＿＿＿＿;属于强度量的是＿＿＿＿＿＿＿。

1-2 $Q_V = \Delta U_V$ 应用条件是＿＿＿＿＿＿;＿＿＿＿＿＿;＿＿＿＿＿＿。

1-3 若已知 $H_2O(g)$ 及 $CO(g)$ 在 298.15 K 时的标准摩尔生成焓[变]$\Delta_f H_m^{\ominus}$(198.15 K)分别为 -242 kJ·mol^{-1} 及 -111 kJ·mol^{-1},则 $H_2O(g) + C(石墨) \longrightarrow H_2(g) + CO(g)$ 反应的标准摩尔焓[变]为＿＿＿＿＿＿。

1-4 已知反应

$$CO(g) + H_2O(g) \longrightarrow CO_2(g) + H_2(g), \quad \Delta_r H_m^{\ominus}(298.15\ K) = -41.2\ \mathrm{kJ\cdot mol^{-1}}$$

$$CH_4(g) + 2H_2O(g) \longrightarrow CO_2(g) + 4H_2(g), \quad \Delta_r H_m^{\ominus}(298.15\ K) = 165.0\ \mathrm{kJ\cdot mol^{-1}}$$

则反应 $CH_4(g) + H_2O(g) \longrightarrow CO(g) + 3H_2(g)$ 的 $\Delta_r H_m^{\ominus}$(298.15 K)为＿＿＿＿＿＿。

1-5 已知 298.15 K 时 $C_2H_4(g)$,$C_2H_6(g)$ 及 $H_2(g)$ 的标准摩尔燃烧焓[变]$\Delta_c H_m^{\ominus}$(298.15 K)分别为 $-1\ 411$ kJ·mol^{-1},$-1\ 560$ kJ·mol^{-1} 及 -285.8 kJ·mol^{-1},则 $C_2H_4(g) + H_2(g) \longrightarrow C_2H_6(g)$ 反应的标准摩尔焓[变]$\Delta_r H_m^{\ominus}$(298.15 K)为＿＿＿＿＿＿。

1-6 热力学第二定律的经典表述之一为＿＿＿＿＿＿＿＿＿＿＿＿＿＿＿＿＿＿＿＿＿＿＿＿，其数学表达式为＿＿＿＿＿＿＿＿＿＿＿＿＿＿＿＿＿＿＿。

1-7 熵增原理表述为＿＿＿＿＿＿＿＿＿＿＿＿＿＿＿＿＿＿。

1-8 在隔离系统中进行的可逆过程 ΔS＿＿＿＿＿＿;进行的不可逆过程 ΔS＿＿＿＿＿＿。

1-9 纯物质完美晶体＿＿＿＿＿＿＿＿＿时熵值为零。

1-10 试从熵的统计意义判断表中所列过程的熵变是 $\Delta S > 0$ 还是 $\Delta S < 0$,请将判断结果填在表中。

变化过程	熵变 ΔS(> 0 还是 < 0)
苯乙烯聚合成聚苯乙烯	ΔS
气体在催化剂上吸附	ΔS
液态苯汽化为气态苯	ΔS

1-11 一定量纯物质的 $\left(\dfrac{\partial A}{\partial V}\right)_T =$＿＿＿;$\left(\dfrac{\partial G}{\partial T}\right)_p =$＿＿＿;$\left(\dfrac{\partial S}{\partial T}\right)_p =$＿＿＿;$\left(\dfrac{\partial S}{\partial T}\right)_V =$＿＿＿。

1-12 填写下表中所列公式的应用条件。

公式	应用条件
$\Delta A = W$	
$dG = -SdT + Vdp$	
$\Delta G = \Delta H - T\Delta S$	

1-13 8 mol 某理想气体($C_{p,m} = 29.10\ \text{J} \cdot \text{K}^{-1} \cdot \text{mol}^{-1}$)由始态(400 K,0.20 MPa)分别经下列三个不同过程变到该过程所指定的终态,分别计算各过程的 Q、W_v、ΔU、ΔH、ΔS、ΔA 和 ΔG,将结果填入下表。过程 I:定温可逆膨胀到 0.10 MPa;过程 II:自由膨胀到 0.10 MPa;过程 III:定温下对抗恒外压 0.10 MPa 膨胀到 0.10 MPa。

过程	W_v/ kJ	Q/ kJ	ΔU/ kJ	ΔH/ kJ	ΔS/(J·K^{-1})	ΔA/ kJ	ΔG/ kJ
I							
II							
III							

1-14 5 mol,$-2\ ℃$,101 325 Pa 下的过冷水,在定温、定压下凝结为 $-2\ ℃$,101 325 Pa 的冰。计算该过程的 Q、W_v、ΔU、ΔH、ΔS、ΔA 和 ΔG,将结果填入下表。已知冰在 0 ℃,101 325 Pa 下的熔化焓为 5.858 kJ·mol^{-1},水和冰的摩尔定压热容分别是 $C_{p,m}(\text{l}) = 75.31\ \text{J} \cdot \text{K}^{-1} \cdot \text{mol}^{-1}$,$C_{p,m}(\text{s}) = 37.66\ \text{J} \cdot \text{K}^{-1} \cdot \text{mol}^{-1}$,水和冰的体积质量可近似视为相等。

W_v/ kJ	Q/ kJ	ΔU/ kJ	ΔH/ kJ	ΔS/(J·K^{-1})	ΔA/ kJ	ΔG/ kJ

1-15 理想气体混合物中组分 B 的化学势 μ_B 与温度 T 及组分 B 的分压 p_B 的关系是 $\mu_B =$ _____,其标准态选为_____。

计算题答案

1-1 (1) 0；(2) -22.31 kJ　　**1-2** (1) -8.314 kJ；(2) -15.51 kJ；(3) 4.958 kJ

1-3 (2) $\Delta U_{\text{I}} = 0$，$\Delta H_{\text{I}} = 0$，$Q_{\text{I}} = -W_{v,\text{I}} = 219.5$ J；$Q_{\text{II}} = \Delta U_{\text{II}} = 998.9$ J，$\Delta H_{\text{II}} = 1\ 398$ J，$W_{v,\text{II}} = 0$；$W_{v,\text{III}} = 400.0$ J；$Q_{\text{III}} = -1\ 398$ J，$\Delta U_{\text{III}} = -998.9$ J；循环过程 $\Delta U = 0$，$\Delta H = 0$，$Q = -W \approx -180$ J

1-4 $\Delta U = \Delta H = 0$，$Q = -W = 1.8$ kJ

1-5 (1) 0,0,0,0；(2) -22.3 kJ，22.3 kJ，0,0；(3) -57.1 kJ，57.1 kJ,0,0

1-6 (1) 225 K,1.14×10^5 Pa；(2)0,-262 J,-262 J,-368.4 J

1-7 0,-5.39 kJ,-5.39 kJ,-8.98 kJ

1-8 (1) 145.6 K,$-W_v = 1\ 902$ J,$\Delta U = -1\ 902$ J,$Q = 0$,$\Delta H = -3\ 171$ J；(2) 198.8 K,$W_v = \Delta U = -1\ 239$ J,$\Delta H = -2\ 065$ J

1-9 $\Delta H = 40.67$ kJ；$\Delta U = 37.57$ kJ

1-10 206.2 kJ·mol^{-1}

1-11 (1) -562.6 kJ·mol^{-1},-558.9 kJ·mol^{-1}；(2) -128.0 kJ·mol^{-1},-120.6 kJ·mol^{-1}

1-12 44.01 kJ　　**1-13** 135 kJ·mol^{-1}　　**1-14** 165.1 kJ·mol^{-1},160.1 kJ·mol^{-1}

1-15 162.9 kJ·mol^{-1},-10.6 kJ,152.3 kJ·mol^{-1},162.9 kJ·mol^{-1}

1-18 (1)19.14 J·K^{-1}；(2)19.14 J·K^{-1}　　**1-19** (1) 4.49 kJ,-4.49 kJ,0,0, 15 J·K^{-1}；(2) 0,0,0,0,15 J·K^{-1}；(3) 2.96 kJ,-2.96 kJ,0,0,15 J·K^{-1}

1-20 (1) 20.79 kJ,0,20.79 kJ,29.10 kJ,42.14 J·K^{-1}；(2) -14.55 kJ,4.16 kJ,-10.39 kJ,

-14.55 kJ，-41.86 J·K^{-1}；(3) 0，-5.93 kJ，-5.93 kJ，-8.31 kJ，6.40 J·K^{-1}；(4) 0，-7.47 kJ，-7.47 kJ，-10.46 kJ，0

1-21　-103 J·K^{-1}　　**1-22**　109 J·K^{-1}　　**1-23**　2 680 Pa

1-24　(1) 109 J·K^{-1}；(2) 39.57 kJ，42.34 kJ，113.7 J·K^{-1}

1-25　-327.0 J　　**1-26**　26.02 kJ，36.00 kJ，83.18 J·K^{-1}，-203.9 kJ，-193.9 kJ

1-27　(1) 25 620 Pa；(2) 0，0，0；(3) 2 510 J，9.288 J·K^{-1}，-352.2 J

1-28　1.69×10^4 Pa　　**1-29**　(1) 2.867 kJ·mol^{-1}；(2) $p > 1.510 \times 10^9$ Pa

1-33　(1)3.129 mol·dm^{-3}；(2)0.0585；(3)3.413 mol·kg^{-1}

第2章

相平衡

2.0　相平衡研究的内容和方法

2.0.1　相平衡

　　相平衡(phase equilibrium)主要是应用热力学原理研究多相系统中有关相的变化方向与限度的规律。具体地说，就是研究温度、压力及组成等因素对相平衡状态的影响，包括单组分系统的相平衡及多组分系统的相平衡。相平衡研究方法包括解析法和图解法。

2.0.2　相　　律

　　相律(phase rule)是各种相平衡系统所遵守的共同规律，它体现出各种相平衡系统所具有的共性。根据相律可以确定对相平衡系统有影响的因素有几个，在一定条件下相平衡系统中最多可以有几个相存在，在一定外界条件作用下系统状态的变化，以及各个平衡相内物质的定量关系。

2.0.3　单组分系统相平衡

　　以相律为指导，应用热力学原理来讨论单组分系统(即纯物质)的相平衡规律，主要是根据两相平衡条件推导出两相平衡时温度、压力间的关系，并讨论其应用。定量描述纯物质两相平衡时温度、压力间关系的方程是**克拉珀龙**(Clapeyron)方程。它是克拉珀龙于1834年分析了包含气、液平衡的卡诺循环后得到的，后又由**克劳休斯**(Clausius B P E)用热力学原理推导出来。这一方程是应用热力学原理解决相平衡问题的典范。例如，利用克劳休斯－克拉珀龙方程可很好地解决纯物质的液 $\rightleftharpoons$ 气或固 $\rightleftharpoons$ 气两相平衡时饱和蒸气压对温度的依赖关系，满足了化学实验和化工生产中的许多实际需要。

2.0.4　多组分系统相平衡

　　多组分系统相平衡是应用多组分系统热力学原理解决有关混合物和溶液的相平衡问题。有关混合物和溶液的相平衡规律，早在1803年亨利(Henry W)就从实验中总结出有关微溶气体在一定温度下在液体中的溶解度的经验规律；1887年拉乌尔(Raoult F M)在研究非挥发性溶质在一定温度下溶解于溶剂构成稀溶液时，总结出非挥发性溶质引起蒸气压下降的经验规律。当多组分系统热力学理论逐渐完善之后,这些经验规律均可由多组分系统热力学理论推导出来。1901 年和 1907 年,路易斯(Lewis G H)又分别引入逸度和活度的概念,为处理多组分真实系统的相平衡和化学平衡问题奠定了基础。

2.0.5　相平衡强度状态图

用图解的方法研究由一种或数种物质所构成的相平衡系统的性质(如沸点、熔点、蒸气压、溶解度等)与条件(如温度、压力、组成)的函数关系,我们把表示这种关系的图叫做**相平衡强度状态图**(state diagram of phase equilibrium),简称**相图**(phase diagram)。

可以用不同方法描述相平衡系统的性质与条件及组成间的函数关系。例如,列举实验数据的表格法,由实验数据作图的图解法,找出能表达实验数据之间关系的方程式解析法。其中表格法是表达实验数据最直接的方法,其缺点是规律性不够明显;解析法便于运算和分析(例如,克拉珀龙方程可用来分析蒸气压对温度的变化率及其与相变焓的关系,并进行定量计算),然而,在比较复杂的系统中难以找到与实验关系完全相当的方程式;图解法是广泛应用的方法,具有清晰、直观、可操作,并能进行定量处理的特点。

相图按照组分数可分为单组分、双组分、三组分系统相图等;按组分间相互溶解的情况又可分为完全互溶、部分互溶、完全不互溶系统相图等;按性质与组成的关系则可分为蒸气压 - 组成图、沸点 - 组成图、熔点 - 组成图以及温度 - 溶解度图等。

该部分将以组分数为主要线索,穿插不同分类法来讨论不同类型的相图。学习时要紧紧抓住由看图来理解相平衡关系这一重要环节,并要明确,作图的依据是相平衡实验数据,从图中看到的是系统达到相平衡后的强度状态。

I　相　律

2.1　相　律

2.1.1　基本概念

1.相数

相的定义已在 1.1 节中给出。平衡时,系统相的数目称为**相数**(number of phase),用符号 ϕ 表示。

2.状态与强度状态

状态(state)是指各相的广度性质和强度性质共同确定的热力学状态;**强度状态**(intensive state)是仅由各相的强度性质所确定的状态。如某指定温度、压力下的 1 kg 水和 10 kg 水属于不同状态,但都属于同一强度状态。

3.影响系统状态的广度变量和强度变量

影响系统状态的广度变量是各相的物质的量(或质量),影响系统状态的强度变量通常是各相的温度、压力和组成,而影响系统强度状态的变量仅为强度变量,即各相的温度、压力和组成。

4. 物种数和[独立]组分数

物种数（number of substance）是指平衡系统中存在的化学物质数,用符号 S 表示;[独立]组分数（number of components）用符号 C 表示,并由下式定义:

$$C \stackrel{\text{def}}{=\!=} S - R - R' \tag{2-1}$$

式中,S 为物种数;R 为独立的化学反应计量式数目,对于同时进行多个化学反应的复杂系统,R 由下式确定

$$R = S - e \quad (S > e) \tag{2-2}$$

式中,S 为物种数;e 为组成所有物种 S 的物质的基本单元数（或元素数目）,该式的应用条件是 $S > e$。例如,将 $C(s)$、$O_2(g)$、$CO(g)$、$CO_2(g)$ 放入一密闭容器中,常温下它们之间不发生反应,因此 $R = 0$;高温下发生以下反应:

$$C(s) + \frac{1}{2}O_2(g) \Longrightarrow CO(g) \qquad \qquad \text{①}$$

$$C(s) + O_2(g) \Longrightarrow CO_2(g) \qquad \qquad \text{②}$$

$$CO(g) + \frac{1}{2}O_2(g) \Longrightarrow CO_2(g) \qquad \qquad \text{③}$$

$$C(s) + CO_2(g) \Longrightarrow 2CO(g) \qquad \qquad \text{④}$$

$S = 4$,$e = 2$,由式(2-2)则

$$R = S - e = 4 - 2 = 2$$

即系统中只有 2 个反应是独立的,其余的 2 个反应可由 2 个独立的反应通过线性组合而得到,即反应③ = 反应② - 反应①,反应④ = 反应① × 2 - 反应②。

R' 为除同一相中各物质的摩尔分数之和为 1 这个关系以外的不同物种的组成间的独立关系数,它包括:

(i) 当规定系统中部分物种只通过化学反应由另外物种生成时,由此可能带来的同一相的组成关系。

例如,由 $NH_4HS(s)$ 分解,建立如下反应平衡:

$$NH_4HS(s) \Longrightarrow NH_3(g) + H_2S(g)$$

则系统的 $S = 3$,$R = 1$,$R' = 1$。而 $R' = 1$ 指系统中 $p(NH_3, g) = p(H_2S, g)$,这是由化学反应带来的同一相的组成关系。

(ii) 当把电解质在溶液中的离子亦视为物种时,由电中性条件带来的同一相的组成关系。

例如,对于 $NaCl$ 水溶液系统,若把 $NaCl$,H_2O 选为物种,则系统的 $S = 2$,$R = 0$,$R' = 0$,$C = S - R - R' = 2 - 0 - 0 = 2$;若把 Na^+,Cl^-,H^+,OH^-,H_2O 选为物种,则系统的 $S = 5$,$R = 1$(存在电离平衡:$H_2O \Longrightarrow H^+ + OH^-$),$R' = 2$[有 $n(H^+) : n(OH^-) = 1 : 1$,是由电离平衡带来的同一相的组成关系及 Na^+,H^+,Cl^-,OH^- 正、负离子的电中性关系],$C = S - R - R' = 5 - 1 - 2 = 2$,两种处理方法,$C$ 都为 2。

5. 自由度数

自由度数（number of degrees of freedom）是用来确定相平衡系统强度状态的独立强度变量数,用符号 f 表示;用来确定相平衡系统状态的独立变量（包括广度变量和强度变量）数,用符号 F 表示。

2.1.2 相律的数学表达式

相律是吉布斯深入研究相平衡规律时推导出来的,其数学表达式为

$$f = C - \phi + 2 \tag{2-3a}$$

$$F = C + 2 \tag{2-3b}$$

若除了推导相律时列举的强度变量间的独立关系数外,对平衡状态的性质再添加 b 个特殊规定(如规定 T 或 p 不变、$x_B^\alpha = x_B^\beta$ 等),剩下的可独立改变的强度变量数为 f',则

$$f' = f - b \tag{2-4}$$

式中,f' 称为条件(或剩余)自由度数。

2.1.3 相律的推导

由自由度数的含义可知:

自由度数 = [系统中的变量(广度变量 + 强度变量)总数] −
[系统中各变量间的独立关系数]

(1) 系统中的变量总数

系统中 α 相的广度变量有: n^α

系统中 α 相的强度变量有: $T^\alpha, p^\alpha, x_B^\alpha (\alpha = 1, 2, \cdots, \phi; B = 1, 2, \cdots, S)$

系统中的变量总数为

$$\phi + (2 + S)\phi$$

(2) 平衡时,系统中各变量间的独立关系数

(i) 平衡时各相温度相等,即 $T^1 = T^2 = \cdots = T^\phi$,共有 $(\phi - 1)$ 个等式。

(ii) 平衡时各相压力相等,即 $p^1 = p^2 = \cdots = p^\phi$,共有 $(\phi - 1)$ 个等式。

(iii) 每相中物质的摩尔分数之和等于1,即 $\sum_{B=A}^{S} x_B^\alpha = 1 (\alpha = 1, 2, \cdots, \phi)$,共有 ϕ 个等式。

(iv) 平衡时,每种物质在各相中的化学势相等,即

$$\mu_B^\alpha = \mu_B^\beta$$

式中,$\beta = 2, 3, \cdots, \phi; B = 1, 2, \cdots, S$,共有 $S(\phi - 1)$ 个等式。

(v) 可能存在的 R 及 R'。

平衡时,系统中各变量间的独立关系总数为

$$(2 + S)(\phi - 1) + \phi + R + R'$$

于是,$F = [(2 + S)\phi + \phi] - [(2 + S)(\phi - 1) + \phi + R + R']$,即

$$F = (S - R - R') + 2$$

因 F 中有 ϕ 个独立的广度变量(各相的量),所以

$$f = (S - R - R') - \phi + 2$$

若 $C \stackrel{\text{def}}{=\!=\!=} S - R - R'$,则

$$f = C - \phi + 2, \quad F = C + 2$$

即式(2-3a)、式(2-3b)。

【例 2-1】　火法冶锌时,先将 $ZnS(s)$ 在氧中焙烧成 $ZnO(s)$,然后,将 $ZnO(s)$ 与碳粉按比例混合送入高炉,在隔绝空气条件下反应:

$$ZnO(s) + CO(g) \Longrightarrow Zn(g) + CO_2(g)$$
$$CO_2(g) + C(s) \Longrightarrow 2CO(g)$$

两个反应互为独立,同时平衡。求 ϕ, C, f, F。

解　系统平衡时有 3 个相,$\phi = 3[ZnO(s), C(s)$ 和气相$]$;物种数 $S = 5, R = 2, R' = 1[p(Zn,g) = p(CO) + 2p(CO_2)]$。故 $C = S - R - R' = 5 - 2 - 1 = 2$;$f = C - \phi + 2 = 2 - 3 + 2 = 1(T, p$ 中有一个独立变化$)$;$F = C + 2 = 2 + 2 = 4[1$ 个强度变量,即 T, p 之一;3 个广度变量,即 $n(Zn) = n(O), n(Zn) = n(C), n(C) = n(CO) + 2n(CO_2)]$。

【例 2-2】　冶炼锰钢时,用碳脱氧。脱氧反应为

$$(MnO) + C(s) \Longrightarrow [Mn] + CO(g)$$

其中,(MnO) 表示炉渣中的氧化锰,$[Mn]$ 表示铁水中的锰,$C(s)$ 表示分散在液体中的碳粉。求 S, R, R', C, ϕ, f。

解　$S = 6[MnO, FeO(渣中), C, Mn, Fe(l), CO], R = 1, R' = 0, C = 6 - 1 - 0 = 5$,$\phi = 4[$固体渣,$C(s), Fe(l)$,气相$]$;$f = C - \phi + 2 = 5 - 4 + 2 = 3[$即 T、$p(CO,g)$、渣中 $x(MnO)$、铁水中 $x(Mn)$ 4 个强度变量中有 3 个可独立变化$]$。

【例 2-3】　$ZnS(s)$ 在过量纯氧中焙烧成 $ZnO(s)$。平衡系统中有 $ZnO(s), ZnS(s)$,$ZnSO_4(s), SO_2(g), SO_3(g)$ 及 $O_2(g)$。系统中的独立化学反应为

$$ZnS(s) + \frac{3}{2}O_2(g) \Longrightarrow ZnO(s) + SO_2(g)$$

$$ZnS(s) + 2O_2(g) \Longrightarrow ZnSO_4(s)$$

$$SO_2(g) + \frac{1}{2}O_2(g) \Longrightarrow SO_3(g)$$

求平衡系统中的相数 ϕ、组分数 C、自由度数 f 和 F。

解　系统中有 4 个平衡相,即 $ZnS(s), ZnO(s), ZnSO_4(s)$ 和气相,故 $\phi = 4$;$S = 6(ZnO, ZnS, ZnSO_4, SO_2, SO_3, O_2)$;$R = 3$;$R' = 0$(每一固相中只有一种物质,不存在 R';气相中,SO_2、SO_3 和 O_2 的物质的量关系不确定,不存在 R'),故 $C = S - R - R' = 6 - 3 - 0 = 3$;$f = C - \phi + 2 = 3 - 4 + 2 = 1$;$F = C + 2 = 5$。系统中,$T$、$p$ 两个强度变量中有一个独立可变,$n(Zn, 总) = n(ZnS) + n(ZnO) + n(ZnSO_4)$,$n(O_2, 总) = n(O_2, 剩余) + \frac{1}{2}n(ZnO) + 2n(ZnSO_4) + n(SO_2) + \frac{2}{3}n(SO_3)$。

【例 2-4】　指出下列平衡系统的(独立)组分数 C、相数 ϕ 及自由度数 f:(1)$NH_3(g)$ 放入一抽空容器中,与其分解产物 $H_2(g)$ 和 $N_2(g)$ 达成平衡;(2)任意量的 $NH_3(g)$,$H_2(g)$ 及 $N_2(g)$ 达成平衡;(3)$NH_4HCO_3(s)$ 放入一抽空容器中,与其分解产物 $NH_3(g)$,$H_2O(g)$ 和 $CO_2(g)$ 达成平衡。

解　(1)存在的平衡反应为 $2NH_3(g) \rightleftharpoons N_2(g) + 3H_2(g)$,所以 $S = 3, R = 1, R' = 1[$因

为 $n(N_2,g):n(H_2,g)=1:3$]，又 $\phi=1$，所以 $C=3-1-1=1$，$f=C-\phi+2=1-1+2=2$。

(2) 存在的平衡反应为 $2NH_3(g)\rightleftharpoons N_2(g)+3H_2(g)$，所以 $S=3,R=1$，但 $R'=0$[因为 3 种物质为任意量，$N_2(g)$ 与 $H_2(g)$ 不存在由反应带来的组成关系]，又 $\phi=1$，所以 $C=3-1-0=2$，$f=C-\phi+2=2-1+2=3$。

(3) 存在的平衡反应为 $NH_4HCO_3(s)\rightleftharpoons NH_3(g)+H_2O(g)+CO_2(g)$，所以 $S=4,R=1,R'=2$[因为 $n(NH_3,g):n(H_2O,g):n(CO_2,g)=1:1:1$，即存在 2 个独立的由反应带来的组成关系]，又 $\phi=2$，所以 $C=4-1-2=1$，$f=C-\phi+2=1-2+2=1$。

【例 2-5】 试求下列平衡系统的(独立)组分数：(1) 由任意量 $CaCO_3(s)$、$CaO(s)$、$CO_2(g)$ 反应达到平衡的系统；(2) 仅由 $CaCO_3(s)$ 部分分解达到平衡的系统。

解 (1) 因为 $S=3,R=1$[$CaCO_3(s)\rightleftharpoons CaO(s)+CO_2(g)$]，$R'=0$，故 $C=2$。即可用 $CaCO_3(s),CaO(s),CO_2(g)$ 中的任何 2 种物质形成含 3 种物质的系统的各种可能状态。

(2) 由于 $CaCO_3(s),CaO(s),CO_2(g)$ 不在同一相内，即不存在同一相中不同物质的组成关系，所以 $S=3,R=1,R'=0$，故 $C=2$。即由 $CaCO_3(s)$ 一种物质只能形成含 3 种物质的系统的各种强度状态[因为总是存在 $n(CaO)=n(CO_2)$，即各相的量不能任意]，所以要形成各种状态仍需 2 种物质。因此，"$CaCO_3(s)$ 部分分解"这句话只能指出所说系统的性质。

相律是 f,C,ϕ 三者的关系，当 f,ϕ 易确定而 C 有疑问时，可由 f,ϕ 算 C，即 $C=f+\phi-2$。对该系统，因为 $\phi=3$(两固相一气相)，$f=1$(T 一定，则平衡时 p_{CO_2} 一定)，所以 $C=1+3-2=2$。

Ⅱ 单组分系统相平衡

2.2 克拉珀龙方程

2.2.1 单组分系统两相平衡关系

研究单组分系统两相平衡，包括：液 $\rightleftharpoons$ 气、固 $\rightleftharpoons$ 气、固 $\rightleftharpoons$ 液、液(α) $\rightleftharpoons$ 液(β)、固(α) $\rightleftharpoons$ 固(β)等两相平衡。

应用相律 $f=C-\phi+2$ 于单组分系统两相平衡，因为 $C=1,\phi=2$，则
$$f=1-2+2=1$$
表明，单组分系统两相平衡时，温度和压力两个强度变量中，只有一个是独立可变的，若改变压力，则温度必随之而定，反之亦然。二者之间必定存在着相互依赖的函数关系，这个关系可用热力学原理推导出来，这就是克拉珀龙方程。

2.2.2　克拉珀龙方程

若纯物质 B^* 在温度 T、压力 p 下,在 α、β 两相间达成平衡,即

$$B^*(\alpha, T, p) \xrightleftharpoons{\text{平衡}} B^*(\beta, T, p)$$

则由纯物质两相平衡条件式(1-179),有

$$G_m^*(B^*, \alpha, T, p) = G_m^*(B^*, \beta, T, p)$$

若改变该平衡系统的温度或压力,例如改变温度 $T \rightarrow T + dT$,则随之在压力 $p \rightarrow p + dp$ 下重新建立平衡,即

$$B^*(\alpha, T + dT, p + dp) \xrightleftharpoons{\text{平衡}} B^*(\beta, T + dT, p + dp)$$

则有

$$G_m^*(B^*, \alpha, T, p) + dG_m^*(\alpha) = G_m^*(B^*, \beta, T, p) + dG_m^*(\beta)$$

显然

$$dG_m^*(\alpha) = dG_m^*(\beta)$$

由热力学基本方程式 $dG = -SdT + Vdp$,可得

$$-S_m^*(\alpha)dT + V_m^*(\alpha)dp = -S_m^*(\beta)dT + V_m^*(\beta)dp$$

移项,整理得

$$\frac{dp}{dT} = \frac{S_m^*(\beta) - S_m^*(\alpha)}{V_m^*(\beta) - V_m^*(\alpha)} = \frac{\Delta_\alpha^\beta S_m^*}{\Delta_\alpha^\beta V_m^*}$$

因 $\Delta_\alpha^\beta S_m^* = \dfrac{\Delta_\alpha^\beta H_m^*}{T}$,代入上式,得

$$\frac{dp}{dT} = \frac{\Delta_\alpha^\beta H_m^*}{T\Delta_\alpha^\beta V_m^*} \tag{2-5a}$$

式(2-5a) 称为**克拉珀龙(Clapeyron)方程**。式(2-5a) 还可写成

$$\frac{dT}{dp} = \frac{T\Delta_\alpha^\beta V_m^*}{\Delta_\alpha^\beta H_m^*} \tag{2-5b}$$

式(2-5a) 或式(2-5b) 表示纯物质在任意两相(α 与 β)间建立平衡时,其平衡温度 T、平衡压力 p 二者的依赖关系,即要保持纯物质两相平衡,温度、压力不能同时独立改变,若其中一个变化,另一个必按式(2-5a) 或式(2-5b) 的关系改变。式(2-5a) 是平衡压力随平衡温度改变的变化率,式(2-5b) 则是平衡温度随平衡压力改变的变化率。例如,若将式(2-5a) 应用于纯物质的液、气两相平衡,它就是纯液体的饱和蒸气压随温度变化的依赖关系;若将式(2-5b) 应用于纯物质的固、液两相平衡,它就是纯固体的熔点随压力变化的依赖关系。

家庭用的高压锅在烧水(纯物质)时,因为压力增高,水的沸点升高,其关系符合克拉珀龙方程;煮食物时,由于温度高,既快又节能(但要注意,煮食物时已不是纯物质,不能用克拉珀龙方程,不过随压力升高温度会升高,却是肯定的)。

分析式(2-5a),若 $\Delta_\alpha^\beta H_m^* > 0$,$\Delta_\alpha^\beta V_m^* > 0$(或 $\Delta_\alpha^\beta H_m^* < 0$,$\Delta_\alpha^\beta V_m^* < 0$),则

$$\frac{dp}{dT} > 0$$

即相变压力随相变温度的升高而增大;

若 $\Delta_\alpha^\beta H_m^* > 0$,$\Delta_\alpha^\beta V_m^* < 0$(或 $\Delta_\alpha^\beta H_m^* < 0$,$\Delta_\alpha^\beta V_m^* > 0$),则

$$\frac{\mathrm{d}p}{\mathrm{d}T} < 0$$

即相变压力随相变温度的升高而减小。

在应用式(2-5a)及式(2-5b)计算时,一定要注意 $\Delta_\alpha^\beta H_m^*$ 与 $\Delta_\alpha^\beta V_m^*$ 变化方向的一致性,即始态均为 α,终态均为 β。

【例 2-6】 当温度从 99.5 ℃ 增加到 100 ℃ 时,水的饱和蒸气压增加了 1.807 kPa。已知在 100 ℃ 时,水和水蒸气的摩尔体积分别为 $0.018\ 77 \times 10^{-3}\ \mathrm{m}^3 \cdot \mathrm{mol}^{-1}$ 及 $30.20 \times 10^{-3}\ \mathrm{m}^3 \cdot \mathrm{mol}^{-1}$。试计算水在 100 ℃ 时的 $\Delta_{\mathrm{vap}} H_m^*$。

解 由克拉珀龙方程(2-5a),得

$$\frac{\mathrm{d}p^*}{\mathrm{d}T} = \frac{\Delta_{\mathrm{vap}} H_m^*}{T[V_m^*(\mathrm{g}) - V_m^*(\mathrm{l})]}$$

$$\int_{p_1^*}^{p_2^*} \mathrm{d}p^* = \frac{\Delta_{\mathrm{vap}} H_m^*}{V_m^*(\mathrm{g}) - V_m^*(\mathrm{l})} \int_{T_1}^{T_2} \frac{\mathrm{d}T}{T} \quad (\Delta_{\mathrm{vap}} H_m^* \text{ 视为与温度无关的常数})$$

则

$$\Delta p^* = \frac{\Delta_{\mathrm{vap}} H_m^*}{V_m^*(\mathrm{g}) - V_m^*(\mathrm{l})} \ln(T_2/T_1)$$

$$\Delta_{\mathrm{vap}} H_m^* = \Delta p^* [V_m^*(\mathrm{g}) - V_m^*(\mathrm{l})]/\ln(T_2/T_1) = 1.807 \times 10^3\ \mathrm{Pa} \times (30.20 - 0.018\ 77) \times$$
$$10^{-3}\ \mathrm{m}^3 \cdot \mathrm{mol}^{-1}/\ln(373.15\ \mathrm{K}/372.65\ \mathrm{K}) = 40.67\ \mathrm{kJ} \cdot \mathrm{mol}^{-1}$$

【例 2-7】 在 0 ℃ 附近,纯水和纯冰呈平衡,已知 0 ℃ 时,冰与水的摩尔体积分别为 $0.019\ 64 \times 10^{-3}\ \mathrm{m}^3 \cdot \mathrm{mol}^{-1}$ 和 $0.018\ 00 \times 10^{-3}\ \mathrm{m}^3 \cdot \mathrm{mol}^{-1}$,冰的摩尔熔化焓为 $\Delta_{\mathrm{fus}} H_m^* = 6.029\ \mathrm{kJ} \cdot \mathrm{mol}^{-1}$,试确定 0 ℃ 时冰的熔点随压力的变化率 $\mathrm{d}T/\mathrm{d}p$。

解 此为固 $\rightleftharpoons$ 液两相平衡,由式

$$\frac{\mathrm{d}T}{\mathrm{d}p} = \frac{T[V_m^*(\mathrm{l}) - V_m^*(\mathrm{s})]}{\Delta_{\mathrm{fus}} H_m^*}$$

代入所给数据,得

$$\frac{\mathrm{d}T}{\mathrm{d}p} = \frac{273.15\ \mathrm{K} \times (0.018\ 00 - 0.019\ 64) \times 10^{-3}\ \mathrm{m}^3 \cdot \mathrm{mol}^{-1}}{6.029 \times 10^3\ \mathrm{J} \cdot \mathrm{mol}^{-1}} =$$
$$-7.400 \times 10^{-8}\ \mathrm{K} \cdot \mathrm{Pa}^{-1}$$

计算结果表明,冰的熔点随压力升高而降低。

【例 2-8】 有人提出用 10.10 MPa,100 ℃ 的液态 Na(l) 作原子反应堆的液体冷却剂。试根据克拉珀龙方程判断金属钠在该条件下是否为液态。已知钠在 101.325 kPa 压力下的熔点为 97.6 ℃,摩尔熔化焓为 $3.05\ \mathrm{kJ} \cdot \mathrm{mol}^{-1}$,固态钠和液态钠的摩尔体积分别为 $24.16 \times 10^{-6}\ \mathrm{m}^3 \cdot \mathrm{mol}^{-1}$ 及 $24.76 \times 10^{-6}\ \mathrm{m}^3 \cdot \mathrm{mol}^{-1}$。

解 本题意是计算 10.10 MPa 下金属钠的熔点,若该熔点小于 100 ℃,则金属钠为液态,若该熔点大于 100 ℃,则金属钠为固态。

由克拉珀龙方程

$$\frac{\mathrm{d}T}{\mathrm{d}p} = \frac{T[V_m^*(\mathrm{l}) - V_m^*(\mathrm{s})]}{\Delta_{\mathrm{fus}} H_m^*}$$

$$\frac{\mathrm{d}T}{T} = \frac{V_m^*(\mathrm{l}) - V_m^*(\mathrm{s})}{\Delta_{\mathrm{fus}} H_m^*} \mathrm{d}p$$

则

$$\mathrm{d}\ln\{T\} = \frac{(24.76 - 24.16) \times 10^{-6}\ \mathrm{m}^3 \cdot \mathrm{mol}^{-1}}{3.05 \times 10^3\ \mathrm{J} \cdot \mathrm{mol}^{-1}} \mathrm{d}p$$

$$\ln\left(\frac{T}{370.75\ \text{K}}\right) = 1.967 \times 10^{-10}\ \text{Pa}^{-1} \times (10.10 - 0.101\,325) \times 10^6\ \text{Pa}$$

解得　　　　　　　　　　$T = 371.5\ \text{K} < 373.15\ \text{K}$

故 10.10 MPa，100 ℃ 时，金属钠为液态。

2.3　克劳休斯-克拉珀龙方程

2.3.1　凝聚相与气相的两相平衡

以液-气两相平衡 $B^*(T,p,l) \rightleftharpoons B^*(T,p,g)$ 为例。由克拉珀龙方程(2-5a)，得

$$\frac{\mathrm{d}p^*}{\mathrm{d}T} = \frac{\Delta_{\text{vap}} H_{\text{m}}^*}{T[V_{\text{m}}^*(g) - V_{\text{m}}^*(l)]}$$

作以下近似处理：

(i) 因为 $V_{\text{m}}^*(g) \gg V_{\text{m}}^*(l)$，所以 $V_{\text{m}}^*(g) - V_{\text{m}}^*(l) \approx V_{\text{m}}^*(g)$；

(ii) 若气体视为理想气体，则 $V_{\text{m}}^*(g) = \dfrac{RT}{p^*}$，代入上式，得

$$\frac{\mathrm{d}p^*}{\mathrm{d}T} = \frac{\Delta_{\text{vap}} H_{\text{m}}^*}{RT^2} p^*$$

可写成

$$\frac{\mathrm{d}\ln\{p^*\}}{\mathrm{d}T} = \frac{\Delta_{\text{vap}} H_{\text{m}}^*}{RT^2} \tag{2-6}$$

式(2-6)叫**克劳休斯-克拉珀龙方程**(微分式)，简称克-克方程。

由于克-克方程是在克拉珀龙方程基础上作了两项近似处理而得到的，所以式(2-6)的准确度不如式(2-5a)和式(2-5b)高。还要注意到式(2-6)只能用于凝聚相(液或固) $\overset{T,p}{\rightleftharpoons}$ 气相两相平衡，而不能应用于固 $\overset{T,p}{\rightleftharpoons}$ 液或固 $\overset{T,p}{\rightleftharpoons}$ 固两相平衡，即式(2-6)的应用范围比式(2-5a)和式(2-5b)有局限性。

2.3.2　克-克方程的积分式

1.不定积分式

若将 $\Delta_{\text{vap}} H_{\text{m}}^*$ 视为与温度 T 无关，将式(2-6)进行不定积分，得

$$\ln\{p^*\} = -\frac{\Delta_{\text{vap}} H_{\text{m}}^*}{RT} + B \tag{2-7}$$

若以 $\ln\{p^*\}$ 对 $\dfrac{1}{T/\text{K}}$ 作图，得如图 2-1 所示的直线。由直线的斜率可求 $\Delta_{\text{vap}} H_{\text{m}}^*$，原则上由截距可确定常数 B。

2.定积分式

若将 $\Delta_{\text{vap}} H_{\text{m}}^*$ 视为常数，将式(2-6)分离变量，积分，代入上、下限，得

$$\ln\frac{p_2^*}{p_1^*} = \frac{\Delta_{\text{vap}} H_{\text{m}}^*}{R}\left(\frac{1}{T_1} - \frac{1}{T_2}\right) \tag{2-8}$$

对固 $\overset{T,p}{\rightleftharpoons}$ 气两相平衡，式(2-8)可变为

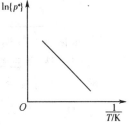

图 2-1　$\ln\{p^*\}$-$\dfrac{1}{T/\text{K}}$ 图

$$\ln \frac{p_2^*}{p_1^*} = \frac{\Delta_{sub} H_m^*}{R} \left(\frac{1}{T_1} - \frac{1}{T_2} \right) \tag{2-9}$$

2.3.3 特鲁顿规则

在缺少 $\Delta_{vap} H_m^*$ 数据时,可利用**特鲁顿规则**(Trouton rule)求取,即对非缔合性液体,

$$\frac{\Delta_{vap} H_m^*}{T_b^*} = 88 \; J \cdot K^{-1} \cdot mol^{-1} \tag{2-10}$$

式中,T_b^* 为纯液体的正常沸点。

2.3.4 液体的蒸发焓 $\Delta_{vap} H_m^*$ 与温度的关系

式(2-8)是将 $\Delta_{vap} H_m^*$ 视为与温度无关的常数,积分式(2-6)而得。如果精确计算,则要考虑 $\Delta_{vap} H_m^*$ 与温度的关系。这一关系可应用热力学原理推得:

$$\frac{d(\Delta_{vap} H_m^*)}{dT} \approx \Delta_\alpha^\beta C_{p,m}(T) \tag{2-11}$$

2.3.5 外压对液(固)体饱和蒸气压的影响

在一定温度下,若作用于纯液(固)体上的外压增加,则液(固)体的饱和蒸气压也会有所增加。以液体为例,可由热力学原理推导出其定量关系,即

$$\frac{dp^*(l)}{dp} = \frac{V_m^*(l)}{V_m^*(g)} \tag{2-12}$$

式中,$p^*(l)$ 和 p 分别为液体的饱和蒸气压和液体所受的外压。因 $V_m^*(l)/V_m^*(g) > 0$,表明外压增加,液体的饱和蒸气压增大,又 $V_m^*(g) \gg V_m^*(l)$,所以外压增加,液体的饱和蒸气压增加得并不大,通常当相变温度远低于临界温度时,或不进行精确计算时,外压对蒸气压的影响可以忽略。

【例 2-9】 氢醌的饱和蒸气压数据如下:

平衡态	$t/\,℃$	p^*/Pa	平衡态	$t/\,℃$	p^*/Pa
液⇌气	192.0	5 332.7	固⇌气	132.4	133.3
	216.5	13 334.4		163.5	1 333.0

试根据以上数据计算:(1) 氢醌的 $\Delta_{vap} H_m^*$、$\Delta_{fus} H_m^*$、$\Delta_{sub} H_m^*$(设均为与温度无关的常数);(2)气、液、固三相平衡共存时的温度、压力;(3) 氢醌在 500 K 沸腾时的外压。

解 (1)对液⇌气两相平衡,由克 - 克方程(2-8),得

$$\Delta_{vap} H_m^* = \frac{RT_2 T_1}{T_2 - T_1} \times \ln \frac{p_2^*}{p_1^*} =$$

$$\frac{8.314\ 5\ J \cdot mol^{-1} \cdot K^{-1} \times 489.65\ K \times 465.15\ K}{(489.65 - 465.15)\ K} \times \ln \frac{13\ 334.4\ Pa}{5\ 332.7\ Pa} =$$

$$70.83\ kJ \cdot mol^{-1}$$

对固⇌气两相平衡,由克 - 克方程(2-9),得

$$\Delta_{sub} H_m^* = \frac{RT_1 T_2}{T_2 - T_1} \times \ln \frac{p_2^*}{p_1^*} =$$

$$\frac{8.314\ 5\ \text{J} \cdot \text{mol}^{-1} \cdot \text{K}^{-1} \times 405.55\ \text{K} \times 436.65\ \text{K}}{(436.65 - 405.55)\ \text{K}} \times \ln\frac{1\ 333.0\ \text{Pa}}{133.3\ \text{Pa}} =$$

$$109.0\ \text{kJ} \cdot \text{mol}^{-1}$$

因为

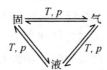

则　　　　　　　　　　　$$\Delta_{\text{sub}}H_m^* = \Delta_{\text{fus}}H_m^* + \Delta_{\text{vap}}H_m^*$$

所以　　　　　　$$\Delta_{\text{fus}}H_m^* = \Delta_{\text{sub}}H_m^* - \Delta_{\text{vap}}H_m^* =$$

$$109.0\ \text{kJ} \cdot \text{mol}^{-1} - 70.83\ \text{kJ} \cdot \text{mol}^{-1} = 38.17\ \text{kJ} \cdot \text{mol}^{-1}$$

(2) 三相平衡共存时,即

固 $\overset{T,\ p}{\rightleftharpoons}$ 气

$T,\ p$ 　　 $T,\ p$

液

所以,各相的温度、压力应分别相等。而

液 $\rightleftharpoons$ 气平衡时,　　　　　$$\ln\{p^*(\text{l})\} = -\frac{\Delta_{\text{vap}}H_m^*}{RT} + B \qquad\qquad\qquad (\text{a})$$

固 $\rightleftharpoons$ 气平衡时,　　　　　$$\ln\{p^*(\text{s})\} = -\frac{\Delta_{\text{sub}}H_m^*}{RT} + B' \qquad\qquad\qquad (\text{b})$$

把已知数据分别代入式(a)、式(b),得

$$B = \ln\{p^*(\text{l})\} + \frac{\Delta_{\text{vap}}H_m^*}{RT} =$$

$$\ln 5\ 332.7 + \frac{70.83 \times 10^3\ \text{J} \cdot \text{mol}^{-1}}{8.314\ 5\ \text{J} \cdot \text{mol}^{-1} \cdot \text{K}^{-1} \times 465.15\ \text{K}} = 26.90$$

$$B' = \ln\{p^*(\text{s})\} + \frac{\Delta_{\text{sub}}H_m^*}{RT} =$$

$$\ln 1\ 333.0 + \frac{109.0 \times 10^3\ \text{J} \cdot \text{mol}^{-1}}{8.314\ 5\ \text{J} \cdot \text{mol}^{-1} \cdot \text{K}^{-1} \times 436.65\ \text{K}} = 37.23$$

因为三相平衡共存时 $p^*(\text{s}) = p^*(\text{l})$, $T(\text{s}) = T(\text{l})$,所以式(a) = 式(b),得

$$T = \frac{\Delta_{\text{sub}}H_m^* - \Delta_{\text{vap}}H_m^*}{R(B' - B)} = \frac{\Delta_{\text{fus}}H_m^*}{R(B' - B)} =$$

$$\frac{38.17 \times 10^3\ \text{J} \cdot \text{mol}^{-1}}{8.314\ 5\ \text{J} \cdot \text{mol}^{-1} \cdot \text{K}^{-1} \times (37.23 - 26.90)} = 444.4\ \text{K}$$

而　　　　　$$\ln\{p^*(\text{l})\} = -\frac{\Delta_{\text{vap}}H_m^*}{RT} + B =$$

$$-\frac{70.83 \times 10^3\ \text{J} \cdot \text{mol}^{-1}}{8.314\ 5\ \text{J} \cdot \text{mol}^{-1} \cdot \text{K}^{-1} \times 444.4\ \text{K}} + 26.90 = 7.730$$

得 $p^*(\text{l}) = 2\ 274.5\ \text{Pa} = p^*(\text{s})$,即三相平衡压力。

(3) 若将氢醌加热至 500 K 沸腾,此时的外压应等于该温度下氢醌的饱和蒸气压。

$$\ln\{p^*(\text{l})\} = -\frac{\Delta_{\text{vap}}H_m^*}{RT_b^*} + B =$$

$$-\frac{70.83 \times 10^3 \text{ J} \cdot \text{mol}^{-1}}{8.314\,5 \text{ J} \cdot \text{mol}^{-1} \cdot \text{K}^{-1} \times 500 \text{ K}} + 26.90 = 9.861$$

得
$$p_{\text{ex}} = p^*(\text{l}) = 19\,173.2 \text{ Pa}$$

2.3.6 二级相变

1. 二级相变的概念

在 2.2 节中曾提到克拉珀龙方程适用于纯物质的任意两相平衡,而克-克方程适用于纯物质的 $B(\text{l}, T) \rightleftharpoons B(\text{g}, T)$ 和 $B(\text{s}, T) \rightleftharpoons B(\text{g}, T)$ 平衡。对于最基本的相变来说,这是正确的,但对于某些高级相变,克拉珀龙方程和克-克方程是不适用的。这些高级相变就是被称为二级相变的相平衡。如,顺磁态 $B(\text{s}, T) \rightleftharpoons$ 铁磁态 $B(\text{s}, T)$,普通态 $B(\text{s}, T) \rightleftharpoons$ 超导态 $B(\text{s}, T)$,有序态 $B(\text{s}, T) \rightleftharpoons$ 无序态 $B(\text{s}, T)$ 及普通流体 $B(\text{l}, T) \rightleftharpoons$ 超流体 $B(\text{l}, T)$。相对于二级相变而言,克拉珀龙方程和克-克方程所描述的相变为一级相变。

凡发生相变时,某组分在两个平衡相中的化学势相等,而化学势的一次微分不等者均为一级相变,即

$$\mu_{\text{B}}^{\alpha} = \mu_{\text{B}}^{\beta}$$

而
$$\left(\frac{\partial \mu_{\text{B}}^{\alpha}}{\partial T}\right)_p \neq \left(\frac{\partial \mu_{\text{B}}^{\beta}}{\partial T}\right)_p, \quad 即 -S_{\text{B}}^{\alpha} \neq -S_{\text{B}}^{\beta}$$

$$\left(\frac{\partial \mu_{\text{B}}^{\alpha}}{\partial p}\right)_T \neq \left(\frac{\partial \mu_{\text{B}}^{\beta}}{\partial p}\right)_T, \quad 即 V_{\text{B}}^{\alpha} \neq V_{\text{B}}^{\beta}$$

熔化、融化、汽化、升华都属于一级相变。

凡发生相变时,某组分在两个平衡相中的化学势相等,并且化学势的一次微分也相等,但化学势的二次微分不等者均为二级相变,即

$$\mu_{\text{B}}^{\alpha} = \mu_{\text{B}}^{\beta}$$

而
$$\left(\frac{\partial \mu_{\text{B}}^{\alpha}}{\partial T}\right)_p = \left(\frac{\partial \mu_{\text{B}}^{\beta}}{\partial T}\right)_p, \quad 即 -S_{\text{B}}^{\alpha} = -S_{\text{B}}^{\beta}$$

$$\left(\frac{\partial \mu_{\text{B}}^{\alpha}}{\partial p}\right)_T = \left(\frac{\partial \mu_{\text{B}}^{\beta}}{\partial p}\right)_T, \quad 即 V_{\text{B}}^{\alpha} = V_{\text{B}}^{\beta}$$

表明相变时无熵的变化,也无体积变化。但是

$$\left(\frac{\partial^2 \mu_{\text{B}}^{\alpha}}{\partial T^2}\right)_p = \left[\frac{\partial}{\partial T}\left(\frac{\partial G}{\partial T}\right)_p\right]_p = \left[\frac{\partial(-S)}{\partial T}\right]_p = -C_{p,\text{m}}^{\alpha}(\text{B})/T$$

$$\left(\frac{\partial^2 \mu_{\text{B}}^{\beta}}{\partial T^2}\right)_p = -C_{p,\text{m}}^{\beta}(\text{B})/T$$

因
$$\left(\frac{\partial^2 \mu_{\text{B}}^{\alpha}}{\partial T^2}\right)_p \neq \left(\frac{\partial^2 \mu_{\text{B}}^{\beta}}{\partial T^2}\right)_p, \quad 故 C_{p,\text{m}}^{\alpha}(\text{B}) \neq C_{p,\text{m}}^{\beta}(\text{B})$$

表明在相变前后组分 B 的定压摩尔热容发生了变化。

2. 克拉珀龙方程不适用于二级相变

结合克拉珀龙方程 $\dfrac{\mathrm{d}p^*}{\mathrm{d}T} = \dfrac{\Delta_{\alpha}^{\beta} H_{\text{m}}^{\ominus}}{T \Delta_{\alpha}^{\beta} V_{\text{m}}}$,再结合二级相变 $\Delta H = 0$ 和 $\Delta V = 0$ 的特点,可以看出,在克拉珀龙方程中,若把 ΔH 和 ΔV 都取为 0,则方程变为 $\dfrac{\mathrm{d}p^*}{\mathrm{d}T} = \dfrac{0}{T \times 0}$。此时,方程已没

有实际意义,故不能用克拉珀龙方程描述二级相变。

3. 二级相变的 dp/dT

设当发生二级相变时,温度和压力都发生微变,即有 $T \to T+dT$,$p \to p+dp$。此时,各组分的化学势和熵也随之发生微变,即 $\mu_B \to \mu_B+d\mu_B$,$S_B \to S_B+dS_B$,于是有 $S_B^\alpha+dS_B^\alpha = S_B^\beta+dS_B^\beta$。因有 $-S_B^\alpha = -S_B^\beta$,则有

$$dS_B^\alpha = dS_B^\beta \tag{a}$$

由 $S=f(T,p)$,得

$$dS = \left(\frac{\partial S}{\partial T}\right)_p dT + \left(\frac{\partial S}{\partial p}\right)_T dp = \frac{C_p}{T}dT - \left(\frac{\partial V}{\partial T}\right)_p dp \tag{b}$$

因

$$\left(\frac{\partial V}{\partial T}\right)_p = \frac{V}{V}\left(\frac{\partial V}{\partial T}\right)_p = V\alpha \qquad \left[\alpha = \frac{1}{V}\left(\frac{\partial V}{\partial T}\right)_p\right]$$

α 称为体胀系数。于是式(b)变为

$$dS = \frac{C_p}{T}dT - V\alpha\,dp \tag{c}$$

将式(c)代入式(a),得

$$\frac{C_{p,m}^\alpha(B)}{T}dT - V_m(B)\alpha^\alpha dp = \frac{C_{p,m}^\beta(B)}{T}dT - V_m(B)\alpha^\beta dp \tag{d}$$

即

$$\frac{dp}{dT} = \frac{C_{p,m}^\alpha(B) - C_{p,m}^\beta(B)}{TV_m(B)(\alpha^\alpha - \alpha^\beta)} \tag{2-13}$$

式(2-13)就是描述二级相变的关系式,称 Ehrenfest 公式,其中 $C_{p,m}(B)$ 为组分 B 的定压摩尔热容,$V_m(B)$ 为组分 B 的摩尔体积。式(d)还说明,对于二级相变,相变前后两相的热容不同,体胀系数不同。

Ⅲ　多组分系统相平衡

2.4　拉乌尔定律、亨利定律

2.4.1　液态混合物及溶液的气液平衡

如图 2-2 所示,设由组分 A,B,C,… 组成液态混合物或溶液。T 一定时,达到气液两相平衡。平衡时,液态混合物或溶液中各组分的摩尔分数分别为 x_A,x_B,x_C,…(已不是开始混合时的组成);而气态混合物中各组分的摩尔分数分别为 y_A,y_B,y_C,…。一般地,$x_A \neq y_A$,$x_B \neq y_B$,$x_C \neq y_C$,…(因为各组分的蒸发能力不一样)。此时,气态混合物的总压力 p,即为温度 T 下该液态混合物或溶液的饱和蒸气压。按分压定义 $p_A = y_A p$,$p_B = y_B p$,$p_C = y_C p$,…,则

$$p = p_A + p_B + p_C + \cdots = \sum_B p_B$$

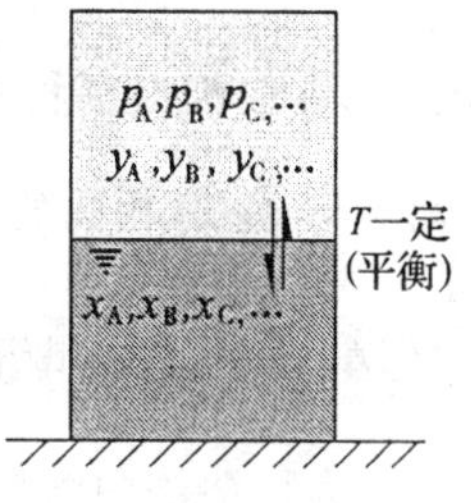

图 2-2　液态混合物或溶液
的气液平衡

若其中某组分是不挥发的,则其蒸气压很小,可以略去不计。

对由 A,B 二组分形成的液态混合物或溶液(设溶液中组分 A 代表溶剂,组分 B 代表溶

质),若组分 B 不挥发,则 $p = p_A$。

液态混合物或溶液的饱和蒸气压不仅与液态混合物或溶液中各组分的本性及温度有关,而且还与组成有关。这种关系一般较为复杂,但对稀溶液则有简单的经验规律。

2.4.2 拉乌尔定律

1887 年,拉乌尔根据实验总结出一条经验规律,可表述为:平衡时,稀溶液中溶剂 A 在气相中的蒸气分压 p_A 等于同一温度下该纯溶剂的饱和蒸气压 p_A^* 与该溶液中溶剂的摩尔分数 x_A 的乘积,这就是**拉乌尔定律**(Raoult's law),其数学表达式为

$$p_A = p_A^* x_A \tag{2-14}$$

若溶液由溶剂 A 和溶质 B 组成,则有

$$p_A = p_A^*(1 - x_B), \quad 即 (p_A^* - p_A)/p_A^* = x_B \tag{2-15}$$

拉乌尔定律的适用条件及对象是稀溶液中的溶剂。溶液究竟稀到什么程度才适用于拉乌尔定律,取决于溶液中溶剂和溶质的性质。由性质相差较大的组分构成的溶液,即使相当稀,也与这一定律有较大偏差;而由性质相近的组分构成的溶液,任一组分在全部浓度范围内都很好地遵守这一定律。一般而言,溶液愈稀,拉乌尔定律适用性愈好;对于溶质浓度趋于零的无限稀溶液,拉乌尔定律严格适用。

2.4.3 亨利定律

1803 年,亨利通过实验研究发现:如图 2-3 所示,一定温度下,微溶气体 B 在溶剂 A 中的摩尔分数 x_B 与该气体在气相中的平衡分压 p_B 成正比。这就是**亨利定律**(Henry's law),其数学表达式为

$$x_B = k'_{x,B} p_B \tag{2-16}$$

式中,$k'_{x,B}$ 称为**亨利系数**(Henry's coefficient),其单位为 Pa^{-1}。它与温度、压力以及溶剂、溶质的性质有关。

实验表明,亨利定律也适用于稀溶液中挥发性溶质的气、液平衡(如乙醇水溶液)。所以亨利定律又可表述为:在一定温度下,稀溶液中挥发性溶质 B 在气相中的平衡分压 p_B 与该溶质 B 在液相中的摩尔分数 x_B 成正比。其数学表达式为

$$p_B = k_{x,B} x_B \tag{2-17}$$

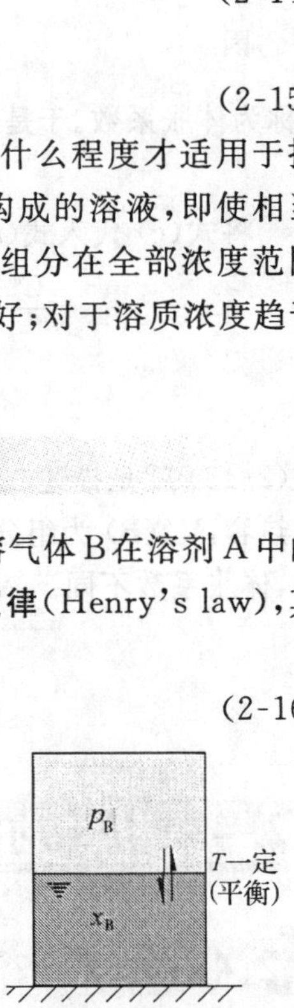

图 2-3 气体 B 的溶解平衡

式中,$k_{x,B}$ 也称为亨利系数。与式(2-16)比较,显然 $k_{x,B} = \dfrac{1}{k'_{x,B}}$,所以 $k_{x,B}$ 与 p_B 有相同的量纲,其单位为 Pa。它也与温度、压力以及溶剂、溶质的性质有关。

2.4.4 亨利定律的不同形式

因为稀溶液中溶质 B 的组成标度可用 b_B(或 m_B),x_B 等表示,所以亨利定律亦可有不同形式,如

$$p_B = k_{b,B} b_B \tag{2-18}$$

对于冶金系统,亨利定律可以表示成

$$p_B = k_{(100w_B)}(100w_B)^{①} \tag{2-19}$$

式中,b_B 和 $(100w_B)$ 分别为质量摩尔浓度 $(mol \cdot kg^{-1})$ 和百倍质量分数。而 $k_{(100w_B)}$ 虽然也称为亨利系数,但实际上它仅为亨利系数的百分之一。所以应用亨利定律时,要注意由手册中所查得亨利系数与所对应的数学表达式,即如果知道亨利系数的单位,就可知道它所对应的数学表达式。[②]

注意　在应用亨利定律时还要求稀溶液中的溶质在气、液两相中的分子形态必须相同。如 HCl 溶解于苯中所形成的稀溶液,HCl 在气相和苯中的分子形态均为 HCl 分子,可应用亨利定律;而 HCl 溶解于水中则呈 H^+ 与 Cl^- 离子形态,与气相中的分子形态 HCl 不同,故不能应用亨利定律。

亨利定律在化工生产的吸收操作中有重要应用。例如,合成氨过程的原料气(变换气)常含有大量的酸性气体(如 CO_2、H_2S 等),进入反应器前必须将其除去。而 CO_2、H_2S 等酸性气体在甲醇液中能较好地被选择性吸收(溶解),这一过程基本符合亨利定律(尽管溶液较浓时,对亨利定律有所偏离,但可加以校正),所以合成氨过程常用低温下($-60 \sim -9\ ℃$)"甲醇洗"来处理原料气。

【例 2-10】　$25\ ℃$ 时水的饱和蒸气压为 $133.3\ Pa$,若甘油水溶液中甘油的质量分数 $w_B = 0.100$,问此甘油水溶液上方的饱和蒸气压为多少?

解　甘油为不挥发性溶质,溶于水中后,使水的蒸气压下降,因为溶液较稀,可应用拉乌尔定律计算溶液的蒸气压。

以 $100\ g$ 溶液为计算基准,先计算溶液中甘油的摩尔分数 x_B,即

$$x_B = \frac{n_B}{n_A + n_B} =$$

$$\frac{100\ g \times 0.100/(92.1\ g \cdot mol^{-1})}{100\ g \times 0.900/(18.0\ g \cdot mol^{-1}) + 100\ g \times 0.100/(92.1\ g \cdot mol^{-1})} = 0.020$$

则由拉乌尔定律式(2-14),得

$$p_A = p_A^* x_A = p_A^*(1 - x_B) = 133.3\ Pa \times (1 - 0.020) = 131\ Pa$$

【例 2-11】　$0\ ℃$,$101\ 325\ Pa$ 下的氧气,在水中的溶解度为 $4.490 \times 10^{-2} dm^3 \cdot kg^{-1}$,试求 $0\ ℃$ 时,氧气在水中溶解的亨利系数 $k_x(O_2)$ 和 $k_b(O_2)$。

解　由亨利定律

$$p_B = k_{x,B} x_B(或\ p_B = k_{b,B} b_B)$$

因为 $0\ ℃$,$101\ 325\ Pa$ 时,氧气的摩尔体积为 $22.4\ dm^3 \cdot mol^{-1}$,所以

$$x_B = \frac{\dfrac{4.490 \times 10^{-2}\ dm^3}{22.4\ dm^3 \cdot mol^{-1}}}{\dfrac{1\ 000\ g}{18.0\ g \cdot mol^{-1}} + \dfrac{4.490 \times 10^{-2}\ dm^3}{22.4\ dm^3 \cdot mol^{-1}}} = 3.61 \times 10^{-5}$$

$$k_{x,B} = \frac{p_B}{x_B} = \frac{101\ 325\ Pa}{3.61 \times 10^{-5}} = 2.81 \times 10^9\ Pa$$

---

①　GB 中无此定义,因此它是不标准、不规范的,但考虑专业习惯本书仍予以采用。

②　以往教材中亨利定律的形式还有 $p_B = k_{c,B} c_B$,$c_B = k'_{c,B} p_B$,前已述及,由于 c_B 与 p、T 都有关,故在热力学研究中,用它作为溶液中溶质 B 的组成标度很不方便。所以本书对以 c_B 表示的亨利定律不再介绍。

又
$$b_B = \frac{4.490 \times 10^{-2} \text{ dm}^3 \cdot \text{kg}^{-1}}{22.4 \text{ dm}^3 \cdot \text{mol}^{-1}} = 2.00 \times 10^{-3} \text{ mol} \cdot \text{kg}^{-1}$$

$$k_{b,B} = \frac{p_B}{b_B} = \frac{101\ 325 \text{ Pa}}{2.00 \times 10^{-3} \text{ mol} \cdot \text{kg}^{-1}} = 5.10 \times 10^7 \text{ Pa} \cdot \text{kg} \cdot \text{mol}^{-1}$$

2.5 理想液态混合物

2.5.1 理想液态混合物的定义和特征

1. 理想液态混合物的定义

在一定温度下,液态混合物中任意组分 B 在全部组成范围内($x_B = 0 \rightarrow x_B = 1$)都遵守拉乌尔定律 $p_B = p_B^* x_B$ 的液态混合物,叫**理想液态混合物**(ideal mixture of liquids)。

2. 理想液态混合物的微观和宏观特征

(1) 微观特征

(i) 理想液态混合物中各组分间的分子间作用力与各组分在混合前纯组分的分子间作用力相同(或几近相同),可表示为 $f_{AA} = f_{BB} = f_{AB}$。f_{AA} 表示纯组分 A 与 A 分子间作用力,f_{BB} 表示纯组分 B 与 B 分子间作用力,而 f_{AB} 表示 A 与 B 混合后 A 与 B 分子间作用力。

(ii) 理想液态混合物中各组分的分子体积大小几近相同,可表示为 $V(\text{A 分子}) = V(\text{B 分子})$。

(2) 宏观特征

由于理想液态混合物具有上述微观特征,于是在宏观上反映出如下的特征:

(i) 一个以上纯组分 $\xrightarrow[\text{混合}(T,p)]{\Delta_{\text{mix}} H = 0}$ 理想液态混合物,其中,"mix" 表示混合,即由一个以上纯组分在定温、定压下混合成理想液态混合物,过程的焓变为零。

(ii) 一个以上纯组分 $\xrightarrow[\text{混合}(T,p)]{\Delta_{\text{mix}} V = 0}$ 理想液态混合物,即由一个以上纯组分在定温、定压下混合成理想液态混合物,不发生体积变化。

2.5.2 理想液态混合物中任意组分的化学势

如图 2-4 所示,设有一理想液态混合物在温度 T、压力 p 下与其蒸气呈平衡,若该理想液态混合物中任意组分 B 的化学势以 $\mu_B(l, T, p, x_C)$ 表示(x_C 表示除 B 以外的其他组分的摩尔分数,应有 $x_B + x_C = 1$),简化表示成 $\mu_B(l)$,假定与之呈平衡的蒸气可视为理想气体混合物,该理想气体混合物中组分 B 的化学势为 $\mu_B(\text{pgm}, T, p_B = y_B p, y_C)$,简化表示成 $\mu_B(g)$。

由相平衡条件式(1-178),对上述系统,在 T, p 下达成气液两相平衡时,任意组分 B 在两相中的化学势应相等,即有

$$\mu_B(l, T, p, x_C) = \mu_B(\text{pgm}, T, p_B = y_B p, y_C)$$

或简化写成

$$\mu_B(l) = \mu_B(g)$$

因为 $\mu_B(g) = \mu_B^{\ominus}(g, T) + RT \ln \dfrac{p_B}{p^{\ominus}}$

所以
$$\mu_B(1) = \mu_B^{\ominus}(g, T) + RT\ln \frac{p_B}{p^{\ominus}}$$

又因为理想液态混合物中任意组分 B 都遵守拉乌尔定律，即 $p_B = p_B^* x_B$，代入上式，得

$$\mu_B(1) = \mu_B^{\ominus}(g, T) + RT\ln \frac{p_B^* x_B}{p^{\ominus}} =$$

$$\mu_B^{\ominus}(g, T) + RT\ln \frac{p_B^*}{p^{\ominus}} + RT\ln x_B \qquad (2\text{-}20)$$

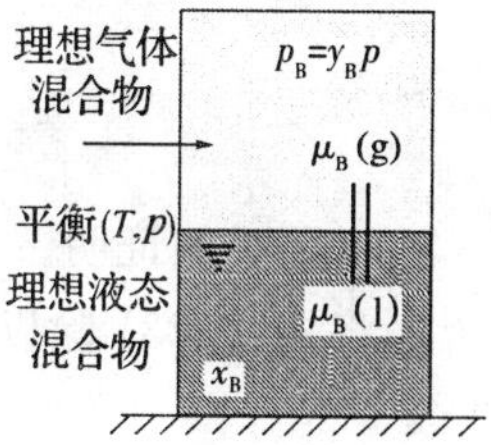

图 2-4　理想液态混合物的气液平衡

令
$$\mu_B^* = \mu_B^{\ominus}(g, T) + RT\ln \frac{p_B^*}{p^{\ominus}}$$

对纯液体 B，其饱和蒸气压 p_B^* 是 T, p 的函数，则 μ_B^* 也是 T, p 的函数，以 $\mu_B^*(1, T, p)$ 表示。以往教材中，常把 $\mu_B^*(1, T, p)$ 作为标准态的化学势。但 GB 3102.8—1993 中，不管是纯液体 B 还是液态混合物中组分 B 的标准态，已选定为温度 T、压力 $p^{\ominus}$（$= 100$ kPa）下纯液体 B 的状态，标准态的化学势用 $\mu_B^{\ominus}(1, T)$ 表示。$p^{\ominus}$ 与 p 的差别引起的 $\mu_B^{\ominus}(1, T)$ 与 $\mu_B^*(1, T, p)$ 的差别可由式(1-119) 得到，即

$$\mu_B^*(1, T, p) = \mu_B^{\ominus}(1, T) + \int_{p^{\ominus}}^{p} V_{m,B}^*(1, T, p)\mathrm{d}p \qquad (2\text{-}21)$$

把式(2-21) 代入式(2-20)，得

$$\mu_B(1) = \mu_B^{\ominus}(1, T) + RT\ln x_B + \int_{p^{\ominus}}^{p} V_{m,B}^*(1, T, p)\mathrm{d}p \qquad (2\text{-}22)$$

式(2-22) 即为理想液态混合物中任意组分 B 的化学势表达式。在通常压力下，p 与 $p^{\ominus}$ 差别不大时，对凝聚系统的化学势的量值影响不大，所以式(2-22) 中的积分项可以忽略不计，于是，式(2-22) 可以简化为

$$\mu_B(1) = \mu_B^{\ominus}(1, T) + RT\ln x_B \qquad (2\text{-}23)$$

式(2-23) 即为理想液态混合物中任意组分 B 的化学势表达式的简化式，以后经常用到。式中，$\mu_B^{\ominus}(1, T)$ 即为标准态的化学势，这个标准态就是在第 1.6 节按 GB 3102.8—1993 所选的标准态，亦即温度为 T、压力为 $p^{\ominus}$（$= 100$ kPa）下的纯液体 B 的状态。这里还应注意到，对理想液态混合物中的各组分，不区分为溶剂和溶质，都选择相同的标准态，任意组分 B 的化学势表达式都是式(2-23)。

2.5.3　理想液态混合物的混合性质

在定温、定压下，由若干纯组分混合成理想液态混合物时，混合过程的体积不变，焓不变，但熵增大，而吉布斯函数减少，是自发过程。这些都称为**理想液态混合物的混合性质**（properties of mixing）。用公式表示，即

$$\Delta_{\mathrm{mix}}V = 0 \qquad (2\text{-}24)$$

$$\Delta_{\mathrm{mix}}H = 0 \qquad (2\text{-}25)$$

$$\Delta_{\mathrm{mix}}S = -R\sum n_B \ln x_B \qquad (2\text{-}26)$$

$$\Delta_{\mathrm{mix}}G = RT\sum n_B \ln x_B \qquad (2\text{-}27)$$

若生成的液态混合物的物质的量为单位物质的量，则

$$\Delta_{mix} S_m = -R \sum x_B \ln x_B \qquad (2\text{-}28)$$

$$\Delta_{mix} G_m = RT \sum x_B \ln x_B \qquad (2\text{-}29)$$

以下举例证明。

将式(2-23)除以温度 T,得

$$\frac{\mu_B(1)}{T} = \frac{\mu_B^\ominus(1,T)}{T} + R\ln x_B$$

在定压、定组成的条件下,将上式对 T 求偏导,得

$$\left\{\frac{\partial[\mu_B(1)/T]}{\partial T}\right\}_{p,x_B} = \left\{\frac{\partial[\mu_B^\ominus(1,T)/T]}{\partial T} + 0\right\}_{p,x_B} = \left\{\frac{\partial[\mu_B^*(1,T)/T]}{\partial T}\right\}_p$$

由式 $\left[\frac{\partial(G/T)}{\partial T}\right]_p = -\frac{H}{T^2}$,得

$$\left\{\frac{\partial[\mu_B(1)/T]}{\partial T}\right\}_{p,x_B} = -\frac{H_B}{T^2}, \quad \left\{\frac{\partial[\mu_B^*(1,T)/T]}{\partial T}\right\}_p = -\frac{H_{m,B}^*}{T^2}$$

所以 $\qquad\qquad\qquad\qquad\qquad H_B = H_{m,B}^*$

得 $$\Delta_{mix} H = \sum_B n_B H_B - \sum_B n_B H_{m,B}^* = 0$$

即为式(2-25)。

式(2-24)、式(2-26)、式(2-27)留给读者自己证明。

理想液态混合物的混合性质是宏观表现,但从微观上也可以理解。根据其微观特征,理想液态混合物中无论同类或异类分子间的相互作用力相同,各类分子的体积相等,因此各种分子在混合物中受力情况与在纯组分中几乎等同,混合时不发生体积变化,分子间势能也不改变,因而混合时不伴随放热、吸热现象,故焓不变。

【例 2-12】 在 300 K 时,5 mol A 和 5 mol B 形成理想液态混合物,求 $\Delta_{mix} V$、$\Delta_{mix} H$、$\Delta_{mix} S$ 和 $\Delta_{mix} G$。

解 $\Delta_{mix} V = 0$, $\Delta_{mix} H = 0$

$$\Delta_{mix} S = -R \sum n_B \ln x_B =$$
$$(-8.314\,5\ J\cdot K^{-1}\cdot mol^{-1} \times 5\ mol \times \ln 0.5) \times 2 =$$
$$57.63\ J\cdot K^{-1}$$

$$\Delta_{mix} G = RT \sum n_B \ln x_B =$$
$$(8.314\,5\ J\cdot K^{-1}\cdot mol^{-1} \times 300\ K \times 5\ mol \times \ln 0.5) \times 2 =$$
$$-17\,290\ J\cdot mol^{-1}$$

【例 2-13】 对理想液态混合物,试证明 $\left(\frac{\partial \Delta_{mix} G}{\partial p}\right)_T = 0$;$\left[\frac{\partial(\Delta_{mix} G/T)}{\partial T}\right]_p = 0$。

证明 因为 $\qquad\qquad\qquad \Delta_{mix} G = RT \sum n_B \ln x_B$

所以 $$\left(\frac{\partial \Delta_{mix} G}{\partial p}\right)_T = 0$$

又 $$\left[\frac{\partial(\Delta_{mix} G/T)}{\partial T}\right]_p = -\frac{\Delta_{mix} H}{T^2}$$

其中 $$\Delta_{mix} H = 0$$

则

$$\left[\frac{\partial(\Delta_{mix}G/T)}{\partial T}\right]_p = 0$$

2.5.4 理想液态混合物的气液平衡

以 A，B 均能挥发的二组分理想液态混合物的气液平衡为例，如图 2-5 所示，T 一定，平衡时，有

$$p = p_A + p_B$$

1. 平衡气相的蒸气总压与平衡液相组成的关系

由于二组分都遵守拉乌尔定律，故

$$p_A = p_A^* x_A, \quad p_B = p_B^* x_B$$

则

$$p = p_A + p_B = p_A^* x_A + p_B^* x_B$$

又

$$x_A = 1 - x_B$$

故得

$$p = p_A^* + (p_B^* - p_A^*)x_B \tag{2-30}$$

式(2-30)即是二组分理想液态混合物平衡气相的蒸气总压 p 与平衡液相组成 x_B 的关系。它是一个直线方程。当 T 一定，$p_A^* > p_B^*$ 时可用图 2-6 表示 p_A 与 x_A（直线 $\overline{p_A^* B}$），p_B 与 x_B（直线 $\overline{A p_B^*}$）以及 $p = f(x_B)$ 的关系（直线 $\overline{p_A^* p_B^*}$）。

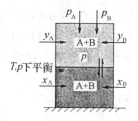

图 2-5　二组分理想液态混合物的气液平衡

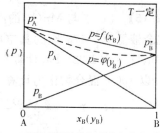

图 2-6　二组分理想液态混合物的蒸气压 - 组成图

2. 平衡气相组成与平衡液相组成的关系

由分压定义，$p_A = y_A p$，$p_B = y_B p$，和拉乌尔定律 $p_A = p_A^* x_A$，$p_B = p_B^* x_B$，得

$$y_A/x_A = p_A^*/p, \quad y_B/x_B = p_B^*/p \tag{2-31}$$

由式(2-30)可知，若 $p_A^* > p_B^*$，则对二组分理想液态混合物在一定温度下达成气液平衡时必有 $p_A^* > p > p_B^*$，于是必有 $y_A > x_A$，$y_B < x_B$。这表明易挥发组分（蒸气压大的组分）在气相中的摩尔分数总是大于平衡液相中的摩尔分数，难挥发组分（蒸气压小的组分）则相反。

3. 平衡气相的蒸气总压与平衡气相组成的关系

由 $p = p_A^* + (p_B^* - p_A^*)x_B$ 及 $y_B/x_B = p_B^*/p$，可得

$$p = \frac{p_A^* p_B^*}{p_B^* - (p_B^* - p_A^*)y_B} \tag{2-32}$$

由式(2-32)可知，p 与 y_B 的关系不是直线关系。表示在图 2-6 中，即 $p = \varphi(y_B)$ 所表示的虚曲线。

【例 2-14】 在 85 ℃，101.3 kPa，甲苯(A)及苯(B)组成的液态混合物达到沸腾。该液态混合物可视为理想液态混合物。试计算该混合物的液相及气相组成。已知苯的正常沸点为 80.1 ℃，甲苯在 85 ℃ 时的蒸气压为 46.0 kPa。

解 由式(2-30)可计算85 ℃,101.3 kPa下该理想液态混合物沸腾(气液两相平衡)时的液相组成,即

$$p = p_A^* + (p_B^* - p_A^*)x_B$$

已知85 ℃ 时,$p_A^* = 46.0$ kPa,需求出85 ℃ 时 $p_B^* = ?$

由特鲁顿规则式(2-10),得

$$\Delta_{vap}H_m^*(C_6H_6,l) = 88 \text{ J} \cdot mol^{-1} \cdot K^{-1} \times T_b^*(C_6H_6,l) =$$
$$88 \text{ J} \cdot mol^{-1} \cdot K^{-1} \times (273.15 + 80.1) \text{ K} = 31.10 \text{ kJ} \cdot mol^{-1}$$

再由克 - 克方程(2-8),得

$$\ln\frac{p_B^*(358.15 \text{ K})}{p_B^*(353.25 \text{ K})} = \frac{31.10 \times 10^3 \text{ J} \cdot mol^{-1}}{8.314\,5 \text{ J} \cdot mol^{-1} \cdot K^{-1}} \times \left(\frac{1}{353.25 \text{ K}} - \frac{1}{358.15 \text{ K}}\right)$$

解得

$$p_B^*(358.15 \text{ K}) = 117.1 \text{ kPa}$$

于是,在85 ℃ 时

$$x_B = \frac{p - p_A^*}{p_B^* - p_A^*} = \frac{(101.3 - 46.0)\text{kPa}}{(117.1 - 46.0)\text{kPa}} = 0.778$$

$$x_A = 1 - x_B = 0.222$$

$$y_B = \frac{p_B}{p} = \frac{p_B^* x_B}{p} = \frac{117.1 \text{ kPa} \times 0.778}{101.3 \text{ kPa}} = 0.899$$

$$y_A = 1 - 0.899 = 0.101$$

【例 2-15】 Fe(l) 与 Mn(l) 的混合物可视为理想液态混合物。今将 $w(Mn) = 0.01$ 的 Fe-Mn 混合液置于 2 173 K 的真空电炉中进行冶炼,已知 2 173 K 时,$p^*(Fe,l) = 133.3$ Pa,$p^*(Mn,l) = 101\,325$ Pa。计算平衡系统中 Fe 和 Mn 的蒸气分压及气相组成。

解 以 100 g 混合物作为计算基准,则

$$x(Fe) = \frac{m(Fe)/M(Fe)}{\dfrac{m(Fe)}{M(Fe)} + \dfrac{m(Mn)}{M(Mn)}} = \frac{99.00/55.85}{\dfrac{99.00}{55.85} + \dfrac{1.00}{54.93}} = 0.989\,8$$

$$x(Mn) = 1 - 0.989\,8 = 0.010\,2$$

$$p(Mn) = p^*(Mn,l)x(Mn) = 101\,325 \text{ Pa} \times 0.010\,2 = 1\,033 \text{ Pa}$$

$$p(Fe) = p^*(Fe,l)x(Fe) = 133.3 \text{ Pa} \times 0.989\,8 = 132 \text{ Pa}$$

$$p(总) = p(Fe) + p(Mn) = (132 + 1\,033) \text{ Pa} = 1\,165 \text{ Pa}$$

$$y(Fe) = p(Fe)/p(总) = 132 \text{ Pa}/1\,165 \text{ Pa} = 0.113$$

$$y(Mn) = 1 - 0.113 = 0.887$$

计算结果表明,易挥发组分(此例中为 Mn)在平衡气相中的组成比在平衡液相中高得多。因此,在冶炼合金钢时,为减少因挥发而产生的损失,应在冶炼后期才将合金元素(如 Mn)加入炉中。

2.6 理想稀溶液

2.6.1 理想稀溶液的定义和气液平衡

1. 理想稀溶液的定义

一定温度下,溶剂和溶质分别遵守拉乌尔定律和亨利定律的无限稀薄溶液称为**理想稀**

溶液(ideal dilute solution)。在这种溶液中,溶质分子间距离很远,溶剂和溶质分子周围几乎全是溶剂分子。

理想稀溶液的定义与理想液态混合物的定义不同,理想液态混合物不区分为溶剂和溶质,任意组分都遵守拉乌尔定律;而理想稀溶液区分为溶剂和溶质(通常溶液中含量多的组分叫溶剂,含量少的组分叫溶质),溶剂遵守拉乌尔定律,溶质不遵守拉乌尔定律但遵守亨利定律。理想稀溶液的微观和宏观特征也不同于理想液态混合物,理想稀溶液各组分分子体积并不相同,溶质与溶剂分子间的相互作用与溶剂和溶质分子各自之间的相互作用大不相同;宏观上,当溶剂和溶质混合成理想稀溶液时会产生吸热或放热现象及体积变化。

2. 理想稀溶液的气液平衡

对溶剂、溶质都挥发的二组分理想稀溶液,在达成气液两相平衡时,溶液的气相平衡总压与溶液中溶质的组成标度的关系,当溶质的组成标度分别用 x_B,b_B 表示时,有

$$p = p_A + p_B$$

将式(2-14)、式(2-17)及式(2-18)代入上式,得

$$p = p_A^* x_A + k_{x,B} x_B \tag{2-33}$$

$$p = p_A^* x_A + k_{b,B} b_B \tag{2-34}$$

若溶质不挥发,则溶液的气相平衡总压仅为溶剂的气相平衡分压,即

$$p = p_A = p_A^* x_A$$

2.6.2　理想稀溶液中溶剂和溶质的化学势

把理想稀溶液中的组分区分为溶剂和溶质,并采用不同的标准态加以研究,得到不同形式的化学势表达式,这种区分是出于实际需要和处理问题的方便。

1. 溶剂 A 的化学势

理想稀溶液的溶剂遵守拉乌尔定律,所以溶剂 A 的化学势与温度 T 及组成 x_A 的关系的导出与理想液态混合物任意组分 B 的化学势表达式的导出方法一样,结果与式(2-23)相似,即

$$\mu_A(l) = \mu_A^\ominus(l,T) + RT\ln x_A \tag{2-35}$$

式中,x_A 为溶液中溶剂 A 的摩尔分数;$\mu_A^\ominus(l,T)$ 为标准态的化学势,此标准态选为纯液体 A 在 T、$p^\ominus$ 下的状态,即 1.6 节中所选的标准态。

由于 ISO 及 GB 已选定 b_B 为溶液中溶质 B 的组成标度,故对理想稀溶液中的溶剂,有

$$x_A = \frac{1/M_A}{1/M_A + \sum_B b_B} = \frac{1}{1 + M_A \sum_B b_B}$$

式中,$\sum_B b_B$ 为理想稀溶液中所有溶质的质量摩尔浓度的总和。

由

$$\ln x_A = \ln \frac{1}{1 + M_A \sum_B b_B} = -\ln(1 + M_A \sum_B b_B)$$

对理想稀溶液,$M_A \sum_B b_B \ll 1$,于是

$$-\ln(1 + M_A \sum_B b_B) = -M_A \sum_B b_B + (M_A \sum_B b_B)^2/2 + \cdots \approx -M_A \sum_B b_B$$

故对理想稀溶液中溶剂 A 的化学势表达式,当用溶质 B 的质量摩尔浓度表示时,式(2-35)可改写成

$$\mu_A(l) = \mu_A^{\ominus}(l, T) - RTM_A \sum_B b_B \tag{2-36}$$

2. 溶质 B 的化学势①

由于 ISO 及 GB 仅选用 b_B 作为溶液中溶质 B 的组成标度,因此我们只讨论溶质 B 的组成标度用 b_B 表示的化学势表达式。

设有一理想稀溶液,温度 T、压力 p 下与其蒸气呈平衡,假定其溶质均挥发,溶质 B 的化学势用 $\mu_{b,B}$(溶质,T, p, b_C)表示(b_C 表示除溶质 B 以外的其他溶质 C 的质量摩尔浓度),简化表示为 $\mu_{b,B}$(溶质)。假定与之呈平衡的蒸气可视为理想气体混合物,该理想气体混合物中组分 B(即挥发到气相中的溶质 B)的化学势为 μ_B(pgm, $T, p_B = y_B p, y_C$),简化表示为 $\mu_B(g)$。

由相平衡条件式(1-178),上述系统达到气液两相平衡时,组分 B 在两相中的化学势应相等,即有

$$\mu_{b,B}(溶质, T, p, b_C) = \mu_B(pgm, T, p_B = y_B p, y_C)$$

或简写成

$$\mu_{b,B}(溶质) = \mu_B(g)$$

由式(1-186),得

$$\mu_{b,B}(溶质) = \mu_B^{\ominus}(g, T) + RT \ln \frac{p_B}{p^{\ominus}}$$

又因为理想稀溶液中的溶质 B 遵守亨利定律,由式(2-18),$p_B = k_{b,B} b_B$,代入上式,得

$$\mu_{b,B}(溶质) = \mu_B^{\ominus}(g, T) + RT \ln \frac{k_{b,B} b_B}{p^{\ominus}} = \mu_B^{\ominus}(g, T) + RT \ln \frac{k_{b,B} b^{\ominus}}{p^{\ominus}} + RT \ln \frac{b_B}{b^{\ominus}} \tag{2-37}$$

式中,$b^{\ominus} = 1 \text{ mol} \cdot \text{kg}^{-1}$,叫溶质 B 的标准质量摩尔浓度。

令 $$\mu_{b,B}(溶质, T, p, b^{\ominus}) = \mu_B^{\ominus}(g, T) + RT \ln \frac{k_{b,B} b^{\ominus}}{p^{\ominus}}$$

是溶液中溶质 B 的质量摩尔浓度 $b_B = b^{\ominus}$ 时溶质 B 的化学势。对于一定的溶剂和溶质,它是温度和压力的函数。当压力选定为 $p^{\ominus}$ 时,用 $\mu_{b,B}^{\ominus}$(溶质,$T, b^{\ominus}$)表示,即标准态的化学势。这一标准态是指温度为 T、压力为 $p^{\ominus}$ 下,溶质 B 的质量摩尔浓度 $b_B = b^{\ominus}$,又遵守亨利定律的溶液中溶质 B 的(假想)状态。如图 2-7 所示。

$\mu_{b,B}^{\ominus}$(溶质,$T, b^{\ominus}$)与 $\mu_{b,B}$(溶质,$T, p, b^{\ominus}$)的关系为

$$\mu_{b,B}(溶质, T, p, b^{\ominus}) = \mu_{b,B}^{\ominus}(溶质, T, b^{\ominus}) + \int_{p^{\ominus}}^{p} V_B^{\infty}(溶质, T, p) dp \tag{2-38}$$

式中,V_B^{∞} 为理想稀溶液("∞"表示无限稀薄)中溶质 B 的偏摩尔体积。

将式(2-38)代入式(2-37),则有

$$\mu_{b,B}(溶质) = \mu_{b,B}^{\ominus}(溶质, T, b^{\ominus}) + RT \ln \frac{b_B}{b^{\ominus}} +$$

---

① 由于 ISO 及 GB 未选用 x_B 及 c_B 作为溶液中溶质 B 的组成标度,故本书不再讨论用该两种组成标度表示的溶质 B 的化学势表达式。

$$\int_{p^{\ominus}}^{p} V_B^{\infty}(溶质, T, p)\mathrm{d}p \qquad (2\text{-}39)$$

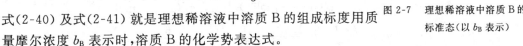

当 p 与 $p^{\ominus}$ 差别不大时, 对凝聚相的化学势影响不大, 式 (2-39) 中的积分项可以略去, 于是式 (2-39) 可近似表示为

$$\mu_{b,B}(溶质) = \mu_{b,B}^{\ominus}(溶质, T, b^{\ominus}) + RT\ln\frac{b_B}{b^{\ominus}} \qquad (2\text{-}40)$$

或简写成

$$\mu_{b,B} = \mu_{b,B}^{\ominus}(T) + RT\ln\frac{b_B}{b^{\ominus}} \qquad (2\text{-}41)$$

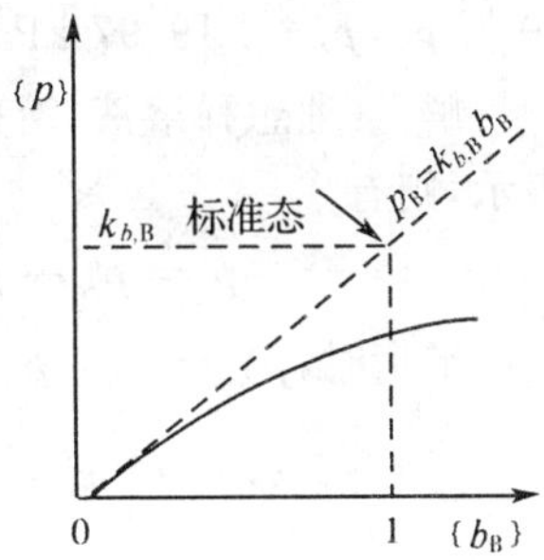

图 2-7　理想稀溶液中溶质 B 的标准态 (以 b_B 表示)

式 (2-40) 及式 (2-41) 就是理想稀溶液中溶质 B 的组成标度用质量摩尔浓度 b_B 表示时, 溶质 B 的化学势表达式。

注意　式 (2-40) 中溶质 B 的标准态化学势的标准态的选择与理想稀溶液中溶剂 A 的标准态化学势 [式 (2-35)] 的标准态的选择不同。前已述及, 对多组分均相系统区分为混合物和溶液; 对混合物不区分为溶剂和溶质, 对其中任何组分均选用同样的标准态 [式 (2-23)]; 而对溶液则区分为溶剂和溶质, 且对溶剂和溶质采用不同的标准态 [对溶剂, 见式 (2-35); 对溶质, 见式 (2-41) 及图 2-7]。这是在热力学中, 处理多组分均相理想系统时, 采用理想液态混合物及理想稀溶液的定义所带来的必然结果。这种处理方法也为处理多组分均相实际系统带来了方便。

下面讨论冶金系统中常涉及的溶质组成标度用百倍质量分数 ($100w_B$) 表示时, 溶质 B 的化学势。溶质组成用 ($100w_B$) 表示时, 亨利定律为 $p_B = k_{(100w_B)}(100w_B)$。对于只含一种挥发性溶质的 A-B 二组分系统, 在 T, p 下建立气、液平衡, 且蒸气可视为混合理想气体。对溶质 B, 有

$$\mu_B(l) = \mu_B(g) = \mu_B^{\ominus}(g, T) + RT\ln p_B/p^{\ominus} =$$
$$\mu_B^{\ominus}(g, T) + RT\ln k_{(100w_B)}/p^{\ominus} + RT\ln(100w_B) \qquad (2\text{-}42a)$$

令　　　　　　$\mu_{(100w_B)}^{*}(l, T, p) = \mu_B^{\ominus}(g, T) + RT\ln k_{(100w_B)}/p^{\ominus}$

则　　　　　　$\mu_B(l) = \mu_{(100w_B)}^{*}(l, T, p) + RT\ln(100w_B) \qquad (2\text{-}42b)$

因为　　　　$\mu_{(100w_B)}^{*}(l, T, p) = \mu_B^{\ominus}(l, T, p^{\ominus}) + \int_{p^{\ominus}}^{p} V_B^{\infty}(T, p)\mathrm{d}p$

当 $p \to p^{\ominus}$ 时,　　$\mu_{(100w_B)}^{*}(l, T, p) \approx \mu_{(100w_B)}^{\ominus}(l, T, p^{\ominus}) = \mu_{(100w_B)}^{\ominus}(l, T)$

故式 (2-42b) 变为

$$\mu_B(l) = \mu_{(100w_B)}^{\ominus}(l, T) + RT\ln(100w_B) \qquad (2\text{-}42c)$$

或　　　　　　$\mu_B(l) = \mu_{(100w_B)}^{\ominus} + RT\ln(100w_B) \qquad (2\text{-}42d)$

式 (2-42c) 和式 (2-42d) 即为用 ($100w_B$) 表示组成时溶质 B 的化学势表达式, 其中 $\mu_{(100w_B)}^{\ominus}$ 为标准态化学势。该标准态为 $T, p^{\ominus}$ 下, ($100w_B$) = 1 且仍遵守亨利定律的纯 B(l) 状态。这一状态对某些系统可能是假想态, 但对某些系统不一定是假想态, 因为有的系统, 当 ($100w_B$) = 1 时, 溶质 B 能很好地遵守亨利定律。

【例 2-16】　在 60 ℃, 把水 (A) 和有机物 (B) 混合, 形成两个液层。一层 (α) 为水中含质量分数 $w_B = 0.17$ 的有机物的稀溶液; 另一层 (β) 为有机物中含质量分数 $w_A = 0.045$ 的水的稀溶液。若两液层均可看做理想稀溶液, 求此混合系统的气相总压及气相组成。已知在

60 ℃ 时，$p_A^* = 19.97$ kPa，$p_B^* = 40.00$ kPa，有机物的相对分子质量为 $M_r = 80$。

解 理想稀溶液，溶剂符合拉乌尔定律，溶质符合亨利定律。水相用 α 表示，有机相用 β 表示，则有

$$p = p_A^\alpha + p_B^\alpha = p_A^* x_A^\alpha + k_{x,B}^\alpha x_B^\alpha = p_B^\beta + p_A^\beta = p_B^* x_B^\beta + k_{x,A}^\beta x_A^\beta$$

平衡时，$p_A^\alpha = p_A^\beta$，$p_B^\alpha = p_B^\beta$，则

$$p = p_A^* x_A^\alpha + p_B^* x_B^\beta = 1.997 \times 10^4\ \text{Pa} \times \frac{83\ \text{g}/(18\ \text{g} \cdot \text{mol}^{-1})}{83\ \text{g}/(18\ \text{g} \cdot \text{mol}^{-1}) + 17\ \text{g}/(80\ \text{g} \cdot \text{mol}^{-1})} +$$

$$4.000 \times 10^4\ \text{Pa} \times \frac{95.5\ \text{g}/(80\ \text{g} \cdot \text{mol}^{-1})}{95.5\ \text{g}/(80\ \text{g} \cdot \text{mol}^{-1}) + 4.5\ \text{g}/(18\ \text{g} \cdot \text{mol}^{-1})} = 52.17\ \text{kPa}$$

$$y_A = \frac{p_A^* x_A^\alpha}{p} = \frac{1.997 \times 10^4\ \text{Pa} \times 0.956}{5.217 \times 10^4\ \text{Pa}} = 0.366$$

$$y_B = 1 - y_A = 0.634$$

【例 2-17】 设葡萄糖在人体血液中和尿中的质量摩尔浓度分别为 5.50×10^{-3} mol·kg^{-1} 和 5.50×10^{-5} mol·kg^{-1}，若将 1 mol 葡萄糖从尿中可逆地转移到血液中，肾脏至少需做多少功（设体温为 36.8 ℃）？

解 由式(1-114)，$W' = \Delta G_m(T,p)$，而

$$\Delta G_m(T,p) = \Delta\mu = \mu(\text{葡萄糖,血液中}) - \mu(\text{葡萄糖,尿中})$$

因为葡萄糖在人体血液中和尿中的浓度均很稀薄，所以均可视为理想稀溶液。由理想稀溶液中溶质的化学势表达式(2-41)（可近似取做相同的标准态），有

$$\mu(\text{葡萄糖,血液中}) = \mu_{b,B}^\ominus(T) + RT\ln\frac{b(\text{葡萄糖,血液中})}{b^\ominus}$$

$$\mu(\text{葡萄糖,尿中}) = \mu_{b,B}^\ominus(T) + RT\ln\frac{b(\text{葡萄糖,尿中})}{b^\ominus}$$

于是 $\Delta\mu = \mu(\text{葡萄糖,血液中}) - \mu(\text{葡萄糖,尿中}) = RT\ln\frac{b(\text{葡萄糖,血液中})}{b(\text{葡萄糖,尿中})} =$

$$8.314\ 5\ \text{J} \cdot \text{mol}^{-1} \cdot \text{K}^{-1} \times 309.95\ \text{K} \times \ln\frac{5.50 \times 10^{-3}}{5.50 \times 10^{-5}} = 11.9\ \text{kJ} \cdot \text{mol}^{-1}$$

【例 2-18】 试证明：在一定温度、压力下，当溶质 B 在共存的且不互溶的两液相 α，β 中形成理想稀溶液，其质量摩尔浓度分别为 b_B^α，b_B^β 时，平衡时 b_B^α/b_B^β 为一常数。

证明 由式(2-41)，溶质 B 在 α，β 两相中的化学势分别为

$$\mu_{b,B}^\alpha = \mu_{b,B}^{\ominus;\alpha}(T) + RT\ln(b_B^\alpha/b^\ominus)$$

$$\mu_{b,B}^\beta = \mu_{b,B}^{\ominus;\beta}(T) + RT\ln(b_B^\beta/b^\ominus)$$

由相平衡条件式(1-178)，有 $\mu_{b,B}^\alpha = \mu_{b,B}^\beta$，于是

$$\mu_{b,B}^{\ominus;\alpha}(T) + RT\ln(b_B^\alpha/b^\ominus) = \mu_{b,B}^{\ominus;\beta}(T) + RT\ln(b_B^\beta/b^\ominus)$$

整理，得

$$\ln(b_B^\alpha/b_B^\beta) = [\mu_{b,B}^{\ominus;\beta}(T) - \mu_{b,B}^{\ominus;\alpha}(T)]/RT$$

当温度一定，p 与 $p^\ominus$ 差别不大时，上式右边为常数，即

$$b_B^\alpha/b_B^\beta = K(T)，为一常数$$

上式即为理想稀溶液的**分配定律**(distribution law)。它是化工及冶金工业中萃取分离操作的理论基础。关于分配定律，后面还会进行较为详细的讨论。

2.7　理想稀溶液的依数性

理想稀溶液中溶剂的蒸气压下降、沸点升高(溶质不挥发时)、凝固点降低(析出固态纯溶剂时)及渗透压等的量值均与理想稀溶液中所含溶质的数量有关,而与溶质的种类无关,这些性质都称为理想稀溶液的**依数性**(colligative properties)。

2.7.1　蒸气压下降(气-液平衡)

对二组分理想稀溶液,溶剂的蒸气压下降

$$\Delta p = p_A^* - p_A = p_A^* x_B$$

即 Δp 的量值正比于理想稀溶液中所含溶质的数量 —— 溶质的摩尔分数 x_B,其比例系数即为纯溶剂 A 的饱和蒸气压 p_A^*。

2.7.2　沸点升高(气-液平衡)

溶液的沸点是指溶液的蒸气压 p 等于外压 p_{ex} 时的温度,亦即溶液在外压 p_{ex} 时的气、液平衡温度。若溶质不挥发,则理想稀溶液的沸点升高与溶质的浓度成正比。今以 A,B 二组分系统为例推导如下:

当理想稀溶液在 T,p 下建立气、液平衡时,有

$$A(sln, T, p, x_A) \Longrightarrow A(g, T, p)$$

由相平衡条件,有
$$\mu_A(sln, T, p, x_A) = \mu_A(g, T, p) \tag{a}$$

式中,sln 表示溶液。

若溶液组成发生微量变化,并建立新的气、液平衡,则

$$A(sln, T+dT, p, x_A+dx_A) \Longrightarrow A(g, T+dT, p)$$

且有
$$\mu_A(sln, T, p, x_A) + d\mu_A(sln) = \mu_A(g, T, p) + d\mu_A(g) \tag{b}$$

式(b)-式(a) 得

$$d\mu_A(sln) = d\mu_A(g)$$

即
$$\left[\frac{\partial \mu_A(sln)}{\partial T}\right]_{p, x_A} dT + \left[\frac{\partial \mu_A(sln)}{\partial x_A}\right]_{p, T} dx_A = \left[\frac{\partial \mu_A(g)}{\partial T}\right]_p dT$$

所以

$$-S_A dT + RT d\ln x_A = -S_{m,A}^*(g) dT$$

$$-RT d\ln x_A = [S_{m,A}^*(g) - S_A] dT \approx [S_{m,A}^*(g) - S_{m,A}^*(l)] dT$$

因为

$$S_{m,A}^*(g) - S_{m,A}^*(l) = \Delta_{vap} H_{m,A}^* / T$$

所以

$$-d\ln x_A = (\Delta_{vap} H_{m,A}^* / RT^2) dT$$

令 $\Delta_{vap} H_{m,A}^*$ 为常量,积分上式,得

$$-\ln x_A = \frac{\Delta_{vap} H_{m,A}^*}{R}\left(\frac{1}{T_b^*} - \frac{1}{T_b}\right) = \frac{\Delta_{vap} H_{m,A}^*}{R} \frac{(T_b - T_b^*)}{T_b^* T_b}$$

当溶液很稀时,$-\ln x_A = -\ln(1-x_B) \approx x_B$,且当 T_b 与 T_b^* 相差不大时,可令 $(T_b^*)^2 = $

$T_b^* T_b$，又令 $\Delta T_b = T_b - T_b^*$，则有

$$x_B = \frac{\Delta_{vap} H_{m,A}^*}{R(T_b^*)^2} \Delta T_b = K_b' \Delta T_b \tag{c}$$

式(c)表明，含非挥发性溶质的理想稀溶液的沸点升高只与溶质的摩尔分数成正比。

对于稀溶液，

$$x_B = \frac{n_B}{n_A} = n_B M_A / m_A = b_B M_A$$

代入式(c)，则

$$b_B = \frac{\Delta_{vap} H_{m,A}^*}{R(T_b^*)^2 M_A} \Delta T_b$$

令

$$K_b = R(T_b^*)^2 M_A / \Delta_{vap} H_{m,A}^*$$

则

$$\Delta T_b = K_b b_B \tag{2-43a}$$

式(2-43a)表明，理想稀溶液的沸点升高 ΔT_b 与溶质的质量摩尔浓度成正比，比例系数 K_b 称为溶剂的沸点升高常数，它只与溶剂的性质有关。

对于稀溶液，由于 $b_B = n_B / m_A = (m_B / M_B) / m_A$，则式(2-43a)变为

$$M_B = m_B K_b / (m_A \Delta T_b) \tag{2-43b}$$

式(2-43b)是利用沸点升高法测定非挥发性溶质摩尔质量的理论依据。m_A 和 m_B 分别为溶剂 A 及溶质 B 的质量。一般地，K_b 可由相关手册中查出。

若溶质为挥发性的，则可导出下式

$$\Delta T_b = R(T_b^*)^2 \ln(y_A / x_A) / \Delta_{vap} H_{m,A}^* \tag{2-43c}$$

式(2-43c)表明，若溶剂 A 相对于溶质 B 易挥发，则有 $y_A > x_A$，$\Delta T_b > 0$，即 $T_b > T_b^*$，溶液的沸点升高；若溶剂 A 相对于溶质 B 不易挥发，则有 $x_A > y_A$，$\Delta T_b < 0$，即 $T_b < T_b^*$，溶液的沸点降低。

2.7.3 凝固点降低(固-液平衡)

溶液的凝固点是指在外压 p_{ex} 下，溶液的固、液平衡温度，此时 $\mu(l) = \mu(s)$。若溶液的温度降至凝固点时析出的是纯溶剂，且溶质在溶液中不解离、不缔合，则一定外压下溶液的凝固点会低于纯溶剂的凝固点。这一现象称为稀溶液的凝固点降低。可以推导出凝固点降低 $\Delta T_f (= T_f^* - T_f)$ 与溶质组成 b_B 的关系为

$$\Delta T_f = K_f b_B \tag{2-44}$$

式中，$K_f = R(T_f^*)^2 M_A / \Delta_{fus} H_{m,A}^*$ 称为溶剂的凝固点降低常数，它只与溶剂的性质有关，与溶质无关；$\Delta_{fus} H_{m,A}^*$ 为纯溶剂 A 的摩尔熔化焓；T_f^* 和 T_f 分别为纯溶剂和溶液的凝固点；M_A 为溶剂 A 的摩尔质量。

一般地，K_f 可由相关手册中查出。表 2-1 列出了部分溶剂的 K_f。

表 2-1　　　　　　　　　　部分溶剂的凝固点降低常数

溶剂	纯溶剂凝固点 T_f/K	K_f/(K·kg·mol^{-1})	溶剂	纯溶剂凝固点 T_f/K	K_f/(K·kg·mol^{-1})
水	273.5	1.86	环己烷	279.65	20
醋酸	289.75	3.90	萘	353.40	7.0
苯	278.68	5.10	樟脑	446.15	40

若溶质不止一种，则式(2-44)变为

$$\Delta T_f = K_f \sum_B b_B$$

若溶液在凝固时析出的不是纯溶剂而是固溶体(如 Au-Ag，Cu-Ni 系统)，且用 $x_B(\text{sln})$ 和 $x_B(\text{s})$ 分别表示溶质 B 在溶液及固溶体中的组成，则有

$$\Delta T_f = K_f b_B [1 - x_B(\text{s})/x_B(\text{sln})]$$

若 $x_B(\text{s}) > x_B(\text{sln})$，则 $\Delta T_f < 0$，溶液凝固点升高；

若 $x_B(\text{s}) < x_B(\text{sln})$，则 $\Delta T_f > 0$，溶液凝固点降低；

若 $x_B(\text{s}) = x_B(\text{sln})$，则 $\Delta T_f = 0$，溶液凝固点等于纯溶剂凝固点；

若 $x_B(\text{s}) = 0$，则 $\Delta T_f = K_f b_B$。

【例 2-19】 Pb 的熔点为 327.3 ℃，熔化焓 $\Delta_{fus} H_m^* = 5.12 \text{ kJ} \cdot \text{mol}^{-1}$，求：(1)Pb 的凝固点降低常数 K_f；(2)100 g Pb 中含 1.08 g Ag 的溶液，其凝固点为 315 ℃，判断 Ag 在 Pb 中是否以单原子形式存在。

解　(1)$K_f = \dfrac{R(T_f^*)^2 M_A}{\Delta_{fus} H_{m,A}^*} = \dfrac{8.314\,5 \times 600.45^2 \times 207.2 \times 10^{-3}}{5\,120} \text{ K} \cdot \text{kg} \cdot \text{mol}^{-1} =$

121.3 K $\cdot$ kg $\cdot$ mol^{-1}

注意　若用 $T_f T_f^*$ 代替$(T_f^*)^2$，则求得 K_f 为 118.9 K $\cdot$ kg $\cdot$ mol^{-1}，误差约 2%。

(2)　　　　　　　　$\Delta T_f = K_f \dfrac{m_B}{m_A} \dfrac{1}{M_B}$

故　　　$M_B = K_f \dfrac{m_B}{m_A} \dfrac{1}{\Delta T_f} = 121.3 \times \dfrac{1.08}{100} \times \dfrac{1}{600.45 - 588.15} \text{ kg} \cdot \text{mol}^{-1} =$

$106.5 \times 10^{-3} \text{ kg} \cdot \text{mol}^{-1}$

查元素周期表，得 $M_{Ag} = 107.87 \times 10^{-3} \text{ kg} \cdot \text{mol}^{-1}$。实测 M_{Ag} 与周期表中的 M_{Ag} 基本一致，故 Ag 在 Pb 中以单原子形式存在。

2.7.4　渗透压(渗透平衡)

若在 U 形管底部用一种半透膜把某一理想稀溶液和与其相同的纯溶剂隔开，这种膜允许溶剂但不允许溶质透过(图 2-8)。实验结果表明，左侧纯溶剂将透过半透膜进入右侧溶液，使溶液的液面不断上升，直到两液面达到相当大的高度差 h 时才能达到渗透平衡[图 2-8(a)]。要使两液面不产生高度差，可在溶液液面上施加额外的压力。假定在一定温度下，当溶液的液面上施加压力为 Π 时，两液面可保持同样水平，即达到渗透平衡[图 2-8(b)]，这个 Π 的量值叫溶液的**渗透压**(osmotic pressure)。

根据实验得到，理想稀溶液的渗透压 Π 与溶质 B 的浓度 c_B 成正比，比例系数的量值为 RT，即

$$\Pi = c_B RT \tag{2-45}$$

式(2-45)亦可应用热力学原理推导出来。

由上面的讨论可知，若在溶液液面上施加的额外压力大于渗透压 Π，则溶液中的溶剂将会透过半透膜渗透到纯溶剂中去，这种现象叫做反渗透。

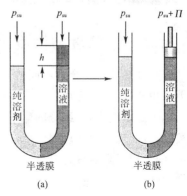

图 2-8　渗透压

渗透和反渗透作用是膜分离技术的理论基础。在生物体内广泛存在渗透和反渗透作用；在生物学领域以及纺织工业、制革工业、造纸工业、食品工业、化学工业、医疗保健、水处理中广泛使用膜分离技术。例如,利用人工肾进行血液透析,利用膜分离技术进行海水、苦咸水淡化以及果汁浓缩等。

使用的膜材料有高聚物膜(醋酸或硝酸纤维、聚砜、聚酰胺等)和无机膜(陶瓷膜、玻璃膜、金属膜和分子筛炭膜)。

【例 2-20】 试用热力学原理,推导理想稀溶液的渗透压公式(2-45)。

解 如图 2-8 所示,渗透平衡时,由相平衡条件,组分 A(溶剂)在两相的化学势,即溶液中组分 A 的化学势 $\mu_A(1)$ 与纯溶剂 A 的化学势 μ_A^* 应相等,即

$$\mu_A(1) = \mu_A^*$$

T、p 一定时,μ_A^* 为常数,则

$$d\mu_A(1) = \left[\frac{\partial \mu_A(1)}{\partial p}\right]_{T,b_B} dp + \left[\frac{\partial \mu_A(1)}{\partial b_B}\right]_{T,p} db_B = 0$$

又

$$\left[\frac{\partial \mu_A(1)}{\partial p}\right]_{T,b_B} = V_{m,A}^*, \quad \left[\frac{\partial \mu_A(1)}{\partial b_B}\right]_{T,p} = -RTM_A$$

得

$$V_{m,A}^* dp - RTM_A db_B = 0$$

积分上式,溶液组成由 $0 \to b_B$,外压由 $p_{ex} \to p_{ex} + \Pi$,则

$$\int_{p_{ex}}^{p_{ex}+\Pi} V_{m,A}^* dp = RTM_A \int_0^{b_B} db_B$$

得

$$\Pi V_{m,A}^* = RTM_A b_B$$

将 $b_B = n_B/m_A = n_B/(n_A M_A)$ 代入上式,且 $n_A V_{m,A}^* \approx V$ 为溶液的体积,得

$$\Pi V = n_B RT$$

即

$$\Pi = c_B RT$$

2.8 真实液态混合物、真实溶液、活度

2.8.1 活度与活度因子

与理想液态混合物不同的是,真实液态混合物中各组分均不遵守拉乌尔定律,其化学势不能用式(2-23)表示。

一定温度下,各组分的化学势不符合 $\mu_B(1) = \mu_B^\ominus(1,T) + RT\ln x_B$ 的液态混合物称为真实液态混合物。由于理想液态混合物中组分 B 的化学势表达式形式简单,若通过一定的修正,便可用于真实液态混合物。为此,路易斯(Lewis G N)提出了活度的概念。真实液态混合物中任一组分 B 的活度 a_B 可定义为

$$a_{B,x} \xrightarrow{\text{def}} \exp\left[\frac{\mu_B(1) - \mu_{B,x}^\ominus(1)}{RT}\right] \tag{2-46}$$

同时定义另一物理量 $f_{B,x}$

$$f_{B,x} \stackrel{\text{def}}{=\!=\!=} a_{B,x}/x_B \tag{2-47}$$

而且应该满足

$$\lim_{x_B \to 1} f_{B,x} = 1 \tag{2-48}$$

$f_{B,x}$ 称为组分 B 的活度因子。

2.8.2　真实液态混合物中组分 B 的化学势

由式(2-46)，得

$$\mu_B(l) = \mu_{B,x}^{\ominus}(l) + RT\ln a_{B,x} \tag{2-49}$$

将式(2-47)代入式(2-49)，得

$$\mu_B(l) = \mu_{B,x}^{\ominus}(l) + RT\ln(x_B f_{B,x}) \tag{2-50}$$

式(2-50)即为真实液态混合物中组分 B 的组成用 x_B 表示时组分 B 的化学势表达式。其中，$\mu_{B,x}^{\ominus}(l)$ 为标准态化学势，该标准态为 $T, p^{\ominus}$ 下，$a_{B,x} = 1$，$f_{B,x} = 1$，且 $x_B = 1$ 的纯 B(l) 态。

若与真实液态混合物成相平衡的蒸气为混合理想气体，则

$$\mu_B(l) = \mu_B(g) = \mu_B^{\ominus}(g) + RT\ln p_B/p^{\ominus} =$$
$$\mu_B^{\ominus}(g) + RT\ln(p_B^*/p^{\ominus}) + RT\ln(p_B/p_B^*) =$$
$$\mu_{B,x}^*(l, T, p) + RT\ln(p_B/p_B^*)$$

即

$$\mu_B(l) = \mu_{B,x}^{\ominus}(l) + RT\ln(p_B/p_B^*) \tag{2-51}$$

比较式(2-49)、式(2-50)及式(2-51)，得

$$a_{B,x} = p_B/p_B^* \tag{2-52a}$$

$$f_{B,x} = a_{B,x}/x_B = p_B/(p_B^* x_B) \tag{2-52b}$$

式(2-52)可以用于真实液态混合物组分 B 的活度及活度因子的计算。对于定 T, p 及 x_B 下的真实液态混合物中组分 B 的化学势是一定的，但由式(2-46)可看出，若标准态化学势不同，活度 a_B 将有不同的值。因此在给出活度或使用活度时需明确其标准态。由式(2-52)给出的活度其标准态为 $T、p^{\ominus}$ 下的纯 B(l) 态。

将 $\mu_{B,x}^*(l, T, p) = \mu_B^{\ominus}(g, T) + RT\ln(p_B^*/p^{\ominus})$，$\mu_{B,x}^{\ominus} = \mu_{B,x}^*(l, T, p)$ 和式(2-50)联立，得

$$\underbrace{\mu_{B,x}(l, T, p, a_{B,x})}_{\substack{\text{真实液态混合物}\\\text{中任一组分B的化学势}}} = \underbrace{\mu_{B,x}^{\ominus}(g, T)}_{\substack{T, p^{\ominus}下纯理想\\\text{气体B的化学势}}} + RT\ln(p_B^*/p^{\ominus}) + \underbrace{RT\ln x_B + RT\ln f_{B,x}}_{RT\ln a_{B,x}} \tag{2-53}$$

$$\underbrace{\phantom{\mu_{B,x}^{\ominus}(g, T) + RT\ln(p_B^*/p^{\ominus})}}_{\substack{T, p^{\ominus}下，纯B(l)的化学势\\(x_B=1, f_{B,x}=1, a_B=1)}} \qquad \underbrace{}_{\substack{\text{非理想性}\\\text{的体现}}}$$

$$\underbrace{\phantom{T, p^{\ominus}下，纯B(l)的化学势 + RT\ln x_B}}_{\substack{\text{理想液态混合物中任一组分}\\\text{B的化学势}(f_{B,x}=1, a_{B,x}=x_B)}}$$

式(2-53)左端为真实液态混合物中任一组分 B 的化学势，它是 $T, p, a_{B,x}$ 的函数；右端第一项为温度的贡献，第二项为压力的贡献，第三项为组成 x_B 的贡献，第四项为组分 B 非理想性的贡献。式(2-53)也表明了真实液态混合物中任一组分 B 的化学势与理想液态混合物中任一组分 B 的化学势的联系，其中 $RT\ln f_{B,x}$ 项定量地表明了二者的差别。式(2-53)还表

明,真实液态混合物中任一组分 B 的化学势与理想液态混合物中任一组分 B 的化学势的标准态是相同的。另外,标准态是 $T,p^{\ominus}$ 下,$x_B = 1,f_{B,x} = 1,a_{B,x} = 1$ 的纯 B(l) 态,而理想态为 $f_{B,x} = 1,a_{B,x} = x_B$ 的状态。以上对真实液态混合物化学势的讨论也适用于真实固溶体系统。

【例 2-21】 323 K 时,组成为 $x_B = 0.881\,7$ 的乙醇(B)-水(A)混合物的蒸气压为 28.89 kPa,平衡气相组成为 $y_B = 0.742$;同温下,$p_B^* = 29.45$ kPa,$p_A^* = 12.334$ kPa,试以纯液体为标准态计算混合物中乙醇的活度及活度因子。

解　因　　　　　$p_B = py_B = 28.89$ kPa $\times 0.742 = 21.44$ kPa

由式(2-52a),　$a_{B,x} = p_B/p_B^* = 21.44$ kPa$/29.45$ kPa $= 0.726$

由式(2-52b),　$f_{B,x} = a_{B,x}/x_B = 0.726/0.881\,7 = 0.823$

2.8.3　真实溶液中溶剂和溶质的化学势

1. 溶剂 A 的渗透因子及化学势

对于真实溶液中的溶剂,定义渗透因子 φ,即

$$\varphi_A \xlongequal{\text{def}} (\mu_A^{\ominus} - \mu_A)/(RTM_A \sum_B b_B) \tag{2-54a}$$

并且

$$\lim_{\sum_B b_B \to 0} \varphi_A = 1 \tag{2-54b}$$

式中,M_A 为溶剂 A 的摩尔质量,$\sum_B b_B$ 为真实溶液中所有溶质的质量摩尔浓度的总和。

定义溶剂的活度 a,即

$$a_A \xlongequal{\text{def}} \exp\left(\frac{\mu_A - \mu_A^{\ominus}}{RT}\right) \tag{2-55}$$

由式(2-54a),得

$$\mu_A = \mu_A^{\ominus} - RT\varphi_A M_A \sum_B b_B \tag{2-56a}$$

由式(2-55),得

$$\mu_A = \mu_A^{\ominus} + RT\ln a_A \tag{2-56b}$$

式(2-56)为真实溶液中溶剂 A 的化学势表达式,其中

$$\mu_A^{\ominus} = \mu_A^{\ominus}(l,T,p^{\ominus}) + \int_{p^{\ominus}}^{p} V_A^{\infty}(T,p)\mathrm{d}p$$

当 $p \to p^{\ominus}$ 或 p 与 $p^{\ominus}$ 相差不大时,积分项可忽略。将式(2-56a)与式(2-56b)结合,得

$$\ln a_A = -\varphi_A M_A \sum_B b_B \tag{2-57}$$

因为

$$x_A = 1/(1 + M_A \sum_B b_B)$$

所以

$$M_A \sum_B b_B = (1 - x_A)/x_A \tag{2-58}$$

将式(2-58)代入式(2-57),得

$$\ln a_A = -\varphi_A(1 - x_A)/x_A \tag{2-59}$$

2. 溶质 B 的化学势、活度及活度因子

(1) 溶质 B 的组成用质量摩尔浓度 b_B 表示

对于给定的真实溶液系统,当溶质组成用 b_B 表示时,定义溶质 B 的活度 $a_{B,b}$ 为

$$a_{B,b} \xlongequal{\text{def}} \exp[(\mu_B - \mu_{B,b}^{\ominus})/RT] \tag{2-60a}$$

同时定义溶质 B 的活度因子 $\gamma_{B,b}$

$$\gamma_{B,b} \xlongequal{\text{def}} a_{B,b}b^{\ominus}/b_B \tag{2-60b}$$

而且

$$\lim_{\sum b_B \to 0} \gamma_{B,b} = 1$$

由式(2-60a),得

$$\mu_B = \mu_{B,b}^{\ominus} + RT\ln a_{B,b} \tag{2-60c}$$

将式(2-60b) 代入式(2-60c),得

$$\mu_B = \mu_{B,b}^{\ominus} + RT\ln(\gamma_{B,b}b_B/b^{\ominus}) \tag{2-60d}$$

式(2-60c) 为真实溶液的组成用溶质 B 的质量摩尔浓度表示时溶质 B 的化学势表达式。其中,$\mu_{B,b}^{\ominus}$ 为标准态化学势,该标准态为 $T, p^{\ominus}$ 下,假设溶质 B 的质量摩尔浓度 $b_B = 1$ mol $\cdot$ kg^{-1} 且仍遵守亨利定律时假想的纯 B(l) 态。利用求真实液态混合物中任一组分 B 的活度及活度因子相似的方法可导出真实溶液中溶质 B 的 $a_{B,b}$ 的计算公式,即

$$a_{B,b} = p_B/(k_{B,b}b^{\ominus}) \tag{2-60e}$$

(2) 溶质 B 的组成用百倍质量分数($100w_B$) 表示

利用与(1) 相似的方法可以得到溶质 B 的化学势、活度及活度因子的表达式,即

$$\mu_B = \mu_{(100w_B)}^{\ominus} + RT\ln a_{(100w_B)} = \mu_{(100w_B)}^{\ominus} + RT\ln\gamma_{(100w_B)}(100w_B)$$

$$a_{(100w_B)} = p_B/k_{(100w_B)}$$

$$\gamma_{(100w_B)} = p_B/[k_{(100w_B)}(100w_B)]$$

其中,$\mu_{(100w_B)}^{\ominus}$,$a_{(100w_B)}$ 和 $\gamma_{(100w_B)}$ 的标准态为 $T, p^{\ominus}$ 下,假设溶质 B 的百倍质量分数($100w_B$) = 1 且仍遵守亨利定律时假想的纯 B(l) 态。

【例 2-22】 773 K 时,Cd-Pb 合金中 Cd 的百倍质量分数[$100w(\text{Cd})$] = 1 时,实测 Cd 的蒸气分压 $p(\text{Cd})$ 为 94.7 Pa;而当[$100w(\text{Cd})$] = 20 时,实测 $p'(\text{Cd})$ 为 1 095 Pa。已知 773 K 时纯 Cd 的蒸气压 $p^*(\text{Cd})$ = 1 849 Pa,试计算 773 K 时[$100w(\text{Cd})$] = 20 的合金系统中以 Cd 的质量摩尔浓度为组成标度的 Cd 的活度及活度因子。已知 Cd 的相对原子质量为 112.41。

解　首先将合金 Cd-Pb 的组成标度由 Cd 的百倍质量分数换算成溶质 Cd 的质量摩尔浓度。

当　$100w(\text{Cd}) = 1$ 时,算得 $b(\text{Cd}) = 89.86 \times 10^{-3}$ mol $\cdot$ kg^{-1}

　　$100w(\text{Cd}) = 20$ 时,得 $b(\text{Cd}) = 2.224$ mol $\cdot$ kg^{-1}

当 $100w(\text{Cd}) = 1$ 时,可把合金 Cd-Pb 视为理想稀溶体,则溶质 Cd 遵守亨利定律,可算得其亨利系数为

$$k_{\text{Cd},b} = \frac{p(\text{Cd})}{b(\text{Cd})} = \frac{94.7 \text{ Pa}}{89.86 \times 10^{-3} \text{ mol} \cdot \text{kg}^{-1}} = 1.054 \times 10^3 \text{ Pa} \cdot \text{mol}^{-1} \cdot \text{kg}$$

利用同一温度(773 K) 下的亨利系数量值,算得 $100w(\text{Cd}) = 20$ 时的活度 $a_{\text{Cd},b}$ 及活度因子 $\gamma_{\text{Cd},b}$:

$$a_{\text{Cd},b} = \frac{p_B}{k_{\text{Cd},b}b^{\ominus}} = \frac{1849 \text{ Pa}}{1.054 \times 10^3 \text{ Pa} \cdot \text{mol}^{-1} \cdot \text{kg} \times 1 \text{ mol} \cdot \text{kg}^{-1}} = 1.754$$

$$\gamma_{\text{Cd},b} = \frac{a_{\text{Cd},b}b^{\ominus}}{b_B} = \frac{1.754 \times 1 \text{ mol} \cdot \text{kg}^{-1}}{2.224 \text{ mol} \cdot \text{kg}^{-1}} = 0.789$$

【例 2-23】 已知 1 853 K 时炼钢炉内 Fe-S 溶液上方硫的蒸气分压与硫的百倍质量分数的关系为

[100w(S)]	p(S)/Pa
0.057	1.00
0.46	16.17

如果 [100w(S)] = 0.057 的溶液可视为理想稀溶液，计算 [100w(S)] = 0.46 的溶液中硫 (S) 的活度 $a_{[100w(S)]}$ 及活度因子 $\gamma_{[100w(S)]}$。

解 因为 [100w(S)] = 0.057 的溶液可视为理想稀溶液，所以

$$k_{[100w(S)]} = p(S)/[100w(S)] = 1.00 \text{ Pa}/0.057 = 17.5 \text{ Pa}$$

对 [100w(S)] = 0.46 的溶液，

$$a_{[100w(S)]} = p(S)/k_{[100w(S)]} = 16.17 \text{ Pa}/17.5 \text{ Pa} = 0.924$$

$$\gamma_{[100w(S)]} = a_{[100w(S)]}/[100w(S)] = 0.924/0.46 = 2.0$$

2.8.4 真实液态混合物和真实溶液的相平衡

1. 真实液态混合物的蒸气压

由式(2-52)，得

$$p_B = p_B^* a_{B,x}$$

$$p_B = p_B^* x_B f_{B,x}$$

$$p = \sum_B p_B = \sum_B p_B^* a_{B,x}$$

2. 真实溶液的相平衡

(1) 真实溶液的蒸气压

仍以二组分系统为例。由式(2-57) 和式(2-58)，对于溶剂 A，有

$$p_A = p_A^* a_{A,x} = p_A^* \exp(-\varphi_A M_A \sum_B b_B) = p_A^* \exp[-\varphi_A(1-x_A)/x_A] \tag{2-61a}$$

对溶质 B，有

$$p_B = k_{x,B} a_{B,x} = k_{x,B} x_B \gamma_{B,x} \tag{2-61b}$$

(2) 真实溶液的凝固点

设凝固时析出的是纯溶剂，则平衡时，有

$$A(sln, T, p, a_A) \Longrightarrow A(s, T, p)$$

依据相平衡条件，采用与推导理想稀溶液沸点升高公式相似的方法可导出公式

$$\ln a_{A,x} = -\frac{\Delta_{fus}H_{m,A}^*}{R} \frac{T_f^* - T_f}{T_f^* T_f} \tag{2-62a}$$

由 $\ln a_A = -\varphi_A M_A \sum_B b_B$，且令 $\Delta T_f = T_f^* - T_f$，当 T_f^* 与 T_f 差别不大时，令 $(T_f^*)^2 = T_f^* T_f$[①]，则式(2-62a) 变为

$$\Delta T_f = [R(T_f^*)^2 M_A/\Delta_{fus}H_{m,A}^*] \times \varphi_A \sum_B b_B = K_f \varphi_A \sum_B b_B \tag{2-62b}$$

若凝固时析出的是理想固态混合物，则平衡时，有

---

① 对于合金系统，T_f 与 T_f^* 往往相差较大，故用 $(T_f^*)^2$ 代替 $T_f^* T_f$ 并不总是合适的。

$$A(sln, T, p, a_{A,x}) \Longleftrightarrow A(s, T, p, x_A)$$

利用相似方法可导出公式

$$\ln \frac{x_A(s)}{a_{A,x}(l)} = \frac{\Delta_{fus} H_{m,A}}{R} \frac{T_f^* - T_f}{T_f^* T_f} \tag{2-62c}$$

将式(2-59)代入式(2-62c),得

$$\Delta T_f = \frac{T_f^* T_f R}{\Delta_{fus} H_{m,A}} \left\{ \ln x_A(s) + \frac{\varphi_A [1 - x_A(l)]}{x_A(l)} \right\} \tag{2-62d}$$

若凝固时析出的是真实固溶体,则平衡时,有

$$A[sln, T, p, a_{A,x}(l)] \Longleftrightarrow A[sln, T, p, a_{A,x}(s)]$$

在这种情况下可导出公式

$$\ln \frac{a_{A,x}(s)}{a_{A,x}(l)} = \frac{\Delta_{fus} H_{m,A}}{R} \frac{T_f^* - T_f}{T_f^* T_f} \tag{2-62e}$$

由式(2-62e)可以看出:

若 $a_{A,x}(s) > a_{A,x}(l)$,则 $T_f^* > T_f$,溶液凝固点降低;

若 $a_{A,x}(s) < a_{A,x}(l)$,则 $T_f^* < T_f$,溶液凝固点升高;

若 $a_{A,x}(s) = a_{A,x}(l)$,则 $T_f^* = T_f$;

若 $a_{A,x}(s) = 1$,则式(2-62e)还原为式(2-62a)。

【例 2-24】　某 Ca-Ni 液态合金冷却至 1 350 ℃ 开始出现固溶体与液态混合物的两相平衡。测知固溶体中 $x(Ni)$ 为 0.90,液态混合物中 $x(Ni)$ 为 0.75。设该温度下固溶体可视为理想固态混合物,试以 $T, p^{\ominus}$ 下的纯液态 Ni 为标准态,计算液态混合物中 Ni 的活度因子 $f(Ni)$ 及渗透因子 $\varphi(Ni)$。已知纯 Ni 的熔点为 1 728 K,$\Delta_{fus} H_m$ 为 16.61 kJ·mol^{-1}。

解　由式(2-62c),

$$\ln \frac{x(Ni, s)}{a(Ni, l)} = \frac{\Delta_{fus} H_m}{R} \frac{T_f^*(Ni) - T_f}{T_f^*(Ni) T_f}$$

$$\ln \frac{0.90}{a(Ni, l)} = \frac{16\ 610\ J \cdot mol^{-1}}{8.314\ 5\ J \cdot K^{-1} \cdot mol^{-1}} \frac{1\ 728\ K - 1\ 623\ K}{1\ 728\ K \times 1\ 623\ K}$$

$$a(Ni, l) = 0.835$$

$$f(Ni, l) = a(Ni, l)/x(Ni, l) = 0.835/0.75 = 1.1$$

由式(2-62d),得

$$\varphi(Ni) = \left\{ \frac{\Delta_{fus} H_m}{R} \frac{T_f^*(Ni) - T_f}{T_f^*(Ni) T_f} - \ln x(Ni, s) \right\} \times \frac{x(Ni, l)}{1 - x(Ni, l)} =$$

$$\left(\frac{16\ 610\ J \cdot mol^{-1}}{8.314\ 5\ J \cdot K^{-1} \cdot mol^{-1}} \times \frac{1\ 728\ K - 1\ 623\ K}{1\ 728\ K \times 1\ 623\ K} - \ln 0.90 \right) \times \frac{0.75}{1 - 0.75} =$$

$$0.54$$

计算结果表明,渗透因子 φ 比活度因子 f 更能灵敏地表示液态溶液中 Ni 的非理想性,(φ 比 f 偏离 1.0 更多)。渗透因子 φ 与活度因子 f(或 γ)都能表示真实系统对理想系统的偏离程度,但一般而言,φ 比 f 更"敏感"。φ 仅用于真实溶液中的溶剂,f 用于真实液态混合物中任一组分,而 γ 用于真实溶液中的溶质。

(3)真实溶液的沸点

在一定外压下,当真实溶液沸腾时,设蒸气为混合理想气体,则有下列平衡存在:

$$A[\text{sln}, T, p, a_A(l)] \Longrightarrow A(g, T, p, y_A)$$

用推导理想稀溶液沸点升高相似的方法可以导出公式：

$$\ln(y_A / a_A) = \frac{\Delta_{\text{vap}} H_{m,A}}{R} \frac{T_b - T_b^*}{T_b^* T_b} \tag{2-63a}$$

若溶质不挥发，则有

$$\ln a_A = -\frac{\Delta_{\text{vap}} H_{m,A}}{R} \frac{T_b - T_b^*}{T_b^* T_b} \tag{2-63b}$$

因为 $\ln a_A = -\varphi_A M_A \sum\limits_{B} b_B$，同时令 $\Delta T_b = T_b - T_b^*$，当 T_b 与 T_b^* 相差不大时，令 $(T_b^*)^2 = T_b^* T_b$，则式(2-63b)变为

$$\Delta T_b = [R(T_b^*)^2 M_A / \Delta_{\text{vap}} H_{m,A}] \times \varphi_A \sum_{B} b_B = K_b \varphi_A \sum_{B} b_B \tag{2-63c}$$

式中，K_b 为溶剂 A 的沸点升高常数；φ_A 为溶剂 A 的渗透因子。

2.8.5 物质在两相间的分配平衡

1. 分配定律

某种物质在两个互不混溶的相之间，由于溶解度不同而产生的分配平衡在工业生产中是普遍存在的。例如，I_2 在水和 CCl_4 中的分配平衡；FeO 在渣和铁水中的分配平衡；金属进行区域熔炼时杂质元素在液相和固相之间的分配平衡等。定量描述这一可逆转移规律的理论是能斯特于1891年提出的分配定律，即在一定温度、压力下，当溶质在基本上不互溶的两溶剂之间建立分配平衡时，若溶质在两相内的分子结构相同，则两溶剂相(设为 α 相和 β 相)中溶质的浓度之比为一常量。用公式表示为

$$K^{\ominus}(T) = b_B(\beta) / b_B(\alpha) \tag{2-64a}$$

或

$$K^{\ominus}(T) = a_B(\beta) / a_B(\alpha) \tag{2-64b}$$

式(2-64a)适用于理想稀溶液，式(2-64b)适用于真实溶液，$K^{\ominus}(T)$ 称为分配系数，实际上它也是标准平衡常数。

$$K^{\ominus}(T) = \exp[-\Delta G_m^{\ominus}(T) / RT]$$

其中，$\Delta G_m^{\ominus}(T)$ 称为分配平衡 $B(\alpha) \Longrightarrow B(\beta)$ 的标准摩尔吉布斯函数[变]，可由化学势导出。

2. FeO 在钢水和渣之间的分配平衡 —— 扩散脱氧

炼钢过程中若造成含 FeO 很少的还原性渣，钢水中的氧将向渣中扩散，产生扩散脱氧。扩散脱氧涉及 FeO 在钢水和渣之间的分配平衡。用(FeO)和[FeO][1] 分别表示渣中和钢水中的 FeO，则有

$$(\text{FeO}) \Longrightarrow [\text{FeO}]$$

钢水中 FeO 的活度以 $T, p^{\ominus}$ 下，$[100w(\text{FeO})] = 1$ 为标准态，渣中 FeO 的活度以 $T, p^{\ominus}$ 下纯 FeO(l) 为标准态，$p^{\ominus} = 10^5$ Pa，则上述平衡的 $\Delta G_m^{\ominus}(T)$ 为

$$\Delta G_m^{\ominus}(T) / \text{J} \cdot \text{mol}^{-1} = 120\,600 - 64.73(T/K) \tag{2-65a}$$

钢水中 FeO 含量很低，可作为理想稀溶液处理，分配系数 $K^{\ominus}(T)$ 可表示为

$$K^{\ominus}(T) = [100w(\text{FeO})] / a(\text{FeO})$$

---

[1]　在冶金系统中，用[B]表示溶解在金属(液体或固体)中的 B，用(B)表示溶解在渣中的 B。

若将钢水中 FeO 含量换算为[O]含量,则

$$K^{\ominus}(T) = 71.85 \times [100w(O)]/[16.00a(FeO)] \qquad (2\text{-}65b)$$

式中,71.85 和 16.00 分别为 FeO 和 O 的摩尔质量。由此得,对于还原性渣,钢水中含氧量为

$$[100w(O)] = 0.223a(FeO)K^{\ominus}(T) \qquad (2\text{-}65c)$$

若已知 $K^{\ominus}(T)$ 及 $a(FeO)$,就可计算钢水中的平衡氧含量。

【例 2-25】 某冶炼厂电炉炼钢在还原期分析炉渣成分中 FeO 含量为 $[100w(FeO)]=0.247[x(FeO)=0.001\,96]$,又测知此炉渣中 FeO 的活度因子[以 $T,p^{\ominus}$ 下纯 FeO(l) 为标准态]为 5.0,FeO 在渣和钢水中分配平衡的 $\Delta G_m^{\ominus}(T)$ 可以用式(2-65a)表示。问 1 873 K 时,$[100w(O)]=0.012$ 的钢水能否进行扩散脱氧?

解　$K^{\ominus}(1\,873\ \text{K}) = \exp\left[\dfrac{-(120\,600-64.73\times1\,873)\ \text{J}\cdot\text{mol}^{-1}}{8.314\,5\ \text{J}\cdot\text{K}^{-1}\cdot\text{mol}^{-1}\times1\,873\ \text{K}}\right] = 1.04$

$a(FeO) = \gamma(FeO)x(FeO) = 5.0\times0.001\,96 = 0.009\,8$

所以　　$[100w(O)] = 0.223\times1.04\times0.009\,8 = 0.002\,3 < 0.012$

即钢水中平衡氧含量远低于实际氧含量,故可进行扩散脱氧。

3. 碘在水和四氯化碳之间的分配平衡 —— 海水提碘

碘(I_2)是重要的工业原料,存在于海水及海洋生物中,量很大但浓度很低。为从海水或海洋生物中提取纯碘,萃取方法是可行的。碘在水中与在四氯化碳中的溶解度差别很大,用 CCl_4(l) 作萃取剂经连续分级萃取可从 I_2 的稀水溶液中萃取出绝大多数的碘。表 2-2(a) 给出了 25 ℃ 时 I_2 在水和四氯化碳中的分配系数(由于专业原因,表中组成用物质的量浓度)。此外,我们通过 25 ℃ 时水和四氯化碳的密度,将物质的量浓度换算为质量摩尔浓度,同时计算出新的分配系数,列于表 2-2(b) 中。可以看出,采用不同组成标度时,分配系数是不同的。这是由于组成标度不同时,化学势的标准态不同所致。

表 2-2(a)　25 ℃ 时,I_2 在 H_2O 和 CCl_4 中的分配系数(组成标度为物质的量浓度)

$\dfrac{c_{I_2}(H_2O \text{ 中})}{\text{mol}\cdot\text{dm}^{-3}}$	$\dfrac{c_{I_2}(CCl_4 \text{ 中})}{\text{mol}\cdot\text{dm}^{-3}}$	$K^{\ominus}=\dfrac{c_{I_2}(H_2O \text{ 中})}{c_{I_2}(CCl_4 \text{ 中})}$	$\dfrac{c_{I_2}(H_2O \text{ 中})}{\text{mol}\cdot\text{dm}^{-3}}$	$\dfrac{c_{I_2}(CCl_4 \text{ 中})}{\text{mol}\cdot\text{dm}^{-3}}$	$K^{\ominus}=\dfrac{c_{I_2}(H_2O \text{ 中})}{c_{I_2}(CCl_4 \text{ 中})}$
0.000 322	0.027 45	0.011 7	0.001 15	0.101 0	0.011 4
0.000 503	0.042 9	0.011 7	0.001 34	0.119 6	0.011 2
0.000 763	0.065 4	0.011 7	平均		0.011 5

表 2-2(b)　25 ℃ 时,I_2 在 H_2O 和 CCl_4 中的分配系数(组成标度为质量摩尔浓度)

$\dfrac{b_{I_2}(H_2O \text{ 中})}{\text{mol}\cdot\text{kg}^{-1}}$	$\dfrac{b_{I_2}(CCl_4 \text{ 中})}{\text{mol}\cdot\text{kg}^{-1}}$	$K^{\ominus}=\dfrac{b_{I_2}(H_2O \text{ 中})}{b_{I_2}(CCl_4 \text{ 中})}$	$\dfrac{b_{I_2}(H_2O \text{ 中})}{\text{mol}\cdot\text{kg}^{-1}}$	$\dfrac{b_{I_2}(CCl_4 \text{ 中})}{\text{mol}\cdot\text{kg}^{-1}}$	$K^{\ominus}=\dfrac{b_{I_2}(H_2O \text{ 中})}{b_{I_2}(CCl_4 \text{ 中})}$
0.000 323	0.017 34	0.018 62	0.001 15	0.063 80	0.018 08
0.000 504	0.027 09	0.018 62	0.001 34	0.075 55	0.017 79
0.000 765	0.041 31	0.018 52	平均		0.018 3

4. 杂质元素在金属的固液两相间的分配平衡与区域精炼提纯

如果金属 A 与溶于其中的某杂质 B 能生成固相互溶固溶体,则杂质 B 在金属 A 的固相与液相中建立分配平衡

$$B(l,T) \Longrightarrow B(s,T)$$

令　　　　　　　　　　$$K_s = \dfrac{w_B^s}{w_B^l}$$

则 B 在固液两相中的浓度有两种情况,即 $K_s>1$ 或 $K_s<1$。当 $K_s>1$ 时,表明 A、B 二组分

中,B为难熔组分,它在平衡固相中的含量大于液相;当$K_s < 1$时,B为易熔组分,它在平衡固相中的含量小于液相。区域精炼是将含有微量杂质B的金属A做成金属圆棒,将其套在高频交流线圈中加热熔化,形成熔化区(液相)和重凝区(固相),在这一熔化-重凝过程中产生固液两相平衡,促使杂质B在两相间重新分配,并不断沿固液界面作定向迁移。对于$K_s < 1$的情况,杂质B最后集中到金属棒的尾部,我们只需将尾部斩除,即可在头部获得高纯A;对于$K_s > 1$的情况,杂质B最终被集中到A的头部,我们只需留下尾部即可。

5. 物质在两相间分配的热力学

由于物质在两相间的分配平衡具有普遍性,我们可以将不互溶的两相分别用α相和β相表示。设溶质B在两相的组成分别为w_B^α和w_B^β,化学势分别为μ_B^α和μ_B^β,则有

$$\mu_B^\alpha = \mu_B^{\ominus,\alpha}(T) + RT\ln w_B^\alpha$$

$$\mu_B^\beta = \mu_B^{\ominus,\beta}(T) + RT\ln w_B^\beta$$

在一定温度下,μ_B和$-\ln w_B$的关系如图2-9所示。

图2-9中,横坐标为$-\ln w_B$,纵坐标为μ_B。图内两条平衡线中,上边一条为μ_B^α,下边一条为μ_B^β。由于相的性质不同,B在两相的标准化学势$\mu_B^{\ominus,\alpha}$和$\mu_B^{\ominus,\beta}$不同。设开始时,α相的操作点在P点,β相的操作点在Q点,显然有$\mu_B^\alpha > \mu_B^\beta$,$w_B^\alpha > w_B^\beta$,B会自动由化学势高的一相向化学势低的一相迁移。迁移的结果,降低了α相中B的组成,相应也降低了B在α相的化学势,μ_B^α沿PP'直线由P点向P'点移动;同理,μ_B^β则沿QQ'直线由Q点向Q'点移动,β相内B的组成w_B^β增大。当μ_B^α降至P'点,μ_B^β升至Q'点时,$\mu_B^\alpha = \mu_B^\beta$,产生

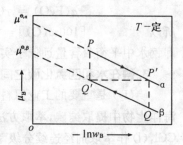

图2-9 B在α,β两相间的分配平衡

迁移平衡,此时$w_B^\beta > w_B^\alpha$,即B在化学势的推动下被萃取(富集)到β相中。由图2-9中分析可知,平衡时,$\mu_B^\alpha = \mu_B^\beta$,则

$$\mu_B^{\ominus,\alpha} - \mu_B^{\ominus,\beta} = RT\ln w_B^\beta - RT\ln w_B^\alpha = RT\ln(w_B^\beta/w_B^\alpha) = RT\ln K^\ominus(T) \quad (2\text{-}66a)$$

此处$K^\ominus(T) = (w_B^\beta/w_B^\alpha)_{eq}$称为B在两相间的分配系数,当B的组成不大时,$K^\ominus(T)$只是温度的函数;当B的组成增大时,$K^\ominus(T)$随组成而变,此时要把$w_B$换成活度$a_B$,即

$$K^\ominus(T) = (a_B^\beta/a_B^\alpha)_{eq} \quad (2\text{-}66b)$$

式(2-66b)是真实溶液的分配定律。

6. 金属离子在水相与有机相之间的分配平衡 —— 湿法冶金中的化学萃取

(1) 化学萃取

根据物质是否带有电荷将物质分为电解质和非电解质。非电解质在基本不互溶的两液相(水相和有机相)间的分配平衡是基于非电解质分子B在水相和有机相中的溶解性不同,是一种物理分配过程,B和两液相间不发生化学反应;而电解质分子则不同,电解质分子Me在水相和有机相中都可以发生化学反应,这种情况下,Me在两相间的分配平衡主要是化学力,是化学过程。

一种被分散在某液相α中的分子Me与另一液相β中的分子L_n在两液相界面上相遇,发生化学反应,生成反应产物MeL_n,然后反应产物通过扩散迁移至β相。这种通过化学竞争力的不同将Me从水相"萃出"并浓集的过程称为化学萃取。化学萃取是贵金属、稀有金属、稀土金属等湿法冶金中不可或缺的工艺过程,其理论基础既包括分配平衡,也包括化学平

衡,既涉及无机化学,又涉及有机化学、络合物理论及物理化学理论。

（2）化学萃取的分离对象

化学萃取的分离对象基本上是金属及其离子,所用萃取剂基本上都是含有特殊官能团的有机分子,萃取过程就是金属或其离子与萃取剂发生反应生成配合物。常用萃取剂及可萃取金属见表 2-3。

（3）化学萃取平衡

化学萃取剂有阴离子型（如羧酸型）萃取剂、阳离子型（如季胺型）萃取剂和中性萃取剂（如乙醇氨,TEA）。阴离子型萃取剂与金属离子的萃取平衡可表示为

$$Me^{z+} + nA^- \rightleftharpoons MeA_n$$

化学分配系数即络合物 MeA_n 的稳定常数,亦即该化学反应的平衡常数

$$K_r = \frac{a(MeA_n)}{a(Me^{z+})[a(A^-)]^n}$$

金属螯合萃取剂与金属离子的萃取平衡可表示为

$$Me^{z+} + nHA \rightleftharpoons MeA_n + nH^+$$

$$K_r = \frac{a(MeA_n)[a(H^+)]^n}{a(Me^{z+})[a(HA)]^n}$$

化学萃取平衡受温度、离子浓度、溶剂、萃取剂性质及系统 pH 等因素影响,因而适当选取萃取系统并控制操作条件是十分必要的。

表 2-3　　　　　常用萃取剂及可萃取金属

萃取剂名称	分子式	可萃取金属
伯胺	RNH_2	U,W
仲胺	R_2NH	U,W
叔胺	R_3N	U,W,V,Co,Mo,Re
季胺	$(R_3N^+CH_3)Cl^-$	V
环烷酸	$R-\underset{R}{\overset{R\ \ R}{\bigcirc}}(CH_2)_nCOOH$	Mn,Cu,Ni
叔碳羧酸	$R_1\underset{R_2\ \ COOH}{\overset{CH_3}{C}}$	稀土类
多元醇	$X-\overset{OH}{\underset{R}{\bigcirc}}CH_2OH$	B
螯合剂:		
氨三乙酸 (ATA)	$N\overset{CH_2COOH}{\underset{CH_2COOH}{-CH_2COOH}}$	U
磷酸三丁酯	$(BuO)_3P=O$	U,Fe,Zr,Hf
甲基异丁基酮	$i\text{-}Bu-\overset{O}{\overset{\|}{C}}-CH_3$	Nb,Zr,Hf
二丁基卡必醇	$(BuOC_2H_4)_2O$	Au

7. 影响萃取的各种力

溶质 B 在水相和有机相中的分配平衡本质上是系统内各种力的作用平衡。凡是能促进溶质 B 从水相转移至有机相的力都有利于萃取,都是传质动力,应该加强;反之,应该弱化。影响萃取的力有如下几种。

水相空腔作用力 E_{w-w}。水分子间有氢键和范德华力，金属离子 Me^{z+} 要想进入水相必先破坏一部分 E_{w-w}，形成水相中的"空腔"，以便其"容身"，故大的 E_{w-w} 不利于 Me^{z+} 进入水相，而有利于其离开水相进入有机相。增加 E_{w-w} 的方法是增大水相的界面张力。

有机相空腔作用力 E_{s-s}。有机分子间也有范德华力，Me^{z+} 要想进入有机相，首先要破坏一部分 E_{s-s}，产生有机相空腔，以便进入，故大的 E_{s-s} 不利于 Me^{z+} 进入有机相。减小 E_{s-s} 的方法是选择表面张力小的有机溶剂或提高温度。

Me^{z+} 与有机分子之间的作用力 E_{M-s}。Me^{z+} 或其负离子与有机分子之间的作用力越强，越有利于萃取，这可以通过选用带有活性官能团的萃取剂来实现。

Me^{z+} 与水分子之间的作用力 E_{M-w}。Me^{z+} 或其负离子与水分子之间的作用力包括水化作用力、库仑力及水解作用力。理论上应尽量减小 E_{M-w}，例如，可以选择低价的 Me 以减小库仑力，同时减弱水化作用力，可以适当控制 pH 以防止离子的水解作用，可以把 Me^{z+} 转换成酸根离子，以增大离子半径，减小与水分子的作用等。

除此之外，还有其他力，如溶质在相界面转移时的界面阻力等。

2.9 多组分合金系统中溶质 B 活度 a_B 的计算

合金或钢都是多组分系统，而且各组分之间往往存在着比较强的相互作用力，其结果是，某一组分 B 的活度 a_B 及活度因子 γ_B 会由于其他组分的存在以及组成的变化而取不同的值。能够定量描述这种相互作用的物理量叫做多组分系统中组分 j 对组分 B 的**活度相互作用因子** $e_B^{(j)}$。

1. 钢水合金中组分 B 的活度 a_B 及组分间的活度相互作用因子 $e_B^{(j)}$

以 Fe-S 二组分系统为例，在硫的组成 $[100w(S)] \leqslant 1$ 时，Fe-S 二组分系统表现出理想系统的热力学行为，此时 S 的活度因子 $\gamma_S = 1$，活度 $a_S = [100w(S)]$。实验证明，在 Fe-S 二组分系统中分别添加其他合金组分（如 C，Si，Mn，P 等，统称第三组分 j）之后，由于第三组分 j 参与了 Fe-S 二组分系统的分子间相互作用，导致 γ_S 发生变化。图 2-10 表明了 Fe-S 二组分系统中分别添加第三组分 j 对硫的 $\lg\gamma_S$ 的影响情况；图中也给出了当 $[100w(S)] > 1$ 时，硫的加入对 $\lg\gamma_S$ 的影响。

从图 2-10 可看出：(i) 在 Fe-S 二组分系统中添加不同的第三组分 j 时，硫的 $\lg\gamma_S$ 所受影响不同，添加 C，Si，P 时，$\lg\gamma_S$ 增大；添加 Mn，S 时，$\lg\gamma_S$ 减小。(ii) $\lg\gamma_S$ 随第三组分 j 的组成的增大变化都比较明显。(iii) 如果已知组分 j 的组成 $(100w_j)$，从图中对应的曲线上就可以直接读出由于该组分 j 的加入而达到的硫的 $\lg\gamma_S^{(j)}$。此处 $\lg\gamma_S^{(j)}$ 系指在 Fe-S 二组分系统中单独加入组分 j 而产生的 $\lg\gamma_S$；也就是说，$\lg\gamma_S^{(j)}$ 是加入的第三组分 j 对硫的 $\lg\gamma_S$（也可以认为是对硫的 γ_S）的贡献。(iv) 如果在 Fe-S 二组分系统中添加了不止一个，而是添加了 i,j,k 等若干个组分，则依据各组分的组成，利用适当的 $\lg\gamma_S$-$(100w_j)$ 关系图，从各自相应的曲线上可分别查出 $\lg\gamma_S^{(i)}$，$\lg\gamma_S^{(j)}$ 及 $\lg\gamma_S^{(k)}$ 等，而硫的总 $\lg\gamma_S = \sum \lg\gamma_S^{(j)}$。图 2-10 是一类很有用的图，它简明方便。但图 2-10 的缺点是刻度不够精细，因此，有些研究者也使用计算法求 γ_B。

在图 2-10 中，自 $(100w_j) \to 0$ 处作曲线的切线并求切线的斜率，令该斜率为 $e_B^{(j)}$，则

$$e_B^{(j)} \xlongequal{\text{def}} \left[\frac{\partial \lg\gamma_B}{\partial(100w_j)} \right]_{(100w_j) \to 0} \qquad (2\text{-}67)$$

式中，$e_B^{(j)}$ 就是活度相互作用因子。可以看出，$e_B^{(j)}$ 是 $\lg\gamma_B$ 对 $(100w_j)$ 的变化率，表明组分 j 对组分 B 的 γ_B 的影响情况。$e_B^{(j)}$ 可正可负，其物理意义为：在一个物质的量无比巨大的 Fe-B（B 为合金组分）二组分系统内，保持 B 的组成很低且不变时，可逆地向系统中单独添加第三组分 j，使 $(100w_j) = 1$ 所引起的组分 B 的 $\lg\gamma_B$ 的改变。$e_B^{(j)}$ 绝对值的大小反映出 j 与 B 相互作用的强弱。

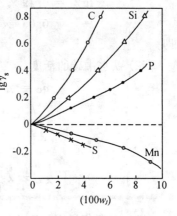

给出积分上、下限，对式(2-67)进行积分，得

$$\lg\gamma_B = e_B^{(j)} \times (100w_j) \tag{2-68}$$

一些常用的铁基合金的 $e_B^{(j)}$ 列于附录 Ⅵ 中。

【例 2-26】　在 1 600 ℃ 的 Fe(l) 中添加 C 和 S，使 $[100w(S)] = 0.1$，$[100w(C)] = 0.5$，求 $\lg\gamma_S^{(j)}$。

图 2-10　Fe-S 二组分系统中添加第三组分 j 对硫的 $\lg\gamma_S$ 的影响

解　由附录 Ⅵ 查得铁基合金中 $e_S^{(S)} = -0.028$，$e_S^{(C)} = 0.113$，故

$$\lg\gamma_S^{(S)} = e_S^{(S)} \times [100w(S)] = -0.028 \times 0.1 = -0.002\ 8$$

$$\lg\gamma_S^{(C)} = e_S^{(C)} \times [100w(C)] = 0.113 \times 0.5 = 0.056\ 5$$

2. 铁基合金中组分 B 的活度因子 γ_B 的计算

在铁基合金溶体 —— 钢水中，由于 C，Si，S，P，Mn 等多种组分可能共存，相互作用十分复杂，通常只作近似处理。由于讨论的是铁基合金，溶剂 Fe（记作 A）在以下涉及的处理中一律不予标出，以使公式简明而又不影响结论。

假设开始有 Fe-B 的稀溶液，现在向该溶液中加入 i, j, k 等组分，则

$$\gamma_B = \gamma_B^{(i)} \times \gamma_B^{(k)} \times \gamma_B^{(j)}$$

或

$$\lg\gamma_B = \lg\gamma_B^{(i)} + \lg\gamma_B^{(k)} + \lg\gamma_B^{(j)} = \sum \lg\gamma_B^{(j)} \tag{2-69}$$

式中，γ_B 是多组分铁基合金中组分 B 的活度因子；$\lg\gamma_B^{(j)}$ 是多组分铁基合金中由于单独添加组分 j 而对组分 B 的 $\lg\gamma_B$ 的贡献。

将式(2-68)代入式(2-69)，得

$$\lg\gamma_B = e_B^{(i)} \times (100w_i) + e_B^{(k)} \times (100w_k) + e_B^{(j)} \times (100w_j) =$$
$$\sum [e_B^{(j)} \times (100w_j)] \tag{2-70}$$

式(2-70)就是计算多组分铁基合金中组分 B 的活度因子 γ_B 的公式。

【例 2-27】　某铸铁铁水的化学组成如下：$[100w(C)] = 3.40$，$[100w(Si)] = 2.00$，$[100w(Mn)] = 0.50$，$[100w(P)] = 0.30$，$[100w(S)] = 0.10$，试计算：(1) 铁水中碳的活度因子；(2) 铁水中碳的活度。

解　(1) 铁水中碳的活度因子 γ_C

由式(2-70)，得

$$\lg\gamma_C = e_C^{(C)} \times [100w(C)] + e_C^{(Si)} \times [100w(Si)] + e_C^{(Mn)} \times [100w(Mn)] +$$
$$e_C^{(P)} \times [100w(P)] + e_C^{(S)} \times [100w(S)]$$

由附录 Ⅵ 查得，$e_C^{(C)} = 0.19$，$e_C^{(Si)} = 0.106$，$e_C^{(Mn)} = -0.002$，$e_C^{(P)} = 0.057$，$e_C^{(S)} = 0.09$。将 $e_C^{(j)}$ 及 $(100w_j)$ 代入上式，则

$$\lg\gamma_C = 0.19 \times 3.40 + 0.106 \times 2.00 + (-0.002) \times 0.50 +$$
$$0.057 \times 0.30 + 0.09 \times 0.10 = 0.883\ 1$$

即
$$\gamma_C = 7.64$$

(2) 铁水中碳的活度 a_C

$$a_C = \gamma_C \times [100w(C)] = 7.64 \times 3.40 = 25.98$$

Ⅳ　相平衡强度状态图

2.10　单组分系统相图

将吉布斯相律应用于单组分系统,因为 $C = 1$,则

$$f = 1 - \phi + 2 = 3 - \phi$$

因为 $f \not< 0$,$\phi \neq 0$,所以 $\phi \leqslant 3$。若 $\phi = 1$,则 $f = 2$,称双变量系统;若 $\phi = 2$,则 $f = 1$,称单变量系统;若 $\phi = 3$,则 $f = 0$,称无变量系统。

上述结果表明,对单组分系统,最多只能 3 相平衡,自由度数最多为 2,即最多有 2 个独立的强度变量,也就是温度和压力。所以以压力为纵坐标,温度为横坐标的平面图,即 $p\text{-}T$ 图,可以完满地描述单组分系统的相平衡关系。

2.10.1　水的 $p\text{-}T$ 图

水在通常压力下,可以处于以下任何一种平衡状态:单相平衡 —— 水,气或冰;两相平衡 —— 水 $\rightleftharpoons$ 气,冰 $\rightleftharpoons$ 气,冰 $\rightleftharpoons$ 水;三相平衡 —— 冰 $\rightleftharpoons$ 水 $\rightleftharpoons$ 气。

根据实验测得的 H_2O 的平衡数据,可以绘制出如图 2-11 所示 H_2O 的 $p\text{-}T$ 图。图中曲线 OC 是水在不同温度下的饱和蒸气压曲线。在一定温度下(临界温度以下),增加压力可以使气体液化,故 OC 线以左的相区为液相区,以右的相区为气相区。显然 OC 线向上只能延至临界温度 374.2 ℃,临界压力 22.1 MPa。因为在 C 点气、液的差别已消失,超过 C 点不能存在气、液两相平衡,OC 线到此为止。

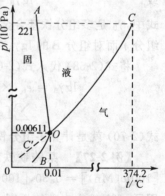

图 2-11　H_2O 的 $p\text{-}T$ 图

若使水的温度降低,则其蒸气压量值将沿 CO 线向 O 点移动,到了 O 点(0.01 ℃,611.0 Pa)冰应出现,但是如果我们特别小心,可使水冷至相当于图中虚线上的状态而仍无冰出现,这种现象叫**过冷现象**(supercooled phenomenon),OC' 线代表过冷水的饱和蒸气压曲线。处于过冷状态的水虽可与其蒸气处于两相共存,但不如热力学平衡那样稳定,一旦受到剧烈震荡或加入少量冰作为晶种,会立即凝固为冰,所以称为**亚稳状态**(metastable state)。

由冰 $\rightleftharpoons$ 气两相平衡的数据,得到图中 OB 曲线,也就是冰的饱和蒸气压曲线,表明冰的饱和蒸气压随温度降低而降低。在 OB 线以上,表示同样温度下压力大于固体饱和蒸气压,因而为固相区,即冰的相区;OB 线以下则相反,为气相区。理论上 OB 线向下可以延至

0 K。从图中可看出，温度对冰的饱和蒸气压的影响(dp/dT)比对水的饱和蒸气压的影响大，从克拉珀龙方程亦可得出这个结论。

从冰$\rightleftharpoons$水两相平衡数据，得到OA线，即冰的熔点随压力变化曲线。曲线斜率为负值，表明随压力增加，冰的熔点降低。当OA线向上延至 202 MPa 以上时，人们发现还有 5 种不同晶型的冰。

如上所述，3 个相区 BOA，AOC，BOC 分别为固、液、气的单相平衡区，各区均为双变量系统，即 $f=2$，p 和 T 都可以在有限范围内任意改变而不致引起原有相的消失或新相的生成；OA，OB，OC 为两相平衡曲线，均为单变量系统，即 $f=1$，p，T 二者只有一个可以独立改变，另一个将随之而定，即不可能同时独立改变，否则系统的平衡状态将离开曲线而改变相数。

当固、液、气三相平衡共存时，$f=1-3+2=0$，为无变量系统，即如图 2-11 所示的 O 点，叫三相点(triple point)，它的温度、压力的量值是确定的，即 0.01 ℃，611.0 Pa。此时若温度、压力发生任何微小变化，都会使三相中的一相或两相消失。

注意 相图中的任何一点，都是该系统处于平衡状态的一个强度状态点，它指示出平衡系统的相数、相的聚集态、温度、压力和组成(单组分系统即为纯物质)，而未规定物量，物量是任意的，因为强度状态与物量无关。为简单起见，本书把相图中的点统称为**系统点**(system point)。

2.10.2 CO_2 的 p-T 图及超临界 CO_2 流体

1. CO_2 的 p-T 图

如图 2-12 所示为 CO_2 的 p-T 图及其体积质量与压力、温度的关系。图中 OA 线为 CO_2 的液-固平衡曲线，即 CO_2 的熔点随压力的变化曲线，它与水的相图中的 OA 线不同，它向右倾斜，曲线的斜率为正值，表明随压力增加，CO_2 固体的熔点升高；OB 线为 CO_2 的固-气平衡曲线，即 CO_2 固体的升华曲线；OC 线为 CO_2 的液-气平衡曲线，即液体 CO_2 的蒸气压曲线，该线至 C 点为止，C 点为 CO_2 的临界点，临界温度为 31.06 ℃，临界压力为7.38 MPa。超过临界点 C 之后，CO_2 的气、液界面消失，系统性质均一，处于此状态的 CO_2 称为超临界 CO_2 流体。图中的阴影部分即为超临

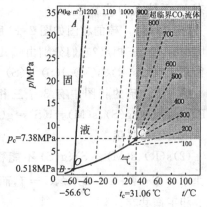

图 2-12　CO_2 的 p-T 图及其体积质量与压力、温度的关系

界 CO_2 流体。OA、OB、OC 的交点 O 则为 CO_2 的三相点，三相点的温度为 -56.6 ℃，压力为 0.518 MPa。图中虚线上的数值为 CO_2 在不同温度、压力下的体积质量(kg·m^{-3})。

2. 超临界 CO_2 流体

利用超临界流体的萃取分离是近代发展起来的新技术。超临界流体由于具有较高的体积质量，故有较好的溶解性能，作萃取剂萃取效率高，且降压后萃取剂汽化，所剩被溶解物质即被分离出来，而超临界 CO_2 流体的体积质量几乎是最大的，因此最适宜作超临界萃取剂。其优点如下：

(i) 由于超临界 CO_2 流体体积质量大,临界点时其体积质量为 $448\ kg\cdot m^{-3}$,且随着压力的增加其体积质量增加很快,故对许多有机物溶解能力很强。另一方面从图 2-12 中可以看出,在临界点附近,压力和温度微小变化可显著改变 CO_2 的体积质量,相应影响其溶解能力。所以通过改变萃取操作参数(T,p),很容易调节其溶解性能,提高产品纯度,提高萃取效率。

(ii)CO_2 临界温度为 $31.06\ ℃$,所以 CO_2 萃取可在接近室温下完成整个分离工作,特别适用于热敏性和化学不稳定性天然产物的分离。

(iii)与其他有机萃取剂相比,CO_2 既便宜,又容易制取。

(iv)CO_2 无毒、惰性、易于分离。

(v)CO_2 临界压力适中,易于实现工业化。

2.10.3　硫的 p-T 图

图 2-13 为硫的 p-T 图。在不同的强度状态下,固态硫有两种晶型,即正交硫 s(R) 和单斜硫 s(M)。它们分别与气态硫 g(S) 和液态硫 l(S) 形成 3 个三相点,分别是:系统点 B(95 ℃),s(R)$\rightleftharpoons$s(M)$\rightleftharpoons$g(S) 三相平衡点;系统点 C(119 ℃),s(M)$\rightleftharpoons$l(S)$\rightleftharpoons$g(S) 三相平衡点;系统点 E(151 ℃),s(R)$\rightleftharpoons$s(M)$\rightleftharpoons$l(S) 三相平衡点。图中共有 4 个单相区及 AB、BC、CD、BE、CE 5 条两相平衡线。此外还有 4 条亚稳状态线,分别是:CG 为过冷 l(S) 的饱和蒸汽压曲线;BG 为过热 s(R) 的饱和蒸汽压曲线;BH 为过冷 s(M) 的饱和蒸汽压曲线;GE 为 s(R)$\rightleftharpoons$l(S) 两相亚稳共存状态线,即为过热 s(R) 的熔化曲线。系统点 G 为 s(R)$\rightleftharpoons$g(S)$\rightleftharpoons$l(S) 三相亚稳共存状态点,系统点 D 为临界点。

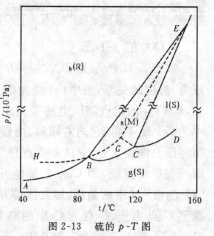

图 2-13　硫的 p-T 图

【例 2-28】　硫的相图如图 2-13 所示。问:(1)硫的相图中有几个三相点?它们分别由哪几种状态的硫构成平衡系统?(2)s(R)、s(M)、l(S)、g(S) 能否稳定共存?

解　(1) 硫的相图中有 3 个三相点。它们分别为 s(R)$\rightleftharpoons$s(M)$\rightleftharpoons$g(S)、s(M)$\rightleftharpoons$l(S)$\rightleftharpoons$g(S) 和 s(R)$\rightleftharpoons$l(S)$\rightleftharpoons$ s(M) 三相共存。

(2)s(R)、s(M)、l(S)、g(S) 不能稳定共存,因为由相律 $f=C-\phi+2=3-\phi$,$C=1$,而 $f\nless 0$,故最多只能 3 相平衡共存。

2.10.4　纯水的三相点及"水"的冰点

对单组分系统相图,根据相律,平衡系统中最多相数为 3,三相平衡的系统点即为三相点。对于固相只有 1 种晶型的单组分系统,只有 1 个三相点;而有 1 种以上晶型时,三相点就不止一个了。例如,如图 2-13 所示硫的相图中就有 3 个三相点;高压下水的相图中三相点也不止一个,因为在高压下有多种晶型的冰。平常所说的三相点是指水、气、冰三相平衡共存的系统点。在 20 世纪 30 年代初这个三相点还没有公认的数据。1934 年我国物理化学家黄子卿等经反复测试,测得水的三相点温度为 0.009 81 ℃。1954 年在巴黎召开的国际温标会议确认此数据,此次会议规定,水的三相点温度为 273.16 K。1967 年第 13 届 CGPM(国际计量大会)决议,热力学温度的单位开尔文(K)的数值是水的三相点热力学温度的 1/273.16。

不要把水的三相点(指气、液、固三相平衡共存的系统点,如图 2-11 所示的 O 点)与"水"的冰点相混淆。它们的区别如图 2-14 及图 2-15 所示。"水"的冰点(ice point)是指被 101.325 kPa 下空气所饱和了的"水"(已不是单组分系统)与冰呈平衡的温度,即 0 ℃;而三相点是纯水、冰及水蒸气三相平衡的温度, 即 0.01 ℃。在冰点,系统所受压力为 101.325 kPa,它是空气和水蒸气的总压力;而三相点时,系统所受的压力是 611 Pa,它是与冰、水呈平衡的水蒸气的压力,"水"的冰点比纯水的三相点低 0.01 K。

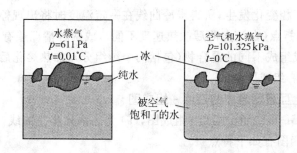

图 2-14　纯水的三相点(在密闭容器中)　图 2-15　"水"的冰点(在敞口容器中)

由于压力的增加以及水中溶有空气,均使"水"的冰点下降。如图 2-14 所示,当系统的压力由 611 Pa 增加到 101 325 Pa 时,可由克拉珀龙方程算得水的冰点降低约 0.007 5 ℃;而由于水中溶有空气,可由稀溶液的凝固点降低公式算得,水的冰点又降低 0.002 3 ℃,合计降低约 0.009 8 ℃。

【例 2-29】　某地区大气压约为 61 kPa,若下表中 4 种固态物质被加热,哪种物质能发生升华现象?

物质	三相点		物质	三相点	
	$t/$ ℃	p/Pa		$t/$ ℃	p/Pa
汞	−38.88	1.69×10^{-4}	氯化汞	227.0	57.3×10^3
苯	5.466	4.81×10^3	氩	−180.0	68.7×10^3

解　氩能发生升华现象。因为该地区大气压量值(61 kPa)低于氩的三相点压力的量值(68.7 kPa)。

2.11　二组分系统相图

将吉布斯相律用于二组分系统,有 $f = C - \phi + 2 = 4 - \phi$。其中,$f_{min} = 0$,$\phi_{max} = 4$,即二组分系统相图中最多有 4 个相同时共存;又因为 $\phi_{min} = 1$,故 $f_{max} = 3$,即二组分系统相图中最多有 3 个独立变量,它们是 T,p 和组成。$f = 3$ 的系统,需要用三维立体坐标图,但如果将 T,p 二者中的一个固定,就可以用平面坐标图。与三维立体坐标图比较,二维平面坐标图简单明了,绘制和使用方便,因此经常采用。例如,对于化工和冶金中的精馏工艺,及对合金冶炼或盐类精制,可以将 p 取为常量,绘制出 T-x 图。在机械热处理、材料的表面处理及冶金中,二组分系统的气液平衡或固气平衡不普遍,因而本章只讨论二组分凝聚系统的相图。

2.11.1 二组分形成完全互溶固溶体的相图

1.热分析法

热分析法（thermal analysis）是绘制熔点 - 组成图最常用的实验方法。这种方法的原理是：将系统加热到熔化温度以上，然后使其徐徐冷却，记录系统的温度随时间的变化，并绘制温度（纵坐标）- 时间（横坐标）曲线，叫**步冷曲线**（cooling curve）。

若系统在冷却过程中不发生相变化，则系统逐渐散热时，所得步冷曲线为连续的曲线；若系统在冷却过程中有相变化发生，所得步冷曲线在一定温度时将出现**停歇点**（有一段时间散热时温度不变）或**转折点**（在该点前后散热速度不同），或两种情况兼有。

将两个组分配制成组成不同的混合物（包括两个纯组分），加热熔化后，测得一系列步冷曲线，进而可得到熔点 - 组成图。

2.二组分形成完全互溶固溶体的熔点 - 组成图

如图 2-16 所示为 Ge-Si 二组分熔点 - 组成图，(a) 为一系列步冷曲线，(b) 为根据步冷曲线(a) 绘出的相图。该相图有如下特点：

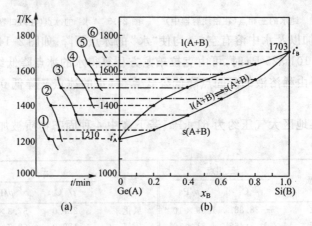

图 2-16　Ge-Si 二组分熔点 - 组成图

(i) 二组分在液相和固相都完全互溶，液相为均相液溶体，以 l(A＋B) 表示；固相为均相固溶体，以 s(A＋B) 表示。

(ii) 在二组分全部组成范围内，液溶体的凝固点和固溶体的熔点分别介于两个纯组分的凝固点和熔点之间；由一系列凝固点构成固相线，由一系列熔点构成液相线，两线之间为 l(A＋B)⇌s(A＋B) 两相平衡区。

(iii)Ge(A) 的熔点低，Si(B) 的熔点比 Ge(A) 高出约 500 ℃。因此，A 为易熔组分，B 为难熔组分。

(iv) 对两相平衡区内任意一个系统，液相中 A 含量均大于 B 含量，而固相中 B 含量均大于 A 含量。这一特点为组分 A 和 B 的分离提供了方便条件。

为了更清楚地说明组分 A 和 B 的分离原理，我们将该相图抽象为图 2-17(a)。设有一系统点 a_0，使其缓慢降温至 a_1 点，有第一个固溶体的晶核产生；继续降温，固溶体的量增加，至 a_2 点时，液相组成为液相线上 l_1 点的组成，固溶体的组成则为固相线上 s_1 点的组成。可以看出，液相中 A 增多了，固溶体中 B 增多了。将固液相分离，将分离出的液相冷却至 a_3 点，系统又为两相平衡,液相中 A 的含量如 l_2 点所示,已大于 l_1 点 A 的含量;再一次把固液相分离,将分离出的液相再进行冷却,例如,冷却至 a_4 点,此时液相中 A 的含量比 l_2 点 A 的含量高;如此重复分离、冷却,最终在液相中会获得纯度较高的组分 A。另一方面,我们来看在 a_2 点分离出来的固溶体 s_1,其中组分 B 的含量远高于液相;此时将 s_1 加热至 a_3',使其呈固液平衡,其液相组成如 a_1 点所示,固相组成如 s_2' 点所示,固溶体 s_2' 中 B 的含量较 s_1 中 B 的含量大;将固液两相分离,将获得的固溶体 s_2' 再加热熔化;如此加热熔化、分离重复操作,最终在固相中可获得纯度较高的组分 B。

因此,对于这种系统,可以用简单的方法把组分 A 和 B 分离开,但这样分离的组分 A 和 B 纯度有限。若想获得高纯金属 A 和 B,则需特殊提纯技术,如下面提到的区域熔炼技术。

与 Ge-Si 相似的系统还有 Cu-Ni,Au-Pt 等。

除 Ge-Si 一类相图外,在固相形成完全互溶固溶体的相图中,还有一类能形成具有最低恒溶组成固溶体的二组分系统,其典型相图如图 2-17(b) 所示,此类相图有 K-Rb,900 ℃ 以上的 Ni-Mn 等。理论上讲,还应该有能形成具有最高恒溶组成固溶体的二组分系统,但实验中十分少见。

对于具有最低恒溶组成固溶体的二组分系统,若用上面介绍的分离方法对二组分 A 和 B 进行分离,在高温液相可获得组分 A 或 B,而在低温固相可获得具有一定组成的二组分固溶体。

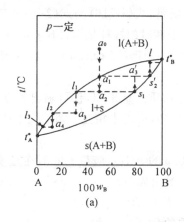
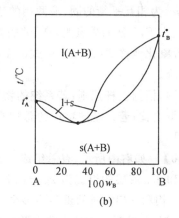

图 2-17　二组分形成完全互溶固溶体的相图

3. 杠杆规则

对二组分系统,在一定条件下达到两相平衡时,该两相的物质的量(或质量)关系可以根据系统的相图由杠杆规则作定量计算。

以如图 2-18 所示的 A,B 二组分在某压力下的熔点-组成图为例。设有总组成为 x_B、温度为 t_K 的系统点 K,该系统为固液两相平衡,固相点和液相点分别为 S 和 L,由图可读出该两相的组成(两相中 B 的摩尔分数)为 x_B^s 和 x_B^l。现在来考虑,此时固、液两相物质的量 n^s 及 n^l 与系统的总组成 x_B 及固、液两相的组成 x_B^s 及 x_B^l 的关系如何?

从 $x_B \stackrel{\text{def}}{=\!=} \dfrac{n_B}{n_A + n_B}$ 出发,

$$n_B = n_B^s + n_B^l = n^s x_B^s + n^l x_B^l$$

又

$$n_A + n_B = n_A^s + n_B^s + n_A^l + n_B^l = n^s + n^l$$

代入 x_B 定义式,则得

$$(n^s + n^l)x_B = n^s x_B^s + n^l x_B^l$$

于是,有

$$\frac{n^s}{n^l} = \frac{x_B^l - x_B}{x_B - x_B^s} \qquad (2\text{-}71a)$$

根据式(2-71a)可以求出在一定条件下两组分达到固液两相平衡时,固液两相的物质的量之比。

由图 2-18 可以看出,$x_B^l - x_B = \overline{LK}$,$x_B - x_B^s = \overline{KS}$,所以又可得

$$n^s/n^l = \overline{LK}/\overline{KS} \qquad (2\text{-}71b)$$

即相互平衡的固、液两相的物质的量之比,可由相图中连接两相点的两段定温连接线的长度 $\overline{LK}$ 与 $\overline{KS}$ 之比求得。式(2-71b)也可写成

$$\overline{LK} \cdot n^l = \overline{KS} \cdot n^s \qquad (2\text{-}71c)$$

若相图中的组成坐标不用摩尔分数而用质量分数表示,得

$$m^s/m^l = \overline{LK}/\overline{KS} \qquad (2\text{-}71d)$$

或

$$\overline{LK} \cdot m^l = \overline{KS} \cdot m^s \qquad (2\text{-}71e)$$

式中,m^s 及 m^l 为相互平衡的固、液两相的物质的质量。式(2-71d)与式(2-71e)与力学中的以 K 为支点,挂在 S, L 处的质量为 m^s, m^l 的两物体平衡时的杠杆规则($\overline{LK} \cdot m^l = \overline{KS} \cdot m^s$)形式相似,故形象化地称式(2-71a)～式(2-71e)为**杠杆规则**(lever rule)。杠杆规则适合于任何两相平衡系统。

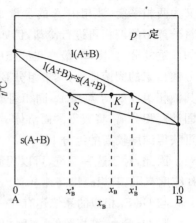

图 2-18　杠杆规则

有了相图,根据杠杆规则,若系统的物质的总物质的量未知,仅可求出相互平衡的两个相的物质的量之比;若系统的物质的总物质的量已知,可求出相互平衡的两个相各自的物质的量(或质量)。

【例 2-30】 如右图所示,有总组成为 $x_B = 0.5$ 的 A-B 双液系 1 mol,在温度 t 时形成两平衡液层 α 和 β,α 液层的组成为 $x_B^\alpha = 0.7$,β 液层的组成为 $x_B^\beta = 0.2$。求:(1) α 相和 β 相物质的量各为多少?(2) β 相物质的量占系统总的物质的量的分数;(3) B 组分在两相中物质的量;(4) 各相中 B 组分物质的量占系统中 B 总的物质的量的分数。

$x_B^\beta = 0.2$ 　　　 $x_B = 0.5$ 　　　 $x_B^\alpha = 0.7$

n^β 　　　　　　　　　　　　　　　　　 n^α

解　(1) $\dfrac{n^\beta}{n^\alpha} = \dfrac{x_B^\alpha - x_B}{x_B - x_B^\beta} = \dfrac{0.7 - 0.5}{0.5 - 0.2} = \dfrac{2}{3} = \dfrac{n^\beta}{1\ \text{mol} - n^\beta}$

$\qquad n^\beta = \dfrac{2}{5}\ \text{mol} = 0.4\ \text{mol}, \quad n^\alpha = 1\ \text{mol} - n^\beta = 0.6\ \text{mol}$

(2) $\dfrac{n^\beta}{n} = \dfrac{0.4}{1} = 0.4$

(3) α 相中 B 物质的量　$n_B^\alpha = n^\alpha \cdot x_B^\alpha = 0.6\ \text{mol} \times 0.7 = 0.42\ \text{mol}$

$\qquad \beta$ 相中 B 物质的量　$n_B^\beta = n^\beta \cdot x_B^\beta = 0.4\ \text{mol} \times 0.2 = 0.08\ \text{mol}$

(4) α 相中 B 物质的量占系统中 B 总的物质的量的分数　$\dfrac{0.42}{0.5} = 0.84$

β 相中 B 物质的量占系统中 B 总的物质的量的分数　$\dfrac{0.08}{0.5} = 0.16$

4.区域熔炼

（1）区域熔炼原理

区域熔炼（zone-refining）是冶炼超高纯金属（如半导体 Si，Ge，纯度可达 8 个"9"，即金属中杂质的质量分数 $w_B \leqslant 1 \times 10^{-6}$）的最基本方法之一，也是提纯有机化学品和高分子材料按质均摩尔质量分级的基本方法之一。

如图 2-19 所示，(a) 和 (b) 均为二组分固相能生成互溶固溶体的相图的一部分。图中 AP 和 AN 分别为液相线和固相线，A 为待提纯的金属，B 为待去除的杂质。设在某一温度下有一系统点 Q，则与 Q 对应的两共轭相，其组成分别为 w_B^l 和 w_B^s，令

$$K_s \stackrel{\text{def}}{=\!=} \frac{w_B^s}{w_B^l}$$

则 K_s 称为分凝系数。分凝系数的大小直接影响区域熔炼金属的纯度和难易程度。

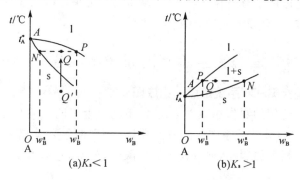

图 2-19　能生成固相互溶固溶体的二组分凝聚系统相图（局部）

如图 2-19(a) 所示，组分 A 为高熔点金属，组分 B 为低熔点金属，在两相平衡时，组分 B 更多地分配到液相中，组分 A 则更多地分配到固相中，$K_s < 1$；图 2-19(b) 中则正相反。现在以图 2-19(a) 为例，讨论区域熔炼原理。

假设有含少量杂质 B 的固体金属 A（图中 Q' 点），将其加热升温至 Q，则部分熔化呈两相平衡，此时杂质 B 通过扩散更多地集中到液相中，于是固相中杂质 B 比原来少了，金属 A 更纯了；然后将固液分离，分离后的固相再经加热熔化，使杂质 B 再一次向液相扩散，于是固相中的杂质 B 又一次减少，金属 A 又一次被纯化；重复上述操作，最终可以在固相中获得极纯的金属 A。如图 2-19(b) 所示情况相反，可以在液相中得到极纯的金属 A。

（2）区域熔炼设备（方法）

如图 2-20 所示，为了保证在近乎平衡条件下操作，区域熔炼应该在保温炉中进行。步骤如下：

① 首先将待精炼金属做成金属圆棒；

② 将金属棒套在线圈中；

③ 控制线圈电压、电流，由于电流的趋肤效应，金属表面先熔化，然后体相才熔化；

④ 加热的同时，缓慢移动金属棒，使熔化区右移；同时，移出加热线圈的熔化部分慢慢冷却

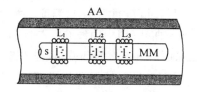

图 2-20　区域熔炼设备原理图

MM— 需要精炼的金属；AA— 保温管式炉
L_1，L_2，L_3— 加热用高频线圈；s— 重凝区；l— 熔化区

固化,在这个过程中,杂质 B 不断向液相迁移($K_s<1$),亦即向右迁移,于是在左端的重凝区杂质 B 就减少;每经过一个线圈,金属就纯化一次,在纯化过程中杂质 B 一直是由左向右迁移的。

⑤ 当金属棒移至炉子的最左端时,慢慢将其取出;然后再次将棒按第一次放置时的头尾方向从右端放入炉中,重复第一次的操作(注意,绝对不能像拉锯一样把线圈左右拉动),于是加热线圈就如同一把笤帚,不断地把杂质从左端一次次扫至右端,直至达到精炼要求,过程停止。

⑥ 精炼完成后,依据分析数据将金属棒的"尾部"斩掉,在"头部"获得所需纯度的超高纯金属。

⑦ 对于 $K_s>1$ 的系统,精炼完成后,应该将"头部"废弃而留"尾部";还有一种情况,某金属中含有两种杂质,一种如图 2-19(a) 所示,另一种如图 2-19(b) 所示,此时,在精炼完成后,应该"斩头去尾留中间"。

区域熔炼方法也适用于有机化合物的"区域提纯"而获得极高纯度的有机化合物,也可以对高分子化合物"按相对分子质量分级"。

2.11.2　二组分固态完全不互溶系统的相图

1. 步冷曲线法制作 Bi-Cd 系统熔点 - 组成图

溶解度法是较早使用的制作相图方法。测定不同温度下两个平衡液相的组成,标绘在温度 - 组成图上,可得二组分互溶系统的溶解度曲线(分层曲线),从而画出相图。溶解度法也可用于液固平衡系统相图的制作,但有较大的局限性,例如,往往难以将高温下的液固两相分开。

热分析法是最常用的相图制作方法。以 Bi-Cd 二组分系统为例,配制一系列组成不同的 Bi-Cd 合金系统[如纯 Bi、纯 Cd 及 $w(Cd)$ 不同的 Bi-Cd 系统]分别加热使其熔化为液相,然后缓慢地均匀冷却,连续记录冷却过程中温度随时间的变化关系,并以温度为纵坐标,以时间为横坐标,作出步冷曲线。若系统中不发生相变化,步冷曲线斜率基本不变;若系统中发生相变化,步冷曲线斜率将会改变。因此每一条步冷曲线可代表一种系统的冷却情况,如图 2-21 所示。

图中曲线 ① 为纯 Bi 的步冷曲线,纯 Bi 是单组分系统,在 $t>271$ ℃ 时以液相存在,按相律 $f'=1-1+1=1$,有一个条件自由度,故温度可以变动,在均匀冷却时步冷曲线的斜率基本不变。当冷却至 Bi 的熔点 271 ℃ 时,开始凝固出固相 Bi,此时固液两相共存,按相律 $f'=1-2+1=0$,故温度不能变化,在步冷曲线上出现水平线段,直至系统全部凝固,液相消失,只剩下固相时,f' 重又为 1,温度才能继续下降,故其步冷曲线形状如曲线 ① 所示。对于纯 Cd,其步冷曲线(图中曲线 ⑤)与纯 Bi 相似,只不过水平线段出现在 Cd 的熔点 321 ℃。

当 $w(Cd)=0.2$ 的 Bi-Cd 液态系统冷却时,在 210 ℃ 以上为液相,按相律 $f'=2-2+1=1$,冷却至 210 ℃ 时接触液相线,开始有固相 Bi 析出,由于凝固时要放热,所以使温度下降速度变慢,反映在步冷曲线上是斜率变小了,出现了一个转折点。继续冷却时 Bi 将不断析出,液相的组成不断改变,到 140 ℃ 时变为共晶的组成,此时固相 Cd 也同时析出,发生共晶过程。在共晶过程完成前,系统以液、Bi(s) 和 Cd(s) 三相共存,$f'=2-3+1=0$,因此温度保持不变,故其冷却曲线上也出现水平线段。只有当液相全部凝固,剩下两个固相时,温度才再

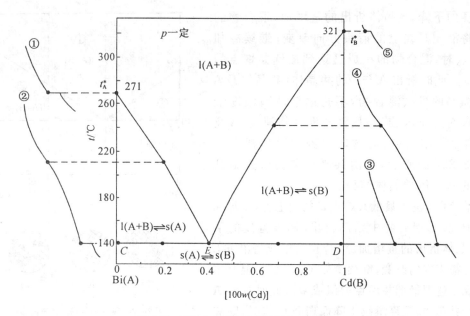

图 2-21 Bi(A)-Cd(B) 系统的熔点 - 组成图

次下降,如图中曲线 ② 所示;$w(\mathrm{Cd}) = 0.7$ 的系统步冷曲线如图中曲线 ④ 所示。

$w(\mathrm{Cd}) = 0.4$ 的 Bi-Cd 系统正好是共晶组成,在冷却过程中,温度高于 140 ℃ 时为液相,$f' = 1$。当冷到 140 ℃ 时发生共晶过程,固相 Bi 和 Cd 同时对溶液饱和而析出,$f' = 0$,温度不变,冷却曲线出现水平线段,待所有液相全部凝固后,温度才继续下降,故其步冷曲线上没有转折点,只有 140 ℃ 的水平线段,如图中曲线 ③ 所示。

如果以温度为纵坐标,以组成为横坐标,将各不同组成合金的步冷曲线上所得的转折点温度与水平线段温度的数据点绘在图上,再将各点连起来即能绘出 Bi-Cd 系统的熔点 - 组成图,如图 2-21 所示。

由于组成接近共晶的系统在开始凝固时析出的固体很少,相应的相变熔也很小,因此其步冷曲线上的转折点往往很不明显,以致不能正确地确定共晶点的位置。此时可用塔曼(Tamann) 三角形法确定共晶点,其原理是:若不同组成的合金熔体在同样条件下冷却,则冷却曲线上水平线段的长度(即共晶析出时温度不变的停顿时间)应正比于析出的共晶量。显然,在正好达到共晶组成时,析出的共晶量最多,因而其步冷曲线上水平线段的长度最长。

各相区的相态及成分已标示在图 2-21 中,图中 E 点为 A,B 二组分的最低共熔点(或共晶点),$t_{\mathrm{A}}^{*}E$、$t_{\mathrm{B}}^{*}E$ 线为液相线,或称为 A,B 二组分的凝固点降低曲线;$t_{\mathrm{A}}^{*}C$、$t_{\mathrm{B}}^{*}D$ 为固相线,其中,CED 这条水平线为三相平衡线,即 s(A),s(B) 及 $l_E(\mathrm{A}+\mathrm{B})$ 三相平衡。

2. 共晶体结构分析

以 Bi(A)-Cd(B) 系统的 $t\text{-}w_{\mathrm{B}}$ 图(图 2-22)为例,以图中 a,b,c 三个系统点说明系统的步冷过程及共晶体的结构。

系统点 c 的组成恰好是低共熔体的组成,当系统冷却至最低共熔点 E 时,A 及 B 同时析出,成为共晶体,其结构如图 2-22(c) 所示,是 A 及 B 两个纯组分的超细微晶组成的机械混合物(两个固相)。

系统点 a 位于最低共熔点 E 的右上方,冷却到 a_1 点时,B 自混合物中结晶析出,随着温度的下降,B晶体析出的量增加,混合物的组成将沿 a_1E 线上的箭头方向改变;继续冷却到 a_2 点时,混合物的组成已达到最低共熔点的组成 w_E,此时析出A与B的共晶体(共晶体是A与B微晶的机械混合物,不是固溶体);温度继续下降而离开 a_2 点时,则液态混合物消失,A及B各自全部结为晶体。这时得到的固体混合物如图 2-22(a) 所示,是由共晶体包夹着先结晶析出的B晶体的晶体结构。

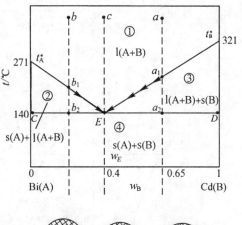

系统点 b 位于最低共熔点 E 的左上方,冷却到 b_1 点时,A自混合物中结晶析出,随着温度的下降,A晶体析出的量增加。混合物的组成将沿 b_1E 线上的箭头方向改变;继续冷却至 b_2 点时,混合物的组成已达到最低共熔点的组成 w_E,此时析出A与B的共晶体;温度继续下降而离开 b_2 点时,则液

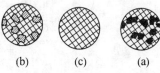

(b)　　　(c)　　　(a)

图 2-22　Bi(A)-Cd(B) 系统的步
冷过程和共晶体结构

态混合物消失,A与B各自全部结为晶体。这时所得的固体混合物如图 2-22(b) 所示,是由共晶体包夹着先结晶析出的A晶体的晶体结构。

【例 2-31】 A和B固态时完全不互溶,101 325 Pa 时A(s)的熔点为 30 ℃,B(s)的熔点为 50 ℃,A和B在 10 ℃具有最低共熔点,其组成为 $x_{B,E} = 0.4$,设A和B凝固点降低曲线均为直线。(1)画出该系统的熔点 - 组成图 (t-x_B 图);(2)今由 2 mol A和 8 mol B组成一系统,根据画出的 t-x_B 图,列表回答系统在 5 ℃,30 ℃,50 ℃时的相数、相的聚集态及成分、各相的物质的量、系统所在相区的条件自由度数。

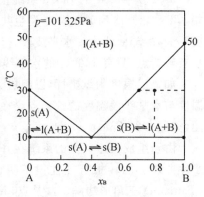

图 2-23　A-B 系统的熔点 - 组成图

解　(1)熔点 - 组成图(t-x_B 图)及各相区的相态与成分如图 2-23 所示。

(2)列表如下:

系统温度 / ℃	相数	相的聚集态及成分	各相的物质的量	系统所在相区的条件自由度数 f'
5	2	s(A) + s(B)	$n_A^s = 2$ mol $n_B^s = 8$ mol	1
30	2	s(B) + l(A + B)	$n_{A+B}^l = 6.67$ mol $n_B^s = 3.33$ mol	1
50	1	l(A + B)	$n_{A+B}^l = 10$ mol	2

【例 2-32】 如图 2-22 所示的 Bi-Cd 相图中的系统点 a,设其组成为 $w_B = 0.65$,总质量为 100 kg,现将其逐步冷却,(1)画出步冷曲线,并标明曲线上对应的相态,所发生的变化及条件自由度数 f';(2)在冷却过程中,欲将 s(Cd) 分离出来,问最多可分离出多少 s(Cd)?

解　(1)步冷曲线如下图所示。

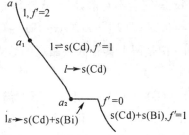

（2）当系统冷却至 a_1 时开始有 s(Cd) 析出，随着温度的下降，s(Cd) 析出增多，当降至 a_2 点时，s(Bi) 也开始析出。而此时 s(Cd) 虽然析出最多，但已不能分离出纯 s(Cd)。所以，要想分离出最大量的 s(Cd)，必须在温度降至接近但还未达到 140 ℃（a_2 点）时将 s(Cd) 分离出来。从理论上讲，分离的极限量为

$$m(\text{s},\text{Cd}) = \frac{\overline{a_2 E}}{\overline{ED}} \times m_{\text{总}} = \frac{0.65-0.4}{1-0.4} \times 100 \text{ kg} = 4.17 \text{ kg}$$

2.11.3 二组分形成化合物系统的相图

有时两个组分能发生化学反应生成固体化合物。若固体化合物熔化后生成的液相的组成与该化合物的组成相同，则该化合物称为**相合熔点化合物**；若固体化合物熔化后得到组成与它不同的液相及一纯固体，则该化合物称为**不相合熔点化合物**。[①]

如图 2-24 所示是 Mg(A)-Si(B) 系统在一定压力下的熔点 - 组成图，由 Mg(A) 与 Si(B) 构成的系统中还可能存在 Mg_2Si，Mg，Si 三种物质之间的反应平衡，所以仍是二组分系统。

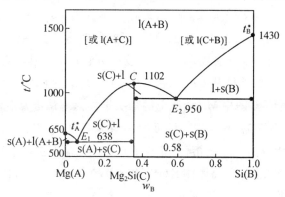

图 2-24 Mg(A)-Si(B) 系统的熔点 - 组成图（生成相合熔点化合物系统）

固体化合物 Mg_2Si 熔化时，所得液相的组成与固体化合物的组成相同。因此把该化合物称为相合熔点化合物。若把具有该组成的溶体降温冷却，所得步冷曲线的形状与单组分系统（纯物质）的步冷曲线形状一样，即冷却到 C 点温度（1 102 ℃）之前呈连续状，冷却到 C 点温度有固体析出，出现停歇点，曲线呈水平状，待溶体完全固化后，温度才继续下降，表明该固体化合物在一定的压力下有固定的熔点，如图 2-24 所示的 C 点，熔点温度为 1 102 ℃，该点附近的液相线呈一条圆滑的山头形曲线，而不是两条液相线呈锐角相交。

---

① 有的教材把相合熔点化合物称为稳定化合物，把不相合熔点化合物称为不稳定化合物。实际上"稳定"化合物熔化成液态时也可能分解，也可能稳定存在，仅靠相图无法判断其是否稳定。故本书不采用"稳定化合物"的称呼。

该系统在固态时 Mg 与 Mg_2Si 完全不互溶，Mg_2Si 与 Si 也完全不互溶，它们之间形成两个低共晶点 $E_1[638\ ℃,w(Si)=0.14]$ 及 $E_2[950\ ℃,w(Si)=0.58]$，所以整个相图（除在 C 点处液相线的切线的斜率为零外）像是两个具有低共晶点的熔点-组成图组合而成。各相区如图 2-24 所示。

如图 2-25 所示是 Na(A)-K(B) 系统在一定压力下的熔点-组成图。该图的特征与图 2-24 不同，这是由于 Na(A) 和 K(B) 所形成的化合物 $Na_2K(C)$ 加热到温度 t_P 时，按下式分解：

$$Na_2K(s) \Longrightarrow Na(s) + 溶体[l(Na+K)]$$

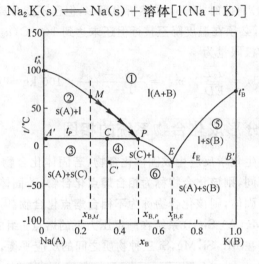

图 2-25　Na(A)-K(B) 系统的熔点-组成图（生成不相合熔点化合物系统）

所得溶体的组成与原化合物 Na_2K 的组成不同，同时生成另一种固体 Na(s)，因此该化合物 (Na_2K) 称为不相合熔点化合物。上述化合物的分解反应称转晶反应（transition crystal reaction）。若把组成 $x_{B,M}$ 的溶体从 80 ℃ 左右冷却到 M 点，固体钠开始从溶体中析出，溶体中 Na 含量沿曲线 MP 下降（图中 MP 曲线上的箭头走向），至温度 t_P 化合物 Na_2K 开始析出。图中的两条水平线均为三相平衡线，上面的一条水平线是固体 Na（相点 A'）、化合物 $Na_2K(C)$（相点 C）与组成为 $x_{B,P}$ 的溶体（相点 P）在温度 t_P 下三相平衡；下面一条水平线是固体化合物 $Na_2K(C)$（相点 C'）与固体 K(B)（相点 B'）及组成为 $x_{B,E}$ 的溶体（相点 E）在温度 t_E 下三相平衡。各相区如图 2-25 所示。

【例 2-33】　Au(A) 和 Bi(B) 能形成不相合熔点化合物 Au_2Bi。Au 和 Bi 的熔点分别为 1 336.15 ℃ 和 544.52 ℃。Au_2Bi 分解温度为 650 ℃，此时液相组成为 $x_B=0.65$。将 $x_B=0.86$ 的溶液冷却到 510 ℃ 时，同时结晶出两种晶体（Au_2Bi 和 Bi）的混合物。(1) 试根据实验数据绘出 Au-Bi 系统的熔点-组成图；(2) 试列表说明每个相区的相数、各相的聚集态及成分、相区的条件自由度数；(3) 画出组成为 $x_B=0.4$ 的混合物从 1 400 ℃ 开始冷却的步冷曲线，并标明系统降温冷却过程中，在每一转折点或平台处出现或消失的相。

解　(1) Au-Bi 系统的熔点-组成图如图 2-26(a) 所示。

(2) 根据相图，列表如下：

相区	相数	各相的聚集态及成分	相区的条件自由度数	相区	相数	各相的聚集态及成分	相区的条件自由度数
①	1	l(A＋B)	2	④	2	s(C)＋l(A＋B)	1
②	2	l(A＋B)＋s(A)	1	⑤	2	s(B)＋l(A＋B)	1
③	2	s(A)＋s(C)	1	⑥	2	s(C)＋s(B)	1

注　Au,Bi,Au_2Bi分别用 A,B,C 表示。

(3)$x_B = 0.4$ 混合物的步冷曲线如图 2-26(b) 所示。

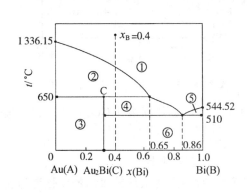

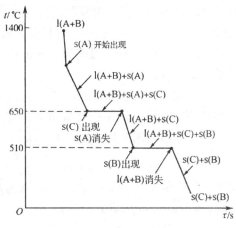

(a)Au-Bi系统熔点-组成图　　　　　(b)$x=0.4$混合物的步冷曲线

图 2-26

2.11.4　二组分固态部分互溶、液态完全互溶系统液固平衡相图

在一定组成范围内,液态完全互溶系统凝固后形成固溶体;而在另外的组成范围内,形成不同的两种互不相溶的固溶体。这样的系统称为液态完全互溶而固态部分互溶的系统,该类系统的熔点‐组成图又分为具有低共熔点及具有转变温度两种。

1. 具有低共熔点的熔点‐组成图

如图 2-27 所示是 Sn(A)-Pb(B) 系统在一定压力下的熔点‐组成图。图中 Sn 及 Pb 的熔点 t_A^* 及 t_B^* 分别为 232 ℃ 及 327 ℃。用 $s_\alpha(A＋B)$ 及 $s_\beta(A＋B)$ 分别表示 Sn 多 Pb 少及 Sn 少 Pb 多的固溶体,GC 及 FD 分别为 Pb 溶解在 Sn 中及 Sn 溶解在 Pb 中的溶解度曲线,$t_E = 183.3$ ℃(图中 E 点)为最低共熔点,该点组成 $x(Pb) = 0.26$;t_A^*E 及 t_B^*E 为结晶开始曲线,即液相线,t_A^*C 及 t_B^*D 则为结晶终了曲线,即固相线。而 $\overline{CED}$ 则为

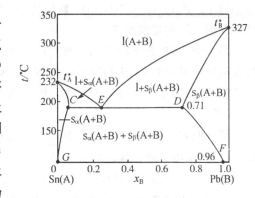

图 2-27　Sn(A)-Pb(B) 系统的熔点‐组成图

共晶线,当冷却到共晶线温度时,同时析出 $s_\alpha(A＋B)$ 和 $s_\beta(A＋B)$ 两种固溶体,所以在线上是三相平衡,这三相分别是具有相点 C 所示组成的 $s_\alpha(A＋B)$ 固溶体,具有相点 D 所示组成的 $s_\beta(A＋B)$ 固溶体和具有相点 E 所示组成的低共溶体。此时 $f' = 2-3+1 = 0$,表明,系统的温度和三个相的组成均有确定的量值。各相区如图 2-27 所示。根据这类相图可知,要制造低熔点合金应按什么比例配制。

2. 具有转变温度的熔点 - 组成图

如图 2-28 所示是 Ag(A)-Pt(B) 系统的熔点 -组成图。图中 t_A^* 及 t_B^* 分别为 Ag 及 Pt 的熔点(961 ℃ 及 1 772 ℃)。GC,FD 为 Ag 及 Pt 的相互溶解度曲线。$t_A^* E$ 及 $t_B^* E$ 为结晶开始曲线即液相线,而 $t_A^* C$ 及 $t_B^* D$ 为结晶终了曲线即固相线。$\overline{ECD}$ 线为 s_α(A+B),s_β(A+B) 及 l_E(具有相点 E 所示组成的液溶体)三相平衡线,温度为 1 200 ℃,各相区如图 2-28 所示。

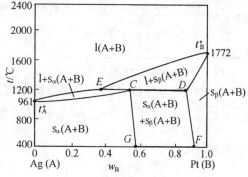

图 2-28 Ag(A)-Pt(B) 系统的熔点 - 组成图

由图 2-28 可看出,在 1 200 ℃ 以上,s_α(A+B)固溶体不存在,而 s_β(A+B) 固溶体却可存在。在 1 200 ℃ 加热固溶体 C(s_α),它就在定温下转变为固溶体 D(s_β) 和低共熔体 E,即

$$s_\alpha(A+B) \xrightarrow{\ 1\ 200\ ℃\ } s_\beta(A+B) + l_E(A+B)$$

因此 1 200 ℃ 是 s_α(A+B),s_β(A+B) 两固溶体的转变温度,上述反应式表示的变化称为**转晶反应**(transition crystal reaction)。

2.11.5 二组分液态部分互溶系统的液液平衡相图

两个组分性质差别较大,因而在液态混合时仅在一定组成和温度范围内互溶,而在另外的组成和温度范围只能部分互溶,形成两液相。这样的系统叫做**液态部分互溶系统**(liquid partially miscible system)。例如,H_2O-C_6H_5OH,H_2O-$C_6H_5NH_2$,H_2O-C_4H_9OH(正丁醇或异丁醇)等系统。

以 H_2O(A)-$C_6H_5NH_2$(B) 系统为例,讨论部分互溶系统的**溶解度图**。

图 2-29 是根据水(A)与苯胺(B)的相互溶解度实验数据绘制的 H_2O(A)-$C_6H_5NH_2$(B) 系统的溶解度图。横坐标用 $C_6H_5NH_2$(B) 的质量分数 w_B 表示。

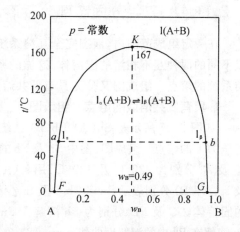

图 2-29 H_2O(A)-$C_6H_5NH_2$(B) 系统的溶解度图

图中曲线 FKG 的 FK 段,表示随着温度升高,苯胺在水中的溶解度增加;而 GK 段表示随着温度的升高,水在苯胺中的溶解度增加。曲线上的 K 点叫**临界会溶点**(critical consolute point,不一定在曲线上的最高点),温度为 167 ℃,叫**临界会溶温度**,该系统点对应的组成 $w_B = 0.49$,在临界会溶温度以上,两组分以任意比例混合都完全互溶形成均相系统。

图 2-29 中,FKG 曲线把全图分成两个区域,曲线外的区域为两个组分的完全互溶区,即均相区。曲线以内为两个组分部分互溶的两相区,含两个液相(即分层现象),下层为苯胺在水中的饱和溶液,简称水相,用符号 l_α(A+B) 表示,曲线 FK 为苯胺在水中的溶解度曲线;上层为水在苯胺中的饱和溶液,简称胺相,用符号 l_β(A+B) 表示,曲线 KG 为水在苯胺

中的溶解度曲线。在一定的温度下,两相平衡共存(此两相称为共轭相)。

2.12　二组分系统复杂相图分析

2.12.1　Fe-C 相图

在 2.10 ～ 2.12 节中介绍了二组分凝聚系统的几种最基本的相图及识读方法。有了对基本相图的分析知识后,就能够学习识读比较复杂的相图了。Fe-C 相图是比较复杂且用途较广的二组分凝聚系统相图,其常用部分如图 2-30 所示。

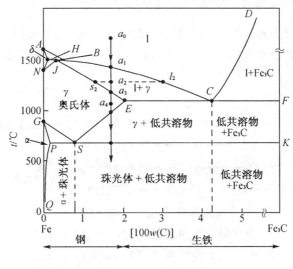

图 2-30　Fe-C 系统相图

为了更准确理解 Fe-C 系统相图,下面作几点说明:(i) 该图是用热分析法通过步冷曲线作出的;(ii) 该图只对不含任何杂质的 Fe-C 合金完全适用,将该图用于工业只能近似适用。

2.12.2　名词术语

下面对图中的几个名词稍作介绍:

(i) 铁碳液溶体或铁碳溶液:碳可以无限溶于铁水中,构成铁碳溶液,但高含碳量的系统无应用价值,故不作介绍;

(ii) δ - 铁:δ - 铁是存在于 $1\,535 \sim 1\,390$ ℃ 的 δ - 固溶体,体心立方晶格,在 $1\,485$ ℃ 时 δ - 铁内的含 C 量最大为 $[100w(C)] = 0.1$,即图中 H 点;

(iii) γ - 铁:γ - 铁是 $1\,390 \sim 910$ ℃ 的 Fe-C 固溶体,面心立方晶格。C 的溶解度大,$1\,130$ ℃ 时最大溶解度为 $[100w(C)] = 1.7$,即图中 E 点。温度降低时,C 的溶解度减少,在 723 ℃ 时 $[100w(C)] = 0.83$。凡是在 γ-Fe 中溶解 C 形成的 γ - 固溶体,均称为奥氏体。奥氏体无磁性,有良好的塑性和韧性,可进行机械加工;

(iv) α - 铁:纯铁低于 910 ℃ 的状态称为 α - 铁,它也是一种 Fe-C 固溶体,体心立方晶格;C 在 α - 铁中溶解度小,室温时为 $[100w(C)] = 0.008$,723 ℃ 时溶解度为 $[100w(C)] = 0.04$,即图中 P 点;α - 铁又称铁素体或纯铁,低于 768 ℃ 后出现磁性;

(v) 渗碳体:渗碳体是 Fe 与 C 的化合物 $Fe_3C(s)$ 的名字,Fe_3C 呈八面体结构,含碳量为 $[100w(C)] = 6.67$,熔点 1 560 ℃,它硬度高,强度低,无延展性,不能进行机械加工。$Fe_3C(s)$ 是一种亚稳定状态,在一定条件下可以分解

$$Fe_3C(s) \longrightarrow 3Fe(s) + C(s,石墨)$$

但是 $Fe_3C(s)$ 也许会存在很长时间而不分解;

(vi) 珠光体:它是 α - 铁与 Fe_3C 的机械混合物,只有在 723 ℃ 以下才出现并稳定存在,平均含碳量为 $[100w(C)] = 0.83$,其机械性能介于 α -Fe 和 Fe_3C 之间。

2.12.3　Fe-C 相图的识读

(i) 图中有 3 条水平线段,即三条三相线:HJB,ECF 和 PSK。HJB 线为 $l(Fe+C)$、δ-Fe 和 γ-Fe 三相平衡;ECF 线为 $l(Fe+C)$、γ-Fe 和 $Fe_3C(s)$ 三相平衡;PSK 线为 α -Fe、γ -Fe 和 $Fe_3C(s)$ 三相平衡;

(ii) 图中的几个特殊点:

C 点:是 γ-Fe 和 Fe_3C 的低共晶点,在该点发生的变化为共晶变化,即

$$l_C(Fe+C) \longrightarrow γ\text{-Fe}(s) + Fe_3C(s)$$

S 点:共析点,即 $γ\text{-Fe}(s) \rightarrow α\text{-Fe}(s) + Fe_3C(s)$

J 点:包晶点,即 $l_B(Fe+C) + δ\text{-Fe}(s) \longrightarrow γ\text{-Fe}(s)$

H 点:C(石墨) 在 δ-Fe 中的最大溶解度点,$[100w(C)] = 0.1$

E 点:C(石墨) 在 γ-Fe 中的最大溶解度点,$[100w(C)] = 1.7$

P 点:C(石墨) 在 α-Fe 中的最大溶解度点,$[100w(C)] = 0.04$

(iii) 图中几条主要的线:AB 线为 δ-Fe 在液溶体中的溶解度曲线;BC 线为 γ-Fe 在液溶体中的溶解度曲线;CD 线为 Fe_3C 在液溶体中的溶解度曲线;GS 线为 α-Fe 在奥氏体中的溶解度曲线;ES 则为 Fe_3C 在 γ-Fe 中的溶解度曲线;PQ 为 Fe_3C 在 α-Fe 中的溶解度曲线;

(iv) 图中几个主要的区:各区内的相态已标在图中,此处不再赘述;

(v) 铁与钢:现在让我们假设一个系统 a_0,使其降温,当降温至 a_1 时,有第一个 γ-Fe 晶核析出;继续降温至 a_2,γ-Fe 数量增多,其含碳量如 s_2 点所示,此时液体中的含碳量如 l_2 所示;当温度降至 a_3 时,液体基本消失,几乎全部转化为 γ-Fe,此时 γ-Fe 的含碳量如 a_3 点所示;继续降温变为 γ-Fe(s) 单相,γ-Fe(s) 中的含碳量随 JE 线向 E 点移动,即 γ-Fe 中的碳含量增多;当温度降至 a_4 点,即 1 130 ℃ 时,γ-Fe 中的碳含量达最大,$[100w(C)] = 1.7$;再降温,γ-Fe 的含碳量将沿 ES 线向 S 方向减少,至 S 点时 $[100w(C)] = 0.83$;由于在 PSK 线上发生 γ-Fe → α-Fe + Fe_3C 的共析反应,故当温度低于 S 点后,剩下 (α-Fe + Fe_3C) 两相平衡。工业上,把 $[100w(C)] < 1.7$ 的固溶体称为钢,将 $[100w(C)] = 1.7 \sim 4.3$ 的固溶体称为生铁,将 $[100w(C)] = 4.3 \sim 6.67$ 的 Fe-C 称为铸铁;当 $[100w(C)] > 6.67$ 时,Fe-C 系统已无多少实用意义。有时,又把 $[100w(C)] < 0.04$ 的 α-Fe 称为熟铁,熟铁塑性好,质太软,用途不大;铸铁质硬性脆,不能加工,用途受到限制;生铁性能不及钢,因而用途不广;应用最广的是各种钢材。如何将铁冶炼为钢,又如何改变钢的含碳量从而改变钢的性能,都能从 Fe-C 相图上找到理论根据,故 Fe-C 相图是钢铁冶炼及热处理的理论工具。

2.13 二组分系统相图总结

现在我们将二组分凝聚系统相图中的一些构图元素特点作一总结,以便在复杂相图中较快地找到这些元素。

单相平衡:单相平衡可以是一个温度 - 组成区,也可以是一条竖线,它"充塞于"某些两相区所没有占据的空间。

两相平衡:两相平衡区必由一对互为共轭的两相平衡线界定其温度范围和组成范围;互为共轭的两条两相平衡线的两端可以相遇于一点,也可能并不相遇。

三相平衡:在 t-x 图上,三相平衡线一定是一条水平线段,水平线段的两个端点各与一单相平衡区相遇(不是相交),而线段上必有另一点与另一单相区相遇。所以,围绕一条三相平衡线必有三个两相区和三个单相区在其上下左右。

三相平衡可归纳为两大类。

第一类为低共晶型,用符号表示为

$$\underset{3\,\diagdown C\underset{4}{\underbrace{}}\overset{1}{E}\underset{}{D}\diagup 5}{\overset{2\diagup\;\;\diagup1\;\;\diagdown6}{}}$$

其中 CD 为三相线,E 点为最低共晶点,围绕 CD 线有 1,3,5 三个单相区和 2,4,6 三个二相区,同时有 6 条两相平衡线。在 CD 线上进行的反应为

$$1 \underset{\text{共熔}}{\overset{\text{共晶}}{\rightleftharpoons}} 3 + 5$$

属于这一大类的有三种典型变化:

$$l \underset{\text{共熔}}{\overset{\text{共晶}}{\rightleftharpoons}} \alpha(s) + \beta(s)$$

$$\gamma(s) \underset{\text{包析}}{\overset{\text{共析}}{\rightleftharpoons}} \alpha(s) + \beta(s)$$

$$l_{\text{I}} \underset{\text{转熔}}{\overset{\text{偏晶}}{\rightleftharpoons}} \alpha(s) + l_{\text{II}}$$

第二类为包晶型,用符号表示为

$$\underset{6\diagup\;\;\diagdown1\;\;\diagup2}{\overset{4}{5\diagdown C\;\;\overset{}{E}\;\;D\diagdown 3}}$$

其中 CD 为三相线,E 点为包晶点,在 CD 线上的反应为

$$3 + 5 \underset{\text{转晶}}{\overset{\text{包晶}}{\rightleftharpoons}} 1$$

围绕 CD 三相线也有 1,3,5 三个单相区和 2,4,6 三个两相区,同时还有 6 条两相平衡线。属于这类变化的也有三种典型变化,即

$$\alpha(s) + l \underset{\text{转晶}}{\overset{\text{包晶}}{\rightleftharpoons}} \beta(s)$$

$$\alpha(s) + \gamma(s) \underset{\text{共析}}{\overset{\text{包析}}{\rightleftharpoons}} \beta(s)$$

$$\beta(s) \underset{\text{综晶}}{\overset{\text{分熔}}{\rightleftharpoons}} l_{\text{I}} + l_{\text{II}}$$

除以上的偏晶、分熔和综晶三个例子我们在基本相图中未涉及外,二组分相图中还有若干例子我们未涉及,因此,此处总结的并非二组分相图的全部。

除了识别构图元素外,还要掌握一些构图原则。掌握构图原则不仅能保证画出规范化的二组分相图,对识图也是有益的。下面我们列出几条最基本的构图原则。

(i) 单相区和单相区只能在某一同成分变化点相遇,而不能沿某一边界线相遇;

(ii) 相邻的两单相区之间必须隔着一个包含此两单相区的两相区;

(iii) 从每一条三相等温线出发,必须有三个两相区,有 6 条边界线;

(iv) 两条三相等温线之间必须有一个两相区,假定这两条三相线中有两相是共有的;

(v) 所有两相区的边界线延伸出去必须伸入连接三相等温线的两相区内,而绝不能伸入单相区内;

(vi) 不论相图是简单还是复杂,所有相邻的两个相区的相数之差必为1,此处要注意的是单相区有可能缩窄为一条竖线。

习　题

一、思考题

2-1 小水滴与水蒸气均匀混在一起,二者有相同的组成和化学性质,是否是同一个相?

2-2 一个相平衡系统,最少应该有几相,自由度最少是多少?

2-3 克拉珀龙方程能否用于乙醇水溶液?

2-4 拉乌尔定律和亨利定律各适用于什么条件?两公式中的比例系数 p_A^* 和 $k_{x,B}$ 各与哪些因素有关?

2-5 理想液态混合物和理想混合气体的微观模型有何不同?

2-6 稀溶液中,沸点升高、凝固点降低的条件是什么?

2-7 同温同压下,b_B 相同的葡萄糖水溶液和 NaCl 水溶液的渗透压是否相同(NaCl 完全电离)?

2-8 水的冰点和三相点有何区别?

2-9 二组分系统相图中,具有低共晶点的,在低共晶点,条件自由度 $f' = $?纯物质两相平衡时 $f = $?

2-10 杠杆规则必须用在两相平衡区吗?

2-11 由克拉珀龙方程导出克-克方程时,都作了什么规定?取了哪些近似?

2-12 理想稀溶液的溶剂遵守拉乌尔定律,溶质遵守亨利定律,无限稀的电解质溶液也有这种性质吗?

2-13 气体在金属中的溶解平衡可以用亨利定律处理吗?

2-14 有人说"因为由纯组分混合成理想液态混合物时 $\Delta H = 0$,故混合熵也为零"。你认为这种说法对吗?

2-15 对于生成固相完全互溶固溶体的二组分固液平衡相图,其液相线与固相线在低共晶点处是相切、相交还是重合?

2-16 理想液态混合物和理想稀溶液中的浓度与真实液态混合物和真实溶液中的活度有什么区别?真实系统中活度因子有何意义?在给出真实系统的活度和活度因子时,为什么要指明标准态?

2-17 在水的 p-T 图中,为什么冰点线斜率为负而气液平衡线斜率为正?

二、计算题、证明(推导)题

2-1 指出下列相平衡系统中的化学物质数 S,独立的化学反应数 R,组成相关系数 R',组分数 C,相数 ϕ 及自由度数 f:

(1) $NH_4HS(s)$ 部分分解为 $NH_3(g)$ 和 $H_2S(g)$ 达成平衡;

(2) $NH_4HS(s)$ 和任意量的 $NH_3(g)$ 及 $H_2S(g)$ 达成平衡;

(3) $NaHCO_3(s)$ 部分分解为 $Na_2CO_3(s)$,$H_2O(g)$ 及 $CO_2(g)$ 达成平衡;

(4)$CaCO_3(s)$ 部分分解为 $CaO(s)$ 及 $CO_2(g)$ 达成平衡；

(5)蔗糖水溶液与纯水用只允许水透过的半透膜隔开并达成平衡；

(6)$CH_4(g)$ 与 $H_2O(g)$ 反应,部分转化为 $CO(g)$,$CO_2(g)$ 和 $H_2(g)$ 达成平衡。

2-2 系统中有任意量的 $ZnO(s)$,$Zn(g)$,$CO(g)$,$CO_2(g)$,$C(s)$5 种物质,并建立反应平衡,试计算:(1) 系统的组分数 C;(2) 系统的自由度数 f。

2-3 已知水和冰的体积质量分别为 0.999 8 $g \cdot cm^{-3}$ 和0.916 8 $g \cdot cm^{-3}$;冰在 0 ℃ 时的质量熔化焓为 333.5 $J \cdot g^{-1}$。试计算在 -0.35 ℃ 下,使冰融化所需施加的最小压力为多少?

2-4 已知 $HNO_3(l)$ 在 0 ℃ 及 100 ℃ 的蒸气压分别为 1.92 kPa 及 171 kPa。试计算:(1)$HNO_3(l)$ 在此温度范围内的摩尔汽化焓;(2)$HNO_3(l)$ 的正常沸点。

2-5 在 20 ℃ 时,100 kPa 的空气自一种油中通过。已知该油的摩尔质量为 120 $g \cdot mol^{-1}$,标准沸点为 200 ℃。估计每通过 1 m^3 空气最多能带出多少油?(可利用特鲁顿规则)

2-6 已知 $AgCl$-$PbCl_2$ 在 800 ℃ 时可作为理想液态混合物,求 300 g $PbCl_2$ 和 150 g $AgCl$ 混合成混合物时系统的摩尔熵变和摩尔吉布斯函数变以及 $PbCl_2$ 和 $AgCl$ 在混合物中的相对偏摩尔吉布斯函数。

2-7 已知纯 Zn,Pb 和 Cd 的蒸气压与温度的关系为

$$lg[p(Zn)/Pa] = -\frac{6\ 163}{T/K} + 10.232\ 9$$

$$lg[p(Pb)/Pa] = -\frac{9\ 840}{T/K} + 9.953$$

$$lg[p(Cd)/Pa] = -\frac{5\ 800}{T/K} - 1.23lg(T/K) + 14.232$$

设粗锌中含有 Pb 和 Cd 的摩尔分数分别为 0.009 7 和 0.013。求在 950 ℃,粗锌蒸馏时的最初蒸馏产物中 Pb 和 Cd 的质量分数。设系统可视为理想液态混合物。

2-8 计算含 Pb 和 Sn 质量分数各为 0.5 的焊锡在 1 200 ℃ 时的蒸气压及此合金的正常沸点。已知

$$ln[p^*(Pb)/p^{\ominus}] = -\frac{21\ 160}{T/K} + 22.03$$

$$ln[p^*(Sn)/p^{\ominus}] = -\frac{32\ 605}{T/K} + 22.53$$

2-9 在 1 073 ℃ 曾测定了氧在 100 g 液态 Ag 中的溶解度数据如下:

$p(O_2)/Pa$	$V(O_2,273.15\ K,101\ 325\ Pa)/cm^3$	$p(O_2)/Pa$	$V(O_2,273.15\ K,101\ 325\ Pa)/cm^3$
17.06	81.5	101.3	193.6
65.05	156.9	160.36	247.8

(1) 试判断,氧在 Ag 中的溶解是分子状态还是原子状态?(2) 在常压空气中将 100 g Ag 加热至 1 073 ℃,最多能从空气中吸收多少氧?

2-10 25 ℃ 时,CO 在水中溶解时亨利系数 $k = 5.79 \times 10^9$ Pa,若将含 $\varphi(CO) = 0.30$ 的水煤气在总压为 1.013×10^5 Pa 下用 25 ℃ 的水洗涤,问每用 1 t 水 CO 损失多少?

2-11 20 ℃ 时,当 HCl 的分压为 1.013×10^5 Pa 时,它在苯中的平衡组成 $x(HCl)$ 为 0.042 5。若 20 ℃ 时纯苯的蒸气压为 0.100×10^5 Pa,问苯与 HCl 的总压为 1.013×10^5 Pa 时,100 g 中至多可溶解多少克 HCl?

2-12 纯金的结晶温度为 1 335.5 K。金从含 Pb 的质量分数为 0.055 的 Au-Pb 溶液中开始结晶的温度为 1 272.5 K。求金的熔化焓。

2-13 Pb 的熔点为 327.3 ℃,熔化焓 $\Delta_{fus}H_m = 5.12$ kJ $\cdot$ mol^{-1}。(1) 求 Pb 的摩尔凝固点降低常数 K_f;(2)100 g Pb 中含 1.08 g Ag 的溶液,其凝固点为 315 ℃,判断 Ag 在 Pb 中是否以单原子形式存在。

2-14 在 50.00 g CCl_4 中溶入 0.512 6 g 萘($M = 128.16$ g $\cdot$ mol^{-1}),测得沸点升高 0.402 K,若在等量溶剂中溶入 0.621 6 g 某未知物,测得沸点升高 0.647 K,求此未知物的摩尔质量。

2-15 100 ℃ 时,纯 CCl_4 及纯 $SnCl_4$ 的蒸气压分别为 1.933×10^5 Pa 及 0.666×10^5 Pa。这两种液体可组

成理想液态混合物。假定以某种配比混合成的这种混合物,在外压为 1.013×10^5 Pa 的条件下,加热到 100 ℃ 时开始沸腾。计算:(1)该混合物的组成;(2)该混合物开始沸腾时的第一个气泡的组成。

2-16 C_6H_6(A)-$C_2H_4Cl_2$(B)的混合液可视为理想液态混合物。50 ℃ 时,$p_A^* = 0.357 \times 10^5$ Pa,$p_B^* = 0.315 \times 10^5$ Pa。试分别计算 50 ℃ 时 $x_A = 0.250, 0.500, 0.750$ 的混合物的蒸气压及平衡气相组成。

2-17 20 ℃ 时某有机酸在水和醚中的分配系数为 0.4。(1)若 100 cm³ 水中含有 5 g 有机酸,用 60 cm³ 的醚一次倒入含酸水中进行萃取,问平衡后留在水中的有机酸最少有几克?(2)若每次用 20 cm³ 醚倒入含酸水中,连续萃取三次,问最后水中剩有几克有机酸?

2-18 20 ℃ 时,压力为 1.013×10^5 Pa 的 CO_2 气在 1 kg 水中可溶解 1.7 g;40 ℃ 时,压力为 1.013×10^5 Pa 的 CO_2 气在 1 kg 水中可溶解 1.0 g。如果用只能承受 2.026×10^5 Pa 的瓶子充满溶有 CO_2 的饮料,则在 20 ℃ 下充装时,CO_2 的最大压力为多少,才能保证这种瓶装饮料可以在 40 ℃ 条件下安全存放。设溶液为理想稀溶液。

2-19 胜利油田向油井注水,对水质的要求之一是含氧量不超过 $1\ mg \cdot dm^{-3}$。设黄河水温为 20 ℃,空气中含氧 $\varphi(O_2) = 0.21$。20 ℃ 时氧在水中溶解的亨利系数为 4.06×10^9 Pa。问:(1)20 ℃ 时黄河水作油井用水,水质是否合格?(2)如不合格,采用真空脱氧进行净化,此真空脱氧塔的压力应为多少(20 ℃)?已知脱氧塔的气相含氧 $\varphi(O_2) = 0.35$。

2-20 由丙酮(1)和甲醇(2)组成液态混合物,在 101 325 Pa 下测得下列数据:$x_1 = 0.400, y_1 = 0.516$,沸点为 57.20 ℃,已知在该温度下 $p_1^* = 104.8$ kPa,$p_2^* = 73.5$ kPa。以纯液态为标准态,应用拉乌尔定律分别求液态混合物中丙酮及甲醇的活度因子和活度。

2-21 液态锌的蒸气压与温度的关系为

$$\lg(p/\text{Pa}) = \frac{-6\ 163}{T/\text{K}} + 10.233$$

实验测出含 Zn 原子分数为 0.3 的 Cu-Zn 合金熔体 800 ℃ 时锌的蒸气压是 2.93 kPa,求此时 Zn 的活度因子,指出所用的标准态。

2-22 用热分析法测得 Sb(A)-Cd(B) 系统步冷曲线的转折温度及停歇温度数据如下:

[100w(Cd)]	转折温度 / ℃	停歇温度 / ℃	[100w(Cd)]	转折温度 / ℃	停歇温度 / ℃
0	—	630	58	—	439
20.5	550	410	70	400	295
37.5	460	410	93	—	295
47.5	—	410	100	—	321
50	419	410			

(1)由以上数据绘制步冷曲线(示意),并根据该组步冷曲线绘制 Sb(A)-Cd(B) 系统的熔点-组成图;(2)由相图求 Sb 和 Cd 形成的化合物的最简分子式;(3)将各相区的相数及自由度数(f')列成表。

2-23 标出图 2-31(a)Mg(A)-Ca(B) 及(b)CaF₂(A)-CaCl₂(B) 系统的各相区的相数、相态及自由度数(f');描绘系统点 a、b 的步冷曲线,指明步冷曲线上转折点或停歇点处系统的相态变化。

2-24 液态镓的蒸气压数据如下:

T/K	1 302	1 427	1 623
p/Pa	1.333	13.33	133.3

作图求在 101.325 kPa 及 1 427 K 下,1.00 mol 镓汽化时的 $\Delta H_m^\ominus$,$\Delta G_m^\ominus$ 及 $\Delta S_m^\ominus$。

2-25 已知铅的熔点为 327 ℃,锑的熔点为 631 ℃,现制出下列 6 种铅锑合金,并作出步冷曲线,其转折点或水平线段温度为

$w(\text{Pb})$	转折点温度 / ℃	$w(\text{Pb})$	转折点温度 / ℃
0.95	296 和 246	0.80	280 和 246
0.90	260 和 246	0.60	393 和 246
0.87	246	0.20	570 和 246

试绘制铅锑相图,并标明相图中各区域所存在的相和自由度数?

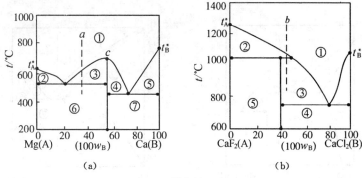

图 2-31

2-26 Au(A)-Pt(B) 系统的熔点 - 组成图及溶解度图如图 2-32 所示。(1) 标示图中各相区;(2) 计算各相区的自由度数 f';(3) 描绘系统点 a 的步冷曲线,并标示出该曲线转折点处的相态变化。

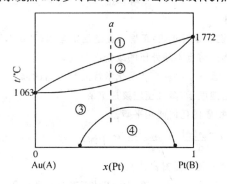

图 2-32

2-27 由热分析法得到的 Cu(A)-Ni(B) 系统的数据如下:

$w(Ni)$	第一转折温度 /℃	第二转折温度 /℃	$w(Ni)$	第一转折温度 /℃	第二转折温度 /℃
0	1 083		0.70	1 375	1 310
0.10	1 140	1 100	1.00	1 452	
0.40	1 270	1 185			

(1) 根据表中数据描绘其步冷曲线,并由该组步冷曲线描绘 Cu(A)-Ni(B) 系统的熔点-组成图,并标出各相区;(2) 今有含 $w(Ni) = 0.50$ 的合金,使其从 1 400 ℃ 冷却到 1 200 ℃,问在什么温度下有固体析出? 最后一滴溶液凝结的温度为多少?在此状态下,溶液组成如何?

2-28 图 2-33(a) 为 Mg(A)-Pb(B) 系统的相图,图 2-33(b) 为 Al(A)-Zn(B) 系统的相图。(1) 标示图中各相区;(2) 指出图中各条水平线上的系统点是几相平衡?哪几个相?(3) 描绘系统点 a,b,c,d 的步冷曲线,指出步冷曲线上转折点及停歇点处系统的相态变化。

2-29 金属 A,B 形成化合物 AB_3,A_2B_3.固体 A,B,AB_3,A_2B_3 彼此不互溶,但在液态下能完全互溶。A,B 的正常熔点分别为 600 ℃、1 100 ℃。化合物 A_2B_3 的熔点为 900 ℃,与 A 形成的低共熔点为 450 ℃,$x_{B,E} \approx 0.21$。化合物 AB_3 在 800 ℃ 下分解为 A_2B_3 和溶液,与 B 形成的低共熔点为 650 ℃,$x_{B,E} \approx 0.87$。

根据上述数据:(1) 画出 A-B 系统的熔点-组成图,并标示出图中各区相态及成分;(2) 画出 $x_A = 0.90$,$x_A = 0.30$ 熔化液的步冷曲线,注明步冷曲线转折点处系统相态及成分的变化和步冷曲线各段的相态及成分。

2-30 Bi 和 Te 生成相合熔点化合物 Bi_2Te_3,它在 600 ℃ 熔化。Bi,Te 熔点分别为 300 ℃ 和 450 ℃。固体 Bi_2Te_3 在全部温度范围内与固体 Bi,Te 不互溶,与 Bi 及 Te 的最低共熔点温度分别为 270 ℃ 和 415 ℃,最

低共熔组成分别为 $x(\text{Te}) = 0.17$ 及 $x(\text{Te}) = 0.86$。试画出 Bi-Te 的熔点-组成图,并标示出各相区的相态及成分。

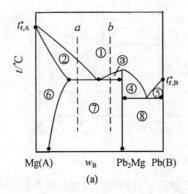 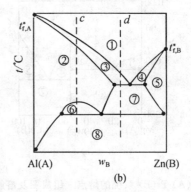

图 2-33

三、是非题、选择题和填空题

(一) 是非题(下列各题中的说法是否正确?正确的在题后括号内画"√",错的画"×")

2-1 依据相律,低共熔混合物的熔点不随外压的改变而改变。 ( )

2-2 相是指系统处于平衡时,系统中物理性质及化学性质都均匀的部分。 ( )

2-3 依据相律,纯液体在一定温度下,蒸气压应该是定值。 ( )

2-4 克拉珀龙方程适用于纯物质的任何两相平衡。 ( )

2-5 将克-克方程的微分式即 $\dfrac{\mathrm{d}\ln\{p\}}{\mathrm{d}T} = \dfrac{\Delta_{\text{vap}} H_{\text{m}}^{*}}{RT^2}$ 用于纯物质的液⇌气两相平衡,因为 $\Delta_{\text{vap}} H_{\text{m}}^{*} > 0$,所以随着温度的升高,液体的饱和蒸气压总是升高。 ( )

2-6 一定温度下的乙醇水溶液,可应用克-克方程式计算其饱和蒸气压。 ( )

2-7 克-克方程要比克拉珀龙方程的精确度高。 ( )

(二) 选择题(选择正确答案的编号,填在各题题后的括号内)

2-1 $\text{NaHCO}_3(\text{s})$ 在真空容器中部分分解为 $\text{Na}_2\text{CO}_3(\text{s})$,$\text{H}_2\text{O}(\text{g})$ 和 $\text{CO}_2(\text{g})$,处于如下的化学平衡时:$2\text{NaHCO}_3(\text{s}) \rightleftharpoons \text{Na}_2\text{CO}_3(\text{s}) + \text{H}_2\text{O}(\text{g}) + \text{CO}_2(\text{g})$,该系统的自由度数、组分数及相数符合( )。

A. $C = 2, \phi = 3, f = 1$　　　　　B. $C = 3, \phi = 2, f = 3$　　　　　C. $C = 4, \phi = 2, f = 4$

2-2 将克拉珀龙方程用于 H_2O 的液固两相平衡,因为 $V_{\text{m}}^{*}(\text{H}_2\text{O},\text{l}) < V_{\text{m}}^{*}(\text{H}_2\text{O},\text{s})$,所以随着压力的增大,$\text{H}_2\text{O}(\text{l})$ 的凝固点将( )。

A. 升高　　　　　　　　　B. 降低　　　　　　　　　C. 不变

2-3 克-克方程式可用于( )。

A. 固⇌气及液⇌气两相平衡　　　B. 固⇌液两相平衡　　　C. 固⇌固两相平衡

2-4 液体在其 T, p 满足克-克方程的条件下进行汽化的过程,以下各量中不变的是( )。

A. 摩尔热力学能　　　　B. 摩尔体积　　　　C. 摩尔吉布斯函数　　　　D. 摩尔熵

2-5 特鲁顿规则(适用于不缔合液体) $\dfrac{\Delta_{\text{vap}} H_{\text{m}}^{*}}{T_{\text{b}}^{*}} = $ ( )。

A. $21 \text{ J} \cdot \text{mol}^{-1} \cdot \text{K}^{-1}$　　　　B. $88 \text{ J} \cdot \text{mol}^{-1} \cdot \text{K}^{-1}$　　　　C. $109 \text{ J} \cdot \text{mol}^{-1} \cdot \text{K}^{-1}$

2-6 若 $A(\text{l})$ 与 $B(\text{l})$ 可形成理想液态混合物,温度 T 时,纯 A 及纯 B 的饱和蒸气压 $p_{\text{B}}^{*} > p_{\text{A}}^{*}$,当混合物的组成为 $0 < x_{\text{B}} < 1$ 时,则在其蒸气压-组成图上可看出蒸气总压 p 与 p_{A}^{*},p_{B}^{*} 的相对大小为( )。

A. $p > p_{\text{B}}^{*}$　　　　　　　B. $p < p_{\text{A}}^{*}$　　　　　　　C. $p_{\text{A}}^{*} < p < p_{\text{B}}^{*}$

2-7 $A(\text{l})$ 与 $B(\text{l})$ 可形成理想液态混合物,若在一定温度下,纯 A、纯 B 的饱和蒸气压 $p_{\text{A}}^{*} > p_{\text{B}}^{*}$,则在该二组分的蒸气压-组成图上的气、液两相平衡区,呈平衡的气、液两相的组成必有( )。

A. $y_B > x_B$　　　　　　　B. $y_B < x_B$　　　　　　　C. $y_B = x_B$

（三）填空题（将正确的答案填在题中画有"＿＿"处或表格中）

2-1 对二组分相图,最多相数为＿＿＿＿＿;最大的自由度数为＿＿＿＿＿,它们分别是＿＿＿＿＿等强度变量。

2-2 纯物质两相平衡的条件是＿＿＿＿＿。

2-3 由克拉珀龙方程导出克 - 克方程的积分式时所作的三个近似处理分别是(1)＿＿＿＿＿;(2)＿＿＿＿＿;(3)＿＿＿＿＿。

2-4 储罐中储有 20 ℃、40 kPa 的正丁烷,并且罐内温度、压力长期不变。已知正丁烷的标准沸点是272.7 K,根据＿＿＿＿＿,可以推测出储罐内的正丁烷的聚集态是＿＿＿态。

2-5 已知水的饱和蒸气压与温度 T 的关系式为 $\ln\dfrac{p^*}{\text{Pa}} = -\dfrac{5\,240}{T/\text{K}} + 25.567$,试根据下表计算各地区在敞口容器中加热水时的沸腾温度,填于表中。

地区	p/100 kPa	t/℃	地区	p/100 kPa	t/℃
大连	1.017		兰州	0.852 1	
西藏	0.573 0		呼和浩特	0.900 7	
昆明	0.810 6		营口	1.026	

2-6 理想气体混合物中组分 B 的化学势 μ_B 与温度 T 及组分 B 的分压 p_B 的关系是 $\mu_B = $ ＿＿＿,其标准态选为＿＿＿＿＿。

2-7 氧气和乙炔气溶于水中的亨利系数分别是 7.20×10^7 Pa·kg·mol^{-1} 和 1.33×10^8 Pa·kg·mol^{-1},由亨利系数可知,在相同条件下＿＿＿在水中的溶解度大于＿＿＿在水中的溶解度。

2-8 28.15 ℃ 时,摩尔分数 x(丙酮) $= 0.287$ 的氯仿 - 丙酮混合物的蒸气压为 29.40 kPa,饱和蒸气中氯仿的摩尔分数为 y(氯仿) $= 0.181$。已知纯氯仿在该温度时的蒸气压为 29.57 kPa。以同温度下纯氯仿为标准态,氯仿在该溶液中的活度因子为＿＿＿＿＿;活度为＿＿＿＿＿。

2-9 请根据 Al-Zn 系统的熔点 - 组成图 2-34 填表。

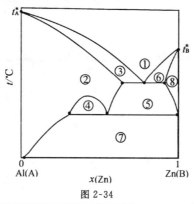

图 2-34

相区	相数	相的聚集态及成分	条件自由度数 f'	相区	相数	相的聚集态及成分	条件自由度数 f'
①				⑤			
②				⑥			
③				⑦			
④				⑧			

注　聚集态气、液、固分别用 g,l,s 表示;成分分别用(A),(B) 或(A＋B) 表示。如 g(A＋B) 或 s(A＋B)。

计算题答案

2-1 (1)$S = 3, R = 1, R' = 1, C = 1, \phi = 2, f = 1$;(2)$S = 3, R = 1, R' = 0, C = 2, \phi = 2, f = 2$;

(3)$S = 4, R = 1, R' = 1, C = 2, \phi = 3, f = 1$;(4)$S = 3, R = 1, R' = 0, C = 2, \phi = 3, f = 1$;

(5)$S = 2, R = 0, R' = 0, C = 2, \phi = 2, f = 3$;(6)$S = 5, R = 2, R' = 0, C = 3, \phi = 1, f = 4$。

2-2 $C = 3, f = 2$ **2-3** 48.23×10^5 Pa   **2-4** (1)38.04 kJ $\cdot$ mol^{-1};(2)357 K   **2-5** 7.51 g

2-6 $\Delta_{mix} S = 12.3$ J $\cdot$ K^{-1},$\Delta_{mix} G = -13.2$ kJ,$\Delta \mu(PbCl_2) = -6.06$ kJ $\cdot$ mol^{-1};$\Delta \mu(AgCl) = -6.31$ kJ $\cdot$ mol^{-1}

2-7 $w(Pb) = 1.56 \times 10^{-5}, w(Cd) = 0.06$ **2-8** $p = 779$ Pa,$T_b = 2\ 223$ K

2-9 (1) 原子状态;(2)$V(O_2) = 2.84$ dm^3(STP)   **2-10** 8.17 g   **2-11** 1.87 g

2-12 11.98 kJ $\cdot$ mol^{-1} **2-13** (1)121 K $\cdot$ kg $\cdot$ mol^{-1};(2) 是以单原子形式存在

2-14 96.6 g $\cdot$ mol^{-1} **2-15** (1)0.726;(2)0.478

2-16 0.325×10^5 Pa,0.274;0.366×10^5 Pa,0.532;0.347×10^5 Pa,0.772

2-17 (1)2 g;(2)1.48 g   **2-18** 1.19×10^5 Pa

2-19 (1) 含氧量为 9.3 mg $\cdot$ dm^{-3},不合格;(2) $< 6\ 523$ Pa

2-20 $a_1 = 0.499, \gamma_1 = 1.25; a_2 = 0.667, \gamma_2 = 1.11$

2-21 $0.32, 800$ ℃ 纯 Zn(l)

2-22 (2)Sb$_2$Cd$_3$ **2-24** $\Delta H_m = 252$ kJ $\cdot$ mol^{-1},$\Delta S_m = 102$ J $\cdot$ k^{-1} $\cdot$ mol^{-1},$\Delta G_m = 106$ kJ $\cdot$ mol^{-1}

第3章

化学平衡

3.0　化学平衡热力学研究的内容

3.0.1　化学反应的方向与限度

　　对于一个化学反应,在给定的条件(反应系统的温度、压力和组成)下,反应向什么方向进行?反应的最高限度为多少?如何控制反应条件,使反应向我们需要的方向进行,并预知给定条件下的最高反应限度?这些问题都是生产和科学实验中需要研究和解决的问题。例如,为了增大钢铁制品表面的硬度,提高表面耐腐蚀性能,往往在钢铁表面进行渗碳。甲烷是理想的渗碳剂之一,其渗碳反应为

$$CH_4(g) \rightleftharpoons C(石墨) + 2H_2(g)$$

其中正反应为渗碳,逆反应则为钢铁表面脱碳。化学平衡理论要回答:在多高温度、压力及气体比例下,可以有效地进行渗碳反应而不至于引起钢铁表面的脱碳?设操作温度为 500 ℃,总压为 101.325 kPa,系统中无其他气体时,$CH_4(g)$ 的最高分解率为 31%。这就是该反应在给定条件下的方向和限度。不论反应多长时间都不可能超过这个限度,也不可能通过添加或改变催化剂来改变这个限度。只有通过改变反应的条件(温度、压力),才能在新的条件下达到新的限度。

　　任何化学反应都可按照反应方程的正向及逆向进行。化学平衡就是用热力学原理研究化学反应的方向和限度,也就是研究一个化学反应在一定温度、压力等条件下,按化学反应方程能够正向(向右)进行,还是逆向(向左)进行,以及进行到什么程度为止(达到平衡时,系统的温度、压力、组成如何)。

3.0.2　化学反应的摩尔吉布斯函数[变]

　　对于反应

$$aA + bB = yY + zZ$$

$$\left. \begin{aligned} A &= -(-a\mu_A - b\mu_B + y\mu_Y + z\mu_Z) = 0,则反应达平衡 \\ A &= -(-a\mu_A - b\mu_B + y\mu_Y + z\mu_Z) > 0,则 aA + bB \rightarrow yY + zZ \\ A &= -(-a\mu_A - b\mu_B + y\mu_Y + z\mu_Z) < 0,则 aA + bB \leftarrow yY + zZ \end{aligned} \right\} \tag{3-1}$$

式(3-1)是用化学反应亲和势 A 或化学势表示的化学反应平衡判据。

　　若定义

$$\Delta_r G_m \stackrel{\text{def}}{=\!=} \sum_B \nu_B \mu_B \tag{3-2}$$

由 $\Delta_r G_m = -A$，即 （3-3）

$$\Delta_r G_m = (-a\mu_A - b\mu_B + y\mu_Y + z\mu_Z) = 0，则反应达平衡$$

$$\Delta_r G_m = (-a\mu_A - b\mu_B + y\mu_Y + z\mu_Z) < 0，则 \; aA + bB \rightarrow yY + zZ \Big\}$$ （3-4）

$$\Delta_r G_m = (-a\mu_A - b\mu_B + y\mu_Y + z\mu_Z) > 0，则 \; aA + bB \leftarrow yY + zZ$$

式(3-2) ~ 式(3-4) 的 $\Delta_r G_m$ 叫**化学反应的摩尔吉布斯函数[变]**(molar Gibbs function [change] of chemical reaction)。它也是状态函数，是系统在该状态(温度、压力及组成)下，$-a\mu_A, -b\mu_B, y\mu_Y, z\mu_Z$ 的代数和。

还可从另一角度来理解 $\Delta_r G_m$。由多组分组成可变的均相系统的热力学基本方程式(1-166)，即

$$dG = -SdT + Vdp + \sum_B \mu_B dn_B$$

将反应进度的定义式(1-12)代入上式，得

$$dG = -SdT + Vdp + \sum_B \nu_B \mu_B d\xi$$

在定温、定压下

$$dG_{T,p} = \sum_B \nu_B \mu_B d\xi$$ （3-5）

应用于化学反应

$$aA + bB \Longrightarrow yY + zZ$$

有 $$dG_{T,p} = (y\mu_Y + z\mu_Z - a\mu_A - b\mu_B)d\xi$$ （3-6）

式(3-5)中的化学势 μ_B(B = A,B,Y,Z)除了与温度、压力有关外，还与系统的组成有关，即化学势 $\mu_B = f(T,p,\xi)$ 是温度、压力和反应进度的函数。因此，在反应过程中保持化学势 μ_B 不变的条件是：定温、定压下，在有限量的反应系统中，反应进度 $\Delta\xi$ 为无限小；或者设想在大量的反应系统中，发生了单位反应进度的化学反应。在这两种情况之一的条件下，系统的组成不会发生显著的变化，于是可以把化学势看做不变，式(3-5)便可写成

$$\left(\frac{\partial G}{\partial \xi}\right)_{T,p,\mu} = \sum_B \nu_B \mu_B \stackrel{\text{def}}{=\!=\!=} \Delta_r G_m$$ （3-7）

1922 年德唐德首先引进偏微商 $\left(\frac{\partial G}{\partial \xi}\right)_{T,p,\mu}$ (即 $\Delta_r G_m$)的概念，其物理意义是：在 T,p,μ 一定时(即在一定的温度、压力和组成条件下)，系统的吉布斯函数随反应进度的变化率；或者在 T,p,μ 一定时，大量的反应系统中发生单位反应进度时反应的吉布斯函数[变]。

将式(3-7)代入式(3-5)，有

$$dG_{T,p} = \Delta_r G_m d\xi$$ （3-8）

在 T,p,μ 不变的条件下，积分式(3-8)，得

$$\Delta_r G = \Delta_r G_m \Delta\xi，\quad 即 \quad \Delta_r G_m = \Delta_r G / \Delta\xi$$ （3-9）

$\Delta_r G_m$ 与 $\Delta_r G$ 的单位不同，$\Delta_r G_m$ 的单位为 $J \cdot mol^{-1}$(mol^{-1} 为每单位反应进度)，而 $\Delta_r G$ 的单位为 J。

如果以系统的吉布斯函数 G 为纵坐标，反应进度 ξ 为横坐标作图，如图 3-1 所示。$\left(\frac{\partial G}{\partial \xi}\right)_{T,p,\mu}$ 即是 G-ξ 曲线在某 ξ 处，曲线切线的斜率。由式(3-3)及式(3-6)可知，当 $\left(\frac{\partial G}{\partial \xi}\right)_{T,p,\mu}$ < 0，即 $\Delta_r G_m(T,p,\xi) < 0$ 时，$A > 0$，反应向 ξ 增加的方向进行；当 $\left(\frac{\partial G}{\partial \xi}\right)_{T,p,\mu} > 0$，即

$\Delta_r G_m(T, p, \xi) > 0$ 时，$A < 0$，反应向 ξ 减小的方向进行；当 $\left(\dfrac{\partial G}{\partial \xi}\right)_{T, p, \mu} = 0$ 时，$A = 0$，曲线为最低点，G 值最小，反应达到平衡，这就是反应进行的限度。

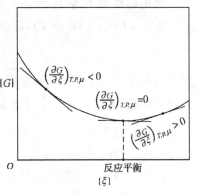

以上讨论表明，在 $W' = 0$ 的情况下，对反应系统
$$a\text{A} + b\text{B} \Longrightarrow y\text{Y} + z\text{Z}$$，若 $\left(\dfrac{\partial G}{\partial \xi}\right)_{T, p, \mu} < 0$，即 $A > 0$，反应有可能自发地向 ξ 增加的方向进行，直到 $\left(\dfrac{\partial G}{\partial \xi}\right)_{T, p, \mu} = 0$，即 $A = 0$ 时为止，此时反应达到最高限度，反应进度为极限进度 ξ^{eq}（"eq" 表示平衡）。若再使 ξ 增大，由于 $\left(\dfrac{\partial G}{\partial \xi}\right)_{T, p, \mu} >$

图 3-1　反应系统 G-ξ 关系示意图

0，$A < 0$，在无非体积功的条件下是不可能发生的，除非加入非体积功（如加入电功，如电解反应及放电的气相反应），且 $W' > \Delta_r G_m$ 时，反应才有可能使 ξ 继续增大。

应用热力学原理，由化学反应的平衡条件出发，结合各类反应系统中组分 B 的化学势表达式，定义一个标准平衡常数 $K^\ominus$，并且能由热力学公式及数据定量地计算出 $K^\ominus$，继而由 $K^\ominus$ 计算反应达到平衡时反应物的平衡转化率（在指定条件下的最高转化率）以及系统的平衡组成，这就是化学平衡所要解决的问题之一。

本章主要讨论理想系统（理想气体混合物、理想液态混合物和理想稀溶液系统）中的化学反应平衡，同时也研究理想气体与纯凝聚相之间的化学平衡。理想系统中化学反应平衡的热力学关系式形式简单，便于应用。有些实际系统可近似地当做理想系统来处理；当实际系统偏离理想系统较大或计算的准确度要求较高时，可引入校正因子（如渗透因子、活度因子）对理想系统公式中的组成项加以校正，便可得到适用于实际系统的公式。所以研究理想系统的化学反应平衡是有实际意义的。

Ⅰ　化学反应标准平衡常数

3.1　化学反应标准平衡常数的定义

3.1.1　化学反应的标准摩尔吉布斯函数［变］

对化学反应 $0 = \sum\limits_{\text{B}} \nu_\text{B}\text{B}$，若反应的参与物 B（B = A, B, Y, Z）均处于标准态，则由式 (3-2) 及式 (3-3)，相应有

$$\Delta_r G_m^\ominus(T) = \sum_\text{B} \nu_\text{B} \mu_\text{B}^\ominus(T) \tag{3-10}$$

及
$$\Delta_r G_m^\ominus(T) = -A^\ominus(T) \tag{3-11}$$

式中，$\Delta_r G_m^\ominus(T)$ 称为**化学反应的标准摩尔吉布斯函数［变］**（standard molar Gibbs function [change] of chemical reaction），$A^\ominus(T)$ 称为**化学反应的标准亲和势**（standard affinity of chemical reaction）。

因纯物质的化学势即是其摩尔吉布斯函数$[\mu(B,\beta,T)=G_m(B,\beta,T)]$，相应地有$\mu^\ominus(B,\beta,T)=G_m^\ominus(B,\beta,T)$，故(3-10)即为

$$\Delta_r G_m^\ominus(T)=\sum_B \nu_B G_m^\ominus(B,\beta,T) \tag{3-12}$$

式(3-12)表明，$\Delta_r G_m^\ominus(T)$的物理意义即是反应参与物$B(B=A,B,Y,Z)$各自单独处于温度T的标准态下，反应$0=\sum_B \nu_B B$的反应进度$\xi=1\ mol$时的摩尔吉布斯函数[变]，它是表征反应计量方程中各参与物B在温度T下标准态性质的量，所以$\Delta_r G_m^\ominus(T)$取决于物质的本性、温度及标准态的选择，而与所研究状态下系统的组成无关。但必须注意，$\Delta_r G_m^\ominus(T)$与$\Delta_r H_m^\ominus(T)$一样，与化学反应计量方程的写法有关。

3.1.2　化学反应的标准平衡常数

对任意化学反应$0=\sum_B \nu_B B$，定义

$$K^\ominus(T)\xlongequal{def}\exp\left[-\sum_B \nu_B \mu_B^\ominus(T)/RT\right] \tag{3-13}$$

式中，$K^\ominus(T)$称为化学反应的标准平衡常数[1](standard equilibrium constant of chemical reaction)，由于$K^\ominus(T)$是按式(3-13)定义的，所以它与参与反应的各物质的本性、温度及标准态的选择有关。对指定的反应，它只是温度的函数，为量纲一的量，单位为1。

结合式(3-10)及式(3-13)，则有

$$K^\ominus(T)=\exp\left[-\frac{\Delta_r G_m^\ominus(T)}{RT}\right] \tag{3-14a}$$

或

$$\Delta_r G_m^\ominus(T)=-RT\ln K^\ominus(T) \tag{3-14b}$$

式(3-13)或式(3-14)对任何化学反应都适用，即无论是理想气体反应或真实气体反应，理想液态混合物中的反应或真实液态混合物中的反应，理想稀溶液中的反应或真实溶液中的反应，理想气体与纯固体(或纯液体)的反应以及电化学系统中的反应都是适用的。

3.1.3　化学反应标准平衡常数与计量方程的关系

已如前述，$\Delta_r G_m^\ominus(T)$与化学反应计量方程写法有关，故根据式(3-14)，$K^\ominus(T)$必与化学反应的计量方程写法有关，即$K^\ominus(T)$必须对应指定的化学反应计量方程。如

$$SO_2+\frac{1}{2}O_2=SO_3,\quad \Delta_r G_{m,1}^\ominus(T)=-RT\ln K_1^\ominus(T)$$

$$2SO_2+O_2=2SO_3,\quad \Delta_r G_{m,2}^\ominus(T)=-RT\ln K_2^\ominus(T)$$

而$\Delta_r G_{m,1}^\ominus(T)=\frac{1}{2}\Delta_r G_{m,2}^\ominus(T)$，故

---

[1]　ISO从1980年(第二版)起将此量称为标准平衡常数，并用符号$K^\ominus$表示。GB 3102.8从1982年(第一版)起按ISO定义了此量，也称为标准平衡常数，并以符号$K^\ominus$表示。IUPAC物理化学部热力学委员会以前称它为"热力学平衡常数"(thermodynamic equilibrium constant)而以符号"K"表示，现在也按ISO将它称为标准平衡常数，也用$K^\ominus$表示。现在GB 3102.8—1993中，定义$K^\ominus(T)\xlongequal{def}\prod_B\{\lambda_B^\ominus(T)\}^{-\nu_B}$。式(3-13)对$K^\ominus(T)$的定义与此定义是等效的。

$$-RT\ln K_1^{\ominus}(T) = -\frac{1}{2}RT\ln K_2^{\ominus}(T)$$

即
$$[K_1^{\ominus}(T)]^2 = K_2^{\ominus}(T)$$

3.2　化学反应标准平衡常数的热力学计算法

由式(3-14b)
$$\Delta_r G_m^{\ominus}(T) = -RT\ln K^{\ominus}(T)$$

只要算得 $\Delta_r G_m^{\ominus}(T)$ 就可算得 $K^{\ominus}(T)$,计算 $\Delta_r G_m^{\ominus}(T)$ 有如下两种方法。

3.2.1　利用 $\Delta_f H_m^{\ominus}(B,\beta,T)$、$\Delta_c H_m^{\ominus}(B,\beta,T)$、$S_m^{\ominus}(B,\beta,T)$ 和 $C_{p,m}(B)$ 等计算

定温时
$$\Delta G = \Delta H - T\Delta S$$

相应地,在定温及反应物和产物均处于标准状态下的反应,有
$$\Delta_r G_m^{\ominus}(T) = \Delta_r H_m^{\ominus}(T) - T\Delta_r S_m^{\ominus}(T) \tag{3-15}$$

若 $T = 298.15$ K,则由式(1-59) 或(1-61) 计算 $\Delta_r H_m^{\ominus}(298.15$ K$)$,由式(1-101) 计算 $\Delta_r S_m^{\ominus}(298.15$ K$)$,再由式(3-15) 算得 $\Delta_r G_m^{\ominus}(298.15$ K$)$,最后式(3-14b) 算得 $K^{\ominus}(298.15$ K$)$。

若温度为 T,则可由式(1-63) 算得 $\Delta_r H_m^{\ominus}(T)$,由式(1-102) 算得 $\Delta_r S_m^{\ominus}(T)$,再由式(3-15) 算得 $\Delta_r G_m^{\ominus}(T)$,最后由式(3-14b) 算得 $K^{\ominus}(T)$。

3.2.2　利用 $\Delta_f G_m^{\ominus}(B,\beta,T)$ 计算

1. 标准摩尔生成吉布斯函数[变]$\Delta_f G_m^{\ominus}(B,\beta,T)$ 的定义

利用定义 B 的标准摩尔生成焓[变] 相似的方法,给出 B 的标准摩尔生成吉布斯函数[变](standard molar Gibbs function [change] of formation) 的定义:在温度 T,由参考态的单质生成物质 B($\nu_B = 1$)时的标准摩尔吉布斯函数[变],称为 B 的标准摩尔生成吉布斯函数[变],用符号 $\Delta_f G_m^{\ominus}(B,\beta,T)$ 表示。所谓的参考态,一般是指每个单质在所讨论的温度 T 及标准压力 $p^{\ominus}$ 下最稳定状态[磷除外,是 P(s,白) 而不是更稳定的 P(s,红)]。书写相应的生成反应化学方程式时,要使 B 的化学计量数 $\nu_B = 1$。例如,$\Delta_f G_m^{\ominus}(CH_3OH,l,298.15$ K$)$ 是下述反应的标准摩尔生成吉布斯函数[变] 的简写:

$$C(石墨,298.15 \text{ K},p^{\ominus}) + 2H_2(g,298.15 \text{ K},p^{\ominus}) + \frac{1}{2}O_2(g,298.15 \text{ K},p^{\ominus}) =\!=\!=$$

$$CH_3OH(l,298.15 \text{ K},p^{\ominus})$$

当然,H_2 和 O_2 应具有理想气体的特性。所说的"摩尔"与一般反应的摩尔吉布斯函数[变] 一样,是指每摩尔反应进度。

按上述定义,显然,稳定相态的单质的 $\Delta_f G_m^{\ominus}(B,\beta,T) = 0$。

物质的 $\Delta_f G_m^{\ominus}(B,\beta,298.15$ K$)$ 通常可由教材或手册中查得。

2. 由 $\Delta_f G_m^{\ominus}(B,\beta,T)$ 计算 $\Delta_r G_m^{\ominus}(T)$

与由 $\Delta_f H_m^{\ominus}(B,\beta,T)$ 计算 $\Delta_r H_m^{\ominus}(T)$ 的方法相似,利用 $\Delta_f G_m^{\ominus}(B,\beta,T)$ 计算 $\Delta_r G_m^{\ominus}(T)$ 的方法为

$$\Delta_r G_m^\ominus(T) = \sum_B \nu_B \Delta_f G_m^\ominus(B, \beta, T) \tag{3-16a}$$

若 $T = 298.15$ K，则

$$\Delta_r G_m^\ominus(298.15 \text{ K}) = \sum_B \nu_B \Delta_f G_m^\ominus(B, \beta, 298.15 \text{ K}) \tag{3-16b}$$

如对反应 $a A(g) + b B(g) \rightleftharpoons y Y(g) + z Z(g)$，则 $T = 298.15$ K 时，

$$\Delta_r G_m^\ominus(298.15 \text{ K}) = y \Delta_f G_m^\ominus(Y, g, 298.15 \text{ K}) + z \Delta_f G_m^\ominus(Z, g, 298.15 \text{ K}) -$$
$$a \Delta_f G_m^\ominus(A, g, 298.15 \text{ K}) - b \Delta_f G_m^\ominus(B, g, 298.15 \text{ K})$$

【例 3-1】 已知如下数据：

气体	$\Delta_f H_m^\ominus(600 \text{ K})/(\text{kJ} \cdot \text{mol}^{-1})$	$S_m^\ominus(600 \text{ K})/(\text{J} \cdot \text{K}^{-1} \cdot \text{mol}^{-1})$
CO	-110.2	218.68
H_2	0	151.09
CH_4	-83.26	216.2
$H_2O(g)$	-245.6	218.77

求 CO 甲烷化反应 $CO(g) + 3H_2(g) \rightleftharpoons CH_4(g) + H_2O(g)$，600 K 的标准平衡常数。

解　$\Delta_r H_m^\ominus(600 \text{ K}) =$

$\Delta_f H_m^\ominus(H_2O, g, 600 \text{ K}) + \Delta_f H_m^\ominus(CH_4, 600 \text{ K}) - \Delta_f H_m^\ominus(CO, 600 \text{ K}) =$

$(-245.6 - 83.26 + 110.2) \text{kJ} \cdot \text{mol}^{-1} = -218.7 \text{ kJ} \cdot \text{mol}^{-1}$

$\Delta_r S_m^\ominus(600 \text{ K}) = S_m^\ominus(H_2O, g, 600 \text{ K}) + S_m^\ominus(CH_4, 600 \text{ K}) - S_m^\ominus(CO, 600 \text{ K}) -$

$\qquad 3 S_m^\ominus(H_2, 600 \text{ K}) =$

$\qquad (218.77 + 216.2 - 218.68 - 3 \times 151.09) \text{ J} \cdot \text{K}^{-1} \cdot \text{mol}^{-1} =$

$\qquad -237.0 \text{ J} \cdot \text{K}^{-1} \cdot \text{mol}^{-1}$

$\Delta_r G_m^\ominus(600 \text{ K}) = \Delta_r H_m^\ominus(600 \text{ K}) - 600 \text{ K} \times \Delta_r S_m^\ominus(600 \text{ K}) =$

$\qquad -218.7 \times 10^3 \text{ J} \cdot \text{mol}^{-1} - 600 \text{ K} \times (-237.0 \text{ J} \cdot \text{K}^{-1} \cdot \text{mol}^{-1}) =$

$\qquad -76.5 \text{ kJ} \cdot \text{mol}^{-1}$

$K^\ominus(600 \text{ K}) = \exp[-\Delta_r G_m^\ominus(600 \text{ K})/RT] =$

$\qquad \exp[-(-76.5 \times 10^3 \text{ J} \cdot \text{mol}^{-1})/(600 \text{ K} \times 8.3145 \text{ J} \cdot \text{K}^{-1} \cdot \text{mol}^{-1})] =$

$\qquad 4.57 \times 10^6$

3.2.3　由吉布斯能函数计算 $K^\ominus(T)$

由吉布斯能函数计算平衡常数 $K^\ominus(T)$ 是一种简便、准确、可靠的方法。

$$-R\ln K^\ominus(T) = \frac{\Delta_r G_m^\ominus(T)}{T} = \frac{\Delta_r G_m^\ominus(T) - \Delta_r H_m^\ominus(0 \text{ K})}{T} + \frac{\Delta_r H_m^\ominus(0 \text{ K})}{T} =$$
$$\sum_B \nu_B \left[\frac{G_B^\ominus(T) - H_B^\ominus(0 \text{ K})}{T} \right] + \frac{\Delta_r H_m^\ominus(0 \text{ K})}{T} \tag{3-17a}$$

式中，0 K 表示绝对零度；$\left[\dfrac{G_B^\ominus(T) - H_B^\ominus(0 \text{ K})}{T} \right]$ 称为吉布斯能函数，可以根据光谱数据用统计热力学方法计算出来。因为它随温度变化比 $\Delta_r G_m^\ominus(T)$ 随温度变化缓慢，所以用它来作内插、外推计算都能够得到较准确、可靠的结果。

吉布斯能函数也可以由其他热力学数据计算得到。由式 $G = H - TS$，得

$$\frac{G^{\ominus}(T)-H^{\ominus}(0\text{ K})}{T}=\frac{H^{\ominus}(T)-H^{\ominus}(0\text{ K})}{T}-S^{\ominus}(T) \tag{3-17b}$$

式中，$S^{\ominus}(T)$ 为物质在温度 T 时的标准熵；$H^{\ominus}(T)-H^{\ominus}(0\text{ K})$ 是相对焓，可以由 0 K 至 T 的 C_p 值计算而得。各物质的吉布斯能函数值在新的热力学手册中均列表刊载。有了这些数据后，即可应用式(3-17a)求得 $K^{\ominus}(T)$。

【例 3-2】　利用吉布斯能函数法求算水煤气变换反应

$$CO(g)+H_2O(g)\Longrightarrow CO_2(g)+H_2(g)$$

在 800 K 时的平衡常数 $K^{\ominus}$。

解　查得下列数据：

	$\dfrac{G_B^{\ominus}(800\text{ K})-H_B^{\ominus}(0\text{ K})}{800\text{ K}}$ $\text{J}\cdot\text{K}^{-1}\cdot\text{mol}^{-1}$	$\Delta_f H_{m,B}^{\ominus}(298\text{ K})$ $\text{kJ}\cdot\text{mol}^{-1}$	$H_B^{\ominus}(298\text{ K})-H_B^{\ominus}(0\text{ K})$ $\text{J}\cdot\text{mol}^{-1}$
$CO(g)$	-197.368	-110.54	8 673
$H_2O(g)$	-188.845	-241.84	9 908
$CO_2(g)$	-217.158	-393.50	9 368
$H_2(g)$	-130.482	0	8 447

所以，上述反应

$$\sum_B \nu_B\left[\frac{G_B^{\ominus}(800\text{ K})-H_B^{\ominus}(0\text{ K})}{800\text{ K}}\right]=[(-217.158-130.482)-$$
$$(-197.368-188.845)]\text{J}\cdot\text{K}^{-1}\cdot\text{mol}^{-1}=$$
$$38.573\text{ J}\cdot\text{K}^{-1}\cdot\text{mol}^{-1}$$

$$\Delta_r H_m^{\ominus}(298\text{ K})=[(-393.50)-(-110.54-241.84)]\text{kJ}\cdot\text{mol}^{-1}=$$
$$-41.12\text{ kJ}\cdot\text{mol}^{-1}$$

$$\sum_B \nu_B[H_B^{\ominus}(298\text{ K})-H_B^{\ominus}(0\text{ K})]=[(9\ 368+8\ 447)-(8\ 673+9\ 908)]\text{J}\cdot\text{mol}^{-1}=$$
$$-766\text{ J}\cdot\text{mol}^{-1}$$

$$\Delta_r H_m^{\ominus}(0\text{ K})=\Delta_r H_m^{\ominus}(298\text{ K})-\sum_B \nu_B[H_B^{\ominus}(298\text{ K})-H_B^{\ominus}(0\text{ K})]=$$
$$[-41.12\times10^3+766]\text{ J}\cdot\text{mol}^{-1}=$$
$$-40.35\text{ kJ}\cdot\text{mol}^{-1}$$

$$-R\ln K^{\ominus}(800\text{ K})=\sum_B \nu_B\left[\frac{G_B^{\ominus}(800\text{ K})-H_B^{\ominus}(0\text{ K})}{800\text{ K}}\right]+\frac{\Delta_r H_m^{\ominus}(0\text{ K})}{800\text{ K}}=$$
$$38.573\text{ J}\cdot\text{K}^{-1}\cdot\text{mol}^{-1}+\frac{-40.35\times10^3\text{ J}\cdot\text{mol}^{-1}}{800\text{ K}}=$$
$$-11.87\text{ J}\cdot\text{K}^{-1}\cdot\text{mol}^{-1}$$
$$K^{\ominus}(800\text{ K})=4.17$$

3.3　化学反应标准平衡常数与温度的关系

3.3.1　化学反应标准平衡常数与温度关系的推导

由式(3-14)，有

$$\ln K^{\ominus}(T) = -\frac{\Delta_r G_m^{\ominus}(T)}{RT}$$

所以

$$\frac{\mathrm{d}\ln K^{\ominus}(T)}{\mathrm{d}T} = -\frac{1}{R}\frac{\mathrm{d}}{\mathrm{d}T}\left[\frac{\Delta_r G_m^{\ominus}(T)}{T}\right]$$

应用吉布斯 - 亥姆霍茨方程式(1-129)

$$\left[\frac{\partial}{\partial T}\left(\frac{G}{T}\right)\right]_p = -\frac{H}{T^2}$$

于化学反应方程中的每种物质,得

$$\frac{\mathrm{d}}{\mathrm{d}T}\left[\frac{\Delta_r G_m^{\ominus}(T)}{T}\right] = -\frac{\Delta_r H_m^{\ominus}(T)}{T^2}$$

于是

$$\frac{\mathrm{d}\ln K^{\ominus}(T)}{\mathrm{d}T} = \frac{\Delta_r H_m^{\ominus}(T)}{RT^2} \tag{3-18}$$

式(3-18)就是 $K^{\ominus}(T) = f(T)$ 的具体关系式,也叫**范特荷夫**(van't Hoff,1901 年诺贝尔化学奖获得者)**方程**。

注意   对理想气体混合物反应,其组成亦可用物质的量浓度 c_B 表示。如对理想气体反应 $aA + bB \Longrightarrow yY + zZ$,平衡时亦有

$$K_c^{\ominus}(T) = \frac{(c_Y^{eq}/c^{\ominus})^y (c_Z^{eq}/c^{\ominus})^z}{(c_A^{eq}/c^{\ominus})^a (c_B^{eq}/c^{\ominus})^b} \tag{3-19}$$

式中,$c^{\ominus} = 1 \text{ mol} \cdot \text{dm}^{-3}$,叫**物质 B 的标准量浓度**(standard concentration of B),$K_c^{\ominus}(T)$ 叫**平衡常数**(equilibrium constant)。

相应可有

$$\frac{\mathrm{d}\ln K_c^{\ominus}(T)}{\mathrm{d}T} = \frac{\Delta_r U_m^{\ominus}(T)}{RT^2} \tag{3-20}$$

与式(3-18)相似,式(3-20)也叫**范特荷夫方程**。不过由于物质的量浓度 c_B 随温度而变,因此在热力学研究中很少用到,由 c_B 表示的热力学公式由于缺少相关热力学数据,因此也就无计算意义。但在少数场合尚需用式(3-20)定性地分析一些问题。

3.3.2   范特荷夫方程式的积分

1. 视 $\Delta_r H_m^{\ominus}$ 为与温度 T 无关的常数

若温度变化不大,则 $\Delta_r H_m^{\ominus}$ 可近似看做与温度 T 无关。这样,对式(3-18)分离变量作不定积分,得

$$\ln K^{\ominus}(T) = -\frac{\Delta_r H_m^{\ominus}}{RT} + B \tag{3-21}$$

式中,B 为积分常数。

由式(3-21),若以 $\ln K^{\ominus}(T)$ 对 $1/T$ 作图得一直线,直线斜率 $m = -\frac{\Delta_r H_m^{\ominus}}{R}$,如图 3-2 所示。由此可求得一定温度范围内反应的标准摩尔焓[变]的平均值 $\langle\Delta_r H_m^{\ominus}\rangle$。

由 $-\Delta_r G_m^{\ominus}(T) = RT\ln K^{\ominus}(T)$ 及 $\Delta_r G_m^{\ominus}(T) = \Delta_r H_m^{\ominus}(T) - T\Delta_r S_m^{\ominus}(T)$,得

$$\ln K^{\ominus}(T) = -\frac{\Delta_r H_m^{\ominus}}{RT} + \frac{\Delta_r S_m^{\ominus}}{R}$$

此式与式(3-21)比较,可见 $B = \dfrac{\Delta_r S_m^{\ominus}}{R}$。

设 T_1 和 T_2 两个温度下的标准平衡常数为 $K^{\ominus}(T_1)$ 及 $K^{\ominus}(T_2)$,则将式(3-18)分离变量作定积分,得

$$\ln \frac{K^{\ominus}(T_2)}{K^{\ominus}(T_1)} = \frac{\Delta_r H_m^{\ominus}}{R}\left(\frac{1}{T_1} - \frac{1}{T_2}\right) \qquad (3-22)$$

由式(3-22),若已知 $\Delta_r H_m^{\ominus}$,当 $T_1 = 298.15\ \text{K}$ 的 $K^{\ominus}$(298.15 K)已知时,可求任意温度 T 时的 $K^{\ominus}(T)$;或已知任意两个温度 T_1, T_2 下的 $K^{\ominus}(T_1), K^{\ominus}(T_2)$,可计算该两温度范围内反应的标准摩尔焓[变]的平均值 $\langle\Delta_r H_m^{\ominus}\rangle$。

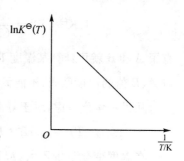

图 3-2 $\ln K^{\ominus}(T)$ - $\dfrac{1}{T/\text{K}}$ 图

2. 视 $\Delta_r H_m^{\ominus}(T)$ 为温度 T 的函数

利用式(3-18)及式(1-63),可求得 $\ln K^{\ominus}(T) = f(T)$ 的关系式。

【例 3-3】 铁在高温下常按下式反应

$$\text{Fe(s)} + \text{CO}_2(\text{g}) =\!\!=\!\!= \text{FeO(s)} + \text{CO(g)}$$

测得平衡常数如下:

$t/℃$	$K^{\ominus}$	$t/℃$	$K^{\ominus}$
600	1.11	1 000	2.51
800	1.80	1 200	3.19

求:(1) 在此温度范围内的平均 $\Delta_r H_m^{\ominus}$;(2) 导出 $\lg K^{\ominus}(T) = f(T)$ 关系式;(3) 求 1 100 ℃ 的 $K^{\ominus}(T)$。

解 (1) 利用题给数据换算得

$(T^{-1}/\text{K}^{-1})/10^{-3}$	$\lg K^{\ominus}(T)$	$(T^{-1}/\text{K}^{-1})/10^{-3}$	$\lg K^{\ominus}(T)$
1.150	0.045	0.785	0.400
0.932	0.255	0.679	0.504

作图如图 3-3 所示,得斜率为

$$-\frac{0.580\ \text{K}}{(1.19 - 0.60) \times 10^{-3}} = -983\ \text{K}$$

所以 $\Delta_r H_m^{\ominus} = (983 \times 2.303 \times 8.314\ 5)\text{J} \cdot \text{mol}^{-1} = 18.8 \times 10^3\ \text{J} \cdot \text{mol}^{-1}$

(2) 以 $\Delta_r H_m^{\ominus}$ 代入式(3-21),得

$$B = 0.045 + \frac{18\ 800}{2.303 \times 8.314\ 5 \times 873} = 1.171$$

即此反应的 $\lg K^{\ominus}(T) = f(T)$ 关系为

$$\lg K^{\ominus}(T) = -\frac{18.8 \times 10^3\ \text{J} \cdot \text{mol}^{-1}}{2.303\ RT} + 1.171 =$$

$$-\frac{983}{T/\text{K}} + 1.171$$

(3) 根据上式求 1 100 ℃ 的 $K^{\ominus}(T)$

$$\lg K^{\ominus}(1\ 373\ \text{K}) = -\frac{983}{1\ 373} + 1.171 = 0.455$$

所以 $K^{\ominus} = 2.85$

由于在一定温度范围内,$\lg K^{\ominus}(T)$ 与 $1/T$ 呈线性关系,因此

$$\lg K^{\ominus}(T) = \frac{A}{(T/K)} + B$$

有了 A 和 B 就可计算某温度下的 $K^{\ominus}(T)$。但要注意获

得 A、B 值的温度区间，不能无限外推使用。

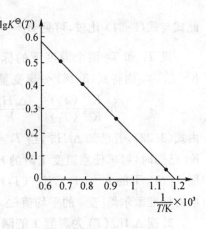

图 3-3

从另一角度考虑，对于等温反应，有

$$\Delta_r G_m^{\ominus}(T) = \Delta_r H_m^{\ominus}(T) - T\Delta_r S_m^{\ominus}(T)$$

在温度变化范围不大，或对结果要求精度不高时，

可将 $\Delta_r H_m^{\ominus}$ 及 $\Delta_r S_m^{\ominus}$ 作为常量处理，于是获得 $\Delta_r G_m^{\ominus}$ 与

T 的线性关系。结合式(3-21)，有

$$\lg K^{\ominus}(T) = -\frac{\Delta_r H_m^{\ominus}(T)}{2.303RT} + \frac{\Delta_r S_m^{\ominus}(T)}{2.303R} = \frac{A}{(T/K)} + B$$

所以

$$\Delta_r G_m^{\ominus}(T) = a + bT \qquad (3\text{-}23)$$

在冶金系统中，式(3-23)的应用较为普遍，尽管 $\Delta_r G_m^{\ominus}(T) = f(T)$ 的线性关系比较粗

糙，但简便可用，给出的结果能满足工程要求。附录 Ⅴ 给出一些反应的 a, b 值。

Ⅱ　化学反应标准平衡常数的应用

3.4　理想气体混合物反应的化学平衡

设有理想气体混合物反应

$$0 = \sum_B \nu_B B(pgm)$$

式中，"pgm" 表示"理想（或完全）气体混合物"。由式(3-2)及式(3-3)，有

$$A = -\sum_B \nu_B \mu_B(pgm)$$

对理想气体混合物，其中任意组分 B 的化学势表达式为

$$\mu_B(g) = \mu_B^{\ominus}(g, T) + RT\ln(p_B/p^{\ominus})$$

代入上式，整理，有

$$A(T) = -\sum_B \nu_B \mu_B^{\ominus}(pgm, T) - RT\ln\prod_B (p_B/p^{\ominus})^{\nu_B} \qquad (3\text{-}24a)$$

当反应平衡时，$A(T) = 0$，又由式(3-13)，对理想气体混合物的反应，有

$$K^{\ominus}(pgm, T) \xleftarrow{\text{def}} \exp\left[-\sum_B \nu_B \mu_B^{\ominus}(pgm, T)/RT\right] \qquad (3\text{-}24b)$$

将式(3-24a)代入式(3-24b)，得

$$K^{\ominus}(\text{pgm}, T) = \prod_B (y_B^{eq} p^{eq}/p^{\ominus})^{\nu_B} \quad ① \tag{3-25a}$$

式(3-25a)是理想气体混合物反应的标准平衡常数与其平衡组成的关联式,或叫理想气体混合物化学反应的标准平衡常数的表示式。例如,对理想气体反应

$$a\text{A}(\text{g}) + b\text{B}(\text{g}) \Longrightarrow y\text{Y}(\text{g}) + z\text{Z}(\text{g})$$

$$K^{\ominus}(\text{pgm}, T) = \frac{(y_Y^{eq} p^{eq}/p^{\ominus})^y (y_Z^{eq} p^{eq}/p^{\ominus})^z}{(y_A^{eq} p^{eq}/p^{\ominus})^a (y_B^{eq} p^{eq}/p^{\ominus})^b} \tag{3-25b}$$

或

$$K^{\ominus}(\text{pgm}, T) = \frac{(p_Y^{eq}/p^{\ominus})^y (p_Z^{eq}/p^{\ominus})^z}{(p_A^{eq}/p^{\ominus})^a (p_B^{eq}/p^{\ominus})^b} \tag{3-25c}$$

注意   式(3-25)中的 $y_B^{eq}, p_B^{eq}, p^{eq}$ 为系统达到反应平衡时组分 B(B = A, B, Y, Z)的摩尔分数、分压及系统的总压。式(3-25)不是 $K^{\ominus}(T)$ 的定义式。

由 $K^{\ominus}(\text{pgm}, T) = \exp\left[-\dfrac{\Delta_r G_m^{\ominus}(T)}{RT}\right]$ 求得 $K^{\ominus}(\text{pgm}, T)$ 后,则可由式(3-25)计算一定温度下反应物的平衡转化率及系统的平衡组成。

3.5   理想气体与纯固体或液体反应的化学平衡

3.5.1   复相化学反应标准平衡常数的表达式

以理想气体与纯固体反应为例

$$a\text{A}(\text{g}) + b\text{B}(\text{s}) \Longrightarrow y\text{Y}(\text{g}) + z\text{Z}(\text{s})$$

各组分的化学势表达式,对理想气体组分为

$$\mu_A = \mu_A^{\ominus}(\text{g}, T) + RT\ln(p_A/p^{\ominus})$$

$$\mu_Y = \mu_Y^{\ominus}(\text{g}, T) + RT\ln(p_Y/p^{\ominus})$$

对纯固体组分为

$$\mu_B(\text{s}) = \mu_B^{\ominus}(\text{s}, T) + \int_{p^{\ominus}}^{p} V_{m,B}^* \,\mathrm{d}p$$

$$\mu_Z(\text{s}) = \mu_Z^{\ominus}(\text{s}, T) + \int_{p^{\ominus}}^{p} V_{m,Z}^* \,\mathrm{d}p$$

代入式(1-181),得

$$\boldsymbol{A} = -\left[(-a\mu_A^{\ominus} - b\mu_B^{\ominus} + y\mu_Y^{\ominus} + z\mu_Z^{\ominus}) + RT\ln\frac{(p_Y/p^{\ominus})^y}{(p_A/p^{\ominus})^a} + \int_{p^{\ominus}}^{p}(-bV_{m,B}^* + zV_{m,Z}^*)\mathrm{d}p\right]$$

由化学反应平衡条件式(3-1),$\boldsymbol{A} = 0$,并忽略压力对纯固体化学势的影响,得

$$K^{\ominus}(T) = \frac{(p_Y^{eq}/p^{\ominus})^y}{(p_A^{eq}/p^{\ominus})^a} \xlongequal{\text{def}} \exp[-(-a\mu_A^{\ominus} - b\mu_B^{\ominus} + y\mu_Y^{\ominus} + z\mu_Z^{\ominus})/RT] \xlongequal{\text{def}}$$
$$\exp[-\Delta_r G_m^{\ominus}(T)/RT]$$

---

①   式(3-25a)亦可表示成 $K^{\ominus}(\text{pgm}, T) = K_p(\text{pgm}, T)(p^{\ominus})^{-\sum_B \nu_B}$,而 $K_p(\text{pgm}, T) \xlongequal{\text{def}} \prod_B (y_B^{eq} p^{eq})^{\nu_B} = \prod_B (p_B^{eq})^{\nu_B}$,它称为理想气体混合物反应的平衡常数。对一定的理想气体反应,也只是温度的函数,但它的量纲则与具体的反应有关,单位为 $[p]^{\sum_B \nu_B}$,GB 3102.8—1993 已把它作为资料,故本书不在正文中详细讨论。

因为 $\mu_B^{\ominus}(B = A, B, Y, Z)$ 只是温度的函数，则 $\Delta_r G_m^{\ominus}(T)$ 也仅是温度的函数，所以 $K^{\ominus}(T)$ 只是温度的函数。

注意 在 $K^{\ominus}(T)$ 的表示式中，只包含参与反应的理想气体的分压，即

$$K^{\ominus}(T) = \frac{(p_Y^{eq}/p^{\ominus})^y}{(p_A^{eq}/p^{\ominus})^a} \tag{3-26}$$

而在 $K^{\ominus}(T)$ 的定义式中，却包括了参与反应的所有物质（包括理想气体各组分及纯固体各组分）的标准化学势 $\mu_B^{\ominus}(B = A, B, Y, Z)$，即

$$K^{\ominus}(T) \overset{def}{=\!=\!=} \exp[-(-a\mu_A^{\ominus} - b\mu_B^{\ominus} + y\mu_Y^{\ominus} + z\mu_Z^{\ominus})/RT]$$

3.5.2 气体在金属中的溶解平衡

1. 双原子单质气体分子在液态金属中的溶解平衡

金属在冶炼、热处理及表面处理时，都有可能与气体接触，发生气体在液态金属或固态金属中的溶解。溶于金属中的气体一般以原子状态存在，与金属形成化合物。当外界条件合适时，金属中处于原子态的气体就会产生原子复合反应，形成气体分子。当气体压力增大时，有可能对金属构件造成破坏。另一方面，科研人员利用某些金属及其合金吸收气体的特点，制造出具有特定组成的合金，用以大量储存氢气，这种合金被称为吸氢材料。这是安全储运氢气的高科技方法，可以广泛用于氢 - 氧燃料电池和环保汽车等领域。

由于气体溶于金属中处于解离状态，即溶解态的分子结构与气相分子结构不同，故不能用亨利定律进行研究。对于某些双原子单质气体分子，溶解反应为（以 N_2 的溶解为例）

$$\frac{1}{2}N_2(g) =\!=\!=\!= [N]_{Fe(l)} \tag{3-27}$$

由于 Fe(l) 中溶解的[N]浓度很小，可视该系统为理想稀溶液，于是有

$$K^{\ominus}(T) = [100w(N)]^{①}[p(N_2)/p^{\ominus}]^{-\frac{1}{2}} \tag{3-28a}$$

或

$$[100w(N)] = K^{\ominus}(T)[p(N_2)/p^{\ominus}]^{\frac{1}{2}} \tag{3-28b}$$

式(3-28)称为**西弗特(Severts)定律**，又称**平方根定律**，表明双原子单质分子在金属中的平衡组成与它在平衡气相的分压的平方根成正比，比例系数是溶解反应的标准平衡常数，$K^{\ominus}(T)$ 只是温度的函数。

对溶解反应(3-27)而言，溶于 Fe(l) 中（或溶于固体金属中）的 N 以 $T, p^{\ominus}$ 下，$[100w(N)] = 1$ 的状态为标准态，而气相中的 N_2，则以 $T, p^{\ominus}$ 下的纯理想气体为标准态。若 $N_2(g)$ 溶于 Fe(l) 中，并取上述标准态，则反应的标准摩尔吉布斯函数为

$$\Delta_r G_m^{\ominus}(T)/(J \cdot mol^{-1}) = 1.079 \times 10^4 + 20.89(T/K)$$

由此，结合式(3-14)及式(3-28)，可计算给定条件下钢水中 N 的含量。

【例 3-4】 试计算 1 873 K 时，与 101 325 Pa 的空气平衡的钢液中 N 和 O 的含量。空气中 N_2 和 O_2 的体积分数分别为 0.79 和 0.21。溶解反应为

---

① 在 $[100w(N)]$ 中，$w(N)$ 为溶解在金属中的[N]的质量分数，由于其数值很小，故将其扩大 100 倍，写成 $[100w(N)]$，在本教材中该量等同于冶金专业教材中的[N%]。

$$\frac{1}{2}N_2[g, p(N_2)] \Longrightarrow [N]_{Fe(l)}, \quad \Delta_r G_m^\ominus(T)/(J \cdot mol^{-1}) = 1.079 \times 10^4 + 20.89(T/K)$$

$$\frac{1}{2}O_2[g, p(O_2)] \Longrightarrow [O]_{Fe(l)}, \quad \Delta_r G_m^\ominus(T)/(J \cdot mol^{-1}) = -1.171\ 5 \times 10^5 - 3.00(T/K)$$

解　对于 N_2，1 873 K 时，

$$p(N_2) = 101\ 325\ Pa \times 0.79 = 80\ 046.75\ Pa$$

$$\Delta_r G_m^\ominus(T)/(J \cdot mol^{-1}) = 1.079 \times 10^4 + 20.89 \times 1\ 873 = 49\ 917$$

$$K^\ominus(1\ 873\ K) = \exp\left(-\frac{49\ 917}{8.314\ 5 \times 1\ 873}\right) = 0.040\ 6$$

$$[100w(N)] = K^\ominus(1\ 873\ K)[p(N_2)/p^\ominus]^{\frac{1}{2}} =$$
$$0.040\ 6 \times (80\ 046.75\ Pa/100\ 000\ Pa)^{\frac{1}{2}} = 0.036$$

对于 $O_2(g)$，1 873K 时，

$$p(O_2) = 101\ 325\ Pa \times 0.21 = 21\ 278.25\ Pa$$

$$\Delta_r G_m^\ominus(T)/(J \cdot mol^{-1}) = -1.171\ 5 \times 10^5 - 3.00 \times 1\ 873 = -122\ 769$$

$$K^\ominus(1\ 873\ K) = \exp\left(\frac{122\ 769}{8.314\ 5 \times 1\ 873}\right) = 2\ 653$$

$$[100w(O)] = K^\ominus(1\ 873K) \times [p(O_2)/p^\ominus]^{\frac{1}{2}} =$$
$$2\ 653 \times (21\ 278.25\ Pa/100\ 000\ Pa)^{\frac{1}{2}} = 1\ 223.8^{①}$$

2. 氢在固溶体中的溶解平衡

许多金属或合金可固溶氢气形成含氢的固溶体 MH_x。在一定温度和压力下，固溶相 MH_x 与 $H_2(g)$ 反应生成金属氢化物：

$$\frac{2}{y-x}MH_x + H_2[g, p(H_2)] \Longrightarrow \frac{2}{y-x}MH_y + \Delta_r H_m^\ominus(T) \tag{3-29}$$

式中，MH_y 是金属氢化物；$\Delta_r H_m^\ominus(T)$ 是形成金属氢化物反应的标准摩尔焓[变]。固溶体中 $[H]$ 的溶解平衡组成与气相中氢的平衡分压 $p(H_2)$ 的平方根成正比，即 H_2 在固溶体中的溶解平衡可以用西弗特定律研究。即

$$[100w(H)] = K^\ominus(T)[p(H_2)/p^\ominus]^{\frac{1}{2}} \tag{3-30}$$

式中，$K^\ominus(T)$ 通过热力学方法计算。式(3-30)也是西弗特定律的一种表达式。

氢与金属或合金的反应是一个可逆过程。正向反应吸氢、放热，生成金属氢化物；逆反应释氢、吸热。通过改变温度与压力条件可以使反应(3-29)向设定的方向进行。也就是说，金属或固溶体的吸氢、释氢反应受温度、压力及合金成分的影响。

3. 其他气体在金属或合金中的溶解平衡

气体在金属或合金溶体中的溶解不同于在水和有机溶剂中的溶解，由于金属及合金溶体内存在着强大的金属键力，使溶于其中的气体几乎都解离成原子形态，有的甚至和金属形成化合物，例如

$$CO_2(g) \Longrightarrow [C] + 2[O]$$

---

①　此处的计算结果只是理论上的平衡含量，实际上，由于溶解的 $[O]$ 能与金属 M 氧化生成金属氧化物，如 FeO，同时，冶炼工艺中又采用脱氧技术除去 Fe(l) 中的 $[O]$，故实际上不会让 $O_2(g)$ 与 $[O]$ 达成溶解平衡。

$$H_2S(g) \Longrightarrow 2[H] + [S]$$
$$H_2O(g) \Longrightarrow 2[H] + [O]$$
$$6Cu(l) + SO_2(g) \Longrightarrow [Cu_2S] + 2[Cu_2O]$$

上述反应中的"[ ]"表示在金属或合金溶体（固溶体或液溶体）中。这类反应的 $\Delta_r G_m^{\ominus}(T) = a + bT$ 的数据可查,其标准平衡常数可求。所以,在一定的条件下,这类反应平衡组成可以计算,这对钢铁冶炼是有指导意义的。

*3.5.3 金属之间的反应平衡

由于金属间化合物各自有其特殊功能,正受到越来越广泛的关注,对于反应的热力学、化学平衡,合成方法及性能等方面的研究发展很快。如前面提到的贮氢材料、形状记忆合金、超导材料、磁记录材料等,有许多都是由金属单质合成的金属间化合物。例如

$$Ti(s) + 2B(s) \Longrightarrow TiB_2(s), \quad \Delta_r H_m^{\ominus} = -280 \text{ kJ} \cdot \text{mol}^{-1}$$

由金属单质相互反应生成金属间化合物是一放热过程。$\Delta_r H_m < 0, \Delta_r S_m < 0$,由等温方程 $\Delta_r G_m = \Delta_r H_m - T\Delta_r S_m$ 分析,上述合成反应在热力学上可以自发进行。例如

$$Ti(s) + Al(s) \Longrightarrow TiAl(s)$$

反应的 $\Delta_r H_m^{\ominus}(298 \text{ K}) = -75\ 300 \text{ J} \cdot \text{mol}^{-1}$,$\Delta_r S_m^{\ominus}(298 \text{ K}) = -23.4 \text{ J} \cdot \text{K}^{-1} \cdot \text{mol}^{-1}$,假定其 $\Delta_r H_m^{\ominus}$ 和 $\Delta_r S_m^{\ominus}$ 不随温度转化,则可求出平衡时的温度 $T = 3\ 218 \text{ K}$。即在 $T < 3\ 218 \text{ K}$ 时,反应都可自发进行。反应 $Ti(s) + Al(s) \Longrightarrow TiAl(s)$ 在 298 K 时的 $K^{\ominus}(298 \text{ K})$ 也可求出。

$$\Delta_r G_m^{\ominus}(298 \text{ K}) = \Delta_r H_m^{\ominus}(298 \text{ K}) - 298 \text{ K} \times \Delta_r S_m^{\ominus}(298 \text{ K}) =$$
$$(-75\ 300 + 298 \times 23.4) \text{ J} \cdot \text{mol}^{-1} =$$
$$-68\ 326.8 \text{ J} \cdot \text{mol}^{-1}$$

$$K^{\ominus}(298 \text{ K}) = \exp\left(-\frac{-68\ 326.8}{8.314\ 5 \times 298}\right) = 9.5 \times 10^{11}$$

$K^{\ominus}(298 \text{ K})$ 值表明即使在室温下,反应也可以进行到底。

以上只是讨论热力学可能性,尽管室温下反应可以进行到底,但速率太慢,没有应用价值。实际上,反应是在 1 600 K 左右进行的。有一种被业内人士称为自蔓延合成的方法被应用于这一类反应。首先将金属单质 A 和 B 加工成很细小的粉末,然后将两种粉末按一定配比混合均匀,挤压成型,放入自蔓延合成反应器内,反应器是绝热的。一切准备好之后,在反应器一端用电点火使反应发生,由于反应是放热的,一旦发生,就可连续进行下去,不需额外加热。目前用这种合成方法已合成出近千种金属间化合物。如可用做电热材料的 $MoSi_2$,可替代金刚石的 TiC,可作为形状记忆合金的 TiN 以及可用做贮氢材料的系列合金。除自蔓延合成法之外,还有其他合成方法,如传统冶炼法等。

3.6 固体化合物的分解压

3.6.1 分解压的定义

在多相化学平衡中,有一类涉及纯凝聚相和纯理想气体的反应。例如

$$2FeO(s) \Longrightarrow 2Fe(s) + O_2(g)$$

$$CaCO_3(s) \Longrightarrow CaO(s) + CO_2(g)$$

这些系统中,如无其他气体存在,则平衡时生成物气体的分压是系统的总压,它决定了平衡常数 $K^\ominus(T)$。由于 $K^\ominus(T)$ 只是温度的函数,所以在一定温度时,不论 $CaCO_3$ 和 CaO 的数量有多少,在平衡时 CO_2 的分压为一定值。在一定温度下,某化合物纯凝聚相分解只生成一种气体,反应达到平衡时,此气体的分压称为该化合物的分解压[①]。如 $FeO(s)$ 分解达平衡时的 $p(O_2)$ 称为 $FeO(s)$ 的分解压。

如同蒸气压和蒸气的压力是两个不同的概念一样,分解压和分解压力也是两个不同的概念。前者是平衡概念,后者是非平衡概念,二者不要混淆。与此类似,分解温度和开始分解温度也有区别。对氧化物(如 FeO)而言,分解温度是反应 $2FeO(s) \Longrightarrow 2Fe(\alpha) + O_2(g)$ 系统分解压等于外压时的温度,而开始分解温度则定义为反应系统的分解压等于平衡气相中氧的分压力时的温度。显然,若在纯氧中,开始分解温度等于分解温度;若不在纯氧中,开始分解温度则低于分解温度。不论气相总压多大,气相中氧的分压愈低,则 $FeO(s)$ 的开始分解温度愈低。例如,$FeO(s)$ 在 $p(O_2) = 10^{-6}$ kPa,总压为 100 kPa 的气氛中,开始分解温度为 1 867 K,而分解温度为 4 150 K;但在 $p(O_2) = 21$ kPa,总压为 100 kPa 的空气中,开始分解温度升至 3 760 K,而分解温度仍为 4 150 K。对于非氧化物的分解,如 $CaCO_3$,只要分解产物中只有一种气体,也可得到类似的结论。

3.6.2　金属氧化物的分解压及其应用

分解压是个重要的概念,广泛应用于化工、冶金、金属材料热处理过程,常用它来衡量某一物质的相对热稳定性。分解压愈小的化合物,其热稳定性愈好,即该化合物愈难分解。表3-1 中列出某些常见氧化物的分解压:

表 3-1　　　　　　　　某些常见氧化物的分解压

氧化物	分解压 $p(O_2)$/kPa		稳定性	氧化物	分解压 $p(O_2)$/kPa		稳定性
	1 000 K	1 600 K			1 000 K	1 600 K	
CuO	2.0×10^{-8}	2.5×10^3 (1 500 K)	从上到下稳定性逐渐增大 ↓	SiO_2	1.3×10^{-38}	3.0×10^{-19}	从上到下稳定性逐渐增大 ↓
Fe_2O_3		1.7×10^1		B_2O_3		4.1×10^{-21}	
Cu_2O	1.1×10^{-12}	2.5×10^{-2}		Al_2O_3	5.0×10^{-46}	2.1×10^{-23}	
Fe_3O_4		4.8×10^{-6}		ZrO_2		3.0×10^{-24}	
FeO	3.3×10^{-18}	6.0×10^{-9}		MgO	3.4×10^{-50}	5.6×10^{-26}	
Cr_2O_3		4.4×10^{-14}		CaO	2.7×10^{-54}	1.8×10^{-29}	
NiO	1.1×10^{-14}						
MnO	3.0×10^{-31}	3.3×10^{-16}					

表中数据有下列特点:

---

①　对于分解反应中生成不止一种气体的固体,如 $NH_4HS(s) \Longrightarrow NH_3(g) + H_2S(g)$,有的作者把平衡时分解产物的总压 $p_总 = p(NH_3) + p(H_2S)$ 也称为该化合物的分解压,请读者查阅分解压数据时注意这一点。

（i）大多数金属氧化物的分解压都很小，空气中氧的分压约为 21.3 kPa，大于表中 1 600 K 时各氧化物的分解压，故置于空气中的大部分金属都会被氧化为氧化物。

（ii）对于同一种金属，高价氧化物的分解压大于其低价氧化物的分解压，故高价氧化物较易分解为低价氧化物。

（iii）若某金属可以与氧生成不同价态的氧化物，则按氧化程度的顺序，高价氧化物只能依序逆向还原为次一级价态的氧化物，直至还原为金属。

（iv）同一种氧化物，温度愈高，其分解压愈大；同一种金属，氧化物价态愈高，其分解压愈大。如图 3-4 所示给出了金属氧化物的分解压与温度的关系。

（v）金属氧化物的分解压愈小，该金属氧化物越稳定。

（vi）表中 $p(O_2)$ 并非实测值，而是利用热力学数据的计算值。对于 $p(O_2)$ 很低的氧化物，其 $p(O_2)$ 只有比较的意义而无实际意义，因为在这样的系统中，几乎已无氧分子存在。读者可以利用 $pV = nRT$ 计算 MnO 分别在 1 000 K 和 1 600 K 下分解平衡时，1 m^3 体积内有多少个氧分子。

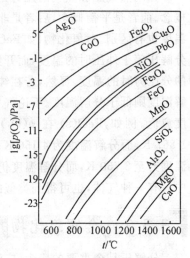

图 3-4　金属氧化物的分解
压与温度的关系

根据分解压的大小，可预知在冶炼过程中哪些元素溶于金属液中，哪些元素易氧化而进入炉渣。因而分解压常作为生产设计过程的一个重要依据。如在铸造、焊接过程中，为了提高产品的机械性能，必须考虑熔池中的脱氧问题；又如热处理盐浴，若长期使用而不除去其中的氧，将使盐浴性能变坏，造成被处理的工件质量下降，因而需进行脱氧；再如冶金过程中，欲除去 FeO 中的氧，需采用适当的脱氧剂。选择脱氧剂的原则是：脱氧剂与氧形成化合物的热稳定性大于氧化亚铁的热稳定性。脱氧剂加入后，即会夺取氧化亚铁中的氧。从表 3-1 可以看出，Al，Si，Mn 均可以作为炼钢的脱氧剂。因为

$$3(FeO) + 2[Al] = (Al_2O_3) + 3Fe(l)$$

式中，(FeO)，(Al_2O_3) 分别表示渣中的 FeO 和 Al_2O_3，[Al] 表示溶于 Fe(l) 中的 Al(l)。因 Al_2O_3 比 FeO 稳定，所以炼钢末期常加入 Al 以除去 FeO 中的氧，所生成的 Al_2O_3 即随渣排出。

由表 3-1 和图 3-4 还可以粗略估计，用相同还原剂，在相同温度下，各金属氧化物还原的先后次序。

3.6.3　金属碳酸盐的分解压

金属碳酸盐分解时也只产生一种气体，如

$$CaCO_3(s) = CaO(s) + CO_2(g)$$

在一定的温度下分解达平衡时，气相中 $CO_2(g)$ 的分压力 $p(CO_2)$，称为该碳酸盐在规定温度下的分解压。碳酸盐比大多数氧化物易于分解，分解温度较低。碳酸盐的分解压除与温度有关外，还与其分散度有关。

【例 3-5】　$CaCO_3(s)$ 的分解反应为

$$CaCO_3(s) \Longrightarrow CaO(s) + CO_2(g)$$

CO_2 的平衡压力与温度及分散度的关系为

$t/℃$	一般分散状态 $p/p^\ominus$	高分散状态 $p/p^\ominus$	$t/℃$	一般分散状态 $p/p^\ominus$	高分散状态 $p/p^\ominus$
600	2.1×10^{-3}	3.7×10^{-3}	900	1.0	1.29
700	2.3×10^{-2}	3.9×10^{-2}	1 000	3.4	4.9
800	0.17	0.26			

求 $CaCO_3(s)$ 在空气中的分解温度(空气的压力近似取为 $p^\ominus = 100$ kPa)及 1 000 ℃时的分解压。

解 由表中可以看出,对于一般分散状态的 $CaCO_3(s)$,在 900 ℃时,其 $p(CO_2) = 1.0 \times p^\ominus = 100$ kPa,故其分解温度为 900 ℃;而对于高分散状态的 $CaCO_3(s)$,900 ℃时,$p(CO_2) = 1.29 p^\ominus = 129$ kPa > 100 kPa,故其分解温度低于 900 ℃,实为 890 ℃。

1 000 ℃时一般分散状态的 $CaCO_3(s)$ 分解压为 3.4×10^5 Pa $= 340$ kPa,高分散状态的 $CaCO_3(s)$ 分解压为 4.9×10^5 Pa $= 490$ kPa。

3.6.4 金属氢化物的分解压

1. 金属氢化物的分解及分解压

一些金属或合金与氢气形成含氢固溶体 MH_x。MH_x 与氢反应生成金属氢化物 MH_y,这是一类重要的化学反应:

$$\frac{2}{y-x}MH_x(s) + H_2[p(H_2)] \Longrightarrow \frac{2}{y-x}MH_y(s) \tag{3-31}$$

式中,MH_x 又称为贮氢合金。反应的正方向是贮氢合金的吸氢过程,反应的逆方向是贮氢合金的释氢过程。在一定温度下,式中 $H_2(g)$ 的平衡压力称为金属氢化物的分解压。金属氢化物的分解压是一个十分有用的参数。金属氢化物的分解温度愈低、分解压 $p(H_2)$ 愈大,$p(H_2)$ 数值变化对 MH_y 中 y 的影响愈不明显,则这类金属氢化物的实用性越大,工程上越经济。部分金属氢化物在一定温度下的分解压见表 3-2。

表 3-2 某些金属氢化物的分解压

金属氢化物	氢含有率 $[100w(H)]$	分解压 $p(H_2)$ MPa	温度 /℃	金属氢化物	氢含有率 $[100w(H)]$	分解压 $p(H_2)$ MPa	温度 /℃
LiH	12.7	0.1	894	$TiCo_{0.5}Mn_{0.5}H_{1.7}$	1.6	0.1	90
MgH_2	7.6	0.1	290	$TiMn_{1.5}H_{2.47}$	1.8	$0.5 \sim 0.8$	20
$MgCaH_{3.72}$	5.5	0.5	350	$Ti_{0.75}Al_{0.25}H_{1.5}$	3.4	0.1	100
Mg_2CuH	2.7	0.1	239	$TiFe_{0.5}Mn_{0.2}Zn_{0.05}H_{2.2}$	2.0	0.55	80
$CeMg_{12}H$	4.0	0.3	325	$Ti_{1.2}Cr_{1.2}V_{0.8}H_{4.6}$	3.0	0.4	140
$LaNi_5H_6$	1.4	0.4	50	VH_2	3.8	0.5	50
$TiFeH_{1.9}$	1.8	1.0	50	$V_{0.8}Ti_{0.2}H_{1.6}$	3.1	$0.3 \sim 1.0$	100

从表 3-2 中可以看出,金属氢化物的含氢率还不太高,分解压还不够高。金属氢化物的分解压与分解温度有关。一般情况下,温度升高,分解压迅速增大。各种金属氢化物的分解压与温度的关系如图 3-5 所示[①]。

---

① 实际上,图 3-5 是 $\ln[p(H_2)/p^\ominus] - \frac{1}{T}$ 图,原文献作者将 $\frac{1}{T}$ 换成了"℃",故横坐标才有如此不均匀的刻度。

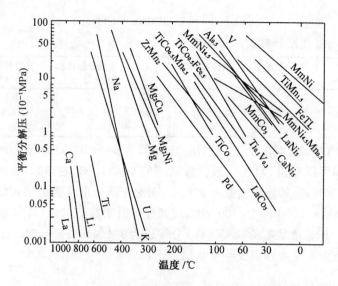

图 3-5　各种贮氢合金平衡分解压 - 温度关系曲线

图 3-5 表明,对各种贮氢合金,当温度和氢气压力值在曲线上侧时,合金吸氢,生成金属氢化物,同时放热;当温度与氢气压力值在曲线下侧时,金属氢化物分解,放出氢气,同时吸热。

图 3-5 还表明,不同贮氢合金,分解压及分解温度差别较大。活泼的碱金属、碱土金属及其合金,分解温度较高,而稀土金属及过渡金属合金,可以在较低的温度下获得较高的分解压。贮氢合金的这一特性(低分解温度和高分解压)对于氢气静压机是必要的。

金属氢化物的分解压还与其含氢量有关,如图 3-6 所示。

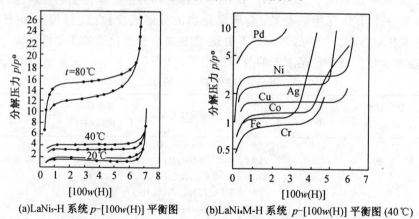

(a)LaNi₅-H 系统 p-[100w(H)] 平衡图　　(b)LaNi₄M-H 系统 p-[100w(H)] 平衡图 (40℃)

图 3-6　金属氢化物的分解压与其含氢率的关系

从图 3-6 看出,在含氢率比较低时,分解压随含氢量的增加迅速增大,然后进入一个压力平稳段,在这一段,尽管含氢率变化较大,但 $p(H_2)$ 基本保持不变;当含氢率达到某一临界值时,$p(H_2)$ 又急剧增大。$p(H_2)$ 相对稳定所对应的较宽的[100w(H)]组成是工程上所需要的。

2. 贮氢合金的应用

由于贮氢合金材料具有比传统材料更安全、环保、无污染、质量轻、体积小等优点,正受到越来越多的关注,在许多领域有应用。

(i) 作为氢气的储运容器。传统贮氢容器是钢瓶，体积大、笨重、压力高、危险系数大。改为贮氢合金后，系统的体积、质量及压力都减小。例如，用 $TiMn_{1.5}$ 合金制成的贮氢容器与压力为 15 MPa 的钢瓶相比，在贮氢相同条件下，二者质量比为 1∶1.4，体积比为 1∶4。

(ii) 氢能汽车。相对于汽油、柴油汽车，氢能汽车燃烧的是 H_2，排出的是水，无污染，属环保型汽车。目前要解决的问题是把贮氢合金的质量降下来。

(iii) 分离、回收氢气。氢气是重要的化工物资，不能白白排掉，用传统方法从含氢量很少的废气中回收氢难度太大，而采用贮氢合金就方便多了。将含氢排放气在一定压力（氢分压高于吸氢平衡压）下通过贮氢合金，氢被吸收，其他气体排出。

(iv) 制取高纯度氢气。利用贮氢合金对氢的选择性化学吸附，可制备纯度为 99.999 9% 以上的高纯氢气。先将氢气提纯，使其含杂质较少，然后将含少量杂质的氢气通过贮氢合金，氢气被化学吸附生成氢化物，而杂质则物理吸附在合金表面。吸附结束后先除去表面杂质，再进行释氢反应，便获得极高纯度的氢气。高纯氢在电子工业及光纤工业中有重要应用。

(v) 氢气静压机。如图 3-6 所示，释氢时，改变金属氢化物的温度可以提高释氢的压力，由此可以实现热能与机械能的转换。这种通过平衡氢压的变化而产生高压氢气的贮氢合金，称为氢气静压机。这是一种无任何噪声的压缩机，其热源可利用工业余热。

3.7　范特荷夫定温方程、化学反应方向的判断

对理想气体混合物反应，式(3-24a) 可表示成

$$A(T) = A^{\ominus}(T) - RT\ln\prod_B (p_B/p^{\ominus})^{\nu_B} \tag{3-32a}$$

或

$$\Delta_r G_m(T) = \Delta_r G_m^{\ominus}(T) + RT\ln\prod_B (p_B/p^{\ominus})^{\nu_B} \tag{3-32b}$$

式(3-32) 叫理想气体反应的**范特荷夫定温方程**(van't Hoff isothermal equation)。式中的 $\prod_B (p_B/p^{\ominus})^{\nu_B}$ 项中的 p_B 是反应系统处于任意状态（包括平衡态）时，组分 B 的分压，并定义

$$J^{\ominus}(pgm,T) \stackrel{def}{=\!=\!=} \prod_B (p_B/p^{\ominus})^{\nu_B} \tag{3-33}$$

式中，$J^{\ominus}(pgm,T)$ 为理想气体混合物的**分压比**(ratio of partial pressure)。于是式(3-32a) 及式(3-32b) 即可写成

$$A(T) = RT\ln K^{\ominus}(pgm,T) - RT\ln J^{\ominus}(pgm,T) \tag{3-34}$$
$$\Delta_r G_m(T) = -RT\ln K^{\ominus}(pgm,T) + RT\ln J^{\ominus}(pgm,T) \tag{3-35}$$

一般地，将括号中的 pgm 省略，式(3-35) 写为

$$\Delta_r G_m(T) = -RT\ln K^{\ominus}(T) + RT\ln J^{\ominus}(T) \tag{3-36}$$

式(3-36) 为气体混合物反应的范特荷夫定温方程。应用时，$K^{\ominus}(T)$ 的计算仅与气体本性及标准态的选择有关，与压力无关。

由式(3-36)，可判断
若 $K^{\ominus}(T) = J^{\ominus}(T)$，即 $A(T) = 0$ 或 $\Delta_r G_m(T) = 0$，则反应达成平衡；
若 $K^{\ominus}(T) > J^{\ominus}(T)$，即 $A(T) > 0$ 或 $\Delta_r G_m(T) < 0$，则反应方向向右；
若 $K^{\ominus}(T) < J^{\ominus}(T)$，即 $A(T) < 0$ 或 $\Delta_r G_m(T) > 0$，则反应方向向左。

【例 3-6】　钢在热处理炉中有可能被 $CO_2(g)$ 氧化，已知反应：

$$2CO(g) + O_2(g) \rightleftharpoons 2CO_2(g), \quad \Delta_r G_m^\ominus/(J \cdot mol^{-1}) = -565\,300 + 173.64(T/K) \quad ①$$

$$2Fe(s) + O_2(g) \rightleftharpoons 2FeO(s), \quad \Delta_r G_m^\ominus/(J \cdot mol^{-1}) = -519\,200 + 125.1(T/K) \quad ②$$

求:(1) 当炉气组成为 $\varphi(CO) = 0.60, \varphi(CO_2) = 0.40$ 时,在 830 ℃ 下,Fe(s) 能否被氧化?

(2) 若在炉气中充入 $N_2(g)$ 使炉气组成变为 $\varphi(N_2) = 0.40, \varphi(CO) = 0.40, \varphi(CO_2) = 0.20$,同样在 830 ℃ 下,Fe(s) 能否被氧化?

解 (反应②−反应①)/2,得

$$Fe(s) + CO_2(g) \rightleftharpoons FeO(s) + CO(g) \quad ③$$

$$\Delta_r G_{m,③}^\ominus/(J \cdot mol^{-1}) = \frac{\Delta_r G_{m,②}^\ominus - \Delta_r G_{m,①}^\ominus}{2} = 23\,050 - 24.3(T/K)$$

$$K_③^\ominus(830\ ℃) = \exp\left(-\frac{23\,050 - 24.3 \times 1\,103}{8.314\,5 \times 1\,103}\right) = 1.51$$

在(1)情况下, $\quad J^\ominus = \dfrac{p(CO)/p^\ominus}{p(CO_2)/p^\ominus} = \dfrac{0.60p}{0.40p} = 1.5 < K^\ominus$

故 Fe(s) 极有可能被氧化。

在(2)情况下, $\quad J^\ominus = \dfrac{0.40p}{0.20p} = 2.0 > K^\ominus$

故 Fe(s) 不会被氧化。

【例 3-7】 已知由锌蒸馏罐出口进入冷凝器的气体成分(体积分数)为 $\varphi(Zn) = 0.45$, $\varphi(CO) = 0.535, \varphi(CO_2) = 0.015$,冷凝器入口温度为 1 473 K,出口温度为 723 K,出口气体成分(体积分数)为 $\varphi(Zn) = 0.005, \varphi(CO) = 0.968, \varphi(CO_2) = 0.027$。冷凝器在常压下操作,混合气中的 $CO_2(g)$ 在合适的条件下有可能把 $Zn(g)$ 氧化为 $ZnO(s)$,氧化反应为

$$Zn(g) + CO_2(g) \rightleftharpoons ZnO(s) + CO(g)$$

反应的标准平衡常数与温度的关系为

$$\ln K^\ominus(T) = \frac{9\,740}{T/K} - 6.12$$

问 $Zn(g)$ 在冷凝器内能否被 $CO_2(g)$ 氧化为 $ZnO(s)$?

解 在冷凝器入口处,$T = 1\,473$ K,此时

$$K^\ominus(1\,473\ K) = 1.64$$

$$J^\ominus(1\,473\ K) = [p(CO)/p^\ominus]/\{[p(CO_2)/p^\ominus] \times [p(Zn)/p^\ominus]\} =$$
$$0.535/(0.015 \times 0.45) = 79.3$$

$J^\ominus(1\,473\ K) > K^\ominus(1473\ K)$,故反应向反方向进行,$Zn(g)$ 不会被氧化。

在冷凝器出口处,

$$\ln K^\ominus(723\ K) = \frac{9\,740}{723} - 6.12$$

$$K^\ominus(723\ K) = 1\,559$$

$$J^\ominus(723\ K) = \frac{0.968}{0.005 \times 0.027} = 7\,170$$

$$J^\ominus(723\ K) > K^\ominus(723\ K)$$

$Zn(g)$ 不会被氧化。故在 $Zn(g)$ 冷凝器内,$Zn(g)$ 不会被 $CO_2(g)$ 氧化为 $ZnO(s)$。

【例 3-8】 在 1 000 ℃,101 325 Pa 下,含 $CH_4(g)$ 体积分数 $\varphi(CH_4) = 0.005$ 的 $CH_4\text{-}H_2$

混合气体与 Fe-C 合金达渗碳平衡,求此时 Fe-C 合金中的碳含量,已知渗碳剂生成反应为

$$C(石墨) + 2H_2(g) \Longrightarrow CH_4(g)$$

当 Fe-C 合金中的 C 以 $T, p^{\ominus}$ 下的石墨为标准态,H_2 和 CH_4 以 $T, p^{\ominus}$ 下的纯理想气体为标准态时,反应的

$$\Delta_r G_m^{\ominus}(T)/(J \cdot mol^{-1}) = -69\ 120 + 51.25(T/K)\lg(T/K) - 65.35(T/K) \qquad (a)$$

而且,按照上面所取标准态,1 000 ℃ 时,Fe-C 合金中 C 的活度 $a(C)$ 与质量分数 $w(C)$ 之间的关系曲线如图 3-7 所示。

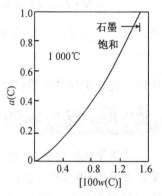

图 3-7　Fe-C 合金中 $a(C)$ 与 $w(C)$ 的关系曲线

解　由式(a),1 000 ℃ 时,

$$\Delta_r G_m^{\ominus}(1\ 273\ K) = 50\ 316\ J \cdot mol^{-1}$$

$$K^{\ominus}(1\ 273\ K) = \exp\left[-\frac{50\ 316}{8.314\ 5 \times 1\ 273}\right] = 8.62 \times 10^{-3}$$

由渗碳剂生成反应,

$$K^{\ominus} = \frac{p(CH_4,g)/p^{\ominus}}{a_C[p(H_2)/p^{\ominus}]^2} \qquad (b)$$

由已知条件,

$$p(CH_4) = 101\ 325\ Pa \times 0.005 = 506.6\ Pa$$

$$p(H_2) = 101\ 325\ Pa \times (1 - 0.005) = 100\ 818.4\ Pa$$

代入式(b),得

$$K^{\ominus} = \frac{506.6\ Pa/(1 \times 10^5\ Pa)}{[100\ 818.4\ Pa/(1 \times 10^5\ Pa)]^2 a(C)} = 8.62 \times 10^{-3}$$

所以

$$a(C) = 0.578$$

由图 3-6 查出,当 $a(C) = 0.578$ 时,$[100w(C)] = 1.04$,即 C(石墨)在 Fe-C 合金中的质量分数 $w(C) = 0.010\ 4$。[①]

【例 3-9】　1 683 K 温度下,在真空感应炉的氧化镁坩埚内熔炼 $[100w(C)] = 0.1$,$[100w(Cr)] = 20$ 的不锈钢返回料,炉内压力为 $1.33 \sim 0.133\ Pa$,求:平衡时,一氧化碳的分压为多少?炉中氧化镁坩锅能否被腐蚀?已知不锈钢返回料中碳的活度因子 $f_{[C]} = 0.2$;反应

$$2C(石墨) + O_2(g) \Longrightarrow 2CO(g), \quad \Delta_r G_m^{\ominus}/(J \cdot mol^{-1}) = -232\ 600 - 167.8(T/K) \qquad ①$$

$$2Mg(g) + O_2(g) \Longrightarrow 2MgO(s), \quad \Delta_r G_m^{\ominus}/(J \cdot mol^{-1}) = -1\ 428\ 800 + 387.4(T/K) \qquad ②$$

$$C(石墨) \Longrightarrow [C], \quad \Delta_r G_m^{\ominus}/(J \cdot mol^{-1}) = 21\ 338 - 41.84(T/K) \qquad ③$$

其中气体以 $T, p^{\ominus}$ 下的纯理想气体为标准态,[C] 以 $T, p^{\ominus}$ 下 $[100w(C)] = 1$,且服从亨利定律的纯 B(l) 为标准态。

解　氧化镁坩埚被腐蚀的反应为

$$MgO(s) + [C] \Longrightarrow Mg(g) + CO(g) \qquad ④$$

$$\Delta_r G_{m,④}^{\ominus} = \frac{1}{2}\Delta_r G_{m,①}^{\ominus} - \frac{1}{2}\Delta_r G_{m,②}^{\ominus} - \Delta_r G_{m,③}^{\ominus} = [576\ 762 - 235.76(T/K)]J \cdot mol^{-1}$$

1 873 K 时,$\Delta_r G_{m,④}^{\ominus} = (576\ 762 - 235.76 \times 1\ 873)J \cdot mol^{-1} = 135\ 184\ J \cdot mol^{-1}$

---

①　一般情况下,以 CH_4 作为钢的渗碳剂时,当 CH_4 分解为 C(石墨)后,石墨渗入钢的表层会与 Fe 生成渗碳体 $Fe_3C(s)$。$Fe_3C(s)$ 本身处于亚稳状态(见第 5 章),而且可以经很长时间而不分解。只有在 $Fe_3C(s)$ 分解后,碳才变为石墨。在 $Fe_3C(s)$ 分解为 Fe 和 C(石墨)之前,Fe-C 合金表面的渗碳部分并非平衡态,故 $w(C) = 0.010\ 4$ 并非实际含量,而只是计算的平衡含量。

$$K_{\text{⑩}}^{\ominus}(1\ 873\ \text{K}) = \exp\left(-\frac{135\ 184}{8.314\ 5 \times 1\ 873}\right) = 1.7 \times 10^{-4}$$

$$K^{\ominus} = \frac{[p(\text{Mg,g})/p^{\ominus}][p(\text{CO})/p^{\ominus}]}{a_{[\text{C}]}} = [p(\text{CO})/p^{\ominus}]^2/a_{[\text{C}]} = [p(\text{CO})/p^{\ominus}]^2/(0.2 \times 0.1)$$

所以,平衡时,

$$p(\text{CO}) = (1.7 \times 10^{-4} \times 0.2 \times 0.1)^{\frac{1}{2}} p^{\ominus} = 1.84 \times 10^{-3} p^{\ominus} = 184.4\ \text{Pa}$$

此时,$J^{\ominus} = [p'(\text{CO})/p^{\ominus}]^2/(0.2 \times 0.1) = \dfrac{[(1.33 \times 0.5)/(1 \times 10^5)]^2}{0.2 \times 0.1} = 2.2 \times 10^{-9}$

$$J^{\ominus} \ll K^{\ominus}$$

所以氧化镁坩埚被强烈腐蚀。

*3.8　反应物的平衡转化率及系统的平衡组成的计算

所谓**平衡转化率**,是指在给定条件下反应达到平衡时,转化掉的某反应物的量占其初始量的百分率。通常选用反应物中组分之一作为**主反应物**(principal reactant),常以反应原料中比较贵重的组分作为主反应物,若以组分 A 代表主反应物,设 $n_{\text{A},0}$($\xi = 0$ 时)及 n_{A}^{eq}($\xi = \xi^{\text{eq}}$ 时)分别代表反应初始时及反应达到平衡时组分 A 的量,则定义

$$x_{\text{A}}^{\text{eq}} \stackrel{\text{def}}{=\!=} \frac{n_{\text{A},0} - n_{\text{A}}^{\text{eq}}}{n_{\text{A},0}} \tag{3-37}$$

式中,x_{A}^{eq} 为反应达到平衡时 A 的转化率,它是给定条件下的最高转化率。在以后学习了化学动力学之后,我们会知道,无论采用什么样的催化剂,只能加快反应速率,使反应尽快达到或接近给定条件下的平衡转化率,而不会超过它。

求得与给定反应的计量方程对应的标准平衡常数 $K^{\ominus}(T)$,并把它与反应物 A 的平衡转化率关联起来,即可由 $K^{\ominus}(T)$ 算出 x_{A}^{eq},进而可计算系统的平衡组成,或产物的平衡产率。有关这方面的计算方法早在无机化学中已经学过,此处不再重复,物理化学课程的任务旨在 $K^{\ominus}(T)$ 的热力学计算。

【例 3-10】　氧气转炉是炼钢所用的转炉,其内壁耐火衬砖常用含碳白云石矿和含镁白云石矿,其中含有 MgO(s)、CaO(s)、SiO_2(s) 和 C(s) 等组分,在炼钢温度(1 500 ～ 1 900 ℃)下,如下反应会同时发生:

MgO(s) + C(s) === Mg(g) + CO(g)，　$\Delta_r G_m^{\ominus}/(\text{J} \cdot \text{mol}^{-1}) = 146\ 550 - 69.25(T/\text{K})$　①

CaO(s) + C(s) === Ca(g) + CO(g)，　$\Delta_r G_m^{\ominus}/(\text{J} \cdot \text{mol}^{-1}) = 159\ 700 - 65.86(T/\text{K})$　⑪

SiO_2(s) + C(s) === SiO(g) + CO(g)，　$\Delta_r G_m^{\ominus}/(\text{J} \cdot \text{mol}^{-1}) = 162\ 300 - 79.36(T/\text{K})$　⑩

试计算在不同炼钢温度下,Mg(g)、Ca(g)、SiO(g) 及 CO(g) 的分压 $p(\text{B,g})$ 及反应的 $K^{\ominus}(T)$。已知 1 600 ℃ 时 SiO_2(s) 的活度因子 $a(SiO_2) = 0.017$。

解　由反应①、⑪和⑩及其 $\Delta_r G_m^{\ominus}$ 可求出 $K^{\ominus}(T)$:

$$\ln K_{\text{①}}^{\ominus} = 8.33 - \frac{17\ 626}{(T/\text{K})}$$

$$\ln K_{\text{⑪}}^{\ominus} = 7.92 - \frac{19\ 207}{(T/\text{K})}$$

$$\ln K_{\text{⑩}}^{\ominus} = 9.54 - \frac{19\ 520}{(T/\text{K})}$$

由此求出不同温度时的 $K^{\ominus}(T)$，见表 3-3。

表 3-3　　　　　　　　　不同温度时反应①、⑪和⑩的 $K^{\ominus}(T)$

$t/℃$	$K^{\ominus}_{①}$	$K^{\ominus}_{⑪}$	$K^{\ominus}_{⑩}$	$t/℃$	$K^{\ominus}_{①}$	$K^{\ominus}_{⑪}$	$K^{\ominus}_{⑩}$
1 500	0.200	0.054	0.230	1 760	0.712	0.217	0.940
1 600	0.339	0.097	0.414	1 800	0.841	0.261	1.132
1 700	0.547	0.163	0.702	1 900	1.244	0.399	1.746

在这 3 个同时进行的反应中，$MgO(s)$，$CaO(s)$ 为纯固体，活度因子 $a_B = 1$；$Mg(g)$，$Ca(g)$，$SiO(g)$ 及 $CO(g)$ 为纯理想气体，$C(s)$ 为纯固体，$a(C) = 1$；故 3 个反应的 $K^{\ominus}(T)$ 分别为

$$K^{\ominus}_{①} = p(Mg)p(CO) \tag{a}$$

$$K^{\ominus}_{⑪} = p(Ca)p(CO) \tag{b}$$

$$K^{\ominus}_{⑩} = p(SiO)p(CO)/a(SiO_2) \tag{c}$$

将(a)、(b)和(c)三式联立并整理，得

$$p(Mg) + p(Ca) + p(SiO) = \frac{K^{\ominus}_{①} + K^{\ominus}_{⑪} + 0.017 K^{\ominus}_{⑩}}{p(CO)} \tag{d}$$

从 3 个反应可以看出，$CO(g)$ 的量应为 $Mg(g)$，$Ca(g)$ 与 $SiO(g)$ 的量之和，即

$$n(CO) = n(Mg, g) + n(Ca, g) + n(SiO, g)$$

所以

$$p(CO) = p(Mg, g) + p(Ca, g) + p(SiO, g) \tag{e}$$

将式(e)代入式(d)并整理，得

$$p(CO) = (K^{\ominus}_{①} + K^{\ominus}_{⑪} + 0.017 K^{\ominus}_{⑩})^{\frac{1}{2}} \tag{f}$$

将各温度下的 $K^{\ominus}(T)$ 代入式(f)，可求出 $p(CO)$，将求出的 $p(CO)$ 分别代入式(a)、式(b)、式(c)，并结合 $K^{\ominus}_{①}$，$K^{\ominus}_{⑪}$ 和 $K^{\ominus}_{⑩}$，可分别求出各温度下的 $p(Mg, g)$，$p(Ca, g)$ 和 $p(SiO, g)$，将这一系列值列于表 3-4 中。

表 3-4　　　　不同温度时 CO，Mg，Ca 和 SiO 的分压

$t/℃$	$p(B, g)/(10^5 \, Pa)$			
	CO	Mg	Ca	SiO
1 500	4.2×10^{-2}	4.1×10^{-2}	1.2×10^{-4}	8.7×10^{-4}
1 600	1.07×10^{-1}	1.02×10^{-1}	5.33×10^{-4}	8.06×10^{-3}
1 700	2.90×10^{-1}	2.75×10^{-1}	1.74×10^{-3}	1.36×10^{-2}
1 760	5.05×10^{-1}	4.74×10^{-1}	3.33×10^{-3}	2.66×10^{-2}
1 800	7.54×10^{-1}	7.11×10^{-1}	4.78×10^{-3}	3.86×10^{-2}
1 900	1.64	1.52	1.31×10^{-2}	1.09×10^{-1}

从表 3-4 可以看出，在 1 760 ℃ 时反应产物的总压将达到 1×10^5 Pa。这说明当温度高于 1 760 ℃ 时，反应将会剧烈地进行。

从表 3-4 还可以看出，由于 SiO 的活度小，其分压比较小。由于 CaO 有比较高的热力学稳定性，Ca 的分压比 SiO 更小。

【例 3-11】　CH_4 是钢铁表面渗碳处理时最好的渗碳剂之一，渗碳反应过程之一为

$$CH_4(g) \Longrightarrow C(石墨) + 2H_2(g), \quad \Delta_r G_m^\ominus(T)/(J \cdot mol^{-1}) = 90\ 165 - 109.56(T/K)$$

(1) 求 500 ℃ 时此反应的平衡常数 $K^\ominus$。

(2) 求 500 ℃ 平衡时 CH_4 的分解百分率。设其总压力为 101.325 kPa 和 50.66 kPa，并且系统中没有惰性气体。

(3) 500 ℃，总压 101.325 kPa，在分解前的 CH_4 中含 50% 惰性气体，求 CH_4 的分解百分率。

解 (1) 在 773 K 时，

$$\Delta_r G_m^\ominus = (90\ 165 - 109.56 \times 773)J \cdot mol^{-1} = 5\ 475\ J \cdot mol^{-1}$$

$$\ln K^\ominus = -\frac{\Delta_r G_m^\ominus}{RT} = -\frac{5\ 475\ J \cdot mol^{-1}}{8.314\ 5\ J \cdot mol^{-1} \cdot K^{-1} \times 773\ K} = -0.852$$

$$K^\ominus = 0.427$$

(2) 设平衡时 CH_4 分解的百分率为 α，则

$$CH_4(g) \Longrightarrow C(石墨) + 2H_2(g)$$

反应前 n/mol	1	0	0
平衡时 n/mol	$1-\alpha$		2α $\quad n_总/mol = 1+\alpha$
平衡时分压	$p\dfrac{1-\alpha}{1+\alpha}$		$p\dfrac{2\alpha}{1+\alpha}$

$$K^\ominus = \frac{p^2\left(\dfrac{2\alpha}{1+\alpha}\right)^2}{p\dfrac{1-\alpha}{1+\alpha}p^\ominus} = \frac{4\alpha^2}{1-\alpha^2} \times (p/p^\ominus)$$

$$\alpha = \sqrt{\frac{K^\ominus}{4(p/p^\ominus) + K^\ominus}}$$

以 $K^\ominus$ 和 p 值代入上式，当 $p = 101.325$ kPa 时，得 $\alpha = 0.309$；当 $p = 50.66$ kPa 时，得 $\alpha = 0.417$。可见总压降低有利于 CH_4 的分解。

(3) 分解前的 CH_4 中含 50% 惰性气体，这就意味着 CH_4 的量为 1 mol 时，惰性气体也为 1 mol。由于 CH_4 分解后惰性气体物质的量不会改变，因此有以下关系：

$$CH_4(g) \Longrightarrow C(石墨) + 2H_2(g) \quad 惰性气体$$

反应前 n/mol	1	0	0	1
平衡时 n/mol	$1-\alpha$		2α	1 $\quad n_总/mol = 2+\alpha$
平衡时分压	$p\dfrac{1-\alpha}{2+\alpha}$		$p\dfrac{2\alpha}{2+\alpha}$	

$$K^\ominus = \frac{p^2\dfrac{4\alpha^2}{(2+\alpha)^2}}{p\dfrac{1-\alpha}{2+\alpha}p^\ominus} = \frac{4\alpha^2}{(1-\alpha)(2+\alpha)}(p/p^\ominus)$$

解得

$$\alpha = \frac{-K^\ominus \pm \sqrt{(K^\ominus)^2 + 8K^\ominus[4(p/p^\ominus) + K^\ominus]}}{2[4(p/p^\ominus) + K^\ominus]}$$

以 $K^\ominus = 0.427$，$p = 101.325$ kPa 代入，求得 $\alpha = 0.392$。

比较(2)、(3)的计算可知，在同样温度、总压(101.325 kPa)条件下，不加惰性气体，CH_4 分解率为 30.9%；而加入 50% 惰性气体后，CH_4 分解率为 39.2%。可见对于体积增大

的反应,加入惰性气体可使平衡向正方向移动。

平衡组成的计算还可提供平衡反应正向或逆向进行的条件,特别是不同条件下,计算得到的平衡组成与温度(压力)构成的图,一目了然地反映出反应的趋向和平衡的条件,为研究此反应,设计、控制生产提供有益的指导性的信息。

钢铁工件的渗碳或脱碳的反应

$$C(石墨) + 2H_2 \underset{渗碳}{\overset{脱碳}{\rightleftharpoons}} CH_4$$

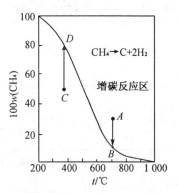

图 3-8　CH$_4$ 渗碳、脱碳平衡图
(101.325 kPa)

按例 3-11 的方法,可以计算在各不同温度(如 200 ~ 1 000 ℃ 每隔 100 ℃)、常压(101.325 kPa)下,气相的平衡组成 $x(H_2)$, $x(CH_4)$[设 $x(H_2) + x(CH_4) = 1.0$],结果绘成图 3-8。图上曲线代表各不同温度下 CH_4 的平衡组成。由图可见:

(i) 在此放热反应中,温度越高,CH_4 越不稳定,越易分解为活化碳,而使钢铁渗碳,所以 CH_4 在高温下是很强的渗碳剂。如 1 000 ℃ 时,CH_4 的分解率将达 98%。

(ii) 由例 3-11 知,同一温度下,压力越低,平衡气相中 CH_4 含量越小。

(iii) 曲线上的点代表反应处于平衡状态。曲线右上方为增碳(或渗碳)反应区,$J^\ominus > K^\ominus$,CH_4 将分解。例如 A 点为 700 ℃,$w(CH_4) = 0.30$,而 700 ℃ 平衡气相组成为含 $w(CH_4) = 0.11$,所以 CH_4 将分解(渗碳)至质量分数达 0.11 才平衡。曲线左下方为脱碳反应区,在这区的任何一点,$J^\ominus < K^\ominus$,碳将与 H_2 反应生成 CH_4,如 C 点为 370 ℃,$w(CH_4) = 0.48$,此温度下 CH_4 的平衡质量分数为 0.80,所以反应将向生成 CH_4 的方向移动,直至 CH_4 质量分数达到 0.80 时为止。

3.9　各种因素对平衡移动的影响

平衡是暂时的、相对的,是在一定条件下的动态平衡。当外部条件发生变化时,平衡被破坏,结果使平衡发生移动,从而达到一个新的平衡。

勒·夏特列于 1888 年总结出平衡迁移的定性规律:"对处于平衡状态的系统,当外界条件(温度、压力及浓度等)发生变化时,平衡将发生移动,其移动方向总是削弱或者反抗外界条件改变的影响。"此规律与根据热力学原理的分析所得结论完全一致。

3.9.1　温度的影响

范特荷夫方程已就温度对平衡常数的影响作了分析,此处不再重复。现就方程

$$\Delta_r G_m^\ominus(T) = \Delta_r H_m^\ominus(T) - T\Delta_r S_m^\ominus(T)$$

加以讨论。定温条件下 $T\Delta_r S_m^\ominus(T)$ 为可逆热,$\Delta_r S_m^\ominus(T)$ 为系统的熵变,$\Delta_r H_m^\ominus(T)$ 对可逆的定温定压反应量值上等于可逆热,但化学反应大多为定温定压不可逆过程,故 $\Delta_r H_m^\ominus$ 相当于不可逆热。将等式两边同除以 $(-T)$,则有

$$-\Delta_r G_m^\ominus(T)/T = -\Delta_r H_m^\ominus(T)/T + \Delta_r S_m^\ominus(T)$$

上式右边第二项为 ΔS_{sy}，右边第一项为 ΔS_{su}，则等式右侧总和为 ΔS_{is}，因而 $[-\Delta_r G_m^{\ominus}(T)/T]$ 相当于 ΔS_{is}。反应条件下，凡能使 ΔS_{is} 增大的因素都是反应的推动力，反之为反应的阻力。表 3-5 列出各种情况下温度对平衡的影响。

表 3-5   温度对平衡的影响

反应类型	$\Delta_r H_m$	$-\dfrac{\Delta_r H_m}{T}=\Delta S_{su}$	ΔS_{sy}	$-\dfrac{\Delta_r G_m}{T}=\Delta S_{is}$	平衡移动方向[①]	举例
吸热	>0	<0	<0	<0	←	
			>0	>0（高温下）	→	$FeO(s)\rightarrow Fe(s)+\dfrac{1}{2}O_2$
				<0（低温下）	←	
放热	<0	>0	<0	>0（低温下）	→	$2Al(s)+\dfrac{3}{2}O_2\rightarrow Al_2O_3(s)$
				<0（高温下）	←	
			>0	>0	→	$2C+O_2\rightarrow 2CO$

① → 表示向正方向移动，← 表示向反方向移动。

3.9.2　组成的影响

由定温方程式知，$\Delta_r G_m = -RT\ln K^{\ominus}+RT\ln J^{\ominus}$，反应在一定温度下平衡常数 $K^{\ominus}$ 值一定，当平衡时 $K^{\ominus}=J^{\ominus}$，若对平衡系统增加反应物的组成，则 $J^{\ominus}$ 的分母增大（抽走生成物，则 $J^{\ominus}$ 的分子减小），使 $J^{\ominus}$ 变小，从而使 $K^{\ominus}>J^{\ominus}$，$\Delta_r G_m<0$，反应正向进行，以反抗反应物浓度的增大使反应物组成逐渐减少，生成物组成逐渐增大，直至 $J^{\ominus}=K^{\ominus}$，建立新的平衡。

3.9.3　压力的影响

平衡常数 $K^{\ominus}$ 不随压力改变而变化。压力的改变对纯凝聚相反应平衡组成影响不大，但对有气体参加的反应则有明显影响。

若 $\sum\limits_B \nu_B<0$，即反应发生后，气体物质的总量减少，p 增大时，系统中生成物组成将增加，反应物组成将减少，即平衡向体积减小的方向移动，对正反应有利。如合成氨反应 $N_2+3H_2 \Longrightarrow 2NH_3$，就是这种情况。

当 $\sum\limits_B \nu_B>0$，p 增大时，反应向逆方向移动，如反应 $C(s)+CO_2 \longrightarrow 2CO$ 就是这种情况。

若 $\sum\limits_B \nu_B=0$，压力对平衡无影响。

3.9.4　惰性气体的影响

惰性气体是指在反应系统中不参加化学反应的气体，例如，在钢铁氧化处理过程中，随通入空气而带入的氮气，通常不参加反应，就称为惰性气体。惰性气体对化学平衡的影响可分两种情况讨论：

（i）定温定压下加入或移走惰性气体，由 $p_i=\dfrac{n_i}{\sum n_i}p$ 知，组分的分压 p_i 必定改变，从而影响化学平衡。

（ii）定温定容下的化学反应，由 $p_i = \dfrac{n_i}{V}RT$ 知，改变惰性气体的量不会改变 p_i，因而不会影响化学平衡。

*3.10　液态混合物中反应的化学平衡

设有液态混合物中的反应：

$$aA + bB \Longrightarrow yY + zZ$$

$$\boldsymbol{A} = -(-a\mu_A - b\mu_B + y\mu_Y + z\mu_Z)$$

对真实液态混合物，其中任意组分 B 的化学势

$$\mu_B(l) = \mu_B^{\ominus}(l, T) + RT\ln(f_B x_B)$$

代入上式，得

$$\boldsymbol{A} = a\mu_A^{\ominus}(l, T) + b\mu_B^{\ominus}(l, T) - y\mu_Y^{\ominus}(l, T) - z\mu_Z^{\ominus}(l, T) - RT\ln\frac{(f_Y x_Y)^y (f_Z x_Z)^z}{(f_A x_A)^a (f_B x_B)^b}$$

或

$$\boldsymbol{A} = -\sum_B \nu_B \mu_B^{\ominus}(l, T) - RT\ln\prod_B (f_B x_B)^{\nu_B}$$

由反应的平衡条件式（3-1），当反应达平衡时，$\boldsymbol{A} = 0$，得

$$K^{\ominus}(T) = \prod_B (f_B^{eq} x_B^{eq})^{\nu_B} \xlongequal{\text{def}} \exp[-\Delta_r G_m^{\ominus}(T)/RT]$$

因为 $\mu_B^{\ominus}(l, T)$（B = A, B, Y, Z）只是温度的函数，所以 $\Delta_r G_m^{\ominus}(T) = \sum_B \nu_B \mu_B^{\ominus}(l, T)$ 也只是温度的函数。故对真实液态混合物中的反应，$K^{\ominus}(T)$ 也只是温度的函数。

对理想液态混合物中的反应，平衡时 $f_B^{eq} = 1$，于是

$$K^{\ominus}(T) = \prod_B (x_B^{eq})^{\nu_B} \tag{3-38}$$

【例 3-12】　气态正戊烷 $n\text{-}C_5H_{12}(g)$ 和异戊烷 $i\text{-}C_5H_{12}(g)$ 在 25 ℃ 时的 $\Delta_f G_m^{\ominus}(298.15\ K)$ 分别是 $-8.37\ kJ \cdot mol^{-1}$ 和 $-14.81\ kJ \cdot mol^{-1}$，液体蒸气压与温度的关系为

正戊烷：
$$\lg(p_n^* / Pa) = \frac{-1\,346\ K}{T} + 9.359 \tag{a}$$

异戊烷：
$$\lg(p_i^* / Pa) = \frac{-1\,290\ K}{T} + 9.288 \tag{b}$$

计算气相异构化反应 $n\text{-}C_5H_{12} \Longrightarrow i\text{-}C_5H_{12}$ 在 25 ℃ 时的 $K^{\ominus}(\text{pgm})$ 及液相异构化反应在 298.15K 的 $K^{\ominus}(\text{plm})$（"plm" 表示理想液态混合物）。

解　对于气相异构化反应

$$\Delta_r G_m^{\ominus} = \Delta_f G_m^{\ominus}(i\text{-}C_5H_{12}, g, 298.15\ K) - \Delta_f G_m^{\ominus}(n\text{-}C_5H_{12}, g, 298.15\ K) =$$
$$[-14.81 - (-8.37)]kJ \cdot mol^{-1} = -6.44\ kJ \cdot mol^{-1}$$

$$K^{\ominus}(\text{pgm}) = \exp\left(-\frac{\Delta_r G_m^{\ominus}}{RT}\right) = \exp\left(\frac{6\,440}{8.314\,5 \times 298.15}\right) = 13.45$$

对于液相异构化反应，因不知道 $n\text{-}C_5H_{12}$ 和 $i\text{-}C_5H_{12}$ 的 $\Delta_f G_m^{\ominus}(B, l, 298.15\ K)$，故不能直接计算，需找一个可逆途径，利用气相异构化反应的 $\Delta_r G_m^{\ominus}$ 及 $n\text{-}C_5H_{12}$、$i\text{-}C_5H_{12}$ 在 25 ℃ 时的蒸气压，计算出液相异构化反应的 $\Delta_r G_m^{\ominus}(l, 298.15\ K)$，所考虑的可逆途径如下：

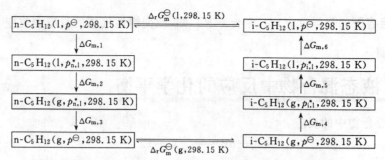

$(\Delta G_{m,1} + \Delta G_{m,6})$ 与 $\Delta_r G_m^\ominus(298.15\ \text{K})$ 相比,可以忽略,故计为 0,

$$\Delta G_{m,2} = \Delta G_{m,5} = 0, \quad \Delta G_{m,3} = RT\ln\frac{p^\ominus}{p_{n,l}^*}, \quad \Delta G_{m,4} = RT\ln\frac{p_{i,l}^*}{p^\ominus}$$

$$\Delta_r G_m^\ominus(1, 298.15\ \text{K}) = \Delta G_{m,3} + \Delta_r G_m^\ominus(g, 298.15\ \text{K}) + \Delta G_{m,4}$$

$$\Delta_r G_m^\ominus(g, 298.15\ \text{K}) = -6.44\ \text{kJ} \cdot \text{mol}^{-1}$$

$$p_{n,l}^* = 69\ 903\ \text{Pa} \qquad [\text{由式(a)求出}]$$

$$p_{i,l}^* = 91\ 478\ \text{Pa} \qquad [\text{由式(b)求出}]$$

所以

$$\Delta_r G_m^\ominus(1, 298.15\ \text{K})/(\text{J} \cdot \text{mol}^{-1}) = 8.314\ 5 \times 298.15 \times \ln\frac{91\ 478}{69\ 903} - 6\ 440 = -5\ 773$$

$$K^\ominus(\text{plm}) = \exp\left(\frac{5\ 773}{8.314\ 5 \times 298.15}\right) = 10.3$$

*3.11 液态溶液中反应的化学平衡

对液态溶液中的化学反应,若溶剂 A 也参与反应,有

$$aA + bB + cC \Longrightarrow yY + zZ$$

上述溶液中的反应,在定温、定压下进行时,由式(3-2)得

$$\Delta_r G_m = (-a\mu_A - b\mu_B - c\mu_C + y\mu_Y + z\mu_Z)$$

考虑到若压力不高,或 $p = p^\ominus$ 时溶剂 A 的化学势为

$$\mu_A(1) = \mu_A^\ominus(1, T) + RT\ln a_A$$

及溶质 B(B = B,C,Y,Z) 的化学势,即

$$\mu_{b,B} = \mu_{b,B}^\ominus(1, T) + RT\ln(\gamma_{b,B}b_B/b^\ominus)$$

代入上式,得

$$\Delta_r G_m = (-a\mu_A^\ominus - b\mu_B^\ominus - c\mu_C^\ominus + y\mu_Y^\ominus + z\mu_Z^\ominus) + RT\ln\frac{(\gamma_Y b_Y/b^\ominus)^y(\gamma_Z b_Z/b^\ominus)^z}{a_A^a(\gamma_B b_B/b^\ominus)^b(\gamma_C b_C/b^\ominus)^c}$$

定温、常压下(压力对凝聚系统的影响忽略不计),反应达平衡时,$\Delta_r G_m = 0$,定义

$$K^\ominus(T) \stackrel{\text{def}}{=\!=} \exp[(a\mu_A^\ominus + b\mu_B^\ominus + c\mu_C^\ominus - y\mu_Y^\ominus - z\mu_Z^\ominus)/RT] = \exp[-\Delta_r G_m^\ominus(T)/RT]$$

注意 在用热力学方法计算 $\Delta_r G_m^\ominus(B, T)$ 时,不要漏掉溶剂项。

因为渗透因子 $\varphi_A = -(M_A \sum_B b_B)^{-1}\ln a_A$,所以

$$K^\ominus(T) = [\prod_B (\gamma_B^{eq} b_B^{eq}/b^\ominus)^{\nu_B}]\exp(a\varphi_A^{eq} M_A \sum_B b_B^{eq}) \tag{3-39}$$

若溶液为理想稀溶液,则

$$\varphi_A^{eq} = 1, \quad \gamma_B^{eq} = 1$$

于是

$$K^\ominus(T) = \Big[\prod_B (b_B^{eq}/b^\ominus)^{\nu_B}\Big]\exp\Big(aM_A\sum_B b_B^{eq}\Big) \tag{3-40}$$

式中,指数函数项 $\exp(\cdot)$ 常接近于 1。例如,以水为溶剂, $M_A = 0.018 \text{ kg}\cdot\text{mol}^{-1}$,当 $\sum\limits_B b_B^{eq} = 0.5 \text{ mol}\cdot\text{kg}^{-1}$,若 $a = 1$ 时, $\exp(aM_A\sum\limits_B b_B^{eq}) \approx 1.02$ 。所以式(3-40)可简化为

$$K^\ominus(T) \approx \prod_B (b_B^{eq}/b^\ominus)^{\nu_B} \tag{3-41}$$

如果溶剂不参与反应,相当于 $a = 0$,则式(3-40)自然成为式(3-41)。

冶金铸造、金属表面处理中涉及的大多为复相化学平衡,纯液相反应极少见,此处不拟举例。

*3.12　同时反应的化学平衡

所谓同时反应的化学平衡(chemical equilibrium of simultaneous reaction),是指在一个化学反应系统中,某些组分同时参加一个以上的独立反应(independent reaction)的平衡。这些同时存在的反应可以是平行反应,即一种或几种反应物参加的向不同方向进行而得到不同产物的反应;也可能是连串反应,即一个反应的产物又是另一个反应的反应物的反应;或由平行反应与连串反应组合而成的更为复杂的同时反应。例如, CH_4 和 $H_2O(g)$ 在一定温度和催化剂作用下,系统中同时存在以下反应:

$$CH_4 + H_2O(g) \Longrightarrow CO + 3H_2 \qquad \text{①}$$
$$CO + H_2O(g) \Longrightarrow CO_2 + H_2 \qquad \text{②}$$
$$CH_4 + 2H_2O(g) \Longrightarrow CO_2 + 4H_2 \qquad \text{③}$$
$$CH_4 + CO_2 \Longrightarrow 2CO + 2H_2 \qquad \text{④}$$

但这四个反应中只有两个反应是独立的,因为其余的两个反应均可由两个独立的反应通过线性组合而得,如反应①加反应②即得反应③,而 $K_③^\ominus(T) = K_①^\ominus(T)K_②^\ominus(T)$ 。

处理同时反应平衡与处理单一反应平衡的热力学原理是一样的。但要注意以下几点:

(i) 每一个独立反应都有其各自的反应进度;

(ii) 反应系统中有几个独立反应,就有几个独立反应的标准平衡常数 $K^\ominus(T)$;

(iii) 反应系统中任意一个组分(反应物或生成物),不论它同时参与几个反应,它的组成都是同一量值,即各个组分在一定温度及压力下反应系统达成平衡时都有确定的组成,且满足每个独立的标准平衡常数表示式。

【例 3-13】 已知反应

$$Fe_2O_3(s) + 3CO(g) \Longrightarrow 2Fe(\alpha) + 3CO_2(g), \quad K^\ominus(1\,393\text{ K}) = 0.049\,5 \qquad \text{①}$$

同样温度下反应

$$2CO_2(g) \Longrightarrow 2CO(g) + O_2(g), \quad K^\ominus(1\,393\text{ K}) = 1.40\times10^{-12} \qquad \text{②}$$

今将 $Fe_2O_3(s)$ 置于 1 393 K、开始只含有 $CO(g)$ 的容器内,使反应达平衡,试计算:(1) 容器内氧的平衡分压为多少?(2)若想防止 $Fe_2O_3(s)$ 被 $CO(g)$ 还原为 $Fe(\alpha)$,问氧的分压应为多少?

解　(1) 由反应①,

$$K_{①}^{\ominus} = \left[\frac{p^{eq}(CO_2)/p^{\ominus}}{p^{eq}(CO)/p^{\ominus}}\right]^3 = \left[\frac{p^{eq}(CO_2)}{p^{eq}(CO)}\right]^3 = 0.049\ 5$$

所以

$$\frac{p^{eq}(CO_2)}{p^{eq}(CO)} = (0.049\ 5)^{1/3} = 0.367$$

由反应⑪,

$$K_{⑪}^{\ominus} = \frac{p^{eq}(O_2)}{p^{\ominus}}\left[\frac{p^{eq}(CO)/p^{\ominus}}{p^{eq}(CO_2)/p^{\ominus}}\right]^2 = 1.40 \times 10^{-12}$$

所以

$$p^{eq}(O_2) = 1.40 \times 10^{-12}\left[\frac{p^{eq}(CO_2)}{p^{eq}(CO)}\right]^2 p^{\ominus} =$$
$$1.40 \times 10^{-12} \times (0.367)^2 \times 10^5\ Pa =$$
$$1.89 \times 10^{-8}\ Pa$$

(2) 反应①+反应⑪=反应⑪[①],即

$$Fe_2O_3(s) + CO(g) \Longrightarrow 2Fe(\alpha) + CO_2(g) + O_2(g)$$

$$K_{⑪}^{\ominus} = K_{①}^{\ominus} \times K_{⑪}^{\ominus} = 0.049\ 5 \times 1.40 \times 10^{-12} = 6.93 \times 10^{-14}$$

而

$$K_{⑪}^{\ominus} = \frac{p^{eq}(O_2)}{p^{\ominus}} \frac{p^{eq}(CO_2)/p^{\ominus}}{p^{eq}(CO)/p^{\ominus}} = \frac{p^{eq}(O_2)}{p^{\ominus}} \frac{p^{eq}(CO_2)}{p^{eq}(CO)}$$

而

$$J_{⑪}^{\ominus} = \left[\frac{p(O_2)}{p^{\ominus}} \frac{p(CO_2)}{p(CO)}\right]_{非平衡}$$

当 $J^{\ominus} > K^{\ominus}$ 时,$A < 0$,$Fe_2O_3(s)$ 不被还原,即

$$\left[\frac{p(O_2)}{p^{\ominus}} \frac{p(CO_2)}{p(CO)}\right]_{非平衡} > 6.93 \times 10^{-14}$$

所以

$$p(O_2) > 6.93 \times 10^{-14}\left[\frac{p(CO_2)}{p(CO)}\right]^{-1} p^{\ominus}$$

即

$$p(O_2) > 6.93 \times 10^{-14} \times (0.367)^{-1} \times 10^5\ Pa$$
$$p(O_2) > 1.89 \times 10^{-8}\ Pa$$

【例 3-14】 已知反应:

$$Fe(s) + H_2O(g) \Longrightarrow FeO(s) + H_2(g) \qquad ①$$

$$FeO(s) \Longrightarrow Fe(s) + \frac{1}{2}O_2(g) \qquad ⑪$$

$K_{①}^{\ominus}(1\ 298\ K) = 1.282$,$K_{①}^{\ominus}(1\ 173\ K) = 1.452$,$K_{⑪}^{\ominus}(1\ 000\ K) = 1.83 \times 10^{-10}$。试计算:(1) $1\ 000\ K$ 时,$FeO(s)$ 的分解压;(2) $1\ 000\ K$ 时,$H_2O(g)$ 的标准摩尔生成吉布斯函数。

解 (1) 由反应⑪,$K_{⑪}^{\ominus} = [p^{eq}(O_2)/p^{\ominus}]^{1/2} = 1.83 \times 10^{-10}$,所以

$$p^{eq}(O_2) = (1.83 \times 10^{-10})^2 \times 10^5\ Pa = 3.35 \times 10^{-15}\ Pa$$

(2) 反应①+反应⑪=反应⑪,即

$$H_2O(g) \Longrightarrow H_2(g) + \frac{1}{2}O_2(g) \qquad ⑪$$

$$K_{⑪}^{\ominus}(1\ 000\ K) = K_{①}^{\ominus}(1\ 000\ K) \times K_{⑪}^{\ominus}(1\ 000\ K)$$

对于反应①,假定 $\Delta_r H_m^{\ominus}$ 为 $1\ 173\ K$ 至 $1\ 298\ K$ 之间的平均反应的标准摩尔焓[变],则

---

① 反应⑪是体积增大的反应,在 T 不变时,增大系统总压,平衡向左移动。现增加某一产物(O_2)的分压,在其他组分的分压不变时,则不论反应系统的体积增大与否,平衡均向左移动。

$$\Delta_r H_m^\ominus = -R\ln\frac{K_①^\ominus(1\ 298\ \text{K})}{K_①^\ominus(1\ 173\ \text{K})}\Big/\Big(\frac{1}{1\ 298\ \text{K}} - \frac{1}{1\ 173\ \text{K}}\Big) =$$

$$-8.314\ 5\ \text{J}\cdot\text{K}^{-1}\cdot\text{mol}^{-1}\times\ln\frac{1.282}{1.452}\Big/\Big(\frac{1}{1\ 298\ \text{K}} - \frac{1}{1\ 173\ \text{K}}\Big) =$$

$$-12\ 611\ \text{J}\cdot\text{mol}^{-1}$$

同样,利用范特荷夫方程,求出 $K_⑪^\ominus(1\ 000\ \text{K}) = 1.816$,所以

$$K_⑪^\ominus(1\ 000\ \text{K}) = 1.816\times1.83\times10^{-10} = 3.32\times10^{-10}$$

$$\Delta_r G_{m,⑪}^\ominus(1\ 000\ \text{K}) = -RT\ln K_⑪^\ominus(1\ 000\ \text{K}) =$$

$$-8.314\ 5\ \text{J}\cdot\text{K}^{-1}\cdot\text{mol}^{-1}\times1\ 000\ \text{K}\times\ln(3.32\times10^{-10}) =$$

$$181.5\ \text{kJ}\cdot\text{mol}^{-1}$$

$$\Delta_f G_m^\ominus(\text{H}_2\text{O},\text{g},1\ 000\ \text{K}) = -\Delta_r G_{m,⑪}^\ominus(1\ 000\ \text{K}) = -181.5\ \text{kJ}\cdot\text{mol}^{-1}$$

【例 3-15】 在熔融石英陶瓷浸入式"水口"中,SiO_2 以纯态存在,锰钢中的 Mn 与水口处的耐火材料的反应可写为

$$2[\text{Mn}] + \text{SiO}_2(\text{s}) \Longrightarrow [\text{Si}] + 2(\text{MnO})① \qquad\qquad ①$$

反应①的 $\Delta_r G_m^\ominus$ 未知,但有以下数据:

$$\text{Si}(\text{l}) + \text{O}_2(\text{g}) \Longrightarrow \text{SiO}_2(\text{s}), \quad \Delta_r G_m^\ominus/(\text{J}\cdot\text{mol}^{-1}) = -226\ 500 + 47.5(T/\text{K}) \qquad ⑪$$

$$2\text{Mn}(\text{l}) + \text{O}_2(\text{g}) \Longrightarrow 2\text{MnO}(\text{s}), \quad \Delta_r G_m^\ominus/(\text{J}\cdot\text{mol}^{-1}) = -192\ 100 + 41.0(T/\text{K}) \qquad ⑫$$

$$2\text{Mn}(\text{l}) \Longrightarrow 2[\text{Mn}], \quad \Delta_r G_m^\ominus/(\text{J}\cdot\text{mol}^{-1}) = -18.22(T/\text{K}) \qquad ⑬$$

$$\text{Si}(\text{l}) \Longrightarrow [\text{Si}], \quad \Delta_r G_m^\ominus/(\text{J}\cdot\text{mol}^{-1}) = -28\ 500 - 6.09(T/\text{K}) \qquad ⑭$$

$$2\text{MnO}(\text{s}) \Longrightarrow 2(\text{MnO}), \quad \Delta_r G_m^\ominus/(\text{J}\cdot\text{mol}^{-1}) = 26\ 000 - 12.62(T/\text{K}) \qquad ⑮$$

上式中,Mn,Si 以 T,$p^\ominus$ 下,$(100w_B) = 1$ 且服从亨利定律的纯 B(l) 为标准态;SiO_2 以 T,$p^\ominus$ 下的纯 $\text{SiO}_2(\text{s})$ 为标准态;MnO 以 T,$p^\ominus$ 下的纯 MnO(s) 为标准态;在 1 550 ℃ 下,钢水中 $[100w(\text{Mn})] = 1.5$,$[100w(\text{Si})] = 0.3$,渣中 $a(\text{MnO}) = 0.1$。

(1) 求反应①的 $K^\ominus$(1 823 K);

(2) 判断在所给条件下,"水口"中的 SiO_2 能否被钢水中的[Mn]浸蚀?

解 (1) 根据题目可知,① = ⑭ − ⑪ + ⑫ − ⑬ + ⑮,所以

$$\Delta G_{m,①} = [31\ 900 - 6.99(T/\text{K})]\text{J}\cdot\text{mol}^{-1}$$

$$K_①^\ominus(1\ 823\ \text{K}) = \exp\Big[-\frac{31\ 900 - 6.99\times1\ 823}{8.314\ 5\times1\ 823}\Big] = 0.283$$

(2) 在给定条件下

$$J^\ominus = \frac{a[\text{Si}]a^2(\text{MnO})}{a^2[\text{Mn}]a(\text{SiO}_2)} = \frac{[100w(\text{Si})]\times0.1^2}{[100w(\text{Mn})]^2\times1} =$$

$$\frac{0.3\times0.01}{1.5^2\times1} = 1.33\times10^{-3}$$

$$J^\ominus < K^\ominus$$

因 $\Delta_r G_m = RT\ln\dfrac{J^\ominus}{K^\ominus}$,故反应①在给定条件下的 $\Delta_r G_m < 0$,反应正向进行,"水口"中的石英会被钢水中的[Mn]化学浸蚀。

---

① （MnO）表示渣中的氧化锰。

*3.13 耦合反应的化学平衡

耦合反应是一类节能、环保、"双赢"的反应系统。先看一个例子：

$$2NiO(s) \Longrightarrow 2Ni(s) + O_2(g), \quad \Delta_r G_m^\ominus/(J \cdot mol^{-1}) = 489\,100 - 197.1(T/K) \quad ①$$

如纯粹用热分解的方法进行冶炼，则 $NiO(s)$ 的分解温度 $T = (489\,100/197.1)K = 2\,481.5\,K$，此时，反应的 $\Delta_r G_m^\ominus = 0$，只有当 $T > 2\,481.5\,K$ 时，$p(O_2) > p^\ominus$，$NiO(s)$ 的分解才能连续进行。可以看出：(i) 该反应阻力极大，推动力十分微弱；甚至在把温度升高至 $2\,000\,K$ 时都难以有可觉察的反应进行；(ii) 为了让该反应能正向进行，必须将温度升高至 $2\,500\,K$ 以上，这不仅消耗大量能源，高温也给设备选材带来困难。如何使反应①能够在较低的温度下顺利进行？下面来考查反应②。

$$C(石墨) + O_2(g) \Longrightarrow CO_2(g), \quad \Delta_r G_m^\ominus/(J \cdot mol^{-1}) = -394\,000 - 0.84(T/K) \quad ②$$

可以看出，反应②即使在常温下也可以进行到底，其反应的推动力十分巨大。试想，如果把反应动力十分"贫弱"的反应①"挂靠"到反应动力极其"富余"的反应②上，形成一个新的反应系统，结果会怎样呢？将反应①与②相加得到反应③。

$$2NiO(s) + C(石墨) = 2Ni(s) + CO_2(g), \quad \Delta_r G_m^\ominus/(J \cdot mol^{-1}) = 95\,100 - 197.94(T/K) \quad ③$$

令 $\Delta_r G_m^\ominus = 0$，则 $T = 481\,K$。亦即形成的新的反应系统在 $481\,K$ 下，$NiO(s)$ 就可以被还原为 $Ni(s)$，比反应①的还原温度降低了 $2\,000\,K$。在冶金系统中，类似的例子还有许多。

在一定条件下，将一个反应动力极其欠缺的反应 A 通过化学场的作用耦合到一个反应动力十分巨大的反应 B 上，形成一个新的反应系统。在新的反应系统中，反应 A 从反应 B 获得足够的反应动力，使原来难以进行的反应可以在较温和的条件下得以进行。我们把这种现象称为化学反应的耦合，而这样的反应称为**耦合反应**（coupling reaction）。从以上例子中可以理解，在耦合反应系统中，化学场的作用就如同物理中的磁场将变压器初级线圈的电能耦合到次级线圈上一样，它将推动力十分巨大的反应 B 的"化学推动力"或"反应能"耦合到反应 A 中，使本难以进行的反应 A 得以顺利进行。在这里，化学场起到"导强扶弱"、"导富济贫"的作用。耦合反应系统中，"弱者"（反应 A）从"强者"（反应 B）那里获得动力；"富者"（反应 B）将自身富余的能量给予欠缺能量的"贫者"（反应 A），最终使弱者变强，贫者致富，共同前进（正向反应），所以这是一个节能、共赢、和谐的反应系统（反应①、②、③就是很好的实例）。化学工作者在开发新产品、改造旧工艺时，应尽量考虑采用适当的耦合反应系统。

【例 3-16】 $1\,100\,K$ 时，反应

$$2MgO(s) + 2Cl_2(g) \Longrightarrow 2MgCl_2(l) + O_2(g), \quad K_①^\ominus(1\,100\,K) = 1.1 \times 10^{-1} \quad ①$$

$$2C(s) + O_2(g) \Longrightarrow 2CO(g), \quad K_②^\ominus(1\,100K) = 5.74 \times 10^{19} \quad ②$$

试问，在反应①中加入 $C(s)$，能否获得无水 $MgCl_2(l)$？

解 反应①正向反应趋势很弱，无实际应用价值；反应②正向反应趋势很强，可以进行到底。现在，把反应①耦合到反应②，利用反应②的强大正向反应的推动力带动反应①，则反应(①+②)/2 = 反应③，即

$$MgO(s) + Cl_2(g) + C(s) \Longrightarrow MgCl_2(l) + CO(g) \quad ③$$

$$K_③^\ominus(1\,100\,K) = [K_①^\ominus(1\,100\,K) \times K_②^\ominus(1\,100\,K)]^{\frac{1}{2}} =$$

$$(1.1 \times 10^{-1} \times 5.74 \times 10^{19})^{\frac{1}{2}} = 2.51 \times 10^9$$

说明耦合反应⑩在 1 100 K 时正向反应的趋势很大，反应可以进行彻底。

在有色金属冶金中，由于碱金属及碱土金属十分活泼，不能在水溶液中电解，生产上常常把它们的氧化物在一定的条件下进行"氯化"，使其成为氯化物熔融态，然后在无水、无氧气氛中进行熔盐电解，生产出相应的金属。氧化物的氯化反应进行较为困难，反应驱动力十分弱，这时候，将一个正向反应推动力十分强大的反应与之耦合，使二者形成一个新的反应系统，本来正向反应趋势很弱的氯化过程就可以顺利进行了。在冶金系统中，例 3-16 所研究的反应具有普遍性和实用性。

*3.14 氧化物的 $\Delta G_m^\ominus$-T 图

为便于分析金属氧化、冶金及热处理过程的反应，常以金属 M 与 1 mol O_2 为基准，反应生成相应氧化物的标准摩尔吉布斯函数 $\Delta G_m^\ominus$ 与 T 的线性关系 $\Delta G_m^\ominus = a + bT$ 用图形表示，形成金属氧化物的 $\Delta G_m^\ominus$-T 图。对应于 N_2，C 等的反应也有类似的 $\Delta G_m^\ominus$-T 图。

3.14.1 金属氧化物的 $\Delta G_m^\ominus$-T 图

依据 $\Delta G_m^\ominus = a + bT$ 关系式，在获得了 a 和 b 之后，就可以把 $\Delta G_m^\ominus = f(T)$ 的直线画在直角坐标图上，如图 3-9 所示。

(i) 图 3-9 中的 $\Delta G_m^\ominus$ 意义与化合物的 $\Delta_f G_m^\ominus$ 略有不同。前者指由指定单质与分压为 $p^\ominus$ 的 1 mol $O_2(g)$ 化合生成相应氧化物的 $\Delta_r G_m^\ominus$；而后者系指由指定单质与分压为 $p^\ominus$ 的 $O_2(g)$ 化合生成指定氧化物，且氧化物的 $\nu_B = +1$ 时的 $\Delta_r G_m^\ominus$。后者用反应可表示为

$$xM(s) + \frac{y}{2}O_2(g, p^\ominus) = M_xO_y(s)$$

$$\Delta_f G_m^\ominus(T) = \Delta_r G_m^\ominus(T)$$

而前者反应可表示为

$$\frac{2x}{y}M(s) + O_2(g, p^\ominus) = \frac{2}{y}M_xO_y(s)$$

$$\Delta G_m^\ominus(T) = \frac{2}{y}\Delta_f G_m^\ominus(T)$$

例如，CaO(s) 的 $\Delta_f G_m^\ominus(T)$ 为反应①的 $\Delta_r G_m^\ominus(T)$

$$Ca(s) + \frac{1}{2}O_2(g, p^\ominus) = CaO(s) \tag{①}$$

$$\Delta_f G_m^\ominus(CaO, s, T) = \Delta_r G_{m,①}^\ominus(T)$$

而 $\Delta G_m^\ominus(T)$ 系指反应⑪的 $\Delta_r G_m^\ominus(T)$

$$2Ca(s) + O_2(g, p^\ominus) = 2CaO(s) \tag{⑪}$$

$$\Delta G_m^\ominus(T) = 2\Delta_f G_m^\ominus(CaO, s, T) = \Delta_r G_{m,⑪}^\ominus(T)$$

在图 3-9 中，$\Delta G_m^\ominus(T)$ 之所以规定以 1 mol 氧为基准，目的在于氧的量固定才能比较不同金属对氧亲和力的大小。又由于金属氧化反应的 $K^\ominus$ 与氧化物的分解压力直接有关，即

$$\Delta G_m^\ominus(T) = -RT\ln K^\ominus(T) = -RT\ln[p(O_2)/p^\ominus]^{-1} =$$
$$RT\ln[p(O_2)/p^\ominus]$$

所以 $\Delta G_m^\ominus$-T 图也反映了分解压力 $p(O_2)$ 与 T 的关系。

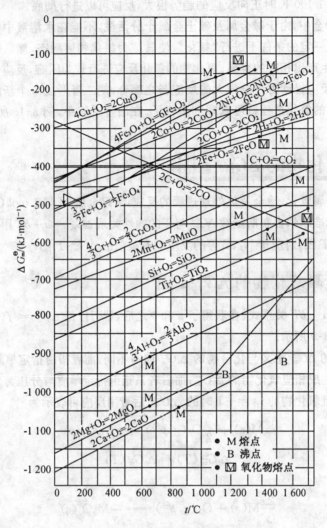

图 3-9　部分氧化物的 $\Delta G_m^{\ominus}$-T 图

(ii) 将 $\Delta G_m^{\ominus}(T) = a + bT$ 与 $\Delta G_m^{\ominus}(T) = \Delta H_m^{\ominus}(T) - T\Delta S_m^{\ominus}(T)$ 相比可知,截距 a 与斜率 b 的热力学含义为

$$a \approx \Delta H_m^{\ominus}(T), \quad b \approx -\Delta S_m^{\ominus}(T)$$

若以 $M + O_2 \xrightarrow{\quad} MO_2$ 代表任意金属氧化物的生成反应,则

$$\Delta S_m^{\ominus} = S_m^{\ominus}(MO_2) - S_m^{\ominus}(O_2) - S_m^{\ominus}(M)$$

故斜率　　　　　$-\Delta S_m^{\ominus} = S_m^{\ominus}(O_2) + S_m^{\ominus}(M) - S_m^{\ominus}(MO_2)$

若金属 M 与氧化物 MO_2 都是固体,则 $-\Delta S_m^{\ominus} \approx S_m^{\ominus}(O_2)$,因此各不同金属氧化物的直线斜率基本相同,即各直线近于平行。

(iii) 图中直线斜率大多数为正值,向上倾斜。这是因为化学反应的 $\Delta S_m^{\ominus}$ 是反应物与生成物绝对熵的差值。由于气态物质的混乱度比凝聚态物质的混乱度大得多,故前者的熵值相应地比后者的熵值要大得多。图中大多数氧化物的生成反应,其产物为凝聚态,反应物中却包含有气态物质氧,因而它们的生成反应的熵变 $\Delta S_m^{\ominus}(T) < 0$。结合关系式

$$\Delta G_m^{\ominus}(T) = \Delta H_m^{\ominus}(T) - T\Delta S_m^{\ominus}(T)$$

可知,其氧化物的生成反应的 $\Delta G_m^\ominus$ 值随着温度增加而增加,故这些直线的斜率为正。

(iv) 各氧化物的 $\Delta G_m^\ominus$-T 关系基本上是条直线,但在有相态变化处直线发生转折,这是因为相变时熵发生变化,所以直线在相变温度处要发生明显的转折。例如,达到 M 的沸点后,$\Delta S_m^\ominus(T)$ 减小,斜率增大,由下述计算可知:

$$2M(l) + O_2(g) =\!=\!= 2MO(s), \quad \Delta S_{m,1}^\ominus$$

$$M(l) = M(g), \quad \Delta S_{m,2}^\ominus = \Delta_{vap} H_m / T_b$$

$$2M(g) + O_2(g) =\!=\!= 2MO(s), \quad \Delta S_{m,3}^\ominus = \Delta S_{m,1}^\ominus - 2\Delta S_{m,2}^\ominus$$

因 $\Delta_{vap} H_m$ 为正值,故 $\Delta S_{m,3}^\ominus < \Delta S_{m,1}^\ominus$,斜率增大。其他情况可类推。

(v) 图中有两处例外,一条是 CO_2 线,几乎是与温度坐标轴平行的,这是因为

$$C(s) + O_2(g) =\!=\!= CO_2(g)$$

反应的

$$-\Delta S_m^\ominus = S_m^\ominus(O_2) - S_m^\ominus(CO_2) \approx 0$$

(实测斜率约为 -0.2);另一条是 CO 线,直线向下斜,这是由于反应

$$2C(s) + O_2(g) =\!=\!= 2CO(g)$$

过程中由于气体物质的量增大的缘故,实际直线斜率约 $-41.9 \text{ kJ} \cdot \text{K}^{-1} \cdot \text{mol}^{-1}$。

3.14.2　$\Delta G_m^\ominus$-T 图的应用

(i) 从各直线相比较来看,直线位置越低,$\Delta G_m^\ominus(T)$ 值越负,表示该元素与氧化合的能力越强,相应的氧化物稳定性越高;反之直线位置越高,$\Delta G_m^\ominus(T)$ 值越正,氧化物越不稳定,越易分解。尽管各元素被氧化的难易程度随温度而略有变动,但从图中可以排出一个大致的顺序:Cu,Pb,Ni,Co,P,Fe,Cr,Mn,Si,Ti,Al,Mg,Ca(由于技术原因,Pb 和 P 两条线未画在图中)。元素与氧亲和力按此顺序逐渐增加。

(ii) $\Delta G_m^\ominus$-T 图中,位置在下的金属或元素可以把较上面的金属从氧化物中还原出来,即上述序列中后面的元素(如 Si,Al,Mg,Ca 等)都是很好的还原剂。这是冶金中金属热还原法(例如,硅热还原法和铝热还原法)的根据,也是许多金属热加工工艺过程中(如炼钢、焊接和热处理熔炉中)选用脱氧剂的基础。例如,想用金属热还原法从 TiO_2 中还原出 Ti,必须使用与氧化合能力较强的金属,如 Al,Mg,Ca 等为还原剂;想脱除 FeO 中的氧,必须使用 Fe 线以下的元素,如 Mn,Si,Al,Ca 等。

(iii) 高炉炼铁过程主要是还原铁的氧化物。凡位置在 Fe 线以上的金属(如 Cu,Ni 等)都能和 Fe 一同从其金属氧化物中被还原出来进入铁液,位置在 Fe 线以下的金属,它们的氧化物(如 Al_2O_3,MgO,CaO 等)则不会被还原而进入炉渣。

(iv) 炼钢过程中主要是除去铁水中的一些杂质元素,如 C,Si,Mn,P 等。这些元素在 Fe 线以下对氧亲和力比 Fe 大,所以将比 Fe 优先被氧化进入炉渣,而在 Fe 线以上的 Cu,Ni,Co,Mo,W(图中未画出 Mo,W 等线)等元素在冶炼中则不被氧化,保留于铁液中,即使原先有它的氧化物存在于铁液里,此时也将被还原为金属元素。所以在炼合金钢时,对氧亲和力大的合金元素,如 Si,Mn 必须在配料时按可能烧损率加配,并在冶炼还原期或脱氧后加入,以减少烧损,而氧亲和力比 Fe 小的 Cu,Ni,Co,Mo 等原则上可以与炉料一起加入炉内。

(v) 图中两线相交时,在交点处两元素的 $\Delta G_m^\ominus(T)$ 相等,即氧化能力相等。例如,C 线与 Mn 线约在 1 410 ℃ 相交,说明在此温度时生成 CO 与生成 MnO 的趋势相等,即此时两氧化物的稳

定性相同。当温度低于 1 410 ℃ 时，Mn 先于 C 而被氧化，当温度高于 1 410 ℃ 时，C 先于 Mn 而被氧化。由此不难看出，线的交点正是元素氧化还原顺序的转折点，把该点对应的温度叫做"氧化转化温度"。因此转化温度既是 Mn 能还原 CO 的最高温度，又是 C 能还原 MnO 的最低温度。

因反应 $2C + O_2 \rightleftharpoons 2CO$ 线的斜率为负值，只要温度足够高，C 的氧化线几乎能与每种元素的氧化线相交，在交点温度以上，C 对氧的亲和力大于该元素对氧的亲和力，于是 C 可将该元素从其氧化物中还原出来。因此，若不是由于温度太高，工艺上难以实现的话，碳就可以作为各种金属氧化物的"万能还原剂"。又因碳的成本低，在高温下对氧亲和力大，所以在冶金中被广泛用作还原剂。

3.14.3　$\Delta G_m^{\ominus}(T)$-T 图的局限性

$\Delta G_m^{\ominus}(T)$-T 图用途广泛，应用方便，但需注意以下几点：

(i) $\Delta G_m^{\ominus}(T)$-T 图仅用于热力学讨论，不涉及动力学。该图认为不能发生的反应肯定不能发生；该图认为可以发生的反应，则还要从动力学因素考虑，从而确定可行性如何。

(ii) $\Delta G_m^{\ominus}(T)$-T 图中所有凝聚相都是纯物质，不是溶液或固溶体。$O_2(g)$，$CO(g)$，$CO_2(g)$ 均为纯气体，不是溶解态。也就是说，该图原则上只用于无溶体参与的反应。例如

$$2M(s) + O_2(g) \rightleftharpoons 2MO(s), \quad \Delta G_m^{\ominus}(T) = a + bT$$

此处 M(s) 和 MO(s) 表示纯金属和纯金属氧化物固体，活度为 1，故在 $\Delta G_m^{\ominus}(T) = a + bT = RT\ln[p(O_2)/p^{\ominus}]$ 中，$p(O_2)$ 只是温度的函数，从而 $\Delta G_m^{\ominus}(T)$ 只是温度的函数，与 $\Delta G_m^{\ominus}$-T 图一致。但对涉及溶体 [M] 与渣 (M_xO_y) 的反应，[M] 与 (M_xO_y) 往往要以活度代替浓度，因而，$\Delta G_m^{\ominus}$ 不仅与 T 有关，还与 [M] 及 (M_xO_y) 的活度有关，故 $\Delta G_m^{\ominus}$ 与 T 的关系不一定为直线，图 3-9 对这种情况不适用。

习　题

一、思考题

3-1 化学反应达到平衡时，$K^{\ominus}$ 有定值；若平衡移动了，则 $K^{\ominus}$ 必然会发生改变，对吗？

3-2 随着反应温度的升高，$K^{\ominus}$ 总在增大，对吗？

3-3 定温下氧化物的分解压越大，表示该氧化物热稳定性越好吗？

3-4 理想气体反应等温等压下加入惰性气体，平衡向什么方向移动？

3-5 若某反应的 $\Delta_r H_m$ 和 $\Delta_r S_m$ 都不随温度变化，则其 $\Delta_r G_m$ 是否也不随温度变化？

3-6 化学反应达到平衡后，反应的宏观特征和微观特征是什么？

3-7 化学反应达到平衡后，若温度不变，则由于 $K^{\ominus}$ 不变，是否意味着参加反应的各物质的分压都不能改变？

3-8 化学反应达到平衡时，$\Delta_r G_m(T) = 0$，是否意味着反应的推动力不存在了？

3-9 环境压力越大，则碳酸盐的分解温度越高吗？

3-10 在 101 kPa 下，某反应的反应物 A 在 300 K 下的转化率是 600 K 时的 2 倍；而在 300 K 下，A 在 101 kPa 时的平衡转化率是 202 kPa 时的 2 倍，该反应是体积增大且放热的反应吗？

3-11 某理想气体反应 $A_2 \longrightarrow B + \frac{1}{2}C$ 的 $\Delta_r H_m^{\ominus} = 47 \text{ kJ} \cdot \text{mol}^{-1}$，试述可以通过哪些措施提高 B(g) 的产率？

3-12 双原子单质气体在金属及合金中的溶解平衡服从什么规律?

3-13 定温定压不涉及非体积功条件下,放热且熵增大的反应肯定能自发进行吗?试举一例。

3-14 冶炼不锈钢时,需加入合金元素 Ni,Cr,Ti,已知在冶炼温度下,Ni,Cr,Ti,Fe 与 1 mol O_2(g) 结合的 $\Delta G_m^{\ominus}$ 顺序为

$$\Delta G_m^{\ominus}(\text{Ti}) < \Delta G_m^{\ominus}(\text{Cr}) < \Delta G_m^{\ominus}(\text{Fe}) < \Delta G_m^{\ominus}(\text{Ni})$$

则可以与 Fe 一起加入炉中冶炼的是哪种金属?

3-15 气体 O_2,N_2,H_2 等溶于水中,其溶解度随温度的升高而减小,但当它们溶于某些金属溶体时,溶解度会随温度的升高而增大,为什么?

3-16 试述化学反应中 $\Delta_r G_m(T)$ 及 $\Delta_r G_m^{\ominus}(T)$ 各自所代表的化学反应系统的状态。

二、计算题

3-1 潮湿 Ag_2CO_3(s) 在 110 ℃ 下用空气流进行干燥,试计算空气流中 CO_2 的分压为多少方能避免 Ag_2CO_3(s) 分解为 Ag_2O(s) 和 CO_2(g)?已知

	$\dfrac{\Delta_f H_m^{\ominus}(298\ \text{K})}{\text{kJ} \cdot \text{mol}^{-1}}$	$\dfrac{S_m^{\ominus}(298\ \text{K})}{\text{J} \cdot \text{K}^{-1} \cdot \text{mol}^{-1}}$	$\dfrac{C_{p,m}}{\text{J} \cdot \text{K}^{-1} \cdot \text{mol}^{-1}}$
Ag_2CO_3(s)	−501.7	167.36	109.6
Ag_2O(s)	−29.08	121.75	68.6
CO_2(g)	−393.46	213.80	40.2

3-2 氧化钴(CoO)能被氢或 CO 还原为 Co,在 721 ℃,101 325 Pa 时,以 H_2 还原,测得平衡气相中 H_2 的体积分数 $\varphi(H_2) = 0.025$;以 CO 还原,平衡气相中 CO 的体积分数 $\varphi(CO) = 0.019\ 2$。求此温度下反应

$$CO(g) + H_2O(g) \Longrightarrow CO_2(g) + H_2(g)$$

的平衡常数 $K^{\ominus}$。

3-3 计算加热纯 Ag_2O 开始分解的温度和分解温度。(1) 在 101 325 Pa 的纯氧中;(2) 在 101 325 Pa 且 $\varphi(O_2) = 0.21$ 的空气中。已知反应

$$2Ag_2O(s) \Longrightarrow 4Ag(s) + O_2(g), \quad \Delta_r G_m^{\ominus}(T)/(\text{J} \cdot \text{mol})^{-1} = 58\ 576 - 122\ T/\text{K}$$

3-4 已知 Ag_2O 及 ZnO 在温度 1 000 K 时的分解压分别为 240 kPa 及 15.7 kPa。问在此温度下:(1)哪一种氧化物易分解?(2)若把纯 Zn 及纯 Ag 置于大气中是否都易被氧化?(3)若把纯 Zn、Ag、ZnO 及 Ag_2O 放在一起,反应如何进行?(4)反应 $ZnO(s) + 2Ag(s) \Longrightarrow Zn(s) + Ag_2O(s)$ 的 $\Delta_r H_m^{\ominus} = 242.09\ \text{kJ} \cdot \text{mol}^{-1}$,问增加温度时,有利于哪种氧化物的分解?

3-5 已知下列反应的 $\Delta_r G_m^{\ominus}$-T 关系为

$$Si(s) + O_2(g) \Longrightarrow SiO_2(s), \quad \Delta_r G_m^{\ominus}(T)/(\text{J} \cdot \text{mol}^{-1}) = -8.715 \times 10^5 + 181.09 T/\text{K}$$

$$2C(s) + O_2(g) \Longrightarrow 2CO(g), \quad \Delta_r G_m^{\ominus}(T)/(\text{J} \cdot \text{mol}^{-1}) = -2.234 \times 10^5 - 175.41 T/\text{K}$$

试通过计算判断在 1 300 K,100 kPa 下,Si(s) 能否使 CO 还原为 C?Si(s) 使 CO 还原的反应为

$$Si(s) + 2CO(g) \Longrightarrow SiO_2(s) + 2C(s)$$

3-6 将含水蒸气和氢气的体积分数分别为 0.97 和 0.03 的气体混合物加热到 1 000 K,这个平衡气体混合物能否与镍反应生成氧化物?已知

$$Ni(s) + \frac{1}{2}O_2(g) \Longrightarrow NiO(s), \quad \Delta_r G_m^{\ominus}(1\ 000\ \text{K}) = -146.11\ \text{kJ} \cdot \text{mol}^{-1}$$

$$H_2(g) + \frac{1}{2}O_2(g) \Longrightarrow H_2O(g), \quad \Delta_r G_m^{\ominus}(1\ 000\ \text{K}) = -191.08\ \text{kJ} \cdot \text{mol}^{-1}$$

3-7 试推导反应 $2A(g) \Longrightarrow 2Y(g) + Z(g)$ 的 $K^{\ominus}$ 与 A 的平衡转化率 $x_A^{平}$ 及总压 $p_总$ 的关系,并证明,当 $(p_总 / p^{\ominus}) \gg 1$ 时,$x_A^{平}$ 与 $p_总^{-1/3}$ 成正比。

3-8 通过计算说明磁铁矿(Fe_3O_4)和赤铁矿(Fe_2O_3)在 25 ℃ 的空气中,哪个更稳定?

3-9 A(g) 与 Y(g) 之间有如下反应:

$$A(g) \Longrightarrow Y(g)$$

与温度 T 对应的 $\Delta_r H_m^{\ominus}(T)$ 及 $K^{\ominus}(\text{pgm},T)$ 为已知,设此反应为一快速平衡,即 T 改变,系统始终保持平衡。若一容器中有此两种气体,而且其总的物质的量为 n,求证物质 $Y(g)$ 的量 n_Y 随温度的变化率 dn_Y/dT 有如下关系:

$$\frac{dn_Y}{dT} = \frac{nK^{\ominus}(\text{pgm},T)\Delta_r H_m^{\ominus}(T)}{RT^2[K^{\ominus}(\text{pgm},T)+1]^2}$$

3-10 纯 $B_2(l)$ 与纯 $B(l)$ 在温度 T 时的饱和蒸气压分别为 $p^*(B_2,l)$ 与 $p^*(B,l)$,试证在温度 T 下,平衡总压为 $p_{总}$ 时,反应 $B_2(g) \Longrightarrow 2B(g)$ 的 $K^{\ominus}(\text{pgm},T)$ 有如下关系:

$$K^{\ominus} = \frac{p^{*2}(B,l)[p_{总} - p^*(B_2,l)]^2}{p^*(B_2,l)[p^*(B,l) - p_{总}][p^*(B,l) - p^*(B_2,l)]p^{\ominus}}$$

设气相为理想气态混合物,液相为理想液态混合物。

3-11 试用标准摩尔生成吉布斯函数法求在 25 ℃ 时反应 $3Fe(s) + 2CO(g) \Longrightarrow Fe_3C(s) + CO_2(g)$ 的 $\Delta_r G_m^{\ominus}$ 和 $K^{\ominus}$。

3-12 为除去氮气中的杂质氧气,将氮气在 101 325 Pa 下通过 600 ℃ 的铜粉进行脱氧,反应为

$$2Cu(s) + \frac{1}{2}O_2(g) \Longrightarrow Cu_2O(s)$$

若气流缓慢通过,可使反应达到平衡,求经过纯化后在氮气中残余氧的体积分数 $\varphi(O_2)$。已知 298 K 时,

$$\Delta_f H_m^{\ominus}(Cu_2O) = -166.5 \text{ kJ} \cdot \text{mol}^{-1}, \quad S_m^{\ominus}(Cu_2O) = 93.7 \text{ J} \cdot \text{mol}^{-1} \cdot \text{K}^{-1}$$

$$S_m^{\ominus}(Cu) = 33.5 \text{ J} \cdot \text{mol}^{-1} \cdot \text{K}^{-1}, \quad S_m^{\ominus}(O_2) = 205 \text{ J} \cdot \text{mol}^{-1} \cdot \text{K}^{-1}$$

反应的 $\sum \nu_B C_{p,m}(B) = 2.09 \text{ J} \cdot \text{mol}^{-1} \cdot \text{K}^{-1}$,并假定不随温度变化。

3-13 已知反应 $H_2(g) + \frac{1}{2}O_2(g) \Longrightarrow H_2O(g)$ 的 $\Delta_r G_m^{\ominus}(298 \text{ K}) = -228.6 \times 10^3 \text{ kJ} \cdot \text{mol}^{-1}$,又知 $\Delta_f G_m^{\ominus}(H_2O,l,298 \text{ K}) = -237 \text{ kJ} \cdot \text{mol}^{-1}$,求水在 25 ℃ 的饱和蒸气压(可将水蒸气视为理想气体)。

3-14 已知反应 $Fe_2O_3(s) + 3CO(g) \Longrightarrow 2Fe(s) + 3CO_2(g)$ 的 $K_p^{\ominus}$ 如下:

$t/℃$	$K_p^{\ominus}$
100	1 100
250	100
1 000	0.072 1

在 1 120 ℃ 时,反应 $2CO_2(g) = 2CO(g) + O_2(g)$ 的 $K^{\ominus} = 1.4 \times 10^{-12}$,今将 Fe_2O_3 置于 1 120 ℃ 的容器内,问容器内氧的分压应该维持多大才可防止 Fe_2O_3 还原成铁?

3-15 设生产稀土镁球墨铸铁的原铁水成分为 $[100w(C)] = 3.8$,$[100w(Si)] = 1.4$,$[100w(Mn)] = 0.6$,$[100w(P)] = 0.05$,$[100w(S)] = 0.045$;若球化处理温度为 1 400 ℃,处理后铁水中的残余镁为 $[100w(Mg)] = 0.04$,试计算球化处理过程中镁脱硫反应的限度。

3-16 已知在 1 600 ℃,$p(N_2) = 101 325$ Pa 时,$N_2(g)$ 在钢水中的溶解度为 $[100w(N_2)] = 0.04$,若氧气炼钢过程中要求出钢时钢水中 $[100w(N_2)] \leqslant 0.003$,且浇注温度仍为 1 600 ℃,试求:(1) 所用富氧空气中氧气分压应为多少?(2) 出钢时,空气中的 $N_2(g)$ 在钢水中的溶解度为多少?

3-17 已知 $ZnO(s) + CO(g) \Longrightarrow Zn(s) + CO_2(g)$ 为用蒸馏法炼锌的主要反应,并已知反应的 $\Delta_r G_m^{\ominus}(T)$ 为

$$\Delta_r G_m^{\ominus}(T) = [199.85 \times 10^3 + 7.322(T/K)\ln(T/K) + 5.90 \times 10^{-3}(T/K)^2 -$$
$$27.195 \times 10^{-7}(T/K)^3 - 179.8T/K] \text{J} \cdot \text{mol}^{-1}$$

求:(1) 1 600 K 的平衡常数;(2) 如在压力保持 101 325 Pa 的条件下进行上述反应,求平衡时气体的组成。

3-18 Ag 可能受到 $H_2S(g)$ 的腐蚀而发生下面的反应:

$$H_2S(g) + 2Ag(s) \Longrightarrow Ag_2S(s) + H_2(g)$$

今在 25 ℃,101 325 Pa 下,将 Ag 放在等体积的氢和硫化氢组成的混合气体中,问:(1) 是否可能发生腐蚀而生成硫化银?(2) 在混合气体中 H_2S 的体积分数低于多少,才不致发生腐蚀?已知 25 ℃ 时 $Ag_2S(s)$ 和 $H_2S(s)$ 的

标准摩尔生成吉布斯函数分别为 $-40.25\ kJ\cdot mol^{-1}$，$-32.90\ kJ\cdot mol^{-1}$。

3-19 当 $H_2O(g)$ 与 $Cu(l)$ 接触时，$H_2O(g)$ 将被分解为原子态 H 和 O 并溶于 $Cu(l)$ 中：

$$H_2O(g) \Longrightarrow [H]_{10^{-6}} + [O]_{[100w(o)]}$$

其中，$H_2O(g)$ 以 $T,p^{\ominus}$ 下的纯理想气体为标准态，$[O]_{[100w(o)]}$ 以 $T,p^{\ominus}$ 下 $[100w(O)]=1$，且遵守亨利定律的纯 $B(l)$ 为标准态，$[H]_{10^{-6}}$ 以 $T,p^{\ominus}$ 下 $[100w(H)]=10^{-4}$ 且遵守亨利定律的状态为标准态，则反应的平衡常数 $K^{\ominus}$ 与 t 的关系为

$t/℃$	平衡常数 $K^{\ominus}$	$t/℃$	平衡常数 $K^{\ominus}$
1 090	0.008 5	1 250	0.022
1 150	0.01 4	1 350	0.034

求 $H_2O(g)$ 在 $Cu(l)$ 中溶解的 $\Delta_r H_m^{\ominus}$。

3-20 已知下列热力学数据：

物质	金刚石	石墨
$\Delta_c H_B^{\ominus}(298K)/(kJ\cdot mol^{-1})$	-395.3	-393.4
$S_B^{\ominus}(298K)/(J\cdot mol^{-1}\cdot K^{-1})$	2.43	5.69
密度 $\rho/(kg\cdot dm^{-3})$	3.513	2.260

求：(1) 在 298 K 时，由石墨转化为金刚石反应的标准摩尔吉布斯函数；(2) 根据热力学计算说明单凭加热得不到金刚石，而加压则可以的道理(假定密度和熵不随温度和压力变化)；(3)298 K 时石墨转化为金刚石的平衡压力。

3-21 某铁矿含钛，以氧化物 TiO_2 形式存在，试求碳直接还原 TiO_2 的最低温度。高炉内最高温度约为 1 700 ℃。(1) 该矿石中的钛是否能被还原？(2) 若钛矿为 $Fe(TiO_3)(s)$，并已知反应

$$Ti(s) + \frac{3}{2}O_2(g) + Fe(s) = FeTiO_3(s),\quad \Delta_r G_m^{\ominus}(T)/(J\cdot mol^{-1}) = -12.37\times 10^5 + 219T/K$$

$$Fe(s) = Fe(l),\quad \Delta_r G_m^{\ominus}(T)/(J\cdot mol^{-1}) = 1.55\times 10^4 - 8.5T/K$$

求用 C 直接还原的最低温度。这种情况下钛能否被还原？

三、是非题、选择题和填空题

(一)是非题(下述各题中的说法是否正确？正确的在题后括号内画"√"，错的画"×")

3-1 定温定压且不涉及非体积功的条件下，一切放热且熵增大的反应均可自动发生。　　　　　（　　）

3-2 标准平衡常数 $K^{\ominus}$ 只是温度的函数。　　　　　（　　）

3-3 对 $0 = \sum\limits_B \nu_B B(pgm, T)$ 的反应，当 $K^{\ominus}(pgm, T) > J^{\ominus}(pgm, T)$ 时反应向右进行。　　　　　（　　）

3-4 对放热反应 $0 = \sum\limits_B \nu_B B(g)$，温度升高时，$x_B^{eq}$ 增大。　　　　　（　　）

3-5 对于理想气体反应，定温定容下添加惰性组分时，平衡不移动。　　　　　（　　）

(二)选择题(选择正确答案的编号填在各题题后的括号内)

3-1 反应

$$SO_2 + \frac{1}{2}O_2 = SO_3 \tag{①}$$

$$2SO_2 + O_2 = 2SO_3 \tag{②}$$

则 $K_①^{\ominus}(T)$ 与 $K_②^{\ominus}(T)$ 的关系是(　　　　)。

A. $K_①^{\ominus} = K_②^{\ominus}$　　　　B. $(K_①^{\ominus})^2 = K_②^{\ominus}$　　　　C. $K_①^{\ominus} = (K_②^{\ominus})^2$

3-2 温度 T、压力 p 时理想气体反应：

$$2H_2O(g) = 2H_2(g) + O_2(g) \tag{①}$$

$$CO_2(g) = CO(g) + \frac{1}{2}O_2(g) \tag{②}$$

则反应

$$CO(g) + H_2O(g) = CO_2(g) + H_2(g) \quad ⑩$$

的 $K^{\ominus}$ 应为（　　）。

A. $K^{\ominus}_{⑩} = K^{\ominus}_{①}/K^{\ominus}_{⑩}$ 　　B. $K^{\ominus}_{⑩} = K^{\ominus}_{①}K^{\ominus}_{⑩}$ 　　C. $K^{\ominus}_{⑩} = \sqrt{K^{\ominus}_{①}}/K^{\ominus}_{⑩}$

3-3 已知定温反应

$$CH_4(g) = C(s) + 2H_2(g) \quad ①$$

$$CO(g) + 2H_2(g) = CH_3OH(g) \quad ⑩$$

若提高系统总压,则平衡移动方向为（　　）。

A. ①向左,⑩向右　　　B. ①向右,⑩向左　　　C. ①和⑩都向右

3-4 已知反应 $CuO(s) = Cu(s) + \dfrac{1}{2}O_2(g)$ 的 $\Delta_r S^{\ominus}_m(T) > 0$,则该反应的 $\Delta_r G^{\ominus}_m(T)$ 将随温度的升高而（　　）。

A. 增大　　　　　　　B. 减小　　　　　　　C. 不变

（三）填空题（在各小题中画有"_____"处或表格中填上答案）

3-1 范特荷夫定温方程：$\Delta_r G_m(T) = \Delta_r G^{\ominus}_m(T) + RT\ln J^{\ominus}$ 中,表示系统标准状态下性质的是_____,用来判断反应进行方向的是_____,用来判断反应进行限度的是_____。

3-2 根据理论分析填表（只填"向左"或"向右"）。

	升高温度 （p 不变）	加入惰性气体 （T,p 不变）	升高总压 （T 不变）
放热,$\sum_B \nu_B(g) > 0$			
吸热,$\sum_B \nu_B(g) < 0$			
吸热,$\sum_B \nu_B(g) > 0$			

3-3 反应 $C(s) + H_2O(g) = CO(g) + H_2(g)$ 在 400 ℃ 时达到平衡,$\Delta_r H^{\ominus}_m = 133.5 \text{ kJ·mol}^{-1}$,为使平衡向右移动,可采取的措施有_____;_____;_____;_____;_____。

3-4 已知反应 $2NO(g) + O_2(g) = 2NO_2(g)$ 的 $\Delta_r H^{\ominus}_m(T) < 0$,当上述反应达到平衡后,若要平衡向产物方向移动,可以采取_____（升高或降低）温度或_____（增大、减少）压力的措施。

3-5 物质 A 是一种固体,在温度 T 时的饱和蒸气压为 p^*_A,在此温度下,A 的分解反应可表示为以下两种形式

$$A(g) = Y(g) + Z(g) \quad ①$$

$$A(s) = Y(g) + Z(g) \quad ⑩$$

两反应的标准摩尔吉布斯函数[变]分别为 $\Delta_r G^{\ominus}_m(T)(a)$ 及 $\Delta_r G^{\ominus}_m(T)(b)$,试写出 $\Delta_r G^{\ominus}_{m,①}(T) - \Delta_r G^{\ominus}_{m,⑩}(T) =$ _____。

3-6 在一带活塞的气缸中,同时存在以下两反应：

$$A(s) = Y(s) + Z(g), \quad \Delta_r H^{\ominus}_m(T) > 0 \quad ①$$

$$Z(g) + D(g) = E(g), \quad \Delta_r H^{\ominus}_m(T) = 0 \quad ⑩$$

两反应同时平衡时,容器中 A(s) 及 Y(s) 是大大过量存在的。

(1) 在压力不变下,将系统升温,则反应⑩的平衡将向_____移动;

(2) 保持 T,p 不变时,通入惰性气体又达平衡后,两反应如何移动?反应①_____;反应⑩_____。

3-7 在一定 T,p 下,反应 $A(g) = Y(g) + Z(g)$ 达平衡时 A 的平衡转化率为 $x^{eq}_{A,1}$,当加入惰性气体而 T,p 保持不变时,A 的平衡转化率为 $x^{eq}_{A,2}$,则 $x^{eq}_{A,2}$ ____ $x^{eq}_{A,1}$（填 >、= 或 <）。

计算题答案

3-1 $p(CO_2) > 1\,194$ Pa **3-2** $K^{\ominus} = 1.31$ **3-3** (1)480 K (2)434 K;480 K

3-4 (1)Ag_2O (2)Zn 易被氧化 (3)$Ag_2O + Zn = 2Ag + ZnO$ (3)ZnO

3-5 $\Delta_r G_m^{\ominus}(1\,300$ K$) = -184.7$ kJ·mol^{-1},Si 能把 CO 还原为 C(石墨)

3-6 不能 **3-8** Fe_2O_3

3-11 $\Delta_r G_m^{\ominus} = -105.18$ kJ·mol^{-1},$K^{\ominus} = 2.7 \times 10^{18}$

3-12 7.98×10^{-13}

3-13 $p^*(H_2O, 298$ K$) = 3.4$ kPa

3-14 $p(O_2) = 1.84 \times 10^{-8}$ Pa

3-15 $[100w(S)] = 0.004\,7$

3-16 (1)$p(O_2) = 99.4$ kPa (2)$[100w(N_2)] = 0.035$

3-17 (1)$K^{\ominus}(1\,600$ K$) = 0.824$ (2)$p(CO) = 55.6$ kPa

3-18 (1) 不能发生腐蚀 (2)$\varphi(H_2S) < 0.049$

3-19 $\Delta_r H_m^{\ominus} = 99.4$ kJ·mol^{-1}

3-20 (1)$\Delta_r G_m^{\ominus}(298$ K$) = 2.87$ kJ·mol^{-1}(2) 略 (3)1.52×10^9 Pa

3-21 (1)$T = 2\,072$ K$> 1\,973$K,不能 (2)$T = 1\,873$ K$< 1\,973$ K,能

第4章

化学动力学基础

4.0 化学动力学研究的内容和方法

4.0.1 化学动力学研究的内容

化学动力学(chemical kinetics)研究的内容可概括为以下两个方面：

(i) 研究各种因素，包括浓度、温度、催化剂、溶剂、光照等对**化学反应速率**(chemical reaction rate)影响的规律；

(ii) 研究一个化学反应过程经历哪些具体步骤，即所谓**反应机理**(mechanism of reaction)(或叫**反应历程**)。

4.0.2 化学动力学与化学热力学的关系

如前所述,化学热力学是研究物质变化过程的能量效应及过程的方向与限度,即有关平衡的规律;它不研究完成该过程所需要的时间以及实现这一过程的具体步骤,即不研究有关速率的规律;而解决后一问题的科学正是化学动力学。所以它们之间的关系可以概括为:前者是解决物质变化过程的可能性,而后者是解决如何把这种可能性变为现实性。这是实现化学制品生产相辅相成的两个方面。当人们想要以某些物质为原料合成新的化学制品时,首先要对该过程进行热力学分析,得到过程可能实现的肯定性结论后,再作动力学分析,得到各种因素对实现这一化学制品合成速率的影响规律。最后,从热力学和动力学两方面综合考虑,选择该反应的最佳工艺操作条件及进行反应器的选型与设计。

4.0.3 化学动力学研究的方法

化学动力学研究的方法是宏观方法与微观方法并用。化学动力学应用宏观方法,例如,通过实验测定化学反应系统的浓度、温度、时间等宏观量间的关系,再把这些宏观量用经验公式关联起来,从而构成**宏观反应动力学**(macroscopic reaction kinetics);化学动力学也应用微观方法,例如,它利用激光、分子束等实验技术,考查由某特定能态下的反应物分子通过单次碰撞转变成另一特定能态下的生成物分子的速率,从而可得到微观反应速率系数,把反应动力学的研究推向了分子水平,从而构成了**微观反应动力学**(microscopic reaction kinetics),也叫**分子反应动态学**(molecular reaction dynamics)。严格来说,化学动力学的研究方法不是一个独立的理论方法,它是热力学方法、量子力学方法及统计力学方法等理论方法以及实验方法的综合运用。

I 化学反应速率与浓度的关系

4.1 化学反应速率的定义

4.1.1 化学反应转化速率的定义

设有化学反应,其计量方程为

$$0 = \sum_B \nu_B B$$

按 IUPAC 的建议,该化学反应的**转化速率**(rate of conversion)定义为

$$\dot{\xi} \stackrel{\text{def}}{=\!=} \frac{d\xi}{dt} \qquad (4\text{-}1)$$

式中,ξ 为化学反应进度;t 为化学反应时间;$\dot{\xi}$ 为化学反应转化速率,即单位时间内发生的反应进度。

设反应参与物的物质的量为 n_B,因有 $d\xi = \dfrac{dn_B}{\nu_B}$,所以式(4-1)可改写成

$$\dot{\xi} \stackrel{\text{def}}{=\!=} \frac{d\xi}{dt} = \frac{1}{\nu_B} \frac{dn_B}{dt} \qquad (4\text{-}2)$$

4.1.2 定容反应的反应速率

对于定容反应,反应系统的体积不随时间而变,则 B 的浓度 $c_B = \dfrac{n_B}{V}$,于是式(4-2)可写成

$$\dot{\xi} \stackrel{\text{def}}{=\!=} \frac{d\xi}{dt} = \frac{V}{\nu_B} \frac{dc_B}{dt} \qquad (4\text{-}3)$$

定义

$$v \stackrel{\text{def}}{=\!=} \frac{\dot{\xi}}{V} = \frac{1}{\nu_B} \frac{dc_B}{dt} \qquad (4\text{-}4)$$

式(4-4)作为**反应速率**(rate of reaction)的常用定义。

由式(4-4),对反应

$$a A + b B \longrightarrow y Y + z Z$$

则有

$$v = -\frac{1}{a} \frac{dc_A}{dt} = -\frac{1}{b} \frac{dc_B}{dt} = \frac{1}{y} \frac{dc_Y}{dt} = \frac{1}{z} \frac{dc_Z}{dt} \qquad (4\text{-}5)$$

式中,$-\dfrac{dc_A}{dt}$、$-\dfrac{dc_B}{dt}$ 分别为反应物 A、B 的**消耗速率**(dissipate rate),即单位时间、单位体积中反应物 A、B 消耗的物质的量。

$$v_A = -\frac{dc_A}{dt} \left.\begin{array}{c}\\\\\end{array}\right\} \qquad v_B = -\frac{dc_B}{dt}$$

(4-6)

$\frac{dc_Y}{dt}$、$\frac{dc_Z}{dt}$ 分别为生成物 Y、Z 的**增长速率**（increase rate），即单位时间、单位体积中生成物 Y、Z 增长的物质的量。

$$v_Y = \frac{dc_Y}{dt} \left.\begin{array}{c}\\\\\end{array}\right\} \qquad v_Z = \frac{dc_Z}{dt}$$

(4-7)

在气相反应中，常用混合气体组分的分压的消耗速率或增长速率来表示反应速率，若为理想混合气体，则有 $p_B = c_B RT$，代入式（4-6）及式（4-7），则定温下

$$v_{B,p} = \pm \frac{dp_B}{dt} = \pm RT \frac{dc_B}{dt}$$

(4-8)

通常选用反应物组分中反应物之一作为**主反应物**（principal reactant），若以组分 A 代表主反应物，设 $n_{A,0}$ 及 n_A 分别为反应初始时及反应到时间 t 时 A 的物质的量，x_A 为时间 $t = 0 \rightarrow t = t$ 时反应物 **A 的转化率**（degree of dissociation of A），其定义为

$$x_A \stackrel{\text{def}}{=\!=} \frac{n_{A,0} - n_A}{n_{A,0}}$$

(4-9)

x_A 通常称为 A 的**动力学转化率**（degree of dissociation of kinetics），$x_A \leqslant x_A^{eq}$，x_A^{eq} 为**热力学平衡转化率**（degree of dissociation under equilibrium of thermodynamics）。由式（4-9），有

$$n_A = n_{A,0}(1 - x_A)$$

(4-10)

当反应系统为定容时，则有

$$c_A = c_{A,0}(1 - x_A)$$

(4-11)

式中，$c_{A,0}$、c_A 分别为 $t = 0$ 及 $t = t$ 时反应物 A 的浓度。将式（4-11）代入式（4-6），有

$$v_A = -\frac{dc_A}{dt} = c_{A,0}\frac{dx_A}{dt}$$

(4-12)

4.2 化学反应速率与浓度的关系

4.2.1 反应速率与浓度关系的经验方程

对于反应

$$a\,A + b\,B \longrightarrow y\,Y + z\,Z$$

其反应速率与反应物的浓度的关系可通过实验测定得到：

$$v_A = k_A c_A^\alpha c_B^\beta$$

(4-13)

式（4-13）叫**化学反应的速率方程**或**化学反应的动力学方程**（rate equation of chemical reaction or kinetics equation of chemical reaction），是一个经验方程。

1. 反应级数

式(4-13) 中 α，β 分别称为反应物 A 及 B 的 **反应级数**(order of reaction)，令 $\alpha + \beta = n$，则 n 称为**反应的总级数**(overall order of reaction)。反应级数是反应速率方程中反应物的浓度的幂指数，它的大小表示反应物的浓度对反应速率影响的程度，级数越高，表明浓度对反应速率影响越强烈。反应级数一般是通过动力学实验确定的，而不是根据反应的计量方程写出来的，即一般 $\alpha \neq a$，$\beta \neq b$。反应级数可以是正数或负数，可以是整数或分数，也可以是零。有时反应速率尚与生成物的浓度有关。有的反应速率方程很复杂，或确定不出简单的级数。

2. 反应速率系数

式(4-13) 中，k_A 称为反应物 A 的 **宏观反应速率系数**(macroscopic rate coefficient of reaction)。k_A 的物理意义是在一定温度下当反应物 A、B 的浓度 c_A、c_B 均为单位浓度时的反应速率，即 $k_A = \dfrac{1}{c_A^\alpha c_B^\beta} v_A = v_A [c]^{-n}$，因此它与反应物的浓度无关，当催化剂等其他条件确定时，它只是温度的函数。显然 k_A 的单位与反应总级数有关，即 $[k_A] = [t]^{-1} \cdot [c]^{1-n}$。

注意 用反应物或生成物等不同组分表示反应速率时，其速率系数的量值一般是不一样的。

对反应

$$a A + b B \longrightarrow y Y + z Z$$

有

$$v_A = k_A c_A^\alpha c_B^\beta, \quad v_B = k_B c_A^\alpha c_B^\beta,$$
$$v_Y = k_Y c_A^\alpha c_B^\beta, \quad v_Z = k_Z c_A^\alpha c_B^\beta$$

由式(4-5)～式(4-7)，则有

$$\frac{1}{a} k_A = \frac{1}{b} k_B = \frac{1}{y} k_Y = \frac{1}{z} k_Z \tag{4-14}$$

3. 以混合气体组分分压表示的气相反应的速率方程

如对反应

$$a A(g) \longrightarrow y Y(g)$$

其反应的速率方程可表示为

$$v_{A,p} = -\frac{\mathrm{d} p_A}{\mathrm{d} t} = k_{A,p} p_A^n$$

亦可表示成

$$v_{A,c} = -\frac{\mathrm{d} c_A}{\mathrm{d} t} = k_{A,c} c_A^n$$

式中，$k_{A,p}$、$k_{A,c}$ 分别为反应物 A 的组成分别用分压及物质的浓度表示时的速率方程中的反应速率系数。若气相可视为理想混合气体，则 $p_A = c_A RT$，于是，定温下

$$v_{A,p} = -\frac{\mathrm{d} p_A}{\mathrm{d} t} = -\frac{\mathrm{d}(c_A RT)}{\mathrm{d} t} = -RT \frac{\mathrm{d} c_A}{\mathrm{d} t} = RT k_{A,c} c_A^n$$

所以 $k_{A,p} p_A^n = RT k_{A,c} c_A^n$，故得

$$k_{A,p} = k_{A,c}(RT)^{1-n} \tag{4-15}$$

4.2.2 反应速率方程的积分形式

对反应
$$0 = \sum_B \nu_B B$$

若实验确定其反应速率方程为

$$v_A = -\frac{dc_A}{dt} = k_A c_A^\alpha c_B^\beta$$

该方程为**反应的微分速率方程**(differential rate equation of reaction)。由于微分速率方程对反应进行定量处理时存在困难,在实际应用中通常需要取其积分形式。

1. 一级反应

若实验确定某反应物 A 的消耗速率与反应物 A 的浓度一次方成正比,则该反应为**一级反应**(first order reaction),其微分速率方程可表述为

$$-\frac{dc_A}{dt} = k_A c_A \tag{4-16}$$

一些物质的分解反应、异构化反应及放射性元素的蜕变反应常为一级反应。

(1)一级反应的积分速率方程

将式(4-16)分离变量,得

$$-\frac{dc_A}{c_A} = k_A dt$$

等式两边,时间由 $t = 0 \to t = t$,相应的组分 A 的浓度由 $c_A = c_{A,0} \to c_A = c_A$,积分,则有

$$\int_{c_{A,0}}^{c_A} -\frac{dc_A}{c_A} = \int_0^t k_A dt$$

因 k_A 为常数,积分后,得

$$t = \frac{1}{k_A} \ln \frac{c_{A,0}}{c_A} \tag{4-17}$$

或由式(4-12)结合式(4-16),有

$$\frac{dx_A}{dt} = k_A(1 - x_A)$$

分离变量,得

$$\frac{dx_A}{1 - x_A} = k_A dt$$

等式两边,时间由 $t = 0 \to t = t$,A 的转化率由 $x_A = 0 \to x_A = x_A$ 积分,即

$$\int_0^{x_A} \frac{dx_A}{1 - x_A} = \int_0^t k_A dt$$

积分后,得

$$t = \frac{1}{k_A} \ln \frac{1}{1 - x_A} \tag{4-18}$$

式(4-17)及式(4-18)为**一级反应的积分速率方程**(integral rate equation of first order reaction)的两种常用形式。

(2)一级反应的特征

(i)由式(4-16)可知,一级反应的 k_A 的单位为 $[t]^{-1}$,可以是 s^{-1},min^{-1},h^{-1} 等。

(ii)由式(4-17)或式(4-18),若 $c_{A,0} \to c_A = \frac{1}{2} c_{A,0}$ 或 $x_A = 0.5$ 时,所需时间用 $t_{1/2}$ 表示,则 $t_{1/2}$ 叫**反应的半衰期**(half-life of reaction)。一级反应的 $t_{1/2} = \frac{0.693}{k_A}$,与 $c_{A,0}$ 无关。

(iii)由式(4-17),移项可得

$$\ln\{c_A\} = -k_A t + \ln\{c_{A,0}\} \tag{4-19}$$

由式(4-19)可以看出,$\ln\{c_A\}$-$\{t\}$ 为一直线,如图 4-1 所示。直线的斜率为 $-k_A$。

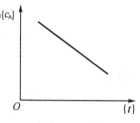

图 4-1 一级反应的 $\ln\{c_A\}$-$\{t\}$ 关系

2. 二级反应

(1)二级反应的积分速率方程

(i)反应物只有一种的情况

若实验确定某反应物 A 的消耗速率与 A 的浓度的二次方成正比,则该反应为**二级反应**(second order reaction),其微分速率方程可表述为

$$v_A = -\frac{dc_A}{dt} = k_A c_A^2 \tag{4-20}$$

将式(4-20)分离变量,得

$$-\frac{dc_A}{c_A^2} = k_A dt$$

等式两边,时间由 $t = 0 \to t = t$,相应的组分 A 的浓度由 $c_A = c_{A,0} \to c_A = c_A$,积分,即

$$\int_{c_{A,0}}^{c_A} -\frac{dc_A}{c_A^2} = \int_0^t k_A dt$$

积分后,得

$$t = \frac{1}{k_A}\left(\frac{1}{c_A} - \frac{1}{c_{A,0}}\right) \tag{4-21}$$

或由式(4-12)结合式(4-20),得

$$c_{A,0} \frac{dx_A}{dt} = k_A [c_{A,0}(1 - x_A)]^2$$

分离变量,有

$$\frac{dx_A}{c_{A,0}(1 - x_A)^2} = k_A dt$$

等式两边,时间由 $t = 0 \to t = t$,相应的反应物 A 的转化率由 $x_A = 0 \to x_A = x_A$,积分,即

$$\int_0^{x_A} \frac{dx_A}{c_{A,0}(1 - x_A)^2} = \int_0^t k_A dt$$

积分后,得

$$t = \frac{x_A}{k_A c_{A,0}(1 - x_A)} \tag{4-22}$$

式(4-21)及式(4-22)为只有一种反应物时的**二级反应的积分速率方程**(integral rate equation of second order reaction)的两种常用形式。

（ii）反应物有两种的情况

如反应

$$aA + bB \longrightarrow yY + zZ$$

若实验确定，反应物 A 的消耗速率与反应物 A 及 B 各自的浓度的一次方成正比，则总反应级数为二级，其微分速率方程可表述为

$$v_A = -\frac{dc_A}{dt} = k_A c_A c_B \tag{4-23}$$

当 $a = 1, b = 1$，即反应的计量方程为

$$A + B \longrightarrow Y + Z$$

同时令

$$x_A = \frac{c_{A,0} - c_{A,x}}{c_{A,0}} \tag{4-24}$$

则式（4-23）的积分形式为

$$k_A t = \frac{1}{c_{A,0} - c_{B,0}} \ln \frac{c_{B,0}(1 - x_A)}{c_{B,0} - c_{A,0} x_A} \tag{4-25}$$

也可写成

$$t = \frac{1}{k_A(c_{A,0} - c_{B,0})} \ln \frac{(c_{A,0} - c_{A,x})c_{B,0}}{c_{A,0}(c_{B,0} - c_{A,x})} \qquad (c_{A,0} \neq c_{B,0}) \tag{4-26}$$

或

$$t = \frac{1}{k_A(c_{A,0} - c_{B,0})} \ln \frac{c_{B,0}(1 - x_A)}{c_{B,0} - c_{A,0} x_A} \qquad (c_{A,0} \neq c_{B,0}) \tag{4-27}$$

而当 $c_{A,0} = c_{B,0}$ 时，式（4-26）及式（4-27）不适用，此时反应过程中必存在 $c_A = c_B$ 的关系，于是式（4-23）变为

$$-\frac{dc_A}{dt} = k_A c_A c_B = k_A c_A^2$$

其积分速率方程即为式（4-21）及式（4-22）。

（2）只有一种反应物的二级反应的特征

（i）由式（4-20）可知，二级反应的速率系数 k_A 的单位为 $[t]^{-1} \cdot [c]^{-1}$。

（ii）由式（4-21）或式（4-22），当 $c_A = \frac{1}{2} c_{A,0}$ 或 $x_A = 0.5$ 时，则 $t_{1/2} = \frac{1}{c_{A,0} k_A}$，即二级反应的半衰期与反应物 A 的初始浓度 $c_{A,0}$ 成反比。

（iii）由式（4-21），移项可得

$$\frac{1}{c_A} = k_A t + \frac{1}{c_{A,0}} \tag{4-28}$$

式（4-28）为一直线方程，即 $\frac{1}{\{c_A\}}$-$\{t\}$ 图为一直线，如图4-2所示，直线的斜率为 k_A。

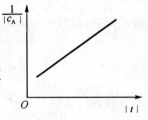

图 4-2　二级反应的 $\frac{1}{\{c_A\}}$-$\{t\}$ 关系

3. n 级反应

（1）n 级反应的积分速率方程

若由实验确定某反应物 A（只有一种反应物）的消耗速率与 A 的浓度的 n 次方成正比，则该反应为 n 级反应，其微分速率方程可表述为

$$v_A = -\frac{dc_A}{dt} = k_A c_A^n \tag{4-29}$$

将式(4-29)分离变量积分,可得

$$\int_{c_{A,0}}^{c_A} -\frac{dc_A}{c_A^n} = k_A \int_0^t dt$$

积分后,得

$$t = \frac{1}{k_A(n-1)}\left(\frac{1}{c_A^{n-1}} - \frac{1}{c_{A,0}^{n-1}}\right) \quad (n \neq 1) \tag{4-30}$$

或将 $c_A = c_{A,0}(1-x_A)$ 代入式(4-29),分离变量积分,得

$$t = \frac{1}{k_A(n-1)}\left[\frac{1-(1-x_A)^{n-1}}{c_{A,0}^{n-1}(1-x_A)^{n-1}}\right] \quad (n \neq 1) \tag{4-31}$$

式(4-30)及式(4-31)为 n 级反应($n \neq 1$)的积分速率方程的两种常用形式。$n = 2$ 时,式(4-30)或式(4-31)即成为式(4-21)或式(4-22);$n = 0$ 时,即为**零级反应**(zero order reaction),则式(4-30)、式(4-31)分别变为

$$t = \frac{1}{k_A}(c_{A,0} - c_A) \tag{4-32}$$

$$t = \frac{1}{k_A}c_{A,0}x_A \tag{4-33}$$

式(4-32)及式(4-33)为零级反应的积分速率方程。

(2)只有一种反应物的 n 级反应的半衰期

将 $c_A = \frac{1}{2}c_{A,0}$ 或 $x_A = 0.5$ 代入式(4-30)或式(4-31),可得 n 级($n \neq 1$)反应的半衰期为

$$t_{1/2} = \frac{2^{n-1} - 1}{(n-1)k_A c_{A,0}^{n-1}} \tag{4-34}$$

【例 4-1】　钋的同位素进行 β 放射时,经 14 天后,此同位素的放射性降低 6.85%,求:(1)此同位素的蜕变速率系数;(2)100 天后,放射性降低了多少?(3)钋的放射性蜕变掉 90% 需要多长时间?

解　放射性同位素的蜕变反应均属一级反应。

(1)将已知数据代入式(4-18),得

$$k_A = \frac{1}{t}\ln\frac{1}{1-x_A} = \frac{1}{14\ d}\ln\frac{1}{1-0.068\ 5} = 0.507 \times 10^{-2}\ d^{-1}$$

(2)设 100 天后,钋的放射性降低的分数为 x_A,则由式(4-18),有

$$\ln\frac{1}{1-x_A} = k_A t$$

将由(1)求得的 $k_A = 0.507 \times 10^{-2}\ d^{-1}$ 及 $t = 100\ d$ 代入,得

$$\ln\frac{1}{1-x_A} = 0.507 \times 10^{-2}\ d^{-1} \times 100\ d$$

解得　　　　　　　　　　　　　　$x_A = 39.8\%$

(3)钋的放射性蜕变掉 90%,所需时间为

$$t = \frac{1}{k_A}\ln\frac{1}{1-x_A} = \frac{1}{0.507 \times 10^{-2}\ d^{-1}}\ln\frac{1}{1-0.90} = 454\ d$$

【例 4-2】 在定温 300 K 的密闭容器中,发生如下气相反应:$A(g) + B(g) \longrightarrow Y(g)$,测知其速率方程为 $-\dfrac{dp_A}{dt} = k_{A,p} p_A p_B$,假定反应开始只有 $A(g)$ 和 $B(g)$(初始体积比为 $1:1$),初始总压力为 200 kPa,设反应进行到 10 min 时,测得总压力为 150 kPa,则该反应在 300 K 时的速率系数为多少?再过 10 min 时容器内总压力为多少?

解

$$A(g) \quad + \quad B(g) \quad \longrightarrow \quad Y(g)$$

$$t = 0 \qquad p_{A,0} \qquad\qquad p_{B,0} \qquad\qquad 0$$

$$t = t \qquad p_A \qquad\qquad p_B \qquad\qquad p_{A,0} - p_A$$

则经过时间 t 时的总压力为

$$p_t = p_A + p_B + p_{A,0} - p_A = p_B + p_{A,0}$$

因为 $p_{A,0} = p_{B,0}$ 符合计量系数比,所以

$$p_A = p_B$$

则

$$p_t = p_A + p_{A,0}$$

故

$$p_A = p_B = p_t - p_{A,0}$$

代入微分速率方程,得

$$-\frac{dp_A}{dt} = k_{A,p}(p_t - p_{A,0})^2$$

积分上式,得

$$\frac{1}{p_t - p_{A,0}} - \frac{1}{p_0 - p_{A,0}} = k_{A,p} t$$

已知 $p_0 = 200$ kPa,$p_{A,0} = 100$ kPa,即

$$\frac{1}{p_t - 100 \text{ kPa}} - \frac{1}{100 \text{ kPa}} = k_{A,p} t$$

将 $t = 10$ min,$p_t = 150$ kPa 代入上式,得

$$k_{A,p} = 0.001 \text{ kPa}^{-1} \cdot \text{min}^{-1}$$

当 $t = 20$ min 时,可得

$$p_t = 133 \text{ kPa}$$

【例 4-3】 在定温定压下,过氧化氢在催化剂的作用下分解为水和氧气,是一级反应。实验中,通过测量生成 O_2 的体积来研究其动力学。若 V_∞、V_t 分别表示 H_2O_2 完全分解以及 t 时刻时生成氧气的体积,试推证

$$\ln \frac{V_\infty - V_t}{V_\infty} = -k_A t$$

证明 反应式为

$$H_2O_2(A) \longrightarrow H_2O + \frac{1}{2}O_2$$

设 $t = 0$ 时,$H_2O_2(A)$ 的浓度为 $c_{A,0}$;$t = t$ 时,$H_2O_2(A)$ 的浓度为 $c_{A,t}$。

若 $H_2O_2(A)$ 溶液体积为 V_{sln},则完全分解时,生成 O_2 的物质的量为 $\dfrac{V_{sln} c_{A,0}}{2}$。由 $pV = nRT$,可得

$$V_\infty = \frac{V_{\text{sln}} c_{\text{A},0} RT}{2p}$$

则

$$c_{\text{A},0} = \frac{2pV_\infty}{V_{\text{sln}} RT} \tag{a}$$

同理可证

$$c_{\text{A},t} = \frac{2p}{V_{\text{sln}} RT}(V_\infty - V_t) \tag{b}$$

由式(4-17),得

$$\ln \frac{c_{\text{A},t}}{c_{\text{A},0}} = -k_\text{A} t$$

把式(a)和式(b)代入,可得

$$\ln \frac{V_\infty - V_t}{V_\infty} = -k_\text{A} t$$

4.3　化学反应速率方程的建立方法

4.3.1　物质的浓度 - 时间曲线的实验测定

1. c_A-t 曲线或 x_A-t 曲线与反应速率

在一定温度下,随着化学反应的进行,反应物的浓度不断减少,生成物的浓度不断增加,或反应物的转化率不断增加(到平衡时为止)。通过实验可测得 c_A-t 数据或 x_A-t 数据(动力学实验数据),作图可得图 4-3(a)、图 4-3(b)中的 c_A-t 曲线及 x_A-t 曲线,由曲线在某时刻切线的斜率,可确定该时刻的反应的瞬时速率 $v_\text{A} = -\dfrac{\text{d}c_\text{A}}{\text{d}t}$ 或 $v_\text{A} = c_{\text{A},0}\dfrac{\text{d}x_\text{A}}{\text{d}t}$。

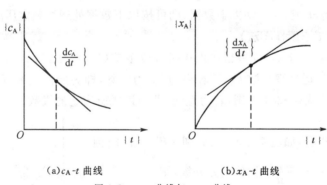

(a)c_A-t 曲线　　　　　　(b)x_A-t 曲线

图 4-3　c_A-t 曲线与 x_A-t 曲线

2. 测定反应速率的静态法和流动态法

实验室测定反应速率,视化学反应的具体情况,可以采用**静态法**(stop state methods),亦可采用**流动态法**(flow state methods)。对同一反应不论采用何法,所得动力学结果是一致的(如反应级数及活化能等),所谓静态法是指反应器装置采用**间歇式反应器**(batch reactor)(如用实验室中的反应烧瓶或小型高压反应釜),反应物一次加入,生成物也一次取出。而流动态法是指反应器装置采用**连续式反应器**(continuous reactor)，反应物连续地由反应器入口引入，而生成物从出口不断流出。这种反应器又分为**连续管式反应器**(continuous plug flow reactor)和**连续槽式反应器**(continuous feed stirred tank reactor)。在多相催化反应的动力学研究中，连续管式反应器的应用最为普遍，应用这样的反应器，当控制反应物的转化率较小，一般在 5% 以下时称为**微分反应器**(differential reactor)；而当控制反应物的转化率较大，一般超过 5% 时称为**积分反应器**(integral reactor)。

3. 温度的控制

反应速率与温度的关系将在下一节讨论。温度对反应速率的影响是强烈的，一般情况下温度每升高 10 ℃，反应速率会增加到原来的 2～4 倍。据分析，对于中等温度下的反应，温度控制若产生 ±1% 的误差，可给反应速率带来 ±10% 的误差。所以在研究反应速率与浓度的关系时，必须将温度固定，并要求较高的温控精确度，如间歇式反应器放置在高精度恒温槽内，对连续式反应器采取有效的保温及定温措施等。

4. 反应物(或生成物)浓度的监测

反应过程中对反应物(或生成物)浓度的监测，通常有化学法和物理法。化学法通常是传统的定量分析法或采用较先进的仪器分析法，取样分析时要终止样品中的反应。终止反应的方法有：降温冻结法、酸碱中和法、溶剂稀释法、加入阻化剂法等，采用何种方法视反应系统的性质而定；物理方法，通常是选定反应物(或生成物)的某种物理性质对其进行监测，所选定的物理性质一般与反应物(或生成物)浓度有确定的函数关系，如体积质量、气体的体积(或总压)、折射率、电导率、旋光度、吸光度、电极电势、电动势等。物理法的优点是可在反应进行过程中连续监测，不必取样终止反应(如应用流动态法的连续管式反应器做动力学实验时可用气相色谱对反应转化率作连续的分析监测)。

4.3.2 反应级数的确定

实验测得了 $c_A\text{-}t$ 或 $x_A\text{-}t$ 动力学数据，则可按以下数据处理法确定所测定反应的级数：

1. 积分法(尝试法或作图法)

将所测得的 $c_A\text{-}t$(或 $x_A\text{-}t$)数据代入式(4-17)式(4-18)及式(4-21)或式(4-22)等积分速率方程，计算反应速率系数 k_A，若算得的 k_A 为常数，即为所代入方程的级数；或将 $c_A\text{-}t$ 数据按式(4-19)或式(4-28)作图，若为直线，即为该式所表达的级数。

2. 微分法

将 $c_A\text{-}t$ 数据作图，如图 4-4 所示，分别求得 t_1、t_2 时刻

的瞬时速率 $-\dfrac{\mathrm{d}c_{A,1}}{\mathrm{d}t}$、$-\dfrac{\mathrm{d}c_{A,2}}{\mathrm{d}t}$，设反应为 n 级，则

$$-\frac{\mathrm{d}c_{A,1}}{\mathrm{d}t} = k_A c_{A,1}^n, \quad -\frac{\mathrm{d}c_{A,2}}{\mathrm{d}t} = k_A c_{A,2}^n$$

以上两式分别取对数，得

$$\ln\{-\frac{\mathrm{d}c_{A,1}}{\mathrm{d}t}\} = \ln\{k_A\} + n\ln\{c_{A,1}\}$$

$$\ln\{-\frac{\mathrm{d}c_{A,2}}{\mathrm{d}t}\} = \ln\{k_A\} + n\ln\{c_{A,2}\}$$

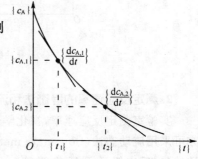

图 4-4 t_1、t_2 时刻的瞬时速率

以上两式相减、整理,得

$$n = \frac{\ln\{-\dfrac{dc_{A,1}}{dt}\} - \ln\{-\dfrac{dc_{A,2}}{dt}\}}{\ln\{c_{A,1}\} - \ln\{c_{A,2}\}} \tag{4-35}$$

3. 半衰期法

除一级反应外,对某反应,如以两个不同的开始浓度 $(c_{A,0})_1$、$(c_{A,0})_2$ 进行实验,分别测得半衰期为 $(t_{1/2})_1$ 及 $(t_{1/2})_2$,则由式 (4-34),有

$$\frac{(t_{1/2})_2}{(t_{1/2})_1} = \frac{(c_{A,0})_1^{n-1}}{(c_{A,0})_2^{n-1}}$$

等式两边取对数,整理后,可确定反应的级数为

$$n = 1 + \frac{\ln\{t_{1/2}\}_1 - \ln\{t_{1/2}\}_2}{\ln\{c_{A,0}\}_2 - \ln\{c_{A,0}\}_1} \tag{4-36}$$

4. 隔离法

以上三种确定反应级数的方法,通常是直接应用于仅有一种反应物的简单情况。对有两种反应物的反应,如

$$A + B \longrightarrow Y + Z$$

若其微分速率方程为

$$-\frac{dc_A}{dt} = k_A c_A^\alpha c_B^\beta$$

则可采用隔离措施,再应用上述三种方法之一分别确定 α 及 β。

隔离法的原理是:可首先确定 α,采取的隔离措施是实验时使 $c_{B,0} \gg c_{A,0}$,则反应过程中 c_B 保持为常数,于是反应的微分速率方程变为

$$-\frac{dc_A}{dt} = k_A' c_A^\alpha$$

式中,$k_A' = k_A c_B^\beta$,于是采用前述三种方法之一确定级数 α。同理,实验时再使 $c_{A,0} \gg c_{B,0}$,则反应过程中 c_A 保持为常数,于是反应的微分速率方程变为

$$-\frac{dc_B}{dt} = k_B'' c_B^\beta$$

式中

$$k_B'' = k_B c_A^\alpha$$

于是采用前述三种方法之一确定级数 β。

【例 4-4】　已知反应 $2HI \longrightarrow I_2 + H_2$,在 508 ℃ 下,HI 的初始压力为 10 132.5 Pa 时,半衰期为 135 min;而当 HI 的初始压力为 101 325 Pa 时,半衰期为 13.5 min。试证明该反应为二级,并求出反应速率系数(以 $dm^3 \cdot mol^{-1} \cdot s^{-1}$ 及 $Pa^{-1} \cdot s^{-1}$ 表示)。

解　(1) 由式(4-36),有

$$n = 1 + \frac{\ln(t_{1/2})_1 - \ln(t_{1/2})_2}{\ln\{c_{A,0}\}_2 - \ln\{c_{A,0}\}_1} = 1 + \frac{\ln(135/13.5)}{\ln(101\,325/10\,132.5)} = 2$$

(2)　$k_{A,p} = \dfrac{1}{t_{1/2} p_{A,0}} = \dfrac{1}{135\ min \times 60\ s \cdot min^{-1} \times 10\,132.5\ Pa} = 1.22 \times 10^{-8}\ Pa^{-1} \cdot s^{-1}$

$k_{A,c} = k_{A,p}(RT)^{2-1} =$

$\quad 1.22 \times 10^{-8}\ Pa^{-1} \cdot s^{-1} \times (8.314\,5\ J \cdot mol^{-1} \cdot K^{-1} \times 781.15\ K) =$

$\quad 7.92 \times 10^{-5}\ dm^3 \cdot mol^{-1} \cdot s^{-1}$

【例 4-5】 反应 $2NO + 2H_2 \longrightarrow N_2 + 2H_2O$ 在 700 ℃时测得如下动力学数据:

初始压力 p_0/kPa		初始速率 v_0/(kPa·min^{-1})
NO	H$_2$	
50	20	0.48
50	10	0.24
25	20	0.12

设反应速率方程为 $v = k_p p^\alpha(NO)[p(H_2)]^\beta$,求 α、β 和 $n(= \alpha + \beta)$,并计算 k_p 和 k_c。

解 由动力学数据可看出,

当 $p(NO)$ 不变时

$$\beta = \frac{\ln(v_{0,1}/v_{0,2})}{\ln(p_{0,1}/p_{0,2})} = \frac{\ln(0.48/0.24)}{\ln(20/10)} = 1$$

即该反应对 H$_2$ 为一级,$\beta = 1$;

当 $p(H_2)$ 不变时

$$\alpha = \frac{\ln(v_{0,1}/v_{0,3})}{\ln(p_{0,1}/p_{0,3})} = \frac{\ln(0.48/0.12)}{\ln(50/25)} = 2$$

即该反应对 NO 为二级,$\alpha = 2$;

总反应级数 $\qquad n = \alpha + \beta = 2 + 1 = 3$

$$k_p = \frac{-dp/dt}{[p(NO)]^2 p(H_2)} = \frac{0.48 \text{ kPa} \cdot \text{min}^{-1}}{(50 \text{ kPa})^2 \times 20 \text{ kPa}} = 9.6 \times 10^{-12} \text{ Pa}^{-2} \cdot \text{min}^{-1}$$

$k_c = k_p(RT)^{3-1} = 9.6 \times 10^{-12} \text{ Pa}^{-2} \cdot \text{min}^{-1} \times (8.314\,5 \text{ J} \cdot \text{mol}^{-1} \cdot \text{K}^{-1} \times 973.15 \text{ K})^2 = 628 \text{ dm}^6 \cdot \text{mol}^{-2} \cdot \text{min}^{-1}$

4.4 化学反应机理、元反应

4.4.1 化学反应机理

化学反应机理研究的内容是揭示一个化学反应由反应物到生成物的反应过程中究竟经历了哪些真实的反应步骤,这些真实反应步骤的集合构成**反应机理**(mechanism of reaction),而总的反应,则称为**总包反应**(overall reaction)。

确定一个总包反应的机理要进行大量的实验研究,是非常困难的工作。

例如,反应

$$H_2 + I_2 \longrightarrow 2HI$$

表面上看,它是千千万万个化学反应中一个较为简单的反应。但对该反应机理的研究却经历了百余年的历史,然而目前仍无定论,研究仍在继续。下面介绍对该反应机理研究的历史经过。

1. 一步机理

早在 1894 年**博登斯坦**(Bodenstein M)研究该反应,发现在 556～781 K 反应的速率方程为

$$v(H_2) = k(H_2)c(H_2)c(I_2)$$

即对 H$_2$ 及 I$_2$ 均为一级,总级数为二级。于是认为反应的真实过程是 H$_2$ 分子与 I$_2$ 分子直接碰撞生成 HI 分子,即所谓"一步机理"。

2. 三步机理

1967 年，**沙利文**（Sullivan J M）由实验证实，于 418～520 K 在光照下加速了该反应，他从光化学反应的实验数据与热化学反应数据加以比较，涉及 I_2 分子解离成 I 原子的步骤，于是进一步否定了"一步机理"，而提出如下的"三步机理"，即

$$I_2 \Longleftrightarrow 2I$$

$$2I + H_2 \longrightarrow 2HI$$

由"三步机理"也得到总包反应为二级的实验结果。

沙利文的工作使得很多人相信"一步机理"是错误的。但 1974 年**哈麦斯**（Hammes G G）等人从理论上进一步讨论沙利文的数据，认为亦可与"一步机理"一致。总之，尽管一个反应从计量方程看似乎很简单，但要确定其机理却是十分复杂的事。合理的假设只能指导进一步的实验，而不能代替更不能超越实验。在反应机理的研究中，有时假设一个反应机理解释了当时的各种实验事实，并认为是正确的，但是随着科学的发展，新的实验现象或理论的提出，代之以新的反应机理；有时一个反应的若干实验现象，同时被几个所假设的机理解释；也许同一反应在不同条件下进行时呈现出不同的机理。

4.4.2 元反应及反应分子数

通过对总包反应机理的研究，若证实了某总包反应是分若干真实步骤进行的，如总包反应 $H_2 + I_2 \longrightarrow 2HI$ 的"三步机理"中的每一步都代表反应的真实步骤，则总包反应中所包括的每一个真实步骤均称之为**元反应**（elementary reaction）。元反应中实际参加反应的反应物的分子数目，称为**反应分子数**（molecularity of reaction）。元反应可区分为**单分子反应**（unimolecular reaction），**双分子反应**（bimolecular reaction），**三分子反应**（termolecular reaction）。四分子反应几乎不可能发生，因为四个分子同时在空间某处相碰撞的概率实在是太小了。

注意 不要把反应分子数与反应级数相混淆，它们是两个完全不同的物理概念，前者是元反应中实际参加的反应物分子数，只能是 1、2、3 正整数；而后者是反应速率方程中浓度项的幂指数，可以为正数、负数，整数或分数。

4.4.3 元反应的质量作用定律

对总包反应，其反应的速率方程必须通过实验来建立，即通过实验来确定参与反应的各个反应物（有时涉及产物）的级数，而不能由反应的计量方程的化学计量数直接写出。

而对元反应，它的反应速率与元反应中各反应物浓度的幂乘积成正比，其中各反应物浓度的幂指数为元反应方程式中各反应物的分子个数。这一规律称为元反应的**质量作用定律**（mass action law）。

设一总包反应 $\qquad\qquad\qquad$ $A + B \longrightarrow Y$

若其机理为 $\qquad\qquad\qquad$ $A + B \underset{k_{-1}}{\overset{k_1}{\Longleftrightarrow}} D$

$$D \overset{k_2}{\longrightarrow} Y$$

式中，k_1、k_2、k_{-1} 为元反应的**反应速率系数**，叫**微观反应速率系数**（microscopic rate coefficient of reaction)。

根据质量作用定律,应有

$$-\frac{\mathrm{d}c_A}{\mathrm{d}t} = k_1 c_A c_B - k_{-1} c_D$$

$$-\frac{\mathrm{d}c_D}{\mathrm{d}t} = k_{-1} c_D - k_1 c_A c_B + k_2 c_D$$

$$\frac{\mathrm{d}c_Y}{\mathrm{d}t} = k_2 c_D$$

Ⅱ　化学反应速率与温度的关系

4.5　化学反应速率与温度的关系

在讨论反应速率与浓度关系时将温度恒定。现在讨论反应速率与温度的关系亦应将反应物浓度恒定,否则温度及浓度两个因素交织在一起会使问题十分复杂。将反应物的浓度恒定,可令 $c_A = c_B$,并取其为单位浓度,此时反应速率与温度的关系,其实质是反应速率系数 k 与温度的关系。k 与温度的关系,其实验结果有如图 4-5 所示的 5 种情况:

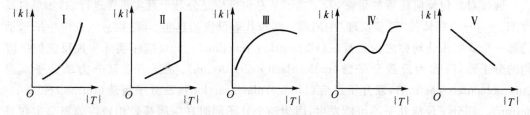

图 4-5　k-T 关系的 5 种情况

第 Ⅰ 种情况是大多数常见反应;第 Ⅱ 种情况为爆炸反应;第 Ⅲ 种情况如酶催化反应;第 Ⅳ 种情况为碳的氧化反应;第 Ⅴ 种情况为 $2NO + O_2 \longrightarrow 2NO_2$ 反应,k 随反应温度的升高而下降。

4.5.1　van't Hoff 规则

范特荷夫(van't Hoff)通过大多数常见反应的 k 与 T 的关系的实验结果,得出如下经验规律

$$\gamma = \frac{k(T + 10\ \mathrm{K})}{k(T)} = 2 \sim 4$$

式中,γ 称为**反应速率系数的温度系数**(temperature coefficient of rate coefficient),这是一个粗略的经验规则,这一规则对中温段反应适用较好,但对低温反应和高温反应适用性较差,对冶金类反应基本不适用。

4.5.2　阿仑尼乌斯方程

温度对反应速率的影响比浓度对反应速率的影响更显著。**阿仑尼乌斯**(Arrhenius S)通过实验研究并在范特荷夫工作的启发下,关于温度对反应速率系数的影响规律,提出如下一

指数函数形式的经验方程

$$k = k_0 \exp\left(-\frac{E_a}{RT}\right) \tag{4-37}$$

式(4-37)叫**阿仑尼乌斯方程**(Arrhenius equation)。式中，R 为摩尔气体常量；k_0 及 E_a 为两个经验参数，分别叫**指(数)前参量**(pre-exponential parameter)[①] 及 **活化能**(activation energy)。k_0 与 k 有相同的量纲。

在温度范围不太宽时，阿仑尼乌斯方程适用于元反应和许多总包反应，也常应用于一些非均相反应。阿仑尼乌斯因这一贡献荣获 1903 年的诺贝尔化学奖。

在应用时，阿仑尼乌斯方程可变换成多种形式。把式(4-37)应用于主反应物 A，并取对数，对温度 T 微分，得

$$\frac{\mathrm{d}\ln\{k_A\}}{\mathrm{d}T} = \frac{E_a}{RT^2} \tag{4-38}$$

若视 E_a 与温度无关，把式(4-38)进行定积分和不定积分，分别有

$$\ln\frac{k_{A,2}}{k_{A,1}} = \frac{E_a}{R}\left(\frac{1}{T_1} - \frac{1}{T_2}\right) \tag{4-39}$$

$$\ln\{k_A\} = -\frac{E_a}{RT} + \ln\{k_0\} \tag{4-40}$$

由式(4-40)，$\ln\{k_A\}$-$\dfrac{1}{T/\mathrm{K}}$ 关系如图 4-6 所示。由图可知，$\ln\{k_A\}$-$\dfrac{1}{T/\mathrm{K}}$ 关系为一直线，通过直线的斜率可求 E_a，通过直线截距可求 k_0。

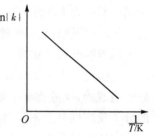

图 4-6　$\ln\{k\}$-$\dfrac{1}{T/\mathrm{K}}$关系图

4.5.3　活化能 E_a 及指前参量 k_0

1. 活化能 E_a 及指前参量 k_0 的定义

按 IUPAC 的建议，采用阿仑尼乌斯方程作为 E_a 及 k_0 的定义式，即

$$E_a \xlongequal{\text{def}} RT^2 \frac{\mathrm{d}\ln\{k_A\}}{\mathrm{d}T} \tag{4-41}$$

$$k_0 \xlongequal{\text{def}} k_A \exp(E_a/RT) \tag{4-42}$$

这里，E_a 及 k_0 为两个经验参量，可由实验测得的 k_A-T 数据计算，而把 E_a 及 k_0 均视为与温度无关。但实质上在较宽的温度范围内，由阿仑尼乌斯方程计算的结果是有误差的。

严格来说，E_a 是与温度 T 有关的量。在较宽的温度范围内，当考虑 E_a 与温度的关系时，可采用如下的三参量方程：

$$k = k_0' T^m \exp\left(-\frac{E'}{RT}\right) \tag{4-43}$$

---

① 有的教材中称 k_0 为指(数)前因子，以符号 A 表示。但按 GB 3102—1993 中有关物理量的名称术语命名的有关规则，把 k_0 称为因子是不合适的，这从式(4-37)可以看出，k_0 与 k 有相同的量纲，而且不是量纲一的量，真正可以称为因子的是 $\exp(-E_a/RT)$ 这一项，即玻耳兹曼因子。把 k_0 称为参量是妥当的。

一般来说，溶液中离子反应的 m 较大，而气相反应的 m 较小。

将式(4-43)取对数，有

$$\ln\{k\} = \ln\{k'_0\} + m\ln\{T\} - \frac{E'}{RT} \tag{4-44}$$

将式(4-44)对 T 微分后代入式(4-41)，可得

$$E_a = E' + mRT \tag{4-45}$$

式(4-45)表明了 E_a 与温度 T 的关系。由于一般反应 m 较小，加之在温度不太高时 mRT 一项的数量级与 E' 相比可略而不计，此时即可看做 E_a 与温度无关。

2. 托尔曼对元反应活化能的统计解释

阿仑尼乌斯设想，在一个反应系统中，反应物分子可区分为**活化分子**(activated molecular)和**非活化分子**，并认为只有活化分子的碰撞才能发生化学反应，而非活化分子的碰撞是不能发生化学反应的。当从环境向系统供给能量时，非活化分子吸收能量可转化为活化分子。因此，阿仑尼乌斯认为由非活化分子转变为活化分子所需要的摩尔能量就是活化能 E_a。这种解释当然受到了时代限制，是不完整的。但他的关于活化分子的概念却十分有用。

随着科学技术的发展，特别是统计热力学的发展，在阿仑尼乌斯关于活化分子概念的基础上，**托尔曼**(Tolman)提出，元反应的活化能是一个统计量。通常研究的反应系统是由大量分子组成的，反应物分子处于不同的运动能级，其所具有的能量是参差不齐的，而不同能级的分子反应性能是不同的，若用 $k(E)$ 表示能量为 E 的分子的微观反应速率系数，则用宏观实验方法测得的宏观反应速率系数 $k(T)$，应是各种不同能量分子的 $k(E)$ 的统计平均值 $\langle k(E)\rangle$，于是托尔曼用统计热力学方法推出

$$E_a = \langle E^{\neq}\rangle - \langle E\rangle \tag{4-46}$$

式中，$\langle E\rangle$ 为反应物分子的平均摩尔能量，$\langle E^{\neq}\rangle$ 为活化分子(发生反应的分子)的平均摩尔能量。式(4-46)就是托尔曼对活化能 E_a 的统计解释。由于 $\langle E\rangle$ 及 $\langle E^{\neq}\rangle$ 都与温度有关，显然 E_a 必然与温度有关，但由于 E_a 是 $\langle E\rangle$ 及 $\langle E^{\neq}\rangle$ 的差值，则温度效应彼此抵消，因而 E_a 与温度关系不大，是可以理解的。

根据托尔曼对活化能的统计解释，若反应是可逆的 $A \underset{k_{-1}}{\overset{k_1}{\rightleftharpoons}} Y$，则正、逆元反应的活化能及其反应的热力学能[变]的关系，可表示为如图 4-7 所示。

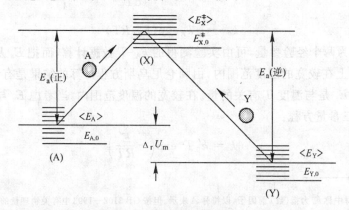

图 4-7　活化能的统计解释

图 4-7 中，$E_{A,0}$、$E_{Y,0}$ 为 A、Y 处于最低能级的摩尔能量，$\langle E_A\rangle$、$\langle E_Y\rangle$ 为温度 T 时，布居在

各能级上反应物 A 及生成物 Y 的平均摩尔能量；$E_{X,0}^{\neq}$ 为活化分子处于最低能级的摩尔能量，$\langle E_X^{\neq} \rangle$ 为温度 T 时，布居在活化分子能级上的平均摩尔能量。则 $E_a(\text{正}) = \langle E_X^{\neq} \rangle - \langle E_A \rangle$，$E_a(\text{逆}) = \langle E_X^{\neq} \rangle - \langle E_Y \rangle$，$E_a(\text{正})$、$E_a(\text{逆})$ 为正、逆反应的活化能。由图可知，$E_a(\text{正}) - E_a(\text{逆}) = \langle E_A \rangle - \langle E_Y \rangle = \Delta_r U_m(T)$，$\Delta_r U_m(T)$ 为反应的定容反应摩尔热力学能[变]。

关于指前参量 k_0 的物理意义，我们将在有关元反应的速率理论中予以解释。

【例 4-6】 设有 $E_{a,1} = 50.00 \text{ kJ} \cdot \text{mol}^{-1}$，$E_{a,2} = 150.00 \text{ kJ} \cdot \text{mol}^{-1}$，$E_{a,3} = 300.00 \text{ kJ} \cdot \text{mol}^{-1}$ 的 3 个反应。

(1) 计算它们在 0 ℃ 和 400 ℃，为使速率系数加倍，所需要升高的温度是多少？(2) 讨论上述三个反应速率系数对温度变化的敏感性。

解 (1) 由式(4-39)，即

$$\ln \frac{k_2}{k_1} = \frac{E_a}{R} \left(\frac{1}{T_1} - \frac{1}{T_2} \right)$$

使速率系数加倍，亦即 $k_2/k_1 = 2$，代入上式整理后，得

$$T_2 = \frac{E_a}{(E_a/T_1) - R\ln 2}$$

T_2 即为使速率系数加倍所需由起始温度升高到的温度，进而可算得所需升高的温度 $\Delta T = T_2 - T_1$，计算结果列入下表：

起始温度 / ℃	ΔT/K		
	反应 1	反应 2	反应 3
0	8.87	2.89	1.00
400	56.61	17.86	8.82

(2) 由(1)的计算结果可知，不管反应的起始温度高低如何，不同反应，活化能愈高，使速率系数加倍所需提高的温度愈小。表明活化能愈高，反应的速率系数对温度变化愈敏感。

对同一反应，反应的起始温度愈低，使速率系数加倍所需提高的温度愈小。这表明，对同一反应，活化能一定，反应的起始温度愈低，反应的速率系数对温度的变化愈敏感。

【例 4-7】 已知反应

$$CH_3CH(OH)CH = CH_2 \Longrightarrow CH_2 = CH - CH = CH_2 + H_2O$$

在不同温度下测得的速率系数 k 如下：

T/K	k/$(10^{-3}s^{-1})$	T/K	k/$(10^{-3}s^{-1})$
773.5	1.63	810	8.13
786	2.95	824	14.9
797.5	4.19	834	22.2

试用作图法求该反应的活化能 E_a 及指前参量 k_0。

解 先将所给数据换算为 $\ln(k/s^{-1})$ 和 $\frac{1}{T}$，再作 $\ln(k/s^{-1})$-$\frac{1}{T}$图，由直线斜率求出 E_a，然后将 E_a 及某温度下的 k 代入式(4-42)，可求得 k_0。

$\frac{1}{T}$/$(10^{-3}K^{-1})$	$\ln(k/s^{-1})$	$\frac{1}{T}$/$(10^{-3}K^{-1})$	$\ln(k/s^{-1})$
1.29	-6.42	1.23	-4.81
1.27	-5.83	1.21	-4.21
1.25	-5.48	1.20	-3.81

$\ln(k/\mathrm{s}^{-1})$-$\dfrac{1}{T}$关系如图 4-8 所示。由图 4-8 求得斜率 $m=-28\,677$ K，所以

$$E_a=-mR=28\,677\times8.314\,5\ \mathrm{J\cdot mol^{-1}}=238\ \mathrm{kJ\cdot mol^{-1}}$$

将 $E_a=238\ \mathrm{kJ\cdot mol^{-1}}$，$T=810$ K 及 $k=8.13\times10^{-3}\ \mathrm{s^{-1}}$ 代入式(4-42)，得

$$k_0=1.81\times10^{13}\ \mathrm{s^{-1}}$$

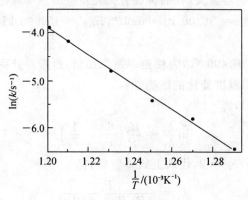

图 4-8

【例 4-8】 已知 $E_{a,1}=40\ \mathrm{kJ\cdot mol^{-1}}$，$E_{a,2}=200\ \mathrm{kJ\cdot mol^{-1}}$，求：(1)在 500 K 时，温度同样升高 10 K，两反应的 $k(T+10\ \mathrm{K})/k(T)$ 各为多少？(2)500 K 时，两反应的速率系数之比为多少？（设两反应的指前参量 k_0 近似相等）

解 (1) $k(T+10\ \mathrm{K})/k(T)=k_0\exp\left[-\dfrac{E_a}{R(T+10\mathrm{K})}\right]\Big/\left[k_0\exp\left(-\dfrac{E_a}{RT}\right)\right]=$

$$\exp\left[\dfrac{E_a\times10\ \mathrm{K}}{RT(T+10\ \mathrm{K})}\right]$$

$E_{a,1}=40\ \mathrm{kJ\cdot mol^{-1}}$，则

$$k(T+10\ \mathrm{K})/k(T)=\exp[(40\,000\ \mathrm{J\cdot mol^{-1}}\times10\ \mathrm{K})/(8.314\,5\ \mathrm{J\cdot mol^{-1}\cdot K^{-1}}\times$$
$$500\ \mathrm{K}\times510\ \mathrm{K})]=1.21$$

$E_{a,2}=200\ \mathrm{kJ\cdot mol^{-1}}$，同理可求出

$$k(T+10\ \mathrm{K})/k(T)=2.57$$

(2) $k_2/k_1=\left[k_0\exp\left(-\dfrac{E_{a,2}}{RT}\right)\right]\Big/\left[k_0\exp\left(-\dfrac{E_{a,1}}{RT}\right)\right]=$

$$\exp[(E_{a,1}-E_{a,2})/RT]=$$

$$\exp[(40\,000-200\,000)\mathrm{J\cdot mol^{-1}}/(8.314\,5\ \mathrm{J\cdot mol^{-1}\cdot K^{-1}}\times500\ \mathrm{K})]=$$

$$1.93\times10^{-17}$$

$$k_1/k_2=5.18\times10^{16}$$

【例 4-9】 反应 $\mathrm{C_6H_5Cl}+2\mathrm{NH_3}\xrightarrow{\mathrm{CuCl}}\mathrm{C_6H_5NH_2}+\mathrm{NH_4Cl}$ 动力学方程如下：

$\qquad\qquad$ (A) $\qquad$ (B)

$$-\dfrac{dc_A}{dt}=k_A c_A c(\mathrm{CuCl})$$

式中，$c(\mathrm{CuCl})$ 是催化剂 CuCl 的浓度，在反应过程中保持不变。已知反应的速率系数与温度的关系为

$$\ln[k_A/(dm^3 \cdot mol^{-1} \cdot min^{-1})] = -\frac{12\,300}{T/K} + 23.40$$

(1)计算反应的活化能 E_a；(2)反应温度为 200 ℃ 时的 k_A。

解　(1)$E_a = 12\,300\ K \times 8.314\,5\ J \cdot mol^{-1} \cdot K^{-1} = 102.3\ kJ \cdot mol^{-1}$

(2) 当 $T = 473\ K$ 时，代入 $k_A = f(T)$ 的关系式，得

$$k_A(473\ K) = 7.40 \times 10^{-2}\ dm^3 \cdot mol^{-1} \cdot min^{-1}$$

Ⅲ　复合反应动力学

4.6　基本型的复合反应

所谓复合反应通常是指两个或两个以上元反应的组合。其中基本型的复合反应有 3 类：平行反应、对行反应和连串反应。对于由级数已知的总包反应组合而成的复合反应，其动力学处理方法与由元反应组合而成的复合反应动力学处理方法是一样的。本节以由元反应组合成的复合反应为例，讨论其动力学处理。

4.6.1　平行反应

有一种或几种相同反应物参加、同时存在的反应，称为**平行反应**。

1. 平行反应的微分和积分速率方程

以由两个单分子反应（或两个一级总包反应）组合成的平行反应为例，设有

$$A \underset{k_2}{\overset{k_1}{\longrightarrow}} \begin{matrix} Y（主产物） \\ Z（副产物） \end{matrix}$$

式中，k_1、k_2 分别为主、副反应的微观速率系数（对元反应而言），由质量作用定律，对两个元反应，有

$$\left. \begin{aligned} \frac{dc_Y}{dt} &= k_1 c_A \\ \frac{dc_Z}{dt} &= k_2 c_A \end{aligned} \right\} \tag{4-47}$$

A 的消耗速率必等于 Y 与 Z 的增长速率之和，即

$$-\frac{dc_A}{dt} = \frac{dc_Y}{dt} + \frac{dc_Z}{dt} = k_1 c_A + k_2 c_A = (k_1 + k_2)c_A \tag{4-48}$$

式(4-48)为两个单分子反应（或两个一级总包反应）组成的平行反应的微分速率方程。

将式(4-48)分离变量积分

$$\int_{c_{A,0}}^{c_A} -\frac{dc_A}{c_A} = (k_1 + k_2)\int_0^t dt$$

得

$$t = \frac{1}{k_1 + k_2}\ln\frac{c_{A,0}}{c_A} \tag{4-49}$$

或由式(4-11)、式(4-12)及式(4-48)，有

$$\frac{\mathrm{d}x_A}{\mathrm{d}t} = (k_1 + k_2)(1 - x_A)$$

将上式分离变量积分

$$\int_0^{x_A} \frac{\mathrm{d}x_A}{1 - x_A} = (k_1 + k_2)\int_0^t \mathrm{d}t$$

得
$$t = \frac{1}{k_1 + k_2}\ln\frac{1}{1 - x_A} \tag{4-50}$$

式(4-49)及式(4-50)为式(4-48)的积分速率方程。

2. 平行反应的主、副反应的竞争

由式(4-47),上、下两式相除,且当 $c_{Y,0} = 0$, $c_{Z,0} = 0$ 时,积分后,得

$$\frac{c_Y}{c_Z} = \frac{k_1}{k_2} \tag{4-51}$$

式(4-51)表明,由反应分子数相同的两个元反应(或级数已知并相同的总包反应)组合而成的平行反应,其主、副反应产物浓度之比等于其速率系数之比。只要两个元反应的分子数相同(或总包反应的级数相同),这个结论总是成立的。由此结论,我们可以通过改变温度或选用不同催化剂以改变速率系数 k_1、k_2,从而改变主、副产物浓度之比,提高**原子经济性**(atom economy,原料分子中的原子转化为目的产物的百分率),实现废物(无用的副产物)的**零排放**(zero emission),达到**绿色化学**(green chemistry)的要求,保护环境。

【例 4-10】 平行反应

$$A + B \quad\begin{array}{c} \xrightarrow{k_1} Y \\ \xrightarrow{k_2} Z \end{array}$$

两反应对 A 和 B 均为一级,若反应开始时 A 和 B 的浓度均为 $0.5\ \mathrm{mol \cdot dm^{-3}}$,则 30 min 后有 15% 的 A 转化为 Y,25% 的 A 转化为 Z,求 k_1 和 k_2 的值。

解
$$k_1/k_2 = \frac{c_Y}{c_Z} = \frac{0.5\ \mathrm{mol \cdot dm^{-3}} \times 0.15}{0.5\ \mathrm{mol \cdot dm^{-3}} \times 0.25} = 0.6 \tag{a}$$

$$k_1 + k_2 = \frac{1}{t} \times \frac{x_A}{c_{A,0}(1 - x_A)} =$$

$$\frac{0.15 + 0.25}{30\ \mathrm{min^{-1}} \times 0.5\ \mathrm{mol \cdot dm^{-3}} \times (1 - 0.15 - 0.25)} =$$
$$0.044\ 4\ \mathrm{dm^3 \cdot mol^{-1} \cdot min^{-1}} \tag{b}$$

把式(a)代入式(b),得

$$k_1 = 0.016\ 6\ \mathrm{dm^3 \cdot mol^{-1} \cdot min^{-1}}$$
$$k_2 = 0.027\ 8\ \mathrm{dm^3 \cdot mol^{-1} \cdot min^{-1}}$$

4.6.2 对行反应

正、逆方向同时进行的反应称为**对行反应**(opposing reaction),又称为**可逆反应**(reversible reaction)。

1. 对行反应的微分和积分速率方程

仍以由两个单分子反应(或两个一级总包反应)组合成的对行反应为例,设有

$$A \underset{k_{-1}}{\overset{k_1}{\rightleftharpoons}} Y$$

式中，k_1、k_{-1} 分别为正、逆反应的微观速率系数（对元反应而言），由质量作用定律，对两个元反应，有

正向反应，A 的消耗速率

$$-\frac{dc_A}{dt} = k_1 c_A$$

逆向反应，A 的增长速率

$$\frac{dc_A}{dt} = k_{-1} c_Y$$

则 A 的净消耗速率为

$$-\frac{dc_A}{dt} = k_1 c_A - k_{-1} c_Y \tag{4-52}$$

式(4-52)为两单分子反应（或两个一级总包反应）组合而成的对行反应的微分速率方程。

若

$$A \qquad \underset{k_{-1}}{\overset{k_1}{\rightleftharpoons}} \qquad Y$$

$t = 0 \qquad\qquad c_A = c_{A,0} \qquad\qquad\qquad 0$

$t = t \qquad\qquad c_A = c_{A,0}(1 - x_A) \qquad\qquad c_Y = c_{A,0} x_A$

将上述物量衡算关系代入式(4-52)，分离变量积分可得

$$t = \frac{1}{k_1 + k_{-1}} \ln \frac{k_1}{k_1 - (k_1 + k_{-1}) x_A} \tag{4-53}$$

式(4-53)为两个单分子反应（或两个一级总包反应）组合成的对行反应积分速率方程。

2. 对行反应正、逆反应活化能与反应的摩尔热力学能[变]的关系

由

$$\frac{k_1}{k_{-1}} = K_c$$

则

$$\ln\{k_1\} - \ln\{k_{-1}\} = \ln\{K_c\}$$

$$\frac{d\ln\{k_1\}}{dT} - \frac{d\ln\{k_{-1}\}}{dT} = \frac{d\ln\{K_c\}}{dT}$$

由式(4-38)及式(3-20)，得

$$\frac{E_1}{RT^2} - \frac{E_{-1}}{RT^2} = \frac{\Delta_r U_m(T)}{RT^2} \tag{4-54}$$

于是

$$E_1 - E_{-1} = \Delta_r U_m(T) \tag{4-55}$$

式中，E_1、E_{-1} 分别为正、逆反应的活化能，$\Delta_r U_m(T)$ 为定容反应摩尔热力学能[变]。

若反应为定压反应，则有

$$E_1 - E_{-1} = \Delta_r H_m^{\ominus}(T) \tag{4-56}$$

4.6.3 连串反应

如果一个反应的部分或全部生成物是下一个反应的部分或全部反应物，则该类反应称为**连串反应**（consecutive reaction）。

1. 连串反应的微分速率方程和积分速率方程

设有一由两个单分子反应（或两个一级总包反应）组合成的连串反应

$$A \xrightarrow{k_1} B \xrightarrow{k_2} Y$$

式中，k_1、k_2 分别为两个单分子反应的速率系数（对元反应而言）。则由质量作用定律，对两个元反应，有

A 的消耗速率：
$$-\frac{dc_A}{dt} = k_1 c_A \tag{4-57}$$

B 的增长速率：
$$\frac{dc_B}{dt} = k_1 c_A - k_2 c_B \tag{4-58}$$

Y 的增长速率：
$$\frac{dc_Y}{dt} = k_2 c_B \tag{4-59}$$

式（4-57）～式（4-59）为由两个单分子反应（或两个一级总包反应）组合成的连串反应的微分速率方程。将式（4-57）分离变量积分，得

$$\ln \frac{c_{A,0}}{c_A} = k_1 t \quad \text{或} \quad c_A = c_{A,0} e^{-k_1 t} \tag{4-60}$$

将式（4-58）分离变量，并将式（4-60）代入，得

$$\frac{dc_B}{dt} + k_2 c_B = k_1 c_{A,0} e^{-k_1 t}$$

上式是 $\frac{dy}{dx} + py = Q$ 型的一阶线性微分方程，方程的解为

$$c_B = \frac{k_1 c_{A,0}}{k_2 - k_1} (e^{-k_1 t} - e^{-k_2 t}) \tag{4-61}$$

而
$$c_A + c_B + c_Y = c_{A,0}$$

于是
$$c_Y = c_{A,0} - c_A - c_B = c_{A,0} \left[1 - \frac{1}{k_2 - k_1} (k_2 e^{-k_1 t} - k_1 e^{-k_2 t}) \right] \tag{4-62}$$

式（4-60）～式（4-62）为由两单分子反应（或两个一级总包反应）组合成的连串反应的积分速率方程。

根据式（4-60）～式（4-62）作 c-t 图，由于 k_1 和 k_2 的相对大小不同，可得如图 4-9 所示的图形。

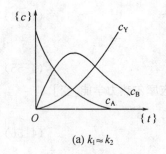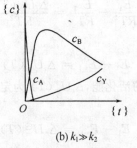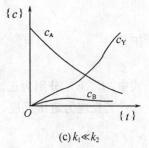

(a) $k_1 \approx k_2$　　　　(b) $k_1 \gg k_2$　　　　(c) $k_1 \ll k_2$

图 4-9　连串反应的 c-t 关系

2. 反应速率控制步骤

在连串反应中，若其中有一步骤的速率系数对总反应的速率起着决定性影响，该步骤即为**速率控制步骤**（rate determining step）。

如连串反应 $A \xrightarrow{k_1} B \xrightarrow{k_2} Y$，若 $k_1 \gg k_2$，则反应总速率由第二步控制；若 $k_1 \ll k_2$，则反应总速率由第一步控制。为加快总反应速率，关键在于加快控制步骤的速率。

3. 获取中间物 B 的最佳反应时间

若中间物 B 为目的产物，则 c_B 达到最大量值的时间称为获取中间物的**最佳反应时间**(optimum reaction time)。反应达到最佳时间就必须立即终止反应，否则目的产物的产率就会下降。将式(4-61)对时间 t 取导数，令其为 0，可得获取中间物 B 的最佳反应时间 t_{max} 和 B 的最大浓度 $c_{B,max}$ 分别为

$$\left.\begin{array}{l} t_{max} = \dfrac{\ln(k_1/k_2)}{k_1 - k_2} \\[3mm] c_{B,max} = c_{A,0} \left(\dfrac{k_1}{k_2}\right)^{\frac{k_2}{k_2 - k_1}} \end{array}\right\} \tag{4-63}$$

生产中，控制好最佳反应时间，有利于提高原子经济性。

【**例 4-11**】　连串反应 $A \xrightarrow[①]{k_1} B \xrightarrow[②]{k_2} Y$，若反应的指前参量 $k_{0,1} < k_{0,2}$，活化能 $E_1 < E_2$，回答下列问题：(1) 在同一坐标图中绘制两个反应的 $\ln\{k\}$ - $\left\{\dfrac{1}{T}\right\}$ 示意图；(2) 说明：在低温及高温时，总反应速率各由哪一步[指①和②]控制？

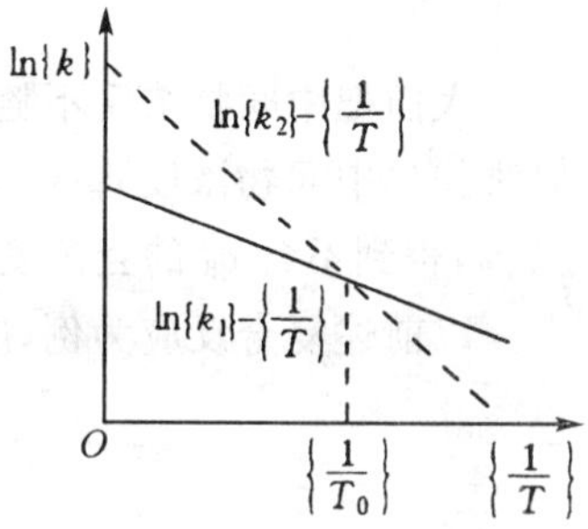

图 4-10　$\ln\{k\}$-$\left\{\dfrac{1}{T}\right\}$ 关系

解　(1) 由阿仑尼乌斯方程可知，对反应①及反应②分别有

$$\ln\{k_1\} = -\frac{E_1}{RT} + \ln\{k_{0,1}\}, \quad \ln\{k_2\} = -\frac{E_2}{RT} + \ln\{k_{0,2}\}$$

因为 $k_{0,1} < k_{0,2}$，$E_1 < E_2$，则上述两直线在坐标图上相交，如图 4-10 所示，实线为 $\ln\{k_1\}$ - $\left\{\dfrac{1}{T}\right\}$，虚线为 $\ln\{k_2\}$ - $\left\{\dfrac{1}{T}\right\}$。

(2) 化学反应速率一般由慢步骤即 k 小的步骤控制。所以从图 4-10 可以看出：当 $T > T_0$ 时，即高温时，$k_2 > k_1$，则总反应由①控制；当 $T < T_0$ 时，即在低温时，$k_2 < k_1$，总反应由②控制。

4.7　复合反应速率方程的近似处理法

考虑如下复合反应(其中每步都是元反应)，其速率方程如何建立？

$$A \underset{k_{-1}}{\overset{k_1}{\rightleftharpoons}} B \xrightarrow{k_2} Y$$

假设反应是在定温、定容条件下进行的。根据元反应的质量作用定律，可得

$$-\frac{dc_A}{dt} = k_1 c_A - k_{-1} c_B \tag{a}$$

$$\frac{dc_B}{dt} = k_1 c_A - (k_{-1} + k_2) c_B \tag{b}$$

$$\frac{dc_Y}{dt} = k_2 c_B \tag{c}$$

要获得上述微分速率方程的积分形式,一方面要解微分方程,显然很麻烦;另一方面,上述各方程中都包含难于由实验测定的中间物浓度 c_B,它不应包含在最后的积分式中,以使获得的积分速率方程中的所有浓度变量都可由实验很方便地测定。为此,就必须找出 c_B 与能由实验很方便地测定的浓度变量(反应物或产物的浓度)间的关系,以代替 c_B。为解决上述问题,我们介绍两种近似处理法,即**稳态近似法**(steady-state appoximation method)和**平衡态近似法**(equilibrium-state appoximation method)。

4.7.1 稳态近似法

在前述复合反应中,若 $k_1 \ll (k_{-1} + k_2)$,即在给定的复合反应中中间物是非常活泼的,所以反应系统中,中间物 B 一般不会积聚起来,比之反应物或产物的浓度,中间物 B 的浓度 c_B 是很小的,可近似地看做不随时间而变,用数学式表达就是

$$\frac{dc_B}{dt} = 0 \tag{4-64}$$

人们把中间物浓度不随时间而变的阶段称为**稳态**(steady state)。于是可以利用稳态近似法找出中间物浓度 c_B 与反应物或产物浓度的函数关系,代入含 c_B 的微分方程中,从而消除 c_B,得到不含 c_B 的且浓度变量都可很方便地由实验测定的微分或积分速率方程。

以前述复合反应为例,应用稳态近似法于中间物浓度 c_B,由微分方程(b),得

$$\frac{dc_B}{dt} = k_1 c_A - (k_{-1} + k_2)c_B = 0$$

则

$$c_B = \frac{k_1 c_A}{k_{-1} + k_2}$$

代入微分方程(a)或(c),得

$$-\frac{dc_A}{dt} = \left(k_1 - \frac{k_1 k_{-1}}{k_{-1} + k_2}\right)c_A$$

或

$$\frac{dc_Y}{dt} = \frac{k_1 k_2}{k_{-1} + k_2}c_A$$

可见,不但消除了微分方程中的中间物浓度 c_B,而且也使得到的结果比解微分方程得到的结果大大简化。

【**例 4-12**】 今有亚硝酸根和氧的反应,有人提出反应机理为

$$NO_2^- + O_2 \xrightarrow{k_1} NO_3^- + O$$

$$O + NO_2^- \xrightarrow{k_2} NO_3^-$$

$$O + O \xrightarrow{k_3} O_2$$

当 $k_2 \gg k_3$ 时,试证明由上述机理推导出的反应的速率方程为

$$\frac{dc(NO_3^-)}{dt} = 2k_1 c(NO_2^-)c(O_2)$$

证明 $\quad \dfrac{dc(NO_3^-)}{dt} = k_1 c(NO_2^-)c(O_2) + k_2 c(O)c(NO_2^-)$

设 $\dfrac{dc(O)}{dt} = 0$,即

$$\frac{dc(O)}{dt} = k_1 c(NO_2^-)c(O_2) - k_2 c(O)c(NO_2^-) - k_3[c(O)]^2 = 0$$

得

$$c(O) = \frac{k_1 c(NO_2^-)c(O_2)}{k_2 c(NO_2^-) + k_3 c(O)}$$

代入前式,得

$$\frac{dc(NO_3^-)}{dt} = k_1 c(NO_2^-)c(O_2) + k_2 \frac{k_1 c(O_2)c(NO_2^-)}{k_2 c(NO_2^-) + k_3 c(O)}c(NO_2^-) =$$

$$k_1 c(NO_2^-)c(O_2)\left[1 + \frac{k_2 c(NO_2^-)}{k_2 c(NO_2^-) + k_3 c(O)}\right]$$

当 $k_2 \gg k_3$ 时

$$\frac{dc(NO_3^-)}{dt} = 2k_1 c(NO_2^-)c(O_2)$$

4.7.2　平衡态近似法

在前述复合反应中,假设 $k_1 \gg k_2$ 及 $k_{-1} \gg k_2$,即在给定的复合反应中假定 $B \xrightarrow{k_2} Y$ 为速率控制步骤,在此步骤之前的对行反应可预先较快地达成平衡,从而有

$$\frac{c_B}{c_A} = K_c$$

则

$$c_B = K_c c_A$$

又,$B \xrightarrow{k_2} Y$ 为速率控制步骤,所以代入微分方程(c)得

$$\frac{dc_Y}{dt} = k_2 K_c c_A$$

4.7.3　稳态近似法与平衡态近似法的比较

就两种方法的应用条件来说,稳态近似法应用于 $k_1 \ll (k_{-1}+k_2)$ 的情况;而平衡态近似法应用于 $k_1 \gg k_2$,$k_{-1} \gg k_2$ 的情况。

稳态近似法的主要优点是:所得最终动力学方程中包含了复合反应中的全部动力学参数(k_1, k_{-1}, k_2);而平衡态近似法所得最终动力学方程中只有一个动力学参数(k_2),而且包含在 $k_2 K_c$ 的乘积中。所以,实验进行动力学测定,应用稳态近似法较平衡态近似法可以得到较多的动力学信息。

从两种方法所得动力学方程的最终形式来看,稳态近似法比平衡态近似法要复杂一些,这是平衡态近似法的优点。

综上所述,究竟用何种近似法处理更为合理? 这要根据条件及目的而定。

4.7.4　复合反应的表观活化能

对前述复合反应,由平衡态近似法得到的速率方程为

$$\frac{dc_Y}{dt} = k_2 K_c c_A$$

又
$$K_c = \frac{k_1}{k_{-1}}$$

令
$$k_A = k_2 K_c = \frac{k_1 k_2}{k_{-1}}$$

则
$$\frac{dc_Y}{dt} = k_A c_A$$

式中，k_A 为复合反应的**表观速率系数**(apparent rate coefficient)。

将表观速率系数取对数，得
$$\ln\{k_A\} = \ln\{k_1\} + \ln\{k_2\} - \ln\{k_{-1}\}$$

再对温度 T 微分，有
$$\frac{d\ln\{k_A\}}{dT} = \frac{d\ln\{k_1\}}{dT} + \frac{d\ln\{k_2\}}{dT} - \frac{d\ln\{k_{-1}\}}{dT}$$

由 $\dfrac{d\ln\{k_A\}}{dT} = \dfrac{E_a}{RT^2}$，则得
$$\frac{E_a}{RT^2} = \frac{E_1}{RT^2} + \frac{E_2}{RT^2} - \frac{E_{-1}}{RT^2}$$

即
$$E_a = E_1 + E_2 - E_{-1} \tag{4-65}$$

式中，E_1、E_2、E_{-1} 分别为前述复合反应中每个元反应的活化能，即
$$A \underset{E_{-1},k_{-1}}{\overset{E_1,k_1}{\rightleftharpoons}} B \xrightarrow{E_2,k_2} C$$

E_a 即为上述复合反应的**表观活化能**(apparent activation energy)。但式(4-65)并不是普遍适用的方程。表观活化能 E_a 与各元反应的活化能的关系视具体的复合反应而定。学习中，注意掌握导出复合反应的表观活化能与各元反应的活化能关系的方法。

4.8 链反应

链反应(chain reaction)是由元反应组合而成的更为复杂的复合反应。氢的燃烧反应，一些碳氢化合物的燃烧反应，某些聚合反应等均属链反应。链反应中的中间物通常是一些自由原子(free atom)或自由基(radical)，均含有未配对电子，如 $H\cdot$，$Cl\cdot$，$HO\cdot$，$CH_3\cdot$ 等，为方便起见，以后书写时把"$\cdot$"省略。

4.8.1 链反应的共同步骤

以反应 $H_2 + Cl_2 \longrightarrow 2HCl$ 为例。实验证明，其机理如下：

链的引发： $Cl_2 + M \xrightarrow{k_1} 2Cl + M$

链的传递： $Cl + H_2 \xrightarrow{k_2} HCl + H$ $\left.\begin{array}{l} \\ \\ \end{array}\right\}$ 一次循环

 $H + Cl_2 \xrightarrow{k_3} HCl + Cl$ $\Big\}$ n 次循环

 $\cdots$

链的终止： $2Cl + M \xrightarrow{k_4} Cl_2 + M$

式中，M 为能量的授受体。引发剂、光子、高能量分子可以作为能量的授予体；稳定分子或

容器壁可以作为能量的接受体。

各步骤的分析如下：

（i）**链的引发**（chain initiation）步骤是，反应物稳定态分子接受能量分解成活性传递物（自由原子或自由基）。链的引发方法有：热引发、光引发或用引发剂引发。

（ii）**链的传递**（chain transfer or chain propagation）步骤是，由引发的活性传递物再与稳定分子发生作用形成产物，同时又生成新的活性传递物，使反应如同链锁一样一环扣一环地发展下去。

（iii）**链的终止**（chain termination）步骤是，链的活性传递物在气相中相互碰撞发生重合（如 $Cl + Cl \longrightarrow Cl_2$）或歧化（如 $2C_2H_5 \longrightarrow C_2H_4 + C_2H_6$）形成稳定分子放出能量；也可能在气相中或器壁上发生三体碰撞（如 $2Cl + M \longrightarrow Cl_2 + M$ 或 $2H + 器壁 \longrightarrow H_2$）形成稳定分子，其放出的能量被 M 或器壁所吸收，最终使链的发展终止。

4.8.2 链反应的分类

按照链传递时的不同机理，可以把链反应分为**直链反应**（straight chain reaction）和**支链反应**（side chain reaction）。前者是消耗一个活性质点（自由基或自由原子）只产生一个新的活性质点；后者是每消耗一个活性质点同时可产生两个或两个以上的新的活性质点。如图4-11所示。

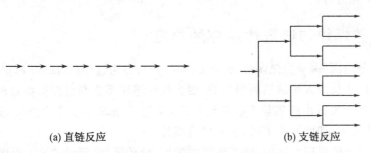

(a) 直链反应　　　　　　　　　　(b) 支链反应

图 4-11　直链反应和支链反应

4.8.3 链反应的速率方程

1. 直链反应的速率方程

以 $H_2 + Cl_2 \longrightarrow 2HCl$ 反应为例。

由前面给出的该反应的机理，根据质量作用定律，有

$$\frac{dc(HCl)}{dt} = k_2 c(Cl) c(H_2) + k_3 c(H) c(Cl_2)$$

因 Cl 与 H 为反应过程中生成的中间物，其浓度可应用稳态法求出。

由

$$\frac{dc(H)}{dt} = k_2 c(Cl) c(H_2) - k_3 c(H) c(Cl_2) = 0$$

得

$$k_2 c(Cl) c(H_2) = k_3 c(H) c(Cl_2)$$

则

$$\frac{dc(HCl)}{dt} = 2k_2 c(H_2) c(Cl)$$

又

$$\frac{dc(Cl)}{dt} = k_1 c(Cl_2) c(M) - k_2 c(Cl) c(H_2) + k_3 c(H) c(Cl_2) -$$

$$k_4 \left[c(\text{Cl}) \right]^2 c(\text{M}) = 0$$

则
$$k_1 c(\text{Cl}_2) = k_4 \left[c(\text{Cl}) \right]^2$$

故
$$c(\text{Cl}) = (k_1/k_4)^{1/2} \left[c(\text{Cl}_2) \right]^{1/2}$$

于是得
$$\frac{\mathrm{d}c(\text{HCl})}{\mathrm{d}t} = 2k_2(k_1/k_4)^{1/2}c(\text{H}_2)\left[c(\text{Cl}_2) \right]^{1/2} = kc(\text{H}_2)\left[c(\text{Cl}_2) \right]^{1/2}$$

式中，$k = 2k_2(k_1/k_4)^{1/2}$。

2. 支链反应的速率方程

由于在支链反应中，链的活性传递物成倍增长，不可能建立稳态，故不能用稳态近似法建立其速率方程。支链反应中，活性传递物的浓度 $c_{x,t}$ 随时间的变化可近似由下式表示

$$\frac{\mathrm{d}c_{x,t}}{\mathrm{d}t} = v_0 + k' c_{x,t} - k'' c_{x,t} \tag{4-66}$$

式中，v_0 为链的引发速率，$k' c_{x,t}$、$k'' c_{x,t}$ 分别为链的分支速率和终止速率。

式(4-66)按一阶线性常微分方程积分求解，得

$$c_{x,t} = \frac{v_0(\mathrm{e}^{\phi t} - 1)}{\phi} \tag{4-67}$$

式中，$\phi = k' - k''$，k'、k'' 分别为链反应分支速率系数和终止速率系数，若 $\phi > 0$，即 $k' > k''$。由式(4-67)知 c_x 按指数函数规律升高，于是反应速率剧增，最终会导致爆炸；若 $\phi < 0$，即 $k' < k''$，反应可平稳进行。

4.8.4 链爆炸与链爆炸反应的界限

爆炸反应分为两种，一为**热爆炸**(heat explosion)，一为**链爆炸**(chain explosion)。

热爆炸是由于反应大量放热而引起的。因为反应速率系数与温度呈指数函数关系 $k_A = k_0 \mathrm{e}^{-E_a/RT}$，如果反应释放出的热量不能及时传出，则造成系统温度急剧升高，进而反应速率变得更快，放热更多，如此发展下去，最后导致爆炸。

链爆炸是由支链反应引起的，随着支链的发展，链传递物(活性质点)剧增，反应速率愈来愈大，最后导致爆炸。

链爆炸反应的温度、压力、组成通常都有一定的爆炸区间，称为**爆炸界限**(explosion limit)。

以 $\text{H}_2 + \dfrac{1}{2}\text{O}_2 \longrightarrow \text{H}_2\text{O}$ 反应为例，它是一个支链反应，机理如下：

链的引发： $\text{H}_2 + \text{O}_2 + 器壁 \longrightarrow \text{HO}_2 + \text{H}$

链的支化： $\text{H} + \text{O}_2 \longrightarrow \text{HO} + \text{O}$

$\text{O} + \text{H}_2 \longrightarrow \text{HO} + \text{H}$

链的传递： $\text{H}_2 + \text{HO} \longrightarrow \text{H} + \text{H}_2\text{O}$

链的终止： $\text{H} + \text{H} + \text{M} \longrightarrow \text{H}_2 + \text{M}$

$\text{H} + \text{O}_2 + \text{M} \longrightarrow \text{HO}_2 + \text{M}$ $\Big\}$(气相中销毁)

$\text{H} + \text{HO} + \text{M} \longrightarrow \text{H}_2\text{O} + \text{M}$

$\text{H} + \text{HO} + 器壁 \longrightarrow 稳定分子(器壁上销毁)$

当该反应以 $n(\text{H}_2) : n(\text{O}_2) = 1 : \dfrac{1}{2}$，在一个内径为 7.4 cm 内壁涂有 KCl 的玻璃反应

管中进行时,实验结果如图 4-12 所示。温度低于 673 K 时,系统在任何压力下都不爆炸,在有火花引发的情况下,H_2 和 O_2 将平稳地反应;温度高于 673 K 就有可能爆炸,这要看产生支链和断链作用的相对大小。下面以 800 K 时的反应情况来分析。实验中可观测到有三个爆炸界限,如图 4-12 所示。压力低于第一限时反应极慢;压力在第一限和第二限之间时,发生爆炸;压力高于第二限后反应又平稳进行,但速率随压力增高而增大;压力达到和超过第三限后则又发生爆炸。

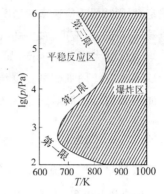

图 4-12　H_2 与 O_2 按 2 : 1(物质的量比)混合时的爆炸界限

从实验得知,爆炸第一限的压力量值与容器的性质及大小有关。第一限的存在,可解释为在低压下,链传递体很容易扩散至器壁而被销毁($\phi < 0$)。当压力逐步增加时,链传递体向器壁扩散受到阻碍,而气相中,三体碰撞的机会增加,器壁断链作用很小,而气相断链作用又不够大,所以压力到达第一限(低限)以后,就进入了爆炸区($\phi > 0$)。

第二限主要由压力来决定,可解释为随着压力的增加,分子相碰的机会增多,因而链传递体在气相中的销毁作用逐渐加强(使 $\phi < 0$),压力越过第二限(高限)后($\phi < 0$),即进入平稳反应区。但压力越过第三限后又出现爆炸。

第三限的出现一般认为是热爆炸,但很可能不是单纯的热爆炸,压力增大后发生 $HO_2 + H_2 \longrightarrow HO + H_2O$ 也会引起爆炸。

除了受温度和压力影响外,爆炸还与气体混合物的组成有关。

表 4-1 列出了某些可燃气体在空气中爆炸时的组成界限(用体积分数 φ_B 表示)。

表 4-1　一些可燃气体常温常压下在空气中的爆炸界限

可燃气体	爆炸界限 φ_B/%	可燃气体	爆炸界限 φ_B/%
H_2	4~74	CO	12.5~74
NH_3	16~27	CH_4	5.3~14
CS_2	1.25~14	C_2H_6	3.2~12.5
C_2H_4	3.0~29	C_6H_6	1.4~6.7
C_2H_2	2.5~80	CH_3OH	7.3~36
C_3H_8	2.4~9.5	C_2H_5OH	4.3~19
C_4H_{10}	1.9~8.4	$(C_2H_5)_2O$	1.9~48
C_5H_{12}	1.6~7.8	$CH_3COOC_2H_5$	2.1~8.5

Ⅳ　催化剂对化学反应速率的影响

4.9　催化剂、催化作用

4.9.1　催化剂的定义

什么叫**催化剂**(catalyst)? 按 IUPAC1981 年推荐的定义:催化剂是一类显著增加反应速率而不改变反应的总标准吉布斯函数[变]的物质。催化剂的这种作用称为**催化作用**(catalysis)。按上述定义,则减慢反应速率的物质称为**阻化剂**(inhibitors)(以前曾叫负催化剂,现在已不属于催化剂范畴)。有时,反应产物之一也对反应本身起催化作用,这叫**自催化作用**(autocatalysis)。

现代的大型化工生产,如合成氨、石油裂解、高分子材料的合成、油脂加氢、脱氢、药物的合成等大多使用催化剂。据统计,在现代化工生产中80%～90%的反应过程都使用催化剂。因而催化剂作用的研究已成为现代化学研究领域的一个重要分支。

4.9.2　催化作用的分类

按催化反应系统所处相态来分,可分为**均相催化**(homogeneous catalysis)和**非均相催化**(non-homogeneous catalysis),后者也叫**多相催化**(heterogeneous catalysis)。

1.均相催化

反应物、产物及催化剂都处于同一相内,即为均相催化。有气相均相催化,如

$$SO_2 + \frac{1}{2}O_2 \xrightarrow{NO} SO_3$$

机理为

$$NO + \frac{1}{2}O_2 \longrightarrow NO_2$$

$$SO_2 + NO_2 \longrightarrow SO_3 + NO$$

其中,NO 即为气体催化剂,它与反应物及产物处于同一相内。也有液相均相催化,如蔗糖水解反应

$$C_{12}H_{22}O_{11} + H_2O \xrightarrow{H^+} C_6H_{12}O_6(果糖) + C_6H_{12}O_6(葡萄糖)$$

是以 H_2SO_4 为催化剂,反应在水溶液中进行。

2.多相催化

反应物、产物及催化剂可在不同的相内。有气-固相催化,如合成氨反应

$$N_2 + 3H_2 \xrightarrow[K_2O, Al_2O_3]{Fe} 2NH_3$$

催化剂为固相,反应物及产物均为气相,这种气-固相催化反应的应用最为普遍。此外还有气-液相、液-固相、气-液-固三相的多相催化反应。

4.9.3　催化作用的共同特征

1.催化剂不能改变反应的平衡规律(方向与限度)

(i) 对 $\Delta_r G_m(T,p) > 0$ 的反应,加入催化剂也不能促使其发生;

(ii) 由 $\Delta_r G_m^{\ominus}(T) = -RT\ln K^{\ominus}(T)$ 可知,由于催化剂不能改变 $\Delta_r G_m^{\ominus}(T)$,所以也就不能改变反应的标准平衡常数;

(iii) 由于催化剂不能改变反应的平衡,而 $K_c = k_1/k_{-1}$,所以催化剂加快正逆反应的速率系数 k_1 及 k_{-1} 的倍数必然相同。

2.催化剂参与了化学反应,为反应开辟了一条新途径,与原途径同时进行

(i)催化剂参与了化学反应

如反应

$$A + B \xrightarrow{K} AB \quad \text{（K 为催化剂）}$$

$$A + K \longrightarrow AK$$

$$AK + B \longrightarrow AB + K$$

（ii）开辟了新途径，与原途径同时进行

如图 4-13 所示，实线表示无催化剂参与反应的原途径。虚线表示加入催化剂后为反应开辟的新途径，与原途径同时发生。

（iii）新途径降低了活化能

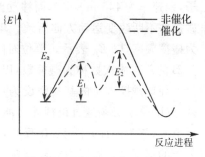

图 4-13　反应进程中能量的变化

如图 4-13 所示，新途径中两步反应的活化能 E_1、E_2 与无催化剂参与的原途径活化能 E_a 相比，$E_1 < E_a$，$E_2 < E_a$。个别能量高的活化分子仍可按原途径进行反应。

3. 催化剂具有选择性

催化剂的选择性（selective of catalyst）有两方面含义：其一，不同类型的反应需用不同的催化剂，例如，氧化反应和脱氢反应的催化剂则是不同类型的催化剂；即使同一类型的反应，通常催化剂也不同，如 SO_2 的氧化用 V_2O_5 作催化剂，而乙烯氧化却用 Ag 作催化剂；其二，对同样的反应物选择不同的催化剂可得到不同的产物，例如，乙醇转化，在不同催化剂作用下可制取 25 种产品：

$$C_2H_5OH \begin{cases} \xrightarrow[200 \sim 250 \ ℃]{Cu} CH_3CHO + H_2 \\ \xrightarrow[350 \sim 360 \ ℃]{Al_2O_3 \ \text{或} \ ThO_2} C_2H_4 + H_2O \\ \xrightarrow[250 \ ℃]{Al_2O_3} (C_2H_5)_2O + H_2O \\ \xrightarrow[400 \sim 450 \ ℃]{ZnO \cdot Cr_2O_3} CH_2{=}CH{-}CH{=}CH_2 + 2H_2O + H_2 \\ \xrightarrow{Na} C_4H_9OH + H_2O \\ \cdots \end{cases}$$

改善催化剂的选择性是提高化学反应的原子经济性、不产生"三废"、达到废物"零排放"、实现绿色化学与化工的重要手段之一。

V　元反应的速率理论

最早的反应速率理论是硬球碰撞理论，建立于 20 世纪 20 年代，用来计算双分子反应的速率系数，并用碰撞频率概念解释和计算 k_0。活化络合物理论（或过渡状态理论）产生于 1930～1935 年，它借助于量子力学和统计热力学方法提供了从理论上计算 k_0 和 E_a 的可能性。分子反应动力学理论是 20 世纪 60 年代后期发展起来的，它着重从分子水平上给出动力学信息。各种反应速率理论都致力于从理论上研究反应速率并计算 k，都以元反应为研究对象。下面分别作简介。

4.10　硬球碰撞理论

气体分子热运动线速率达每秒数百米，而迁移距离很短。如 298 K、100 kPa 下的 O_2 分子,线速率为 $443\ \mathrm{m \cdot s^{-1}}$,而移动距离只有 $0.006\ \mathrm{m}$。二者差距如此之大是因为分子在频繁碰撞中不断改变运动方向所致。单位时间内物质 A 的一个分子与其他分子的碰撞次数称为碰撞频率,以 Z_A 表示。单位时间、单位体积内所有同种分子 A 与 A,或所有异种分子 A 与 B 的总碰撞次数称为碰撞数,以 Z_{A-A} 或 Z_{A-B} 表示。

硬球碰撞理论的基本假设为:(i)分子可视为无内部结构的刚球,无相互作用(碰撞除外);(ii)分子必须通过碰撞才可能发生反应;(iii)相撞分子对的能量只有达到或超过某一最低值 ε_0(称为阈能)才能发生反应,能发生反应的碰撞称为活化碰撞;(iv)在反应过程中反应分子的速率分布始终遵守麦克斯韦-玻尔兹曼分布。按照基本假设,对于气相双分子反应 A ＋B $\longrightarrow$ Y(产物),反应速率可表示为

$$v=\text{碰撞数} \times \text{活化碰撞百分率}=Z_{A-B} \times f \tag{4-68}$$

式中,Z_{A-B} 可用分子运动论计算,$Z_{A-B}=BT^{1/2}c_Ac_B$,系数 B 是与分子直径、分子质量有关的常量。

$$f=\frac{\text{活化分子数}\ N^*}{\text{总分子数}\ N}=\mathrm{e}^{-E_0/RT} \tag{4-69}$$

式中,E_0 是活化 1 mol 反应物分子所需的能量,称为摩尔阈能($E_0=L\varepsilon_0$)。则式(4-68)变为

$$v=BT^{1/2}\mathrm{e}^{-E_0/RT}c_Ac_B \tag{4-70}$$

与二级元反应的速率公式 $v=k(T)c_Ac_B$ 比较,则

$$k(T)=BT^{1/2}\mathrm{e}^{-E_0/RT}=Z_0\mathrm{e}^{-E_0/RT} \tag{4-71}$$

式(4-71)是硬球碰撞理论的数学表达式。Z_0 是一个与碰撞频率有关的物理量。将式(4-71)与阿仑尼乌斯方程比较可以看出,阿仑尼乌斯方程中的指前参量 k_0 相当于 Z_0,故又称为频率因子;指数项 $\mathrm{e}^{-E_a/RT}$ 与 $\mathrm{e}^{-E_0/RT}$ 相当,故称为活化碰撞百分率。

对于一些组成和结构比较简单的分子所发生的反应,由碰撞理论计算的 k 值与实验值比较一致,但对于具有复杂结构的分子参加的反应,理论计算值往往比实验值大,有的甚至差几千万倍。因此,为了使式(4-71)更符合实际,再乘以一个校正因子 P:

$$k=PZ_0\mathrm{e}^{-E_0/RT} \tag{4-72}$$

P 值在 $1\sim10^{-9}$ 之间,称为方位因子、几率因子或空间因子。有人解释这是因为反应分子在碰撞时必须取一定的方位才有效,否则即使能量足够大($\geqslant E_0$),也不能发生反应。所以,P 称为方位因子;又因分子的空间排列对碰撞有一定影响,故又称空间因子。实际上 P 只是一个校正偏差的因子,它包括一切没有考虑到的因素。可以把它看做是活化分子能有效发生反应的概率,故又称概率因子。

硬球碰撞理论的优点是分子模型简单直观,清楚地表达了影响反应速率系数的三个因素:碰撞因素、能量因素和概率因素,定性地解释阿仑尼乌斯方程中的指前参量 k_0 及 $\mathrm{e}^{-E_a/RT}$ 是成功的。其缺点是把分子视为无内部结构的刚性硬球,未能反映分子结构因素,因而对复杂分子参加的反应,计算值与实验值偏差较大,从定量上看是不成功的。

*4.11 活化络合物理论(ACT)或过渡状态理论(TST)

这个理论在 1932 年提出,又称为绝对反应速率理论。其基本观点如下:

化学反应中从反应物变为产物,并不是反应分子通过简单碰撞在瞬间就完成的,而是随着反应分子的相互趋近,需要经过原有键的逐渐削弱以致断裂,新键的逐步产生直至形成的

过程。亦即化学键重新排列,能量重新分配的过程。在此过程中反应系统必将经过一个介乎反应物与产物之间的过渡状态,称为活化络合物。以元反应 $A+BC \longrightarrow AB+C$ 为例,设 A 原子沿 B—C 分子的轴线方向趋近于 B,则随着 A—B 间距离的逐渐缩小,B—C 间键逐渐松弛而削弱,而 A—B 间新键逐渐形成并加强。到一定程度时,出现一个过渡状态的活化络合物 $[A \cdots B \cdots C]^{\neq}$。此时旧的 B—C 键将断而未断,新的 A—B 键则还没有完全建立,活化络合物中的 B 原子既属于 BC 分子也属于 AB 分子,但 B 离 A 及 C 的距离都比相应的稳定分子键长更大,因而更弱。同时活化络合物的形成需要供给能量,以克服斥力并调整价键,故活化络合物处于高能状态,所以它很不稳定。如果 A—B 间距离进一步缩短,B—C 间距离进一步拉长,则活化络合物就会分解,使 B—C 键完全断裂并形成稳定的产物 AB 分子,整个变化过程就完成了。以上过程大致可表示如下:

$$
\underset{\substack{旧键逐渐削弱\\新键逐渐产生}}{A+BC \xrightarrow{\text{A沿B—C轴线方向趋近B}}} \underset{\text{能量高,不稳定}}{[A \cdots B \cdots C]^{\neq}} \xrightarrow{\text{分解}} AB+C
$$

（反应物）　　　　　　　　　（活化络合物）　　　（产物）

按照上面的模型,反应速率应取决于活化络合物分解形成产物的速率,**艾林**(Eyring)等假定活化络合物与反应物之间存在着平衡,即

$$
A+BC \Longrightarrow [A \cdots B \cdots C]^{\neq}
$$

用统计热力学方法可以导出反应速率系数为

$$
k = \frac{RT}{Lh} K^{\neq} \tag{4-73}
$$

式中,$K^{\neq} = c^{\neq}/(c_A c_{BC})$($c^{\neq}$ 指活化络合物浓度)可看做是活化过程的实验平衡常数,h 是**普朗克**(Planck)常数($=6.626 \times 10^{-34}$ J·s^{-1})。这就是过渡状态理论的基本公式。

根据 $\Delta G_m^{\ominus} = -RT \ln K^{\ominus}$ 和 $\Delta G_m^{\ominus} = \Delta H_m^{\ominus} - T \Delta S_m^{\ominus}$,应用于活化络合物的形成过程,可得

$$
\ln K^{\ominus, \neq} = -\Delta G_m^{\ominus, \neq}/RT = \Delta S_m^{\ominus, \neq}/R - \Delta H_m^{\ominus, \neq}/RT
$$

由于通常的 $c^{\ominus} = 1$ mol·dm^{-3},所以 $K^{\neq} = K^{\ominus, \neq}$ $[K^{\ominus} = K(c^{\ominus})^{-\Sigma \nu_B}]$。代入式(4-73)即得反应速率系数为

$$
k = \frac{RT}{Lh} e^{\Delta S_m^{\ominus, \neq}/R} e^{-\Delta H_m^{\ominus, \neq}/RT} \tag{4-74}
$$

式中,$\Delta S_m^{\ominus, \neq}$ 和 $\Delta H_m^{\ominus, \neq}$ 分别为活化过程的标准摩尔熵变和标准摩尔焓变,称为标准摩尔活化熵和标准摩尔活化焓。将式(4-74)与阿仑尼乌斯方程(4-37)和碰撞理论公式(4-72)相比较,可发现 $\frac{RT}{Lh} e^{\Delta S_m^{\ominus, \neq}/R}$ 相当于式(4-37)中的指前参量 k_0 或式(4-72)中的 PZ_0,通常 $\frac{RT}{Lh}$ 的数量级约为 10^{12} 左右,与 Z_0 大致相当,因此 $e^{\Delta S_m^{\ominus, \neq}/R}$ 与 P 相对应。已知熵是与热力学概率有关的,所以 P 因子是与概率有关的因子。在反应物质形成活化络合物时,通常混乱程度减少了,所以 $\Delta S_m^{\ominus, \neq}$ 一般是负值,即 $e^{\Delta S_m^{\ominus, \neq}/R} < 1$。这就解释了 P 小于 1 的原因。

习　题

一、思考题

4-1 阿仑尼乌斯方程 $k = k_0 e^{-E_a/RT}$ 中的 $e^{-E_a/RT}$ 一项的含义是什么? $e^{-E_a/RT} > 1$,$e^{-E_a/RT} < 1$,$e^{-E_a/RT} = 1$,

哪种情况几乎是不可能的?哪种情况为大多数?

4-2 反应 $A_2 + B_2 \longrightarrow 2AB$ 若为元反应,速率方程应当怎样?只根据速率方程能否确定是否是元反应?

4-3 试证明一级反应在其原始反应物的转化率从 $0 \to 50\%$, $50\% \to 75\%$ 及 $75\% \to 87.5\%$ 所需的每段反应时间都等于 $\frac{\ln 2}{k}$。

4-4 反应 $A \underset{E_2}{\overset{E_1}{\longrightarrow}} Y$, $E_1 > E_2$,为获取更多的主产物 Y,可采取哪些措施?
$$\searrow Z$$

4-5 对行反应 $A \underset{k_{-1}}{\overset{k_1}{\rightleftharpoons}} Y$,平衡时 $k_1 = k_{-1}$,对吗?

4-6 反应 $A \to Y$ 的机理如下:$A \overset{k_1}{\longrightarrow} B \underset{k_{-2}}{\overset{k_2}{\rightleftharpoons}} Y$,试写出 $-dc_A/dt$、dc_B/dt 及 dc_Y/dt。

4-7 连串反应的速率由其中最慢的一步决定,因此速率决定步骤的级数,就是总反应的级数,对吗?

4-8 反应活化能愈大表示分子愈易活化还是愈不易活化?活化能愈大的反应受温度影响是愈大还是愈小?

4-9 为什么说总级数为零的反应一定不是元反应?

4-10 简单碰撞理论中,引入了概率因子 P,它包含哪些因素?

4-11 温度升高,反应速率为什么增大,从阿仑尼乌斯方程的碰撞理论来解释。

4-12 增加温度、反应物浓度或催化剂都能使反应速率增大,原因是否一样?

4-13 对于元反应,反应级数和反应分子数是否一致?对于总包反应,是否有反应分子数?

4-14 托尔曼对活化能的统计解释适合于什么类型的反应?

4-15 某反应,反应物分子的能量比产物分子的能量高,该反应是否就不需要活化能了?

二、计算题及证明(或推导)题

4-1 蔗糖在稀水溶液中,按下式水解:
$$C_{12}H_{22}O_{11}(A) + H_2O \overset{H^+}{\longrightarrow} C_6H_{12}O_6(葡萄糖) + C_6H_{12}O_6(果糖)$$

其速率方程为 $-\dfrac{dc_A}{dt} = k_A c_A$,已知,当盐酸的浓度为 $0.1 \text{ mol} \cdot \text{dm}^{-3}$(催化剂),温度为 48 ℃ 时,$k_A = 0.0193$ min^{-1},今将蔗糖浓度为 $0.02 \text{ mol} \cdot \text{dm}^{-3}$ 的溶液 2.0 dm^3 置于反应器中,在上述催化剂和温度条件下反应。计算:(1)反应的初始速率 $v_{A,0}$;(2)反应到 10.0 min 时,蔗糖的转化率为多少?(3)得到 0.0128 mol 果糖需多长时间?(4)反应到 20.0 min 时的瞬时速率如何?

4-2 40 ℃,N_2O_5 在 CCl_4 溶液中进行分解,反应为一级,测得初速率 $v_{A,0} = 1.00 \times 10^{-5} \text{ mol} \cdot \text{dm}^{-3} \cdot \text{s}^{-1}$,$1 \text{ h}$ 时的瞬时反应速率 $v_A = 3.26 \times 10^{-5} \text{mol} \cdot \text{dm}^{-3} \cdot \text{s}^{-1}$,试求:(1)反应速率系数 k_A;(2)半衰期 $t_{1/2}$;(3)初始浓度 $c_{A,0}$。

4-3 二甲醚的气相分解反应是一级反应
$$CH_3OCH_3(g) \longrightarrow CH_4(g) + H_2(g) + CO(g)$$

504 ℃ 时,把二甲醚充入真空反应器内,测得反应到 777 s 时,容器内压力为 65.1 kPa;反应无限长时间,容器内压力为 124.1 kPa,计算 504 ℃ 时该反应的速率系数。

4-4 放射性 Na 的半衰期是 $54\,000 \text{ s}$,注射到一动物体中,问放射能力降至原来的 $1/10$,需多长时间?

4-5 有一级反应,速率系数等于 $2.06 \times 10^{-3} \text{ min}^{-1}$,求:(1)$25 \text{ min}$ 后有多少原始物质分解?(2)分解 95% 需多长时间?

4-6 在 760 ℃ 加热分解 N_2O_5,当起始压力 $p_{A,0}$ 为 38.663 kPa 时,半衰期 $t_{1/2} = 255 \text{ s}$;$p_{A,0} = 46.663 \text{ kPa}$ 时,$t_{1/2} = 212 \text{ s}$,求反应级数及 $p_{A,0} = 101.325 \text{ kPa}$ 时的 $t_{1/2}$。

4-7 环氧乙烷的热分解是一级反应 $CH_2\!-\!CH_2 \longrightarrow CH_4 + CO$,$377 \text{ ℃}$ 时,其半衰期为 363 min。求:
$$\underset{O}{}$$

(1)在 377 ℃,C_2H_4O 分解掉 99% 需要多长时间?(2)若原来 C_2H_4O 为 1 mol,问 377 ℃经 10 h,应生成多少摩尔 CH_4?(3)若此反应在 417 ℃进行,半衰期为 26.3 min,求反应活化能。

4-8 某一级反应活化能 E_a 为 85.0 kJ·mol^{-1},在大连海边沸水中进行时,$t_{1/2}$ 为 8.61 min;已知昆明市海拔 2 860 m,大气压力为 72 530 Pa,水的汽化热为 2 278 J·g^{-1}。计算该反应在昆明市沸水中进行的 $t_{1/2}$ 为多少?

4-9 邻硝基氯苯的氨化是二级反应,已知

$$\lg(k/dm^3 \cdot mol^{-1} \cdot min^{-1}) = -\frac{4\,482}{T/K} + 7.20$$

求活化能及指前参量 k_0。

4-10 氰酸铵在水溶液中转化为尿素的反应为 $NH_4OCN(A) \longrightarrow CO(NH_2)_2$,测得动力学数据如下,试确定反应级数。

$c_{A,0}/(mol \cdot dm^{-3})$	$t_{1/2}/h$
0.05	37.03
0.10	19.15
0.20	9.45

4-11 反应 $2NO_2 \longrightarrow N_2 + 2O_2$,测得如下动力学数据,试确定该反应的级数。

$c(NO_2)/(mol \cdot dm^{-3})$	$-\dfrac{dc(NO_2)}{dt}/(mol \cdot dm^{-3} \cdot s^{-1})$
0.022 5	0.003 3
0.016 2	0.001 6

4-12 1 mol A 和 1 mol B 混合。若 A+B $\longrightarrow$ 产物,是二级反应,在 1 000 s 内有一半 A 反应掉,问在 2 000 s 时尚有多少 A 剩余?

4-13 钢液含碳量低时,[C]+[O]$\rightarrow$CO 为一级反应,$-\dfrac{d[100w(C)]}{dt} = k[100w(C)]$,$k = 0.015$ min^{-1}。计算钢水中 $[100w(C)]$ 分别为 1.0,0.50,0.15 时的反应速率。

4-14 反应 $CH_3CH_2NO_2 + OH^- \longrightarrow H_2O + CH_3CH=NO_2^-$ 是二级反应,在 0 ℃的速率系数 $k_A = 39.1$ $dm^3 \cdot mol^{-1} \cdot min^{-1}$。若 0.005 mol·$dm^{-3}CH_3CH_2NO_2$ 与 0.003 mol·$dm^{-3}NaOH$ 的水溶液反应,问有 99% 的 OH^- 被中和需要多长时间?

4-15 反应 $Ni(s) + \frac{1}{2}O_2(g) =\!=\!= NiO(s)$ 的速率方程为

$$dY/dt = kY^{-1}$$

式中,Y 为反应到时刻 t 时氧化膜厚度;k 为氧化速率系数。773 K 时测得如下数据:

t/h	$Y/(10^{-4}m)$
2	5.60
5	8.61

(1)由速率方程讨论 Ni 的氧化速率与 NiO 膜厚度的关系;(2)该反应 773 K 时的 k 为多少?(3)Ni 在 773 K 时氧化 3.5 h 的膜厚为多少?

4-16 $N_2O(g)$ 的热分解反应 $2N_2O(g) \longrightarrow 2N_2(g) + O_2(g)$,在一定温度下,反应的半衰期与初始压力成反比。在 694 ℃,$N_2O(g)$ 的初始压力为 3.92×10^4 Pa 时,半衰期为 1 520 s;在 757 ℃,$N_2O(g)$ 的初始压力为 4.8×10^4 Pa 时,半衰期为 212 s。(1)求 694 ℃和 757 ℃时反应的速率系数;(2)求反应的活化能和指前参量;(3)在 757 ℃,初始压力为 5.33×10^4 Pa(假定开始只有 N_2O 存在)。求总压达 6.4×10^4 Pa 所需的时间。

4-17 已知某反应的活化能为 80 kJ·mol^{-1},试计算反应温度从 T_1 到 T_2 时,反应速率系数增大的倍数。(1) $T_1 = 293.0$ K,$T_2 = 303.0$ K;(2) $T_1 = 373.0$ K,$T_2 = 383.0$ K;(3)计算结果说明什么?

4-18 有两反应,其活化能相差 4.184 kJ·mol^{-1},若忽略此两反应指前参量的差异,试计算此两反应速

率系数之比值。(1) $T=300$ K;(2) $T=600$ K。

4-19 已知某反应 B $\longrightarrow$ Y+Z 在一定温度范围内,其速率系数与温度的关系为

$$\lg(k_B/\ min^{-1})=\frac{-4\ 000}{T/K}+7.000$$

(1)求该反应的活化能 E_a 及指前参量 k_0;(2)若需在 30 s 时 B 反应掉 50%,问反应温度应控制在多少?

4-20 在 $T=300$ K 的恒温槽中测定反应的速率系数 k,设 $E_a=84$ kJ·mol^{-1}。如果温度的波动范围为 ± 1 K,求温度及速率系数的相对误差。

4-21 某反应 B $\longrightarrow$ Y,在 40 ℃时,完成 20% 所需时间为 15 min,60 ℃时完成 20% 所需时间为 3 min,求反应的活化能。(设初始浓度相同)

4-22 某药物在一定温度下每小时分解率与物质的量浓度无关,速率系数与温度关系为

$$\ln(k/h^{-1})=-\frac{8\ 938}{T/K}+20.40$$

(1)在 30 ℃时每小时分解率是多少?(2)若此药物分解 30% 即无效,问在 30 ℃保存,有效期为多少个月?(3)欲使有效期延长到 2 年以上,保存温度不能超过多少度?

4-23 气相反应 A$_2$+B$_2$ $\longrightarrow$ 2AB 的反应速率方程为 $\frac{dc_{AB}}{dt}=k_{AB}c(A_2)c(B_2)$。已知

$$\lg[k_{AB}/(dm^3 \cdot mol^{-1} \cdot s^{-1})]=-\frac{9\ 510}{T/K}+12.30$$

求反应的活化能 E_a。

三、是非、选择和填空题

(一)是非题(在题后括号内对的画"√",错的画"×")

4-1 反应速率系数 k_A 与反应物 A 的浓度有关。 ( )

4-2 反应级数不可能为负值。 ( )

4-3 一级反应肯定是单分子反应。 ( )

4-4 质量作用定律仅适用于元反应。 ( )

4-5 对二级反应来说,反应物转化同一百分数时,反应物的初始浓度愈低,则所需时间愈短。 ( )

4-6 催化剂只能加快反应速率,而不能改变化学反应的标准平衡常数 $K^\ominus$。 ( )

4-7 对同一反应,活化能一定,则反应的起始温度愈低,反应的速率系数对温度的变化愈敏感。 ( )

4-8 阿仑尼乌斯方程对活化能的定义是 $E_a \stackrel{def}{=\!=\!=} RT^2 \frac{d\ln\{k\}}{dT}$。 ( )

4-9 对于元反应,反应速率系数总随着温度的升高而增大。 ( )

4-10 若反应 A $\longrightarrow$ Y 对 A 为零级,则 A 的半衰期 $t_{1/2}=\frac{c_{A,0}}{2k_A}$。 ( )

4-11 设对行反应正方向是放热的,并假定正、逆都是元反应,则升高温度更有利于增大正反应的速率系数。 ( )

4-12 阿仑尼乌斯方程适用于一切化学反应。 ( )

(二)选择题(选择正确答案的编号填入括号内)

4-1 反应:A+2B $\longrightarrow$ Y,若其速率方程为 $-\frac{dc_A}{dt}=k_A c_A c_B$ 或 $-\frac{dc_B}{dt}=k_B c_A c_B$,则 k_A、k_B 的关系是( )。

A. $k_A=k_B$ B. $k_A=2k_B$ C. $2k_A=k_B$

4-2 某反应,反应物反应掉 $\frac{7}{8}$ 所需时间恰是它反应掉 $\frac{3}{4}$ 所需时间的 1.5 倍,则该反应的级数是( )。

A. 零级反应   B. 一级反应   C. 二级反应

4-3 某反应 A $\longrightarrow$ Y,其速率系数 $k_A=6.93$ min^{-1},则该反应物 A 的浓度从 0.1 mol·dm^{-3} 变到 0.05 mol·dm^{-3} 所需时间是( )。

A. 0.2 min   B. 0.1 min   C. 1 min

4-4 托尔曼对活化能的统计解释是（　）。

A. $E_a = RT^2 \dfrac{d\ln\{k\}}{dT}$　　　　B. $E_a = \langle E^{\neq} \rangle - \langle E \rangle$　　　　C. $E_a = E^{\neq} + \dfrac{1}{2}RT$

4-5 对于反应 $A \longrightarrow Y$，如果反应物 A 的浓度减少一半，A 的半衰期也缩短一半，则该反应的级数为（　）。

A. 零级   B. 一级   C. 二级

4-6 元反应 $H + Cl_2 \longrightarrow HCl + Cl$ 的反应分子数是（　）。

A. 单分子反应   B. 双分子反应   C. 四分子反应

4-7 双分子反应

$$Br + Br \longrightarrow Br_2 \qquad\qquad ①$$

$$CH_3-CH_2-OH + CH_3\overset{O}{\overset{\|}{C}}-OH \longrightarrow CH_3-CH_2-O-\overset{O}{\overset{\|}{C}}-CH_3 + H_2O \qquad ②$$

$$CH_4 + Br_2 \longrightarrow CH_3Br + HBr \qquad\qquad ③$$

碰撞理论中的概率因子 P 的大小是（　）。

A. $P_① > P_② > P_③$　　　　B. $P_① < P_② < P_③$　　　　C. $P_① > P_③ > P_②$

4-8 物质 A 发生两个平行的一级反应，若 $k_① > k_②$，两反应的指前参量相近且与温度无关，则升温时，下列叙述中正确的是（　）。

A. 对反应①有利   B. 对反应②有利   C. 对反应①和②影响程度等同

4-9 某反应速率系数与各元反应速率系数的关系为 $k = k_2(k_1/2k_4)^{1/2}$，则该反应的表观活化能 E_a 与各元反应活化能的关系是（　）。

A. $E_a = E_2 + \dfrac{1}{2}E_1 - E_4$　　　B. $E_a = E_2 + \dfrac{1}{2}(E_1 - E_4)$　　　C. $E_a = E_2 + (E_1 - 2E_4)^{1/2}$

4-10 构成对行反应的两个反应速率系数分别为 k_1 和 k_2，且都为一级反应，则总反应速率系数 k 为（　）。

A. $k_1 + k_2$ B. k_1/k_2 C. $k_1 k_2$

（三）填空题（在题中"_____"处或表格中填上答案）

4-1 一级反应的特征是：(1)_____；(2)_____；(3)_____。

4-2 二级反应的半衰期与反应物的初始浓度的关系为_____。

4-3 若反应 $A + 2B \longrightarrow Y$ 是元反应，则其反应的速率方程可以写成 $-\dfrac{dc_A}{dt} = $_____。

4-4 催化剂的定义是_____。

4-5 催化剂的共同特征是：(1)_____；(2)_____；(3)_____。

4-6 链反应的一般步骤是：(1)_____；(2)_____；(3)_____。

4-7 两个反应均为一级，速率系数分别为 k_1、k_2 的对行反应，其特征为：(1)总反应级数为_____级；(2)总反应的速率系数与 k_1、k_2 的关系为 $k = $_____。

4-8 某反应 $A + B \Longleftrightarrow C + D$，加催化剂后正反应速率系数 k_1' 与不加催化剂时正反应速率系数 k_1 比值 $\dfrac{k_1'}{k_1} = 10^4$，则逆反应速率系数比值 $\dfrac{k_{-1}'}{k_{-1}} = $_____。

4-9 链反应可分为_____反应和_____反应。

4-10 爆炸反应有_____和_____爆炸反应。

计算题答案

4-1 (1) 3.86×10^{-4} mol·dm^{-3}·min^{-1};(2) 17.6%;(3) 20 min;

(4) 2.63×10^{-4} mol·dm^{-3}·min^{-1}

4-2 (1) 3.11×10^{-4} s^{-1};(2) 2.33×10^{3} s;(3) 0.032 2 mol·dm^{-3}

4-3 4.35×10^{-4} s^{-1} **4-4** 1.80×10^{5} s **4-5** (1)5%;(2)1.45×10^{3} min

4-6 二级反应;$t_{1/2} = 97.7$ s **4-7** (1) 2.41×10^{3} min;(2) 0.682 mol;(3)2.44×10^{5} J·mol^{-1}

4-8 17.0 min **4-9** $E_a = 85.82$ kJ·mol^{-1},$k_0 = 1.6 \times 10^{7}$ dm^{3}·mol^{-1}·min^{-1}

4-10 二级 **4-11** 二级 **4-12** $\frac{1}{3}$ mol

4-13 $v_1 = 0.015\%$ min^{-1};$v_2 = 0.002\ 3\%$ min^{-1};$v_3 = 0.007\ 5\%$ min^{-1} **4-14** 47.4 min

4-15 (1)氧化速率与膜厚成反比;(2)8.23×10^{-8} m^{2}·h^{-1};(3)7.31×10^{-4} m

4-16 (1)1.678×10^{-8} Pa^{-1}·s^{-1};9.827×10^{-8} Pa^{-1}·s^{-1};

(2)240.7 kJ·mol^{-1};1.687×10^{5} Pa^{-1}·s^{-1};(3)128 s

4-17 (1)2;(2)1 **4-18** (1)5.35;(2)2.31

4-19 (1) 76.5 kJ·mol^{-1},10^{7} min^{-1};(2)583.3 K

4-20 温度的相对误差为±0.33%;速率系数的相对误差为±11%

4-21 69.73 kJ·min^{-1} **4-22** (1)0.011 2%;(2)4.43 月;(3)13.5 ℃

4-23 182.1 kJ·mol^{-1}

第5章

界面层的平衡与速率

5.0.1 界面层及分散度

1.界面层

存在于两相之间的厚度约为几个分子尺寸（纳米级）的一薄层,称为**界面层**(interface layer),简称**界面**(interface)。通常有液-气、固-气、固-液、液-液、固-固等界面。固-气界面及液-气界面亦称为**表面**(surface)。

在界面层内有与相邻的两个体相不同的热力学及动力学性质。在垂直于界面层的方向,其强度性质连续地递变。

由于界面层两侧不同相中分子间作用力不同,因而界面层中的分子处于一种不对称的力场之中,受力不均匀,如图 5-1 所示。液体的内部分子受周围分子的吸引力是对称的,各个方向的引力彼此抵消,所受合力为零。但处于表面层的分子受周围分子的引力是不均匀、不对称的。可以看出,由于气相分子密度稀薄而对液体表面层分子产生的引力

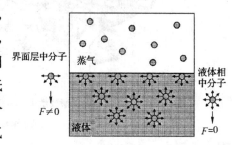

图 5-1 界面层分子与体相分子所处状态不同

小于其所受体相分子的引力,故液体表面层分子所受合力不为零,而是受到一个指向液体内部的合力 F 的作用。该合力 F 力图把表面分子拉入液体内部,因而造成液体表面有自动收缩的趋势。另一方面,由于界面上不对称力场的存在,使得界面层分子有自发与外来分子发生化学或物理结合的趋势,借以补偿力场的不对称性。许多重要的现象,如毛细管现象、润湿作用、液体过热和过冷、蒸气过饱和、吸附作用等均与上述两种趋势相关。

2.分散度

物质分散成细小微粒的程度,称为**分散度**(dispersity)。通常采用**体积表面**(volume surface) 或**质量表面**(mass surface)来表示分散度的大小,其定义为:单位体积或单位质量的物质所具有的表面积,分别用符号 a_V 及 a_m 表示,即

$$a_V \xlongequal{\text{def}} \frac{A_s}{V} \tag{5-1}$$

$$a_m \xlongequal{\text{def}} \frac{A_s}{m} \tag{5-2}$$

式中，A_s、V、m 分别为物质的总表面积、体积和质量。

高度分散的物质系统具有巨大的表面积。例如，将边长为 10^{-2} m(1 cm)的立方体物质颗粒分割成边长为 10^{-9} m(纳米)的小立方体微粒时，其总表面积和体积表面将增加一千万倍。高度分散、具有巨大表面积的物质系统，往往产生明显的界面效应，因此必须充分考虑界面效应对系统性质的影响。

许多表面性质同表面活性质点的数量直接关联，而活性质点多，是因为材料有大的表面积，即具有大的体积表面或质量表面。例如，人的大脑[图 5-2(a)]，其总表面积比猿脑的总表面积大 10 倍。据研究资料报道，解剖结果已证明千年伟人、大科学家爱因斯坦的大脑的顶叶比常人大脑的顶叶大 15%。再如，叶绿素也具有较大的质量表面[图 5-2(b)]，从而可提供较多的活性点，提高光合作用的量子效率；衡量固体催化剂的催化活性，其质量(或体积)表面的大小是重要指标之一，如活性炭的质量表面可高达 10^6 m$^2 \cdot$ kg^{-1}，硅胶或活性氧化铝的质量表面也可达 5×10^5 m$^2 \cdot$ kg^{-1}；由于纳米级超细颗粒的活性氧化锌具有巨大的质量表面，所以可作为隐形飞机的表面涂层。

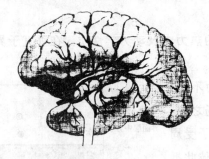 

   (a)人脑的皱纹结构   (b)植物叶片上叶绿素的分布

图 5-2 人脑的皱纹结构与植物叶片上叶绿素的分布

5.0.2 界面层研究的内容与方法

界面层的研究始于化学领域，但又涉及许多物理现象。它研究的内容就是由于界面层分子受力不均而导致的界面现象，这些现象所遵循的规律有的属于热力学范畴的平衡规律，有的属于动力学范畴的速率规律，有的与物质的结构及性质有关。它的研究方法既用到宏观的方法也用到微观的方法。

20 世纪 80 年代以来，应用界面层技术开发出许多新的科学技术领域，如纳米级超细颗粒材料的应用及膜技术的应用。这些实际应用也促进了新理论或新观点的研究与发展，如材料科学中微观界面层结构理论以及与生命科学密切相关的有序分子组合体的研究。这些都充分反映了物理化学的发展趋势之一是从体相向表面相的发展。

Ⅰ　表面张力、表面能

5.1　表面张力

5.1.1　表面功及表面张力

以液-气组成的系统为例。由于液体表面层中的分子受到一个指向体相的拉力,若将体相中的分子移到液体表面以扩大液体的表面积,则必须由环境对系统做功,这种为扩大液体表面所做的功称为**表面功**(surface work),它是一种非体积功(W')。在可逆条件下,环境对系统做的表面功($\delta W'_\mathrm{r}$)与使系统增加的表面积 $\mathrm{d}A_\mathrm{s}$ 成正比,即

$$\delta W'_\mathrm{r} = \sigma \mathrm{d}A_\mathrm{s} \tag{5-3}$$

式中,比例系数 σ 为增加液体单位表面积时,环境对系统所做的功。

因 σ 的单位是 $\mathrm{J \cdot m^{-2}} = \mathrm{N \cdot m \cdot m^{-2}} = \mathrm{N \cdot m^{-1}}$,即作用在表面单位长度上的力,故称 σ 为**表面张力**(surface tension)。

5.1.2　表面张力的作用方向与效果

如图 5-3(a)所示,在一金属框上有可以滑动的金属丝,将此丝固定后沾上一层肥皂膜,这时若放松金属丝,该丝就会在液膜的表面张力作用下自动右移,即导致液膜面积缩小。若施加作用力 F 对抗表面张力 σ 使金属丝左移 $\mathrm{d}l$,则液面增加 $\mathrm{d}A_\mathrm{s} = 2L\mathrm{d}l$(注意,有正、反两个表面),对系统做功 $\delta W'_\mathrm{r} = F\mathrm{d}l = \sigma\mathrm{d}A_\mathrm{s} = \sigma 2L\mathrm{d}l$。所以有

$$\sigma = \frac{F}{2L} \tag{5-4}$$

由此可见,表面张力是垂直作用于表面上单位长度的收缩力,其作用的结果使液体表面积缩小,其方向对于平液面是沿着液面并与液面平行[图 5-3(a)],对于弯曲液面则与液面相切[图 5-3(b)]。

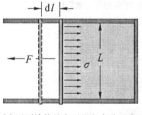

(a)平面液体的表面张力实验示意图

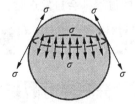

(b)球形液面的表面张力示意图

图 5-3　平面液体与球形液面的表面张力作用方向示意图

5.2　高度分散系统的表面能

5.2.1　高度分散系统的热力学基本方程

对于**高度分散系统**(high disperse system),其具有巨大的表面积并存在着除压力外的其他广义力即表面张力,会产生明显的表面效应,因此必须考虑系统表面面积及表面张力对系统状态函数的贡献。于是,对组成可变的高度分散的敞开系统,且系统中只有一种体相和表面相,当考虑表面效应时,其热力学基本方程是在式(1-168),式(1-169),式(1-167)及式(1-166)的基础上,分别引入能表示表面张力作用的项 σdA_s 修正而成,即

$$dU = TdS - pdV + \sigma dA_s + \sum \mu_B dn_B \tag{5-5}$$

$$dH = TdS + Vdp + \sigma dA_s + \sum \mu_B dn_B \tag{5-6}$$

$$dA = -SdT - pdV + \sigma dA_s + \sum \mu_B dn_B \tag{5-7}$$

$$dG = -SdT + Vdp + \sigma dA_s + \sum \mu_B dn_B \tag{5-8}$$

式中,"dA_s"表示表面面积的微变。

5.2.2　高度分散系统的表面能

由式(5-7)及式(5-8)有

$$\sigma = \left(\frac{\partial A}{\partial A_s}\right)_{T,V,n_B} = \left(\frac{\partial G}{\partial A_s}\right)_{T,p,n_B} \tag{5-9}$$

式(5-9)表明,σ 等于在定温、定容、定组成或定温、定压、定组成下,增加单位表面面积时系统亥姆霍茨自由能或吉布斯自由能的增加,因此 σ 又称为**单位表面亥姆霍茨自由能**或**单位表面吉布斯自由能**,简称为**单位表面自由能**(unit surface free energy)。

在定温、定压、定组成下,由式(5-8)有

$$dG_{T,p,n_B} = \sigma dA_s \tag{5-10}$$

$dG_{T,p} < 0$ 的过程是自发过程,所以定温、定压下凡是使 A_s 减小(表面收缩)或使 σ 下降(吸附外来分子)的过程都会自发进行。这是产生表面现象的热力学原因。

5.3　影响表面张力的因素

5.3.1　分子间力的影响

表面张力与物质的本性和所接触相的性质有关(表 5-1)。液体或固体中的分子间的相互作用力或化学键力越大,表面张力越大。一般符合以下规律:

$$\sigma(金属键) > \sigma(离子键) > \sigma(极性共价键) > \sigma(非极性共价键)$$

表 5-1　　　　　　　某些液体、固体的表面张力和液-液界面张力

物质	$\sigma/(10^{-3}\,\mathrm{N}\cdot\mathrm{m}^{-1})$	T/K	物质	$\sigma/(10^{-3}\,\mathrm{N}\cdot\mathrm{m}^{-1})$	T/K
水（液）	72.75	293	W（固）	2 900	2 000
乙醇（液）	22.75	293	Fe（固）	2 150	1 673
苯（液）	28.88	293	Fe（液）	1 880	1 808
丙酮（液）	23.7	293	Hg（液）	485	293
正辛醇（液/水）	8.5	293	Hg（液/水）	415	293
正辛酮（液）	27.5	293	KCl（固）	110	298
正己烷（液/水）	51.1	293	MgO（固）	1 200	298
正己烷（液）	18.4	293	CaF_2（固）	450	78
正辛烷（液/水）	50.8	293	He（液）	0.308	2.5
正辛烷（液）	21.8	293	Xe（液）	18.6	163

　　同一种物质与不同性质的其他物质接触时，表面层中分子所处力场不同，导致表面（界面）张力出现明显差异。一般液-液界面张力介于该两种液体表面张力之间。

5.3.2　温度的影响

　　(i)表面张力一般随温度升高而降低。这是由于随温度升高，液体与气体的体积质量差减小，使表面层分子受指向液体内部的拉力减小。对于非极性非缔合的有机液体，其 σ 与 T 有如下线性经验关系式：

$$\sigma\left(\frac{M_B}{\rho_B}\right)^{2/3} = k'(T_c - T - 6\,\mathrm{K}) \tag{5-11a}$$

式中，M_B、ρ_B 为液体 B 的摩尔质量及体积质量；T_c 为临界温度；k' 为经验常数。对于许多有机化合物，σ 是 T 的线性函数：

$$\sigma = a + bT \tag{5-11b}$$

式中，a、b 在有机化学手册或物理化学手册中可以查到。

　　(ii)温度对金属表面张力的影响。表 5-2 列出若干金属的 σ 及 $-\dfrac{\mathrm{d}\sigma}{\mathrm{d}t}$。

表 5-2　　　　　　　　　　各种金属的表面张力[①]

金属	$\dfrac{-\mathrm{d}\sigma}{\mathrm{d}t}/(10^{-3}\mathrm{N}\cdot\mathrm{m}^{-1}\cdot\mathrm{K}^{-1})$	$t/℃$	$\sigma/(10^{-3}\mathrm{N}\cdot\mathrm{m}^{-1})$	金属	$\dfrac{-\mathrm{d}\sigma}{\mathrm{d}t}/(10^{-3}\mathrm{N}\cdot\mathrm{m}^{-1}\cdot\mathrm{K}^{-1})$	$t/℃$	$\sigma/(10^{-3}\mathrm{N}\cdot\mathrm{m}^{-1})$
Fe	0.35	1 550	1 850	Ti	0.26	1 720	1 330
Al	0.14	700	850	Si	0.09	1 550	750
Mn	0.31	1 550	1 000	Co	0.40	1 550	1 830
Ni	0.39	1 500	1 750	Zr	0.20	880	1 330
W	0.29	3 377	2 500	Mo	—	2 607	2 220

　　① 陈襄武. 钢铁冶金物理化学. 北京:冶金工业出版社,1990.

　　从表 5-2 可见，金属元素的熔点愈高，则其 σ 愈大。以 σ_T 和 σ_0 分别表示金属在温度 T 和熔点 T_0 时的表面张力，$\mathrm{d}\sigma/\mathrm{d}T$ 表示表面张力的温度系数，则 σ 和 T 的关系可表示为

$$\sigma_T = \sigma_0 + \frac{\mathrm{d}\sigma}{\mathrm{d}T}(T - T_0) \tag{5-11c}$$

因一般金属元素的 $\mathrm{d}\sigma/\mathrm{d}T < 0$，故随温度的升高，金属元素的 σ 几乎线性下降。

5.3.3 压力的影响

表面张力一般随压力增加而下降。这是由于随压力增加,气相体积质量增大,同时气体分子更多地被液面吸附,并且气体在液体中溶解度也增大,以上三种效果均使 σ 下降。

5.3.4 系统组成的影响

系统的组成对系统的表面张力有显著影响,以下分几种情况讨论。

(i)以水为溶剂,溶入醇、酚、有机酸、有机胺以及表面活性剂等,可降低水的表面张力;溶入无机盐,无机酸、碱,可以增大水的表面张力;

(ii)对于铁基合金,除金属 W 之外,几乎所有的合金元素和杂质元素均为表面活性物质。如 S 和 O 对 Fe(l) 表面张力的影响为

$$\sigma_{Fe-S}=1\ 880-2\ 178\ln(1+3x_{[S]})-41.3\ln(1+x_{[S]})$$

$$\sigma_{Fe-O}=1\ 880-551.2\ln(1+65x_{[O]})-6.52\ln(1+x_{[O]})$$

Fe(l) 中加入第二组分对 Fe(l) 表面张力的影响如图 5-4 所示。从图中可以看出,对于 Fe(l),C、Si、N 并非为表面活性物质,而 O、S、Se 则具有很好的表面活性。

需要说明的是,纯的 Fe-C 合金中 C 不是表面活性物质,随 T 的升高,纯 Fe-C 合金的 σ 增大,其 $d\sigma/dT>0$;只有 Fe-C 合金中溶有 S 元素时,其表面张力才下降,这是由于 C 的存在可提高 S 在 Fe-C 合金液中的活度,促使其在表面吸附,在这里 S 是表面活性物质。

(iii)熔渣的表面张力

对熔融氧化物表面张力的研究,无论在理论上还是在实验测定上都较纯金属为少,这是由于其系统的复杂性所致。一些金属冶炼中常用氧化物的表面张力见表 5-3。

表 5-3 熔融金属氧化物的表面能力

化合物	$t/℃$	$\sigma/(10^{-3}N\cdot m^{-1})$	化合物	$t/℃$	$\sigma/(10^{-3}N\cdot m^{-1})$
Al_2O_3	2 050	690	CaF_2	1 400	280
FeO	1 400/1 450	580/670	SiO_2	1 750~1 800	400

向 FeO 中加入各种氧化物,其表面张力变化如图 5-5 所示。

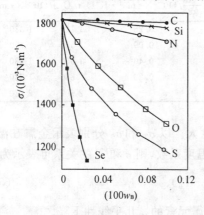

图 5-4 Fe(l) 中加入第二组分引起的
表面张力的变化

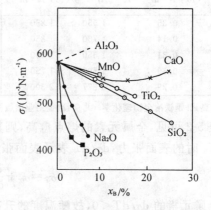

图 5-5 各种氧化物对 FeO 的
表面张力的影响(1 400 ℃)

熔渣的表面张力有加合性,表示式为

$$\sigma = \sum x_B F_B \tag{5-11d}$$

其中,σ 为熔渣的表面张力,x_B 为渣中组分 B 的摩尔分数,F_B 为组分 B 的 σ 因子。一些氧化物的 F_B 见表 5-4。

表 5-4　　　　　　　　　　　　一些氧化物的 σ 因子

氧化物	$F_B/(10^{-3}N \cdot m^{-1})$		适用 x_B 范围	氧化物	$F_B/(10^{-3}N \cdot m^{-1})$		适用 x_B 范围
	1 400 ℃	1 500 ℃	$x_B/\%$		1 400 ℃	1 500 ℃	$x_B/\%$
CaO	614	586	34～50	MgO	512	502	46～51
MnO	653	641	48～67	TiO$_2$	380	—	0～18
FeO	570	560	60～77	SiO$_2$	181	203	33～50

熔渣的 σ 随温度的升高而增大。这是由于温度升高能使硅酸离子的缔合度减小而成为小的阴离子,从而增大其静电引力,加强对正离子的作用。

(iv)渣-钢间的界面张力 $\sigma_{M\text{-}S}$

渣-钢间的 $\sigma_{M\text{-}S}$ 与两相的相互作用的性质有关,$\sigma_{M\text{-}S}$ 总小于金属或渣的表面张力,这是由于相对于气-液和气-固界面而言,液-固界面层分子间相互作用更强。界面张力的大小还取决于相间化学成分。相互接触的两相的分子性质愈相近,则界面张力愈小。极限情况下,界面张力有可能变为负值,这是由于不同组分分子间的相互作用力大于同组分分子间的相互作用力而使两相互溶所致。

①$\sigma_{M\text{-}S}$ 与渣成分的关系

不溶于金属的或溶解度很小的成分,如 CaO、SiO$_2$、Al$_2$O$_3$ 等对 $\sigma_{M\text{-}S}$ 影响不大;

能在渣-钢间分配的成分,如 FeO、MnO、FeS 等对 $\sigma_{M\text{-}S}$ 影响很大。

②$\sigma_{M\text{-}S}$ 与金属成分的关系

实际上,不进入渣相的成分,如 C、W、Mo、Ni 等对 $\sigma_{M\text{-}S}$ 影响很小,而那些内聚力小又能进入渣相的成分,如 Si、Mn、Cr、P 等对 $\sigma_{M\text{-}S}$ 影响很大;另外,有很高界面活性的元素,如 S 和 O 对 $\sigma_{M\text{-}S}$ 的影响较大。

Ⅱ　液体表面的热力学性质

5.4　弯曲液面的附加压力

弯曲液面可分为两种:凸液面(如气相中的液滴)和凹液面(如液体中的气泡),如图 5-6 所示为球形弯曲液面。

由于弯曲液面及表面张力的作用,弯曲液面的两侧存在一压力差 Δp,称为弯曲液面的**附加压力**(excess pressure),如图 5-7 所示。Δp 的定义为

$$\Delta p \stackrel{\text{def}}{=\!=} p_\alpha - p_\beta \tag{5-12}$$

式中,p_α 和 p_β 分别代表弯曲液面两侧 α 相和 β 相的压力。

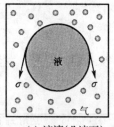
(a) 液滴(凸液面)

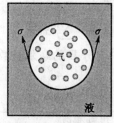
(b) 气泡(凹液面)

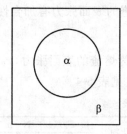

图 5-6　球形弯曲液面

图 5-7　α、β 两相平衡

由高度分散系统的热力学基本方程式(5-7)，对纯物质，有 $\mathrm{d}A = -S\mathrm{d}T - p\mathrm{d}V + \sigma\mathrm{d}A_s$。应用于如图 5-7 所示的 α、β 两相平衡系统，则有

$$\mathrm{d}A = \mathrm{d}A_\alpha + \mathrm{d}A_\beta + \sigma\mathrm{d}A_s = -S_\alpha\mathrm{d}T_\alpha - p_\alpha\mathrm{d}V_\alpha - S_\beta\mathrm{d}T_\beta - p_\beta\mathrm{d}V_\beta + \sigma\mathrm{d}A_s$$

定温时

$$\mathrm{d}A = -p_\alpha\mathrm{d}V_\alpha - p_\beta\mathrm{d}V_\beta + \sigma\mathrm{d}A_s$$

当系统的总体积不变时(定容)

$$\mathrm{d}V = \mathrm{d}V_\alpha + \mathrm{d}V_\beta = 0$$

则

$$\mathrm{d}V_\alpha = -\mathrm{d}V_\beta$$

由平衡条件，$\mathrm{d}A_{T,V} = 0$，即

$$-p_\alpha\mathrm{d}V_\alpha + p_\beta\mathrm{d}V_\alpha + \sigma\mathrm{d}A_s = 0$$

当 α 相为球状(液滴或气泡)，半径为 r_α 时，有 $V_\alpha = \dfrac{4}{3}\pi r_\alpha^3$，$A_s = 4\pi r_\alpha^2$，则

$$\mathrm{d}V_\alpha = 4\pi r_\alpha^2 \mathrm{d}r_\alpha$$

$$\mathrm{d}A_s = 8\pi r_\alpha \mathrm{d}r_\alpha$$

代入上式，整理得

$$\Delta p = p_\alpha - p_\beta = \frac{2\sigma}{r_\alpha} \tag{5-13}$$

式(5-13)称为杨-拉普拉斯方程(Young-Laplace equation)。

式(5-13)表明，σ 越大，液滴或气泡越小(即半径 r_α 越小)，Δp 越大。

数学上定义曲率半径 r 为正值[①]。于是由杨-拉普拉斯方程可得：

若 α 为液相，β 为气相，即液面为凸面：因为 $\Delta p > 0$，所以 $p_l > p_g$，附加压力指向液体[图 5-8(a)]；

若 α 为气相，β 为液相，即液面为凹面：因为 $\Delta p > 0$，所以 $p_l < p_g$，附加压力指向气体[图 5-8(b)]；

液面为平面：$r = \infty$，$\Delta p = 0$，$p_l = p_g$[图 5-8(c)]。

可见，附加压力 Δp 总是指向球体的球心(或曲面的曲心)。

对任意弯曲液面，若其形状由两个曲率半径 r_1 和 r_2 决定，则式(5-13)变为

---

① 按数学上有关曲率半径的定义 $r = \dfrac{1}{K}$，K 为曲率，$K \overset{\text{def}}{=} \dfrac{|f''(x)|}{[1 + f'^2(x)]^{3/2}}$，故 r 永为正值，见同济大学编，高等数学(第五版)第 171-172 页。有些物理化学教材规定凹面的曲率半径 $r < 0$，请读者阅读时注意这一差别。

$$\Delta p = \sigma\left(\frac{1}{r_1} + \frac{1}{r_2}\right) \tag{5-14}$$

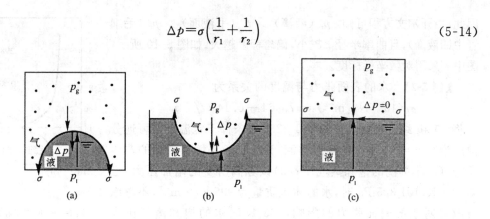

图 5-8 附加压力方向示意图

【例 5-1】 试解释为什么自由液滴或气泡（即不受外加力场影响时）通常都呈球形。

解 若自由液滴或气泡呈现不规则形状，如图 5-9 所示，则在曲面上的不同部位，曲面的弯曲方向及曲率各不相同，产生的附加压力的方向和大小也不同。在凸面处附加压力指向液滴内部，而凹面处附加压力的指向则相反，这种不平衡力必迫使液滴自动调整形状，最终呈现球形。因为只有呈现球形，球面的各点曲率才相同，各处的附加压力也相同，液滴或气泡才会稳定存在。

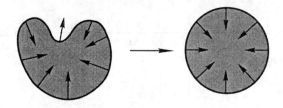

图 5-9 不规则自由液滴或气泡自发呈球形

5.5 弯曲液面的饱和蒸气压

平液面的饱和蒸气压只与物质的本性、温度及压力有关，而弯曲液面的饱和蒸气压不仅与物质的本性、温度及压力有关，而且还与液面弯曲程度（曲率半径 r 的大小）有关。由热力学推导，可以得出液面的曲率半径 r 对蒸气压影响的关系式如下：

$$\ln\frac{p_r^*}{p^*} = \frac{2\sigma}{r}\frac{M_B}{\rho_B RT} \quad （凸液面） \tag{5-15}$$

及

$$\ln\frac{p_r^*}{p^*} = -\frac{2\sigma}{r}\frac{M_B}{\rho_B RT} \quad （毛细管中凹液面） \tag{5-16}$$

式中，p^*，p_r^* 为纯物质平液面及弯曲液面的饱和蒸气压；M_B、ρ_B 为液体的摩尔质量及体积质量；σ 为液体的表面张力；r 为弯曲液面的曲率半径。式（5-15）及式（5-16）称为**开尔文方程**（Kelvin equation）。

对小液滴，由式（5-15），

$$r > 0,\ \ln(p_r^*/p^*) > 0,\ p_r^* > p^*$$

对毛细管中凹液面，由式（5-16），

$$r > 0,\ \ln(p_r^*/p^*) < 0,\ p_r^* < p^*$$

因此,由开尔文方程可知,p_r^*(液滴)$>p^*$(平液面)$>p_r^*$(毛细管中凹液面),且曲率半径 r 越小,偏离程度越大。如图 5-10 所示,图中 r 采用对数坐标标度。

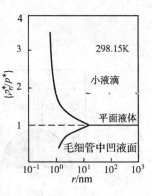

图 5-10　曲率半径对水的蒸气压的影响

【例 5-2】　水的表面张力与温度的关系为

$$\sigma/(10^{-3}\ \mathrm{N \cdot m^{-1}}) = 75.64 - 0.14\ (t/℃)$$

今将 10 kg 纯水在 303 K 及 101 325 Pa 条件下定温定压可逆分散成半径 $r = 10^{-8}$ m 的球形雾滴,计算:(1)环境所消耗的非体积功;(2)小雾滴的饱和蒸气压;(3)该雾滴所受的附加压力(已知 303 K、101 325 Pa 时,水的体积质量为 995 $\mathrm{kg \cdot m^{-3}}$,不考虑分散度对水的表面张力的影响,303 K 时水的饱和蒸气压为 4 242.9 Pa)。

解　(1)本题非体积功即表面功 $W_r' = \sigma \Delta A_s$

$$\sigma/(10^{-3}\ \mathrm{N \cdot m^{-1}}) = 75.64 - 0.14 \times (303 - 273) = 71.44$$

设雾滴半径为 r,个数为 N,则总表面积 A_s 为

$$\Delta A_s \approx N \times 4\pi r^2 = \frac{10\ \mathrm{kg} \times 4\pi r^2}{\frac{4}{3}\pi r^3 \rho_B} = 3 \times 10\ \mathrm{kg}/r\rho_B$$

所以

$$W_r' = \frac{3 \times 10\ \mathrm{kg} \times 71.44 \times 10^{-3}\ \mathrm{N \cdot m^{-1}}}{10^{-8}\ \mathrm{m} \times 995\ \mathrm{kg \cdot m^{-3}}} = 215\ \mathrm{kJ}$$

(2)依据开尔文方程式(5-15),

$$\ln\frac{p_r^*}{p^*} = \frac{2\sigma M_B}{r\rho_B RT} =$$

$$\frac{2 \times 71.44 \times 10^{-3}\ \mathrm{N \cdot m^{-1}} \times 18 \times 10^{-3}\ \mathrm{kg \cdot mol^{-1}}}{10^{-8}\ \mathrm{m} \times 995\ \mathrm{kg \cdot m^{-3}} \times 8.314\ 5\ \mathrm{J \cdot mol^{-1} \cdot K^{-1}} \times 303\ \mathrm{K}} = 0.102\ 6$$

所以

$$\frac{p_r^*}{p^*} = 1.108\ 1$$

$$p_r^* = 1.108\ 1 \times 4\ 242.9\ \mathrm{Pa} = 4\ 701.6\ \mathrm{Pa}$$

(3)　　$$\Delta p = \frac{2\sigma}{r} = \frac{2 \times 71.44 \times 10^{-3}\ \mathrm{N \cdot m^{-1}}}{1 \times 10^{-8}\ \mathrm{m}} = 1.43 \times 10^7\ \mathrm{Pa}$$

【例 5-3】　20 ℃时,苯的蒸气结成雾,雾滴(为球形)半径 $r = 10^{-6}$ m,20 ℃ 时苯的表面张力 $\sigma = 28.9 \times 10^{-3}\ \mathrm{N \cdot m^{-1}}$,体积质量 $\rho_B = 879\ \mathrm{kg \cdot m^{-3}}$,苯的正常沸点为 80.1 ℃,摩尔汽化焓 $\Delta_{vap}H_m^* = 33.9\ \mathrm{kJ \cdot mol^{-1}}$,且可视为常数。计算 20 ℃ 时苯雾滴的饱和蒸气压。

解　设 20 ℃ 时,苯为平液面时的蒸气压为 p_B^*,正常沸点时的大气压力为 101 325 Pa,则由克-克方程:

$$\ln\frac{p_B^*}{101\ 325\ \mathrm{Pa}} = -\frac{\Delta_{vap}H_m^*}{R}\left(\frac{1}{293.15\ \mathrm{K}} - \frac{1}{353.25\ \mathrm{K}}\right)$$

将 $\Delta_{vap}H_m^*$ 和 R 值代入上式,求出

$$p_B^* = 9\ 151\ \mathrm{Pa}$$

设 20 ℃时,半径 $r = 10^{-6}$ m 的雾滴表面的蒸气压为 $p_{B,r}^*$,依据开尔文方程得

$$\ln \frac{p_{B,r}^*}{p_B^*} = \frac{2\sigma M_B}{rRT\rho_{B,r}}$$

所以　$\ln \dfrac{p_{B,r}^*}{9\ 151\ Pa} =$

$$\frac{2 \times 28.9 \times 10^{-3}\ N \cdot m^{-1} \times 78.0 \times 10^{-3}\ kg \cdot mol^{-1}}{10^{-6}\ m \times 8.314\ 5\ J \cdot mol^{-1} \cdot K^{-1} \times 293.15\ K \times 879\ kg \cdot m^{-3}} = 2.10 \times 10^{-3}$$

解得　　　　　　　　　　　　$p_{B,r}^* = 9\ 170\ Pa$

5.6　润湿及其类型

5.6.1　润　湿

润湿（wetting）是指固体表面上的气体（或液体）被液体（或另一种液体）取代的现象。其热力学定义是：固体与液体接触后，系统的吉布斯自由能降低（即 $\Delta G < 0$）的现象。润湿类型有三种：**沾附润湿**（adhesion wetting）、**浸渍润湿**（dipping wetting）、**铺展润湿**（spreading wetting）。其区别在于被取代的界面不同，因而单位界面自由能 σ 的变化亦不同。如图5-11所示。

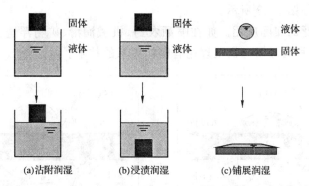

图 5-11　润湿的三种形式

设被取代的界面为单位面积，单位界面自由能分别为 $\sigma(s/g)$、$\sigma(l/g)$ 及 $\sigma(s/l)$，则三种润湿过程，系统在定温、定压下吉布斯自由能的变化分别为

$$\Delta G_{a,w} = \sigma(s/l) - [\sigma(s/g) + \sigma(l/g)] \tag{5-17}$$

$$\Delta G_{d,w} = \sigma(s/l) - \sigma(s/g) \tag{5-18}$$

$$\Delta G_{s,w} = [\sigma(s/l) + \sigma(l/g)] - \sigma(s/g)① \tag{5-19}$$

下标"a,w"、"d,w"、"s,w"分别表示沾附润湿、浸渍润湿和铺展润湿。利用式（5-17）～ 式（5-19）可以判断定温、定压下三种润湿能否自发进行。例如，若 $\sigma(s/g) > [\sigma(s/l) + \sigma(l/g)]$ 则 $\Delta G_{s,w} < 0$，液体可自行铺展于固体表面上。由式（5-17）～ 式（5-19）还可以看出，对于指定系统，有

$$-\Delta G_{s,w} < -\Delta G_{d,w} < -\Delta G_{a,w}$$

因此对于指定系统，在定 T、p 下，若能发生铺展润湿，必能进行浸湿，更易进行沾湿。定义：

---

①　由于液滴很小，液滴与气相间的 $\sigma(l/g)$ 被忽略。

$$s \stackrel{\text{def}}{=\!=\!=} \sigma(\text{s/g}) - [\sigma(\text{s/l}) + \sigma(\text{l/g})] \qquad (5\text{-}20)$$

s 称为**铺展系数**(spreading coefficient)。显然,若 $s > 0$,则液体可自行铺展于固体表面。两种液体接触后能否铺展,同样可用 s 来判断。

5.6.2 接触角(润湿角)

1. 接触角的定义及意义

液体在固体表面上的润湿现象还可用接触角来描述。如图 5-12 所示。

由接触点 O 沿液-气界面作的切线 OP 与固-液界面 ON 间的夹角 θ 称为**接触角**(contact angle),或叫**润湿角**。当液体对固体润湿达平衡时,则在 O 点处必有

$$\sigma(\text{s/g}) = \sigma(\text{s/l}) + \sigma(\text{l/g})\cos\theta \qquad (5\text{-}21)$$

此式称为**杨**(Young)**方程**。

习惯上,$\theta < 90°$ 为润湿,$\theta > 90°$ 为不润湿。气体对固体"润湿"可用 θ 的补角 $\theta'(= 180° - \theta)$ 来衡量。$\theta' < 90°(\theta > 90°)$,固体为气体所"润湿",不为液体润湿,$\theta' > 90°(\theta < 90°)$,固体不为气体所润湿,而为液体润湿。如图 5-13 所示。

图 5-12 接触角(润湿角) θ

润湿作用有广泛的实际应用。如在喷洒农药、机械润滑、矿物浮选、注水采油、金属焊接、印染及洗涤等方面皆涉及与润湿理论有密切关系的技术。

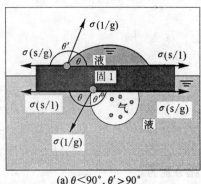

(a) $\theta < 90°$,$\theta' > 90°$

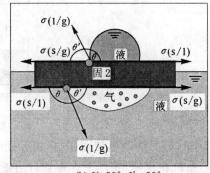

(b) $\theta > 90°$,$\theta' < 90°$

图 5-13 θ 与 θ' 的相互关系

【**例 5-4**】 氧化铝瓷件上需要披银,当烧到 1 000 ℃时,液态银能否润湿氧化铝瓷件表面? 已知 1 000 ℃时 $\sigma[\text{Al}_2\text{O}_3(\text{s})/\text{g}] = 1 \times 10^{-3} \text{ N} \cdot \text{m}^{-1}$;$\sigma[\text{Ag}(\text{l})/\text{g}] = 0.92 \times 10^{-3} \text{ N} \cdot \text{m}^{-1}$;$\sigma[\text{Ag}(\text{l})/\text{Al}_2\text{O}_3(\text{s})] = 1.77 \times 10^{-3} \text{ N} \cdot \text{m}^{-1}$。

解 方法(1):根据式(5-21),

$$\cos\theta = \frac{\sigma(\text{s/g}) - \sigma(\text{s/l})}{\sigma(\text{l/g})} = \frac{(1 \times 10^{-3} - 1.77 \times 10^{-3})\text{N} \cdot \text{m}^{-1}}{0.92 \times 10^{-3} \text{ N} \cdot \text{m}^{-1}} = -0.837$$

$$\theta = 147° > 90°$$

所以不润湿。

方法(2):根据式(5-20),

$$s = \sigma(\text{s/g}) - \sigma(\text{s/l}) - \sigma(\text{l/g}) = (1 - 1.77 - 0.92) \times 10^{-3} \text{ N} \cdot \text{m}^{-1} =$$

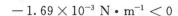

$$-1.69 \times 10^{-3} \text{ N} \cdot \text{m}^{-1} < 0$$

所以不润湿。

2. 影响接触角的因素

由式(5-21)知,接触角 θ 与研究系统的 $\sigma(\text{s/g})$、$\sigma(\text{s/l})$ 和 $\sigma(\text{l/g})$ 有关,因而凡是能影响上述三个界面张力的因素都有可能影响到接触角 θ。

(1)接触相的性质

对于同一种液体,和不同的固相接触,分子间作用力不同,$\sigma(\text{s/g})$ 和 $\sigma(\text{s/l})$ 不同,因而 θ 会有所不同,表 5-5 列出若干系统的 θ 值。从表 5-5 中数据判断,金属 $Fe(\text{l})$、$Co(\text{l})$ 及 $Ni(\text{l})$ 对 $TiC(\text{s})$ 可以很好地润湿($\theta < 90°$);对 $WC(\text{s})$ 则可以铺展($\theta = 0°$);$Fe(\text{l})$ 和 $Co(\text{l})$ 对 $TiN(\text{s})$ 为不润湿($\theta > 90°$);$Fe(\text{l})$ 对 $Al_2O_3(\text{s})$ 和 $SiO_2(\text{s})$ 为不润湿,尤其对 $Al_2O_3(\text{s})$ 几乎为完全不润湿($\theta \approx 180°$)。所以,接触相变了,接触角 θ 会有较大改变。物质的这一性质在实践中有重要应用。例如,蒸气在换热器管内流动时总不免有少许冷凝,若冷凝液可以润湿管壁,则会在管壁上形成一层不流动的液膜,影响换热效率。实践中,要改变管壁性质,使其与水完全不润湿,即使水与管壁的接触角接近 $180°$,使冷凝液变成液滴离开管壁,这就是新发展起来的"滴状冷凝"技术。再如,金属铸造时,砂模与金属液体之间的接触角 θ 不能太小,也不能太大。因为 θ 太小,会使钢水渗入砂模中形成铸造毛刺难以除去;而 θ 太大则会造成边角处润湿不好,从而造成尺寸不合格,产生废品。所以生产上一定要选择合适的型砂配比,并在表面涂以涂层,保证铸件质量。

表 5-5　　　　　　　　　　　固体化合物与液体金属的接触角

化合物	$M(\text{l})$	$t/℃$	气氛	$\theta/(°)$	化合物	$M(\text{l})$	$t/℃$	气氛	$\theta/(°)$
TiC	Fe	1 550	真空	45	TiN	Fe	1 550	真空	100
	Co	1 450	真空	30		Co	1 550	真空	104
	Ni	1 500	真空	38		Ni	1 550	真空	70
WC	Fe	1 490	真空	0	Al_2O_3	Fe	1 550	真空	170
	Co	1 420	真空	0	SiO_2	Fe	1 550	N_2	115
	Ni	1 380	真空	0					

(2)液相组成

以水为例,在水中溶入肥皂或洗衣粉,可以使水的表面张力降低,而在水中溶入无机盐,则可以使水的表面张力升高;当固相确定后,可以通过改变液相表面张力的方法改变液体对所选固体的润湿状态,即改变接触角 θ。

农药和化肥是农业上应用的两类化工产品,但许多农药和化肥的水溶液不能很好地润湿植物叶子,因而当直接把它们喷洒在叶面上时,既造成浪费又影响植物吸收效果。科技人员通过选用适当的表面活性物质作为分散剂,把农药和化肥配成对植物叶子可以铺展的溶液,喷洒到叶面上,既喷洒均匀又利于叶面吸收。在此,溶液与叶面的接触角应尽量趋于 $0°$。

采矿场选矿时先把矿石研磨成细粉,然后用浮选的方法把岩石和矿石分开。原理就是利用液体与岩石和矿石的润湿情况不同,对于所用的浮选液,岩石为铺展润湿,接触角 $\theta = 0°$,因而沉于水底;而矿石粉末的接触角 $\theta \approx 75°$,于是,被吸附在泡沫上,通过分离而被富集。在这里,如何根据不同的矿石选取合适的表面活性剂是关键。

表 5-6 列出了铸铁铁水中硫含量及温度不同时,$Fe(\text{l})$ 与石墨之间 θ 的变化。

表 5-6　　　　铸铁铁水中的硫含量及温度对 θ 的影响（接触固相：石墨）

[100w(S)]	θ/(°)			[100w(S)]	θ/(°)		
	1 200 ℃	1 300 ℃	1 400 ℃		1 200 ℃	1 300 ℃	1 400 ℃
0.010	111	105	102	0.081	114	103	101
0.028	120	107	102	0.130	123	101	99
0.043	106	106	98				

（3）温度

温度的变化可以改变界面的表面张力，从而改变接触角 θ。从表 5-6 可以看出，在其他条件相同时，升高温度使 θ 减小，润湿程度增大。

5.7　毛细管现象

将毛细管插入液面后，会发生液面沿毛细管上升（或下降）的现象，称为**毛细管现象**。若液体能润湿管壁，即 $\theta < 90°$，管内液面将呈凹形，此时液体在毛细管中上升，如图 5-14(a) 所示，反之，若液体不能润湿管壁，即 $\theta > 90°$，管内液面将呈凸形，此时液体在毛细管中下降，如图 5-14(b) 所示。

产生毛细管现象的原因是毛细管内的弯曲液面存在附加压力 Δp。以毛细管上升为例，由于 Δp 指向大气，使得管内凹液面下的液体承受的压力小于管外水平液面下液体所承受的压力，故液体被压入管内，直到上升的液柱产生的静压力 $\rho_B gh$ 等于 Δp 时，达到力的平衡态，即

$$\rho_B gh = \Delta p = \frac{2\sigma}{r} \tag{5-22}$$

由图 5-15 可以看出，润湿角 θ 与毛细管半径 R 及弯曲液面的曲率半径 r 间的关系为

$$\cos\theta = \frac{R}{r}$$

将此式代入式(5-22)，可得到液体在毛细管内上升（或下降）的高度：

$$h = \frac{2\sigma\cos\theta}{\rho_B gR} \tag{5-23}$$

式中，σ 为液体表面张力；ρ_B 为液体体积质量；g 为重力加速度。

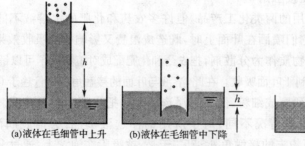

(a)液体在毛细管中上升　　(b)液体在毛细管中下降

图 5-14　毛细管现象　　　　5-15　毛细管半径 R 与液面
　　　　　　　　　　　　　　　　曲率半径 r 的关系

Ⅲ　新相生成的热力学及动力学

5.8　新相生成与亚稳状态

5.8.1　新相生成

新相生成是指在系统中原有的旧相内生成新的相态。例如,从蒸气中凝结出小液滴,从液相中形成小气泡,从溶液中结晶出小晶体等都是新相生成过程。这些新相生成过程,在没有其他杂质存在下,通常分为两步:首先要形成新相种子核心,即由若干数目的旧相中的分子集合成分子集团——核的形成过程;然后分子集团再进一步长大成为小气泡、小液滴、小晶体——核的成长过程。由于在旧相中形成新相,产生相界面,且为高度分散系统,因此有巨大的界面能,系统的能量明显提高。从热力学上看,这一过程是不可能自发进行的,故新相生成在热力学及动力学上往往出现困难,从而常出现过饱和、过热、过冷等界面现象。

5.8.2　亚稳状态

一定温度下,当 B 的蒸气分压超过该温度下 B 的饱和蒸气压,而蒸气仍不凝结的现象,叫**蒸气的过饱和现象**(supersaturated phenomena of vapor),此时的蒸气称为**过饱和蒸气**(supersaturated vapor)。

在一定温度、压力下,当溶液中溶质的浓度已超过该温度、压力下溶质的溶解度,而溶质仍不析出的现象,叫**溶液的过饱和现象**(supersaturated phenomena of solution),此时的溶液称为**过饱和溶液**(supersaturated solution)。

在一定的压力下,当液体的温度高于该压力下液体的沸点,而液体仍不沸腾的现象,叫**液体的过热现象**(superheated phenomena of liquid),此时的液体称为**过热液体**(superheated liquid)。

在一定的压力下,当液体的温度已低于该压力下液体的凝固点,而液体仍不凝固的现象,叫**液体的过冷现象**(supercooled phenomena of liquid),此时的液体称为**过冷液体**(supercooled liquid)。

上述过饱和蒸气、过饱和溶液、过热液体、过冷液体所处的状态均属**亚稳状态**(metastable state),它们不是热力学平衡态,不能长期稳定存在,但在适当条件下能稳定存在一段时间,故称为亚稳状态。

5.9　新相生成的热力学与动力学

5.9.1　新相生成的热力学

现以从过饱和蒸气中生成小液滴的过程为例来讨论新相生成的热力学。

设有 N 个压力为 p 的过饱和蒸气中的分子 B,凝结为半径为 r 的小液滴 B_N,过程可表

示为

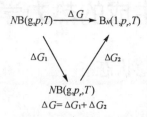

$$NB(g,p,T) \xrightarrow{\Delta G} B_N(1,p_r,T)$$

$$\Delta G_1 \searrow \qquad \nearrow \Delta G_2$$

$$NB(g,p_r,T)$$

$$\Delta G = \Delta G_1 + \Delta G_2$$

若蒸气可视为理想气体,过程 1 为理想气体定温变压过程,由式(1-120),则 $\Delta G_1 = \frac{N}{L}RT\ln\frac{p_r}{p}$($L$ 为阿伏加德罗常量),若温度 T 下液体 B 的体积质量为 ρ_B,则 $N = \frac{4\pi r^3 \rho_B L}{3M_B}$,于是

$$\Delta G_1 = \frac{4}{3}\frac{\pi r^3 \rho_B}{M_B}RT\ln\frac{p_r}{p}$$

过程 2 为定温、定压下的可逆相变,若不考虑界面效应,则 $\Delta G_2 = 0$,若考虑界面效应,则在定温、定压下,由高度分散系统的热力学基本方程 $dG = -SdT + Vdp + \sigma dA_s = \sigma dA_s$,于是 $\Delta G_2 = \sigma \Delta A_s = 4\pi r^2 \sigma$,得

$$\Delta G = \frac{4}{3}\frac{\pi r^3 \rho_B}{M_B}RT\ln\frac{p_r}{p} + 4\pi r^2 \sigma$$

可以看出,在定温下,过程的 ΔG 除与小液滴的饱和蒸气压 p_r 及界面张力 σ 有关外,主要与液滴半径有关。

若以 ΔG 为纵坐标,半径 r 为横坐标,作 ΔG-r 图,当 $p_r < p$ 时,如图 5-16 所示。

图 5-16 表明,ΔG-r 的关系较为复杂。当 r 较小时,ΔG 随 r 的增大而增大。当 r 达到某一特定值时,ΔG 达最大;此后,若 r 再增大,则 ΔG 急剧减小。习惯上,把 ΔG 极大所对应的 r 用 r_c 表示,r_c 称为**临界半径**(critical radius)。当 $r < r_c$ 时,$\frac{d(\Delta G)}{dr} > 0$,即核增大时系统的吉布斯函数增大,过程不能自发进行;当 $r > r_c$ 时,$\frac{d(\Delta G)}{dr} < 0$,即核增大时,系统的吉布斯函数减小,过程可自发进行。所以,只有生成的新相核心的半径 r 大于 r_c 时,核心才能稳定存在并继续成长增大。

还可看出,蒸气的过饱和程度越大,即 p 比 p_r 超出越多,则 ΔG_1 越负,r_c 也愈小,产生新相的核心就越易形成。

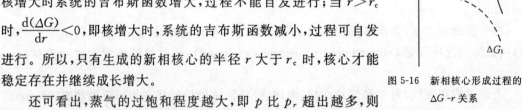

图 5-16　新相核心形成过程的 ΔG-r 关系

5.9.2　新相生成的动力学

亚稳状态之所以能够出现,有热力学及动力学两方面的原因。

从热力学上看,上述所有过程都涉及从原有的旧相中产生新相的过程,使原有的一般热力学系统变成一个瞬时存在的高度分散系统。由 $dG = -SdT + Vdp + \sigma dA_s$ 分析,定温、定压下,上述过程 $dG_{T,p} = \sigma dA_s > 0$,是一个非自发过程。

一个热力学上不能自发发生的过程,实际上是怎样发生的呢? 一种观点认为,系统内密度的局部涨落是其统计学原因。在过热液体中,某一个微区内密度的局部降低,造成一个局部的负压状态,导致液体汽化,形成气泡;同样,在过热蒸气中,由于局部微区内密度的增大,导致无数个气体分子相互碰撞形成一个液滴……不论形成的是气泡还是液滴,一旦出现了新相核心,则核心的长大就是动力学起作用了。

从动力学上看,上述过程新相核心的形成速率与新相核心的半径 r 有如下关系:

$$新相生成速率 \propto r^2 \exp(-Br^2) \tag{5-24}$$

式中,B 为经验常数。式(5-24)表明,新相生成速率会随 r 的增加而经过一个极大值,最大速率对应的 r 称为**临界半径**(critical radius),只有能克服由临界半径所决定的能垒的那些分子才能聚到核上,而长大成新相。

在日常生活、生产和科学实验中常遇到蒸气的过饱和、液体的过热或过冷等现象,往往需要人们根据有关原理去解决相应的问题。例如,人工增雨的原理是,当云层中的水蒸气达到饱和或过饱和状态时,为增加降雨量,人们用飞机将 AgBr 溶液喷洒到积雨云层中,AgBr 见光分解出 Ag(s)颗粒,该 Ag(s)颗粒立即作为新相的核心,$H_2O(g)$ 在其上冷凝并长大,作为雨落下;也可用高射炮将干冰(即 CO_2 固体)"打到"云层中,以增大蒸气的过饱和度,促使新相(液滴)形成,从而达到增雨的目的。又如,在一些科学实验中,为了防止被加热的液体过热造成暴沸,常在液体中预先投入一些素烧瓷管或毛细管,因为这些多孔性物质的孔中储有气体,可作为新相(气泡)形成的种子,从而避免过热,防止暴沸现象的发生。再如,在盐类结晶操作时,为防止由于过饱和程度太大,而形成微细晶粒,造成过滤或洗涤的困难,影响产品质量,则采取事先向结晶器中投入晶种的方法,获得大颗粒的盐的晶体。还有,为了改善金属的晶体结构性能,常采取**淬火**(quenching)等**热处理**(heat treatment)措施。

Ⅳ　吸附作用

5.10　溶液界面上的吸附

5.10.1　溶液的表面张力

当溶剂中加入溶质成为溶液后,比之纯溶剂,溶液的表面张力会发生改变,或者升高或者降低。如图 5-17 所示,在水中加入无机酸、碱、盐及蔗糖和甘油等,使水的 σ 略为升高(曲线Ⅰ);加入有机酸、醇、醛、醚、酮等,使水的 σ 有所降低(曲线Ⅱ);加入肥皂、合成洗涤剂等使 σ 大大下降(曲线Ⅲ)。

通常,把能显著降低液体表面张力的物质称为该液体的**表面活性剂**(surface active agent)。

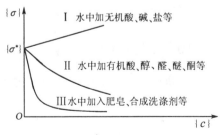

图 5-17　溶液的表面张力与浓度的关系

5.10.2　溶液界面上的吸附与吉布斯模型

溶质在界面层中比体相中相对**浓集**或**贫乏**的现象称为**溶液界面上的吸附**,前者叫**正吸**

附(positive adsorption),后者叫**负吸附**(negative adsorption)。

吉布斯设想一个模型来说明界面层中的吸附现象。

考查一个多组分的两相平衡系统[图 5-18(a)]。其中,α 相和 β 相可以同为液相,其中之一也可以为气相。两相交界处为界面层 S。设任一组分 B 在两体相中的物质的量浓度是均匀的,分别以 c_B^α 和 c_B^β 表示。然而在界面层中,物质的量浓度由 c_B^α 沿着垂直于界面层的方向而连续递变到 c_B^β[图 5-18(b)]。为定量考查界面层与体相浓度的差别,吉布斯提出了一个模型[图 5-18(c)]:在界面层中高度为 h_0 处画一无厚度、无体积但有面积的假想的二维几何平面 σ,称为**表面相**(surface phase),此表面相将系统的体积 V 分为 V^α 和 V^β 两部分($V = V^\alpha + V^\beta$)。根据此模型,可获得系统中组分 B 的物质的量的计算值为($c_B^\alpha V^\alpha + c_B^\beta V^\beta$)。但是,由于界面层中物质的量浓度不同于体相中的浓度,所以,该组分 B 的物质的量的计算值与系统中组分 B 的物质的量的实际 n_B 不相等。若实际的物质的量与按假设分界面计算的物质的量之差以 n_B^σ 表示[1],即

$$n_B^\sigma \overset{\text{def}}{=\!=\!=} n_B - (c_B^\alpha V^\alpha + c_B^\beta V^\beta) \tag{5-25}$$

定义

$$\Gamma_B \overset{\text{def}}{=\!=\!=} \frac{n_B^\sigma}{A_s} \tag{5-26}$$

式中,Γ_B 称为**表面过剩物质的量**(surface excess amount of substance),单位为 $mol \cdot m^{-2}$。

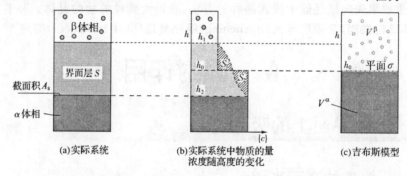

图 5-18　两相吸附平衡系统与吉布斯模型

注意　表面过剩物质的量中的"过剩"可正可负,因为对于正吸附 n_B^σ 为正值,而对于负吸附 n_B^σ 为负值。

5.10.3　吉布斯方程

吉布斯用热力学方法导出 Γ_B 与表面张力 σ 及溶质活度 a_B 的关系为

$$\Gamma_B = -\frac{a_B}{RT}\left(\frac{\partial \sigma}{\partial a_B}\right)_T \tag{5-27a}$$

---

[1]　由式(5-25)看出,n_B^σ 的量值与 V^α 及 V^β 的大小有关。即与划分 V^α 及 V^β 的几何平面 σ 的位置 h_0 有关。因此若不规定 h_0 的位置,n_B^σ 及 Γ_B 都是不确定的。吉布斯是这样选择 h_0 的:使某一组分(如溶剂)的 n_B^σ(和 Γ_B)为零。这相当于让图 5-18(b)中被 h_0 分割的两块阴影面积 $S_1 = S_2$,即恰好使 n_1 的多估部分(S_2)与少估部分(S_1)相互抵消,则 $n_1 = 0$,$\Gamma_1 = 0$。以此作参考,其他组分的表面过剩的物质的量也就确定了。

溶液很稀时,可用物质的量浓度 c_B 代替活度 a_B,上式变为

$$\Gamma_B = -\frac{c_B}{RT}\left(\frac{\partial\sigma}{\partial c_B}\right)_T \tag{5-27b}$$

式(5-27)称为**吉布斯方程**(Gibbs equation)。

由吉布斯方程可知,若 $\left(\dfrac{\partial\sigma}{\partial c_B}\right)_T > 0$(图 5-17 中曲线 I 的情况),则 $\Gamma_B < 0$,即发生负吸附;若 $\left(\dfrac{\partial\sigma}{\partial c_B}\right)_T < 0$(图 5-17 中曲线 II、III 的情况),则 $\Gamma_B > 0$,即发生正吸附。

【例 5-5】 某表面活性剂的稀溶液,表面张力随物质的量浓度的增加而线性下降,当表面活性剂的物质的量浓度为 $0.1\ mol\cdot m^{-3}$ 时,表面张力下降了 $3\times10^{-3}\ N\cdot m^{-1}$,计算表面过剩物质的量 Γ_B(设温度为 25 ℃)。

解 因为是稀溶液,则

$$\Gamma_B = -\frac{c_B}{RT}\left(\frac{\partial\sigma}{\partial c_B}\right)_T =$$
$$-\frac{0.1\ mol\cdot m^{-3}\times(-3\times10^{-3}\ N\cdot m^{-1})}{8.314\,5\ J\cdot mol^{-1}\cdot K^{-1}\times298.15\ K\times10^{-1}\ mol\cdot m^{-3}} =$$
$$1.21\times10^{-6}\ mol\cdot m^{-2}$$

5.11　表面活性剂

5.11.1　表面活性剂的结构特征

图 5-17 中曲线 III 表明,表面活性剂加入到水中,极少量时就能使水的表面张力急剧下降,当其浓度超过某一临界值之后,表面张力则几乎不随浓度的增加而变化。表面活性剂的这一作用特性与其分子的结构特征有关。一般水的表面活性剂分子都是由亲水性的极性基团(亲水基)和憎水性的非极性基团(亲油基)两部分所构成,如图5-19所示。因此表面活性剂分子加入到水中时,憎水基为了逃逸水的包围,使得表面活性剂分子形成如下两种排布方式,如图 5-20 所示。其一,憎水基被推出水面,伸向空气,亲水基留在水中,结果表面活性剂分子在界面上

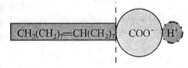

图 5-19　油酸表面活性剂的结构特征

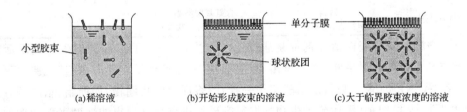

图 5-20　表面活性物质的分子在溶液本体及表面层中的分布

定向排列,形成**单分子表面膜**(surface film of unimolecular layer);其二,分散在水中的表面活性剂分子以其非极性部位自相结合,形成憎水基向里、亲水基朝外的多分子聚集体,称为**缔合胶体**(associated colloid)或**胶束**(micelle),呈近似球状、层状或棒状,如图 5-21 所示。

当表面活性剂的量少时,其大部分以单分子表面膜的形式排列于界面层上,膜中分子在二维平面上作热运动,对四周边缘产生压力,称为**表面压力**(surface pressure),用符号 Π 表示,其方向刚好与促使表面向里收缩的表面张力 σ 相反,因而使溶液的表面张力显著下降。当表面活性剂的浓度超过某一临界值后,表面已排满,如再提高浓度,多余的表面活性剂分子只能在体相中形成胶束,不具有降低水的表面张力的作用,因而表现为水的表面张力不再随表面活性剂浓度增大而降低。表面活性剂分子开始形成缔合胶束的最低浓度称为**临界胶束浓度**(critical micelle concentration),用 CMC 表示。当表面活性剂浓度超过 CMC 后,溶液中存在很多胶束,可使某些难溶于水的有机物进入胶束而增加其溶解度,这种现象称为**加溶(或增溶)作用**(increase dissolution)。缔合胶束的各种构型如图 5-21 所示。

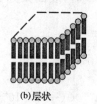

(a)球状　　　　　　(b)层状　　　　　　(c)棒状

图 5-21　各种缔合胶束的构型

概括地说,表面活性剂分子同时拥有憎水基和亲水基是构成分子定向排列和形成胶束的条件。

5.11.2　表面活性剂的分类

表面活性剂的分类见表 5-7。

表 5-7　　　　　　　　　　　表面活性剂的分类

类型	举例			
阴离子型表面活性剂	$RCOONa$ (羧酸盐)	$ROSO_3Na$ (硫酸酯盐)	RSO_3Na (磺酸盐)	$ROPO_3Na_2$ (磷酸酯盐)
阳离子型表面活性剂	$RNH_2 \cdot HCl$ (伯胺盐)	$RNH_2(CH_3)Cl$ (仲胺盐)	$RNH(CH_3)_2Cl$ (叔胺盐)	$RN^+(CH_3)_3Cl^-$ (季胺盐)
两性型表面活性剂	$RNHCH_2CH_2COOH$ (氨基酸型)	$RN(CH_3)_2CH_2COO^-$ (甜菜碱型)		
非离子型表面活性剂	$RO(CH_2CH_2O)_nH$ (聚氧乙烯型)	$RCOOCH_2C(CH_2OH)_3$ (多元醇型)		
生物表面活性剂	糖脂 (鼠李糖脂、海藻糖脂等)	含氨基酸类脂 (鸟氨酸脂、脂肽等)		

表 5-7 中的前 4 种表面活性剂都是通过化学方法合成的,而第 5 种即生物表面活性剂是用生物方法合成的。微生物(如酵母菌、霉菌等)在一定条件下培养时,在其代谢过程中会分泌出具有两亲性质(亲水基和亲油基集于一身)的表面活性代谢物,如糖脂、脂肽等。生物表面活性剂是 20 世纪 70 年代分子生物学取得突破性进展后开发出的新型表面活性剂。

5.11.3　表面活性剂的应用举例

表面活性剂有广泛的应用,可以用做洗涤剂、浮选剂、润湿剂、渗透剂、增溶剂、乳化剂、起泡剂、消泡剂以及制备 L-B 膜、液晶、囊泡等有序分子组合体。在本节中只选择一些主要的、最常用的应用过程加以讨论。

1. 洗涤

洗涤功能是表面活性剂最主要的功能。工业上生产的各种表面活性剂最大的消耗部门是家用洗衣粉、液状洗涤剂和工业清洗剂。在应用过程中,洗涤功能具体体现在从各种不同的固体表面上洗去污垢。按近代表面活性化学观点,污垢的定义应该是处于错误位置的物质。去掉污垢就意味着要做功。尽管几千年来人类在日常生活中总是要与洗衣服打交道,但过去主要是靠体力劳动。现代化的洗衣机和节能的要求主要依靠各种由高效表面活性剂加上其他化学品复配起来的合成洗涤剂。

如图 5-22 所示描述了一个由织物表面洗去油垢的洗涤过程。如图 5-22(a)所示,溶液中的表面活性剂开始与织物上的油垢接近;如图 5-22(b)所示,表面活性剂的憎水端溶入油垢中,开始包围和分割油垢;如图 5-22(c)所示,表面活性剂已把整块油垢分割成若干油垢珠滴并将其包围起来,但由于油垢珠滴仍与织物有较大面积接触且 $\theta < 90°$,油垢与织物之间的高黏合能,难以使油垢珠滴完全脱离织物表面;如图 5-22(d)所示,在表面活性剂的不断作用下,克服了油垢珠滴与织物间的高黏合能,使 θ 角由 $\theta < 90°$ 转化为 $\theta > 90°$,缩小了油垢珠滴与织物间的黏合力,开始离开织物表面;如图 5-22(e)及(f)所示,在洗衣机强烈搅动所形成的水涡作用下,被表面活性剂包围分割了的 $\theta > 90°$ 的油垢珠滴脱离织物表面溶入溶液中而被洗去。

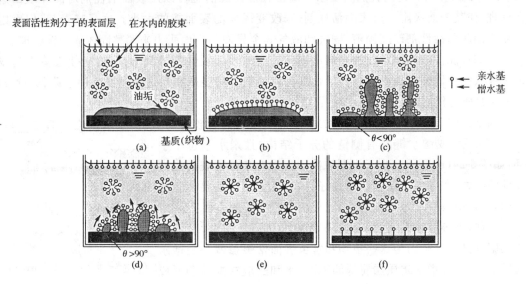

图 5-22　表面活性剂在洗涤过程中的"溶解"效应

2. 浮选

浮选的情况比较复杂。它至少要涉及到气、液、固三相。首先是采用能大量起泡的表面活性剂——起泡剂,当在水中通入空气或由于水的搅动引起空气进入水中时,表面活性剂的憎水端在气液界面向气泡的空气一方定向,亲水端仍在悬浮液内,形成了气泡。另一种起捕集作用的表面活性剂(一般都是阳离子表面活性剂,也包括脂肪胺)吸附在固体矿粉的表面。这种吸附随矿物性质的不同而有一定的选择性,其基本原理是利用晶体表面的晶格缺陷,而向外的憎水端部分地插入气泡内,这样在浮选过程中气泡就可把指定的矿粉带走,达到选矿的目的(图 5-23)。

采矿工业中的浮选工艺有十分重要的现实意义。这是因为开采的矿愈多,发现富矿的可能性就愈小,含各种复杂成分的贫矿也必须设法利用。选矿及所需某种矿粉的富集就显得格外突出。在实际应用过程中表面活性剂的用量极少,一般用 100 g 的捕集剂就足以处理 3 吨水和 1 吨矿粉的浆料。尽管上述有关选矿的基本原理看来并不复杂,但将从实验室得到的结果放大到工业规模的规律性却十分难以掌握。另一方面,由于各种矿物的成分及结构都不相同,对各种选矿过程中多相系统的界面

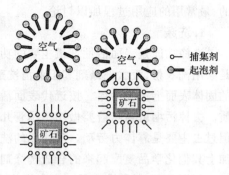

图 5-23　浮选过程示意图

现象也很难从理论上来进行阐明。因此,对每一种具体矿的操作工艺必须进行精密的实验室及现场试验。

3. 润湿

在实际应用中,有时我们希望液体对固体的润湿性好些,有时却要求液体对固体的润湿性差些。当固体和液体确定后,我们可以设法改变固气、固液和液气三者界面性质来达到我们所希望的润湿程度。在液体中加入少量表面活性剂,它会吸附到液气和固液界面上,改变 $\sigma(l/g)$ 和 $\sigma(s/l)$ 从而达到我们所要求的润湿程度。我们也可以用表面活性剂对固体表面进行处理,使其表面吸附一层表面活性剂,来改变固体的表面能的大小。这意味着,我们可以采用添加表面活性剂改变固液、固气和液气 3 个界面的界面张力来调整固体的润湿性能。

我们称能使液体润湿或加速润湿固体表面的表面活性剂为润湿剂,称能使液体渗透或加速渗入孔性固体内表面的表面活性剂为渗透剂。润湿剂和渗透剂主要是通过降低 $\sigma(l/g)$ 和 $\sigma(s/l)$ 而起作用的。

润湿剂的分子结构特点:良好的润湿剂是碳氢链为较短的直链,亲水基位于末端,如图 5-24(a)所示;或憎水链具有侧链的分子结构,且亲水基位于中部,如图 5-24(b)所示。由于润湿取决于在动态条件下表面张力降低的能力,润湿剂不仅应具有良好的表面活性,而且要能降低表面张力,要具有良好的扩散性,能很快吸附在新的表面上。

(a) 憎水链较短,亲水基在末端

(b) 憎水链带有支链,亲水基在中部

图 5-24　润湿剂的分子结构图

例如,许多植物和害虫、杂草不易被水和药液润湿,药液不易黏附、持留,这是因为这些植物和害虫表面常覆盖着一层憎水蜡质层,这一层憎水蜡质层属低能表面,水和药液在上面会形成接触角 $\theta > 90°$ 的液滴。加之蜡质层表面粗糙会使 θ 更进一步增大,造成药液对蜡质层的润湿性不好。根据杨方程式 (5-21):$\sigma(s/g) - \sigma(s/l) = \sigma(l/g)\cos\theta$,其中 $\sigma(s/g)$ 表示憎水蜡质层的表面张力,$\sigma(s/l)$ 为药液与蜡质层间的界面张力,$\sigma(l/g)$ 为药液的表面张力,θ 为药液在蜡质层形成的液滴与蜡质层间的接触角,如图 5-25 所示。说明加入润湿剂后,药液在蜡质层上的润湿状况得到改善,甚至药液可以在其上铺展。其作用机理如图 5-26 所示。

当药液中添加了润湿剂后,润湿剂会以憎水的碳氢链通过色散力吸附在蜡质层的表面,而亲水基则伸入药液中形成定向吸附膜取代憎水的蜡质层。由于亲水基与药液间有很好的相容性,$\sigma(s/l)$ 下降。润湿剂在药液表面的定向吸附也使得 $\sigma(l/g)$ 下降。为了保持杨方程

(a) 药液中未加润湿剂时，
药液在蜡质层上形成
的接触角 $\theta > 90°$

(b) 药液中加入润湿剂后，
药液在蜡质层上形成
的接触角 $\theta < 90°$

(c) 药液中加入润湿剂后，
药液在蜡质层上形成
的接触角 $\theta = 0°$

图 5-25　药液在蜡质层上的接触角 θ 的变化

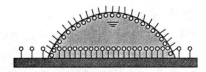

(a) 药液在润湿剂形成的定向吸附膜上的液滴，$\theta < 90°$　　(b) 药液在润湿剂形成的定向吸附膜上铺展，$\theta = 0°$

图 5-26　表面活性剂在蜡质层和药液表面的吸附对接触角的影响

两边相等，$\cos\theta$ 必须增大，接触角减小，这样药液润湿性会得到改善，如图5-26所示。随表面活性剂在固液和气液界面吸附量的增加 $\sigma(s/l)$ 和 $\sigma(l/g)$ 会进一步下降，接触角会由 $\theta > 90°$ 变到 $\theta < 90°$，甚至 $\theta = 0°$，使药液完全在其上铺展。

4. 渗透

渗透问题实际上是一种毛细现象。例如，植物、害虫和杂草的表面有很多的气孔，我们可以把药液在植物、害虫和杂草表面的润湿问题看成是多孔型固体的渗透问题。

附加压力 Δp（毛管力）是渗透过程发生的驱动力。当药液中未加入渗透剂时，药液在蜡质的孔壁上形成的接触角 $\theta > 90°$。药液在孔中形成的液面为凸液面，Δp 方向指向药液内部起到阻止药液渗入孔里的作用，如图 5-27(a)所示。孔径越小，这种阻力越大，从而使药液难以渗入孔中。在药液中加入渗透剂（表面活性剂）后，渗透剂会在孔壁上形成定向排列的吸附膜以憎水基吸附在蜡质层孔壁上，亲水基伸向药液内，提高了孔壁的亲水性，使药液在孔壁上的接触角 θ 减小，同时渗透剂在药液表面的吸附使 $\sigma(s/l)$ 也降低了，更促使药液的接触角 θ 进一步减小。随着渗透剂在孔壁和药液表面上吸附量的增加，接触角会由 $\theta > 90°$ 变至 $\theta < 90°$，药液表面由凸液面变为凹液面（图 5-27）。毛管力方向由 Δp 指向药液变为 Δp 指向气孔，药液的 Δp 与药液扩展方向一致，起到促进药

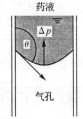

(a)未加入渗透剂
药液在孔中形
成凸液面

(b)加入渗透剂后
药液在孔中形
成凹液面

图 5-27　药液在气孔中的流动状态

液渗透的作用，如图5-27(b)所示。若 $\theta = 0°$，则药液可在孔壁中完全铺展。

5. L-B 膜

L-B 膜是由 Langmuir-Blodgett 最初研制的一种有机分子层薄膜。这种薄膜是具有特殊性能的绝缘膜。

L-B 膜的合成原理，是将固体基底材料，如光洁玻璃、单晶体、半导体或金属从溶液中将某些有机分子沉积其上并形成单层或多层分子薄膜。这些有机分子通常是脂肪酸及相应的盐类、芳香族化合物、稠环有机物及染料等。其共同特征是具有表面活性剂的结构特征，即同时具有憎水(亲油)基团和亲水基团。

L-B 膜有较好的介电性能、隧道穿越(隧道效应)导电性能以及跳跃导电性能、发光性能

等。L-B 膜的这些独特的性能在电子元件及集成电路中有重要应用。

5.12 固体表面对气体的吸附

5.12.1 固体表面的不均匀性

一块表面上磨得平滑如镜的金属表面,从原子尺度看却十分粗糙。它不是理想的晶面,而是存在着各种缺陷,如图 5-28 所示,存在着平台(terrace)、**台阶**(step)、台阶拐弯处的**扭折**(kink)、**位错**(dislocation)、多层原子形成的"峰与谷"以及表面杂质和吸附原子等。固体表面的这种不均匀性,导致固体表面处于不平衡环境之中,表面层具有过剩自由能。为使表面能降低,固体表面会自发地利用其未饱和的自由价来捕获气相或液相中的分子,使之在固体表面上浓集,这一现象称为固体对气体或液体的**吸附**(adsorption)。被吸附的物质称为**吸附质**(adsorbate),起吸附作用的固体称为**吸附剂**(adsorbent)。

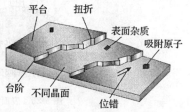

图 5-28 表面缺陷示意图

5.12.2 物理吸附与化学吸附

按吸附作用力性质的不同,可将吸附区分为**物理吸附**(physisorption)和**化学吸附**(chemisorption),它们的主要区别见表 5-8。

表 5-8   物理吸附与化学吸附的区别

项目	物理吸附	化学吸附	项目	物理吸附	化学吸附
吸附力	分子间力	化学键力	吸附热	小	大
吸附分子层	多分子层或单分子层	单分子层	吸附速率	快	慢
吸附温度	低	高	吸附选择性	无	有

物理吸附在一定条件下可转变为化学吸附。以氢在 Cu 上的吸附势能曲线来说明。如图 5-29 所示,图中曲线 aa 为物理吸附,在第一个浅阱中形成物理吸附态,吸附热(放热)

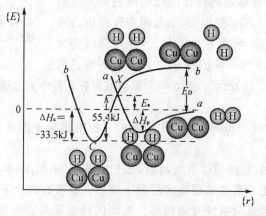

图 5-29 氢在 Cu 上的吸附势能曲线

$Q_{ad} = -\Delta H_p$。曲线 bb 为化学吸附,两条曲线在 X 点相遇。显然,只要提供约 22 kJ 的吸附

活化能 E_a,物理吸附就可穿越过渡态 X 而转变为化学吸附(图中 C 点)。从能量上看,先发生物理吸附而后转变为化学吸附的途径(需能量 E_a)要比氢分子先解离成原子再化学吸附的途径(需能量 E_D)容易得多。

5.12.3　吸附曲线

在一定 T、p 下,气体在固体表面达到吸附平衡(吸附速率等于脱附速率)时,单位质量的固体所吸附的气体体积,称为该气体在该固体表面上的**吸附量**(adsorption quantity),用符号 Γ 表示,即

$$\Gamma \xlongequal{\text{def}} \frac{V}{m} \tag{5-28}$$

式中,m 为固体的质量;V 为被吸附的气体在吸附温度、压力下的体积。

吸附量 Γ 是温度和压力的函数,即 $\Gamma = f(T, p)$。式中有三个变量,为了便于研究其间关系,通常固定其中之一,测定其他两个变量间的关系,结果用吸附曲线来表示。定温下,描述吸附量与吸附平衡压力关系的曲线,称为**吸附定温线**(adsorption isotherm);定压下,描述吸附量与吸附温度关系的曲线,称为**吸附定压线**(adsorption isobar);吸附量恒定时,描述吸附平衡压力与温度关系的曲线,称为**吸附定量线**(adsorption isostere)。上述三种吸附曲线是互相联系的,从一组某一类型的吸附曲线可作出其他两种吸附曲线。常用的是吸附定温线。从实验中可归纳出大致有 5 种类型,如图 5-30 所示。常见的定温线是曲线(a)。除曲线(a)是单分子层吸附外,其余(b)、(c)、(d)、(e)四种曲线均为多层吸附。

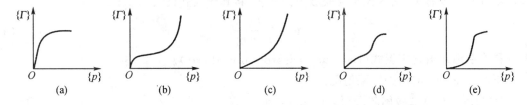

图 5-30　5 种类型的吸附定温线

5.12.4　兰缪尔单分子层吸附定温式

1916 年**兰缪尔**(Langmuir I,1932 年诺贝尔化学奖获得者)从动力学观点出发,提出了固体对气体的吸附理论,称为**单分子层吸附理论**(theory of adsorption of unimolecular layer),其基本假设如下:

(i) 固体表面对气体的吸附是单分子层的(即固体表面上每个吸附位只能吸附一个分子,气体分子只有碰撞到固体的空白表面上才能被吸附)。

(ii) 固体表面是均匀的(即表面上所有部位的吸附能力相同)。

(iii) 被吸附的气体分子间无相互作用力(即吸附或脱附的难易与邻近有无吸附态分子无关)。

(iv) 吸附平衡是动态平衡(即达吸附平衡时,吸附和脱附过程同时进行,且速率相同)。

以上假设即作为理论模型,它把复杂的实际问题作了简化处理,便于进一步定量地理论推导。

以 k_a 和 k_d 分别代表吸附与脱附速率系数,A代表气体分子,M代表固体表面,则吸附过程可表示为

$$A + M \underset{k_d}{\overset{k_a}{\rightleftharpoons}} \begin{matrix} A \\ | \\ M \end{matrix}$$

设 θ 为固体表面被覆盖的分数,称为**表面覆盖度**(coverage of surface),即

$$\theta = \frac{被吸附质覆盖的固体表面积}{固体总的表面积}$$

则 $(1-\theta)$ 代表固体空白表面积的分数。

依据吸附模型,吸附速率 v_a 应正比于气体的压力 p 及空白表面分数 $(1-\theta)$,脱附速率 v_d 应正比于表面覆盖度 θ,即

$$v_a = k_a(1-\theta)p$$
$$v_d = k_d\theta$$

当吸附达平衡时,$v_a = v_d$,所以

$$k_a(1-\theta)p = k_d\theta$$

解得

$$\theta = \frac{k_a p}{k_d + k_a p} \tag{5-29}$$

令 $b = \dfrac{k_a}{k_d}$,称为**吸附平衡常数**(equilibrium constant of adsorption),其量值与吸附剂、吸附质的本性及温度有关,它的大小反映吸附的强弱。将其代入式(5-29),得

$$\theta = \frac{bp}{1+bp} \tag{5-30}$$

此式称为**兰缪尔吸附定温式**(Langmuir adsorption isotherm)。

下面讨论公式的两种极限情况:

(i)当压力很低或吸附较弱时,$bp \ll 1$,得

$$\theta = bp$$

即覆盖度与压力成正比,它说明了图 5-30(a)中的开始直线段。

(ii)当压力很高或吸附较强时,$bp \gg 1$,得

$$\theta = 1$$

说明表面已全部被覆盖,吸附达到饱和状态,吸附量达最大值,图 5-30(a)中水平线段就反映了这种情况。

(iii)当压力大小及吸附作用力均适中时,θ 与 p 呈曲线关系,即式(5-30)。

以上的讨论结果表明,兰缪尔吸附定温式较好地符合单分子吸附的定温线。

若以 $\theta = \dfrac{\Gamma}{\Gamma_\infty}$ 表示,则式(5-30)可改写为

$$\frac{p}{\Gamma} = \frac{1}{b\Gamma_\infty} + \frac{p}{\Gamma_\infty} \tag{5-31}$$

式中,Γ 为在吸附平衡温度 T 及压力 p 下的吸附量;Γ_∞ 是在吸附平衡温度 T 及压力 p 下,吸附剂被盖满一层时的吸附量,式(5-31)是兰缪尔吸附定温式的另一种表达形式。

由式(5-31)可见,若以 p/Γ 对 p 作图,可得一直线,由直线的斜率 $1/\Gamma_\infty$ 及截距 $1/b\Gamma_\infty$ 可

求得 b 与 Γ_∞。

【例 5-6】　0 ℃时用活性炭吸附 $CHCl_3$，最大吸附量为 93.8 $dm^3 \cdot kg^{-1}$。已知该温度下 $CHCl_3$ 的分压力为 1.34×10^4 Pa 时的平衡吸附量为 82.5 $dm^3 \cdot kg^{-1}$，试计算：(1)兰缪尔吸附定温式中的常数 b；(2) 0 ℃、$CHCl_3$ 的分压力为 6.67×10^3 Pa 下，吸附平衡时的吸附量。

解　(1)由 $\theta = \dfrac{\Gamma}{\Gamma_\infty}$，$\Gamma = \dfrac{\Gamma_\infty bp}{1+bp}$，即

$$b = \frac{\Gamma}{(\Gamma_\infty - \Gamma)p} = \frac{82.5}{(93.8 - 82.5) \times 1.34 \times 10^4 \text{ Pa}} = 5.45 \times 10^{-4} \text{ Pa}^{-1}$$

(2) $\Gamma = \dfrac{93.8 \text{ dm}^3 \cdot \text{kg}^{-1} \times 5.45 \times 10^{-4} \text{ Pa}^{-1} \times 6.67 \times 10^3 \text{ Pa}}{1 + 5.45 \times 10^{-4} \text{ Pa}^{-1} \times 6.67 \times 10^3 \text{ Pa}} = 73.6 \text{ dm}^3 \cdot \text{kg}^{-1}$

用与式(5-30)同样的推导方法，可得出符合兰缪尔单分子层吸附理论的如下几种不同情况下的吸附定温式：

对 A、B 两种气体在同一固体表面上的**混合吸附**（mixed adsorption），有

$$\theta_A = \frac{b_A p_A}{1 + b_A p_A + b_B p_B} \tag{5-32}$$

$$\theta_B = \frac{b_B p_B}{1 + b_A p_A + b_B p_B} \tag{5-33}$$

对 $A_2 + 2* \rightleftharpoons 2(A-*)$ 的**解离吸附**（dissociation adsorption）（ $*$ 表示固体表面吸附位），有

$$\theta = \frac{\sqrt{bp}}{1 + \sqrt{bp}} \tag{5-34}$$

【例 5-7】　请导出 A、B 两种吸附质在同一表面上混合吸附时的吸附定温式（设都符合兰缪尔吸附）。

解　因 A、B 两种粒子在同一表面上吸附，而且各占一个吸附中心，所以 A 的吸附速率

$$v_a = k_a p_A (1 - \theta_A - \theta_B)$$

式中，k_a 为吸附质 A 的吸附速率系数；p_A 为吸附质 A 在气相中的分压；θ_A 为吸附质 A 的表面覆盖度；θ_B 为吸附质 B 的表面覆盖度。

令 k_d 为吸附质 A 的解吸速率系数，则 A 的解吸速率为

$$v_d = k_d \theta_A$$

当吸附达平衡时，　　　　　　　　　　　$v_a = v_d$

则　　　　　　　　　　　$k_d \theta_A = k_a p_A (1 - \theta_A - \theta_B)$

两边同除以 k_d，且令 $b_A = k_a / k_d$，则

$$\frac{\theta_A}{1 - \theta_A - \theta_B} = b_A p_A \tag{a}$$

同理得到

$$\frac{\theta_B}{1 - \theta_A - \theta_B} = b_B p_B \tag{b}$$

将式(a)与式(b)联立，得

$$\theta_A = \frac{b_A p_A}{1 + b_A p_A + b_B p_B} \tag{c}$$

$$\theta_B = \frac{b_B p_B}{1 + b_A p_A + b_B p_B} \tag{d}$$

式(c)、式(d)即为所求。

5.12.5 BET 多分子层吸附定温式

1938 年布龙瑙尔(Brunauer)、爱梅特(Emmett)和特勒尔(Teller)三人在兰缪尔单分子层吸附理论基础上提出多分子层吸附理论(theory of adsorption of polymolecular layer),简称 BET 理论。该理论采纳了兰缪尔的下列假设:固体表面是均匀的;被吸附的气体分子间无相互作用力;吸附与脱附建立起动态平衡。所不同的是 BET 理论假设吸附靠分子间力,表面与第一层吸附是靠该种分子同固体的分子间力,第二层吸附、第三层吸附……之间是靠该种分子本身的分子间力,由此形成多层吸附。并且还认为,第一层吸附未满前其他层的吸附就可以开始,如图 5-31 所示。由 BET 理论导出的结果为

$$\frac{p}{V(p^* - p)} = \frac{1}{V_\infty C} + \frac{C-1}{V_\infty C} \frac{p}{p^*} \tag{5-35}$$

式(5-35)称为 BET 多分子层吸附定温式。式中,V 为 T、p 下质量为 m 的吸附剂吸附达平衡时,被吸附气体的体积;V_∞ 为 T、p 下质量为 m 的吸附剂盖满一层时,被吸附气体的体积;p^* 为被吸附气体在温度 T 时呈液体时的饱和蒸气压;C 为与吸附第一层气体的吸附热及该气体的液化热有关的常数。

对于在一定温度 T 下指定的吸附系统,C 和 V_∞ 皆为常数。由式(5-35)可知,若以 $\frac{p}{V(p^* - p)}$ 对 $\frac{p}{p^*}$ 作图应得一直线,其

图 5-31 多分子层吸附示意图

$$\begin{cases} 斜率 = \dfrac{C-1}{V_\infty C} \\[2mm] 截距 = \dfrac{1}{V_\infty C} \end{cases}$$

解得

$$V_\infty = \frac{1}{截距 + 斜率} \tag{5-36a}$$

由所得的 V_∞ 可算出单位质量的固体表面铺满单分子层时所需的分子个数。若已知每个分子所占的面积,则可算出固体的质量表面。公式如下:

$$a_m = \frac{V_\infty(STP)}{V_m(STP)m} \times L \times \sigma \tag{5-36b}$$

式中,L 为阿伏加德罗常量;m 为吸附剂的质量;$V_m(STP)$ 为在 STP 下气体的摩尔体积 $(22.414 \times 10^{-3}\ m^3 \cdot mol^{-1})$;$V_\infty(STP)$ 为 T、p 下质量为 m 的吸附剂盖满一层时,被吸附气体的体积,再换算成 STP 下的体积;σ 为每个吸附分子所占的面积。

测定时,常用的吸附质是 N_2,其截面积 $\sigma = 16.2 \times 10^{-20}\ m^2$。

5.12.6 弗伦德利希吸附定温式

兰缪尔吸附定温式是奠基式的吸附理论,其模型直观,公式简单,抓住了吸附的本质——吸附平衡。但由于模型过于简化,使得它只能用于溶质浓度很稀或气体压力很低的

情况。BET 理论虽然改进了兰缪尔的模型,但公式复杂,只能用于吸附剂质量表面积的测定。其实,在兰缪尔之前,**弗伦德利希(Freundlich)**就提出一个吸附定温式:

$$q = \frac{V}{m} = kp^{\frac{1}{n}} \tag{5-37a}$$

或

$$\lg\{q\} = \lg k + \frac{1}{n}\lg\{p\} \tag{5-37b}$$

$$\lg\{V/m\} = \lg k + \frac{1}{n}\lg\{p\} \tag{5-37c}$$

式中,q 和 V 均指吸附质的吸附量;q 的单位为 mol·kg^{-1} 或 mol·g^{-1},也可以用 g(吸附质)·g^{-1}(吸附剂)表示;V 的单位为 dm^3(STP)·kg^{-1} 或 dm^3(STP)·g^{-1};p 为吸附气体的气相平衡分压;k 和 n 都是经验常数。对于固体自溶液中的吸附,式(5-37a)可以写成

$$\frac{x}{m} = k(b_B/b^{\ominus})^{\frac{1}{n}} \tag{5-37d}$$

或

$$\lg\left(\frac{x}{m}\right) = \lg k + \frac{1}{n}\lg(b_B/b^{\ominus}) \tag{5-37e}$$

式中,x 为吸附量,单位为 g·g^{-1};b_B 为溶质 B 的质量摩尔浓度,$b^{\ominus} = 1$ mol·kg^{-1};k 和 n 仍为经验常数,无具体物理意义。

弗伦德利希定温式虽为经验式,但形式简单,不受单分子层束缚,应用广泛。式(5-37)适用于中等吸附压力或中等吸附浓度的情况,即图 5-30(a)中曲线的弯曲部分。

V　表面多相反应动力学

前面利用均相反应讨论或介绍了化学反应动力学的有关基础知识,这对深入研究动力学是必须的。实际过程常常涉及多相反应,多相反应的特点是反应可以在相界面上进行。反应物也可以穿过界面进入另一相进行反应。如 C(s) 的燃烧为气-固相反应;钢液脱氧 (FeO)+[Mg]══Fe(l)+(MgO) 为液-固相反应;氧气溶入铁水 $\frac{1}{2}O_2$══[O] 为气-液相反应;铝的阳极氧化、镀锌层的钝化等反应物必须穿过界面进入另一相才能反应;电解冶金、电镀及电极修饰都是在溶液-电极界面上进行的。此外,反应也可以在两个相中进行,如浓 H$_2$SO$_4$ 催化下苯的硝化反应;钢液脱碳则涉及三个以上的相:(FeO)+[C]══Fe(l)+CO (g);金属表面处理中的渗碳、渗氮、碳氮共渗、钛氮共渗等也涉及两个以上的相。所以在金属表面处理及冶金系统中,多相反应是相当普遍的。

5.13　表面多相反应的动力学共同特征

既然多相反应在相界面或穿过界面进入另一相进行,则必须涉及反应物向界面的迁移及在界面的吸附,产物也必须通过扩散离开界面或形成新相。因此,扩散是多相反应最基本的特征。界面大小、结构及物化性能会明显影响多相反应的速率,有时会显著改变反应条件,这是多相反应的另一特征。一般而言,多相反应可由如下几步连串步骤组成:

(i)反应物分子由体相向界面扩散;

(ii)反应物分子在界面吸附或穿过界面;

（iii）反应物分子在界面（或进入另一相）发生化学反应；

（iv）产物分子从界面解吸或形成新相；

（v）产物分子扩散离开界面。

对于某些特殊反应可能还会涉及其他步骤。如铁在含氧的中性介质中首先被氧化成 $Fe(OH)_3$，继而 $Fe(OH)_3$ 脱水形成 Fe_2O_3 等。

多相反应的总速率取决于连串步骤中的速率控制步骤，上述各步都有可能成为速率控制步骤。不容置疑的是，在表面多相反应中，扩散过程是必须要涉及的。下面简单介绍有关扩散的基本知识。

5.13.1　菲克扩散定律

在多组分系统中，由于浓度不均匀所引起的物质由高浓度区向低浓度区迁移的现象称为**扩散**。物质在介质中的扩散速率可以用**菲克（Fick）扩散定律**表示。

通常，扩散速率可用扩散通量来表示。扩散通量 J 指单位时间内以垂直方向扩散通过单位面积的物质的量，即

$$J = \frac{1}{A_s} \frac{dn}{dt} \quad (mol \cdot dm^{-2} \cdot s^{-1}) \tag{5-38}$$

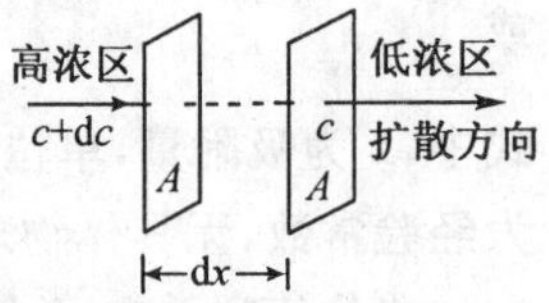

同时，扩散通量与扩散方向的浓度梯度 $\frac{dc}{dx}$ 成正比，可表示为

图 5-32　扩散通量与浓度梯度

$$J = -D \frac{dc}{dx} \tag{5-39}$$

式中，D 为扩散系数，其物理意义为单位浓度梯度时，物质扩散通过单位面积的速率，其量纲为 $L^2 \cdot T^{-1}$。因为扩散的方向是浓度降低的方向（图 5-32），而扩散通量总是正的，所以式中要加上负号。

从式（5-38）和式（5-39）可得

$$\frac{dn}{dt} = -DA_s \frac{dc}{dx} \tag{5-40}$$

这就是菲克扩散第一定律。式中，$\frac{dn}{dt}$ 是扩散速率，即单位时间内由垂直方向扩散通过截面积 A_s 的物质的量。

将式（5-40）除以体积 V，因浓度 $c = n/V$，故扩散速率又可表示为

$$\frac{dc}{dt} = \frac{1}{V} \frac{dn}{dt} = -\frac{DA_s}{V} \frac{dc}{dx} \tag{5-41}$$

菲克扩散第一定律只适用于稳态扩散，即在扩散方向的浓度梯度为定值，不随时间而变。但实际上扩散过程大都是非稳态的，在扩散方向各点的浓度梯度随时间而变。在这种情况下要用菲克扩散第二定律：

$$\frac{dc}{dt} = \frac{\partial}{\partial x}\left(D \frac{\partial c}{\partial x}\right) = D \frac{d^2 c}{dx^2} \tag{5-42}$$

上式的求解需规定起始条件及边界条件，由于扩散物质的浓度是位置（离表面的距离 x）及时间（t）的函数，$c = f(x,t)$。设扩散前原始浓度完全均匀，即 $t=0$ 时，全部 $0 < x < +\infty$ 范围内的浓度相同，则起始条件可表示为 $f(x,0) = c_0$；若扩散过程中固相界面上浓度始终

为定值 c_s，而在离界面无穷远处的浓度仍保持 c_0 不变，则边界条件为

$$f(0,t)=c_s \quad （表面浓度）$$

$$f(+\infty,t)=c_0 \quad （起始浓度）$$

解得

$$\frac{c-c_s}{c_0-c_s}=\frac{2}{\sqrt{\pi}}\int_0^{\lambda} e^{-\lambda^2}\,d\lambda \tag{5-43}$$

式中，$\lambda=\dfrac{x}{2\sqrt{Dt}}$。由式(5-43)可计算在此边界条件时扩散层厚度与时间及浓度的关系。

由式(5-39)可以看出，扩散系数 D 为单位浓度梯度下，单位时间内 B 扩散通过单位扩散面积的量，即扩散速率。所以可以用扩散系数 D 作为衡量和比较 B 扩散能力的尺度。研究表明，D 的大小受物质性质、扩散环境性质、扩散温度等影响，一般规律为：

(i)其他条件相同时，B 的有效半径越小，扩散系数 D 越大。例如，1 550 ℃时，铁水中，$D(H)=122\times10^{-9}$ cm$^2 \cdot$ s^{-1}，$D(N)=9.4\times10^{-9}$ cm$^2 \cdot$ s^{-1}，而 $D(O)=11.6\times10^{-9}$ cm$^2 \cdot$ s^{-1}，此处，原子半径 $r(H)$ 最小。

(ii)其他条件相同时，B 在气态物质中的扩散速率大于其在液态物质中的扩散速率，更大于其在固态物质中的扩散速率。如碳(C，石墨)的 $D[C,1\ 550\ ℃，Fe(l)$ 中$]=20\times10^{-9}$ cm$^2 \cdot$ s^{-1}，而 $D(C,723\ ℃，\gamma\text{-Fe}$ 中$)=1.41\times10^{-9}$ cm$^2 \cdot$ s^{-1}。

同在液体介质中，B 在炉渣中的扩散系数小于在 Fe(l) 中的扩散系数。如 $D[S,1\ 550\ ℃，Fe(l)$ 中$]=4.1\times10^{-9}$ cm$^2 \cdot$ s^{-1}，而在组成为$[100w(CaO)]=50.3$，$[100w(SiO_2)]=39.3$，$[100w(Al_2O_3)]=10.4$ 的炉渣中，1 850 ℃时，$D(S)=2.6\times10^{-10}$ cm$^2 \cdot$ s^{-1}。

在固态金属或合金中，B 的扩散系数还与金属晶型构造有关，例如，在 950 ℃ 时，$D(H,\alpha\text{-Fe}$ 中$)/D(H,\gamma\text{-Fe}$ 中$)\approx3$。

(iii)其他条件相同，扩散系数受温度影响明显，通常升高温度可提高扩散速率。扩散速率系数与温度的关系可表示为

$$D=D_0 e^{E_D/RT} \tag{5-44}$$

式中，D_0 亦称为指前参量，D_0 的单位同 D；E_D 为扩散活化能，是扩散运动的阻力。E_D 愈大，D 对 T 愈敏感。从式(5-44)看出，以 $\ln\{D\}$ 对 $1/T$ 作图为一直线，由直线斜率可求出扩散活化能 E_D。铁基二组分系统中与组分 B 有关的一些参数见表 5-9。

表 5-9　　　铁基二组分系统中与组分 B 有关的一些参数（B 的稀溶液，1 550 ℃）

溶质 B	$D_B/(\text{cm}^2 \cdot \text{s}^{-1})$	$D_0/(\text{cm}^2 \cdot \text{s}^{-1})$	$E_D/(\text{kJ} \cdot \text{mol}^{-1})$	溶质 B	$D_B/(\text{cm}^2 \cdot \text{s}^{-1})$	$D_0/(\text{cm}^2 \cdot \text{s}^{-1})$	$E_D/(\text{kJ} \cdot \text{mol}^{-1})$
H	122×10^{-5}	3.99×10^{-3}	15.5	S	4.1×10^{-5}	4.3×10^{-4}	35.5
C	20×10^{-5}	5.2×10^{-3}	49.0	P	1.9×10^{-5}	1.34×10^{-2}	99.2
Si	4.1×10^{-5}	5.1×10^{-4}	38.3	O	11.6×10^{-5}	3.18×10^{-3}	50.2
Mn	5.0×10^{-5}	1.8×10^{-3}	54.4	N	9.4×10^{-5}	2.59×10^{-3}	50.2

由表 5-9 可以看出，扩散活化能 E_D 一般比化学反应活化能 E_a 要小，依据这一特点，有助于判断某一多相反应的反应速率是受化学反应控制还是受扩散控制。

由表 5-9 可以看出：(i)原子半径小的溶质，其 D_B 大，如[H]；(ii)能与 Fe 形成化合物的溶质，其 D_B 较大，如[C]和[O]，可分别与 Fe 形成 Fe_3C 和 FeO；(iii)对于[P]，其扩散活化能在表中是最大的，其 D_B 最小；对于[H]，其 E_D 最小，而 D_B 最大，足可以看出 E_D 是扩散的阻力。

5.13.2 由扩散过程控制的多相反应分析

焦炭燃烧是金属冶炼中的基本反应之一,可发生如下反应:

$$C(s)+O_2(g)\!\!=\!\!\!=\!\!CO_2(g) \qquad\qquad ①$$

$$C(s)+\frac{1}{2}O_2(g)\!\!=\!\!\!=\!\!CO(g) \qquad\qquad ②$$

$$C(s)+CO_2(g)\!\!=\!\!\!=\!\!2CO(g) \qquad\qquad ③$$

$$CO(g)+\frac{1}{2}O_2(g)\!\!=\!\!\!=\!\!CO_2(g) \qquad\qquad ④$$

焦炭燃烧为气-固相反应。在 C(s) 表面有一层由 CO、CO_2 等组成的被称为边界层的气体薄膜。碳的燃烧被认为由以下几步构成:

(i)气相中的 $O_2(g)$ 穿过边界层向 C(s) 表面扩散,到达 C(s) 表面;

(ii)$O_2(g)$ 在 C(s) 表面吸附或溶于 C 的晶格中;

(iii)吸附态氧 $O_{2,ad}$ 或 $O_2(g)$ 与 C 反应生成 CO 和 CO_2;

(iv)燃烧产物 CO 和 CO_2 从 C(s) 表面解吸;

(v)燃烧产物 CO 和 CO_2 穿过边界层向气相扩散;

(vi)在边界层中向外扩散的 CO 与向 C(s) 表面扩散的 $O_2(g)$ 相遇,并按式④发生反应。

可以看出,这一连串步骤基本是由扩散、吸附和表面反应构成。研究表明,低温时速率控制步骤为表面化学反应;高温时(如 1 100 K 以上)扩散则成为速率控制步骤。当扩散成为速率控制步骤时,C(s)的燃烧动力学方程可以由边界层扩散速率方程表示:

$$v=DA_s(c_g-c_s)/\delta \qquad\qquad (5\text{-}45)$$

式中,D、A_s、δ 分别为 $O_2(g)$ 的扩散系数、C(s)的表面积和有效边界层厚度;c_g 和 c_s 分别为 $O_2(g)$ 在气相和 C(s)表面的浓度。

分析式(5-45)可看出:

(i)提高温度可以使 $D[D=f(T)]$ 增大,因而有利于加快燃烧速率,但由于扩散活化能 E_D 较小,故此时靠升温提高速率并不十分有效;

(ii)增加气相中 $O_2(g)$ 的浓度可增大 $O_2(g)$ 通过边界层传递的推动力,从而提高速率,故生产上往往采用富氧空气;

(iii)增大 C(s)的表面积 A_s 也可提高速率,生产上一般采用较小粒度的焦炭(但不能太小,以免气流不畅);

(iv)增大气流速率,利用气流的"冲刷",使有效边界层变薄也可使燃烧速率增大。

在温度 T、焦炭粒度及气流速率一定的情况下,D、A_s 和 δ 都为恒量,令 $k=DA_s/\delta$,则有 $v=k(c_g-c_s)$。在扩散控制条件下,表面反应速率远大于扩散速率,故 $c_s\approx0$,$v=kc_g$,焦炭的燃烧表现为一级反应特征。除 C(s)的燃烧外,盐类的溶解、金属在电解质中的腐蚀及铸造合金熔炼过程,扩散都有可能成为速率控制步骤。在合金冶炼中,为了改善扩散控制情况,现代冶金采用喷射冶炼技术。它是将合金元素研磨成很细的粉料,用惰性气体[如 He(g)]作载气吹入冶炼池内,这样既可以加大反应界面,又可借助气流的"冲刷"作用,减小边界层厚度,更快地更新多相反应界面,改善扩散传质状况。

*5.14　气-固相多相反应动力学

下面以 1 200 K 时金属镍（Ni）的氧化为例，说明金属氧化反应的多相动力学过程。如图 5-33 所示为 Ni(s) 在 $p(O_2) = 10^5$ Pa 气氛中、1 200 K 下氧化 100 h 的表面示意图。在图 5-33 中，存在两个界面：$O_2(g)/NiO(s)$ 的气-固界面和 $NiO(s)/Ni(s)$ 的固-固界面。一般情况下，Ni 被氧化的步骤为：

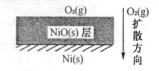

图 5-33　Ni 在 1 200 K 的 $O_2(g)$ 中氧化 100 h 的表面示意图

(i) $O_2(g)$ 自气相向洁净的 Ni(s) 表面扩散；

(ii) $O_2(g)$ 在 Ni(s) 表面吸附并解离

$$O_2(g, ad) \Longrightarrow 2[O]_{ad}$$

(iii) $[O]_{ad}$ 脱附进入 Ni(s) 晶格，并与 Ni 反应生成 NiO(s)

$$[O] + Ni(s) = NiO(s)$$

生成的 NiO(s) 形成新相，覆盖在 Ni(s) 表面，这就是氧化膜；

(iv) 氧化膜一旦形成，就在 $O_2(g)$ 气相和 Ni(s) 固相之间形成"产物中间相"，后续的 $O_2(g)$ 要想继续和 Ni(s) 反应，则必须先在 $O_2(g)/NiO(s)$ 界面吸附，形成 $O_{2,ad}$ 态，然后扩散到达 Ni(s)/NiO(s) 表面，才能与 Ni(s) 反应。所以，NiO(s) 膜的形成阻碍了 Ni(s) 与 $O_2(g)$ 的反应，膜越厚，阻力越大。

从动力学角度来看，似乎反应时间越长，NiO(s) 固相膜越厚，但实际并非如此。因为：

(i) NiO(s) 膜十分致密、无缝隙，当膜厚达到一定程度时，它可以完全阻止 $O_2(g)$ 到达 Ni(s)/NiO(s) 表面，因而可以完全阻止 Ni(s) 的氧化；

(ii) NiO(s) 的体胀系数和 Ni(s) 几乎一样，因此，当温度变化，Ni(s) 发生热胀冷缩时，NiO(s) 也保持与 Ni(s) 同样的热胀冷缩程度，不会起皱或破裂，从而可以完整地保护 Ni(s) 不会重新暴露在 $O_2(g)$ 中。

Ni(s) 在高温下氧化的速率方程为

$$\frac{dY}{dt} = kY^{-1} \tag{5-46a}$$

式中，Y 为氧化膜 NiO(s) 厚度。

将该微分方程积分，得

$$Y^2 = kt \tag{5-46b}$$

或

$$Y = k't^{\frac{1}{2}} \tag{5-46c}$$

以 Y 对 $t^{\frac{1}{2}}$ 作图为一直线，可见，反应未显示 1 级动力学特征，不属扩散控制的速率步骤。

相对于 Ni 而言，Fe 的氧化则要复杂得多。研究表明，在 10^5 Pa、1 200 K 及 800 K 下，Fe 的氧化膜的结构如图 5-34 所示。

从图 5-34(a) 可以看出，在 1 200 K 时，Fe 的氧化产物有 FeO(s)、$Fe_3O_4(s)$ 和 $Fe_2O_3(s)$ 三种，涉及 $O_2(g)$-$Fe_2O_3(s)$ 这一气-固界面和 $Fe_2O_3(s)$-$Fe_3O_4(s)$、$Fe_3O_4(s)$-FeO(s) 和 FeO(s)-Fe(s) 这 3 个固-固界面，因而 O_2 与 Fe 的反应机理将变得更为复杂。

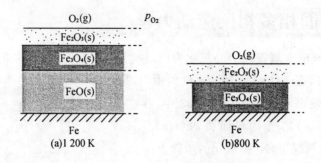

图 5-34 Fe(s)在 O_2(g)中氧化时氧化膜的结构示意图

*5.15 气-液相多相反应动力学

对 Fe(l)吸收 N 的动力学研究,通常认为它包括三个步骤:

(i)N_2(g)从气相向 Fe(l)表面的扩散——外部扩散,属于气相传质。

(ii)扩散到 Fe(l)表面的 N_2(g)分子在 Fe(l)表面吸附、解离、脱附:

$$N_2(g,ad)\underset{k_-}{\overset{k_+}{\rightleftharpoons}}2[N]_{ad} \qquad\qquad ①$$

(iii)由 N_2(g)解离生成并吸附在 Fe(l)表面的$[N]_{ad}$向 Fe(l)内部扩散。

按惯例,第(i)步反应速率很快,不会成为速率控制步骤。

对于反应①,正、逆反应均为元反应,则

$$\frac{d[N]}{dt}=k_+ p_{N_2}-k_-[N]_{ad}^2 \qquad\qquad (5-47)$$

式(5-47)表明,反应①正向为一级反应,逆反应为二级反应。进一步研究表明,若第(ii)步为速率控制步骤,则为一级动力学特征;若第(iii)步为速率控制步骤,则总反应表现出二级反应特征。

类似的反应还包括 Fe(l)[或其他金属 M(l)]对 O_2、H_2、S_2(g)、H_2O(g)等气体的吸收溶解。

*5.16 液-液相多相反应动力学

对于熔渣与 Fe(l)的液-液相反应,如

$$[M]+(FeO)(l)==(MO)(l)+Fe(l)$$

有五个基本步骤:

(i)反应物 M 从 Fe(l)体相中向渣-钢界面迁移;

(ii)反应物(FeO)(l)从渣体相中向渣-钢界面迁移;

(iii)M 与(FeO)(l)在渣-钢界面上进行化学反应。按电化学方式可写为

$$[M](l)+O^{2-}\longrightarrow(MO)+2e^-$$

$$(FeO)(l)+2e^-\longrightarrow Fe(l)+O^{2-}$$

(iv)反应产物(MO)(l)从渣-钢界面向渣体相扩散迁移;

(v)反应产物 Fe(l)从渣-钢界面向 Fe(l)体相迁移。

如果再细化分析,则还应包括(MO)(l)及(FeO)(l)在界面层内的扩散。

所有几个步骤都是串联的,总反应是一个连串反应。其中速率最慢的步骤为速率控制步骤。

(i)M 在渣-钢界面层内的扩散为控制步骤,可导出速率方程为

$$\ln(c_M^0/c_M)=k_D t \tag{5-48}$$

式中,c_M^0 表示界面层 Fe(l)一侧 M 的浓度,c_M 为界面层渣一侧 M 的浓度,k_D 为扩散控制的速率系数。显然这是一个一级反应。

(ii)(MO)(l)在渣的体相中的扩散为控制步骤,可导出速率方程为

$$\ln(c_M^0/c_M)=k_D' t \tag{5-49}$$

式中,$k_D'=(D_M^0/\delta_s)(A_s/V)c_M^0/c_M$;$D_M^0$ 为 M 在 Fe(l)中的扩散系数,δ_s 为界面层厚度,A_s 为界面面积,V 为 Fe(l)体积,c_M^0 与 c_M 同前。式(5-49)也说明(MO)(l)在渣体相的扩散为一级速率步骤。

(iii)界面化学反应为控制步骤。此种情况要复杂得多,需弄清化学反应的元反应步骤才可写出速率方程,此处不拟讨论。

*5.17　固-固相烧结多相反应动力学

固相反应有若干区别于其他多相反应的特点:

(i)反应首先发生在反应物的接触点或接触面上,为了增大反应开始时的接触面,需要把反应物预先粉碎成微小颗粒,一般在 $10\sim100$ nm;

(ii)为了使颗粒之间紧密接触,反应前需用高压将粉料挤压成型;

(iii)反应开始后,反应物必须从体相向反应界面扩散;

(iv)反应一般需要在高温下进行;

(v)在高温下,再加上界面效应,使得反应物有可能升华,升华发生在颗粒边、棱、角及凸出处,升华后的分子会在凹处冷凝,从而产生物质的升华迁移。

表面化学反应,物质从体相向反应界面的扩散迁移以及物质的升华迁移都有可能成为速率控制步骤。下面以实例分析介绍之。

5.17.1　表面化学反应为速率控制步骤

为便于分析处理,我们考查最简单的固相反应

$$A(s)+C(s)\Longrightarrow B(s)$$

$$t=0 \qquad m_0 \qquad\qquad 0$$

$$t=t \qquad m_0(1-\alpha) \qquad m_B=m_0\alpha$$

$$\frac{dm_B}{dt}=kA_s m_0(1-\alpha) \tag{5-50}$$

式中,m_0 为 A 的初始质量;m_B 为反应至时刻 t 时,产物 B 的质量;α 为 A 的转化率,$\alpha=m_B/m_0$,dm_B/dt 为产物 B 的增长速率,A_s 为反应至时刻 t 时,反应物的表面积。式(5-50)两边同除以 m_0,则

$$\frac{d\alpha}{dt}=kA_s(1-\alpha) \tag{5-51}$$

式中,A_s 是 α 的函数。

设反应物均为等半径 r 的球粒,反应至时刻 t 时,产物层厚度为 y,并令反应物与产物的密度 ρ 相等,则用 V 代替 m,有

$$\alpha = \frac{V_{\text{总}} - V_t}{V_{\text{总}}} = \left[\frac{4}{3}\pi r^3 - \frac{4}{3}\pi (r-y)^3\right]\bigg/ \frac{4}{3}\pi r^3 = [r^3 - (r-y)^3]/r^3$$

整理得
$$r - y = r(1-\alpha)^{\frac{1}{3}} \tag{a}$$

式(a)两边平方后同乘以 4π,得
$$4\pi (r-y)^2 = 4\pi r^2 (1-\alpha)^{\frac{2}{3}} \tag{b}$$

令 $4\pi (r-y)^2 = A_s$,$4\pi r^2 = A_{s,0}$,则有
$$A_s = A_{s,0}(1-\alpha)^{\frac{2}{3}} \tag{c}$$

将式(c)代入式(5-51),得
$$\frac{d\alpha}{dt} = kA_{s,0}(1-\alpha)^{\frac{5}{3}} \tag{d}$$

分离变量积分,则式(d)变为
$$\frac{3}{2}(1-\alpha)^{-\frac{2}{3}} + C = kA_{s,0}t \tag{e}$$

令 $t=0$,$\alpha=0$,则积分常数 $C = -\frac{3}{2}$,代入式(e),故
$$H(\alpha) = (1-\alpha)^{-\frac{2}{3}} - 1 = k't \tag{5-52}$$

式(5-52)表明,$H(\alpha)$-t 为一直线,斜率 $k' = \frac{2}{3}kA_{s,0}$,由此可求出 k。式(5-52)适用于由多相一级化学反应控制的固-固相反应。这一关系已为实验所证实。

例如
$$\underset{A}{Na_2CO_3(s)} + \underset{C}{SiO_2(s)} \xrightarrow{NaCl} \underset{B}{Na_2SiO_3(s)} + CO_2(g)$$

$n_A : n_C = 1:1$,在 1 013 K 下,初始颗粒半径 $r=0.036$ mm;实测 $H(\alpha)$ 对 t 作图为一直线,由斜率求得,$k' = 4.2 \times 10^{-3}$ min^{-1}。

5.17.2 物质的迁移扩散为速率控制步骤

上述反应进行一段时间后,产物层增厚,扩散阻力增大,致使扩散速率减慢,此时反应由物质通过产物层到达反应界面的迁移扩散步骤控制。对于由扩散控制的固相反应,有若干个动力学方程,现举其一。

$$\frac{dy}{dt} = Dc_s/y = ky^{-1} \tag{5-53}$$

式中,y 为产物层厚度;D 为反应物扩散系数;c_s 为反应界面上的反应物浓度。积分式(5-53),得

$$T(\alpha) = [1-(1-\alpha)^{\frac{1}{3}}]^2 = \frac{2Dc_s}{r^2}t = k_j t \tag{5-54}$$

式(5-54)表明,$T(\alpha)$ 对 t 作图为一直线。该式适用于产物层较薄,表面反应物浓度变化不大阶段的固-固相反应。

5.17.3　升华为速率控制步骤

依据 Kelvin 公式

$$\ln\frac{p_r}{p_0}=\frac{2M\sigma}{\rho RT}\cdot\frac{1}{r}$$

可以看出,颗粒半径 r 越小,其表面蒸气压越大。在高温下,颗粒尖凸处的分子容易升华,而气体分子又容易因毛细作用凝结在凹陷的两个球颗粒的接触处,这就造成了由升华引起的反应物表面分子向反应界面的迁移。由升华速率控制的反应动力学方程为

$$S(\alpha)=1-(1-\alpha)^{\frac{2}{3}}=k_s t \tag{5-55}$$

式中,k_s 为升华速率系数;α 为反应物的转化率;$S(\alpha)$ 同前面的 $H(\alpha)$ 和 $T(\alpha)$ 一样,都表示 α 的某一函数。

例如

$$\underset{\text{A}}{CaCO_3(s)}+\underset{\text{C}}{MoO_3(s)}=\underset{\text{B}}{CaMoO_4(s)}+CO_2(g)$$

当 $n_A:n_C=1:5$, $r(CaCO_3)\leqslant0.03$ mm, $r(MoO_3)=0.05\sim0.15$ mm, $T=893$ K 时,$S(\alpha)$-t 为一直线,说明此时 $MoO_3(s)$ 的升华为总反应的速率控制步骤。

当反应从一个速率控制步骤转变为另一个速率控制步骤时,中间有一过渡阶段,在过渡阶段内,总反应往往由多个步骤混合控制。

*5.18　由表面吸附控制的多相反应

在有些多相反应中,表面吸附是其速率控制步骤,这类反应都是气体在固体表面的多相催化过程。其反应动力学可分下列几种情况来讨论。

5.18.1　单分子气体分解反应

反应速率取决于表面吸附的速率,故将正比于气体在固体表面的覆盖度 θ,应用兰缪尔公式可得

$$v=k\theta=\frac{kbp}{1+bp} \tag{5-56}$$

若该气体吸附微弱,即 θ 很小,因而 $bp\ll1$,则 $v=kbp$,表现为一级反应。若气体吸附强烈,即 θ 很大,$bp\gg1$,则 $v=k$,表现为零级反应,相当于表面已被吸附分子所完全覆盖,反应速率依赖于被吸附分子的分解,故与气相压力无关。

以上只考虑了反应物分子的吸附,如果分解的产物也能吸附在固体表面,则按混合吸附的形式。若以 A 代表反应物,B 代表分解产物,可得反应速率为

$$v=k\theta_A=\frac{kb_A p_A}{1+b_A p_A+b_B p_B} \tag{5-57}$$

当 A 吸附微弱,B 吸附强烈时,$b_B p_B\gg1+b_A p_A$,上式可简化为

$$v=\frac{kb_A}{b_B}\cdot\frac{p_A}{p_B} \tag{5-58}$$

由此可见,产物 B 的强烈吸附将使反应速率减小,称为阻化作用。

5.18.2 双分子表面反应

设有 A 与 B 两种反应分子在固体表面上发生反应,则可能有两种机理:

(i)兰缪尔-**欣谢伍德**(Hinshelwood)机理:吸附在固体表面上的 A 和 B 分子发生反应,速率可表示为

$$v = k\theta_A \theta_B = \frac{kb_A p_A b_B p_B}{(1 + b_A p_A + b_B p_B)^2} \tag{5-59}$$

用以上同样的简化方法可得:若 A 及 B 吸附都很弱,则反应速率 $v = k' p_A p_B$,表现为二级反应;若 A 弱 B 强,则反应速率将受 B 的阻化作用。

(ii)里迪尔(Rideal)-艾里(Eley)机理:吸附在固体表面上的 A 分子与气相中的 B 分子发生反应,速率可表示为

$$v = k\theta_A p_B \tag{5-60}$$

习 题

一、思考题

5-1 存在于两相之间的界面(对实际系统)可以看成一个没有厚度的几何平面,对吗?

5-2 在什么情况下物质的表面性质是必须考虑的?举例说明。

5-3 温度、压力对表面张力的影响如何?

5-4 为什么纯液体的液面只会自动收缩而不会自发增大?

5-5 试作图表示下列 4 种情况曲面附加压力的方向:(1)液体中的气泡;(2)蒸气中的液滴;(3)毛细管中的凹液面;(4)毛细管中的凸液面。

5-6 在一个底部为光滑平面的抽成真空的玻璃容器中,放有半径大小不等的圆球形汞滴,如图 5-35 所示,请问:(1)经定温放置一段时间后,系统内仍有大小不等的汞滴与汞蒸气共存,此时汞蒸气的压力 p^* 与大汞滴的饱和蒸气压 $p^*_{大}$、小汞滴的饱和蒸气压 $p^*_{小}$ 存在何关系?(2) 经过长时间定温放置,会出现什么现象?

5-7 如图 5-36 所示,在三通活塞的两端涂上肥皂液,关断右端通路,在左端吹一个小泡。然后关闭左端,在右端吹一个大泡。最后让左右两端相通,试问接通后两泡的大小有何变化?到何时达到平衡?试述变化的原因及平衡时两泡的曲率半径的比值。

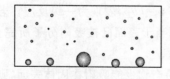

图 5-35

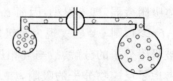

图 5-36

5-8 物理吸附与化学吸附有什么区别?

5-9 水与油不互溶,为何加入洗衣粉之后可以形成乳状液?

5-10 表面过剩物质的量 Γ_B 一定大于零吗?

5-11 兰缪尔吸附定温式适用的对象如何?

二、计算题及证明(或推导)题

5-1 试求 25 ℃时,1 g 水成一个球形水滴时的表面积和表面吉布斯自由能;若把它分散成直径为 2 nm 的微小水滴,则总表面积和表面吉布斯自由能又为多少?(已知 25 ℃时,水的表面张力为 72×10^{-3} J·m^{-2})

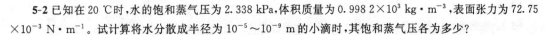

5-2 已知在 20 ℃时,水的饱和蒸气压为 2.338 kPa,体积质量为 0.998 2×10³ kg·m⁻³,表面张力为 72.75×10⁻³ N·m⁻¹。试计算将水分散成半径为 10⁻⁵～10⁻⁹ m 的小滴时,其饱和蒸气压各为多少?

5-3 室温下假设树根的毛细管管径为 2.00×10⁻⁶ m,水渗入与根壁交角为 30°。求其产生的附加压力,并求水可输送的高度。(设 25 ℃时,水的表面张力 $\sigma=75.2×10^{-3}$ N·m⁻¹,密度 $\rho=0.9997×10^3$ kg·m⁻³)

5-4 20 ℃时苯的蒸气凝结成雾,其液滴半径为 1.00 μm(10⁻⁶ m),试计算其饱和蒸气压比正常值增加的百分率。20 ℃时苯的密度 $\rho=0.879$ g·cm⁻³,表面张力 $\sigma=(31.315-0.126t/℃)×10^{-3}$ N·m⁻¹。

5-5 在正常沸点时,水中含有直径为 0.01 mm 的空气泡,问需过热多少度才能使这样的水开始沸腾?已知水在 100 ℃时的表面张力为 0.058 9 N·m⁻¹,摩尔汽化焓 $\Delta_{vap}H_m^*=40.67$ kJ·mol⁻¹。

5-6 1.0×10⁻⁶ m³ 某种活性炭,其表面积为 1 000 m²,若全部表面积都被覆盖,问用 4.5×10⁻⁵ m³ 此活性炭可吸附多少升氨气?(用标准状况下体积表示)。设 NH₃ 分子的截面积为 9.0×10⁻²⁰ m²,假定被吸附的氨分子相互紧密接触。

5-7 25 ℃时乙醇水溶液的表面张力 σ 随乙醇的量浓度 c 的变化关系为

$$\sigma/(10^{-3} \text{ N·m}^{-1})=72-0.5(c/c^\ominus)+0.2(c/c^\ominus)^2$$

试分别计算温度为 25 ℃、乙醇的量浓度为 0.1 mol·dm⁻³ 和 0.5 mol·dm⁻³ 时,乙醇的表面过剩物质的量($c^\ominus=1.0$ mol·dm⁻³)。

5-8 用活性炭吸附 CHCl₃ 时,在 0 ℃时的饱和吸附量为 93.8 dm³·kg⁻¹,已知 CHCl₃ 的分压力为 13.3 kPa 时的平衡吸附量为 82.5 dm³·kg⁻¹。求:(1)兰缪尔公式中的 b 值;(2)CHCl₃ 分压为 6.6 kPa 时,平衡吸附量是多少?

5-9 -33.6 ℃时,每克活性炭上吸附 CO 的体积数据如下:

p/kPa	$\dfrac{V(\text{STP})}{\text{cm}^3}$	p/kPa	$\dfrac{V(\text{STP})}{\text{cm}^3}$	p/kPa	$\dfrac{V(\text{STP})}{\text{cm}^3}$
1.35	8.54	4.27	18.2	7.20	23.8
2.53	13.1	5.73	21.0	8.93	26.3

检验兰缪尔公式是否适用于该吸附系统,并计算公式中常数的量值。

5-10 19 ℃时丁酸水溶液的表面张力 $\sigma=\sigma_0-a'\ln(1+b'c)$,式中 σ_0 为纯水的表面张力,$a'、b'$ 为常数。求:(1)溶液中丁酸的表面过剩物质的量 Γ 和浓度 c 的关系式;(2)已知 $a'=1.31×10^{-2}$ N·m⁻¹,$b'=19.62$ dm³·mol⁻¹,计算 $c=0.15$ mol·dm⁻³ 时的表面过剩物质的量;(3)若已知在 19 ℃,纯水表面张力 $\sigma_0=72.80×10^{-3}$ N·m⁻¹,求 $c=0.130$ mol·dm⁻³ 的丁酸水溶液的表面张力为多少?

5-11 在某温度下,乙醚-水、汞-乙醚、汞-水的表面张力分别为 0.011 N·m⁻¹、0.379 N·m⁻¹ 和 0.375 N·m⁻¹,在乙醚与汞的界面上滴一滴水,试求其接触角。

三、是非题、选择题和填空题

(一)是非题(下述各题中的说法是否正确? 正确的在题后括号内画"√",错误的画"×")

5-1 由两种不互溶的液体 A 和液体 B 构成的双液系统的界面层中,A 和 B 的物质的量浓度在垂直于界面方向上是连续递变的。　　　　　　　　　　　　　　　　　　　　(　　)

5-2 液体表面张力的方向总是与液面垂直。　　　　　　　　　　　　　　　　　(　　)

5-3 液体表面张力的存在力图扩大液体的表面积。　　　　　　　　　　　　　　(　　)

5-4 表面张力在量值上等于定温定压条件下系统增加单位表面积时环境对系统所做的非体积功。　(　　)

5-5 弯曲液面产生的附加压力与表面张力成反比。　　　　　　　　　　　　　　(　　)

5-6 弯曲液面产生的附加压力的方向总是指向曲面的曲心。　　　　　　　　　　(　　)

5-7 弯曲液面的饱和蒸气压总大于同温下平液面的蒸气压。　　　　　　　　　　(　　)

5-8 同温度下,小液滴的饱和蒸气压恒大于平液面的蒸气压。　　　　　　　　　(　　)

5-9 吉布斯所定义的"表面过剩物质的量"Γ_B 只能是正值,不能是负值。　　　　(　　)

5-10 吉布斯关于溶液表面吸附模型理论认为,两不互溶的液体之间的界面是无厚度、无体积但有面积

的几何平面。 ( )

5-11 表面活性物质在界面层的浓度大于它在溶液本体的浓度。 ( )

5-12 兰缪尔定温吸附理论只适于单分子层吸附。 ( )

5-13 化学吸附无选择性。 ( )

5-14 兰缪尔定温吸附理论也适用于固体自溶液中的吸附。 ( )

（二）选择题（选择正确答案的编号，填在各题后的括号内）

5-1 下列各式中,不属于纯液体表面张力的定义式是（ ）。

A. $\left(\dfrac{\partial G}{\partial A_s}\right)_{T,p}$
B. $\left(\dfrac{\partial H}{\partial A_s}\right)_{T,p}$
C. $\left(\dfrac{\partial A}{\partial A_s}\right)_{T,V}$

5-2 今有 4 种物质：①金属铜，② $NaCl(s)$，③ $H_2O(s)$，④ $C_6H_6(l)$，则这 4 种物质的表面张力由小到大的排列顺序是（ ）。

A. ④＜③＜②＜①　　　B. ①＜②＜③＜④　　　C. ③＜④＜①＜②

5-3 由两种不互溶的纯液体 A 和 B 相互接触形成两液相时,下面说法中最符合实际情况的是（ ）。

A. 界面是一个界限分明的几何平面

B. 界面层有几个分子层的厚度,在界面层内,A 和 B 两种物质的浓度沿垂直于界面方向连续递变

C. 界面层厚度可达几个分子层,在界面层中,A 和 B 两种物质的浓度处处都是均匀的

5-4 今有反应 $CaCO_3(s) \Longrightarrow CaO(s) + CO_2(g)$ 在一定温度下达到平衡,现在不改变温度和 CO_2 的分压力,也不改变 $CaO(s)$ 的颗粒大小,只降低 $CaCO_3(s)$ 的颗粒直径,增加分散度,则平衡将（ ）。

A. 向左移动　　　B. 向右移动　　　C. 不发生移动

5-5 高分散度固体表面吸附气体后,可使固体表面的吉布斯函数（ ）。

A. 降低　　　B. 增加　　　C. 不改变

5-6 在一支干净的、水平放置的、内径均匀的玻璃毛细管中部注入一滴纯水,形成一自由移动的液柱。然后用微量注射器向液柱右侧注入少量 $NaCl$ 水溶液。假若接触角 θ 不变,则液柱将（ ）。

A. 不移动　　　B. 向右移动　　　C. 向左移动

5-7 今有一球形肥皂泡,半径为 r,肥皂水溶液的表面张力为 σ,则肥皂泡内附加压力是（ ）。

A. $\Delta p = \dfrac{2\sigma}{r}$
B. $\Delta p = \dfrac{\sigma}{r}$
C. $\Delta p = \dfrac{4\sigma}{r}$

5-8 人工降雨是将 AgI 微细晶粒喷撒在积雨云层中,目的是为降雨提供（ ）。

A. 冷量　　　B. 湿度　　　C. 晶核

5-9 溶液界面定温吸附的结果,溶质在界面层的组成标度（ ）它在体相的组成标度。

A. 一定大于　　　B. 一定小于　　　C. 可能大于也可能小于

5-10 若某液体在毛细管内呈凹液面,则该液体在该毛细管中将（ ）。

A. 沿毛细管上升　　　B. 沿毛细管下降　　　C. 不上升也不下降

5-11 若一种液体在一固体表面能铺展,则下列几种描述中正确的是（ ）。

A. $s<0,\theta>90°$ 　　　B. $s>0,\theta>90°$ 　　　C. $s>0,\theta<90°$

5-12 同种液体相同温度下,弯曲液面的蒸气压与平液面的蒸气压的关系是（ ）。

A. $p(\text{平})>p(\text{毛细管中,凹})>p(\text{凸})$ 　　　B. $p(\text{凸})>p(\text{毛细管中,凹})>p(\text{平})$

C. $p(\text{凸})>p(\text{平})>p(\text{毛细管中,凹})$

5-13 在潮湿的空气中,放有 3 只粗细不等的毛细管,其半径大小顺序为 $r_1>r_2>r_3$,则毛细管内水蒸气易于凝结的顺序是（ ）。

A. 1,2,3　　　B. 2,3,1　　　C. 3,2,1

5-14 如图 5-37 所示,在一支水平放置的、洁净的、内径均匀的玻璃毛细管中有一可自由移动的水柱,今在水柱右端轻轻加热,则毛细管内的水柱将（ ）。

A. 向右移动　　　　　B. 向左移动　　　　C. 不移动

5-15 化学吸附的吸附力是（　　）。

A. 化学键力　　　　　B. 范德华力　　　　C. 库仑力

（三）填空题（在以下各题中画有_____处填上答案）

图 5-37

5-1 有 3 种液体 A(l)、B(l) 和 C(l)，表面张力的关系为 $\sigma_A = 2\sigma_B = 3\sigma_C$，体积质量可取为相等。今从直径相同的滴定管中分别滴出 A、B、C 的平衡液滴各 1 个，设其体积分别为 V_A、V_B 和 V_C，则依照 V 从大到小的顺序应该是 _____。

5-2 请列举出表面活性剂的三种基本作用，即 _____。

5-3 表面活性剂溶液的浓度超过临界胶束浓度时，表面活性剂分子会在体相中形成胶束，试举出 3 种类型的胶束。它们是 _____，_____，_____。

5-4 在下表中填上物理吸附与化学吸附的区别：

区别项目	物理吸附	化学吸附
吸附作用力		
吸附分子层		
吸附选择性		
吸附热		

5-5 兰缪尔单分子层吸附理论的基本假设为（1）_____；（2）_____；（3）_____；（4）_____。

5-6 请列举出 4 种亚稳状态，它们分别是（1）_____；（2）_____；（3）_____；（4）_____。

5-7 多相反应的基本步骤有：（1）_____；（2）_____；（3）_____；（4）_____；（5）_____。

5-8 多相反应的控制步骤可能有：（1）_____；（2）_____；（3）_____。

计算题答案

5-1 4.84×10^{-4} m²，3.48×10^{-5} J；3.0×10^3 m²，216 J

5-2 2.338，2.340，2.364，2.605，6.867 kPa　　**5-3** $\Delta p = -126$ kN，$h = 12.9$ m　　**5-4** 0.2%

5-5 3.2 ℃　　**5-6** $V(NH_3, g)(STP) = 18.6$ dm³　　**5-7** 1.86×10^{-8} mol·m⁻²，6.05×10^{-8} mol·m⁻²

5-8 (1) $b = 5.49 \times 10^{-4}$ Pa⁻¹；(2) $V = 73.5$ dm³·kg⁻¹

5-9 适合，$V_\infty = 4.27 \times 10^{-5}$ m³·g⁻¹，$b = 1.82 \times 10^{-4}$ Pa⁻¹

5-10 (1) $\Gamma = \dfrac{c}{RT} \dfrac{a'b'}{1 + b'c}$；(2) $\Gamma = 4.03 \times 10^{-6}$ mol·m⁻²；(3) $\sigma = 54.83 \times 10^{-3}$ N·m⁻¹　　**5-11** $\theta = 68°$

第6章

电化学反应的平衡与速率

6.0 电化学反应的平衡与速率研究的内容和方法

6.0.1 电化学反应的平衡与速率研究的内容

电化学反应与第 1 章讨论的热化学反应有所不同。如前所述,热化学反应,通常是以热能(有时伴以体积功)的形式进行化学能的转换,其反应的活化能靠分子的热运动来积累,而本章研究的电化学反应,除有热能形式参与外,主要是以电能形式参与化学能的转换,其反应的活化能有一部分靠电能来供给。

电化学反应分成两大类:一类是利用定温、定压下 $\Delta_r G_m < 0$ 的反应把化学能转化为电能;另一类是利用电能促使定温、定压下 $\Delta_r G_m > 0$ 的化学反应发生,从而制得新的化学产品或进行其他电化学工艺过程。

研究电化学反应主要包含两个方面:一是研究电化学反应的平衡规律,二是研究电化学反应的速率规律。

表征电化学反应平衡规律的方程式是**能斯特**(Nernst W)方程,它是电化学反应中极为重要的方程,在电化学发展史中较长时间内占据统治地位,为电化学发展做出了积极贡献,然而它却对 1910 年之后的电化学发展产生了负面作用,致使电化学发展停滞长达 50 年之久。当然这不是能斯特方程本身的问题,而是人们认识上的惯性所致。人们总是单方面从平衡角度去观察、处理电化学反应,而较少从速率角度来处理电化学反应的有关问题。

近代电化学反应的研究突破了电化学反应热力学的束缚,较多的研究了电化学反应速率规律,从而使电化学自 1950 年之后得到了突飞猛进的发展。表征电化学反应速率规律的重要概念是超电势,用超电势的大小来衡量电化学反应偏离平衡的程度(不可逆程度),电化学反应的速率则受控于超电势。

本书把电化学一章放在化学动力学之后加以讨论,目的是从热力学及动力学两个方面来讨论电化学反应的平衡与速率规律。

电化学反应通常是在电化学系统中进行,所谓**电化学系统**(electrochemical system)是在两相或数相间存在电势差的系统。电化学反应的平衡与速率不仅由温度、压力、组成所决定,而且与各相的带电状态有关。

在电化学系统中至少有一个电子不能透过的相,这一相由电解质水溶液或熔融的电解质(离子液体)充当。所以本章在讨论电化学反应的平衡与速率之前,首先讨论电解质溶液的导电性质(离子导电与电子导体的导电机理不同)及热力学性质。

6.0.2 电化学反应的平衡与速率研究的方法

已如前述,在电化学系统中研究电化学反应的平衡与速率,因此,他们的研究方法离不开热力学方法与动力学方法。特别在 20 世纪 50 年代后,由于开始重视用动力学方法研究电化学反应,促使电化学的快速发展。此外,从微观角度看,电极反应中的最核心步骤——电荷在电极-溶液界面间的转移,作为一种微观粒子的运动,必然还遵循量子力学的规律,这就涉及量子力学方法的应用,因此,一个崭新的电化学领域——**量子电化学**正在崛起,它从电子在反应前后的状态、轨道、能级、分布概率、跃迁等方面来探讨电极过程的规律。

I 电解质溶液的电荷传导性质

6.1 电解质的类型

6.1.1 电解质的分类

电解质(electrolyte)是指溶于溶剂或熔化时能形成带相反电荷的离子,从而具有电荷传导能力的物质。电解质在溶剂(如 H_2O)中解离成正、负离子的现象叫**电离**(electrolytic dissociation)。根据电解质**电离度**(degree of ionization)的大小,电解质分为**强电解质**(strong electrolytes)和**弱电解质**(weak electrolytes)。强电解质的分子在溶液中几乎全部解离成正、负离子,如 $NaCl$、HCl、$ZnSO_4$ 等在水中是强电解质;弱电解质的分子在溶液中部分地解离为正、负离子,在一定条件下,正、负离子与未解离的电解质分子间存在**电离平衡**(electrolytic equilibrium),如 NH_3、CO_2、CH_3COOH 等在水中为弱电解质。

强弱电解质的划分除与电解质本身性质有关外,还取决于溶剂性质。例如,CH_3COOH 在水中属弱电解质,而在液 NH_3 中则全部电离,属强电解质;KI 在水中为强电解质,而在丙酮中则为弱电解质。

从另一角度,电解质又分为**真正电解质**(real electrolytes)和**潜在电解质**(potential electrolytes)。以离子键结合的电解质属真正电解质,如 $NaCl$、$CuSO_4$ 等;以共价键结合的电解质属潜在电解质,如 HCl、CH_3COOH 等。此种分类法不涉及溶剂性质。

本章仅限于讨论电解质的水溶液,故采用强弱电解质的分类法。

6.1.2 电解质的价型

设电解质 B 在溶液中电离成 X^{z+} 和 Y^{z-} 离子

$$B \longrightarrow \nu_+ X^{z+} + \nu_- Y^{z-}$$

式中:z_+、z_- 表示离子电荷数(z_- 为负数),由电中性条件,$\nu_+ z_+ = |\nu_- z_-|$。强电解质可分为不同价型。例如:

$NaNO_3$ $z_+ = 1$ $|z_-| = 1$ 称为 1-1 型电解质

ZnSO₄ $z_+ = 2$ $|z_-| = 2$ 称为 2-2 型电解质

Na₂SO₄ $z_+ = 1$ $|z_-| = 2$ 称为 1-2 型电解质

Cu(NO₃)₂ $z_+ = 2$ $|z_-| = 1$ 称为 2-1 型电解质

6.2 电导、电导率、摩尔电导率

6.2.1 电导及电导率

衡量电解质溶液电荷传导能力的物理量称为**电导**(conductance),用符号 G 表示,电导是电阻 R 的倒数,即

$$G = \frac{1}{R} \tag{6-1}$$

电导的单位是**西门子**(Siemens),符号为 S,1 S = 1 Ω^{-1}。

均匀导体在均匀电场中的电导 G 与导体截面积 A_s 成正比,与导体长度 l 成反比,即

$$G = \kappa \frac{A_s}{l} \tag{6-2}$$

式中,κ 称为**电导率**(conductivity),单位为 S·m⁻¹。κ 是电阻率 ρ 的倒数。

式(6-2)表明,电解质溶液的电导率是两极板为单位面积、两极板间距离为单位长度时溶液的电导。

由式(6-2),有

$$\kappa = K_{(l/A)} G \tag{6-3}$$

式中,$K_{(l/A)} = \dfrac{l}{A_s}$,称为**电导池常数**(cell constant of a conductance cell),与电导池几何特征有关。

电解质溶液的 κ 可由实验测定,测定时先用已知电导率的标准 KCl 溶液(表 6-1)注入电导池中,利用电导仪测其电导,代入式(6-3)中,确定出电导池常数 $K_{(l/A)}$,再将待测溶液置于同一电导池中,利用式(6-3)测定其电导率 κ。

表 6-1   标准 KCl 溶液的电导率 κ

$c/(\text{mol·dm}^{-3})$	$\kappa/(\text{S·m}^{-1})$		
	273.15 K	291.15 K	298.15 K
1	6.643	9.820	11.173
0.1	0.715 4	1.119 2	1.288 6
0.01	0.077 51	0.122 7	0.141 14

6.2.2 摩尔电导率

电解质溶液的电导率随其浓度而改变,为了对不同浓度或不同类型的电解质的电荷传导能力进行比较,定义了**摩尔电导率**(molar conductivity),用 Λ_m 表示,

$$\Lambda_m \stackrel{\text{def}}{=\!=} \frac{\kappa}{c} \tag{6-4}$$

式中,c 为电解质溶液的浓度,单位为 mol·m⁻³,κ 为电导率,单位为 S·m⁻¹,所以 Λ_m 的单

位为 $S \cdot m^2 \cdot mol^{-1}$。

在表示电解质的摩尔电导率时,应标明物质的基本单元。通常用元素符号和化学式指明基本单元。例如,在某一定条件下

$$\Lambda_m(K_2SO_4) = 0.024\ 85\ S \cdot m^2 \cdot mol^{-1}$$

$$\Lambda_m\left(\frac{1}{2}K_2SO_4\right) = 0.012\ 43\ S \cdot m^2 \cdot mol^{-1}$$

显然有
$$\Lambda_m(K_2SO_4) = 2\ \Lambda_m\left(\frac{1}{2}K_2SO_4\right)$$

【例 6-1】　在 298.15 K 时,将 $0.02\ mol \cdot dm^{-3}$ 的 KCl 溶液注入电导池中,测得其电阻为 82.4 Ω。若用同一电导池注入 $0.05\ mol \cdot dm^{-3}$ 的 $\frac{1}{2}K_2SO_4$ 溶液,测得其电阻为 326 Ω。已知该温度时,$0.02\ mol \cdot dm^{-3}$ 的 KCl 溶液的电导率为 $0.276\ 8\ S \cdot m^{-1}$。试求:(1)电导池常数 $K_{(l/A)}$;(2)$0.05\ mol \cdot dm^{-3}$ 的 $\frac{1}{2}K_2SO_4$ 溶液的电导率 κ;(3)$0.05\ mol \cdot dm^{-3}$ 的 $\frac{1}{2}K_2SO_4$ 溶液的摩尔电导率 Λ_m。

解　(1)$K_{(l/A)} = \kappa_{KCl} R_{KCl} = 0.276\ 8\ \Omega^{-1} \cdot m^{-1} \times 82.4\ \Omega = 22.81\ m^{-1}$

$(2)\kappa\left(\frac{1}{2}K_2SO_4\right) = K_{(l/A)}G = K_{(l/A)} \times \frac{1}{R} = 22.81\ m^{-1} \times \frac{1}{326\ \Omega} =$

$\qquad 6.997 \times 10^{-2}\ \Omega^{-1} \cdot m^{-1} = 6.997 \times 10^{-2}\ S \cdot m^{-1}$

$(3)\Lambda_m\left(\frac{1}{2}K_2SO_4\right) = \dfrac{\kappa\left(\frac{1}{2}K_2SO_4\right)}{c} = \dfrac{6.997 \times 10^{-2}\ S \cdot m^{-1}}{0.05 \times 10^3\ mol \cdot m^{-3}} =$

$\qquad 1.399 \times 10^{-3}\ S \cdot m^2 \cdot mol^{-1}$

6.2.3　电导率及摩尔电导率与电解质浓度的关系

1. 电导率与电解质浓度的关系

图 6-1 是一些电解质水溶液的电导率(291.15 K 时)与电解质浓度的关系曲线。由图可见,强酸、强碱的电导率较大,其次是盐类,它们是强电解质;而弱电解质 CH_3COOH 等的电导率为最低。它们的共同点是:电导率随电解质浓度的增大而增大,经过极大值后则随物质浓度的增大而减小。

电导率与电解质浓度的关系出现极大值的原因是:电导率的大小与溶液中离子数目和离子自由运动能力有关,而这两个因素又是互相制约的。电解质浓度越大,体积离子数越多,电导率也就越大,然而,随着体积离子数增多,其静电相互作用也就越强,因而离子自由运动能力越差,电导率下降。溶液较稀时,第一个因素起主导作用,达到某一浓度后,转变为第二个因素起主导作用。结果导致电解质溶液的电导率随电解质浓度的变化经历一个极大值。

2. 摩尔电导率与电解质浓度的关系

图 6-2 是一些电解质水溶液的摩尔电导率 Λ_m 与电解质浓度的平方根 $\sqrt{c}$ 的关系曲线。

强电解质（如 HCl、NaOH、AgNO₃ 等）和弱电解质（如 CH₃COOH）的摩尔电导率都随电解质浓度减小而增大，但增大情况不同。强电解质的 Λ_m 随电解质浓度的降低而增大的幅度不大，在溶液很稀时，强电解质的 Λ_m 与电解质浓度的平方根 $\sqrt{c}$ 成直线关系，将直线外推至 $c = 0$ 时所得截距为**无限稀薄摩尔电导率**（limiting molar conductivity），用 Λ_m^∞ 表示。弱电解质的 Λ_m 在较浓的范围内随电解质浓度减小而增大的幅度很小，而在溶液很稀时，Λ_m 随电解质浓度减小急剧增加，因此对于弱电解质不能用外推法求 Λ_m^∞。但可由强电解质的 Λ_m^∞ 来计算〔用离子独立运动定律，见式(6-6)〕。

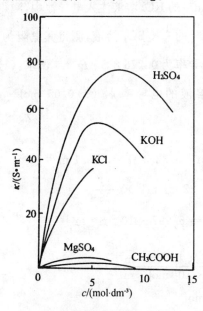

图 6-1　一些电解质水溶液的电导率与
电解质浓度的关系(291.15 K)

图 6-2　一些电解质水溶液的摩尔电导率与电
解质浓度的平方根的关系(298.15 K)

6.3　离子电迁移率、离子独立运动定律

6.3.1　离子电迁移率

电解质溶液中，离子在电场方向上的运动速率与外加电场强度及周围的介质黏度有关。溶液中的离子一方面受到电场力的作用，获得加速度，同时，离子在溶剂分子间挤过时，受到阻止它前进的黏性摩擦力的作用，两力均衡时，离子便以恒定的速率运动。此时的速率称为**离子的漂移速率**（drift rate），用 v_B 表示。在一定的温度和浓度下，离子在电场方向上的漂移速率 v_B 与电场强度成正比。单位电场强度下离子的漂移速率叫离子的**电迁移率**（electric mobility），用符号 u_B 表示，即

$$u_B \stackrel{\text{def}}{=\!=} \frac{v_B}{E} \tag{6-5}$$

式中，v_B 和 E 的单位分别为 m·s⁻¹ 和 V·m⁻¹，u_B 的单位为 m²·V⁻¹·s⁻¹。

离子的漂移速率 v_B 与外加电场有关，而电迁移率 u_B 则排除了外电场的影响，因而更能

反映离子运动的本性。

6.3.2 离子独立运动定律

科尔劳施(Kohlrausch F)比较一系列电解质的无限稀薄摩尔电导率 Λ_m^∞ 时发现,具有同一阴离子(或阳离子)的盐类,它们的摩尔电导率之差的量值在同一温度下为一定值,而与另一阳离子(或阴离子)的存在无关。某些具有相同离子的电解质的 Λ_m^∞ 见表 6-2。

表 6-2 　　　　 298.15 K 时,一些强电解质的无限稀薄摩尔电导率 Λ_m^∞

电解质	$\dfrac{\Lambda_m^\infty}{S\cdot m^2\cdot mol^{-1}}$	$\Delta\Lambda_m^\infty/10^{-4}$	电解质	$\dfrac{\Lambda_m^\infty}{S\cdot m^2\cdot mol^{-1}}$	$\Delta\Lambda_m^\infty/10^{-4}$
KCl	0.014 986		HCl	0.042 616	
LiCl	0.011 503	34.8	HNO₃	0.042 13	4.9
KClO₄	0.014 004		KCl	0.014 986	
LiClO₄	0.010 598	34.1	KNO₃	0.014 496	4.9
KNO₃	0.014 50		LiCl	0.011 503	
LiNO₃	0.011 01	34.9	LiNO₃	0.011 01	4.9

从表列数据可以看出,KCl 及 LiCl 的无限稀薄摩尔电导率的差值 $\Delta\Lambda_m^\infty$ 与 KNO₃ 及 LiNO₃ 的 $\Delta\Lambda_m^\infty$ 相同。这表明,在一定的温度下,正离子在无限稀薄溶液中的导电能力与负离子的存在无关。同样 KCl 及 KNO₃ 的 $\Delta\Lambda_m^\infty$ 与 LiCl 及 LiNO₃ 的 $\Delta\Lambda_m^\infty$ 也相同。这亦表明在一定的温度下,负离子在无限稀薄溶液中的导电能力与正离子的存在无关。

科尔劳施根据大量实验事实提出

$$\Lambda_m^\infty = \nu_+ \Lambda_{m,+}^\infty + \nu_- \Lambda_{m,-}^\infty \tag{6-6}$$

式(6-6)叫**离子独立运动定律**(law of the independent migration of ion)。它表明,无论是强电解质溶液还是弱电解质溶液,在无限稀薄时,离子彼此独立运动,互不影响。每种离子的摩尔电导率不受其他离子的影响,它们对电解质的摩尔电导率都有独立的贡献。因而电解质摩尔电导率为正、负离子摩尔电导率之和。

根据离子独立运动定律,可以应用强电解质无限稀薄摩尔电导率计算弱电解质无限稀薄摩尔电导率。

由图 6-2 可知,利用外推法可以求出强电解质溶液的无限稀薄摩尔电导率 Λ_m^∞,但对弱电解质则不能用该法。而根据离子独立运动定律,可以应用强电解质无限稀薄摩尔电导率计算弱电解质无限稀薄摩尔电导率。

【例 6-2】 已知 25 ℃时,$\Lambda_m^\infty(NaOAc) = 91.0 \times 10^{-4}$ S·m²·mol⁻¹,$\Lambda_m^\infty(HCl) = 426.2 \times 10^{-4}$ S·m²·mol⁻¹,$\Lambda_m^\infty(NaCl) = 126.5 \times 10^{-4}$ S·m²·mol⁻¹,求 25 ℃ 时 $\Lambda_m^\infty(HOAc)$。

解 根据离子独立运动定律:

$$\Lambda_m^\infty(NaOAc) = \Lambda_m^\infty(Na^+) + \Lambda_m^\infty(OAc^-)$$

$$\Lambda_m^\infty(HCl) = \Lambda_m^\infty(H^+) + \Lambda_m^\infty(Cl^-)$$

$$\Lambda_m^\infty(NaCl) = \Lambda_m^\infty(Na^+) + \Lambda_m^\infty(Cl^-)$$

$$\Lambda_m^\infty(HOAc) = \Lambda_m^\infty(H^+) + \Lambda_m^\infty(OAc^-) =$$

$$\Lambda_m^\infty(NaOAc) + \Lambda_m^\infty(HCl) - \Lambda_m^\infty(NaCl) =$$

$$(91.0 + 426.2 - 126.5) \times 10^{-4} \text{ S·m}^2\cdot\text{mol}^{-1} =$$

$$390.7 \times 10^{-4} \text{ S} \cdot \text{m}^2 \cdot \text{mol}^{-1}$$

6.4 离子迁移数

电解质溶液通电之后,溶液中承担导电任务的正、负离子分别向阴、阳两极移动;在相应的两极界面上发生氧化或还原作用,从而两极旁溶液的浓度也发生变化。这个过程可用图6-3 来示意说明。

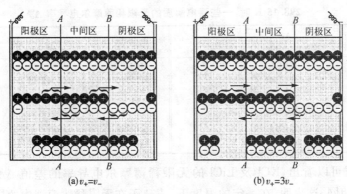

图 6-3　离子的电迁移现象示意图

设在两个惰性电极(本身不起化学变化)之间有假想的两个平面 AA 和 BB,将电解质溶液分成三个区域,即阳极区、中间区及阴极区。没有通入电流时,各区有 5 mol 的各为 1 价的正、负离子(分别用"+"、"−"表示正、负离子,图 6-3 上部)。当有 4 mol × F(F 为法拉第常量) 电量通入电解池后,则有 4 mol 的正离子移向阴极,并在其上获得电子而沉积下来。同样有 4 mol 的负离子移向阳极,并在其上丢掉电子而析出。如果正、负离子的迁移速率相等,同时在电解质溶液中与电流方向垂直的任一截面上通过的电量必然相等。所以 AA(或 BB)面所通过的电量也应是 4 mol × F,即有 2 mol 的正离子和 2 mol 的负离子通过 AA(或 BB)截面,就是说在正、负离子迁移速率相等的情况下,电解质溶液中的导电任务由正、负离子均匀分担[图 6-3(a) 的中部]。离子迁移的结果,使得阴极区和阳极区的溶液中各剩 3 mol 的电解质(即正、负离子各为 3 mol),只是中间区所含电解质的物质的量仍然不变[图 6-3(a) 的下部]。

如果正离子的迁移速率为负离子的三倍,则 AA 平面(或 BB 平面)上分别有 3 mol 的正离子和 1 mol 的负离子通过[图 6-3(b) 的中部]。通电后离子迁移的总结果是,中间区所含的电解质的物质的量仍然不变,而阳极区减少了 3 mol 的电解质,阴极区减少了 1 mol 的电解质[图 6-3(b) 的下部]。

从上述两种假设可归纳出如下规律,即

(i)向阴、阳两极方向迁移的正、负离子的物质的量的总和比例于通入溶液的总电量;

(ii) $\dfrac{\text{阳极区物质的量的减少}}{\text{阴极区物质的量的减少}} = \dfrac{\text{正离子所传递的电量}(Q_+)}{\text{负离子所传递的电量}(Q_-)} = \dfrac{\text{正离子的电迁移率}(u_+)}{\text{负离子的电迁移率}(u_-)}$

上面所讨论的是惰性电极的情况,若电极本身也参加反应,则阴、阳两极溶液浓度变化情况要复杂一些,可根据电极上的反应具体分析,但它仍满足上述规律。

前已述及,由于正、负离子的电迁移率不同,所以它们所传递的电量也不相同。为了表示各种离子传递电量的比例关系,提出了离子迁移数的概念。所谓**离子迁移数**(transference number of ion)是指每种离子所运载的电流的分数,离子迁移数常用符号 t 表示。对于只含正、负离子各为一种的电解质溶液而言,正、负离子的迁移数分别为 t_+,t_-,表示为

$$t_+ = \frac{I_+}{I}, \quad t_- = \frac{I_-}{I} \tag{6-7}$$

式中,I_+,I_- 及 I 分别为正、负离子运载的电流及总电流。显然 $t_+ + t_- = 1$。

Ⅱ　电解质溶液的平衡性质

6.5　离子的平均活度、平均活度因子

6.5.1　电解质和离子的化学势

同非电解质溶液一样,电解质溶液中溶质和溶剂的化学势 μ_B 及 μ_A 的定义为

$$\mu_B \stackrel{\text{def}}{=\!=\!=} \left(\frac{\partial G}{\partial n_B}\right)_{T,p,n_A}, \quad \mu_A \stackrel{\text{def}}{=\!=\!=} \left(\frac{\partial G}{\partial n_A}\right)_{T,p,n_B} \tag{6-8}$$

仿照 μ_B 的定义式,电解质溶液中正、负离子的化学势 μ_+ 及 μ_- 定义为

$$\mu_+ \stackrel{\text{def}}{=\!=\!=} \left(\frac{\partial G}{\partial n_+}\right)_{T,p,n_-}, \quad \mu_- \stackrel{\text{def}}{=\!=\!=} \left(\frac{\partial G}{\partial n_-}\right)_{T,p,n_+} \tag{6-9}$$

式(6-9)表明,离子化学势是指在 T、p 不变,只改变某种离子的物质的量,而相反电荷离子和其他物质的量都不变时,溶液吉布斯函数 G 对此种离子的物质的量的变化率。实际上,向电解质溶液中单独添加正离子或负离子都是做不到的,因而式(6-9)只是离子化学势形式上的定义,而无实验意义。与实验量相联系的是 μ_B,它与 μ_+ 和 μ_- 的关系为

$$\mu_B = \nu_+ \mu_+ + \nu_- \mu_- \tag{6-10}$$

式(6-10)的推导如下:

设电解质 B 在溶液中完全电离

$$B \longrightarrow \nu_+ X^{z_+} + \nu_- Y^{z_-}$$

$$dG = -SdT + Vdp + \mu_A dn_A + \mu_+ dn_+ + \mu_- dn_- \stackrel{.}{=}$$
$$-SdT + Vdp + \mu_A dn_A + (\nu_+ \mu_+ + \nu_- \mu_-)dn_B$$

当 T、p 及 n_A 不变时,有

$$dG = (\nu_+ \mu_+ + \nu_- \mu_-)dn_B$$

即

$$\left(\frac{\partial G}{\partial n_B}\right)_{T,p,n_A} = \nu_+ \mu_+ + \nu_- \mu_-$$

6.5.2　电解质和离子的活度及活度因子

在电解质溶液中,质点间有强烈的相互作用,特别是离子间的静电力是长程力,即使溶液很稀,也偏离理想稀溶液的热力学规律。所以研究电解质溶液的热力学性质时,必须引入电解质及离子的活度和活度因子的概念。

仿照非电解质溶液中活度的定义式,电解质及其解离的正、负离子的活度定义为

$$\left.\begin{aligned}\mu_B &= \mu_B^{\ominus} + RT\ln a_B \\ \mu_+ &= \mu_+^{\ominus} + RT\ln a_+ \\ \mu_- &= \mu_-^{\ominus} + RT\ln a_-\end{aligned}\right\} \tag{6-11}$$

式中,a_B,a_+,a_- 分别为**电解质,正、负离子的活度**,$\mu_B^{\ominus}$、$\mu_+^{\ominus}$、$\mu_-^{\ominus}$ 分别为三者的标准态化学势。

将式(6-11)代入式(6-10),得

$$\mu_B^{\ominus} + RT\ln a_B = \nu_+\,\mu_+^{\ominus} + \nu_-\,\mu_-^{\ominus} + RT\ln(a_+^{\nu_+}\,a_-^{\nu_-})$$

定义

$$\mu_B^{\ominus} \overset{\text{def}}{=\!=\!=} \nu_+\,\mu_+^{\ominus} + \nu_-\,\mu_-^{\ominus}$$

则

$$a_B = a_+^{\nu_+}\,a_-^{\nu_-} \tag{6-12}$$

式(6-12)即为电解质活度与正、负离子活度的关系式。

正、负离子的活度因子(activity factor)定义为

$$\gamma_+ \overset{\text{def}}{=\!=\!=} \frac{a_+}{b_+/b^{\ominus}}, \quad \gamma_- \overset{\text{def}}{=\!=\!=} \frac{a_-}{b_-/b^{\ominus}} \tag{6-13}$$

式中,b_+,b_- 为**正、负离子的质量摩尔浓度(molality)**,$b^{\ominus} = 1\ \text{mol} \cdot \text{kg}^{-1}$,若电解质完全解离,则

$$b_+ = \nu_+\,b, \quad b_- = \nu_-\,b \tag{6-14}$$

b 为**电解质的质量摩尔浓度(molality of electrolyte)**。

6.5.3 离子的平均活度和平均活度因子

a_+、a_- 和 γ_+、γ_- 无法由实验单独测出,而只能测出它们的平均值,因此引入离子平均活度和平均活度因子的概念。

$$\left.\begin{aligned}a_{\pm} &\overset{\text{def}}{=\!=\!=} (a_+^{\nu_+}\,a_-^{\nu_-})^{1/\nu} \\ \gamma_{\pm} &\overset{\text{def}}{=\!=\!=} (\gamma_+^{\nu_+}\,\gamma_-^{\nu_-})^{1/\nu}\end{aligned}\right\} \tag{6-15}$$

式中,$\nu = \nu_+ + \nu_-$;$a_{\pm}$,$\gamma_{\pm}$ 分别叫做**离子平均活度(ionic mean activity)**和**离子平均活度因子(ionic mean activity factor)**。

式(6-15)代入式(6-12)、式(6-13)、式(6-14),可得

$$a_{\pm} = a_B^{1/\nu} = \gamma_{\pm}\,(\nu_+^{\nu_+}\nu_-^{\nu_-})^{1/\nu}\,b/b^{\ominus} \tag{6-16}$$

式(6-16)即为电解质离子平均活度与离子平均活度因子及质量摩尔浓度的关系式。由式(6-16),则有

1-1 型和 2-2 型电解质 $a_{\pm} = a_B^{1/2} = \gamma_{\pm}\,b/b^{\ominus}$

1-2 型和 2-1 型电解质 $a_{\pm} = a_B^{1/3} = 4^{1/3}\gamma_{\pm}\,b/b^{\ominus}$

1-3 型和 3-1 型电解质 $a_{\pm} = a_B^{1/4} = 27^{1/4}\gamma_{\pm}\,b/b^{\ominus}$

【例 6-3】 电解质 $NaCl$、K_2SO_4、$K_3Fe(CN)_6$ 水溶液的质量摩尔浓度均为 b,正、负离子的活度因子分别为 γ_+ 和 γ_-。(1) 写出各电解质离子平均活度因子 $\gamma_{\pm}$ 与 γ_+ 及 γ_- 的关系;(2) 用 b 及 $\gamma_{\pm}$ 表示各电解质的离子平均活度 $a_{\pm}$ 及电解质活度 a_B。

解 (1) 由式(6-15),有

$$NaCl \longrightarrow Na^+ + Cl^-, \quad 即 \nu_+ = 1, \nu_- = 1$$

$$\gamma_{\pm} = (\gamma_+^{\nu_+} \gamma_-^{\nu_-})^{1/\nu} = (\gamma_+ \gamma_-)^{1/2}$$

$$K_2SO_4 \longrightarrow 2K^+ + SO_4^{2-}, \quad 即 \nu_+ = 2, \nu_- = 1$$

$$\gamma_{\pm} = (\gamma_+^{\nu_+} \gamma_-^{\nu_-})^{1/\nu} = (\gamma_+^2 \gamma_-)^{1/3}$$

$$K_3Fe(CN)_6 \longrightarrow 3K^+ + Fe(CN)_6^{3-}, \quad 即 \nu_+ = 3, \nu_- = 1$$

$$\gamma_{\pm} = (\gamma_+^{\nu_+} \gamma_-^{\nu_-})^{1/\nu} = (\gamma_+^3 \gamma_-)^{1/4}$$

(2) 由式(6-16),有

NaCl：
$$a_{\pm} = \gamma_{\pm} [(\nu_+ b)^{\nu_+} (\nu_- b)^{\nu_-}]^{1/\nu}/b^{\ominus} = \gamma_{\pm} b/b^{\ominus}$$

$$a_B = a_{\pm}^{\nu} = (\gamma_{\pm} b/b^{\ominus})^2 = \gamma_{\pm}^2 (b/b^{\ominus})^2$$

K_2SO_4：
$$a_{\pm} = \gamma_{\pm} [(\nu_+ b)^{\nu_+} (\nu_- b)^{\nu_-}]^{1/\nu}/b^{\ominus} = \gamma_{\pm} [(2b)^2 b]^{1/3}/b^{\ominus} = 4^{1/3} \gamma_{\pm} b/b^{\ominus}$$

$$a_B = a_{\pm}^{\nu} = (4^{1/3} \gamma_{\pm} b/b^{\ominus})^3 = 4\gamma_{\pm}^3 (b/b^{\ominus})^3$$

$K_3Fe(CN)_6$：
$$a_{\pm} = \gamma_{\pm} [(\nu_+ b)^{\nu_+} (\nu_- b)^{\nu_-}]^{1/\nu}/b^{\ominus} = \gamma_{\pm} [(3b)^3 b]^{1/4}/b^{\ominus} = 27^{1/4} \gamma_{\pm} b/b^{\ominus}$$

$$a_B = a_{\pm}^{\nu} = [27^{1/4}(\gamma_{\pm} b/b^{\ominus})]^4 = 27\gamma_{\pm}^4 (b/b^{\ominus})^4$$

离子平均活度因子 $\gamma_{\pm}$ 的大小,反映了由于离子间相互作用所导致的电解质溶液的性质偏离理想稀溶液热力学性质的程度。$\gamma_{\pm}$ 可由实验测定(通过测定依数性或原电池电动势计算)。表 6-3 列出了 25 ℃时某些电解质水溶液 $\gamma_{\pm}$ 的实验测定值。

表 6-3　　　25℃时某些电解质水溶液中的离子平均活度因子的实验测定值

$b/(mol \cdot kg^{-1})$	$\gamma_{\pm}$					
	HCl	KCl	$CaCl_2$	H_2SO_4	$LaCl_3$	$In_2(SO_4)_3$
0.001	0.966	0.966	0.888	—	0.853	—
0.005	0.930	0.927	0.798	0.643	0.715	0.16
0.01	0.906	0.902	0.732	0.545	0.637	0.11
0.05	0.833	0.816	0.584	0.341	0.417	0.035
0.10	0.798	0.770	0.524	0.266	0.356	0.025
0.50	0.769	0.652	0.510	0.155	0.303	0.014
1.00	0.811	0.607	0.725	0.131	0.583	—
2.00	1.011	0.577	—	0.125	0.954	—

表 6-3 的数据表明:

(i)离子平均活度因子随浓度的降低而增加;一般情况下 $\gamma_{\pm} < 1$,但浓度增加到一定程度时,甚至 $\gamma_{\pm} > 1$,这是由于离子强烈水化、使水分子降低了自由运动能力,相当于增加了溶液的浓度而出现了偏差。

(ii)对同价型的电解质,浓度相同时,$\gamma_{\pm}$ 的量值较为接近。

(iii)对不同价型的电解质,在同浓度时,正、负离子价数乘积愈大,$\gamma_{\pm}$ 愈偏离 1。

6.6　电解质溶液的离子强度

6.6.1　离子强度的定义

由表 6-3 的数据可以发现,一定温度下,在稀溶液范围内,影响离子平均活度因子 $\gamma_{\pm}$ 的因素是离子的质量摩尔浓度和离子价数,为了能体现这两个因素对 $\gamma_{\pm}$ 的综合影响,**路易斯**

(Lewis G N)根据上述实验事实,提出了**离子强度**(ionic strength)这一物理量,用符号 I 表示,定义为

$$I \stackrel{\text{def}}{=\!=\!=} \frac{1}{2} \sum b_B z_B^2 \tag{6-17}$$

式中,b_B 和 z_B 分别为离子 B 的质量摩尔浓度和电价。I 的单位为 $\text{mol} \cdot \text{kg}^{-1}$。

设电解质溶液中只有一种电解质 B 完全解离,质量摩尔浓度为 b。

$$B \longrightarrow \nu_+ \ X^{z+} + \nu_- \ Y^{z-}$$

则

$$I = \frac{1}{2}(b_+ z_+^2 + b_- z_-^2) = \frac{1}{2}(\nu_+ z_+^2 + \nu_- z_-^2)b$$

【**例 6-4**】 分别计算 $b = 0.5 \ \text{mol} \cdot \text{kg}^{-1}$ 的 KNO_3、K_2SO_4 和 $K_4Fe(CN)_6$ 溶液的离子强度。

解 由式(6-17),有

$$KNO_3 \longrightarrow K^+ + NO_3^-$$

则

$$I = \frac{1}{2}[0.5 \times 1^2 + 0.5 \times (-1)^2] \ \text{mol} \cdot \text{kg}^{-1} = 0.5 \ \text{mol} \cdot \text{kg}^{-1}$$

$$K_2SO_4 \longrightarrow 2K^+ + SO_4^{2-}$$

$$I = \frac{1}{2}[(2 \times 0.5) \times 1^2 + 0.5 \times (-2)^2] \text{mol} \cdot \text{kg}^{-1} = 1.5 \ \text{mol} \cdot \text{kg}^{-1}$$

$$K_4Fe(CN)_6 \longrightarrow 4K^+ + Fe(CN)_6^{4-}$$

$$I = \frac{1}{2}[(4 \times 0.5) \times 1^2 + 0.5 \times (-4)^2] \ \text{mol} \cdot \text{kg}^{-1} = 5 \ \text{mol} \cdot \text{kg}^{-1}$$

6.6.2 计算离子平均活度因子的经验公式

路易斯根据实验结果总结出电解质离子平均活度因子 $\gamma_\pm$ 与离子强度 I 间的经验关系式

$$\ln\gamma_\pm = - \ 常数 \ \sqrt{I/b^{\ominus}} \tag{6-18}$$

利用式(6-18)计算 $\gamma_\pm$ 的条件是 $I < 0.01 \ \text{mol} \cdot \text{kg}^{-1}$。

6.7 电解质溶液的离子互吸理论

6.7.1 离子氛模型

电解质溶液中众多正、负离子的集体的相互作用是十分复杂的。既存在着离子与溶剂分子间的作用(溶剂化作用)以及溶剂分子本身间的相互作用,也存在着离子间的静电作用。**德拜-许克尔**(Debye P-Hückel E,Debye P,1936 年诺贝尔化学奖获得者)假定:电解质溶液对理想稀溶液规律的偏离主要来源于离子间的相互作用,而离子间的相互作用又以库仑力为主。进而将十分复杂的离子间静电作用简化成**离子氛**(ionic atmosphere)模型,提出了解释电解质稀溶液性质的**离子互吸理论**。设溶液中有 ν_+ 个正离子 X^{z+} 和 ν_- 个负离子 Y^{z-},因溶液是电中性的,所以 $\nu_+ z_+ = \nu_- |z_-|$。用库仑定律来计算如此众多的同性及异性离子之间的静电作用是十分困难的。德拜-许克尔设想一个简单模型来解决这个问题。他们考虑,在众多的正负离子中,可以任意指定一个离子,此指定的离子称为**中心离子**(center ion),若

选定一个正离子作为中心离子则在它的周围统计分布着其他的正、负离子,其中负离子应比正离子多,这是因为溶液总体是电中性的,所以电荷为 z_+e(e 为质子电荷)的中心离子周围的溶液的净电荷应为 $-z_+e$;反之,若选定一个负离子作为中心离子,它的周围统计分布着其他正、负离子,其中正离子应比负离子多。即一个中心离子总是被周围按照统计规律分布的一个叫离子氛的其他正、负离子群包围着。图 6-4 即是任意选定的溶液中某个正离子作为中心离子,与按统计规律分布在此正离子周围的其他正、负离子群(其中负离子比正离子多)——离子氛的示意图。而整个溶液可看成是由处在溶剂中的许许多多的中心离子及其离子氛所组成的系统。

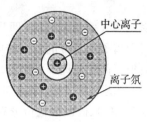

图 6-4　离子氛示意图
(中心离子为正离子)

　　要进一步说明的是,离子氛可看成是球形对称的,是按照统计规律分布在中心离子周围的其他正、负离子群,形成离子氛的离子并不是静止不变的,而是不断地运动和变换的,并且每一个中心离子同时又是另外的中心离子的离子氛中的一员。此外,离子氛的电性与中心离子的电性相反而电量相等。又因为同性离子相斥,异性离子相吸,所以离子氛中电荷密度随距离而变化的规律是:离开中心离子越远,异性电荷密度越小,因为中心离子产生的电场是球形对称的。

　　按照离子氛模型,溶液中众多正、负离子间的静电相互作用,可以归结为每个中心离子所带的电荷与包围它的离子氛的净电荷之间的静电作用,这样就把所研究的问题大大简化了。

6.7.2　德拜－许克尔极限定律

　　由离子氛模型出发,加上一些近似处理,推导出一个适用于计算电解质稀溶液正、负子活度因子的理论公式,再转化为计算离子平均活度因子的公式:
$$-\ln\gamma_\pm = C\,|\,z_+ z_-\,|\,I^{1/2} \tag{6-19}$$
式中,I 为离子强度,单位为 $\text{mol} \cdot \text{kg}^{-1}$;
$$C = (2\pi L\,\rho_A^*)(e^2/4\pi\varepsilon_0\varepsilon_r^*\,kT)^{3/2}$$
其中 ρ_A^* 为溶剂 A 的体积质量,单位为 $\text{kg} \cdot \text{m}^{-3}$;$L$ 为阿伏加德罗常量,单位为 mol^{-1};e 为质子电荷,单位为 C;ε_0、ε_r^* 分别为真空介电常数,单位 $\text{C} \cdot \text{V}^{-1} \cdot \text{m}^{-1}$ 及溶剂 A 的相对介电常数,为量纲一的量,单位为 1;k 为玻耳兹曼常量,单位为 $\text{J} \cdot \text{K}^{-1}$;$T$ 为热力学温度,单位为 K。

　　若以 H_2O 为溶剂,25 ℃时,$C = 1.171(\text{mol} \cdot \text{kg}^{-1})^{-\frac{1}{2}}$,式(6-19)只适用于很稀(一般 $b < 0.01 \sim 0.001\,\text{mol} \cdot \text{kg}^{-1}$)的电解质水溶液。所以式(6-19)称为德拜－许克尔极限定律(Debye-Hückel limiting law),用于从理论上计算稀电解质水溶液离子平均活度因子 $\gamma_\pm$。

*6.7.3　推导极限定律的基本思路

　　假定将极稀的电解质溶液中的正、负离子视为不带电的质点,则该溶液必遵守理想稀溶液的热力学规律,它的化学势应有
$$\mu'_B(\text{l}) = \mu_B^\ominus(\text{l},T) + RT\ln(b_B/b^\ominus)$$
而对真实的电解质溶液来说,正、负离子是带电的,它与理想稀溶液热力学规律发生偏差,引入离子活度因子来校正这种偏差,则离子的化学势为

$$\mu_B(l) = \mu_B^\ominus(l, T) + RT\ln(b_B/b^\ominus) + RT\ln(\gamma_{b,B})$$

由以上两式,得

$$RT\ln(\gamma_{b,B}) = \mu_B - \mu_B' = \Delta\mu$$

因此 $\Delta\mu$(静电作用能) 即是由于离子间的静电作用引起的摩尔吉布斯函数的变化,它也相当于离子由不带电变成带电,环境所做的功。求得这个功,就可算出 $\gamma_{b,B}$,德拜 - 许克尔巧妙地根据简化的离子氛模型求出了这个电功。

为求这一电功,首先需求出在距离中心离子 r 处,由中心离子及离子氛的电荷所产生的电势 $\phi(r)$。假设由电荷分布产生的电势 $\phi(r)$ 与电荷分布密度的关系,可以应用电学中的**泊松**(Poisson)方程,从而导出

$$\phi(r) = \frac{z_B e}{\varepsilon_r^*} \frac{e^{-\kappa r}}{r}$$

式中,z_B 为中心离子的电荷数;ε_r^* 为溶剂的相对介电常数;κ 是德拜 - 许克尔理论中的一个重要参量,称为**德拜参量**(Debye parameter)。

上式就是没有外力作用下,距电荷数为 z_B 的中心离子 r 处一点上电势的时间平均值,它是中心离子同它周围的离子氛同时作用在该处而产生的电势。显然,可以设想,溶液中离子由不带电而转为带电这一荷电过程需对抗上述电势而做功,由这个功的大小可以导出德拜 - 许克尔极限定律。

【例 6-5】 根据德拜-许克尔极限定律,计算在 25 ℃ 时,$0.005\,0\ \text{mol}\cdot\text{kg}^{-1}$ 的 $BaCl_2$ 水溶液中,$BaCl_2$ 的平均活度因子。

解 先算出溶液的离子强度。由式(6-17),

$$I = \frac{1}{2}\sum b_B z_B^2 =$$

$$\frac{1}{2}(0.005\,0\times 2^2 + 2\times 0.005\,0\times 1^2)\ \text{mol}\cdot\text{kg}^{-1} =$$

$$0.015\,0\ \text{mol}\cdot\text{kg}^{-1}$$

代入式(6-19),计算 $BaCl_2$ 的离子平均活度因子:

$$-\ln\gamma_\pm(BaCl_2) = 1.171\ \text{mol}^{-1/2}\cdot\text{kg}^{1/2}\,|z_+ z_-|\sqrt{I} =$$

$$1.171\ \text{mol}^{-1/2}\cdot\text{kg}^{1/2}\,|2\times(-1)|\times\sqrt{0.015\,0\ \text{mol}\cdot\text{kg}^{-1}} =$$

$$0.143\,4$$

所以

$$\gamma_\pm(BaCl_2) = 0.866\,4$$

Ⅲ 电化学系统中的相间电势差及电池

6.8 电化学系统中的相间电势差

6.8.1 电化学反应与电化学系统

一般的化学反应是通过热能(有时还涉及体积功)形式与化学能进行转换,称为热化学反应;而电化学反应除热能形式外,还有电能形式与化学能进行转换。热化学反应的活化能

只靠分子的热运动来积聚,而电化学反应的活化能还依赖于电极的电势差。电化学反应通常在电化学系统中进行。如前所述,在两相或数相间存在电势差的系统叫**电化学系统**(electrochemical system),电化学反应的平衡性质与速率性质不仅为温度、压力、组成所决定,还与各相的带电状态有关。

若 α、β 两相相接触,ϕ^α 和 ϕ^β 分别代表两相的内电势,则两相间的电势差 $\Delta\phi = \phi^\beta - \phi^\alpha$。电化学系统中,常见的相间电势差有金属 - 溶液、金属 - 金属以及两种电解质溶液间的电势差。

6.8.2　电化学系统中的相间电势差

1. 金属与溶液的相间电势差

当将金属(M)插入到含有该金属的离子(M^{z+})的电解质溶液后,(i)若金属离子的水化能较大而金属晶格能较小,则离子将脱离金属进入溶液(溶解),而将电子留在金属上,使金属带负电。随着金属上负电荷的增加,其对正离子的吸引作用增强,金属离子的溶解速率减慢,当溶解速率等于离子从溶液沉积到金属上的速率时,建立起动态平衡:

$$M \rightleftharpoons M^{z+} + ze^-$$

此时,金属上带过剩负电荷,溶液中有过剩正离子,金属与溶液间形成了双电层;(ii)若金属离子的水化能较小而金属晶格能较大,则平衡时,过剩的正离子沉积在金属上,使金属带正电,溶液带负电,金属与溶液间形成双电层。双电层的存在导致金属与溶液间产生电势差,如图 6-5 所示,平衡时的电势差称为**热力学电势**(thermodynamics potential)。

2. 金属与金属的相间接触电势

接触电势发生在两种不同金属接界处。由于两种不同金属中的电子在接界处互相穿越的能力有差别,造成电子在界面两边的分布不均,缺少电子的一面带正电,电子过剩的一面带负电,形成双电层。当达到动态平衡后,建立在金属接界上的电势差叫**接触电势**(contact potential),如图 6-6 所示。

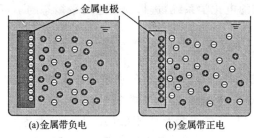

图 6-5　金属-溶液的相间电势差

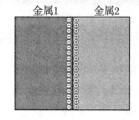

图 6-6　金属-金属的相间接触电势

3. 液体接界电势(扩散电势)

液体接界电势发生在两种电解质溶液的接界处(多孔隔膜)。当两种不同电解质的溶液或电解质相同而浓度不同的溶液相接界时,由于电解质离子相互扩散时迁移速率不同,引起正、负离子在相界面两侧分布不均形成双电层,导致在两种电解质溶液的接界处产生一微小电势差,当扩散达平衡时,接界处的电势差称为**液体接界电势**(liquid-junction potential),也叫**扩散电势**(diffusion potential)。

图 6-7 以两种不同浓度的 HCl 为例,示出了液体接界电势的产生。

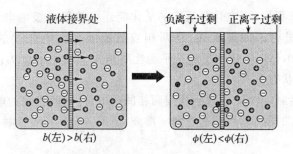

图 6-7　液体接界电势的产生

4.盐桥

液体接界电势很小,一般不超过 0.03 V,但由于扩散是不可逆过程,因而难以由实验测得稳定的量值,所以常用盐桥消除液体接界电势。**盐桥**(salt bridge)一般是用饱和 KCl 或 NH_4NO_3 溶液装在倒置的 U 型管中构成,为避免流出,常凝结在琼脂中(充当盐桥的电解质,其正、负离子的电迁移率很接近)。由于盐桥中电解质浓度很高(如饱和 KCl 溶液),因此盐桥两端与电极溶液相接触的界面上,扩散主要来自于盐桥,又因盐桥中正、负离子电迁移率接近相等,从而产生的扩散电势很小,且盐桥两端产生的电势差方向相反,相互抵消,从而可把液体接界电势降低到几毫伏以下。

注意　化学组成不同的两个相间电势差 $\Delta\phi$ 无法由实验直接测量。

6.9　电　池

电池(cell)是原电池及电解池等的通称。**原电池**(primitive cell)是把化学能转变为电能的装置;而**电解池**(electrolytic cell)是把电能转化为化学能的装置。若原电池工作时符合可逆条件,称为**可逆电池**(reversible cell),它是没有电流通过或有无限小电流通过的电化学系统(即处于或接近平衡态下工作的电化学系统);若原电池工作时不符合可逆条件,即为**不可逆电池**(irreversible cell),如**化学电源**(chemical electric source),它是生产电能的装置。化学电源及电解池都是有大量电流通过的电化学系统,进行的是远离平衡态的不可逆过程。

6.9.1　电池的阴、阳极及正、负极的规定

电池是由两个**电极**(electrode)组成的,在两个电极上分别进行**氧化**(oxidation)、**还原**(reduction)反应,称为**电极反应**(electrode reaction),两个电极反应的总结果为**电池反应**(cell reaction)。电化学中规定:发生氧化反应的电极称为**阳极**(anode);发生还原反应的电极称为**阴极**(cathode)。因为氧化反应是失电子反应,还原反应是得电子反应,所以在电池外的两极连接的导线中,电子流总是由氧化极流向还原极,而电流的流向恰相反;根据电源电极电势的高低,电势高的电极称为**正极**(positive electrode),电势低的电极称为**负极**(negative electrode),电流总是从作为电源的电势高的电极流向电势低的电极,而电子流的方向恰恰相反。以上规定对原电池、化学电源、电解池都是适用的。显然,按上述规定,原电池、化学电源的阳极是负极,阴极是正极(原电池中,$I \to 0$,可视为有无限小电流通过),而电解池的阳极为正极,阴极则为负极。

6.9.2　原电池中的电极反应与电池反应及电池图式

如图 6-8 所示为 Cu-Zn 原电池,也叫**丹尼尔电池**(Daniell cell)。其电极反应及电池反应为

阳极(负极)反应:$Zn(s) \longrightarrow Zn^{2+}(a) + 2e^-$(氧化,失电子)

阴极(正极)反应:$Cu^{2+}(a) + 2e^- \longrightarrow Cu(s)$(还原,得电子)

电池反应:$Zn(s) + Cu^{2+}(a) \longrightarrow Zn^{2+}(a) + Cu(s)$

书写电极反应和电池反应时,必须满足物质的量平衡及电量平衡,同时,离子或电解质溶液应标明活度,气体应标明压力,纯液体或纯固体应标明相态。

一个实际的电池装置可用一简单的符号来表示,称为**电池图式**(cell diagram)。如 Cu-Zn 电池可用电池图式表示为

$Zn(s) | ZnSO_4(1 \text{ mol} \cdot \text{kg}^{-1}) \vdots CuSO_4(1 \text{ mol} \cdot \text{kg}^{-1}) | Cu(s)$

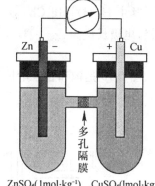

ZnSO₄(1mol·kg⁻¹)　CuSO₄(1mol·kg⁻¹)

图 6-8　铜锌电池

在电池图式中规定:阳极写在左边,阴极写在右边,并按顺序应用化学式从左到右依次排列各个相的物质、组成(a 或 p)及相态(g、l、s);用单垂线"|"表示相与相间的界面;对两个液相接界时(以多孔隔膜相隔),则用单垂虚线"┆"表示相间界面;用双垂虚线"┆┆"表示已用盐桥消除了液体接界电势的两液体间的接界面;当在同一液相中,有不同的物质存在时,其间用逗号","隔开。

【例 6-6】　写出下列原电池的电极反应和电池反应:

(1) $Pt | H_2(p^\ominus) | HCl(a) | AgCl(s) | Ag(s)$

(2) $Pt | H_2(p^\ominus) | NaOH(a) | O_2(p^\ominus) | Pt$

解　(1)　阳极(负极):$\frac{1}{2}H_2(p^\ominus) \longrightarrow H^+[a(H^+)] + e^-$

阴极(正极):$AgCl(s) + e^- \longrightarrow Ag(s) + Cl^-[a(Cl^-)]$

电池反应:$\frac{1}{2}H_2(p^\ominus) + AgCl(s) \longrightarrow Ag(s) + H^+[a(H^+)] + Cl^-[a(Cl^-)]$

(2)　阳极(负极):$H_2(p^\ominus) + 2OH^-[a(OH^-)] \longrightarrow 2H_2O(l) + 2e^-$

阴极(正极):$\frac{1}{2}O_2(p^\ominus) + H_2O(l) + 2e^- \longrightarrow 2OH^-[a(OH^-)]$

电池反应:$H_2(p^\ominus) + \frac{1}{2}O_2(p^\ominus) \longrightarrow H_2O(l)$

6.9.3　电极的类型

构成电池的电极,可分为如下几种类型。

(i)$M^{z+}(a) | M(s)$电极(金属离子与其金属成平衡)

如 $Zn^{2+}(a) | Zn(s)$,$Ag^+(a) | Ag(s)$,$Cu^{2+}(a) | Cu(s)$等,电极反应为

$$M^{z+}(a) + ze^- \longrightarrow M$$

(ii)$Pt | X_2(p) | X^{z-}(a)$电极(非金属单质与其离子成平衡)

如 $H^+(a) | H_2(p) | Pt$(氢电极);$Pt | Cl_2(p) | Cl^-(a)$(氯电极);$Pt | O_2(p) | OH^-(a)$(氧电极);$Pt | Br_2(l) | Br^-(a)$;$Pt | I_2(s) | I^-(a)$等。其中最重要的是**氢电极**,其构造示意图如图 6-9 所示,电极反应为

$$H^+(a) + e^- \longrightarrow \frac{1}{2}H_2(p)$$

(iii)$M(s)|M$ 的微溶盐$(s)|$微溶盐负离子电极

如 $Ag(s)|AgCl(s)|Cl^-(a)$，$Hg(l)|Hg_2Cl_2(s)|Cl^-(a)$；$Hg(l)|Hg_2SO_4(s)|SO_4^{2-}(a)$ 等。其中 $Hg(l)|Hg_2Cl_2(s)|Cl^-(a)$ 称为**甘汞电极**(calomel electrode)，是一种常用的参比电极，电极反应为

$$Hg_2Cl_2(s) + 2e^- \longrightarrow 2Hg(l) + 2Cl^-(a)$$

图 6-10 是饱和甘汞电极示意图。

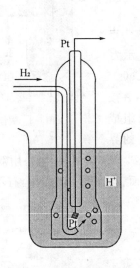

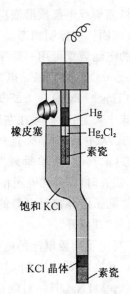

图 6-9　氢电极构造示意图　　　　图 6-10　饱和甘汞电极示意图

(iv)$M^{z+}(a), M^{z+'}(a)|Pt$ 或 $X^{z-}(a), X^{z-'}(a)|Pt$ 电极[**氧化还原电极**(redox electrode)]

如 $Fe^{3+}(a), Fe^{2+}(a)|Pt$；$Tl^{3+}(a), Tl^+(a)|Pt$；$MnO_4^-(a), MnO_4^{2-}(a)|Pt$；$Fe(CN)_6^{3-}(a), Fe(CN)_6^{4-}(a)|Pt$ 等，电极反应为

$$Fe^{3+}(a) + e^- \longrightarrow Fe^{2+}(a)$$
$$Tl^{3+}(a) + 2e^- \longrightarrow Tl^+(a)$$
$$MnO_4^-(a) + e^- \longrightarrow MnO_4^{2-}(a)$$
$$Fe(CN)_6^{3-}(a) + e^- \longrightarrow Fe(CN)_6^{4-}(a)$$

(v)$M(s)|M_xO_y(s)|OH^-(a)$电极

如 $Hg(l)|HgO(s)|OH^-(a)$，$Sb(s)|Sb_2O_3(a)|OH^-(a)$等，电极反应为

$$HgO(s) + H_2O(l) + 2e^- \longrightarrow Hg(l) + 2OH^-(a)$$
$$Sb_2O_3(s) + 3H_2O(l) + 6e^- \longrightarrow 2Sb(s) + 6OH^-(a)$$

(vi) 金属氢化物电极。以金属氢化物电极为负极，$Ni(OH)_2$ 电极为正极，KOH 水溶液为电解质构成的电池，其电极反应为

正极	$xNi(OH)_2 + xOH^- \rightleftharpoons xNiOOH + xH_2O + xe^-$
负极	$M + xH_2O + xe^- \rightleftharpoons MH_x + xOH^-$
电池反应	$M + xNi(OH)_2 \underset{\text{放电}}{\overset{\text{充电}}{\rightleftharpoons}} MH_x + xNiOOH$

其中,M 代表贮氢合金,MH_x 代表金属氢化物。充电时,M 作为阴极,电解 KOH 水溶液产生 H,H 在电极表面吸附,继而扩散进入电极材料,进行氢化反应生成 MH_x,完成金属氢化物电极作为贮氢材料的贮氢过程。放电时,MH_x 作为阳极,释放出氢原子,并在电极上氧化生成水,电池提供电能。可见,充放电过程只是氢原子在电极和水之间的迁移。实际上,可以将这种电池安放在电网中,用电低谷时使其充电,将电能转化为化学能,用电高峰时使其放电,将化学能转化为电能,起到平抑电网负荷及节能的双重作用。

【例 6-7】 将下列化学反应设计成原电池,并以电池图式表示:

(1) $Zn(s) + H_2SO_4(aq) \Longrightarrow H_2(p) + ZnSO_4(aq)$,式中"aq"表示"水溶液"

(2) $Pb(s) + HgO(s) \Longrightarrow Hg(l) + PbO(s)$

(3) $Ag^+(a) + I^-(a) \Longrightarrow AgI(s)$

解 设计方法是将发生氧化反应的物质作为负极,放在原电池图式的左边;发生还原反应的物质作为正极,放在原电池图式的右边。

(1)在该化学反应中发生氧化反应的是 $Zn(s)$,即 $Zn(s) \longrightarrow Zn^{2+}(a) + 2e^-$

发生还原反应的是 H^+,即 $2H^+(a) + 2e^- \longrightarrow H_2(g)$

根据上述规定,此原电池图式为

$$Zn(s) \mid ZnSO_4(aq) \, \vdots \vdots \, H_2SO_4(aq) \mid H_2(g) \mid Pt$$

(2)该反应中有关元素之价态有变化。HgO 和 Hg,PbO 和 Pb 构成的电极均为难溶氧化物电极,且均对 OH^- 离子可逆,可共用一个溶液。

发生氧化反应的是 Pb,即　$Pb(s) + 2OH^-(a) \longrightarrow PbO(s) + H_2O(l) + 2e^-$

发生还原反应的是 HgO,即　$HgO(s) + H_2O(l) + 2e^- \longrightarrow Hg(l) + 2OH^-(a)$

根据上述规定,此原电池图式为

$$Pb(s) \mid PbO(s) \mid OH^-(a) \mid HgO(s) \mid Hg(l)$$

(3)该反应中有关元素的价态无变化。由产物中有 AgI 和反应物中有 I^- 来看,对应的电极为 $Ag(s) \mid AgI(s) \mid I^-(a)$,电极反应为 $Ag(s) + I^-(a) \Longrightarrow AgI(s) + e^-$。此电极反应与所给电池反应之差为

$$Ag^+(a) + I^-(a) \longrightarrow AgI(s)$$
$$\underline{-)\quad Ag(s) + I^-(a) \longrightarrow AgI(s) + e^-}$$
$$Ag^+(a) \longrightarrow Ag(s) - e^-$$

即所对应的电极为 $Ag \mid Ag^+$。此原电池图式为

$$Ag(s) \mid AgI(s) \mid I^-(a) \, \vdots \vdots \, Ag^+(a) \mid Ag(s)$$

6.9.4　原电池的分类

原电池可分为

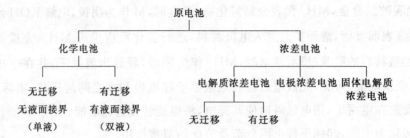

举例说明如下：

(1) 化学电池(chemical cell)

$$Pt|H_2(p)|HCl(a)|AgCl(s)|Ag(s)（无迁移）$$

$$\frac{1}{2}H_2(p)+AgCl(s)\longrightarrow Ag(s)+HCl(l)$$

$$Zn(s)|Zn^{2+}(a) \vdots Cu^{2+}(a')|Cu(s)（有迁移）$$

$$Zn(s)+Cu^{2+}(a')\longrightarrow Cu(s)+Zn^{2+}(a)$$

(2) **浓差电池**(concentration cell)

① **电解质浓差电池**(electrolyte concentration cell)

$$Pt|H_2(p)|HCl(a) \vdots HCl(a')|H_2(p)|Pt（有迁移）$$

$$H^+(a')\longrightarrow H^+(a)$$

$$Ag(s)|AgCl(s)|KCl(a) \vdots K(Hg) \vdots KCl(a')|AgCl(s)|Ag(s)（无迁移）$$

$$Cl^-(a)\longrightarrow Cl^-(a')$$

② **电极浓差电池**(electrode concentration cell)

$$Pt|H_2(p)|HCl(a)|H_2(p')|Pt（无迁移）$$

$$H_2(p)\longrightarrow H_2(p')$$

Ⅳ 电化学反应的平衡

6.10 原电池电动势的定义

6.10.1 原电池电动势的定义

测量原电池两端的电势差时，要用两根同种金属 M（如 Cu 或 Pt）的导线将原电池两个金属电极与电位差计相连。例如，测量原电池

$$Zn(s)|Zn^{2+}(a) \vdots Ag^+(a)|Ag(s)$$

的两端电势差时，实际测量的是

$$M_{左}(s)|Zn(s)|Zn^{2+}(a) \vdots Ag^+(a)|Ag(s)|M_{右}(s)$$

的两端电势差，即

$$\Delta\phi=\phi(M_右)-\phi(M_左)=$$
$$[\phi(M_右)-\phi(Ag)]+[\phi(Ag)-\phi(Ag^+,sln)]+[\phi(Ag^+,sln)-\phi(Zn^{2+},sln)]+$$
$$[\phi(Zn^{2+},sln)-\phi(Zn)]+[\phi(Zn)-\phi(M_左)]=$$

$$\{[\phi(M_右)-\phi(Ag)]+[\phi(Ag)-\phi(Ag^+,sln)]\}-$$

$$\underbrace{}_{\text{正极电势差}}$$

$$\{[\phi(M_左)-\phi(Zn)]+[\phi(Zn)-\phi(Zn^{2+},sln)]\}+[\phi(Ag^+,sln)-\phi(Zn^{2+},sln)]$$

$$\underbrace{}_{\text{负极电势差}}\qquad\qquad\underbrace{}_{\text{液体接界电势}}$$

原电池的电动势(electromotive force of reversible cell)定义为在没有电流通过的条件下，原电池两极的金属引线为同种金属时电池两端的电势差。原电池电动势用符号 E_{MF} 表示，即

$$E_{MF}\xlongequal{\text{def}}[\phi(M_右)-\phi(M_左)]_{I\to0}\qquad\qquad(6\text{-}20)$$

原电池电动势可用输入电阻足够高的电子伏特计(数字电压表)或用电位差计应用对峙法测定(对峙法的原理在实验中学习)。

注意　式(6-20)是原电池电动势的定义式，无计算意义，因为 $\phi(M_右)$ 及 $\phi(M_左)$ 的绝对值是无法测量的。

6.10.2　可逆电池

满足以下两个条件的原电池叫**可逆电池**(reversible cell)：

(ⅰ)从化学反应看，电极及电池的化学反应本身必须是可逆的。即在外加电势 E_{ex} 与原电池电动势 E_{MF} 方向相反的情况下，$E_{MF}>E_{ex}$ 时的化学反应(包括电极反应及电池反应)应是 $E_{MF}<E_{ex}$ 时的化学反应的逆反应。举例说明如下：

电池①　　　　　　　　$Zn(s)|ZnSO_4(aq)\ \vdots\vdots\ CuSO_4(aq)|Cu(s)$

当 $E_{MF}>E_{ex}$ 时，实际发生的电极及电池反应：

左(放出电子)：$Zn(s)\longrightarrow Zn^{2+}(a)+2e^-$

右(接受电子)：$Cu^{2+}(a)+2e^-\longrightarrow Cu(s)$

电池反应：　　$Zn(s)+Cu^{2+}(a)\longrightarrow Zn^{2+}(a)+Cu(s)$

当 $E_{MF}<E_{ex}$ 时，实际发生的电极及电池反应：

左(接受电子)：$Zn^{2+}(a)+2e^-\longrightarrow Zn(s)$

右(放出电子)：$Cu(s)\longrightarrow Cu^{2+}(a)+2e^-$

电池反应：　　$Zn^{2+}(a)+Cu(s)\longrightarrow Zn(s)+Cu^{2+}(a)$

上述电池反应表明，电池①在 $E_{MF}>E_{ex}$ 及 $E_{MF}<E_{ex}$ 条件下发生的化学反应，无论是电极反应还是电池反应都是互为可逆的。

电池②　　　　　　　　$Zn(s)|HCl(aq)|AgCl(s)|Ag(s)$

当 $E_{MF}>E_{ex}$ 时，发生的电极及电池反应：

左(放出电子)：$Zn(s)\longrightarrow Zn^{2+}(a)+2e^-$

右(接受电子)：$2AgCl(s)+2e^-\longrightarrow 2Ag(s)+2Cl^-(a)$

电池反应：　　$Zn(s)+2AgCl(s)\longrightarrow Zn^{2+}(a)+2Ag(s)+2Cl^-(a)$

当 $E_{MF}<E_{ex}$ 时，发生的电极及电池反应：

左(接受电子)：$2H^+(a)+2e^-\longrightarrow H_2(p)$

右(放出电子)：$2Ag(s)+2Cl^-(a)\longrightarrow 2AgCl(s)+2e^-$

电池反应：　　$2H^+(a)+2Cl^-(a)+2Ag(s)\longrightarrow H_2(p)+2AgCl(s)$

显然，电池②在 $E_{MF}>E_{ex}$ 及 $E_{MF}<E_{ex}$ 条件下发生的化学反应，左电极的反应是不可逆

的;右电极的反应是可逆的,电池中有一个电极反应是不可逆的,则电池反应必是不可逆的。因此,电池⑪是不符合电极及电池反应本身必须可逆这一条件的。

严格来说,有液体接界的电池是不可逆的,因为离子扩散过程是不可逆的,但用盐桥消除液界电势后,则可近似作为可逆电池。

(ii) 从热力学上看,除要求 $E_{MF} < E_{ex}$ 的化学反应与 $E_{MF} > E_{ex}$ 的化学反应互为可逆外,还要求变化的推动力(指 E_{MF} 与 E_{ex} 之差)只需发生微小的改变便可使变化的方向倒转过来。亦即电池的工作条件是可逆的(处于或接近平衡态,即没有电流通过或通过的电流为无限小)。

研究可逆电池是有重要意义的:一方面,它能揭示一个化学电源把化学能转变为电能的最高限度,另一方面可利用可逆电池来研究电化学系统的热力学,即电化学反应的平衡规律。

6.11 能斯特方程

6.11.1 能斯特方程

根据热力学,系统在定温、定压、可逆过程中所做的非体积功在量值上等于吉布斯函数的减少,即

$$\Delta G_{T,p} = W'_r$$

对于一个自发进行的化学反应

$$a A(a_A) + b B(a_B) \longrightarrow y Y(a_Y) + z Z(a_Z)$$

若在电池中定温、定压下可逆地按化学计量式发生单位反应进度通过的电量为 zF,其中 z 为反应的电荷数,为量纲一的量,其单位为 1,F 为法拉第常量。

$$F \xlongequal{\text{def}} Le$$

L 为阿伏加德罗常量,e 为元电荷,即

$$F = 6.022\,045 \times 10^{23} \text{ mol}^{-1} \times 1.602\,177 \times 10^{-19} \text{C} = 9.648\,382 \times 10^4 \text{ C} \cdot \text{mol}^{-1}$$

通常近似取 $F = 96\,500 \text{ C} \cdot \text{mol}^{-1}$。

由式(3-9)及式(1-114),有

$$\Delta_r G_m = W'_r / \Delta\xi$$

此处可逆非体积功 W'_r(负值)为可逆电功,等于电量与电动势的乘积,即

$$W'_r = -zFE_{MF}\Delta\xi \tag{6-21}$$

由式(6-20)及式(6-21),有

$$\Delta_r G_m = -zFE_{MF} \tag{6-22}$$

利用式(6-22),通过测定电池电动势,可求得化学反应的摩尔吉布斯函数[变]。

若电池反应中各物质均处于标准状态($a_B = 1$),则由式(6-22),有

$$\Delta_r G_m^\ominus = -zFE_{MF}^\ominus \tag{6-23}$$

式中,$E_{MF}^\ominus$ 为电池的**标准电动势**(standard electromotive force),它等于电池反应中各物质

均处于标准状态$(a_B = 1)$且无液体接界电势时电池的电动势。

根据范特荷夫定温方程式

$$\Delta_r G_m = \Delta_r G_m^{\ominus} + RT\ln\prod_B (a_B)^{\nu_B}$$

及式(6-22)和式(6-23),得

$$E_{MF} = E_{MF}^{\ominus} - \frac{RT}{zF}\ln\prod_B (a_B)^{\nu_B} \qquad (6\text{-}24)$$

式(6-24)称为电池反应的**能斯特方程**(Nernst equation)。它表示一定温度下原电池的电动势与参与电池反应的各物质的活度间关系,定义 $J_a \overset{\text{def}}{=\!=\!=} \prod_B (a_B)^{\nu_B}$,则

$$E_{MF} = E_{MF}^{\ominus} - \frac{RT}{zF}\ln J_a \qquad (6\text{-}25)$$

注意　纯液体或纯固体的活度为1。

由化学反应标准平衡常数的定义式

$$K^{\ominus}(T) = \exp[-\Delta_r G_m^{\ominus}(T)/RT]$$

及式(6-24),得

$$\ln K^{\ominus} = \frac{zFE_{MF}^{\ominus}}{RT} \qquad (6\text{-}26)$$

因此,利用式(6-26)由 $E_{MF}^{\ominus}$ 可计算电池反应的标准平衡常数。

6.11.2　标准电极电势

1. 确定电极电势的惯例

由实验可测出原电池的电动势,而无法单独测量组成该电池的两个半电池各自的电极电势。但可选定一个电极作为统一的比较标准,以选定的电极作为负极与欲测电极组成电池,测得此电池的电动势作为组成电池的欲测电极的**电极电势**(electrode potential)。

按照国际上规定的惯例,在原电池的电池图式中以氢电极为左极(假定起氧化反应),以欲测的电极为右极(假定起还原反应),将这样组合成的电池的标准电动势定义为欲测电极在该温度下的**标准电极电势**(standard electrode potential)用符号 $E^{\ominus}$ 表示。显然,按照此惯例,**标准氢电极**(standard hydrogen electrode,缩写为 SHE):

$$H^+[a(H^+)=1]\,|\,H_2(p^{\ominus}=100\text{ kPa})\,|\,Pt$$

的标准电极电势 $E^{\ominus} = 0$。

根据标准电极电势的定义,$Cl^-(a=1)\,|\,AgCl(s)\,|\,Ag(s)$ 电极的标准电极电势 $E^{\ominus}$ 就是指电池 $Pt\,|\,H_2(p)\,|\,HCl(a)\,|\,AgCl(s)\,|\,Ag(s)$ 的标准电动势 $E_{MF}^{\ominus}$。实验测得 25 ℃时,$E_{MF}^{\ominus} = 0.2225\text{ V}$,因此 25 ℃时,$Cl^-(a=1)\,|\,AgCl(s)\,|\,Ag(s)$ 的标准电极电势 $E^{\ominus} = 0.2225\text{ V}$。

表 6-4 列出了一些电极,25 ℃,$p^{\ominus} = 100\text{ kPa}$ 时的标准电极电势 $E^{\ominus}$。则由式(6-20),任意两个电极组成电池时,有

$$E_{MF}^{\ominus} = E^{\ominus}(右极,还原) - E^{\ominus}(左极,还原) \qquad (6\text{-}27)$$

根据式(6-27),查得电池两极的 $E^{\ominus}$ 便可算出电池的 $E_{MF}^{\ominus}$。

表 6-4　　某些电极的标准电极电势($t = 25$ ℃，$p^{\ominus} = 100$ kPa)

电极	电极反应(还原)	$E^{\ominus}/V$
$K^+ \mid K$	$K^+ + e^- \Longrightarrow K$	-2.924
$Na^+ \mid Na$	$Na^+ + e^- \Longrightarrow Na$	-2.7111
$Zn^{2+} \mid Zn$	$Zn^{2+} + 2e^- \Longrightarrow Zn$	-0.7630
$Fe^{2+} \mid Fe$	$Fe^{2+} + 2e^- \Longrightarrow Fe$	-0.447
$Cd^{2+} \mid Cd$	$Cd^{2+} + 2e^- \Longrightarrow Cd$	-0.4028
$Co^{2+} \mid Co$	$Co^{2+} + 2e^- \Longrightarrow Co$	-0.28
$Ni^{2+} \mid Ni$	$Ni^{2+} + 2e^- \Longrightarrow Ni$	-0.23
$Sn^{2+} \mid Sn$	$Sn^{2+} + 2e^- \Longrightarrow Sn$	-0.1366
$Pb^{2+} \mid Pb$	$Pb^{2+} + 2e^- \Longrightarrow Pb$	-0.1265
$Fe^{3+} \mid Fe$	$Fe^{3+} + 3e^- \Longrightarrow Fe$	-0.036
$H^+ \mid H_2 \mid Pt$	$H^+ + e^- \Longrightarrow \frac{1}{2}H_2$	0.0000(定义量)
$Cu^{2+} \mid Cu$	$Cu^{2+} + 2e^- \Longrightarrow Cu$	$+0.3402$
$Cu^+ \mid Cu$	$Cu^+ + e^- \Longrightarrow Cu$	$+0.522$
$Hg_2^{2+} \mid Hg$	$Hg_2^{2+} + 2e^- \Longrightarrow 2Hg$	$+0.7959$
$Ag^+ \mid Ag$	$Ag^+ + e^- \longrightarrow Ag$	$+0.7994$
$OH^- \mid O_2 \mid Pt$	$\frac{1}{2}O_2 + H_2O + 2e^- \Longrightarrow 2OH^-$	$+0.401$
$H^+ \mid O_2 \mid Pt$	$O_2 + 4H^+ + 4e^- \Longrightarrow 2H_2O$	$+1.229$
$I^- \mid I_2 \mid Pt$	$\frac{1}{2}I_2 + e^- \Longrightarrow I^-$	$+0.535$
$Br^- \mid Br_2 \mid Pt$	$\frac{1}{2}Br_2 + e^- \Longrightarrow Br^-$	$+1.065$
$Cl^- \mid Cl_2 \mid Pt$	$\frac{1}{2}Cl_2 + e^- \Longrightarrow Cl^-$	$+1.3580$
$I^- \mid AgI \mid Ag$	$AgI + e^- \Longrightarrow Ag + I^-$	-0.1521
$Br^- \mid AgBr \mid Ag$	$AgBr + e^- \Longrightarrow Ag + Br^-$	$+0.0711$
$Cl^- \mid AgCl \mid Ag$	$AgCl + e^- \Longrightarrow Ag + Cl^-$	$+0.2221$
$Cl^- \mid Hg_2Cl_2 \mid Hg$	$Hg_2Cl_2 + 2e^- \Longrightarrow 2Hg + 2Cl^-$	$+0.2679$
$OH^- \mid Ag_2O \mid Ag$	$Ag_2O + H_2O + 2e^- \Longrightarrow 2Ag + 2OH^-$	$+0.342$
$SO_4^{2-} \mid Hg_2SO_4 \mid Hg$	$Hg_2SO_4 + 2e^- \Longrightarrow 2Hg + SO_4^{2-}$	$+0.6123$
$SO_4^{2-} \mid PbSO_4 \mid Pb$	$PbSO_4 + 2e^- \Longrightarrow Pb + SO_4^{2-}$	-0.356
$H^+ \mid 醌氢醌 \mid Pt$	$C_6H_4O_2 + 2H^+ + 2e^- \Longrightarrow C_6H_6O_2$	$+0.6993$
$Fe^{3+}, Fe^{2+} \mid Pt$	$Fe^{3+} + e^- \Longrightarrow Fe^{2+}$	$+0.770$
$H^+, MnO_4^-, Mn^{2+} \mid Pt$	$MnO_4^- + 8H^+ + 5e^- \Longrightarrow Mn^{2+} + 4H_2O$	$+1.491$
$MnO_4^-, MnO_4^{2-} \mid Pt$	$MnO_4^- + e^- \Longrightarrow MnO_4^{2-}$	$+0.564$
$Cu^{2+}, Cu^+ \mid Pt$	$Cu^{2+} + e^- \Longrightarrow Cu^+$	$+0.158$
$Co^{3+}, Co^{2+} \mid Pt$	$Co^{3+} + e^- \Longrightarrow Co^{2+}$	$+1.808$
$Sn^{4+}, Sn^{2+} \mid Pt$	$Sn^{4+} + 2e^- \Longrightarrow Sn^{2+}$	$+0.15$

2. 电极反应的能斯特方程

由式(6-25)及式(6-27)，有

$$E_{MF} = E^{\ominus}(右极，还原) - E^{\ominus}(左极，还原) - \frac{RT}{zF}\ln J_a$$

$$J_a(电池反应) = J_a(右极还原反应) \times J_a(左极氧化反应) = \frac{J_a(右极还原反应)}{J_a(左极还原反应)}$$

所以

$$\ln J_a(电池反应) = \ln J_a(右极还原反应) - \ln J_a(左极还原反应)$$

$$E_{MF} = \left[E^{\ominus}(右极，还原) - \frac{RT}{zF}\ln J_a(右极还原反应)\right] -$$

$$\left[E^{\ominus}(左极，还原) - \frac{RT}{zF}\ln J_a(左极还原反应)\right]$$

定义

$$E(还原) \xlongequal{def} E^{\ominus}(还原) - \frac{RT}{zF}\ln J_a(电极还原反应) \tag{6-28}$$

式(6-28)称为**电极反应的能斯特方程式**(Nernst equation of electrode reaction)。它表示电极电势 E 与参与电极反应的各物质活度间的关系。

例如，$Cl^-(a)\,|\,AgCl\,|\,Ag$ 电极：

还原反应　　　　　　　$AgCl(s) + e^- \longrightarrow Ag(s) + Cl^-(a)$

能斯特方程　　　　$E(还原) = E^{\ominus}(还原) - \frac{RT}{F}\ln a(Cl^-)$

$Cl^-(a)\,|\,Cl_2\,|\,Pt$ 电极：

还原反应　　　　　　　$\frac{1}{2}Cl_2(p) + e^- \longrightarrow Cl^-(a)$

能斯特方程　　　$E(还原) = E^{\ominus}(还原) - \frac{RT}{F}\ln \frac{a(Cl^-)}{[p(Cl_2)/p^{\ominus}]^{\frac{1}{2}}}$

由式(6-20)，得

$$E_{MF} = E(右极，还原) - E(左极，还原) \tag{6-29}$$

利用式(6-29)，可由组成原电池的两个电极的电极电势 $E(还原)$ 计算出原电池的电动势 E_{MF}。

要说明的是，标准电动势 $E_{MF}^{\ominus}$ 并不是让电池中各物质的活度均为1(实验上是做不到的)而测得的。它是用一系列浓度的被测电极与标准氢电极组成电池，再测这一系列电池的电动势并结合德拜-许克尔极限公式(6-19)，用外推法求得的。下面举例说明。

【**例 6-8**】　298.15 K 时，电池 $Pt\,|\,H_2(g, p^{\ominus}=100\ kPa)\,|\,HCl(b)\,|\,Hg_2Cl_2(s)\,|\,Hg(l)$ 的电池电动势与 HCl 溶液的质量摩尔浓度之间的关系如下：

$b/(10^{-3}\,mol\cdot kg^{-1})$	E_{MF}/V	$b/(10^{-3}\,mol\cdot kg^{-1})$	E_{MF}/V
75.08	0.411 9	18.87	0.478 7
37.69	0.445 2	5.04	0.543 7

(1)写出电极反应和电池反应；

(2)用外推法求甘汞电极的标准电极电势。

解　(1)　　左极(氧化)：$H_2(g) \longrightarrow 2H^+(a) + 2e^-$

　　　　　　右极(还原)：$Hg_2Cl_2(s) \longrightarrow 2Hg(l) + 2Cl^-(a) - 2e^-$

　　　　电池反应：$Hg_2Cl_2(s) + H_2(g) \longrightarrow 2Hg(l) + 2Cl^-(a) + 2H^+(a)$

(2)由能斯特方程

$$E_{MF} = E_{MF}^{\ominus} - \frac{RT}{zF}\ln[a(HCl)]^2 = E_{MF}^{\ominus} - \frac{RT}{2F}\ln\left(\frac{b}{b^{\ominus}}\gamma_{\pm}\right)^4 =$$

$$E_{MF}^{\ominus} - 0.059\ 2\ V\ \lg\left(\frac{b}{b^{\ominus}}\gamma_{\pm}\right)^2 = E_{MF}^{\ominus} - 0.118\ 4\ V\lg\frac{b}{b^{\ominus}} - 0.118\ 4\ \lg\gamma_{\pm}$$

$$E_{MF}^{\ominus} = E_{MF} + 0.118\ 4\ V\lg\frac{b}{b^{\ominus}} + 0.118\ 4\ \lg\gamma_{\pm} =$$

$$E_{MF} + 0.118\ 4\ \text{Vlg}\frac{b}{b^{\ominus}} + B\ \sqrt{b/b^{\ominus}}\quad (\text{结合德拜-许克尔公式,对 1-1 型电解质})$$

当 $\lim\limits_{b \to 0}\gamma_{\pm} = 1$ 时，
$$E_{MF}^{\ominus} = \left(E_{MF} + 0.118\ 4\ \text{Vlg}\frac{b}{b^{\ominus}}\right)_{b \to 0}$$

用 $\left(E_{MF} + 0.118\ 4\ \text{Vlg}\frac{b}{b^{\ominus}}\right) - \sqrt{b/b^{\ominus}}$ 作图,当 $b \to 0$,截距为 $E_{MF}^{\ominus}$,即为 $E^{\ominus}$(甘汞)。

由图 6-11,得 $E^{\ominus}$(甘汞) $= 0.268\ 6$ V。

$E_{MF} + 0.118\ 4\ \text{Vlg}(b/b^{\ominus})$	$\sqrt{b/b^{\ominus}}$
0.278 8	0.274 0
0.276 6	0.194 1
0.274 6	0.137 4
0.271 7	0.071 0

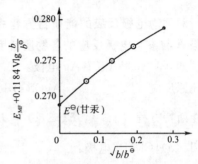

图 6-11　外推法求甘汞电极的标准电极电势

6.11.3　原电池电动势的计算

原电池电动势的计算方法有两种：

方法(i)：直接应用电池反应的能斯特方程计算,即

$$E_{MF} = E_{MF}^{\ominus} - \frac{RT}{zF}\ln\prod_{B}(a_B)^{\nu_B}$$

其中
$$E_{MF}^{\ominus} = E^{\ominus}(右极,还原) - E^{\ominus}(左极,还原)$$

$E^{\ominus}$ 可由数据表查到。

方法(ii)：应用电极反应的能斯特方程计算,即

$$E_{MF} = E(右极,还原) - E(左极,还原)$$

$$E(还原) = E^{\ominus}(还原) - \frac{RT}{zF}\ln J_a\quad (电极还原反应)$$

举例说明如下：

【例 6-9】　计算化学电池：$Zn(s)\mid Zn^{2+}(a=0.1)\ \vdots\ Cu^{2+}(a=0.01)\mid Cu(s)$ 在 25 ℃时的电动势。

解　采用方法(ii)来计算,首先写出左、右两电极的还原反应：

左(还原)：　　　　　$Zn^{2+}(a=0.1) + 2e^{-} \longrightarrow Zn(s)$

右(还原)：　　　　　$Cu^{2+}(a=0.01) + 2e^{-} \longrightarrow Cu(s)$

由电极反应的能斯特方程,有

$$E(左极,还原) = E^{\ominus}(Zn^{2+}\mid Zn) - \frac{RT}{2F}\ln\frac{1}{a(Zn^{2+})}$$

$$E(右极,还原) = E^{\ominus}(Cu^{2+}\mid Cu) - \frac{RT}{2F}\ln\frac{1}{a(Cu^{2+})}$$

由表 6-4 查得 $E^{\ominus}(Zn^{2+}\mid Zn) = -0.763\ 0$ V,$E^{\ominus}(Cu^{2+}\mid Cu) = 0.340\ 2$ V,代入已知数据,可算得

$$E(左极,还原)=-0.793\ V$$

$$E(右极,还原)=0.281\ V$$

因此　$E_{MF}=E(右极,还原)-E(左极,还原)=0.281V-(-0.793\ V)=1.07\ V$

采用方法(i)可算得同样的结果。

【例 6-10】　计算浓差电池:$Pt|Cl_2(p^{\ominus})|Cl^-(a=0.1)\ \vdots\ Cl^-(a'=0.001)|Cl_2(p^{\ominus})|$ Pt,25 ℃时电动势。

　　解　采用方法(i)计算。首先写出电极反应及电池反应:

$$左(氧化):Cl^-(a=0.1)\longrightarrow\frac{1}{2}Cl_2(p^{\ominus})+e^-$$

$$右(还原):\frac{1}{2}Cl_2(p^{\ominus})+e^-\longrightarrow Cl^-(a'=0.001)$$

$$电池反应:Cl^-(a=0.1)\longrightarrow Cl^-(a'=0.001)$$

由电池反应的能斯特方程,有

$$E_{MF}=E_{MF}^{\ominus}-\frac{RT}{F}\ln\frac{a'}{a}$$

$$E_{MF}^{\ominus}=E^{\ominus}(右极,还原)-E^{\ominus}(左极,还原)=0$$

$$E_{MF}=-\frac{RT}{F}\ln\frac{a'}{a}=-\frac{8.314\ 5\ J\cdot K^{-1}\cdot mol^{-1}\times298.15\ K}{96\ 485\ C\cdot mol^{-1}}\times\ln\frac{0.001}{0.1}=0.118\ 3\ V$$

采用方法(ii)可得到同样的结果。

6.11.4　原电池电动势测定应用举例

1. 测定电池反应的 $\Delta_r G_m$、$\Delta_r S_m$、$\Delta_r H_m$

$$\Delta_r G_m=-zFE_{MF}$$

将式(1-129)应用于化学反应,有 $\left(\dfrac{\partial\Delta_r G_m}{\partial T}\right)_p=-\Delta_r S_m$,则

$$\Delta_r S_m=-\left(\frac{\partial\Delta_r G_m}{\partial T}\right)_p=-\left[\frac{\partial(-zFE_{MF})}{\partial T}\right]_p=zF\left(\frac{\partial E_{MF}}{\partial T}\right)_p \tag{6-30}$$

式 (6-30) 中 $\left(\dfrac{\partial E_{MF}}{\partial T}\right)_p$ 称为 **原电池电动势的温度系数** (temperature coefficient of electromotive force of primitive cell)。它表示定压下电动势随温度的变化率,可通过实验测定一系列不同温度下的电动势求得。

【例 6-11】　25 ℃时,电池 $Cd(s)|CdCl_2\cdot\dfrac{5}{2}H_2O(aq)|AgCl(s)|Ag(s)$ 的 $E_{MF}=0.675\ 33$ V,$\left(\dfrac{\partial E_{MF}}{\partial T}\right)_p=-6.5\times10^{-4}\ V\cdot K^{-1}$。求该温度下反应的 $\Delta_r G_m$、$\Delta_r S_m$ 和 $\Delta_r H_m$ 及 Q_r。

　　解

$$左极(氧化):Cd(s)+\frac{5}{2}H_2O(l)+2Cl^-(a)\longrightarrow CdCl_2\cdot\frac{5}{2}H_2O(s)+2e^-$$

$$右极(还原):2AgCl(s)+2e^-\longrightarrow2Ag(s)+2Cl^-(a)$$

$$电池反应:\ \ Cd(s)+\frac{5}{2}H_2O(l)+2AgCl(s)\longrightarrow CdCl_2\cdot\frac{5}{2}H_2O(s)+2Ag(s)$$

由电极反应知,$z=2$

$$\Delta_r G_m=-zFE_{MF}=-2\times964\ 85\ C\cdot mol^{-1}\times0.675\ 33\ V=-130.32\ kJ\cdot mol^{-1}$$

$$\Delta_r S_m = zF\left(\frac{\partial E_{MF}}{\partial T}\right)_p = 2 \times 964\ 85\ \text{C} \cdot \text{mol}^{-1} \times (-6.5 \times 10^{-4}\ \text{V} \cdot \text{K}^{-1}) =$$

$$-125.4\ \text{J} \cdot \text{K}^{-1} \cdot \text{mol}^{-1}$$

$$\Delta_r H_m = zF\left[T\left(\frac{\partial E_{MF}}{\partial T}\right)_p - E_{MF}\right] = 2 \times 96\ 485\ \text{C} \cdot \text{mol}^{-1} \times$$

$$[298.15\ \text{K} \times (-6.5 \times 10^{-4}\ \text{V} \cdot \text{K}^{-1}) - 0.675\ 33\ \text{V}] = -167.7\ \text{kJ} \cdot \text{mol}^{-1}$$

$$Q_r = T\Delta_r S_m = 298.15\ \text{K} \times (-125.4\ \text{J} \cdot \text{K}^{-1} \cdot \text{mol}^{-1}) = -37.39\ \text{kJ} \cdot \text{mol}^{-1}$$

讨论：$Q_r \neq \Delta_r H_m$，$Q_p = \Delta_r H_m$，Q_p 是指反应在一般容器中进行时($W'_r = 0$)的反应放出的热量，若反应在电池中可逆进行，则

$$Q_r = T\Delta_r S_m = zFT\left(\frac{\partial E_{MF}}{\partial T}\right)_p = -37.39\ \text{kJ} \cdot \text{mol}^{-1}$$

Q_p 与 Q_r 之差为电功：

$$W'_r = -167.7\ \text{kJ} \cdot \text{mol}^{-1} - (-37.39\ \text{kJ} \cdot \text{mol}^{-1}) = -130.31\ \text{kJ} \cdot \text{mol}^{-1}$$

若 $\left(\frac{\partial E_{MF}}{\partial T}\right)_p = 0$，则反应可逆进行时化学能($\Delta_r H_m$)将全部转化为电功。

注意 $\Delta_r G_m$、$\Delta_r S_m$、$\Delta_r H_m$ 和 Q_r 均与电池反应的化学计量方程写法有关，若上述电池反应写为

$$\frac{1}{2}\text{Cd}(s) + \frac{1}{2} \times \frac{5}{2}\text{H}_2\text{O}(l) + \text{AgCl}(s) \longrightarrow \frac{1}{2}\text{CdCl}_2 \cdot \frac{5}{2}\text{H}_2\text{O}(s) + \text{Ag}(s)$$

则 $z = 1$，于是 $\Delta_r G_m$、$\Delta_r S_m$、$\Delta_r H_m$ 和 Q_r 的量值都要减半。

2. 测定电池反应的标准平衡常数 $K^{\ominus}$

【例 6-12】 试用 $E^{\ominus}$ 数据计算下列反应在 25 ℃时的标准平衡常数 $K^{\ominus}$(298.15 K)。

$$\text{Zn}(s) + \text{Cu}^{2+}(a) \rightleftharpoons \text{Zn}^{2+}(a) + \text{Cu}$$

解 将反应组成电池为

$$\text{Zn}(s) \mid \text{Zn}^{2+}(a) \mathrel{\vdots\vdots} \text{Cu}^{2+}(a) \mid \text{Cu}(s)$$

由表 6-4 查得

$$E^{\ominus}[\text{Cu}^{2+}(a) \mid \text{Cu}(s)] = 0.340\ 2\ \text{V}, \quad E^{\ominus}[\text{Zn}^{2+}(a) \mid \text{Zn}(s)] = -0.763\ 0\ \text{V}$$

$$E^{\ominus}_{MF} = E^{\ominus}[\text{Cu}^{2+}(a) \mid \text{Cu}(s)] - E^{\ominus}[\text{Zn}^{2+}(a) \mid \text{Zn}(s)] = 1.103\ \text{V}$$

所以

$$\ln K^{\ominus}(298.15\ K) = \frac{zFE^{\ominus}_{MF}}{RT} = \frac{2 \times 964\ 85\ \text{C} \cdot \text{mol}^{-1} \times 1.103\ \text{V}}{8.314\ 5\ \text{J} \cdot \text{K}^{-1} \cdot \text{mol}^{-1} \times 298.15\ \text{K}} = 85.87$$

$$K^{\ominus}(298.15\ K) = 2 \times 10^{37}$$

3. 测定离子平均活度因子 $\gamma_\pm$

【例 6-13】 25 ℃下，测得电池 $\text{Pt} \mid \text{H}_2(p^{\ominus}) \mid \text{HCl}(b = 0.075\ 03\ \text{mol} \cdot \text{kg}^{-1}) \mid$ $\text{Hg}_2\text{Cl}_2(s) \mid \text{Hg}(l)$ 的电动势 $E_{MF} = 0.411\ 9\ \text{V}$，求 0.075 03 mol · kg^{-1} HCl 水溶液的 $\gamma_\pm$。

解
$$\text{左极(氧化)：} \frac{1}{2}\text{H}_2(p^{\ominus}) \longrightarrow \text{H}^+(b) + \text{e}^-$$

$$\text{右极(还原)：} \frac{1}{2}\text{Hg}_2\text{Cl}_2(s) + \text{e}^- \longrightarrow \text{Hg}(l) + \text{Cl}^-(b)$$

$$\rule{8cm}{0.4pt}$$

$$\text{电池反应：} \frac{1}{2}\text{H}_2(p^{\ominus}) + \frac{1}{2}\text{Hg}_2\text{Cl}_2(s) \longrightarrow \text{Hg}(l) + \text{H}^+(b) + \text{Cl}^-(b)$$

$$E_{MF} = E^{\ominus}_{MF} - \frac{RT}{F}\ln[a(\text{H}^+)a(\text{Cl}^-)]$$

由表 6-4 查得　　　　　$E^{\ominus}(Cl^-\,|\,Hg_2Cl_2\,|\,Hg)=0.267\ 6\ V$

$E_{MF}^{\ominus}=E^{\ominus}[Cl^-(b)\,|\,Hg_2Cl_2(s)\,|\,Hg(l)]-E^{\ominus}[H^+(b)\,|\,H_2(p^{\ominus})\,|\,Pt]=$

　　　　　$0.267\ 9\ V-0\ V=0.267\ 9\ V$

将 $E_{MF}=0.411\ 9\ V,T=298.15\ K$ 代入能斯特方程,得

$$a(H^+)a(Cl^-)=3.64\times10^{-3}$$

$$a(H^+)a(Cl^-)=a_B=a_{\pm}^2=\gamma_{\pm}^2\ (b/b^{\ominus})^2$$

$$\gamma_{\pm}=\frac{[a(H^+)a(Cl^-)]^{1/2}}{b/b^{\ominus}}=\frac{(3.64\times10^{-3})^{\frac{1}{2}}}{0.075\ 03}=0.804$$

4. 测定溶液的 pH

将少量醌氢醌晶体加到待测 pH 的酸性溶液中,达到溶解平衡后,插入 Pt 丝极,则构成

醌氢醌电极 $H^+(a)\,|\,Q\cdot QH_2(s)\,|\,Pt$[式中 Q 和 QH_2 分别代表 O=⟨⟩=O 和

HO—⟨⟩—OH,而 $Q\cdot QH_2$ 代表二者形成的复合物即醌氢醌,该复合物在水中分解为

Q 和 QH_2],这是一种常用的氢离子指示电极。其电极反应为

$$Q[a(Q)]+2H^+[a(H^+)]+2e^-\longrightarrow QH_2[a(QH_2)]$$

微溶的醌氢醌($Q\cdot QH_2$)在水溶液中完全解离成醌和氢醌,由于二者浓度相等而且很低,所以 $a(Q)\approx a(QH_2)$,得

$$E=E^{\ominus}[H^+(a)\,|\,Q\cdot QH_2(s)\,|\,Pt]-\frac{RT}{F}\ln\frac{1}{a(H^+)}$$

$pH\stackrel{def}{=\!=\!=}-\lg a(H^+)$,故

$$E=E^{\ominus}[H^+(a)\,|\,Q\cdot QH_2(s)\,|\,Pt]-\frac{RT\ln10}{F}pH$$

由表 6-4 查得,25 ℃时,$E^{\ominus}(H^+\,|\,Q\cdot QH_2\,|\,Pt)=0.699\ 3\ V$,所以,25 ℃时,$E=(0.699\ 3-0.059\ 2\ pH)V$。

将醌氢醌电极和一电极电势已知的电极(参比电极)组成电池,测定电池电动势后,可算出溶液 pH(pH>8 的碱性溶液中不能用)。日常实验中,常用的参比电极是甘汞电极,其构造如图 6-10 所示,表 6-5 列出了三种 KCl 的物质的量浓度的甘汞电极的电极电势(不要误为标准电极电势)。

注意　醌氢醌电极不能用于含氧化剂或还原剂的溶液中,不能用于 pH>8 的碱性溶液中。

表 6-5　三种 KCl 的物质的量浓度的甘汞电极在 25 ℃的电极电势

电极符号	E/V
$KCl(饱和)\,|\,Hg_2Cl_2(s)\,|\,Hg(l)$	0.241 5
$KCl(1\ mol\cdot dm^{-3})\,|\,Hg_2Cl_2(s)\,|\,Hg(l)$	0.279 9
$KCl(0.1\ mol\cdot dm^{-3})\,|\,Hg_2Cl_2(s)\,|\,Hg(l)$	0.333 5

【例 6-14】　将醌氢醌电极与饱和甘汞电极组成电池

$$Hg(l)\,|\,Hg_2Cl_2(s)\,|\,KCl(饱和)\ \vdots\ Q\cdot QH_2(s)\,|\,H^+(pH=?)\,|\,Pt$$

25 ℃时,测得 $E_{MF}=0.025\ V$。求溶液的 pH。

解　　　　　　　$E(左极,还原)=0.241\ 5\ V(表 6-5)$

　　　　　　　$E(右极,还原)=(0.699\ 7-0.059\ 2\ pH)V$

$$E_{MF} = E(右极,还原) - E(左极,还原)$$

即 $$0.025\ V = (0.699\ 7 - 0.059\ 2\ pH - 0.241\ 5)\ V$$

解得 $$pH = 7.3$$

5.测定难溶盐的活度积

【例 6-15】 利用 $E^{\ominus}$ 数据,求 25 ℃时 AgI 的活度积。

解 将溶解反应设计成电池,查出 $E^{\ominus}$,算得 $E^{\ominus}_{MF}$,利用 $\ln K^{\ominus}(T) = \dfrac{zFE^{\ominus}_{MF}}{RT}$ 可求得活度积 $K^{\ominus}_{sp}$。

AgI 的溶解反应为 $AgI(s) \longrightarrow Ag^+(a) + I^-(a)$,设计如下电池:

$$Ag(s)\,|\,Ag^+(a)\,\vdots\,I^-(a)\,|\,AgI(s)\,|\,Ag(s)$$

左极(氧化):$Ag(s) \longrightarrow Ag^+(a) + e^-$

右极(还原):$AgI(s) + e^- \longrightarrow Ag(s) + I^-(a)$

——————————————————————

电池反应:$AgI(s) \longrightarrow Ag^+(a) + I^-(a)$ (与溶解反应相同)

由表 6-4 查得

$$E^{\ominus}[I^-(a)\,|\,AgI(s)\,|\,Ag(s)] = -0.152\ 1\ V, \quad E^{\ominus}[Ag^+(a)\,|\,Ag(s)] = 0.799\ 4\ V$$

$$E^{\ominus}_{MF} = E^{\ominus}[I^-(a)\,|\,AgI(s)\,|\,Ag(s)] - E^{\ominus}[Ag^+(a)\,|\,Ag(s)] =$$
$$(-0.152\ 1 - 0.799\ 4)V = -0.951\ 5\ V$$

$$\ln K^{\ominus}_{sp} = \frac{zFE^{\ominus}_{MF}}{RT} = \frac{1 \times 96\ 485\ C \cdot mol^{-1} \times (-0.951\ 5\ V)}{8.314\ 5\ J \cdot K^{-1} \cdot mol^{-1} \times 298.15\ K} = -37.04$$

$$K^{\ominus}_{sp} = 8.232 \times 10^{-17}$$

6.判断反应方向

【例 6-16】 铁在酸性介质中被腐蚀的反应为

$$Fe(s) + 2H^+(a) + \frac{1}{2}O_2(p) \longrightarrow Fe^{2+}(a) + H_2O(l)$$

问当 $a(H^+) = 1, a(Fe^{2+}) = 1, p(O_2) = p^{\ominus}, 25\ ℃$时,反应向哪个方向进行?

解 设计如下电池:

$$Fe(s)\,|\,Fe^{2+}(a)\,\vdots\,H^+(a)\,|\,O_2(p^{\ominus})\,|\,Pt$$

左极(氧化):$Fe(s) \longrightarrow Fe^{2+}(a) + 2e^-$

右极(还原):$2H^+(a) + \frac{1}{2}O_2(p^{\ominus}) + 2e^- \longrightarrow H_2O(l)$

——————————————————————

电池反应:$Fe(s) + 2H^+(a) + \frac{1}{2}O_2(g) \longrightarrow Fe^{2+}(a) + H_2O(l)$(即为 Fe 腐蚀反应)

因为

$$a(H^+) = 1, a(Fe^{2+}) = 1, \quad p(O_2)/p^{\ominus} = p^{\ominus}/p^{\ominus} = 1,$$
$$a(Fe) = 1, \quad a(H_2O) \approx 1(水大量)$$

所以

$$E_{MF} = E^{\ominus}_{MF} = E^{\ominus}[H^+(a)\,|\,O_2(p)\,|\,Pt] - E^{\ominus}[Fe^{2+}(a)\,|\,Fe(s)]$$

由表 6-4 查得

$$E^{\ominus}[H^+(a)\,|\,O_2(p)\,|\,Pt] = 1.229\ V, \quad E^{\ominus}[Fe^{2+}(a)\,|\,Fe(s)] = -0.447\ V$$

$$E_{MF} = 1.229\ V - (-0.447\ V) = 1.676\ V > 0$$

$$\Delta_r G_m = -zFE_{MF} = -323.4\ kJ \cdot mol^{-1} < 0$$

故从热力学上看,Fe 在 25 ℃下的腐蚀能自发进行。

V　电化学反应的速率

6.12　电化学反应速率、交换电流密度

6.12.1　阴极过程与阳极过程

电化学系统中有电流通过时(电化学电源或电解池),在两个电极的金属和溶液界面间以一定速率进行着电荷传递过程,即电极反应过程。设在图 6-12 所示的电极上进行如下电极反应

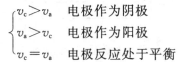

正反应叫**阴极过程**(cathode process)或**阴极反应**(cathode reaction),设其反应速率为 v_c;逆反应叫**阳极过程**(anode process)或**阳极反应**(anode reaction),设其反应速率为 v_a。在一个电极上阴极过程和阳极过程并存,净反应速率为两过程速率之差。

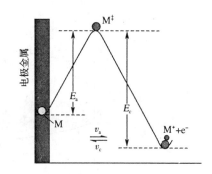

$$\begin{cases} v_c > v_a & \text{电极作为阴极} \\ v_a > v_c & \text{电极作为阳极} \\ v_c = v_a & \text{电极反应处于平衡} \end{cases}$$

图 6-12　电极上进行的阴极与阳极过程示意图

6.12.2　电化学反应速率与电流密度

电极反应的反应速率定义为

$$v \stackrel{\text{def}}{=} \frac{1}{A_s}\frac{\mathrm{d}\xi}{\mathrm{d}t} \tag{6-31}$$

式中,A_s 为电极的截面积,单位为 m^2;ξ 为反应进度,单位为 mol。即**电化学反应速率**(rate of electrochemical reaction)定义为单位时间内、单位面积的电极上反应进度的改变量。若时间以 s 为单位,则 v 的单位为 $\mathrm{mol \cdot m^{-2} \cdot s^{-1}}$。

在电化学中,易于由实验测定的量是电流,所以常用**电流密度** j(current density)(单位电极截面上通过的电流,单位为 $\mathrm{A \cdot m^{-2}}$)来间接表示电化学反应速率 v 的大小,j 与 v 的关系为

$$j = zFv \tag{6-32}$$

阴极过程 　　　　　　　　$\left.\begin{array}{l} j_c = zFv_c \\ j_a = zFv_a \end{array}\right\}$ 　　　　(6-33)
阳极过程

阴极上 　　　　　$j_c > j_a$,　　$j = j_c - j_a$
阳极上 　　　　　$j_c < j_a$,　　$j = j_a - j_c$
平衡电极上 　　　　$j_c = j_a = j_0$

j_0 叫**交换电流密度**(exchange current density)。

6.13 极化、超电势

6.13.1 极化与极化曲线

当电极上无电流通过时,电极过程是可逆的($j_a = j_c$),电极处于平衡态,此时的电极电势为平衡电极电势 $\Delta\phi_e$。当使用化学电源或进行电解操作时,都有一定量的电流通过电极,电极上进行着净反应速率不为零($v_a \neq v_c$)的电化学反应,电极过程为不可逆,此时的实际电极电势 $\Delta\phi$ 偏离平衡电极电势 $\Delta\phi_e$。当电化学系统中有电流通过时,两个电极上的实际电极电势 $\Delta\phi$ 偏离其平衡电极电势 $\Delta\phi_e$ 的现象叫做电极的**极化**。

实际电极电势 $\Delta\phi$ 偏离平衡电极电势 $\Delta\phi_e$ 的趋势可由实验测定的**极化曲线**来显示,如图 6-13 所示。

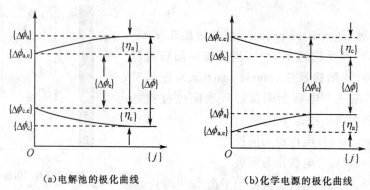

(a)电解池的极化曲线　　　　　　(b)化学电源的极化曲线

图 6-13　极化曲线示意图

从图中可见,极化使得阳极电势升高($\Delta\phi_a > \Delta\phi_{a,e}$),阴极电势降低($\Delta\phi_c < \Delta\phi_{c,e}$),实际电极电势偏离平衡电极电势的程度随电流密度的增大而增大。

6.13.2 超电势

电池中有电流通过时实际电极电势偏离平衡电极电势的程度用**超电势**(over potential)表示。本书将超电势定义为

$$\left.\begin{aligned} \eta_a &\overset{\text{def}}{=\!=\!=} \Delta\phi_a - \Delta\phi_{a,e} \\ \eta_c &\overset{\text{def}}{=\!=\!=} \Delta\phi_c - \Delta\phi_{c,e} \end{aligned}\right\} \tag{6-34}$$

式中,η_a,η_c 分别为阳极超电势和阴极超电势。因为 $\Delta\phi_a > \Delta\phi_{a,e}$,$\Delta\phi_c < \Delta\phi_{c,e}$,所以 $\eta_a > 0$,$\eta_c < 0$。

电解池 $\Delta\phi_a > \Delta\phi_c$

$$\Delta\phi = \Delta\phi_a - \Delta\phi_c = (\Delta\phi_{a,e} - \Delta\phi_{c,e}) + (\eta_a + |\eta_c|) \tag{6-35}$$

化学电源 $\Delta\phi_c > \Delta\phi_a$

$$\Delta\phi = \Delta\phi_c - \Delta\phi_a = (\Delta\phi_{c,e} - \Delta\phi_{a,e}) - (|\eta_c| + \eta_a) \tag{6-36}$$

6.13.3　扩散超电势与电化学超电势

电极过程是极其复杂的过程,它包含物质的迁移和电化学反应(电荷越过电极-溶液界面),还可能有电化学反应前或后的化学反应(如 $H^+ + e^- \rightarrow H$ 之后的 $H + H \rightarrow H_2$)以及新相的生成和相间迁移等多种步骤。电极的极化作用,是诸多步骤引起的极化作用的叠加结果。扩散超电势是由物质的迁移步骤引起的电极的极化;化学超电势是由化学反应步骤引起的电极极化;相超电势是由化学反应中新相形成及相间迁移(如金属离子进入晶格或相反的过程)引起的极化。若其中某一步骤成为速率控制步骤,则相应产生的超电势占优势。

1. 扩散超电势

扩散超电势 η_d 是在电流通过时,由于电极反应的反应物或生成物迁向或迁离电极表面的缓慢而引起的电极电势对其平衡值的偏离。

例如,把两个银电极插到浓度为 c^0 的 $AgNO_3$ 溶液中进行电解时,阴极发生还原反应 $Ag^+ + e^- \rightarrow Ag$,由于 Ag^+ 从溶液向电极迁移速率小于电极表面上 Ag^+ 的还原速率,使得电极表面附近 Ag^+ 的浓度 c' 低于本体溶液中 Ag^+ 的浓度 c^0。如图 6-14 所示。

电极平衡时　　$\Delta \phi_e = \Delta \phi^\ominus + \dfrac{RT}{F} \ln\{c^0\}$

有电流通过时　$\Delta \phi = \Delta \phi^\ominus + \dfrac{RT}{F} \ln\{c'\}$

$$\eta = \Delta \phi - \Delta \phi_e = \frac{RT}{F} \ln \frac{c'}{c^0}$$

可见,由于 $c' \neq c^0$ 引起了超电势,c' 愈小于 c^0,$|\eta|$ 愈大。

阴极的扩散超电势可由下式计算

$$\eta_c = \frac{RT}{zF} \ln\left(1 - \frac{j}{j_{max}}\right) \tag{6-37}$$

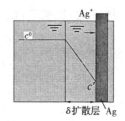

图 6-14　在浓度梯度作用下($c' < c^0$)Ag^+ 向电极表面的迁移

式中,j_{max} 为**极限电流密度**。

2. 电化学超电势

任何电极反应都必包含反应物得到或失去电子的过程。由于电荷越过电极-溶液界面的步骤而引起的对电极的平衡电极电势的偏离叫**电化学超电势**。电化学超电势的大小与电极通过的电流密度的大小有关。

现考虑电极上进行的电化学反应为

$$M^+ + e^- \Longrightarrow M \tag{6-38}$$

例如

$$Ag^+ + e^- \Longrightarrow Ag$$

上述电化学反应的总反应速率是正反应(还原作用)和逆反应(氧化作用)的反应速率的差值,而正向或逆向反应速率均可表示为

$$v = k_0 e^{-E/RT} c \tag{6-39}$$

式中,E 为电化学反应的摩尔活化能;k_0 为指前参量;c 为反应物的物质的量浓度。因此电极反应的总包速率为

$$v = v_c - v_a = k_{0,c} e^{-E_c/RT} c_{M^+} - k_{0,a} e^{-E_a/RT} c_M$$

式中,下标"c","a"分别代表"阴极过程"和"阳极过程"。

由式(6-32)及式(6-33),有

$$j = j_c - j_a = Fk_{0,c}e^{-E_c/RT}c_{M^+} - Fk_{0,a}e^{-E_a/RT}c_M \tag{6-40}$$

式(6-40)中的电化学反应的摩尔活化能均可分为化学的和电的两部分,其中化学部分用 E' 表示,它相当于电极-溶液界面间的电势差 $\Delta\phi \stackrel{\text{def}}{=\!=\!=} \phi(M) - \phi(M^+)$ 为零的摩尔活化能的量值,而电的部分是当电势差为 $\Delta\phi$ 时,由双电层电场引起的摩尔活化能变化。电流通过电极时,阴极与电源负极相连,$\phi(M)$ 比 $\phi(M^+)$ 更负,即 $\Delta\phi < 0$,其作用是加速阴极过程而减慢阳极过程,即与 $\Delta\phi = 0$ 时相比,$\Delta\phi < 0$ 时,反应式(6-38)中正反应(阴极过程)的摩尔活化能 E_c 减少,逆反应(阳极过程)的摩尔活化能 E_a 增加。

注意 电子转移发生在双电层中某处(即活化络合物处,如图6-11所示),可见,加快正反应是双电层电势差 $\Delta\phi$ 的一部分,即 $\alpha\Delta\phi$(能量为 $\alpha F\Delta\phi$),而减慢逆反应是 $\Delta\phi$ 的其余部分,即 $(1-\alpha)\Delta\phi$,α 是一分数,称为**分配系数**。

$$E_c = E_c' + \alpha F\Delta\phi, \quad E_a = E_a' - (1-\alpha)F\Delta\phi \tag{6-41}$$

$\Delta\phi < 0$ 时,$E_c < E_c'$,$E_a > E_a'$;$\Delta\phi > 0$ 时,情况相反。将式(6-41)代入式(6-40),得

$$j = j_c - j_a = Fk_{0,c}e^{-E_c'/RT}e^{-\alpha F\Delta\phi/RT}c_{M^+} - Fk_{0,a}e^{-E_a'/RT}e^{(1-\alpha)F\Delta\phi/RT}c_M \tag{6-42}$$

令

$$k_0 e^{-E'/RT} = k \tag{6-43}$$

得

$$j = j_c - j_a = Fk_c e^{-\alpha F\Delta\phi/RT}c_{M^+} - Fk_a e^{(1-\alpha)F\Delta\phi/RT}c_M \tag{6-44}$$

即

$$\left.\begin{array}{l} j_c = Fk_c e^{-\alpha F\Delta\phi/RT}c_{M^+} \\ j_a = Fk_a e^{(1-\alpha)F\Delta\phi/RT}c_M \end{array}\right\} \tag{6-45}$$

当 $\Delta\phi$ 等于其平衡量值 $\Delta\phi_e$ 时,正逆反应速率相等,则有

$$j_c = j_a = j_0 \tag{6-46}$$

于是,由式(6-44),得

$$j_0 = Fk_c e^{-\alpha F\Delta\phi/RT}c_{M^+} = Fk_a e^{(1-\alpha)F\Delta\phi/RT}c_M \tag{6-47}$$

按式(6-34),即 η 的定义式,代入式(6-46),得

$$j_c = Fk_c e^{-\alpha F\Delta\phi_e/RT}e^{-\alpha F\eta/RT}c_{M^+}$$

即

$$j_c = j_0 e^{-\alpha F\eta/RT} \tag{6-48}$$

对逆反应

$$j_a = j_0 e^{(1-\alpha)F\eta/RT} \tag{6-49}$$

于是

$$j = j_c - j_a = j_0[e^{-\alpha F\eta/RT} - e^{(1-\alpha)F\eta/RT}] \tag{6-50}$$

则

$$\begin{cases} \text{阴极上},j>0(\text{即 } j_c>j_a,\eta<0) \\ \text{阳极上},j<0(\text{即 } j_c<j_a,\eta>0) \end{cases}$$

式(6-50)称为**巴特勒-伏尔末方程**(Butler J A V-Volmer M equation)。不同电极的 α 相近($\approx\frac{1}{2}$),但 j_0 可能大不相同。由式(6-50)可见,在 η 相同的条件下,$j \propto j_0$,也就是说,在同样的超电势下,电极材料的性质及表面状态对电极反应速率有很大影响。

下面将式(6-50)应用于两种情况:

(i)若电化学系统稍微偏离平衡状态,即在比较小的超电势范围内($|\eta| \ll RT/F$,例如 $|\eta| < 0.01\,\text{V}$),那么应用 $e^x \approx 1+x(|x| \ll 1)$,可将式(6-50)简化为

$$j = \frac{-\eta F}{RT} j_0 \qquad (6-51)$$

$$-\eta = \frac{RT}{F} \frac{j}{j_0} \qquad (6-52)$$

式(6-52)表明,在较小的超电势范围内,η 与 j 成直线关系。若只考虑 η 与 j 的大小而不考虑其正负时,

$$\eta = \frac{RT}{F} \frac{j}{j_0}$$

(ii)若电化学系统明显地偏离平衡态,有一大电流密度 j 通过($|\eta| \gg RT/F$,例如 $|\eta| > 0.1\ \text{V}$),则 $\eta < 0$ 时,式(6-50)中的第二项可忽略,于是

$$j = j_0 e^{-\alpha F \eta / RT}$$

可见,η 对 j 有很大的影响,上式可改写为

$$-\eta = \frac{-RT}{\alpha F} \ln(j_0/[j]) + \frac{RT}{\alpha F} \ln(j/[j]) \qquad (6-53)$$

当 $\eta > 0$ 时,式(6-50)中第一项可忽略,于是

$$-j = j_0 e^{(1-\alpha)F\eta/RT}$$

即

$$\eta = -\frac{RT}{(1-\alpha)F} \ln(j_0/[j]) + \frac{RT}{(1-\alpha)F} \ln(-j/[j]) \qquad (6-54)$$

我们关心的是 η 及 j 的大小,不考虑其正负时,上面两式都可写成

$$\eta = a + b \lg(j/[j]) \qquad (6-55)$$

即 η 与 $\lg(j/[j])$ 成直线关系。

式(6-55)称为**塔菲尔(Tafel J)方程**,a 和 b 称做塔菲尔常数。

6.14　电催化反应动力学

6.14.1　电催化作用

电催化作用(electrocatalysis)可定义为:在电场作用下,由于存在于电极表面或溶液中的少量物质(可以是电活性或非电活性的),以及电极材料本身性质或表面状态特性,能够显著加速在电极上发生的电子转移反应,而"少量物质"或电极本身并不发生变化的一类化学作用。要特别注意的是,电催化作用不是指"电"的催化作用,而是上述所指的"少量物质"或电极材料本身的性能的催化作用。因此,电催化作用仍是不能改变反应的方向和平衡以及具有选择性等特征。当电极材料本身或表面状态特性起催化作用时,则该电极既是电子导体又是催化剂。所以,如何选择电极材料和改善电极材料的表面性能(如纳米表面状态),使它除作为电子导体外,还具有一定的电催化性能,则是电化学工作者研究的一个永恒课题。

6.14.2　电催化作用的分类及其机理

电极反应的催化作用根据电催化的性质可以分为氧化-还原电催化和非氧化-还原电催化两大类。

氧化-还原电催化是指固定在电极表面或存在于溶液相中的催化剂本身发生了氧化-还原反应,或为反应底物的电荷传递的媒介体,加速了反应底物的电子传递,因此也称为媒介体电催化。其反应机理为

$$OK + ne^- \rightleftharpoons K$$

$$K + A \longrightarrow OK + Y$$

式中,OK 及 K 分别为催化剂的氧化态和还原态,第一步为在电场作用下,催化剂的氧化态从电极上获得电子生成催化剂的还原态 K,而催化剂的还原态 K 与溶液相中的反应底物 A 发生反应,形成产物 Y,同时催化剂又氧化成氧化态,进一步参与循环而完成电催化过程,如图6-15(a)所示。氧化-还原电催化反应的催化剂既可以固定在电极上(可以是电极材料本身,也可以固定在电极材料上的表面修饰物),也可以溶解在液相中。例如,吸附 N-甲基吩嗪的石墨电极对葡萄糖氧化的电催化反应,即是固定(吸附)在电极(石墨)表面上的修饰物(N-甲基吩嗪)起催化作用。而甲苯氧化成苯甲醛、丙烯氧化成环氧丙烷则是在溶液中加入金属离子(如 Ag^+、Mn^{2+}、Co^{2+} 等)、Br^- 而完成电催化过程。

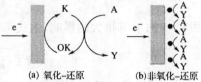

(a) 氧化-还原　　(b) 非氧化-还原

图 6-15　电催化过程示意图

非氧化-还原催化是指起催化作用的电极材料本身或固定在电极表面上的修饰物并不发生氧化还原反应,而仅仅是在电化学反应的前、后或其中所产生的纯化学作用,例如 H^+ 还原后的 H 原子复合成 H_2 的反应过程中的一些贵金属、金属氧化物的催化作用,其电催化过程如图 6-15(b)所示。这种催化作用又称外壳层催化。

6.14.3　氢、氧析出的电催化动力学

1. 氢析出反应的电催化机理

目前电化学生产主要在水溶液中进行,因此水的电解过程,亦即氢的析出过程可能叠加在任何阴极反应上,所以讨论氢析出的超电势的规律有着重要的理论意义和实际应用价值。而超电势的大小本质上反映了电极催化活性的高低,因此研究氢析出反应的电催化动力学机理,是电化学工作者的重要关注点之一。

氢析出反应的总包反应(阴极反应)为

在酸性溶液中：　　　　　　$2H_3O^+ + 2e^- \longrightarrow H_2 + 2H_2O$

在碱性溶液中：　　　　　　$2H_2O + 2e^- \longrightarrow H_2 + 2OH^-$

不管是酸性溶液中还是碱性溶液中,其反应并不是一步完成的,而是分成几步。

(i)电化学反应步骤

$$H_3O^+ + e^- + M \Longrightarrow MH + H_2O(酸性溶液中)$$

或　　　　　　$$H_2O + e^- + M \Longrightarrow MH + OH^-(中性或碱性溶液中)$$

(ii)复合脱附步骤

$$MH + MH \longrightarrow 2M + H_2$$

(iii)电化学脱附步骤

$$MH + H_3O^+ + e^- \longrightarrow H_2 + M + H_2O（酸性溶液中）$$

$$MH + H_2O + e^- \longrightarrow H_2 + M + OH^-（中性或碱性溶液中）$$

理论上的争端焦点是究竟哪一步成为速率控制步骤,从而成为产生超电势的主要根源。缓慢放电理论假设 H_3O^+ 或 H_2O 在电极金属表面上缓慢放电[第(i)步]为控制步骤;复合理论假设在电极表面吸附 H 原子复合成 H_2 分子而解吸为控制步骤[第(ii)步]。这两种理论都涉及电催化过程,即与电极材料的表面性能有关,例如,当电极材料分别为 Pt(铂黑),Pt(光滑),Fe,C(石墨),Pb,Pb(电沉积),Hg 等时,在一定电流密度下,所产生的超电势显著不同。

2. 氧析出反应的电催化机理

氧析出超电势的研究,亦即电极材料催化活性对氧超电势的影响几乎和氢析出的动力学研究同样重要。

氢的阴极析出和氧的阳极析出这两个反应构成了水的电解过程:

$$2H_2O \Longrightarrow 2H_2 + O_2$$

在水溶液里进行的所有阳极过程,主要是无机化合物及有机化合物的电解氧化反应,氧的析出反应起着重要的作用。

下面讨论氧析出机理。

在碱性溶液中,氧的析出总包反应(阳极反应)为

$$4OH^- \Longrightarrow O_2 + 2H_2O + 4e^-$$

在酸性溶液中,氧的析出总包反应(阳极反应)为

$$2H_2O \Longrightarrow O_2 + 4H^+ + 4e^-$$

有关氧析出反应的机理目前尚无一致看法。通常认为:

在酸性溶液中,氧析出的机理为

(i) $\qquad\qquad M + H_2O \longrightarrow M{-}OH + H^+ + e^-$

(ii) $\qquad\qquad M{-}OH \longrightarrow M{-}O + H^+ + e^-$

(iii) $\qquad\qquad 2M{-}O \longrightarrow O_2 + 2M$

在碱性溶液中,氧析出的机理为

(i) $\qquad\qquad M + OH^- \longrightarrow M{-}OH^-$

(ii) $\qquad\qquad M{-}OH^- \longrightarrow M{-}OH + e^-$

(iii) $\qquad\qquad OH^- + M{-}OH \longrightarrow M{-}O + H_2O + e^-$

(iv) $\qquad\qquad 2M{-}O \longrightarrow O_2 + 2M$

在低电流密度下,第(iii)步为速率控制步骤,而在高电流密度下,第(ii)步为速率控制步骤。

在碱性介质中最好的电极材料为覆盖了钙钛矿型和尖晶石型氧化物的镍电极和 Ni-Fe 合金。大量的实验数据指出,在中等电流密度范围内(约 $10^{-3} A \cdot m^{-2}$),氧从碱性溶液中析出的超电势与金属材料性质的关系,依下列次序增大:

$$Co,Fe,Ni,Cd,Pb,Pd,Au,Pt$$

Ⅵ   应用电化学

6.15   电解池、电极反应的竞争

6.15.1   电解池

电解池(electrolytic cell)是利用电能促使化学反应进行,生产化学产品的反应器装置。

图 6-16 所示的是一个电解水产生 H_2 和 O_2 的电解池示意图,其正、负极或阴、阳极如图所示。

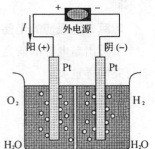

在碱性溶液中

$$阴极(负极):2H_2O+2e^- \longrightarrow H_2+2OH^-$$

$$阳极(正极):2OH^- \longrightarrow \frac{1}{2}O_2+H_2O+2e^-$$

$$\overline{电解池反应:H_2O \longrightarrow H_2+\frac{1}{2}O_2}$$

显然,电解的结果是阴极产生 H_2、阳极产生 O_2。电解产物 H_2 和 O_2 又构成原电池,电池图式为

图 6-16   水的电解池示意图

$$(-)Pt|H_2(p)|OH^-(H_2O)|O_2(p)|Pt(+)$$

此电池的电动势与外电源的方向相反,叫**反电动势**。

6.15.2   分解电压

在 KOH 溶液中插入两个铂电极,组成如图 6-17 所示的电解水的电解池。当逐渐增大外加电压时,测得如图 6-18 所示的电流-电压曲线。当外加电压很小时,只有极微弱的电流通过,此时观测不到电解反应发生。逐渐增加电压,电流逐渐增大,当外加电压增加到某一量值后,电流随电压直线上升,同时可观测到两极上有 H_2 和 O_2 的气泡连续析出。电解时在两电极上显著析出电解产物所需的最低外加电压称为**分解电压**(decomposition voltage)。分解电压可用 I-V 曲线求得,如图 6-18 所示。

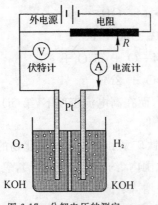

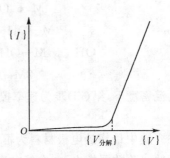

图 6-17   分解电压的测定   6-18   测定分解电压的电流-电压曲线

产生上述现象的原因是由于电极上析出的 H_2 和 O_2 构成的原电池的反电动势的存在，此反电动势也称为**理论分解电压**。电解时的**实际分解电压**均大于理论分解电压。原因有两个，其一是由于电极的极化产生了超电势，其二是由于电解池内溶液、导线等的电阻 R 引起电势降 IR。即

$$\Delta\phi(\text{实际})=\Delta\phi(\text{理论})+(\eta_a+|\eta_c|)+IR \tag{6-56}$$

【例 6-17】　试计算 25 ℃，$p^\ominus$ 下，电解 H_2SO_4 水溶液的理论分解电压。

解　计算 H_2SO_4 水溶液的理论分解电压，即计算由电解产物 H_2 及 O_2 所构成的原电池的电动势。此电池的图式为

$$(-)Pt\,|\,H_2(p^\ominus)\,|\,H^+(H_2O)\,|\,O_2(p^\ominus)\,|\,Pt(+)$$

电极及电池反应为

$$(-)\text{极氧化}：H_2(p^\ominus)\longrightarrow 2H^+(a)+2e^-$$

$$(+)\text{极还原}：\frac{1}{2}O_2(p^\ominus)+2H^+(a)+2e^-\longrightarrow H_2O(l)$$

$$\text{电池反应}：H_2(p^\ominus)+\frac{1}{2}O_2(p^\ominus)\longrightarrow H_2O(l)$$

$$E_{MF}=E_{MF}^\ominus=E^\ominus(H^+\,|\,O_2\,|\,Pt)-E^\ominus(H^+\,|\,H_2\,|\,Pt)=(1.229-0)\,V=1.229\ V$$

6.15.3　法拉第定律

法拉第（Faraday M）归纳了多次电解实验的结果，于 1833 年总结出一条基本规律：通电于电解质溶液，电极反应的反应进度的改变量 $\Delta\xi$ 与通过的电量 Q 成正比，与反应电荷数 z 成反比，其数学表达式为

$$\Delta\xi=\frac{Q}{zF} \tag{6-57}$$

式中，F 为法拉第常量。式(6-57)称为**法拉第定律**。

法拉第定律既适用于电解池中的反应，也适用于化学电源中的反应。

【例 6-18】　25 ℃及 100 kPa 下电解 $CuSO_4$ 溶液，当通入电量为 965 C 时，在阴极沉积出 0.285 9 g Cu，问同时在阴极上有多少体积的 H_2 放出？

解　在阴极上发生的反应：

$$Cu^{2+}+2e^-=\!=\!=Cu$$

$$2H^++2e^-=\!=\!=H_2$$

据法拉第定律，阴极的反应进度为

$$\Delta\xi=\frac{Q}{zF}=\frac{965\ C}{2\times96\ 500\ C\cdot mol^{-1}}=0.005\ mol$$

又 $\Delta\xi=\dfrac{\Delta n_B}{\nu_B}$，故阴极上析出的物质的量

$$\Delta n_B=\nu_B\Delta\xi=1\times0.005\ mol$$

析出的 Cu 的物质的量为

$$n(Cu)=\frac{0.285\ 9\ g}{63.55\ g\cdot mol^{-1}}=0.004\ 5\ mol$$

析出的 H_2 的物质的量为

$$n(H_2)=(0.005-0.004\ 5)\ mol=0.000\ 5\ mol$$

$$V(H_2) = \frac{n(H_2)RT}{p} =$$

$$\frac{0.000\ 5\ mol \times 8.314\ 5\ J \cdot K^{-1}\ mol^{-1} \times 298.15\ K}{100 \times 10^3\ Pa} = 12.4 \times 10^{-6}\ m^3$$

6.15.4 电极反应的竞争

电解时,若在一电极上有几个反应都可能发生,那么实际上进行的是哪个反应呢? 先后顺序如何? 一要看反应的热力学趋势,二要看反应的速率,即既要看电极电势 E,又要看超电势 η 的大小。

以电解分离为例。如果电解液中含有多种金属离子,则可通过电解的方法把各种离子分开。金属离子在电解池阴极上获得电子被还原为金属而析出在电极上,若 E 越大,则金属析出的趋势越大,即越易析出。

例如,25 ℃时,电解含有 Ag^+、Cu^{2+}、Zn^{2+} 离子的溶液,假定溶液中各离子的活度均为 1,则

$$Ag^+(a=1) + e^- \longrightarrow Ag(s)$$
$$E(Ag^+|Ag) = E^{\ominus}(Ag^+|Ag) = 0.799\ 8\ V$$
$$Cu^{2+}(a=1) + 2e^- \longrightarrow Cu(s)$$
$$E(Cu^{2+}|Cu) = E^{\ominus}(Cu^{2+}|Cu) = 0.340\ 2\ V$$
$$Zn^{2+}(a=1) + 2e^- \longrightarrow Zn(s)$$
$$E(Zn^{2+}|Zn) = E^{\ominus}(Zn^{2+}|Zn) = -0.763\ 0\ V$$

显然,从热力学趋势上看,析出的顺序应是 $Ag \rightarrow Cu \rightarrow Zn$。但是溶液中的 H^+ 也会在阴极上获得电子析出 H_2。假定溶液为中性,则

$$H^+(a=10^{-7}) + e^- \longrightarrow \frac{1}{2}H_2(p^{\ominus})$$

$$E(H^+|H_2) = -0.025\ 69\ V\ln\frac{1}{10^{-7}} = -0.414\ V$$

似乎 H_2 应先于 Zn 在阴极上析出,但由于 H_2 在 Zn 电极上析出时有较大超电势,即使在低电流密度下也有 -1 V 以上的超电势,所以实际上 H_2 后于 Zn 析出(一般金属超电势很小,可以忽略不计)。

【例 6-19】 设有某电解质溶液,其中含 0.01 mol · kg^{-1} $CuSO_4$ 及 0.1 mol · kg^{-1} $ZnSO_4$,在 298.15 K 下进行电解。如果 Cu 及 Zn 的析出超电势可以忽略不计,试确定在阴极上优先析出的是哪种金属(设活度因子均等于 1)?

解 锌的平衡电极电势

由
$$Zn^{2+}(a) + 2e^- \longrightarrow Zn(s)$$

$$E[Zn^{2+}(a)|Zn(s)] = E^{\ominus}(Zn^{2+}|Zn) - \frac{RT}{zF}\ln\frac{1}{a(Zn^{2+})} =$$

$$\left(-0.763\ 0 + \frac{0.059\ 2}{2}\lg 0.1\right)V = -0.792\ 6\ V$$

铜的平衡电极电势

由
$$Cu^{2+}(a) + 2e^- \longrightarrow Cu(s)$$

$$E[Cu^{2+}(a)|Cu(s)] = E^{\ominus}(Cu^{2+}|Cu) - \frac{RT}{zF}\ln\frac{1}{a(Cu^{2+})} =$$

$$\left(0.340\ 2 + \frac{0.059\ 2}{2}\lg 0.01\right)V = 0.281\ 0\ V$$

$$E[Cu^{2+}(a)|Cu(s)] > E[Zn^{2+}(a)|Zn(s)]$$

即表示 Cu^{2+} 先于 Zn^{2+} 在阴极上还原。

【例 6-20】 298.15 K 时溶液中含有质量摩尔浓度为 1 mol·kg^{-1} 的 Ag^+，Cu^{2+} 和 Cd^{2+}，能否用电解方法将它们分离完全？

解　设可近似地把活度因子看做等于 1，查表可知

$$E^{\ominus}[Ag^+(a)|Ag(s)](=0.799\ 4\ V) > E^{\ominus}[Cu^{2+}(a)|Cu(s)](=0.340\ 2\ V) >$$

$$E^{\ominus}[Cd^{2+}(a)/Cd(s)](=-0.402\ 8\ V)$$

则电解时析出的顺序为 Ag，Cu，Cd。

当阴极电势由高变低的过程中达到 0.799 4 V 以下时，Ag 首先开始析出，当阴极电势降至 0.340 2 V 以下时，Cu 开始析出，此时溶液中 Ag^+ 的质量摩尔浓度计算如下：

$$E^{\ominus}[Cu^{2+}(a)|Cu(s)] = E^{\ominus}[Ag^+(a)|Ag(s)] + \frac{RT}{F}\ln[b(Ag^+)/b^{\ominus}]$$

$$0.340\ 2\ V = 0.799\ 4\ V + 0.025\ 69\ V\ln[b(Ag^+)/b^{\ominus}]$$

$$\ln[b(Ag^+)/b^{\ominus}] = -\left(\frac{0.799\ 4 - 0.340\ 2}{0.025\ 69}\right)$$

则
$$b(Ag^+)/b^{\ominus} = 1.7 \times 10^{-8}$$

当阴极电势降至 $-0.402\ 8$ V 以下时，Cd 开始析出，此时溶液中 Cu^{2+} 的质量摩尔浓度计算如下：

$$E^{\ominus}[Cd^{2+}(a)|Cd(s)] = E^{\ominus}[Cu^{2+}(a)|Cu(s)] + \frac{RT}{zF}\ln[b(Cu^{2+})/b^{\ominus}]$$

$$-0.403\ V = 0.340\ 2\ V + 0.012\ 85\ V\ln[b(Cu^{2+})/b^{\ominus}]$$

$$\ln[b(Cu^{2+})/b^{\ominus}] = -\left(\frac{0.340\ 2 + 0.403}{0.012\ 85}\right)$$

则
$$b(Cu^{2+})/b^{\ominus} = 1.457 \times 10^{-58}$$

由上述计算结果可以看出，用电解方法可以把析出电势相差较大的离子从溶液中分离得非常完全。

【例 6-21】 今有一含有 KCl、KBr、KI 的质量摩尔浓度均为 0.100 0 mol·kg^{-1} 的溶液，放入插有 Pt 电极的多孔杯中，将此杯放入一盛有大量 0.100 0 mol·kg^{-1} 的 $ZnCl_2$ 溶液及一 Zn 电极的大器皿中。若液体接界电势可忽略不计。求 298.15 K 时下列情况所需施加的电解电压：(1)析出 99% 的 I_2；(2)使 Br^- 的质量摩尔浓度降至 0.000 1 mol·kg^{-1}；(3)使 Cl^- 的质量摩尔浓度降到 0.000 1 mol·kg^{-1}。

解　阴极反应：　　　　　　$Zn^{2+}(a) + 2e^- \longrightarrow Zn(s)$

　　　　阳极反应：　　　　　　$2X^-(a) \longrightarrow X_2(p) + 2e^-$

电解过程中因 $a(Zn^{2+})$ 基本不变，故阴极电极电势恒为

$$E[Zn^{2+}(a)|Zn(s)] = E^{\ominus}[Zn^{2+}(a)|Zn(s)] + \frac{RT}{zF}\ln a(Zn^{2+}) =$$

$$(-0.763+\frac{1}{2}\times0.059\ 2\ \lg0.1)V=-0.793\ V$$

(1)析出 99% 的 I_2 时，I^- 的质量摩尔浓度降为 $0.100\times0.01=0.001\ 0\ mol\cdot kg^{-1}$，阳极电势为

$$E[I^-(a)|I_2(s)]=E^\ominus[I^-(a)|I_2(s)]-\frac{RT}{F}\ln a(I^-)=$$

$$(0.401-0.059\ 2\ \lg0.001\ 0)V=0.578\ V$$

外加电压　$\Delta\phi=E(阳)-E(阴)=[0.578-(-0.793)]V=1.37\ V$

(2)使 Br^- 的质量摩尔浓度降为 $0.000\ 1\ mol\cdot kg^{-1}$ 时的阳极电势为

$$E[Br^-(a)|Br_2(s)]=E^\ominus[Br^-(a)|Br_2(s)]-\frac{RT}{F}\ln a(Br^-)=$$

$$(1.065-0.059\ 2\ \lg0.000\ 1)V=1.302\ V$$

外加电压　$\Delta\phi=E(阳)-E(阴)=[1.302-(-0.793)]V=2.09\ V$

(3)使 Cl^- 的质量摩尔浓度降为 $0.000\ 1\ mol\cdot kg^{-1}$ 时的阳极电势为

$$E[Cl^-(a)|Cl_2(p)]=E^\ominus[Cl^-(a)|Cl_2(p)]-\frac{RT}{F}\ln a(Cl^-)=$$

$$(1.360-0.059\ 2\lg0.000\ 1)V=$$

$$1.597\ V$$

外加电压　$\Delta\phi=E(阳)-E(阴)=[1.597-(-0.786)]=2.383\ V$

*6.16　金属的电解提取、精炼与熔盐电解

获取纯金属的冶炼方法通常有两种：第一种是火法冶金——把含金属的矿石通过高温下的化学反应（通常是金属的氧化物或硫化物用碳或氢还原的反应）提取纯金属；第二种是湿法冶金——利用溶剂对矿物进行浸取、净化等步骤后，用电解还原的方法进行金属离子的电沉积，这种方法叫**电解提取**；或利用粗金属作阳极，氧化后的金属离子再在阴极还原成纯金属，这种方法叫**电解精炼**。还有一些金属是电解液为该金属的熔融盐，通过熔融盐的电解，还原成金属，这种方法叫**熔盐电解**。下面分别讨论这些电解沉积冶炼纯金属的方法。

6.16.1　金属的电解提取

电解提取时，采用不溶性阳极，通过电解槽，将经过浸取、净化处理的电解液中待提取的金属离子在阴极还原，而制得纯金属。现以锌的电解提取为例加以说明。

电解液：含 H_2SO_4 的 $ZnSO_4$ 水溶液

阳极材料：采用不溶性阳极，Pb-Ag 合金

阴极材料：压延铝板

电极及电解池的主要反应：

阳极（氧化）：　$H_2O(l)\longrightarrow2H^+(a)+\frac{1}{2}O_2(g)+2e^-$

阴极（还原）：　$Zn^{2+}(a)+2e^-\longrightarrow Zn(s)$

电解池反应：　$Zn^{2+}(a)+H_2O(l)\longrightarrow Zn(s)+2H^+(a)+\frac{1}{2}O_2(g)$

因电解液为 $ZnSO_4$ 水溶液,故电解池反应可写成

$$ZnSO_4(a) + H_2O(l) \longrightarrow Zn(s) + \frac{1}{2}O_2(g) + H_2SO_4(l)$$

实际电解过程中,阳极过程和阴极过程是十分复杂的,存在许多其他反应过程,但都可以通过选择或调整电解操作的一些工艺参数(如电解液浓度、电极材料、电流密度等)加以抑制。例如,阴极材料用压延铝板,一方面因氢在铝上的超电势高,易于抑制氢在阴极析出,另一方面也使锌的电积层易于剥离。这些都属于专业问题,本书不多加说明。

6.16.2　金属的电解精炼

与电解提取不同,电解精炼采用可溶性阳极,以待精炼的粗金属(通常是用火法冶金得到的含杂质的粗金属)作阳极,通过选择性的阳极溶解(待精炼的金属在阳极氧化成金属离子),待精炼的金属溶解成电解液中的金属离子再在阴极还原,电沉积为精炼的金属。现以铜的电解精炼为例加以说明。

铜的冶炼以火法冶金为主,得到的粗铜纯度可达 $w(Cu) = 0.995$,但为满足电气工业对铜的纯度的要求[$w(Cu) = 0.9995$ 以上],需进一步通过电化学方法加以精炼。

电解液:含 H_2SO_4 的 $CuSO_4$ 水溶液

阳极材料:$w(Cu) = 0.995$ 的粗铜

阴极材料:$w(Cu) = 0.9995$ 以上的纯铜

电极及电解池的主要反应:

$$阳极(氧化):Cu(粗铜,s) \longrightarrow Cu^{2+}(a) + 2e^-$$
$$阴极(还原):Cu^{2+}(a) + 2e^- \longrightarrow Cu(纯铜,s)$$
$$\overline{电解池反应:Cu(粗铜,s) \longrightarrow Cu(纯铜,s)}$$

同样,可以通过选择或调整电解操作的工艺参数,对可能在阳极或阴极发生的副反应加以抑制。

6.16.3　熔盐电解

以上讨论的电解提取及电解精炼,电解液均为电解质水溶液。但很多金属难以形成该金属盐的水溶液,或有一些金属电极电势较负,不能从阴极还原析出,则可直接采用金属熔融盐作电解液而进行电解。熔盐电解由于熔点很高,通常在高温下进行,且电流密度较大,耗能很多。此时熔盐的熔点、饱和蒸气压、电导率、表面张力、黏度等性质都对电解过程有影响,通常可采用添加剂或其他一些措施,降低熔盐的熔点,增大电导率及表面张力,降低蒸气压、黏度等来提高电解效率。现以电解铝为例加以说明。

电解液:冰晶石(Na_3AlF_6 作熔剂,熔点 1 010 ℃)-氧化铝(Al_2O_3,熔点 2 050 ℃)的熔盐,有时还需加入添加剂 AlF_3 等。

阳极材料:石墨

阴极材料:液态铝[$Al(l)$]

电解时的阳极及阴极过程,由于熔剂冰晶石也参与反应,故其机理都极为复杂,现将主要反应写出如下:

阳极:$C(石墨) + 2O^{2-} \longrightarrow CO_2(g) + 4e^-$

由于 O^{2-} 来自于铝氧氟离子,这种络合离子的形式又与 Al_2O_3 浓度有关,因此阳极反应以不同的反应式来表示。当 Al_2O_3 组成 $w(Al_2O_3)=0.03\sim0.05$ 时,阳极反应为

$$2AlOF_5^{4-}(a)+C(石墨)\longrightarrow CO_2(g)+AlF_6^{3-}(a)+AlF_4^-(a)+4e^-$$

或
$$2AlOF_3^{2-}(a)+C(石墨)\longrightarrow CO_2(g)+2AlF_3(a)+4e^-$$

当 Al_2O_3 组成低于 $w(Al_2O_3)=0.02$ 时,阳极反应为

$$2Al_2OF_6^{2-}(a)+4F^-(a)+C(石墨)\longrightarrow CO_2(g)+4AlF_4^-(a)+4e^-$$

阴极:$AlF_4^-(a)+3e^-\longrightarrow Al(l)+4F^-(a)$ 或 $AlF_6^{3-}(a)+3e^-\longrightarrow Al(l)+6F^-(a)$

采用活性阳极时,电解池总反应为

$$Al_2O_3(s)+\frac{3}{2}C(石墨)\longrightarrow 2Al(l)+\frac{3}{2}CO_2(g)$$

采用惰性阳极时,电解池总反应为

$$Al_2O_3(s)\longrightarrow 2Al(l)+\frac{3}{2}O_2(g)$$

得到的铝的纯度可达 $w(Al)=0.995\sim0.998$。对于高纯铝 $w(Al)=0.999$,需进一步通过区域精炼等方法得到(见 2.11.4 节)。

这里,补充说明一下,用冰晶石(Na_3AlF_6,熔点 1 010 ℃)作熔剂,是为降低熔盐的熔点,因 $Al_2O_3(s)$ 的熔点为 2 050 ℃,太高,质量分数 $w(Al_2O_3)=0.10\sim0.115$ 时,熔盐的熔点可降为 962.5 ℃,这一温度即为熔盐的最低共熔温度,如图 6-19 所示。

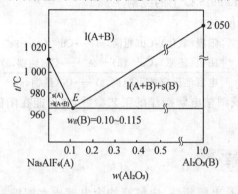

图 6-19 Na_3AlF_6(A)-Al_2O_3(B)二组分系统熔点-组成图

*6.17 化学电源

6.17.1 常用的化学电源

化学电源是把化学能转化为电能的装置($\Delta G<0$)。电池内参加电极反应的反应物叫**活性物质**。化学电源按其工作方式可分为**一次电池**和**二次电池**。一次电池是放电到活性物质耗尽时只能废弃而不能再生的电池;而二次电池是指活性物质耗尽后,可以用其他外来直流电源进行充电而使活性物质再生的电池。二次电池又叫蓄电池,可以放电、充电反复使用多次。

1.锌锰干电池
锌锰干电池是一次电池,通称干电池。其结构如图 6-20 所示。

干电池的负极是锌,正极是石墨。石墨周围是 MnO_2,电解质是 NH_4Cl、$ZnCl_2$ 溶液。其中加入淀粉糊使之不易流动,故称"干电池"。这种电池图式为

$$Zn \mid NH_4Cl \mid MnO_2 \mid C$$

关于干电池的电极反应机理及反应的最终产物的组成至今仍然不太清楚。一般认为它的电极反应及电池反应为

负极(氧化):$Zn + 2NH_4Cl \longrightarrow Zn(NH_3)_2Cl_2 + 2H^+ + 2e^-$

正极(还原):$2MnO_2 + 2H^+ + 2e^- \longrightarrow 2MnOOH$

电池反应:$Zn + 2MnO_2 + 2NH_4Cl \longrightarrow Zn(NH_3)_2Cl_2 + 2MnOOH$

干电池的开路电压是 1.5 V。这种电池的优点是制作容易,成本低,工作温度范围宽;其缺点是实际能量密度低[1]($20\sim80$ $W \cdot h \cdot kg^{-1}$),在电池储存不用时,电容量[2]自动下降的现象较严重。使用一定时间后,Zn 筒发生烂穿或正极活性降低,使电池报废。

2. 铅蓄电池

PbO_2 作正极,海绵状 Pb 作负极,H_2SO_4 作电解液。这种电池图式为

$$Pb(s) \mid H_2SO_4(\rho = 1.28 \text{ g} \cdot cm^{-3}) \mid PbO_2(s)$$

放电时:

负极(氧化):$Pb(s) + H_2SO_4(l) \longrightarrow PbSO_4(s) + 2H^+(a) + 2e^-$

正极(还原):$PbO_2(s) + H_2SO_4(l) + 2H^+(a) + 2e^- \longrightarrow PbSO_4(s) + 2H_2O(l)$

电池反应:$PbO_2(s) + Pb(s) + 2H_2SO_4(l) \underset{充电}{\overset{放电}{\rightleftharpoons}} 2PbSO_4(s) + 2H_2O(l)$

电池电动势为 2 V。电池内 H_2SO_4 的体积质量随着放电的进行而降低,当电池内 H_2SO_4 的体积质量降至约 1.05 $g \cdot cm^{-3}$ 时,电池电动势下降到约 1.9 V,应暂停使用。以外来直流电源充电直至 H_2SO_4 的体积质量恢复到约 1.28 $g \cdot cm^{-3}$ 时为止。铅蓄电池可反复循环使用,所以称二次电池或蓄电池。

铅蓄电池的优点是它的充放电可逆性好,电压平稳,能适用较大的电流密度,使用温度范围宽、价格低,因而是常用的蓄电池。其缺点是较笨重,实际能量密度低($15\sim40$ $W \cdot h \cdot kg^{-1}$),以及对环境的污染与腐蚀。铅蓄电池的结构如图 6-21 所示。

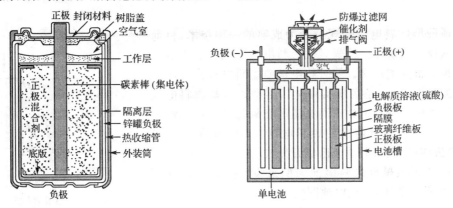

图 6-20　锌锰干电池的结构　　　　图 6-21　铅蓄电池的结构

3. 银锌电池

银锌电池属于碱性蓄电池,其实际能量密度可达 $90\sim150$ $W \cdot h \cdot kg^{-1}$,约为蓄电池的

---

① 每千克电池所能提供的电能量称为电池的实际能量密度。

② 电池从放电开始到规定的终止电压为止所输出的电量称为电池的电容量。

4 倍,是一种高能电池。这种电池图式为

$$Zn(s) \mid KOH(w_B = 0.40) \mid Ag_2O(s) \mid Ag(s)$$

电池的电极反应不是单一的,而是较复杂的。每一种化合物都不止一种形态,如 Ag 有高价的和低价的氧化物 Ag_2O_2、Ag_2O。

放电时:

$$负极(氧化):2Zn(s)+4OH^-(a) \longrightarrow 2Zn(OH)_2(s)+4e^-$$
$$正极(还原):Ag_2O_2(s)+2H_2O(l)+4e^- \longrightarrow 2Ag(s)+4OH^-(a)$$
$$\overline{电池反应:2Zn(s)+Ag_2O_2(s)+2H_2O(l) \Longleftrightarrow 2Ag(s)+2Zn(OH)_2(s)}$$

此电池全充满电时的开路电压为 1.86 V。可做成蓄电池(二次电池),也可做成一次电池。这种电池的优点是内阻小,能量密度高,工作电压平稳,特别适合高速率放电使用,如宇宙航行、人造卫星、火箭、导弹和航空等应用,是目前使用的蓄电池中比功率最高的电池。其缺点是价格昂贵,循环寿命短,低温性能较差。目前除了做成蓄电池外,还做成"扣式"原电池,供小型电子仪器和手表使用,使用寿命为 1~2.5 年。

我国是化学电池生产量最大的国家,占世界总产量的三分之一,其中三分之二出口,三分之一内销。化学电池的废弃物对环境会造成严重污染,因此废弃电池如何回收、管理和再利用是解决环境污染的重要课题。

4. 燃料电池

燃料在电池中直接氧化而发电的装置叫**燃料电池**(fuel cell)。这种化学电源与一般的电池不同。一般的电池是把"发电"的活性物质全部储存在电池内,而燃料电池是把燃料不断输入负极作活性物质,把氧或空气输送到正极作氧化剂,产物不断排出。正、负极不包含活性物质,只是个催化转换元件。因此燃料电池是名副其实的把化学能转化为电能的"能量转换机器"。

燃料电池是一种以电化学、化学动力学、材料科学、物理学、催化、电力电子工程等学科为基础的高新技术。自 1839 年**威利姆**(William)从原理上讲解燃料电池的实验到现在,已有 160 多年的发展历史,但真正使燃料电池得到飞速发展并使之接近实用阶段是最近的几十年。

磷酸型燃料电池是现今最为成熟的一项技术,目前已进入商业化阶段。氢氧碱性燃料电池在航空航天应用上取得了很大的成功。聚合物电解质燃料电池作为电动车辆的动力源,已经实现实用化。熔融碳酸盐燃料电池可用于大中型分布电站。而高温固态氧化物燃料电池也许会成为未来最有前途的燃料电池技术。质子交换膜(全氟磺酸膜)燃料电池也已经开发成功。

现以氢-氧碱性燃料电池为例来说明燃料电池的原理。如图 6-22 所示,该电池图式为

$$M \mid H_2(p) \mid KOH \mid O_2(p) \mid M$$

电极反应及电池反应为

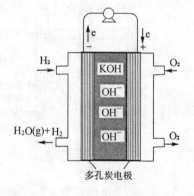

图 6-22　H_2-O_2 燃料电池示意图

$$负极(氧化):H_2(p)+2OH^-(a) \longrightarrow 2H_2O(l)+2e^-$$
$$正极(还原):\frac{1}{2}O_2(p)+H_2O(l)+2e^- \longrightarrow 2OH^-(a)$$
$$\overline{电池反应:\quad H_2(g)+\frac{1}{2}O_2(g) \longrightarrow H_2O(l)}$$

目前在燃料电池的研究中,以氢-氧燃料电池发展最为迅速,现在已实际用于宇宙航行

和潜艇中。因为它不仅能大功率供电(可达几十千瓦),而且还具有可靠性高、无噪声,反应产物 H_2O 又能作为宇航员的饮水等优点。

现今机动车辆排出的废气所造成的环境污染已成为一个日益严重的问题,而比较彻底的解决办法是使用化学电源作动力。总之,从长远来看,要比较彻底地解决使用能源所带来的环境污染问题,必须高度重视化学电源的研究与开发。

6.17.2　化学电源的效率

化学电源将化学能转换为电能的(理想的)最大效率 ε(最大)定义为

$$\varepsilon(最大) \xlongequal{\text{def}} \frac{-\Delta_r G_m}{-\Delta_r H_m} \tag{6-58}$$

式中, $-\Delta_r G_m$ 等于电池可做的最大电功, $-\Delta_r H_m$ 等于电池反应不在电池中进行时的放热量。

室温下, $|T\Delta_r S_m| \ll |\Delta_r H_m|$,故 $\Delta_r G_m$ 的量值通常接近于 $\Delta_r H_m$,所以 ε(最大)通常接近于1。例如,氢-氧燃料电池的反应为

$$H_2(g) + \frac{1}{2}O_2(g) \longrightarrow H_2O(l)$$

$$\Delta_r H_m(298.15\ K) = -285.838\ kJ \cdot mol^{-1}$$

$$\Delta_r G_m(298.15\ K) = -237.142\ kJ \cdot mol^{-1}$$

所以
$$\varepsilon(最大) = \frac{237.142\ kJ \cdot mol}{285.838\ kJ \cdot mol} = 0.83$$

因为　　　　　　　最大电功 $-W'(最大) = -\Delta_r G_m = zFE_{MF}$

实际电功 $-W'(实际) = zF\Delta\phi$

所以
$$\varepsilon(实际) = \frac{zF\Delta\phi}{-\Delta_r H_m}$$

因为 $\Delta\phi < E_{MF}$,故　　　　　　$\varepsilon(实际) < \varepsilon(最大)$

评价化学电源的重要指标之一是功率(单位电极表面的功率、电池单位体积或单位质量的功率)。

$$功率(P) = 电流(I) \times 电压(\Delta\phi)$$

而
$$\Delta\phi = E_{MF} - (\eta_a + |\eta_c|) - IR(溶液)$$

可见,为了提高 ε(实际)或 P ,需要使 $\Delta\phi$ 增大,这就要尽可能减小超电势及溶液电阻。由

$$\eta(电化学) \propto \ln\frac{j}{j_0} \quad 及 \quad \eta(扩散) \propto \ln\left(1 - \frac{j}{j_{max}}\right)$$

可知,增大 ε(实际)或 P 的方法是提高交换电流密度 j_0 (选有较强的电催化作用的电极),加大 j_{max} (改善扩散条件)及减少溶液电阻。

*6.18　金属的电化学腐蚀与防腐

金属在高温气氛中或与非导电的有机介质接触时,发生纯化学作用,或在潮湿的环境中发生电化学作用,变为金属化合物而遭到破坏的现象叫做金属的**腐蚀**。前者叫**化学腐蚀**,后者叫**电化学腐蚀**。

6.18.1　电化学腐蚀的机理

电化学腐蚀,实际上是由大量的微小电池构成的**微电池群**自发放电的结果。如图 6-23

(a)所示是由不同金属(如 Fe 与 Cu)接触构成的微电池,如图 6-23(b)所示是金属与其自身中的杂质(如 Zn 中含杂质 Fe)构成的微电池。当它们的表面与溶液接触时,就会发生原电池反应,导致金属被氧化而腐蚀。产生电化学腐蚀的微电池称为**腐蚀电池**。

微电池[图 6-23(a)]反应为

阳极过程:$Fe(s) \longrightarrow Fe^{2+}(a) + 2e^-$

阴极过程:在阴极 Cu 上可能有下列两种反应:

$2H^+(a) + 2e^- \longrightarrow H_2(g)$ ⅰ

$O_2(g) + 4H^+(a) + 4e^- \longrightarrow 2H_2O(l)$ ⅱ

若阴极反应为ⅰ,则电池反应为

$$Fe(s) + 2H^+(a) \longrightarrow Fe^{2+}(a) + H_2(g)$$

若阴极反应为ⅱ,则电池反应为

$$Fe(s) + \frac{1}{2}O_2(g) + 2H^+(a) \longrightarrow Fe^{2+}(a) + H_2O(l)$$

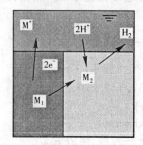 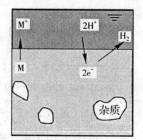

(a)不同金属接触时构成的微电池　　(b)金属与其自身中的杂质构成的微电池

图 6-23　电化学腐蚀机理示意图

利用能斯特方程,可算得 25 ℃时酸性溶液中上述两电池反应的 $E_{MF,1}$、$E_{MF,2}$ 均为正值,表明电池反应是自发的,且 $E_{MF,1} < E_{MF,2}$,说明有氧存在时,腐蚀更为严重。通常把电池反应ⅰ叫析 H_2 腐蚀,电池反应ⅱ叫吸 O_2 腐蚀。

6.18.2　腐蚀电流与腐蚀速率

金属的电化学腐蚀是自发的不可逆过程,过程进行的主要规律受电化学反应动力学支配。当微电池中有电流通过时,阴极和阳极分别发生极化作用,如图 6-24 (Evans 图)所示。由于腐蚀电池的外电阻为零(两电极金属直接接触),溶液内阻很小,因而腐蚀金属的表面是等电势的,流经电池的电流等于 S 点处的电流 I(腐蚀),称为**腐蚀电流**,相应的电极电势 $zF\Delta\phi$(腐蚀)叫做**腐蚀电势**。腐蚀电流反映腐蚀速率大小,增加极化程度可减小 I(腐蚀),从而降低腐蚀速率,减少金属腐蚀。

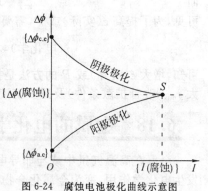

图 6-24　腐蚀电池极化曲线示意图

6.18.3　金属的防腐

金属的腐蚀是一个严重的问题,每年都有大量的金属遭到不同程度的腐蚀,使得机器、设备、轮船、车辆等金属制品的使用寿命大大缩短。常用的金属防腐方法如下：

1. 非金属保护层

使用某些非金属材料，如油漆、搪瓷、陶瓷、玻璃、沥青以及高分子材料涂在被保护的金属表面上构成一个保护层，使金属与腐蚀介质隔开，起保护作用。

2. 金属保护层

在被保护的金属上镀另一种金属或合金。例如在黑色金属上可镀锌、锡、铜、铬、镍等，在铜制品上可镀镍、银、金等。

金属保护层分为两种，即阳极保护层和阴极保护层。前者是镀上去的金属比被保护的金属具有较负的电极电势。例如，将锌镀于铁上（锌为阳极，铁为阴极），后者是镀上去的金属有较正的电极电势，如把锡镀在铁上（此时锡为阴极，铁为阳极）。当保护层完整时，上述两类保护层没有原则性区别。但当保护层受到损坏而变得不完整时，情况就不同了。阴极保护层失去了保护作用，它和被保护的金属形成了原电池，由于被保护的金属是阳极，阳极要氧化，所以保护层的存在反而加速了腐蚀。但阳极保护层则不然，即使保护层被破坏，由于被保护的金属是阴极，所以受腐蚀的是保护层本身，而被保护的金属则不受腐蚀。

3. 金属的钝化

铁易溶于稀硝酸，但不溶于浓硝酸。把铁预先放在浓硝酸中浸过后，即使再把它放在稀硝酸中，其溶解速率也比未处理前有显著的下降，甚至不溶解。这种现象叫做**化学钝化**。

4. 电化学保护

(i)牺牲阳极保护法：将电极电势比被保护金属的电极电势更低的金属两者连接起来，构成原电池。电极电势低的金属为阳极而保护了被保护金属。例如，在海上航行的轮船船体常镶上锌块，在海水中形成原电池，以保护船体。

(ii)阴极电保护法：利用外加直流电，负极接在被保护金属上成为阴极，正极接废钢。例如，一些装酸性溶液的管道常用这种方法。

(iii)阳极电保护法：把直流电的电源正极连接在被保护的金属上，使被保护金属进行阳极极化，电极电势向正方向移动，使金属"钝化"而得保护。

(iv)缓蚀剂的防腐作用

许多有机化合物，如胺类、吡啶、喹啉、硫脲等能被金属表面所吸附，可以使阳极或阴极更加极化，大大降低阳极或阴极的反应速率，缓解金属的腐蚀，这些物质叫做**缓蚀剂**。图6-25(a)及图 6-25(b)分别为加入阴极和阳极缓蚀剂时，降低腐蚀速率的示意图。

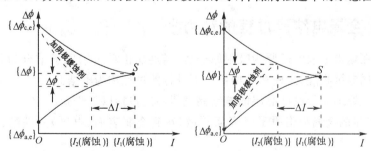

(a)加阴极缓蚀剂降低腐蚀电流 ΔI　　　　(b)加阳极缓蚀剂降低腐蚀电流 ΔI

图 6-25　缓蚀剂的防腐作用

*6.19　金属表面精饰及其动力学

金属材料表面精饰是指通过电化学方法把简单金属离子或络离子在被精饰的金属材料表面上放电,还原为金属原子附着于金属(电极)表面,从而获得一金属层,以达到改变金属材料表面特性——改善外观,提高耐磨性、抗蚀性,增强硬度、光洁度等的过程,通常称为金属的电沉积。

6.19.1　简单金属离子还原的动力学

使溶液中的金属离子,在被精饰金属电极上获得电子而还原,最终在金属材料表面形成一薄层,使金属材料(电极)表面得到精饰。一般认为简单金属离子的还原过程包括以下步骤:

(i)水化金属离子自溶液本体向溶液表面扩散;

(ii)电极表面溶液层中金属离子水化数降低,水化层发生重排,使离子进一步靠近电极表面,该过程可表示为

$$M^{2+} \cdot mH_2O - nH_2O \longrightarrow M^{2+} \cdot (m-n)H_2O$$

(iii)部分失水的离子直接被电极表面的活化部位所吸附,并借助于电极实现电荷转移,形成吸附于电极表面的水化原子,该过程表示为

$$M^{2+} \cdot (m-n)H_2O + e^- \longrightarrow M^+ \cdot (m-n)H_2O(吸附离子)$$
$$M^+ \cdot (m-n)H_2O + e^- \longrightarrow M \cdot (m-n)H_2O(吸附原子)$$

(iv)吸附于电极表面的水化原子失去剩余水化层,成为金属原子进入晶格,该过程表示为

$$M \cdot (m-n)H_2O(ad) - (m-n)H_2O \longrightarrow M(晶格)$$

式中,"ad"表示吸附。

在金属电沉积过程中,为获得均匀、致密的镀层,常要求电沉积过程在较大的电化学极化条件下进行,而当向简单金属离子的溶液中加入络离子时,可使平衡电极电势变负,即可满足金属电沉积在较大的超电势下进行。

此外,生产上为了获得具有特殊性能的金属镀层,常采用两种以上金属离子进行阴极还原共沉积,形成合金镀层。要使两种金属实现在阴极板上共沉积,就必须使它们有相近的析出电势。

6.19.2　金属电结晶过程的动力学

金属离子在电极上放电还原为吸附原子后,需经历由单吸附原子结合为晶体的另一过程方可形成金属电沉积层,这种在电场作用下进行的过程称为电结晶。

金属离子还原继而形成结晶层的电结晶过程一般包括以下步骤:

(i)进入晶格的金属吸附原子经表面扩散,达到金属表面(电极)的缺陷、扭折、位错的有利部位;

(ii)电还原得到的其他原子在这些部位聚集,形成新相的核,此步骤称为核化过程;

(iii)还原的金属离子结合到晶格中生长,此过程称为核的生长过程;

(iv)结晶形态特征的形成和进一步发展,即相转移过程。

电结晶层的结构很大程度上受超电势影响。当施加电势较小时,电流密度低,晶面上有很少生长点,吸附原子表面扩散路程长,沉积过程的速度控制步骤是表面扩散。当施加电势较大时,电流密度也大,晶面上生长点多,表面扩散容易进行,电子传递成为速率控制步骤。研究结果表明:增加阴极极化可以得到数目众多的小晶体组成的晶格层,即超电势是影响金属电结晶的主要动力学因素。

*6.20　电化学传感器

6.20.1　物理传感器与化学传感器

人们通过五官感觉,即视觉、味觉、触觉、嗅觉、听觉去感知周围环境发生的现象及其变化,从而不断地认识自然,了解世界,进而去发展科学,开发资源,改造世界,为人类造福。传感器技术就是实现五官感觉的人工化,依据仿生学技术,实现人造的五种感官,例如,机器人的某些功能。

人们早已知道的电磁效应、光电效应、压电效应、热电效应等物理现象就是制造物理传感器的一些实验基础,例如,走廊里的感应灯,宾馆、商店的自动门等,就是依据以上有关物理效应制作的。

与物理传感器不同,化学传感器检测的对象是化学物质,在大多数情况下是测定物质的分子变化,尤其是要求对特定分子有选择性地响应,并转换成各种信息表达出来。这就要求传感器的材料必须具有识别分子的功能。

化学实验室中常用的玻璃膜电极 pH 传感器、CO_2 气敏电极传感器,我们并不陌生。化学传感器技术的发展,极大地丰富了分析化学,仪器分析已形成了独立的学科领域。化学传感器依据其原理有:(i)电化学式;(ii)光化学式;(iii)热化学式。

6.20.2　电化学传感器

电化学传感器可分为电位型传感器、电流型传感器和电导型传感器。

电位型传感器是将溶解于电解质溶液中的离子作用于离子电极而产生的电动势作为传感器的输出,从而实现对离子的检测;电流型传感器是在保持电极和电解质溶液的界面为一恒定的电位时,将被测物直接氧化或还原,并将流过外电路的电流作为传感器的输出,从而实现对离子的检测;电导型传感器是将被测物氧化或还原后,电解质溶液电导的变化作为传感器的输出,从而实现对离子的检测。

电位型传感器中,研究最多的是离子型传感器,而离子型传感器研究最早和最多的是 pH 传感器。离子传感器也叫离子选择性电极,它响应于特定离子,其构造的主要部分是离子选择性膜。因为膜电势随着被测定离子的浓度而变化,所以通过离子选择性膜的膜电势可以测定出离子的浓度。

近年来,由于近代电子技术和生物工程的快速发展,生物电化学传感器应运而生。利用生物体可以对特定物质进行选择性识别的化学传感器即为生物传感器。生物传感器一般由两部分组成:其一是分子识别元件或称感受器,由具有分子识别能力的生物活性物质(如酶、微生物、抗原或抗体及 DNA 分子等)构成;其二是信号转换器或内敏感器(如电流或电位测量电极、热敏电阻、压电晶体等),是一个电化学检测元件。当分子识别元件与待测物特异结合后,所产生的复合物通过信号转换器转变为可以输出的电信号或光信号,达到检测目的。目前,生物电化学传感器在生物学、医学、环境监测、食品工业中广泛应用。特别是将酶固定在电极上而制作的酶电化学传感器,是在医学上有巨大应用价值的高新技术。例如,在临床检验中普遍使用的血液分析仪和电解质分析仪,主要是利用电化学生物传感器检测血液中 H^+、CO_2、O_2 和 Na^+、K^+、醇等,已进入了实用阶段。目前,临床检验由实验室直接移向病人进行在体内快速测量的工作正在开展,例如,将微型电极植入体内直接测定血浆、脑脊液及细胞间体液中的 H^+、Na^+、K^+、Ca^{2+} 等的含量;用体内微量渗析取样生物传感器抽取细胞间液,连续测定神经递质、代谢产物、嘌呤和肽等。最近又出现一种对身体不造成任何损伤、放在皮肤上即可直接进行测定的电化学生物传感器,用于监测临床危重病人。另外,电化学生物遥测传感器也已经获得成功的应用,它是由传感器、发射器和远距离接收器组成,能在对病人造成最少干扰的条件下,进行生理信息的监测,如测量体温、血压以及体内的氧和葡萄糖水平等。电化学 DNA 传感器已应用于基因分析、药物分析、环境污染监测等。

电化学生物传感器具有很强的选择性、极高的灵敏度,响应直观,能连续监测和同时分析多种物质,若将微电极技术与计算机联用,更适合自动化监测和在体分析。今后,由于电化学生物传感器的微型化、多功能化及与其他高新技术的配合应用,电化学生物传感器在临床检验中将大显身手,成为最有生命力的一个新分支。

习　题

一、思考题

6-1 电解质溶液的浓度越大时,离子数应该越多,而电导率应该增大,为什么在浓度增大到一定量值后,电导率反而减小,应该怎样解释?

6-2 怎样用外推法求 Λ_m^∞? 这种方法只适用于哪一种电解质?

6-3 离子独立运动定律只适用于弱电解质溶液,而不适用于强电解质溶液,对吗?

6-4 在一定的温度和浓度时,在所有钠盐的溶液中,Na^+ 离子的迁移数是相同的,对吗?

6-5 为什么很稀的电解质溶液还会对理想稀溶液的热力学规律发生偏离?

6-6 有了离子的活度和活度因子的定义,为什么还要定义离子的平均活度和平均活度因子?

6-7 在 298.15 K 时,0.002 $mol \cdot kg^{-1}CaCl_2$ 溶液的平均活度因子($\gamma_\pm$)$_1$,与 0.02 $mol \cdot kg^{-1}CaCl_2$ 溶液的平均活度因子($\gamma_\pm$)$_2$ 比较,是($\gamma_\pm$)$_1 >$($\gamma_\pm$)$_2$ 还是($\gamma_\pm$)$_1 <$($\gamma_\pm$)$_2$?

6-8 原电池和电解池有什么不同?

6-9 测定一个电池的电动势时,为什么要在通过的电流趋于零的情况下进行? 否则会产生什么问题?

6-10 电化学装置中为什么常用 KCl 饱和溶液作盐桥?

6-11 下列反应的计量方程写法不同时其 E_{MF} 及 $\Delta_r G_m$ 的量值是否相同? 为什么?

$$Zn(s) + Cu^{2+}(a=1) = Zn^{2+}(a=1) + Cu(s)$$

$$\frac{1}{2}Zn(s) + \frac{1}{2}Cu^{2+}(a=1) = \frac{1}{2}Zn^{2+}(a=1) + \frac{1}{2}Cu(s)$$

6-12 试说明 Zn、Ag 两电极插入 HCl 溶液中所构成的原电池是不是可逆电池?

6-13 凡 $E^\ominus$ 为正的电极必为原电池的正极,$E^\ominus$ 为负的电极必为原电池的负极,这种说法对不对? 为什么?

6-14 如果按某化学反应设计的原电池所算出的电动势为负值时,说明什么问题?

6-15 超电势的存在是否都有害？为什么？

6-16 HNO_3、H_2SO_4、$NaOH$ 及 KOH 溶液的实际分解电压数据为何很接近？

6-17 试比较和说明化学腐蚀与电化学腐蚀的不同特征。

二、计算题及证明(或推导)题

6-1 25 ℃时，在一电导池中盛有 0.01 $mol \cdot dm^{-3}$ 的 KCl 水溶液，测得电阻为 150.00 Ω，而盛有 0.01 $mol \cdot dm^{-3}$ 的 HCl 水溶液，测得电阻为 51.40 Ω，试求该电导池常数 $K_{(l/A)}$ 及电导率 κ。

6-2 把 0.1 $mol \cdot dm^{-3}$ KCl 水溶液置于电导池中，在 25 ℃测得其电阻为 24.36 Ω。已知该水溶液的电导率为 1.164 $S \cdot m^{-1}$，而纯水的电导率为 7.5×10^{-6} $S \cdot m^{-1}$，若在上述电导池中改装入 0.01 $mol \cdot dm^{-3}$ 的 HOAc，在 25 ℃时测得电阻为 1 982 Ω，试计算 0.01 $mol \cdot dm^{-3}$ HOAc 的水溶液在 25 ℃时的摩尔电导率 Λ_m。

6-3 25 ℃时，在某电导池中充以 0.01 $mol \cdot dm^{-3}$ 的 KCl 水溶液，测得其电阻为 112.3 Ω，若改充以同样浓度的溶液 X，测得其电阻为 2 184 Ω，计算：(1)电导池常数 $K_{(l/A)}$；(2)溶液 X 的电导率；(3)溶液 X 的摩尔电导率(水的电导率可以忽略不计)。

6-4 25 ℃时，KCl、KNO_3 和 $AgNO_3$ 的无限稀薄摩尔电导率分别为 149.9×10^{-4}，145.0×10^{-4}，133.4×10^{-4} $S \cdot m^2 \cdot mol^{-1}$。求 AgCl 的无限稀薄摩尔电导率。

6-5 25 ℃时，NH_4Cl、NaOH、NaCl 的无限稀薄摩尔电导率分别为 149.9×10^{-4}，248.7×10^{-4}，126.5×10^{-4} $S \cdot m^2 \cdot mol^{-1}$，试计算 NH_4OH 水溶液的无限稀薄摩尔电导率。

6-6 电解质：KCl，$ZnCl_2$，Na_2SO_4，Na_3PO_4，$K_4Fe(CN)_6$ 的水溶液，质量摩尔浓度为 b。试分别写出各电解质的 $a_\pm$ 与 b 的关系(已知各电解质水溶液的离子平均活度因子为 $\gamma_\pm$)。

6-7 $CdCl_2$ 水溶液，$b = 0.100$ $mol \cdot kg^{-1}$ 时，$\gamma_\pm = 0.219$，$K_3Fe(CN)_6$ 水溶液，$b = 0.010$ $mol \cdot kg^{-1}$，$\gamma_\pm = 0.571$，试计算两种水溶液的 $a_\pm$。

6-8 已知在 0.01 $mol \cdot kg^{-1}$ 的 KNO_3 水溶液(1)中，离子的平均活度因子 $\gamma_{\pm(i)} = 0.916$，在 0.01 $mol \cdot kg^{-1}$ KCl 水溶液(2)中，离子的平均活度因子 $\gamma_{\pm(ii)} = 0.902$。假设 $\gamma_{K^+} = \gamma_{Cl^-}$，求在 0.01 $mol \cdot kg^{-1}$ 的 KNO_3 水溶液中的 $\gamma(NO_3^-)$。

6-9 计算下列电解质水溶液的离子强度 I：(1) 0.1 $mol \cdot kg^{-1}$ 的 NaCl；(2) 0.3 $mol \cdot kg^{-1}$ 的 $CuCl_2$；(3) 0.3 $mol \cdot kg^{-1}$ 的 Na_3PO_4。

6-10 计算由 0.05 $mol \cdot kg^{-1}$ 的 $LaCl_3$ 水溶液与 0.050 $mol \cdot kg^{-1}$ 的 NaCl 水溶液混合后，溶液的离子强度 I。

6-11 应用德拜-许克尔极限定律，计算 25 ℃时，0.001 $mol \cdot kg^{-1}$ 的 $K_3Fe(CN)_6$ 的水溶液的离子平均活度因子。

6-12 计算 25 ℃时，0.1 $mol \cdot kg^{-1}$ 的 $ZnSO_4$ 水溶液中，离子的平均活度及 $ZnSO_4$ 的活度。已知 25 ℃时，$\gamma_\pm = 0.148$。

6-13 计算混合电解质溶液(0.1 $mol \cdot kg^{-1}$ Na_2HPO_4 + 0.1 $mol \cdot kg^{-1}$ NaH_2PO_4)的离子强度。

6-14 应用德拜-许克尔极限定律，计算 25 ℃时，AgCl 在 0.01 $mol \cdot kg^{-1}$ 的 KNO_3 水溶液中的离子平均活度因子及溶解度(已知 25 ℃时 AgCl 的活度积 $K_{sp}^{\ominus} = 1.786 \times 10^{-10}$)。

6-15 写出下列电极的电极反应(还原)：

(1) $Pb^{2+} | Pb$；　　　(2) $Ag^+ | Ag$；　　　(3) $H^+ | H_2 | Pt$；

(4) $OH^- | H_2 | Pt$；　　(5) $OH^- | O_2 | Pt$；　　(6) $H^+ | O_2 | Pt$；

(7) $Cl^- | Cl_2 | Pt$；　　(8) $Cl^- | AgCl | Ag$；　　(9) Sn^{4+}，$Sn^{2+} | Pt$

6-16 把下列化学反应设计成电池：

(1) $Zn(s) + Cu^{2+}(a) \longrightarrow Zn^{2+}(a) + Cu$

(2) $Pb(s) + HgO(s) \longrightarrow Hg(l) + PbO(s)$

(3) $Ag^+(a) + Cl^-(a) \longrightarrow AgCl(s)$

(4) $Ag_2O(s) \longrightarrow 2Ag(s) + \dfrac{1}{2}O_2(g)$

6-17 写出下列电池的电池反应：

(1) $Pt \mid H_2(g) \mid HCl(b) \mid Hg_2Cl_2 \mid Hg(l)$

(2) $Pt \mid Cu^{2+}(a), Cu^+(a) \parallel Fe^{3+}(a), Fe^{2+}(a) \mid Pt$

(3) $Pt \mid H_2(g) \mid NaOH(b) \mid O_2(g) \mid Pt$

6-18 写出下列电极的电极反应及电极电势 E 与各参与物活度的关系：

(1) $Pt \mid O_2(g) \mid H_2O(l), H^+(a)$

(2) $Pt \mid O_2(g) \mid H_2O(l), OH^-$

(3) $Pt \mid Mn^{2+}(a), H_2O(l), MnO_4^-, H^+(a)$

(4) $Zn(s) \mid ZnO_2^{2-}(a), H_2O(l), OH^-$

(5) $P(s) \mid PbO(s) \mid H_2O(l), H^+$

(6) $Ag(s) \mid Ag_2O(s) \mid H_2O(l), OH^-$

6-19 计算下列电池在 25 ℃时的电动势：

(1) $Pt \mid H_2(p = 101\ 325\ Pa) \mid HBr(0.5\ mol \cdot kg^{-1}, \gamma_\pm = 0.790) \mid AgBr(s) \mid Ag(s)$

(2) $Zn(s) \mid ZnCl_2(0.02\ mol \cdot kg^{-1}, \gamma_\pm = 0.642) \mid Cl_2(p = 50\ 663\ Pa) \mid Pt$

(3) $Pt \mid H_2(p = 50\ 663\ Pa) \mid NaOH(0.1\ mol \cdot kg^{-1}, \gamma_\pm = 0.759) \mid O_2(p = 101\ 325\ Pa) \mid Pt$

(4) $Ag(s) \mid AgI \mid CdI_2(a = 0.58) \mid Cd(s)$

(5) $Pt \mid H_2(p = 101\ 325\ Pa) \mid HCl(b = 10^{-4}\ mol \cdot kg^{-1}) \mid Hg_2Cl_2(s) \mid Hg(l)$

6-20 电池 $Pt \mid H_2\left(\dfrac{p}{p^\ominus} = 1\right) \mid H_2SO_4(b = 0.5\ mol \cdot kg^{-1}) \mid Hg_2SO_4(s) \mid Hg(l)$ 在 25 ℃时，电动势为 0.696 0 V，求该 H_2SO_4 溶液的 $\gamma_\pm$。

6-21 设计一可逆电池，求 25 ℃时 $AgCl(s)$ 在纯水中的活度积和溶解度。

6-22 已知电极：$Hg_2^{2+}(a) \mid Hg(l)$ 和 $Hg^{2+}(a) \mid Hg(l)$ 在 25 ℃时，标准电极电势分别为 0.796 V 和 0.851 V，计算：(1)电极反应 $Hg^{2+}(a) + e^- = \dfrac{1}{2}Hg_2^{2+}(a)$ 的标准电极电势 $E^\ominus$；(2)反应 $Hg(l) + Hg^{2+}(a) \rightleftharpoons Hg_2^{2+}(a)$ 的标准平衡常数 $K^\ominus$。

6-23 在 25 ℃时，将 $0.1\ mol \cdot dm^{-3}$ 甘汞电极与醌氢醌电极组成电池：(1)若测得电池电动势为零，则被测溶液的 pH＝？(2)当被测溶液的 pH 大于何值时，醌氢醌电极为负极？(3)当被测溶液的 pH 小于何值时，醌氢醌电极为正极？

6-24 铅酸蓄电池：$Pb(s) \mid PbSO_4(s) \mid H_2SO_4(aq) \mid PbSO_4(s) \mid PbO_2(s)$

(1)写出电池反应；(2) H_2SO_4 质量摩尔浓度为 $1\ mol \cdot kg^{-1}$ 时，$0 \sim 60$ ℃时，E_{MF} 与温度的关系如下：

$$E_{MF}/V = 1.917\ 4 + 56.2 \times 10^{-6}(t/℃) + 1.08 \times 10^{-6}(t/℃)^2$$

计算 25 ℃时，电池反应的 $\Delta_r G_m$、$\Delta_r H_m$、$\Delta_r S_m$ 和 Q_r。

6-25 在 25 ℃时，用 Pt 电极电解 $0.5\ mol \cdot dm^{-3}$ 的 H_2SO_4。

(1)计算理论上所需外加电压；(2)若两极的面积为 $1\ cm^2$，电解质溶液电阻为 $100\ \Omega$，H_2 和 O_2 的超电势与电流密度 j 的关系分别表示为

$$\eta(H_2) = -\{0.472\ V + 0.118\ Vlg[j/(A \cdot cm^{-2})]\}$$

$$\eta(O_2) = 1.062\ V + 0.118\ Vlg[j/(A \cdot cm^{-2})]$$

当通过 1 mA 电流时，外加电压应为多少？

6-26 用醌氢醌电极与摩尔甘汞电极构成电池以测定一未知溶液的 pH,在 25 ℃时测得电池的电动势为 0.224 3 V,求此溶液的 pH。

6-27 25 ℃,测得下列电池电动势为 0.736 8 V

$$\text{Pt}|\text{H}_2(\text{g},100\ \text{kPa})|\text{H}_2\text{SO}_4(b=0.1\ \text{mol}\cdot\text{kg}^{-1})|\text{Hg}_2\text{SO}_4(\text{s})|\text{Hg}(\text{l})$$

求 H_2SO_4 在此溶液中的离子平均活度因子。

6-28 试用标准电极电势表 6-4 中的数据计算下列反应的标准平衡常数 $K^{\ominus}$。

$$\text{Zn}(\text{s})+\text{Cu}^{2+}(a)\longrightarrow\text{Zn}^{2+}(a)+\text{Cu}(\text{s})$$

6-29 25 ℃时有溶液(1)$a(\text{Sn}^{2+})=1.0$,$a(\text{Pb}^{2+})=1.0$;(2)$a(\text{Sn}^{2+})=1.0$,$a(\text{Pb}^{2+})=0.1$,当把金属 Pb 放入溶液中时,能否从溶液中置换出金属 Sn?

6-30 要自某溶液中析出 Zn,直至溶液中 Zn^{2+} 的质量摩尔浓度不超过 $1\times10^{-4}\ \text{mol}\cdot\text{kg}^{-1}$,同时在析出的过程中不会有 $\text{H}_2(\text{g})$ 逸出,问溶液的 pH 至少为多少?已知 $\eta(\text{H}_2)=-0.72\ \text{V}$,并认为 $\eta(\text{H}_2)$ 与溶液中电解质的质量摩尔浓度无关。

三、是非、选择和填空题

(一)是非题(在题后括号内对的画"√",错的画"×")

6-1 在一定的温度和较小的物质的量浓度情况下,增大弱电解质溶液的浓度,则该弱电解质的电导率增加,摩尔电导率减小。　　　　　　　　　　　　　　　　　　　　　　　　　　( )

6-2 定温下,电解质溶液浓度增大时,其摩尔电导率总是减小的。　　　　　　　( )

6-3 用 Λ_m 对 $\sqrt{c}$ 作图外推的方法,可以求得 HAc 的无限稀薄摩尔电导率。　( )

6-4 离子独立运动定律,既可应用于无限稀薄的强电解质溶液,又可应用于无限稀薄的弱电解质溶液。　　　　　　　　　　　　　　　　　　　　　　　　　　　　　　( )

6-5 已知 25 ℃时,$0.2\ \text{mol}\cdot\text{kg}^{-1}$ 的 HCl 水溶液的离子平均活度因子 $\gamma_\pm=0.768$,则 $a_\pm=0.154$。

　　　　　　　　　　　　　　　　　　　　　　　　　　　　　　　　　　　　　( )

6-6 298.15 K 时,相同质量摩尔浓度(均为 $0.01\ \text{mol}\cdot\text{kg}^{-1}$)的 KCl、CaCl_2 和 LaCl_3 3 种电解质水溶液,离子平均活度因子最大的是 LaCl_3。　　　　　　　　　　　　　　　　　( )

6-7 设 ZnCl_2 水溶液的质量摩尔浓度为 b,离子平均活度因子为 $\gamma_\pm$,则其离子平均活度 $a_\pm=\sqrt[3]{4}\,\gamma_\pm\dfrac{b}{b^{\ominus}}$。

　　　　　　　　　　　　　　　　　　　　　　　　　　　　　　　　　　　　　( )

6-8 $0.001\ \text{mol}\cdot\text{kg}^{-1}$ 的 $\text{K}_3[\text{Fe(CN)}_6]$ 水溶液,其离子强度 $I=6.0\times10^{-3}\ \text{mol}\cdot\text{kg}^{-1}$。　( )

6-9 原电池的正极即为阳极,负极即为阴极。　　　　　　　　　　　　　　　　( )

6-10 盐桥的作用是导通电流和减小液界电势。　　　　　　　　　　　　　　　( )

6-11 电极 $\text{Pt}|\text{H}_2(p=100\ \text{kPa})|\text{OH}^-(a=1)$ 是标准氢电极,其 $E^{\ominus}(\text{H}_2+2\text{OH}^-\longrightarrow2\text{H}_2\text{O}+2\text{e}^-)=0$。

　　　　　　　　　　　　　　　　　　　　　　　　　　　　　　　　　　　　　( )

6-12 对于电池 $\text{Ag}(\text{s})|\text{AgNO}_3(b_1)\ \vdots\ \text{AgNO}_3(b_2)|\text{Ag}(\text{s})$,$b$ 较小的一端为负极。　　　( )

(二)选择题(选择正确答案的编号填在括号内)

6-1 已知 25℃ 时,NH_4Cl、NaOH、NaCl 的无限稀薄摩尔电导率 $\Lambda_\text{m}^{\infty}$ 分别为 1.499×10^{-2} $\text{S}\cdot\text{m}^2\cdot\text{mol}^{-1}$,$2.487\times10^{-2}\ \text{S}\cdot\text{m}^2\cdot\text{mol}^{-1}$,$1.265\times10^{-2}\ \text{S}\cdot\text{m}^2\cdot\text{mol}^{-1}$,则无限稀薄摩尔电导率 $\Lambda_\text{m}^{\infty}$ (NH_4OH)为( )。

A. $0.277\times10^{-2}\ \text{S}\cdot\text{m}^2\cdot\text{mol}^{-1}$　　　B. $2.721\times10^{-2}\ \text{S}\cdot\text{m}^2\cdot\text{mol}^{-1}$

C. $2.253\times10^{-2}\ \text{S}\cdot\text{m}^2\cdot\text{mol}^{-1}$

6-2 正离子的迁移数与负离子的迁移数之和( )。

A. 大于 1　　　　　　　　　　B. 等于 1　　　　　　　　　　C. 小于 1

6-3 $0.1\ \text{mol}\cdot\text{kg}^{-1}$ 的 CaCl_2 水溶液的离子平均活度因子 $\gamma_\pm=0.219$,则其离子平均活度 $a_\pm$ 是( )。

A. 3.476×10^{-4} B. 3.476×10^{-2} C. 6.964×10^{-2}

6-4 $0.3\ mol \cdot kg^{-1}$ 的 Na_2HPO_4 的离子强度等于(　　)。

A. $0.9\ mol \cdot kg^{-1}$ B. $1.8\ mol \cdot kg^{-1}$ C. $0.3\ mol \cdot kg^{-1}$

6-5 质量摩尔浓度为 b 的 H_3PO_4 溶液，离子平均活度因子为 $\gamma_\pm$，则电解质 H_3PO_4 的活度 $a(H_3PO_4) = ($　　$)$。

A. $4(b/b^\ominus)^4 \gamma_\pm^4$ B. $4(b/b^\ominus)^4 \gamma_\pm$ C. $27(b/b^\ominus)^4 \gamma_\pm^4$

6-6 标准氢电极是指(　　)。

A. $Pt | H_2 [p(H_2) = 100\ kPa] | OH^-(a=1)$

B. $Pt | H_2 [p(H_2) = 100\ kPa] | H^+(a=10^{-7})$

C. $Pt | H_2 [p(H_2) = 100\ kPa] | H^+(a=1)$

6-7 在下述电池中，电池电动势与氯离子活度无关的是(　　)。

A. $Zn(s) | ZnCl_2(a) \ \vdots\vdots\ KCl(aq) | AgCl(s) | Ag(s)$

B. $Ag(s) | AgCl_2(s) | KCl(aq) | Cl_2(g) | Pt(s)$

C. $Hg(s) | Hg_2Cl_2(s) | KCl(aq) \ \vdots\vdots\ AgNO_3(aq) | Ag(s)$

6-8 在温度 T 时，若电池反应为 $\frac{1}{2}Cu^{2+}(a) + \frac{1}{2}Cl_2(p) = \frac{1}{2}Cu(s) + Cl^-(a)$ 的标准电动势为 $E_1^\ominus$，而 $Cu(s) + Cl_2(p) = Cu^{2+}(a) + 2Cl^-(a)$ 的标准电动势为 $E_2^\ominus$，则在相同条件下(　　)。

A. $E_1^\ominus / E_2^\ominus = 2$ B. $E_1^\ominus / E_2^\ominus = 1/2$ C. $E_1^\ominus / E_2^\ominus = 4$ D. $E_1^\ominus / E_2^\ominus = 1$

6-9 $25\ ℃$ 时，某溶液中含 $Ag^+(a=0.05)$、$Ni^{2+}(a=0.1)$、$H^+(a=0.01)$ 等离子，已知 H_2 在 Ag、Ni 上的超电势分别为 $-0.20\ V$、$-0.24\ V$，$E^\ominus(Ag^+|Ag) = 0.799\ V$，$E^\ominus(Ni^{2+}|Ni) = 0.250\ V$，电解时外加电压从零开始逐渐增加，则在阴极上析出物质的顺序是(　　)。

A. $Ag \to Ni \to Ag$ 上逸出 H_2 B. $Ni \to Ag \to Ni$ 上逸出 H_2 C. $Ag \to Ni \to Ni$ 上逸出 H_2

(三)填空题(在题中画有"_____"处或表格中填上答案)

6-1 若 $\Lambda_m(MgCl_2) = 0.025\ 88\ S \cdot m^2 \cdot mol^{-1}$，则 $\Lambda_m\left(\frac{1}{2}MgCl_2\right) = $ _____。

6-2 已知 $25\ ℃$ 时，H^+ 和 OAc^- 无限稀薄摩尔电导率分别是 $350\ S \cdot cm^2 \cdot mol^{-1}$ 和 $40\ S \cdot cm^2 \cdot mol^{-1}$，实验测得 $25\ ℃$，物质的量浓度为 $0.031\ 2\ mol \cdot dm^{-3}$ 的醋酸溶液的电导率 $\kappa = 2.871 \times 10^{-4}\ S \cdot cm^{-1}$，此溶液中醋酸的电离度 $\alpha = $ _____，电离常数 $K^\ominus = $ _____。

6-3 $CuSO_4$ 水溶液其离子平均活度 $a_\pm$ 与离子平均活度因子及电解质的质量摩尔浓度 b 的关系为 $a_\pm = $ _____，若 $b = 0.01\ mol \cdot kg^{-1}$，$\gamma_\pm = 0.41$，则 $a_\pm = $ _____。

6-4 离子平均活度 $a_\pm$ 与正、负离子的活度 a_+、a_- 的关系 $a_\pm = $ _____；电解质 B 的活度 a_B 与 $a_\pm$ 的关系是 $a_B = $ _____。

6-5 $0.1\ mol \cdot kg^{-1}\ LaCl_3$ 电解质溶液的离子强度 $I/b^\ominus$ 等于 _____。

6-6 电解质溶液的离子互吸理论认为，电解质溶液与理想稀溶液热力学规律的偏差完全归因于 _____。

6-7 离子氛的电性与中心离子的电性 _____，离子氛的电量与中心离子的电量 _____。

6-8 双液电池中不同电解质溶液间或不同浓度的同种电解质溶液的接界处存在 _____ 电势，通常采用加 _____ 的方法来减少或消除。

6-9 电池 $Zn(s) | Zn^{2+}(a_1) \ \vdots\vdots\ Zn^{2+}(a_2) | Zn(s)$，若 $a_1 > a_2$，则电池电动势 E _____，如果 $a_1 = a_2$，则电池电动势 E _____。(选填 >0、=0 或 <0)

6-10 在电池 $Pt | H_2(p) | HCl(a_1) \ \vdots\vdots\ NaOH(a_2) | H_2(p) | Pt$ 中，

(1)阳极反应是 _____；

(2)阴极反应是 _____；

(3)电池反应是＿＿＿＿＿＿＿＿＿＿＿＿＿＿。

6-11 在 298.15 K 时,已知:

$$Cu^{2+}(a) + 2e^- \longrightarrow Cu(s) \qquad E_1^{\ominus} = 0.340\ 2\ V$$

$$Cu^+(a) + e^- \longrightarrow Cu(s) \qquad E_2^{\ominus} = 0.522\ V$$

则 $\qquad Cu^{2+}(a) + e^- \longrightarrow Cu^+(a) \qquad E_3^{\ominus} = $ ＿＿＿＿＿ V

6-12 在化学电源中,阳极也叫＿＿＿＿极,发生＿＿＿＿＿＿反应,阴极也叫＿＿＿＿极,发生＿＿＿＿＿＿反应;在电解池中,阳极也叫＿＿＿＿极,发生＿＿＿＿＿＿反应;阴极也叫＿＿＿＿极,发生＿＿＿＿＿＿反应。

6-13 电池 $Cu|Cu^+ \vdots Cu^+, Cu^{2+}|Pt$ 与电池 $Cu|Cu^{2+} \vdots Cu^+, Cu^{2+}|Pt$ 的电池反应相同,即为 $Cu + Cu^{2+} = 2Cu^+$,则相同温度下,这两个电池的 $\Delta_r G_m^{\ominus}$ ＿＿＿＿＿,$E^{\ominus}$ ＿＿＿＿＿(选填相同或不同)。已知 $E^{\ominus}(Cu^{2+}|Cu) = 0.340\ 2\ V$;$E^{\ominus}(Cu^+|Cu) = 0.522\ V$;$E^{\ominus}(Cu^{2+}, Cu^+) = 0.158\ V$。

6-14 电极的极化主要有两种,即＿＿＿＿极化与＿＿＿＿极化。

6-15 随着电流密度的增加,化学电源的端电压＿＿＿＿＿,电解池的槽电压＿＿＿＿＿。(选填减小或增大)

6-16 在一块铜板上,有一个锌制铆钉,在潮湿空气中放置后,则＿＿＿＿＿被腐蚀,而＿＿＿＿＿则不腐蚀。

计算题答案

6-1 21.17 m^{-1},0.412 S·m^{-1} **6-2** 1.43×10^{-3} S·m^2·mol^{-1}

6-3 (1) 15.85 m^{-1};(2) 7.257×10^{-3} S·m^{-1};(3) 7.257×10^{-4} S·m^2·mol^{-1}

6-4 138.3×10^{-4} S·m^2·mol^{-1} **6-5** 272.1×10^{-4} S·m^2·mol^{-1}

6-7 3.48×10^{-2},1.30×10^{-2} **6-8** 0.930

6-9 (1) 0.1 mol·kg^{-1};(2) 0.9 mol·kg^{-1};(3) 1.8 mol·kg^{-1}

6-10 0.175 mol·kg^{-1} **6-11** 0.762   **6-12** 0.014 82,2.19×10^{-4}

6-13 0.4 mol·kg^{-1} **6-14** 0.889,1.503×10^{-5} mol·kg^{-1}

6-19 (1) 0.118 9 V;(2) 2.26 V;(3) 1.218 V;(4) −0.243 7 V;(5) 0.504 V

6-20 0.204   **6-21** 1.743×10^{-10},1.32×10^{-6} mol·kg^{-1}

6-22 (1) 0.905 9 V;(2) $K^{\ominus}$=8.50   **6-23** (1) 6.2;(2) >6.2;(3) <6.2

6-24 (2) −30.7 kJ·mol^{-1};−367 kJ·mol^{-1},10.933 J·K^{-1} mol^{-1},3.257 kJ·mol^{-1}

6-25 (1) 1.229 V;(2) 2.155 V   **6-26** 3.3   **6-27** 0.249

6-28 1.95×10^{37} **6-29** (1)不能;(2)能   **6-30** >2.73

附录 I　基本物理常量

真空中的光速	c	$(2.997\ 924\ 58 \pm 0.000\ 000\ 012) \times 10^8\ \text{m} \cdot \text{s}^{-1}$
元电荷(一个质子的电荷)	e	$(1.602\ 177\ 33 \pm 0.000\ 000\ 49) \times 10^{-19}\ \text{C}$
Planck 常量	h	$(6.626\ 075\ 5 \pm 0.000\ 004\ 0) \times 10^{-34}\ \text{J} \cdot \text{s}$
Boltzmann 常量	k	$(1.380\ 658 \pm 0.000\ 012) \times 10^{-23}\ \text{J} \cdot \text{K}^{-1}$
Avogadro 常量	L	$(6.022\ 045 \pm 0.000\ 031) \times 10^{23}\ \text{mol}^{-1}$
原子质量单位	$1u = m(^{12}C)/12$	$(1.660\ 540\ 2 \pm 0.000\ 100\ 10) \times 10^{-27}\ \text{kg}$
电子的静止质量	m_e	$9.109\ 38 \times 10^{-31}\ \text{kg}$
质子的静止质量	m_p	$1.672\ 62 \times 10^{-27}\ \text{kg}$
真空介电常量	ε_0	$8.854\ 188 \times 10^{-12}\ \text{J}^{-1} \cdot \text{C}^2 \cdot \text{m}^{-1}$
	$4\pi\varepsilon_0$	$1.112\ 650 \times 10^{-12}\ \text{J}^{-1} \cdot \text{C}^2 \cdot \text{m}^{-1}$
Faraday 常量	F	$(9.648\ 530\ 9 \pm 0.000\ 002\ 9) \times 10^4\ \text{C} \cdot \text{mol}^{-1}$
摩尔气体常量	R	$8.314\ 510 \pm 0.000\ 070\ \text{J} \cdot \text{K}^{-1} \cdot \text{mol}^{-1}$

附录 II　中华人民共和国法定计量单位

表 1　　　　　　　　　　**SI 基本单位**

量的名称	单位名称	单位符号
长度	米	m
质量	千克(公斤)	kg
时间	秒	s
电流	安[培]	A
热力学温度	开[尔文]	K
物质的量	摩[尔]	mol
发光强度	坎[德拉]	cd

表 2　　包括 SI 辅助单位在内的具有专门名称的 SI 导出单位

量的名称	SI 导出单位		
	名称	符号	用 SI 基本单位和 SI 导出单位表示
[平面]角	弧度	rad	$1\ rad=1\ m/m=1$
立体角	球面度	sr	$1\ sr=1\ m^2/m^2=1$
频率	赫[兹]	Hz	$1\ Hz=1\ s^{-1}$
力	牛[顿]	N	$1\ N=1\ kg \cdot m/s^2$
压力,压强,应力	帕[斯卡]	Pa	$1\ Pa=1\ N/m^2$
能[量],功,热量	焦[耳]	J	$1\ J=1\ N \cdot m$
功率,辐[射能]通量	瓦[特]	W	$1\ W=1\ J/s$
电荷[量]	库[仑]	C	$1\ C=1\ A \cdot s$
电压,电动势,电位(电势)	伏[特]	V	$1\ V=1\ W/A$
电容	法[拉]	F	$1\ F=1\ C/V$
电阻	欧[姆]	Ω	$1\ \Omega=1\ V/A$
电导	西[门子]	S	$1\ S=1\ \Omega^{-1}$
磁通[量]	韦[伯]	Wb	$1\ Wb=1\ V \cdot s$
磁通[量]密度,磁感应强度	特[斯拉]	T	$1\ T=1\ Wb/m^2$
电感	亨[利]	H	$1\ H=1\ Wb/A$
摄氏温度	摄氏度	℃	$1\ ℃=1\ K$
光通量	流[明]	lm	$1\ ml=1\ cd \cdot sr$
[光]照度	勒[克斯]	lx	$1\ lx=1\ lm/m^2$

表 3　由于人类健康安全防护上的需要而确定的具有专门名称的 SI 导出单位　（略）

表 4　SI 词头　（略）

表 5　　可与国际单位制单位并用的我国法定计量单位

量的名称	单位名称	单位符号	与 SI 单位的关系
时间	分	min	$1\ min=60\ s$
	[小]时	h	$1\ h=60\ min=3\ 600\ s$
	日(天)	d	$1\ d=24\ h=86\ 400\ s$
[平面]角	度	°	$1°=(\pi/180)\ rad$
	[角]分	′	$1'=(1/60)°=(\pi/10\ 800)\ rad$
	[角]秒	″	$1''=(1/60)'=(\pi/648\ 000)\ rad$
体积	升	L,(1)	$1\ L=1\ dm^3=10^{-3}\ m^3$
质量	吨	t	$1\ t=10^3\ kg$
	原子质量单位 u		$1\ u \approx 1.660\ 540 \times 10^{-27}\ kg$
旋转速度	转每分	r/min	$1\ r/min=(1/60)s^{-1}$
长度	海里	n mile	$1\ n\ mile=1\ 852\ m$ （只用于航行）
速度	节	kn	$1\ kn=1\ n\ mile/h=(1\ 852/3\ 600)\ m/s$ （只用于航行）
能	电子伏	eV	$1\ eV \approx 1.602\ 177 \times 10^{-19}\ J$
级差	分贝	dB	
线密度	特[克斯]	tex	$1\ tex=10^{-6}\ kg/m$
面积	公顷	hm²	$1\ hm^2=10^4\ m^2$

注　①　平面角单位度、分、秒的符号,在组合单位中应采用(°)、(′)、(″)的形式。例如,不用°/s 而用(°)/s。

　　②　升的符号中,小写字母 l 为备用符号。

　　③　公顷的国际通用符为 ha。

附录Ⅲ 物质的标准摩尔生成焓、标准摩尔生成吉布斯函数、标准摩尔熵和摩尔热容

1. 单质和无机物 (100 kPa)

物质	$\Delta_f H_m^{\ominus}$ (298.15K) kJ·mol⁻¹	$\Delta_f G_m^{\ominus}$ (298.15K) kJ·mol⁻¹	$S_m^{\ominus}$ (298.15K) J·K⁻¹·mol⁻¹	$C_{p,m}^{\ominus}$ (298.15K) J·K⁻¹·mol⁻¹	$C_{p,m}^{\ominus}=a+bT+cT^2$，或 $C_{p,m}^{\ominus}=a+bT+c'T^{-2}$ a J·K⁻¹·mol⁻¹	b 10⁻³ J·mol⁻¹·K⁻²	c 10⁻⁶ J·mol⁻¹·K⁻³	c' 10⁵ J·K·mol⁻¹	适用温度 K
Ag(s)	0	0	42.712	25.48	23.97	5.284		−0.25	293~123 4
Ag₂CO₃(s)	−506.14	−437.09	167.36						
Ag₂O(s)	−30.56	−10.82	121.71	65.57					
Al(s)	0	0	28.315	24.35	20.67	12.38			273~932
Al(g)	313.80	273.2	164.553						
Al₂O₃-α	−1 669.8	−2 213.16	0.986	79.0	92.38	37.535		−26.861	27~1 937
Al₂(SO₄)₃(s)	−3 434.98	−3 728.53	239.3	259.4	368.57	61.92		−113.47	298~1 100
Br(g)	111.884	82.396	175.021						
Br₂(g)	30.71	3.109	245.455	35.99	37.20	0.690		−1.188	300~1 500
Br₂(l)	0	0	152.3	35.6					
C(金刚石)	1.896	2.866	2.439	6.07	9.12	13.22		−6.19	298~1 200
C(石墨)	0	0	5.694	8.66	17.15	4.27		−8.79	298~2 300
CO(g)	−110.525	−137.285	198.016	29.142	27.6	5.0			290~2 500
CO₂(g)	−393.511	−394.38	213.76	37.120	44.14	9.04		−8.54	298~2 500
Ca(s)	0	0	41.63	26.27	21.92	14.64			273~673
CaC₂(s)	−62.8	−67.8	70.2	62.34	68.6	11.88		−8.66	298~720
CaCO₃(方解石)	−1 206.87	−1 128.70	92.8	81.83	104.52	21.92		−25.94	298~1 200
CaCl₂(s)	−795.0	−750.2	113.8	72.63	71.88	12.72		−2.51	298~1 055
CaO(s)	−635.6	−604.2	39.7	48.53	43.83	4.52		−6.52	298~1 800
Ca(OH)₂(s)	−986.5	−896.89	76.1	84.5					
CaSO₄ (硬石膏)	−1 432.68	−1 320.24	106.7	97.65	77.49	91.92		−6.561	273~1 373
Cl₂(g)	0	0	222.948	33.9	36.69	1.05		−2.523	273~1 500
Cu(s)	0	0	33.32	24.47	24.56	4.18		−1.201	273~1 357
CuO(s)	−155.2	−127.1	43.51	44.4	38.79	20.08			298~1 250
Cu₂O-α	−166.69	−146.33	100.8	69.8	62.34	23.85			298~1 200
F₂(g)	0	0	203.5	31.46	34.69	1.84		−3.35	273~2 000
Fe-α	0	0	27.15	25.23	17.28	26.69			273~1 041
FeCO₃(s)	−747.68	−673.84	92.8	82.13	48.66	112.1			298~885
FeO(s)	−266.52	−244.3	54.0	51.1	52.80	6.242		−3.188	273~1 173
Fe₂O₃(s)	−822.1	−741.0	90.0	104.6	97.74	17.13		−12.887	298~1 100
Fe₃O₄(s)	−117.1	−1 014.1	146.4	143.42	167.03	78.91		−41.88	298~1 100
H₂(g)	0	0	130.695	28.83	29.08	−0.84	2.00		300~1 500
HBr(g)	−36.24	−53.22	198.60	29.12	26.15	5.86		1.09	298~1 600
HCl(g)	−92.311	−95.265	186.786	29.12	26.53	4.60		1.90	298~2 000
HI(g)	−25.94	−1.32	206.42	29.12	26.32	5.94		0.92	298~1 000
H₂O(g)	−241.825	−228.577	188.823	33.571	30.12	11.30			273~2 000
H₂O(l)	−285.838	−237.142	69.940	75.296					
H₂O(s)	−291.850	(−234.03)	(39.4)						
H₂O₂(l)	−187.61	−118.04	102.26	82.29					
H₂S(g)	−20.146	−33.040	205.75	33.97	29.29	15.69			273~1300
H₂SO₄(l)	−811.35	(−866.4)	156.85	137.57					
H₂SO₄(aq)	−811.32								
HSO₄⁻(aq)	−885.75	−752.99	126.86						
I₂(s)	0	0	116.7	55.97	40.12	49.79			298~386.8
I₂(g)	62.242	19.34	260.60	36.87					
N₂(g)	0	0	191.598	29.12	26.87	4.27			273~2 500
NH₃(g)	−46.19	−16.603	192.61	35.65	29.79	25.48		−1.665	273~1 400
NO(g)	89.860	90.37	210.309	29.861	29.58	3.85		−0.59	273~1 500
NO₂(g)	33.85	51.86	240.57	37.90	42.93	8.54		−6.74	

物质	$\Delta_f H_m^\ominus$ (298.15K) kJ·mol^{-1}	$\Delta_f G_m^\ominus$ (298.15K) kJ·mol^{-1}	$S_m^\ominus$ (298.15K) J·K^{-1}·mol^{-1}	$C_{p,m}^\ominus$ (298.15K) J·K^{-1}·mol^{-1}	$C_{p,m}^\ominus=a+bT+cT^2$，或 $C_{p,m}^\ominus=a+bT+c'T^{-2}$				
					a J·K^{-1}·mol^{-1}	b 10^{-3}J·mol^{-1}·K^{-2}	c 10^{-6}J·mol^{-1}·K^{-3}	c' 10^{5}J·K·mol^{-1}	适用温度 K
N_2O(g)	81.55	103.62	220.10	38.70	45.69	8.62		−8.54	273~500
N_2O_4(g)	9.660	98.39	304.42	79.0	83.89	30.75		14.90	
N_2O_5(g)	2.51	110.5	342.4	108.0					
O(g)	247.521	230.095	161.063	21.93					
O_2(g)	0	0	205.138	29.37	31.46	3.39		−3.77	273~2 000
O_3(g)	142.3	163.45	237.7	38.15					
S(单斜)	0.29	0.096	32.55	23.64	14.90	29.08			368.6~392
S(斜方)	0	0	31.9	22.60	14.98	26.11			273~368.6
S(g)	222.80	182.27	167.825					−3.51	
SO_2(g)	−296.90	−300.37	248.64	39.79	47.70	7.171		−8.54	298~1 800
SO_3(g)	−395.18	−370.40	256.34	50.70	57.32	26.86		−13.05	273~900

2. 有机化合物

在指定温度范围内恒压热容可用下式计算 $C_{p,m}^\ominus=a+bT+cT^2+dT^3$

物质	$\Delta_f H_m^\ominus$ (298.15K) kJ·mol^{-1}	$\Delta_f G_m^\ominus$ (298.15K) kJ·mol^{-1}	$S_m^\ominus$ (298.15K) J·K^{-1}·mol^{-1}	$C_{p,m}^\ominus$ (298.15K) J·K^{-1}·mol^{-1}	$C_{p,m}^\ominus=a+bT+cT^2$，或 $C_{p,m}^\ominus=a+bT+c'T^{-2}$				
					a J·K^{-1}·mol^{-1}	b 10^{-3}J·mol^{-1}·K^{-2}	c 10^{-6}J·mol^{-1}·K^{-3}	c' 10^{5}J·K·mol^{-1}	适用温度 K
烃类									
甲烷 CH_4(g)	−74.847	50.827	186.30	35.715	17.451	60.46	1.117	−7.205	298~1 500
乙炔 C_2H_2(g)	226.748	209.200	200.928	43.928	23.460	85.768	−58.342	15.870	298~1 500
乙烯 C_2H_4(g)	52.283	68.157	219.56	43.56	4.197	154.590	−81.090	16.815	298~1 500
乙烷 C_2H_6(g)	−84.667	−32.821	229.60	52.650	4.936	182.259	−74.856	10.799	298~1 500
丙烯 C_3H_6(g)	20.414	62.783	267.05	63.89	3.305	235.860	−117.600	22.677	298~1 500
丙烷 C_3H_8(g)	−103.847	−23.391	270.02	73.51	−4.799	307.311	−160.159	32.748	298~1 500
1,3-丁二烯 C_4H_6(g)	110.16	150.74	278.85	79.54	−2.958	340.084	−223.689	56.530	298~1 500
1-丁烯 C_4H_8(g)	−0.13	71.60	305.71	85.65	2.540	344.929	−191.284	41.664	298~1 500
顺-2-丁烯 C_4H_8(g)	−6.99	65.96	300.94	78.91	8.774	342.448	−197.322	34.271	298~1 500
反-2-丁烯 C_4H_8(g)	−11.17	63.07	296.59	87.82	8.381	307.541	−148.256	27.284	298~1 500
正丁烷 C_4H_{10}(g)	−126.15	−17.02	310.23	97.45	0.469	385.376	−198.882	39.996	298~1 500
异丁烷 C_4H_{10}(g)	−134.52	−20.79	294.75	96.82	−6.841	409.643	−220.547	45.739	298~1 500
苯 C_6H_6(g)	82.927	129.723	269.31	81.67	−33.899	471.872	−298.344	70.835	298~1 500
苯 C_6H_6(l)	49.028	124.597	172.35	135.77	59.50	255.01			281~353
环己烷 C_6H_{12}(g)	−123.14	31.92	298.51	106.27	−67.664	679.452	−380.761	78.006	298~1 500
正己烷 C_6H_{14}(g)	−167.19	−0.09	388.85	143.09	3.084	565.786	−300.369	62.061	298~1 500
正己烷 C_6H_{14}(l)	−198.82	−4.08	295.89	194.93					
甲苯 $C_6H_5CH_3$(g)	49.999	122.388	319.86	103.76	−33.882	557.045	−342.373	79.873	298~1 500
甲苯 $C_6H_5CH_3$(l)	11.995	114.299	219.58	157.11	59.62	326.98			281~382
邻二甲苯 $C_6H_4(CH_3)_2$(g)	18.995	122.207	352.86	133.26	−14.811	591.136	−339.590	74.697	298~1 500

（续表）

物质	$\Delta_f H_m^{\ominus}$ (298.15K) kJ·mol^{-1}	$\Delta_f G_m^{\ominus}$ (298.15K) kJ·mol^{-1}	$S_m^{\ominus}$ (298.15K) J·K^{-1}·mol^{-1}	$C_{p,m}^{\ominus}$ (298.15K) J·K^{-1}·mol^{-1}	$C_{p,m}^{\ominus}=a+bT+cT^2$，或 $C_{p,m}^{\ominus}=a+bT+c'T^{-2}$				适用温度 K
					a J·K^{-1}·mol^{-1}	b 10^{-3} J·mol^{-1}·K^{-2}	c 10^{-6} J·mol^{-1}·K^{-3}	c' 10^{5} J·K·mol^{-1}	
邻二甲苯 C$_6$H$_4$(CH$_3$)$_2$(l)	−24.439	110.495	246.48	187.9					
间二甲苯 C$_6$H$_4$(CH$_3$)$_2$(g)	17.238	118.977	357.80	127.57	−27.384	620.870	−363.895	81.379	298~1 500
间二甲苯 C$_6$H$_4$(CH$_3$)$_2$(l)	−25.418	107.817	252.17	183.3					
对二甲苯 C$_6$H$_4$(CH$_3$)$_2$(g)	17.949	121.266	352.53	126.86	−25.924	60.670	−350.561	76.877	298~1 500
对二甲苯 C$_6$H$_4$(CH$_3$)$_2$(l)	−24.426	110.244	247.36	183.7					
含氧化合物									
甲醛 HCOH(g)	−115.90	−110.0	220.2	35.36	18.820	58.379	−15.606		291~1 500
甲酸 HCOOH(g)	−362.63	−335.69	251.1	54.4	30.67	89.20	−34.539		300~700
甲酸 HCOOH(l)	−409.20	−345.9	128.95	99.04					
甲醇 CH$_3$OH(g)	−201.17	−161.83	237.8	49.4	20.42	103.68	−24.640		300~700
甲醇 CH$_3$OH(l)	−238.57	−166.15	126.8	81.6					
乙醛 CH$_2$CHO(g)	−166.36	−133.67	265.8	62.8	31.054	121.457	−36.577		298~1 500
乙酸 CH$_3$COOH(l)	−487.0	−392.4	159.8	123.4	54.81	230			
乙酸 CH$_3$COOH(g)	−436.4	−381.5	293.4	72.4	21.76	193.09	−76.78		300~700
乙醇 C$_2$H$_5$OH(l)	−277.63	−174.36	160.7	111.46	106.52	165.7	575.3		283~348
乙醇 C$_2$H$_5$OH(g)	−235.31	−168.54	282.1	71.1	20.694	+205.38	−99.809		300~1 500
丙酮 CH$_3$COCH$_3$(l)	−248.283	−155.33	200.0	124.73	55.61	232.2			298~320
丙酮 CH$_3$COCH$_3$(g)	−216.69	−152.2	296.00	75.3	22.472	201.78	−63.521		298~1 500
乙醚 C$_2$H$_5$OC$_2$H$_5$(l)	−273.2	−116.47	253.1		170.7				290
乙酸乙酯 CH$_3$COOC$_2$H$_5$(l)	−463.2	−315.3	259		169.0				293
苯甲酸 C$_6$H$_5$COOH(s)	−384.55	−245.5	170.7	155.2					
卤代烃									
氯甲烷 CH$_3$Cl(g)	−82.0	−58.6	234.29	40.79	14.903	96.2	−31.552		273~800
二氯甲烷 CH$_2$Cl$_2$(g)	−88	−59	270.62	51.38	33.47	65.3			273~800
氯仿 CHCl$_3$(l)	−131.8	−71.4	202.9	116.3					
氯仿 CHCl$_3$(g)	−100	−67	296.48	65.81	29.506	148.942	−90.713		273~800
四氯化碳 CCl$_4$(l)	−139.3	−68.5	214.43	131.75	97.99	111.71			273~330

（续表）

物质	$\Delta_f H_m^{\ominus}$ (298.15K) kJ·mol^{-1}	$\Delta_f G_m^{\ominus}$ (298.15K) kJ·mol^{-1}	$S_m^{\ominus}$ (298.15K) J·K^{-1}·mol^{-1}	$C_{p,m}^{\ominus}$ (298.15K) J·K^{-1}·mol^{-1}	$C_{p,m}^{\ominus}=a+bT+cT^2$，或 $C_{p,m}^{\ominus}=a+bT+c'T^{-2}$				适用温度 K
					a J·K^{-1}·mol^{-1}	b 10^{-3}J·mol^{-1}·K^{-2}	c 10^{-6}J·mol^{-1}·K^{-3}	c' 10^{5}J·K·mol^{-1}	
四氯化碳 CCl$_4$(g)	−106.7	−64.0	309.41	85.51					
氯苯 C$_6$H$_5$Cl(l)	116.3	−198.2	197.5	145.6					
含氮化合物									
苯胺 C$_6$H$_5$NH$_2$(l)	35.31	153.35	191.6	199.6	338.28	−1068.6	2022.1		278～348
硝基苯 C$_6$H$_5$NO$_2$(l)	15.90	146.36	244.3	185.4					293

本附录数据主要取自 Handbook of Chemistry and Physics, 70 th Ed., 1990；Editor John A. Dean, Lange's Handbook of Chemistry, 1967。

原书标准压力 $p^{\ominus}=101.325$ kPa，本附录已换算成标准压力为 100 kPa 下的数据。两种不同标准压力下的 $\Delta_f G_m^{\ominus}$(298.15 K) 及气态 $S_m^{\ominus}$(298.15 K) 的差别按下式计算

$$S_m^{\ominus}(298.15\ \text{K})(p^{\ominus}=100\ \text{kPa})=$$

$$S_m^{\ominus}(298.15\ \text{K})(p^{\ominus}=101.325\ \text{kPa})+R\ln\frac{101.325\times10^3}{100\times10^3}=$$

$$S_m^{\ominus}(298.15\ \text{K})(p^{\ominus}=101.325\ \text{kPa})+0.109\ 4\ \text{J}\cdot\text{K}^{-1}\cdot\text{mol}^{-1}$$

$$\Delta_f G_m^{\ominus}(298.15\ \text{K})(p^{\ominus}=100\ \text{kPa})=\Delta_f G_m^{\ominus}(298.15\ \text{K})(p^{\ominus}=101.325\ \text{kPa})-0.032\ 6\ \text{kJ}\cdot\text{mol}^{-1}\sum\nu_B(\text{g})$$

式中：ν_B(g) 为生成反应式中气态组分的化学计量数。

读者需要时，可查阅·NBS化学热力学性质表·SI单位表示的无机和C$_1$与C$_2$有机物质的选择值。刘天和，赵梦月译，北京：中国标准出版社，1998

附录 IV　某些有机化合物的标准摩尔燃烧焓[①]（25 ℃）

化合物	$\Delta_c H_m^{\ominus}/(\text{kJ}\cdot\text{mol}^{-1})$	化合物	$\Delta_c H_m^{\ominus}/(\text{kJ}\cdot\text{mol}^{-1})$
CH$_4$(g)甲烷	−890.31	HCHO(g)甲醛	−570.78
C$_2$H$_2$(g)乙炔	−129 9.59	CH$_3$COCH$_3$(l)丙酮	−179 0.42
C$_2$H$_4$(g)乙烯	−141 0.97	C$_2$H$_5$COC$_2$H$_5$(l)乙醚	−273 0.9
C$_2$H$_6$(g)乙烷	−155 9.84	HCOOH(l)甲酸	−254.64
C$_3$H$_8$(g)丙烷	−221 9.07	CH$_3$COOH(l)乙酸	−874.54
C$_4$H$_{10}$(g)正丁烷	−287 8.34	C$_6$H$_5$COOH(晶)苯甲酸	−322 6.7
C$_6$H$_6$(l)苯	−326 7.54	C$_7$H$_6$O$_3$(s)水杨酸	−302 2.5
C$_6$H$_{12}$(l)环己烷	−391 9.86	CHCl$_3$(l)氯仿	−373.2
C$_7$H$_8$(l)甲苯	−392 5.4	CH$_3$Cl(g)氯甲烷	−689.1
C$_{10}$H$_8$(s)萘	−515 3.9	CS$_2$(l)二硫化碳	−107 6
CH$_3$OH(l)甲醇	−726.64	CO(NH$_2$)$_2$(s)尿素	−634.3
C$_2$H$_5$OH(l)乙醇	−136 6.91	C$_6$H$_5$NO$_2$(l)硝基苯	−309 1.2
C$_6$H$_5$OH(s)苯酚	−305 3.48	C$_6$H$_5$NH$_2$(l)苯胺	−339 6.2

---

① 化合物中各元素氧化的产物为 C→CO$_2$(g)，H→H$_2$O(l)，N→N$_2$(g)，S→SO$_2$(稀的水溶液)。

附录 V　某些反应的标准摩尔吉布斯函数变化与温度的关系[①]

反应	$\Delta_r G_m^{\ominus}/(J \cdot mol^{-1}) = a + b\{T\}$		误差	适用温度范围
	a	b	J	T/K
$\frac{4}{3}Al + O_2 \longrightarrow \frac{2}{3}Al_2O_3$	−1 073 600	181.2	42	298~930
	−1 077 400	185.4	42	930~2 318
	−1 006 000	154.0	42	2 318~2 330
	−1 346 000	300.4	42	2 330~2 500
$2Al + N_2 \longrightarrow 2AlN$	−603 800	194.6	42	298~932
	−618 000	209.2	42	982~1 800
$4Al + 3C \longrightarrow Al_4C_3$	−184 000	0.0	33	298~1 000
$\frac{4}{3}Al + S_2 \longrightarrow \frac{2}{3}Al_2S_3$	−550 200	0.0	42	
$2B + N_2 \longrightarrow 2BN$	−217 600	81.2	42	1 200~2 300
$4B(s) + C(s) \longrightarrow B_4C(s)$	−67 900	18.74		1 500~2 000
$2Ca + O_2 \longrightarrow 2CaO$	−1 267 000	197.99		298~1 124
	−1 285 000	214.55	13	1 124~1 760
	−1 591 000	390.10	21	1 760~2 500
$2Ca + S_2 \longrightarrow 2CaS$	−1 083 000	190.87	8	298~673
	−1 084 000	192.13	8	673~1 124
	−1 102 700	208.70	13	1 124~1 760
	−1 408 800	382.60	21	1 760~2 000
$3Ca + N_2 \longrightarrow Ca_3N_2$	−439 800	209.20	46	298~1 100
$Ca + 2C \longrightarrow CaC_2$	−56 900	−24.69	13	398~720
	−48 620	−36.20	13	720~1 123
	−57 300	−28.50	13	1 123~1 963
	−214 300	51.46	21	1 963~2 200
$CaO + SiO_2 \longrightarrow CaSiO_3$	−89 100	0.50	4	398~1 483
	−83 300	3.43	13	1 483~1 813
$3CaO + Al_2O_3 \longrightarrow Ca_3Al_2O_6$	−15 480	—	42	298
$3CaO + P_2O_5 \longrightarrow Ca_3P_2O_8$	−686 000	17.66	42	298~631
	−723 000	75.98	42	631~1 373
$C + O_2 \longrightarrow CO_2$	−394 000	−0.84	4	298~2 500
$2C + O_2 \longrightarrow 2CO$	−223 000	−175.31	4	298~2 500
$2CO + O_2 \longrightarrow 2CO_2$	−565 300	173.64	4	298~2 500
$C + CO_2 \longrightarrow 2CO$	169 500	−172.59	8	298~2 273
$C + 2H_2 \longrightarrow CH_4$	−90 170	109.45		500~2 213
$C(石墨) \longrightarrow C(金刚石)$	−1 297	4.73	0.8	298~1 500
$2Co + O_2 \longrightarrow 2Co_2O$	−467 800	143.72	42	298~1 763
	−506 500	164.01	84	1 763~2 200
$2Co + C \longrightarrow Co_2C$	16 530	−8.70	21	298~1 200
$4Cu + O_2 \longrightarrow 2Cu_2O$	−333 000	126.02	4	298~1 357
	−385 500	164.35	4	1 357~1 509

①　本附录中 $\Delta_r G_m^{\ominus}(T)$ 的数据所采用的标准态压力为 $p_1^{\ominus} = 101.325$ kPa，现将标准态压力改为 $p_2^{\ominus} = 100$ kPa 后，$\Delta_r G_m^{\ominus}(T)$ 的数值会有变化。

反应	$\Delta_r G_m^{\ominus}/(J \cdot mol^{-1}) = a + b\{T\}$		误差	适用温度范围
	a	b	J	T/K
	$-273\ 000$	89.70	4	$1\ 509 \sim 1\ 573$
$2Cu_2S + S_2 = 4CuS$	$-179\ 700$	202.76	13	$298 \sim 376$
	$-187\ 400$	224.10	13	$376 \sim 623$
	$-189\ 100$	225.94	13	$623 \sim 900$
$4Cu + S_2 = 2Cu_2S$	$-271\ 800$	84.39	13	$298 \sim 376$
	$-264\ 100$	63.89	13	$376 \sim 623$
	$-262\ 400$	61.21	13	$623 \sim 1\ 356$
$\frac{4}{3}Cr + O_2 = \frac{2}{3}Cr_2O_3$	$-746\ 800$	173.2	13	$298 \sim 1\ 868$
	$-768\ 800$	184.97	13	$1\ 868 \sim 2\ 500$
$4Cr + N_2 = 2Cr_2N$	$-134\ 000$	100.4	42	$298 \sim 1\ 800$
$2Cr + N_2 = 2CrN$	$-213\ 000$	139.7	42	$298 \sim 1\ 800$
$6FeO + O_2 = 2Fe_3O_4$	$-624\ 500$	250.2	13	$298 \sim 1\ 643$
$4Fe_3O_4 + O_2 = 6Fe_2O_3$	$-498\ 900$	281.3	33	$298 \sim 1\ 460$
$2Fe + O_2 = 2FeO$	$-519\ 200$	125.1	13	$298 \sim 1\ 642$
	$-434\ 900$	74.1	13	$1\ 642 \sim 1\ 808$
	$-465\ 470$	90.7	13	$1\ 808 \sim 2\ 000$
$2Fe + S_2 = 2FeS$	$-311\ 000$	130.5	4	$298 \sim 412$
	$-300\ 500$	105.1	4	$412 \sim 1\ 179$
	$-301\ 800$	106.6	8	$1\ 179 \sim 1\ 261$
$6Fe + P_2(g) = 2Fe_3P$	$-427\ 000$	94.6	33	$298 \sim 1\ 439$
$3Fe + C = Fe_3C$	$25\ 900$	-23.14	4	$298 \sim 463$
	$26\ 700$	-24.77	4	$463 \sim 1115$
$3Fe(\gamma) + C = Fe_3C$	$10\ 355$	-10.17	8	$1\ 115 \sim 1\ 808$
$2H_2 + O_2 = 2H_2O$	$-493\ 700$	111.92	4	$373 \sim 2\ 500$
$2H_2 + S_2(g) = 2H_2S$	$-180\ 600$	98.78	4	$298 \sim 2\ 200$
$3H_2 + N_2 = 2NH_3$	$-100\ 800$	223.43	13	$298 \sim 1\ 200$
$2Mg + O_2 = 2MgO$	$-1\ 248\ 500$	231.79	42	$923 \sim 1\ 380$
	$-1\ 505\ 200$	429.28	42	$1\ 380 \sim 2\ 000$
$2Mg + S_2(g) = 2MgS$	$-851\ 900$	214.6	21	$923 \sim 1\ 380$
	$-1\ 124\ 000$	407.9	21	$1\ 380 \sim 2\ 000$
$3Mg + N_2 = Mg_3N_2$	$-458\ 600$	198.4	13	$298 \sim 823$
	$-458\ 100$	197.8	13	$823 \sim 923$
	$-485\ 220$	227.0	13	$923 \sim 1\ 061$
	$-484\ 300$	226.3	13	$1\ 061 \sim 1\ 300$
$2Mn + O_2 = 2MnO$	$-769\ 500$	144.9	13	$298 \sim 1\ 500$
	$-798\ 300$	164.2	13	$1\ 500 \sim 2\ 051$
	$-678\ 600$	105.7	13	$2\ 051 \sim 2\ 200$
$2Mn + S_2(g) = 2MnS$	$-536\ 000$	128.2	8	$298 \sim 1\ 000$
	$-540\ 030$	132.7	8	$1\ 000 \sim 1\ 374$
	$-548\ 200$	138.5	8	$1\ 410 \sim 1\ 517$
	$-577\ 480$	157.8	8	$1\ 517 \sim 1\ 803$
	$-525\ 260$	128.9	8	$1\ 803 \sim 2\ 000$
$5Mn + N_2 = Mn_5N_2$	$-196\ 200$		42	298
$3Mn + C = Mn_3C$	$-13\ 810$	-1.09	13	$298 \sim 1\ 010$
$3Mo + C = Mo_2C$	$-28\ 030$		33	$298 \sim 1\ 273$
$Mo + S_2 = MoS_2$	$-219\ 900$	42.67	42	$1\ 073 \sim 1\ 373$
$\frac{4}{3}Mo + S_2(g) = \frac{2}{3}Mo_2S_3$	$-405\ 000$	174.9	42	$1\ 300 \sim 1\ 425$

反应	$\Delta_r G_m^{\ominus}/(J \cdot mol^{-1}) = a + b\{T\}$		误差	适用温度范围
	a	b	J	T/K
$4Na + O_2 \Longrightarrow 2Na_2O$	$-813\ 800$	230.9	42	$298 \sim 371$
	$-824\ 000$	261.9	42	$371 \sim 1\ 150$
	$-1\ 211\ 000$	585.3	42	$1\ 150 \sim 1\ 500$
$4Na + S_2(g) \Longrightarrow 2Na_2S$	$-870\ 700$	234.7	42	$298 \sim 371$
	$-880\ 700$	263.2	42	$371 \sim 1\ 187$
$Na_2O + SiO_2 \Longrightarrow Na_2SiO_3$	$-232\ 400$	-5.9	33	$298 \sim 1\ 361$
	$-180\ 200$	-44.14	42	$1\ 361 \sim 1\ 600$
$2Ni + O_2 \Longrightarrow 2NiO$	$-489\ 100$	197.1	8	$298 \sim 1\ 725$
$3Ni + S_2(g) \Longrightarrow Ni_3S_2$	$-331\ 500$	163.2	8	$650 \sim 800$
$3Ni + C \Longrightarrow Ni_3C$	$33\ 930$	-7.1	13	$298 \sim 1\ 000$
$\frac{2}{5}P_2 + O_2 \Longrightarrow \frac{2}{5}P_2O_5$	$-634\ 300$	231.8	42	$298 \sim 631$
	$-619\ 000$	206.6	42	$631 \sim 1\ 400$
$2Pb + S_2(g) \Longrightarrow 2PbS$	$-304\ 200$	142.97	13	$298 \sim 600$
	$-314\ 470$	160.04	13	$600 \sim 1\ 380$
$S_2(g) \Longrightarrow 2S(g)$	$-323\ 200$	-124.3	42	$298 \sim 2\ 200$
$2O_2 + S_2(g) \Longrightarrow 2SO_2$	$-724\ 800$	144.9	4	$298 \sim 2\ 000$
$3O_2 + S_2(g) \Longrightarrow 2SO_3$	$-913\ 950$	323.6	13	$318 \sim 1\ 800$
$Si + O_2 \Longrightarrow SiO_2$	$-871\ 500$	181.2	13	$298 \sim 1\ 700$
	$-910\ 310$	204.1	13	$1\ 700 \sim 1\ 973$
	$-901\ 530$	199.7	13	$1\ 973 \sim 2\ 200$
$\frac{3}{2}Si + N_2 \Longrightarrow \frac{1}{2}Si_3N_4$	$-376\ 500$	168.2	42	$298 \sim 1\ 680$
	$-446\ 400$	209.6	42	$1\ 680 \sim 1\ 800$
$Si + C \Longrightarrow SiC$	$-53\ 430$	6.9	13	$298 \sim 1\ 680$
	$-100\ 450$	34.8	17	$1\ 680 \sim 2\ 000$
$Ti + O_2 \Longrightarrow 2TiO$	$-1\ 023\ 400$	178.2	17	$600 \sim 2\ 000$
$Ti + O_2 \Longrightarrow TiO_2$	$-910\ 000$	172.4	42	$298 \sim 2\ 080$
$2Ti + N_2 \Longrightarrow 2TiN$	$-671\ 600$	185.8	17	$298 \sim 1\ 155$
	$-676\ 600$	190.2	17	$1\ 155 \sim 1\ 500$
$Ti + C \Longrightarrow TiC$	$-1\ 831\ 00$	10.08	13	$298 \sim 1\ 155$
	$-186\ 600$	13.22	13	$1\ 155 \sim 2\ 000$
$2V + O_2 \Longrightarrow 2VO$	$-861\ 500$	150.2	25	$900 \sim 1\ 800$
$\frac{4}{3}V + O_2 \Longrightarrow \frac{2}{3}V_2O_3$	$-865\ 300$	162.8	42	$298 \sim 1\ 995$
$4VO + O_2 \Longrightarrow 2V_2O_3$	$-733\ 500$	169.5	21	$823 \sim 1\ 385$
$2V_2O_3 + O_2 \Longrightarrow 4VO_2$	$-430\ 100$	140.2	17	$1\ 020 \sim 1\ 180$
$4VO_2 + O_2 \Longrightarrow 2V_2O_5$	$-269\ 800$	190.8	13	$298 \sim 943$
	$-352\ 700$	168.6	17	$943 \sim 1\ 800$
$2V + N_2 \Longrightarrow 2VN$	$-348\ 500$	166.1	42	$298 \sim 1\ 600$
$W + O_2 \Longrightarrow WO_2$	$-550\ 600$	153.1	21	$298 \sim 1\ 500$
$W + S_2 \Longrightarrow WS_2$	$-260\ 900$	96.2	42	$298 \sim 1\ 400$
$W + C \Longrightarrow WC$	$-38\ 100$	1.7	13	$298 \sim 2\ 000$
$2Zn + S_2 \Longrightarrow 2ZnS$	$-500\ 800$	190.0		$298 \sim 693$
	$-516\ 600$	203.1		$693 \sim 1\ 189$
	$-746\ 100$	$3\ 975$		$1\ 189 \sim 1\ 500$
$2ZnO + SiO_2 \Longrightarrow Zn_2SiO_4$	$-29\ 830$	0.96	8	$300 \sim 1\ 300$
$Zr + O_2 \Longrightarrow ZrO_2$	$-1\ 071\ 000$	184.1	$-$	$-$
$2Zr + N_2 \Longrightarrow 2ZrN$	$-728\ 000$	186.7	13	$298 \sim 1\ 135$
	$-735\ 800$	193.4	13	$1\ 135 \sim 1\ 500$
$Zr + C \Longrightarrow ZrC$	$-184\ 500$	9.2	13	$298 \sim 2\ 200$

附录 Ⅵ Fe(Ⅰ)中某些共存元素的活度相互作用因子 e_B^j

添加组分 j	溶解组分 (B)												
	C	C饱和	Cr	Cu	H	N	Ni	O	P	S	Si	Ti	V
C	0.19	—	−0.118	0.066	0.06	0.130	0.042	−0.44	0.24	0.113	0.24	—	−0.174
C饱和	—	—	−0.139	0.014 5	—	0.018	−0.018	−0.44	−0.005	0.003	0.177	−0.229	−0.181
Cr	−0.024	−0.015	0.024	−0.107	−0.002 2	−0.040	−0.011	−0.041	−0.083	−0.013	0.015	—	—
Cu	0.016	0.018	−0.87	−0.021	0.000 5	0.009	—	−0.009 5	—	−0.013	—	—	—
H	0.492	—	−0.14	−0.236	—	—	−0.25	—	0.21	0.120	0.630	−3.05	−0.72
N	0.112	0.134	−0.14	0.025	—	—	0.028	−0.183	0.094	0.024	0.135	−2.24	−0.373
Ni	0.012	0.012	−0.009	—	0	0.010	0.002 1	−0.006	0	—	—	—	—
O	−0.34	−0.22	−0.143	−0.050	—	−0.16	0.014	−0.20	−0.288	−0.27	−0.94	—	−0.369
P	0.057	0.013	−0.004	—	0.011	0.045	—	−0.147	0.122	0.043	—	—	—
S	0.09	0.015	—	−0.030	0.008	0.013	—	0.133	0.042	−0.028	—	—	—
Si	0.106	0.086	0.023	—	0.026	0.065	—	−0.131	0.118	0.065	—	—	−0.27
Ti	—	−0.039	—	—	−0.06	−0.63	—	—	—	—	—	—	—

341

参考书目

1　Atkins P W. Physical Chemistry. 6th ed. London：Oxford University Press，1998

2　Atkins P W. Solutions Manual for Physical Chemistry. 4th ed. London：Oxford University Press，1990

3　Laidler K J. Chemical Kinetics. 3rd ed. New York：Harper & Row Publishers. 1987

4　傅玉普,郝策.多媒体 CAI 物理化学.5 版.大连：大连理工大学出版社,2010

5　博克里斯 J O M,德拉齐克 D M.电化学科学.夏熙,译.北京：人民教育出版社,1980

6　傅玉普,纪敏.物理化学考研重点热点导引及综合能力训练.5 版.大连：大连理工大学出版社,2012

7　国家技术监督局 计量司 标准化司.量和单位国家标准实施指南.北京：中国标准出版社,1996

8　高执棣.化学热力学.北京：北京大学出版社,2006

9　胡英.物理化学参考.北京：高等教育出版社,2003

10　宋世谟,香雅正.化学反应速率理论.北京：高等教育出版社,1990

11　吴越.催化化学.北京：科学出版社,2000

12　杨辉,卢文庆.应用电化学.北京：科学出版社,2001

13　朱珤瑶,赵振国.界面化学基础.北京：化学工业出版社,1999

14　梁文平,杨俊林,陈拥军,等.新世纪的物理化学——学科前沿与展望.北京：科学出版社,2004

15　颜肖慈,罗明道.界面化学.北京：化学工业出版社,2005

16　吴辉煌.电化学.北京：化学工业出版社,2004

17　[日]小久见善八.电化学.郭成言,译.北京：科学出版社,2002

18　王尚弟,孙俊全.催化剂工程导论.2 版.北京：化学工业出版社,2007

19　徐燕莉.表面活性剂的功能.北京：化学工业出版社,2001

20　傅玉普,林青松,王新平.物理化学学习指导.4 版.大连：大连理工大学出版社,2008

编后说明

作为一门基础课,在教学内容的筛选和表述上以及教学手段上,如何与时俱进,推陈出新,本书作了一些探索、研究与实践。这在本书的前言中已经初步作了介绍,为了与教师同仁和广大读者进行交流与沟通,这里再进一步就有关问题展开说明,以便取得共识,这对物理化学教材建设是十分有益的。

1.名词、术语的定义积极采纳 IUPAC 的推荐,及执行 ISO 和 GB 的规定

IUPAC 是国际化学界权威性的学术组织。由它推荐的名词、术语的定义是经过世界范围的反复研究与实践,取得权威专家的共识之后才出台的。因此由 IUPAC 推荐的定义都是十分严谨和科学的,在基础课教材中应该积极地予以采纳。而对于 ISO 中的规定应尽快与之接轨;GB 中的规定更应提高到作为法律条文的高度加以贯彻执行。

(1)功的定义及其正、负号的规定

本书采用了 IUPAC 及 GB 中关于功的定义(见 1.2.2 节),抛弃了以往许多教材中"功是除热量以外的系统与环境之间交换的能量形式"这一旧定义,因为从这个旧定义中无法理解和认识功的物理意义。其次还把功的正、负号的规定与热量的正、负号的规定一致起来,为处理热力学问题带来了方便。

(2)热力学能的定义

书中按 GB 3102.8—1993 规定,把内能改称为热力学能,并采纳 IUPAC 推荐的热力学能的定义[见式(1-18)或式(1-20)]。这样定义,明确了热力学能具有状态函数的特性,它是一个热力学量,是宏观量,同时也把它与力学、电学、磁学中所定义的能量加以区别。此外,本书也给出了对热力学能的微观解释(见 1.4.2 节),但强调不能把对热力学能的微观解释作为热力学能的定义。

(3)混合物及溶液的区分

本书把多组分均相系统区分为混合物和溶液(见 1.20.1 节),并按 GB 规定把混合物和溶液的组成标度也加以区分(见 1.20.2 节)。区分的目的是对混合物的所有组分都采用相同的热力学标准态加以研究;而对溶液则分为溶剂及溶质,采用不同的标准态加以研究。

同时指出,ISO 及 GB 均只选定溶质 B 的质量摩尔浓度 b_B 作为溶液中溶质 B 的组成标度,而不选用 B 的物质的量浓度 c_B。因为 c_B 同时受温度、压力的影响,因此在热力学研究中使用它是不方便的,一些著名的热力学数据表,数据手册,热力学杂志及专著都不再选用 c_B,而是以 b_B 为基础报告标准热力学数据。所以本书也不再讨论以 c_B 为组成标度的亨利定律,溶液中溶质 B 的化学势表达式(包括理想稀溶液和真实溶液)以及活度 $a_{B,c}$、活度因子 $\gamma_{B,c}$(GB 中均把它们作为资料)。这样处理,一方面由于以 c_B 为基础的热力学公式没有热力学数据的支持,也就失去了实际应用价值;另一方面也有利于减轻学生的学习负担,故精简这部分教学内容是非常必要的。

(4)物质 B 的标准态及标准压力的规定

本书采用 GB 中关于 B 的标准态的规定[见 1.6.3 节]和标准压力 $p^{\ominus}=100$ kPa 的规定。按这些规定,则各类系统(包括理想的及真实的)中 B 的化学势表达式中的标准态的化学势都只是温度的函数,为各类系统的热力学处理带来极大的方便。而且各类系统中 B 的化学势表达式的形式也比较规范,容易区分、辨认和记忆。

(5)化学反应标准平衡常数的定义

ISO1982 年起定义了化学反应标准平衡常数,符号以 $K^{\ominus}$ 表示[见式(3-13)],GB 3102.8—1993 也做了等效的定义。由于定义式中的 $\mu_B^{\ominus}(T)$ 项,对各类反应系统中的 B 都只是温度的函数,所以对各类反应系统(包括电化学反应系统),$K^{\ominus}$ 都只是温度的函数。因此,本书用 $K^{\ominus}$ "一统天下"来处理各类反应系统的化学平衡问题,不再用 K_c、K_p、K_x、K_y、K_f、K_a(GB 中已作为资料)等平衡常数,省却了 $K^{\ominus}$ 与它们之间关系的记忆与换算,简化了化学平衡一章的内容而不影响其应用(判断反应方向及平衡转化率和平衡组成、分解压力、分解温度的计算)。至于化学动力学中所需要的平衡常数 K_c,在先修课无机化学中提供的有关 K_c 的概念已足够用。

(6)活化能的定义

本书采纳 IUPAC 关于阿仑尼乌斯活化能 E_a 的定义[见式(4-41)],同时也给出了托尔曼对阿仑尼乌斯活化能的统计解释[见式(4-46)],并强调不要把托尔曼的统计解释作为活化能 E_a 的定义式。

(7)催化剂的定义

本书采纳 IUPAC 关于催化剂的定义(见 4.9.1),与旧定义相比,新定义把旧定义中"改变反应速率"改为"增加反应速率",相应把与旧定义相对应的"负催化剂"改为"阻化剂",而阻化剂已不属于催化剂范畴。显然,新定义比旧定义更为准确、合理、严谨和科学。

2. 全面、准确、贯彻执行 GB 3100～3102—1993

(1)不要把物理量的量纲和单位相混淆

本书采纳 GB 3101—1993 规定的物理量量纲的定义(见 0.3.2 节)和物理量单位的定义(见 0.3.3 节)。前者是定性地描述物理量的属性,而后者是定量地描述物理量的大小,不要把二者混淆了。有的教材把 $R=8.314\ 5\ \text{J}\cdot\text{mol}^{-1}\cdot\text{K}^{-1}$ 中的单位 $\text{J}\cdot\text{mol}^{-1}\cdot\text{K}^{-1}$ 误称为量纲;甚至有的教材把 $[\text{L}\cdot\text{s}^{-1}]$ 称为速度的量纲式,$[\text{m}\cdot\text{L}^{-3}]$ 称为密度的量纲式,其实这种表示不但概念上是错误的,符号也是混乱的。根据 GB 规定,L 是长度的量纲符号,s 是时间单位(秒)的符号,m 是长度单位(米)的符号。那么,将量纲符号与单位符号组合成 $[\text{L}\cdot\text{s}^{-1}]$,$[\text{m}\cdot\text{L}^{-3}]$ 显然不伦不类,是完全错误的。正确的应该是速度的量纲表示成 $\dim v=\text{L}\cdot\text{T}^{-1}$,密度的量纲表示成 $\dim\rho=\text{M}\cdot\text{L}^{-3}$,式中 T 及 M 分别是时间和质量的量纲符号。

GB 3101—1993 已把 GB 3101—1986 中的"无量纲的量"改为"量纲一的量",且任何量纲一的量的单位名称都是汉字"一",单位符号为"1",通常省略不写。因此,在教材内容表述中,说"某量是有量纲的量"、"某量是无量纲的量"、"某量是有单位的量"、"某量是无单位的量"都是不妥的。

要把 SI 单位同中华人民共和国法定计量单位相区别。前者是后者的组成部分而不是全部,SI 单位不能代表国家法定计量单位。本书采用国家法定计量单位,并简称为单位。

(2)按 GB 要求在定义物理量时不能指定或暗含单位

本书在定义物理量时全面遵循这个原则。例如,摩尔热力学函数的定义(见 1.21 节),热容及摩尔热容的定义(见 1.6.1 节),化学反应的摩尔热力学能的定义[见 1.6.3 节],标准摩尔生成焓的定义、标准摩尔燃烧焓的定义[见 1.6.3 节],偏摩尔量的定义(见 1.21.1 节),电导率的定义(见 6.2.1 节)等,涉及到单位时都是以单位物质的量,单位反应进度,

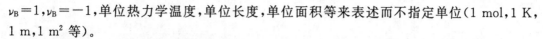

$\nu_B=1$，$\nu_B=-1$，单位热力学温度，单位长度，单位面积等来表述而不指定单位（1 mol，1 K，1 m，1 m² 等）。

（3）图、表、公式及运算过程标准化及规范化

全书的图、表和公式表达以及例题中的运算过程全部遵照物理量＝数值×单位进行标准化、规范化的表述。

（4）物理量的名称标准化、规范化

(i)把在任何情况下均有同一量值的物理量统一称为常量，如阿伏加德罗常量……

(ii)统一把量纲一的比例系数称为因子，如活度因子、渗透因子……而把非量纲一的比例系数统一称为系数，如亨利系数、反应速率系数……

（5）不再用 GB 中已废弃的名称术语及单位

(i)已改变名称的术语

离子淌度改为电迁移率；几率改为概率；范特荷夫定压方程改为范特荷夫方程；分（原）子量改称为相对分（原）子质量；摩尔数改称物质的量。

(ii)已废除的术语

GB 中已废除的术语：潜热，显热，反应热效应，定容热效应，定压热效应等，本书都不再采用。另外，如质量百分数、摩尔百分数、体积百分数都不应采用，因为 GB 3102・8—1993 中对混合物的组成标度定义的是：质量分数 w_B、摩尔分数 x_B、体积分数 φ_B。

(iii)废除的单位及数学符号

已废除的单位有：Å，dyn，atm，cal，erg，ppm，爱因斯坦等；废止的数学符号有∵，∴，本书都不再采用。

3. 在加强三基本的同时，适度反映学科领域中的一些新发展和新应用

现代物理化学发展的许多成果，在高新技术中都得到重要应用。本书在加强三基本的同时，以较少的笔墨，仅用三言两语或一小段落来适度反映学科领域的新发展和新应用。如，把超临界萃取，超临界溶剂，绿色化学，原子经济性，熵流，熵产生，熵与生命，耗散结构，纳米材料，质子交换膜燃料电池，膜技术，电化学传感器等最新概念和最新技术渗透在章、节之中。其目的是使学生在学习物理化学基本原理的同时，能尽快、尽早接触到学科发展前沿，以引发学生的学习兴趣，启迪他们的超前思维，激励他们的创新欲望，培养他们的创新能力。